Wai Ming Ho

Der Nous Poiētikos

Quellen und Studien zur Philosophie

Herausgegeben von
Jens Halfwassen (†), Dominik Perler
und Michael Quante

Band 155

Wai Ming Ho

Der Nous Poiētikos

Ein Aspekt der aristotelischen Transzendenz

DE GRUYTER

ISBN 978-3-11-138458-0
e-ISBN (PDF) 978-3-11-138471-9
e-ISBN (EPUB) 978-3-11-138487-0
ISSN 0344-8142

Library of Congress Control Number: 2024936428

Bibliografische Information der Deutschen Nationalbibliothek
Die Deutsche Nationalbibliothek verzeichnet diese Publikation in der Deutschen Nationalbibliografie; detaillierte bibliografische Daten sind im Internet über http://dnb.dnb.de abrufbar.

www.degruyter.com

Meiner geliebten Frau

Vorwort

Die vorliegende Arbeit wurde im Juni 2009 unter dem Titel „Die Ansetzung des Nous Poiētikos. Ein Aspekt der aristotelischen Transzendenz“ von der Philosophischen Fakultät der Ruprecht-Karls-Universität zu Heidelberg als Dissertation angenommen.[1] Sie wurde seither für die Drucklegung überarbeitet und um ein Kapitel erweitert; die inzwischen erschienene Forschungsliteratur ist noch berücksichtigt worden.

Dass meine Arbeit nach so vielen Jahren erscheinen kann, ist vielen Menschen zu verdanken. Mein größter Dank gilt in erster Linie meinem Betreuer Herrn Professor Dr. Jens Halfwassen. Er hatte mich in das philosophische Denken, vor allem in das Denken der Transzendenz eingeführt. Bei ihm habe ich Philosophieren gelernt. Bis zu seinem völlig unerwarteten Tod hatte er die Veröffentlichung meiner Arbeit stets mit Rat und Wohlwollen unterstützt. Gedankt sei auch Herrn Professor Dr. Walter Mesch, der das zweite Gutachten für meine Arbeit übernahm und mir für die Überarbeitung manch konstruktive Anregung gab. Danken möchte ich ebenfalls Herrn Professor Dr. William Furley, der mir die griechische Sprache beigebracht hat. Für die Aufnahme meiner Arbeit in die „Quellen und Studien zur Philosophie“ bin ich den beiden Herausgebern, Herrn Professor Dr. Michael Quante und Herrn Professor Dr. Dominik Perler, zum Dank verpflichtet. Dem Team der Redaktion des Verlags Walter De Gruyter danke ich für die tatkräftige Mitwirkung bei der Veröffentlichung meiner Arbeit.

Ein besonderer Dank gilt Frau Dr. Sabine Hieronymus (Heidelberg) für die sorgfältige Korrekturarbeit, ohne welche meine Arbeit nicht in dieser Form erscheinen könnte. Frau Tsz-Wai So (The Chinese University of Hong Kong), Frau Livia Yi-Shun Ho (City University of Hong Kong) und Frau Hiu-Lam Fan (The Chinese University of Hong Kong) haben mir bei der Überprüfung des Literaturverzeichnisses sowie bei der Aufstellung des Index locorum viel geholfen. Ihnen gehört mein herzlicher Dank. Meine Frau Sophia hat mich durch alle Höhen und Tiefen begleitet und stand mir bei der lang andauernden Überarbeitung mit Geduld und Verständnis zur Seite. Ihr ist diese Arbeit gewidmet.

Hong Kong, im August 2024 W.M.H.

1 Hauptgutachter war Prof. Dr. Jens Halfwassen, Zweitgutachter Prof. Dr. Walter Mesch. Das Rigorosum fand am 17. November 2009 statt.

https://doi.org/10.1515/9783111384719-001

Inhalt

Einleitung

1 Ziel und Hintergrund der Untersuchung

Aristoteles' Betrachtung des νοῦς ποιητικός in *De Anima* III 5 soll zwei Funktionen erfüllen. Erstens will er eine Instanz sicherstellen, die das aktuale Denken im Menschen bewirkt,[1] und zweitens versucht er, seine eigene Antwort auf die Frage nach der Unsterblichkeit der Seele zu geben. Aristoteles' lapidare Ausführungen haben allerdings mehr Probleme aufgeworfen als gelöst. Brentano hat sich über die extreme Kürze der Darstellung beklagt. Es sei eigentümlich, dass Aristoteles oft gerade an den Stellen, an denen er die wichtigsten Lehrpunkte berühre, seine Worte so zusammendränge und seine Lehrmeinungen fast unverständlich mache.[2] Schon unter den antiken Kommentatoren herrschten große Meinungsunterschiede.[3] Nach einer Exegesetradition von fast zweieinhalb Jahrtausenden ist bis heute noch keine Einigkeit unter den Forschern erreicht, weder zum Wesen des Nous Poiētikos noch zu dessen Wirkungsweise.[4] Es ist daher kaum überraschend, dass unter den Forschern Verzweiflung anklingt.[5]

---

1 Schon Theophrast soll diesen Nous als den bewegenden (Them. 108, 25 Heinze: εἰ μὲν οὖν σύμφυτος ὁ κινῶν) betrachtet haben. Die meisten Kommentatoren sind sich darüber einig, dass der Nous Poiētikos als wirkende Instanz eingeführt wird. Unter den modernen Kommentatoren z. B. Cassirer (1932, 106–107), Theiler (1959, 142–143), Rist (1966, 8), Horn (1994, 101).

2 Brentano 1867, 166. Theophrasts zahlreiche Fragen bezüglich des produktiven Nous (Them. de an., 107, 30 ff., Heinze) könnten darauf hinweisen, dass schon er große Probleme hat, die diesbezüglichen Gedanken seines Lehrers zu verstehen. Nach Gigon (1950, 194) hat Aristoteles solche Fragen bereits in seinen veröffentlichten Schriften behandelt, deshalb spricht er diese in *De anima* nur ganz kurz an. Diese Erklärung lässt sich leider nicht bestätigen.

3 Philoponus und mit ihm Stephanus haben vier Deutungen des produktiven Nous vorgelegt. Zum Autor des unter dem Namen Philoponus überlieferten griechischen Kommentars zu *De anima* III siehe Kap. I Anm. 35.

4 Die Forschungsliteratur zu *De anima* III 5 ist längst ins Uferlose gewachsen. Einen umfassenden Überblick der Forschungsgeschichte von der Antike bis zum 19. Jh. bietet Kurfess (1911) an, ferner Wilpert (1935), Grabmann (1929 und 1936), Huby (1991) Blumenthal (1996a, v. a. 151 ff.), Brentano (1867, 5 ff., englische Übersetzung: 1992, 313–341) etc. Eine kurze, aber klare Darstellung wichtiger Ergebnisse der antiken und mittelalterlichen Kommentatoren findet sich bei Bormann (1982) und neulich bei Hoenen (1995). Wichtige Forschungsliteratur der jüngeren Zeit sind u. a. Hicks (1907), Ross (1961), Hamlyn (1968), Kosman (1992=2014), Kahn (1981, 1992), Seidl (1971, v. a. 94 ff.), Wedin (1988), Polansky (2007) und Burnyeat (2008) sowie die oben in der Anm. 1 genannten Arbeiten von Cassirer, Theiler, Horn und Rist. Im Laufe der Untersuchung, vor allem im zweiten Kapitel, werden weitere diesbezügliche Untersuchungen angeführt.

5 Cassirer (1932, 179 f.) ist der Meinung, dass Aristoteles' Einführen des Nous Poiētikos allen Zusammenhang zerreiße und seine Verbindung mit der menschlichen Seele dunkel bleibe. Auch

https://doi.org/10.1515/9783111384719-002

Es gibt zwei Hauptlinien der Auslegung von III 5: Alexander von Aphrodisias deutet den produktiven Nous als den Gott im Buch Lambda der *Metaphysik*; dagegen plädiert Themistius für eine immanente Interpretation. Die Frage nach der Transzendenz verknüpft sich mit einer anderen Frage, nämlich ob der produktive Nous göttlich oder menschlich sei.[6] In der vorliegenden Untersuchung versuchen wir, den Nous genauer zu bestimmen. Wir werden auch untersuchen müssen, inwiefern er als Wirkursache gilt. Er wird in III 5 zwar als ποιητικόν (430a12) eingeführt, aber im Laufe der Darstellung scheint es so, dass der Aspekt des Hervorbringens durch die Vergleiche mit der Kunst und dem Licht relativiert wird.

Die Unsterblichkeit der Seele ist ein zentrales Thema der platonischen Philosophie und des Platonismus überhaupt.[7] Obwohl Platon in seinen Dialogen dazu unterschiedliche Aussagen zu machen scheint – etwa ob die ganze dreiteilige Seele

---

Düring (1968, 246–249) glaubt, dass es ernsthafte Probleme in Bezug auf den Nous geben könnte. Dies resultiert nach ihm aus Aristoteles' Philosophieren. Nach Barnes (1971–72=1979, 40) ist III 5 „a sketch—faint, careless, suggestive". Noch weiter geht Wilkes (1992, 125) mit den Worten: „I cannot understand this chapter [III 5], and none of the secondary literature has so far helped me to do so [...] all the same I have to say that I wish he had never written this chapter." Ebenso wie unter den antiken und mittelalterlichen Kommentatoren gibt es unter den modernen Forschern ebenfalls keine allgemein akzeptierte Deutung: „In any case, one thing we have to say about chapters 4 and 5 of *De anima* III is that there is no generally shared understanding among scholars today as to what Aristotle may have had in mind in writing them." (Matthews, 2003, 222).

6 Unter den modernen Kommentatoren sehen z. B. Caston (1999, 211–212), Menn (1992, 562 Anm. 26; zu Menns neuerer Deutung siehe Kap. II Anm. 272) und Burnyeat (2008, 42–43) im Nous Poiētikos den göttlichen Nous; unter den Forschern neuerer Zeit spricht Brentano (1867, 167, 170 u. ö.) energisch dafür, dass der produktive Nous menschlich und immanent sei. Eine ähnliche Interpretation vertreten auch Rist (1966, 11), Barnes (1971–72=1979, 40–41) und Wedin (1988, 160 ff., v. a. 168, 174–175, 179). Auch Ross (1961, 45–48) betrachtet den Nous weitgehaend als menschlich, obwohl er bei Aristoteles' Ausführungen gewisse Anspielungen auf Göttlichkeit nicht ausschließt (z. B. 47, auch [6]1995, 157: Hier scheint Ross dem tätigen Nous einerseits gewisse Göttlichkeit zuzugestehen, andererseits scheut er zurück, ihn als Gott anzusehen). Aber seine Deutung, dass der νοῦς ποιητικός ein Inbegriff mathematischer (und geometrischer) Entitäten sei, ist kaum überzeugend. Bormann (1982, 6–7, 14) bestimmt den Nous Poiētikos zwar nicht gerade als Gott – nach ihm verbietet der Ausdruck ἐν τῇ ψυχῇ in III 5 (430a13) diese Charaktersierung, trotzdem erkennt er ihn als göttlich an. Er könnte eine der reinen Intelligenzen sein, die in Met. XII 8 thematisiert werden. Auch Kahn (1981, 413–414) tendiert zu dieser Deutung: „Even if we do not follow Alexander in assuming that the Active Intellect of De an. III 5 is numerically identical with the divine Intellect of Lambda, they are certainly alike in kind, [...]." Im zweiten Kapitel wird gezeigt, dass die Deutung der Immanenz nicht dazu führen muss, dass der produktive Nous rein menschlich ist.

7 Attikos macht deutlich, dass die Lehre der Unsterblichkeit der Seele beinahe die ganze Schule Platons zusammenhalte (σχεδὸν γὰρ τὸ συνέχον τὴν πᾶσαν αἵρεσιν τἀνδρὸς τοῦτ' ἔστιν). Denn Platons Lehren hingen alle unmittelbar von der Göttlichkeit und Unsterblichkeit der Seele ab, und wer das nicht zugebe, stürze die gesamte Philosophie Platons um (Attikos, Fg. 7, 8 ff. des Places), zitiert nach Baltes 1992=1999, 229.

oder nur das oberste λογιστικόν unsterblich sei –,[8] stellt Szlezák in seiner eingehenden Untersuchung fest, dass nur die Denkseele (τὸ λογιστικόν), welche in der *Politeia* als die wahre Natur (ἡ ἀληθὴς φύσις) der Seele gilt, unsterblich sei.[9] Nun wird die Frage nach der Unsterblichkeit in *De anima* zwar nicht eigens thematisiert, Aristoteles lässt jedoch in der ganzen Schrift Fragen und Vermutungen dazu durchscheinen. Im ersten Kapitel werden die für die Unsterblichkeitsfrage relevanten Stellen analysiert.[10] Mit der Einführung des Nous Poiētikos gibt Aristoteles seine Antwort darauf: Nur dieser sei im strengen Sinne unsterblich. Die Frage der Unsterblichkeit wird nun in die Frage umgewandelt, ob und inwiefern der produktive Nous zur Seele des Menschen gehöre.

Die Bestimmung des Nous Poiētikos lässt sich in einem breiteren Zusammenhang betrachten. Es wird sich zeigen, dass dieser nichts anderes als die noetische Gegenwart aller denkbaren Formen ist, welche die Menschen jemals denken können. Dies eröffnet die Möglichkeit, aristotelischen Formen eine transzendente Existenzweise zuzuschreiben. Auf der anderen Seite vertritt Aristoteles bekannterweise eine immanente Eidoslehre. Im ersten Buch der *Metaphysik* kritisiert Aristoteles expressis verbis die Transzendenz der Ideen.[11] Deswegen sieht sich die Feststellung einer Transzendenz der Formen mit der Frage konfrontiert, ob der Rahmen der aristotelischen Ontologie diesen Aspekt der Transzendenz zulässt oder ob es ernsthafte Widersprüche zwischen seiner Nouslehre und seiner Ontologie gibt. Nicolai Hartmann schreibt in einem Aufsatz über den Apriorismus in der platonischen Philosophie, dass die aristotelische Eidoslehre sich keineswegs in der bekannten Immanenzthese erschöpfe. Die menschliche Seele habe die Formen in sich.[12] Unsere Untersuchung wird bestätigen, dass Hartmanns Sichtweise im Grunde genommen richtig ist.

8 Z. B. im vierten Buch der *Politeia* (435c–441c) und im *Timaios* (69c ff.) unterscheidet Platon drei verschiedene Seelenteile deutlich. Im Mythos des Seelenwagens im *Phaidros* gilt nun allem Anschein nach die dreiteilige Seele als unsterblich (245b ff.). Dagegen gilt im *Timaios* (41c, 69c und 90a–d) nur der oberste Seelenteil, die Denkseele, als unsterblich. Dieselbe Ansicht befindet sich im *Politikos* (309c) und in den *Nomoi* (713e).

9 Pol. X, 611e–612a. Dazu ausführlich Szlezák 1976, v. a. 42 ff., auch 1979, 170 f. Szlezák (1976, 44) erklärt, dass Platon im *Phaidon* (79d ff.) die unteren Seelenteile zum Körperlichen rechnet. Der Terminus λογιστικόν wird auch in *De anima* verwendet: ἀλλὰ μὴν οὐδὲ τὸ λογιστικὸν καὶ ὁ καλούμενος νοῦς ἐστιν ὁ κινῶν· ὁ μὲν γὰρ θεωρητικὸς οὐθὲν νοεῖ πρακτόν […] (III 9, 432b26–27). Der Aspekt des κινῶν ist im praktischen Zusammenhang zu verstehen. Dies zeigt, dass das λογιστικὸν für das theoretische Denken zuständig ist. Zum wahren Selbst bei Platon: Kap. II § 5.1.

10 Steiners Ansicht (1992, 102), die Unsterblichkeit sei kein herausragender Gegenstand in *De anima*, ist nur mit Vorbehalt zu lesen.

11 Met. I 9, 991a12 ff., siehe auch XIII 6, 1079b35 f.

12 Hartmann 1935=1957, 78 Anm. 1.

Auf der anderen Seite ist bekannt, dass Transzendenz in der aristotelischen Philosophie einen Platz hat. Der aristotelische Gott, den er vor allem im siebten und neunten Kapitel des Buches Lambda der *Metaphysik* thematisiert, ist ein Nous, der nichts als aktuales Denken ist. Hinsichtlich des göttlichen Denkens gibt es allerdings Fragen, die trotz Tausend Jahre Forschung kontrovers geblieben sind. Deshalb lässt sich nicht ohne Weiteres daraus schließen, dass die Formen eine transzendente Seinsweise haben. Eine eingehende Deutung der einschlägigen Passagen wird zeigen, was dieser Gott denkt, inwiefern eine Verbindung zwischen ihm und den Formen, die in den mittleren Büchern behandelt werden, zu konzipieren ist und wie, wenn überhaupt, dieser Nous und der göttliche aktive Nous in *De anima* zusammenzudenken sind.

2 Methodische Vorbemerkungen

Aristoteles sieht das Denken als vergleichbar mit dem Wahrnehmen an. Zu Beginn von III 4 gibt er zu erkennen, dass das Denken wie das Wahrnehmen ein gewisses Erleiden durch das Denkbare ist.[13] Aristoteles' Lehre der Wahrnehmung ist ihrerseits in seine allgemeine Lehre der Bewegung und der Hervorbringung integriert. Demnach wird ein Vermögen oder generell alles, was sich in Potenzialität befindet, durch etwas anderes, welches hinsichtlich des Ziels der Bewegung bereits in Wirklichkeit ist, in Gang gesetzt und so zur Vollendung gebracht.[14] Die Termini ποιητικόν und παθητικόν gehören zum Kontext der Bewegungslehre. Sie erscheinen immer wieder in der *Physik*, an gewissen Stellen zusammen mit κίνησις.[15] Dieselben Termini tauchen in *De anima* in Bezug auf das Wahrnehmen auf.[16] Dass Aristoteles die Darstellung des produktiven Nous in III 5 im Rahmen der Bewegungs-

13 De an. III 4, 429a13–15.

14 Aristoteles' Charakterisierung des Grundzugs der Wahrnehmung in *De anima* (II 5, 417a17–18) – πάντα δὲ πάσχει καὶ κινεῖται ὑπὸ τοῦ ποιητικοῦ καὶ ἐνεργείᾳ ὄντος – ist im Grunde dasselbe wie seine Definition der Bewegung in der *Physik:* ἡ τοῦ δυνάμει ὄντος ἐντελέχεια, ᾗ τοιοῦτον, κίνησίς ἐστιν [...] (Phys. III 1, 201a10–11).

15 Phys. VIII 4, 255a34–b1: ἀεὶ δ', ὅταν ἅμα τὸ ποιητικὸν καὶ τὸ παθητικὸν ὦσιν, γίγνεται ἐνεργείᾳ τὸ δυνατόν, οἷον τὸ μανθάνον ἐκ δυνάμει ὄντος ἕτερον γίγνεται δυνάμει. Dieses andere „der Möglichkeit nach" ist die erste Vollendung nach Aristoteles' Dreistufenlehre. Das Beispiel des Lernens ist ein Standardbeispiel in *De anima*. Mehr dazu Kap. I § 2. Siehe auch Phys. III 3, 202a6 f., wo die Verben ποιεῖν und πάσχειν im Zusammenhang mit der κίνησις verwendet werden; ähnlich auch Phys. III 1, 200b28 ff., Phys. III 3, 202a13 ff., v. a. 21 f.

16 Außer der oben in Anm. 14 zitierten Stelle auch II 11, 424a1–2 in Bezug auf das Tasten: τὸ γὰρ αἰσθάνεσθαι πάσχειν τι ἐστίν. ὥστε τὸ ποιοῦν οἷον αὐτὸ ἐνεργείᾳ, τοιοῦτον ἐκεῖνο ποιεῖ δυνάμει ὄν. Siehe auch II 12, 424b3 f. bezüglich des Riechens etc.

und Hervorbringungslehre durchführt, dürfte anhand seiner Ausführungen hinlänglich klar sein. Wenn er den Nous, der das Denken im Menschen in Bewegung setzt, explizit als ποιητικόν und den menschlichen Nous als παθητικός bezeichnet,[17] deutet er an, dass das Kapitel in diesem Zusammenhang gelesen und verstanden werden soll.

Ferner nimmt die Untersuchung über den produktiven Nous besondere Rücksicht auf die relevanten Denkmotive im platonisch-akademischen Kreis. Dass Aristoteles' Gedanken sich generell im Lichte ihres platonisch-akademischen Hintergrundes besser verstehen lassen, hat sich in den letzten Jahrzehnten durch die fruchtbaren Bemühungen allen voran von Düring, Dirlmeier und Krämer mehrfach bestätigt.[18] Die Entwicklungsthese von Jaeger, dass sich Aristoteles aus einem Platoniker allmählich zu einem Empiriker entwickelt habe, erweist sich als unzutreffend.[19] Dirlmeier zeigt in seinem wegweisenden Aufsatz, dass Aristoteles vom Anfang bis zum Ende zugleich Platoniker und Empiriker gewesen ist.[20] Dass die Berücksichtigung des akademisch-platonischen Gedankenguts speziell auch für die Untersuchung des Nous Poiētikos fruchtbar sein wird, ist aus den folgenden Gründen einsichtig: Erstens ist das ποιεῖν ein wichtiger Begriff bei Platon. ποιεῖν heißt bei ihm „etwas aus dem Nichtsein ins Sein führen".[21] In der *Metaphysik* bedeutet es, einem Material eine bestimmte Form zu geben.[22] Zweitens weisen Platons

---

17 III 5, 430a12 und 24. Das ποιητικόν bezieht sich unmittelbar auf das Wirkende in der Natur; aber aufgrund des Vergleiches gilt es zweifelsohne auch für den Nous Poiētikos. Hierin ist jedenfalls die Begründung für die Bezeichnung νοῦς ποιητικός zu finden, die als solche bei Aristoteles nicht auftaucht. Die Bezeichnung als solche findet sich unter den überlieferten Kommentaren und Schriften zu *De anima* erst bei Alexander (de an. 88, 20, 24; 89, 6, Bruns). Schramm (2008, 204 Anm. 48) behauptet, dass der Terminus Poiētikos vermutlich auf Theophrast zurückgehe. Aber er nennt keinen Beleg dafür. Es stellt sich die Frage, ob Schramm seiner Vermutung Theophrasts Charakterisierung des produktiven Nous als das κινῶν (in Them. de an. 108, 25, Heinze) zugrunde legt.

18 Zu dieser Wende in der Aristoteles-Forschung siehe Flashar (Überweg, 171 ff. 333 ff.) mit Angabe der einschlägigen Forschungsliteratur. Zu erwähnen ist die materialreiche Monographie von Gerson (2005), v. a. 24 ff., in der die Zusammenhänge zwischen Aristoteles und Platon sowie den Platonikern sorgfältig dargelegt werden.

19 Darstellung und Kritik an der jaegerschen These: Flashar (Überweg, 170 – 171).

20 Dirlmeier 1950=1968, 144 f., v. a. 157.

21 [...] ἐκ τοῦ μὴ ὄντος εἰς τὸ ὄν (Symp. 205b). Das Nichtsein ist nicht das absolute Nichts, was bei Platon dem Sein streng entgegengesetzt wird. Das Nichtsein bedeutet hier das Formlose. ποιεῖν oder ποίησις bedeuten also Formgebung oder Strukturierung. Dazu Reale (1997, 156 – 157 und ^{2}2000, 399). Nach Reale erweist sich Platons Poiēsis-Lehre als der am weitesten fortgeschrittene Kreationismus innerhalb des griechischen Denkens (^{2}2000, 399).

22 Das ποιεῖν in Met. VII 8, 1033b10: εἰς τοδὶ γὰρ τὸ εἶδος ποιεῖ. Nach Düring (1964=1968, 245) ist dies die einzige philosophische Bedeutung von ποιεῖν bei Aristoteles.

Ausführungen im *Timaios*, vor allem in der Bestimmung sowie in der Wirkungsweise des Demiurgen, auffallende Ähnlichkeiten mit Aristoteles' νοῦς ποιητικός auf, wie die Analyse von III 5 zeigen wird. Platon kennt durchaus die Wirkursache,[23] und der Schöpfergott des *Timaios* scheint gerade auf die amorphe Chōra einzuwirken und die Welt hervorzubringen. Ein Vergleich mit dem Demiurgen dürfte wichtigen Aufschluss über den produktiven Nous geben. Drittens haben die Vergleiche mit der Kunst und mit dem Licht platonische Vorbilder. Der Lichtvergleich erinnert an Platons berühmtes Sonnengleichnis in der *Politeia* (504a–509b). Auch die Techne-Analogie hat ihre Wurzeln bei Platon.[24] Dieses Motiv liegt seiner Darstellung des Demiurgen im *Timaios* zugrunde.[25] Viertens ist die Frage nach einem unsterblichen Seelenteil in *De anima* durchaus platonisch, wie oben dargestellt wurde. Nicht zuletzt weist Aristoteles' Ideenkritik Grundzüge seiner eigenen Lehre auf. Seine Eidoslehre wird in vielen Hinsichten in Abgrenzung zur Ideenlehre konzipiert. Eine eingehende Auswertung seiner Kritik an der Ideenlehre sowie eine gründliche Interpretation der platonischen Denkmotive werden die Einführung eines produktiven Nous sowie Aristoteles' eigene Theorie zur Transzendenz erhellen. Wir werden uns ein besseres Verständnis über seine Lehre zur Form, zum Nous und nicht zuletzt zu Gott verschaffen.

3 Ausblick auf die Untersuchung

Die Arbeit besteht aus vier aufeinander bezogenen Kapiteln. Das erste kürzere Kapitel behandelt den menschlichen Nous, welcher der Hauptgegenstand von III 4 ist. Die Passivität des Denkens wird gemäß Aristoteles' Dreistufenlehre analysiert. Weil nunmehr der Nous selbst abgehandelt wird, steht dessen Wesensdifferenz (διαφορά) im Mittelpunkt. Die Ungemischtheit des Nous, die ihn von allen anderen Seelenvermögen, vor allem von der Wahrnehmung, abhebt, wird erörtert. Die Wahrnehmungssinne unterliegen Einschränkungen in ihrer Reichweite, weil sie an das Körperliche gebunden sind. Der Nous wiederum, weil er reines Vermögen ist und sich mit keinem Organ verbindet, kann *alles* denken. Der Nous ist der Ort der

23 Ganz eindeutig im Phil. 26e–27c.

24 Siehe Soph. 265b zur Korrespondenz zwischen der menschlichen und der göttlichen hervorbringenden Kunst.

25 Der Demiurg gilt als Baumeister (τέκτων), z. B. Tim. 28c6 (ὁ τεκταινόμενος). Dazu Krämer 1969, 493. Ein deutlicher Gegensatz zu unserer Vorgehensweise ist der Aufsatz von Caston (1999). Er zieht den möglichen platonischen Hintergrund nicht in Betracht und übergeht absichtlich die beiden Vergleiche: „The phrases are so underdetermined in context that any attempt to settle which interpretation best suits them seems hopeless." (204, auch 223–224).

Formen der Möglichkeit nach. Damit wird nicht nur eine Metapher gegeben, etwa um den Nous als Vermögen zu beschreiben. Mit Bezug auf den platonischen Hintergrund wird der ontologische Status des Nous dargelegt, wie Aristoteles mit dem Ort der Formen erkennen lässt. Am Ende des Kapitels kommen wir auf die beiden Aporien, die Aristoteles zum Ende von III 4 darstellt. Die erste zeigt, wie Aristoteles durch seine neue Konzeption der Möglichkeit und Wirklichkeit das alte Prinzip des Gleichen durch das Gleiche modifiziert und in seine Bewegungslehre integriert. Die zweite Aporie betrifft den Selbstbezug des menschlichen Denkens. Aristoteles' äußerlich umrisshafte Antwort weist einen nuancierten Unterschied zwischen Denken und Wahrnehmen einerseits und eine innerliche Verwandtschaft zwischen menschlichem und göttlichem Denken andererseits auf. Diese beiden Aspekte des Denkens werden in der Analyse des fünften Kapitels sowie in der Bestimmung des göttlichen Nous im Buch Lambda der *Metaphysik* fruchtbar gemacht. Am Ende werden die grundlegenden Aspekte seiner Bewegungslehre vorgestellt und einige Stellen in *De anima*, an denen Aristoteles ansatzweise auf die Frage nach der Unsterblichkeit der Seele eingeht, in groben Zügen analysiert. Damit sind wir auf das „dunkle" Kapitel 5 vorbereitet. Der produktive Nous wird gemäß der Bewegungslehre eingeführt und mit ihm wird die Frage nach der Unsterblichkeit beantwortet.

Das zweite Kapitel enthält eine ausführliche Analyse von III 5. Aristoteles' Nachweis des Nous Poiētikos wird vor dem Hintergrund seiner Bewegungslehre betrachtet; denn nur dadurch kommt die wahre Natur des νοῦς ποιητικός deutlich zum Vorschein. Wir versuchen, die grundlegende Gliederung seiner Darstellung transparent zu machen. Dabei wird sich zeigen, dass die Transzendenz und die Immanenz sowie das Göttliche und das Menschliche bezüglich des produktiven Nous nicht nur nicht einander ausschließen, sondern sich in Aristoteles' Darstellung sogar ergänzen. Die Analyse des ersten Abschnitts, in dem der νοῦς ποιητικός in der Seele betrachtet wird, richtet ihre Aufmerksamkeit auf die Vergleiche, die die Wirkung und das Verhältnis des produktiven zum potenzialen Nous deutlich machen sollen. Im zweiten Abschnitt, in dem der Nous Poiētikos an und für sich thematisiert wird, werden vornehmlich göttliche Prädikate herangezogen. Im kurzen dritten Abschnitt hebt Aristoteles den produktiven Nous als einzig unsterblich im Vergleich zum potenzialen Nous hervor. Die zweite Hälfte des Kapitels enthält eine zusammenfassende Darstellung der Bestimmung des νοῦς ποιητικός, in welcher wir auf die zentralen Fragen eingehen. Der göttliche Nous wird noch näher bestimmt, vor allem im Hinblick auf die Beziehung zwischen ihm und dem menschlichen Nous. Die Problematik hinsichtlich der Immanenz und der Transzendenz, die schon Themistius in seiner Paraphrase anspricht, erhält eine nähere Betrachtung. Der Sinn der Immanenz wird untersucht; denn die genaue Bestimmung der Immanenz ist entscheidend dafür, ob die Seele mit dem göttlichen Nous Poiētikos unsterblich sein kann. Anschließend wird einem Problem, das schon viele antike Kommentatoren beschäftigt hat, nachgegangen, nämlich wie der actus sempiternus des νοῦς ποιητικός verstanden und wie dieser mit dem sporadischen Denken des Menschen in Übereinstimmung gebracht werden soll. Zur Klärung dieser Fragen wird Plotins Theorie des nicht herabgestiegenen Nous eingeführt. Ferner wird bei der Erörterung der Wirkung des produktiven Nous die aristotelische Konzeption der causa efficiens vorgestellt. Danach ist der Nous Poiētikos zwar die causa formalis, aber als solche ist er im strengen Sinne die Wirkursache für die Entstehung des Denkens im Menschen. Der produktive Nous ist ein gutes Beispiel für die Wirkungsmächtigkeit der Formen. Der letzte Teil des Kapitels betrachtet und bewertet die Annahme des Nous Poiētikos im Hinblick auf deren platonischen Hintergrund. Inwiefern hat Aristoteles das demiurgische Motiv für seinen produktiven Nous fruchtbar gemacht? Nicht zuletzt bezieht Aristoteles mit seinem göttlichen Nous Stellung zur Unsterblichkeit der Seele sowie zu Platons Lehre der Wiedererinnerung. Auf die Fragen, wie man denken kann und ob die menschliche Seele unsterblich ist, gibt er Antworten.

Das Thema des dritten Kapitels ist Aristoteles' Ontologie, in deren Zentrum seine Theorie zu den Formen steht. Wir gehen auf die Frage ein, ob sich der produktive Nous in die aristotelische Transzendenz einfügt. Bekanntlich hebt Aristoteles seine immanenten Formen von Platons transzendenten Ideen ab. Er ist immer wieder der Ansicht, dass die Trennung der Ideen von den sinnenfälligen Dingen bewirke, dass jene nichts zur Entstehung und zur Erkenntnis von diesen beitrügen. Wir werden Aristoteles' kritische Auseinandersetzungen mit der Ideenlehre genauer betrachten. Ein besseres Verständnis der Ideenkritik ist hilfreich für das Verstehen der aristotelischen Ontologie. Was Aristoteles' eigene Ontologie anlangt, werden wir der Entwicklung der Eidoslehre in der *Metaphysik* nachgehen. Zentral für seine Lehre zu den Formen sind vor allem die Beziehung zwischen Transzendenz und Immanenz sowie der Gegensatz zwischen Allgemeinem und Einzelnem. Wie bereits erwähnt, kritisiert Aristoteles Platons Ideenlehre für die Trennung, und seine eigenen Formen werden als rein immanent dar- und mithin den Ideen gegenübergestellt. Hieraus aber ergibt sich ein schwerwiegendes Problem: Wie lassen sich seine Formen, die jeweils in verschiedenen Einzeldingen immanent sind, erkennen, da Erkennen doch Allgemeinheit voraussetzt? In den diesbezüglichen Ausführungen werden eine materialistisch konzipierte Mischungstheorie sowie eine dinghafte Transzendenz vorgestellt. Dadurch, dass wir die Gründe erläutern, warum Aristoteles und Platon diese Spielarten der Transzendenz ablehnen, kommen wir schließlich zu einem besseren Verständnis des Sinns von Transzendenz und Immanenz. Immanenz und Transzendenz sind kompatibel. Hinzu kommt, dass die Formen noushaft sind. Als Nous gehen sie über den Gegensatz von Allgemeinheit und Partikularität hinaus. Daraus erschließt sich eine mögliche Verbindung zwischen der Annahme des Nous Poiētikos und der Eidoslehre. Die aristotelische Ontologie ist im Wesentlichen eine Noologie.

Im Buch Lambda der *Metaphysik* findet sich die Darstellung des Gottes. Der aristotelische Gott ist Nous, der seiner Natur nach rein reflektive Denktätigkeit ist. Allerdings wirkt die rätselhafte Formel „Das Denken des Denkens (νόησις νοήσεως)“ eher verdunkelnd als erhellend. Im vierten Kapitel unternehmen wir eine detaillierte Untersuchung des göttlichen Denkens, insbesondere dessen, was den Inhalt dieses rein reflektiven Denkens ausmacht. Obwohl man aus Aristoteles' lapidarer Darstellung nie zu einer konklusiven Deutung kommen kann, versuchen wir, eine inhaltsreiche göttliche Noēsis als schlüssig und plausibel auszuweisen. Dabei beschränkt sich unsere Analyse nicht auf die beiden Kapitel 7 und 9 des Buches Lambda. Anhand einer gründlichen Analyse des Vorrangs der Wirklichkeit, den Aristoteles im achten Kapitel des Buches Theta erörtert, zeigen wir, dass Aristoteles in der Transzendenz der Formen eine ewige und unveränderliche Gewähr für die Ordnung und den Bestand des Alls sieht. Gott, als Denken aller Formen, ist das, wovon der Himmel und die Natur abhängen, wie Aristoteles im Buch Lambda feststellt.[26]

Zum Schluss betrachten wir kurz das ebenso berühmte wie berüchtigte Schlusskapitel der zweiten *Analytik*. Dort thematisiert Aristoteles das Auffinden von Prinzipien (ἀρχαί) der Wissenschaften. Aristoteles zufolge ist der Prozess ἐπαγωγή für das Erkennen der Prinzipien zuständig. Dennoch ist die Epagōgē trotz der gängigen Übersetzung „Induktion“ nicht mit der modernen induktiven Methode gleichzusetzen. Die Epagōgē wird als ein Prozess der Abstraktion interpretiert, welche in der Aufnahme der Form ohne Materie besteht. Der epagogische Aufstieg zum Prinzip beginnt mit der Wahrnehmung. In *De anima* III 5 wird der göttliche Nous eingeführt und dessen Funktion beim Denken vorgestellt. In II 19 nun lässt Aristoteles erkennen, dass der göttliche Nous Poiētikos, der eine implizite Verbindung mit dem menschlichen Nous hat, unmerklich den kognitiven Prozess der Epagōgē leitet.

26 Met. XII 7, 1072b13–14.

Das erste Kapitel – Wahrnehmen und Denken: *De anima* III 4

1 Der Beginn der Noetik

Nachdem Aristoteles die Wahrnehmung und die Vorstellung behandelt hat, beginnt er mit III 4 seine Untersuchung über den Nous. Das Kapitel lässt sich in vier Teile untergliedern. Der kurze, einführende erste Teil (429a10 – 13) enthält eine prägnante Einordnung des Nous und eine doppelte Frage, deren Beantwortung den Kern der aristotelischen Noetik ausmacht. Darauf folgt der längere zweite Teil (429a13–b9), in dem Aristoteles den Nous mit der Wahrnehmung vergleicht und durch diesen Kontrast den Wesensunterschied des Nous bestimmt. Das Thema des dritten Teils (429b10 – 22) ist das Denkbare. Dieses hat keine Größe und ist damit von einer anderen Natur als das Wahrnehmbare. Demzufolge erwägt Aristoteles, inwieweit sich das Denkvermögen vom Vermögen der Wahrnehmung unterscheidet; eine Überlegung, die mit der Frage nach der Unsterblichkeit der Seele zu tun hat. Im letzten, vierten Teil (429b22 – 430a9) adressiert Aristoteles zwei Aporien, von denen sich die eine auf die Entstehung des Denkens und die andere auf das Sichdenken des Nous bezieht. Im Folgenden werden wir die Ausführungen in III 4 analysieren. Im Mittelpunkt unserer Betrachtung steht die wesentliche Natur des Nous. Wir werden zeigen, wie Aristoteles bei dem Vergleich das Denkvermögen von den Wahrnehmungssinnen abgrenzt und es dadurch hervorhebt. Auch die Aporien werden eingehend betrachtet, weil sie Grundzüge des noetischen Denkens verraten. Was die Unsterblichkeit anbelangt, betrachten wir Stellen aus dem ersten und zweiten Buch, an denen Aristoteles seine ersten Überlegungen zur Unsterblichkeit der Seele anstellt. Diese Frage wird zusammen mit der Untersuchung zur Entstehung des Denkens im dritten Kapitel durch die Annahme des νοῦς ποιητικός beantwortet. Weil das fünfte Kapitel mit der Annahme des produktiven Nous eine Fortsetzung von III 4 ist, werden wir nach einer eingehenden Untersuchung des vierten Kapitels Aristoteles' Konzeption des Nous Poiētikos besser verständlich machen können.

De anima ist eine Abhandlung über die Seele. Zu Beginn seiner noetischen Untersuchung macht Aristoteles unmissverständlich klar, dass der Nous ein Teil (μόριον) der Seele ist. Damit ist der Gegenstand der Betrachtung in diesem Kapitel festgelegt. Es handelt sich um den Nous des Menschen, mit dem die Seele „γινώσκει τε καὶ φρονεῖ".[1] Die Bedeutung der Verben γινώσκειν und φρονεῖν ist viel diskutiert

1 *De anima* III 4, 429a10 – 12: περὶ δὲ τοῦ μορίου τοῦ τῆς ψυχῆς ᾧ γινώσκει τε ἡ ψυχὴ καὶ φρονεῖ, εἴτε χωριστοῦ ὄντος εἴτε μὴ χωριστοῦ κατὰ μέγεθος ἀλλὰ κατὰ λόγον […].

https://doi.org/10.1515/9783111384719-003

worden, weil keines der beiden sich auf eine eindeutige kognitive Handlung bezieht. Hicks und Polansky tendieren dazu, das φρονεῖν als das dem Nous eigentümliche intuitive Einsehen zu deuten. Das γινώσκειν dagegen bedeute „Erkennen" im breiteren Sinn, welches das Erkennen des Wahrgenommenen einschließt.[2] Das φρονεῖν und νοεῖν kommen in III 3 vor, wenn Aristoteles verschiedene kognitive Aktivitäten der Vorstellung (φαντασία) einander gegenüberstellt.[3] Es scheint so, dass φρονεῖν im Sinne von intuitivem Einsehen und νοεῖν als Erkennen im breiteren Sinn verwendet werden. Denn weiter unten in 427b9 wird νοεῖν als das Erkennen vorgestellt, zu dem Richtig und Falsch gehören.[4] Aber zu Beginn von III 4 steht nach γινώσκειν und φρονεῖν in der Frage nach der Entstehung des Denkens νοεῖν, welches intuitives Einsehen bedeutet, und νοεῖν wird im ganzen Kapitel als Wort für intuitives Denken verwendet. Es wäre ein wenig merkwürdig, wenn zwei im Text nacheinander folgende Wörter, φρονεῖν und νοεῖν, dieselbe Bedeutung hätten. Neben der Eingangsstelle steht mitten in der Erläuterung über das Wesensmerkmal des Nous in Parenthese wiederum eine Charakterisierung vom Nous: „Ich nenne Nous das, womit die Seele denkt (διανοεῖσθαι) und Annahmen macht (ὑπολαμβάνειν)."[5] Die Struktur und der Kontext dieser Beschreibung ähneln derjenigen in 429a10–12. Insgesamt sind es vier kognitive Handlungen, γινώσκειν, φρονεῖν, διανοεῖσθαι und ὑπολαμβάνειν, die sich alle mit dem Nous (νοεῖν) in Verbindung bringen lassen. Was zählt, ist, dass der Nous nach Aristoteles anderen kognitiven Aktivitäten zugrunde liegt, obwohl Aristoteles nicht verdeutlicht, wie der Nous sich auf alle erkennenden Tätigkeiten bezieht. Zentral für die Noetik ist die eigenartige Natur des Nous. Die Hervorhebung des Nous in III 4 macht es un-

---

2 Hicks 1907, 475, Polansky 2007, 434–435. Polansky kommentiert: „The cognitive terms used here do not have fixed meanings." Burnyeat (2008, 51 Anm. 38) dagegen deutet das γινώσκειν als theoretisches Denken, das φρονεῖν eher als praktisches Denken. Themistius' Paraphase (De an. 93, 32–33, Heinze, Zitat unten Anm. 161) entspricht den Zuordnungen von Burnyeat. Zwar ist φρονεῖν Aristoteles' Wort für praktische Weisheit in der *Nikomachischen Ethik*, aber der Kontext, in dem sich das Verb in III 3 und 4 befindet, legt nicht nahe, dass es in diesem spezifischen Sinn verwendet wurde.

3 *De anima* III 3, 427a17–20: ἐπεὶ δὲ δύο διαφοραῖς ὁρίζονται μάλιστα τὴν ψυχήν, κινήσει τε τῇ κατὰ τόπον καὶ τῷ νοεῖν καὶ τῷ φρονεῖν καὶ αἰσθάνεσθαι, δοκεῖ δὲ καὶ τὸ νοεῖν καὶ τὸ φρονεῖν ὥσπερ αἰσθάνεσθαί τι εἶναι. Nach Zeugnissen gewisser Mss. steht anstatt φρονεῖν das Wort κρίνειν. Moderne Herausgeber sind sich darüber nicht einig: Hicks und Biehl/Apelt lesen κρίνειν, Ross und Polansky lesen φρονεῖν. Welches von den beiden tatsächlich in 427a18 steht, lässt sich nicht mit Sicherheit feststellen. Wie dem auch sei, ist dies aber auch nicht von entscheidender Bedeutung. Denn anschließend (a19) stehen φρονεῖν und νοεῖν nebeneinander.

4 Dazu Hicks 1907, 455–456 und Polansky 2007, 407–408. Polansky stellt fest, dass das Verb νοεῖν mehr kognitive Aktivitäten umfasst als das Substantiv νοῦς (408 Anm. 10).

5 *De anima* III 4, 429a23: λέγω δὲ νοῦν ᾧ διανοεῖται καὶ ὑπολαμβάνει ἡ ψυχή. Corcilius (2017, 179) übersetzt „διανοεῖται" mit „diskursiv denkt".

wahrscheinlich, dass φρονεῖν dort das intuitive Denken bedeutet.[6] Im Anschluss stellt Aristoteles zwei für seine Nouslehre zentrale Fragen:

> σκεπτέον τίν' ἔχει διαφοράν, καὶ πῶς ποτὲ γίνεται τὸ νοεῖν.
>
> III 4, 429a12–13
>
> Man muss untersuchen, welche Wesensdifferenz der Nous hat und wie sich das Denken denn vollzieht.[7]

Die Antwort auf die zweite Frage gibt Aristoteles in III 5 mit der Annahme des νοῦς ποιητικός. In diesem Kapitel beschäftigt er sich mit der ersten Frage. Eine Art wird durch ihre letzte Differenz (τελευταία διαφορά von allen anderen Arten derselben Gattung unterschieden, und mithin wird dadurch die Form, welche das ontologische Pendant zur Art ist, bestimmt.[8] Die gesuchte Differenz ist die differentia specifica. Aristoteles zieht gewiss nicht alle Arten der Gattung der Seelenvermögen in Betracht. Wir haben in der Einführung darauf hingewiesen, dass Aristoteles seine Noetik in enger Parallelität zur Wahrnehmung entwickelt. Der Nous ist wie die Wahrnehmung ein seelisches Vermögen. Im nächsten Abschnitt beginnt Aristoteles aus der Gemeinsamkeit heraus das Wesen des Nous herauszustellen. Trotzdem wird die grundlegende Parallelität zwischen Denken und Wahrnehmen nicht gänzlich aufgehoben. Beiden Vermögen, dem Denken wie dem Wahrnehmen, haftet eine Art Passivität an.

2 Die *Passivität* des Denkens

Aristoteles beginnt seine Bestimmung zunächst mit einer Gemeinsamkeit, die das Denken mit der Wahrnehmung teilt:

---

6 Dass der Nous die Grundlage für dianoetisches Denken ist, macht Plotin in seinen *Enneaden* deutlich. Das diskursive Denken bezieht in seinen Tätigkeiten Wahrnehmung und Vorstellung ein. Siehe die Ausführungen in Kap. II § 5.1.

7 Die im Literaturverzeichnis angegebenen Übersetzungen liegen den Übersetzungen der antiken Texte in der vorliegenden Arbeit zugrunde.

8 Zur Beziehung von Art und Form: Kap. 3 § 3.4.2. Zur Differenz als terminus technicus für Definition: Top. I 8, 103b14–16, auch Met. VII 12, 1037b27–1038a20 vor allem 27–30, 1038a18–20. Es gibt Stellen, an denen Aristoteles Unterschiede der Gattung nach anerkennt, z. B. den Eintrag zur Differenz im philosophischen Lexikon: διάφορα λέγεται ὅσ' ἕτερά ἐστι τὸ αὐτό τι ὄντα, μὴ μόνον ἀριθμῷ ἀλλ' ἢ εἴδει ἢ γένει ἢ ἀναλογίᾳ (Met. V 9, 1018a12–13); auch Met. X 3, 1054b25–30. Hier gelten die verschiedenen Kategorien als Differenzen der Gattung nach. Ausschlaggebend für die Definition sind Differenzen innerhalb einer Gattung. Siehe dazu Höffe 2005, 123.

> εἰ δή ἐστι τὸ νοεῖν ὥσπερ τὸ αἰσθάνεσθαι, ἢ πάσχειν τι ἂν εἴη ὑπὸ τοῦ νοητοῦ ἤ τι τοιοῦτον ἕτερον.
>
> De an. III 4, 429a13–15
>
> Weil das Denken doch wie das Wahrnehmen ist, dürfte es entweder ein Erleiden in gewisser Hinsicht durch das Denkbare sein oder etwas anderes dergleichen.

Es gehört zu Aristoteles' Grundansichten, dass die Wahrnehmung, vom Wahrnehmenden aus betrachtet, ein Bewegtwerden oder ein Erleiden (κινεῖσθαι καὶ πάσχειν) ist.[9] Wir können erst sehen, wenn sich uns ein farbiger Gegenstand zeigt. Dieser veranlasst als wirklich Wahrnehmbares unser Sehvermögen zum aktualen Sehen.[10] Es gibt gemäß Aristoteles' Dreistufenlehre zwei Arten des Erleidens.[11] Das Erleiden bedeutet in dem einen Sinne eine Vernichtung (φθορά) durch das Entgegengesetzte; im anderen Sinne die Bewahrung (σωτηρία) des der Möglichkeit nach Seienden durch das, was in Wirklichkeit ist, sowie das Gleichwerden mit eben diesem in Wirklichkeit Seienden. In diesem zweiten Sinn des Erleidens steht ein Vermögen zu seiner Vollendung.[12] Aristoteles erläutert diesen Sachverhalt durch das Beispiel des Lernens, das zum Standardbeispiel der Dreistufenlehre geworden ist. Ein Mensch, der als ein wissenschaftsfähiges Wesen das Potenzial zum Lernen hat, ist vor dem Lernen in der ersten Möglichkeit. Lernen ist Erleiden im ersten Sinne, indem der Zustand des Nichtwissens des Lernenden dadurch aufgehoben wird. Nach dem Lernen wird er ein Wissender, etwa so, wie jemand nach dem Erwerb mathematischer Kenntnisse zu einem gebildeten Mathematiker geworden

9 De an. II 5, 416b33–34: ἡ δ' αἴσθησις ἐν τῷ κινεῖσθαί τε καὶ πάσχειν συμβαίνει. Scharfsinnig interpretiert diesen Satz Bernard 1988, 50: „Die Wahrnehmung begleitet ein Bewegtwerden." Siehe auch De an. II 11, 424a1.

10 De an. II 5, 417a6–14: δῆλον οὖν ὅτι τὸ αἰθητικὸν οὐκ ἔστιν ἐνεργείᾳ, ἀλλὰ δυνάμει μόνον. διὸ οὐκ αἰσθάνεται, καθάπερ τὸ καυστὸν οὐ καίεται αὐτὸ καθ' αὑτὸ ἄνευ τοῦ καυστικοῦ· ἔκαιε γὰρ ἂν ἑαυτό, καὶ οὐθὲν ἐδεῖτο τοῦ ἐντελεχείᾳ πυρὸς ὄντος. ἐπειδὴ δὲ τὸ αἰσθάνεσθαι λέγομεν διχῶς (τό τε γὰρ δυνάμει ἀκοῦον καὶ ὁρῶν ἀκούειν καὶ ὁρᾶν λέγομεν, κἂν τύχῃ καθεῦδον, καὶ τὸ ἤδη ἐνεργοῦν), διχῶς ἂν λέγοιτο καὶ ἡ αἴσθησις, ἡ μὲν ὡς δυνάμει, ἡ δὲ ὡς ἐνεργείᾳ. ὁμοίως δὲ καὶ τὸ αἰσθητόν, τό τε δυνάμει ὂν καὶ τὸ ἐνεργείᾳ.

11 Zu Aristoteles' Dreistufenlehre: De an. II 5, 417a21-b2, siehe auch Phys. VIII 4, 255a30-b5.

12 De an. II 5, 417b2–5: οὐκ ἔστι δ' ἁπλοῦν οὐδὲ τὸ πάσχειν, ἀλλὰ τὸ μὲν φθορά τις ὑπὸ ἐναντίου, τὸ δὲ σωτηρία μᾶλλον τοῦ δυνάμει ὄντος ὑπὸ τοῦ ἐντελεχείᾳ ὄντος καὶ ὁμοίου οὕτως ὡς δύναμις ἔχει πρὸς ἐντελέχειαν. Ross (1961, 236) stellt den Satz so um: μᾶλλον ὑπὸ τοῦ ἐντελεχείᾳ ὄντος τοῦ δυνάμει ὄντος καὶ ὁμοίου οὕτως ὡς δύναμις ἔχει πρὸς ἐντελέχειαν, mit der Begründung, dass sich in der Tat das in Möglichkeit Seiende zum der Wirklichkeit nach Seienden verhält, wie das Vermögen zu dessen Vollendung steht. Ross' Überlegung ist sicherlich dem Sachverhalt gemäß. Wenn man den in den meisten Mss. überlieferten Satz behalten will, muss sich das καὶ ὁμοίου statt auf das [ὑπὸ] τοῦ ἐντελεχείᾳ ὄντος auf das τοῦ δυνάμει ὄντος beziehen. Zu dieser uneigentlichen Art des Erleidens siehe Cassirer 1932, 72 f., Bernard 1988, 49 f.

ist. Nunmehr befindet er sich in der zweiten Möglichkeit, die zugleich die erste Vollendung ist. Wenn er ein mathematisches Problem überdenkt und löst, wird er aus der ersten Vollendung zur zweiten übergehen. Damit liegt ein Erleiden des zweiten Sinnes vor, weil er seine durch das Lernen erworbenen Erkenntnisse der Wirklichkeit nach betätigt.[13] Es ist klar, dass es sich bei der Wahrnehmung um ein Erleiden der zweiten Art handelt.[14] Nach Aristoteles erfolgt der erste Übergang, der ein Erleiden im Sinne von Vernichtung ist, bereits bei der Geburt.[15] Die Wahrnehmungsvermögen sind von Natur aus vorhanden und werden durch wirklich Wahrnehmbares zur vollständigen Tätigkeit überführt. Eine vergleichbare Passivität wird dem Denken zugesprochen.[16] Bereits zu Beginn von III 3 vergleicht Ari-

13 Themistius' Erläuterung (De an. 55, 17 ff., Heinze): καὶ οὐ ταὐτὸν τὸ πάσχειν ἐπ' ἀμφοτέρων τοῦ τε μανθάνοντος τὴν ἐπιστήμην καὶ τοῦ ἔχοντος ἠρεμοῦσαν, ἀλλ' ὁ μὲν ἣν ἔχει διάθεσιν, ταύτην ἀπόλυσι· φθείρεται γὰρ ἡ ἄγνοια καὶ ἐκχωρεῖ ἐπεισιούσης ἐπιστήμης· ὁ δὲ ἡνίκα ἂν ἐνεργῇ κατὰ τὴν ἐπιστήμην, ἣν ἔχει, ταύτῃ χρῆται, ὥστε ἐκεῖ μὲν φθορὰ τῆς προϋπούσης ποιότητος, ἐνταῦθα δὲ τελείωσις μᾶλλον (30–35).

14 Mit dem Wörtchen τι in dem Eingangssatz weist Aristoteles bereits auf eine Relativierung des Sinnes vom πάσχειν hin. πάσχειν τι kann „ein gewisses Erleiden" oder „Erleiden in gewisser Hinsicht" bedeuten. Ein solcher Gebrauch von τι findet sich oben im in Anm. 8 zitierten Satz aus der *Metaphysik*. τι bedeutet hier gerade „in gewisser Hinsicht". Shields (1995, 308–309 Anm. 3) unterscheidet drei mögliche Bedeutungen: „If the indefinite τι is an accusative object of πάσχειν, Aristotle means (i) in thinking the νοῦς suffers something; if, by contrast, τι is a noun agreeing with πάσχειν, Aristotle means either (ii) thinking is a kind of being affected, or (iii) thinking is a being affected—sort of (that is, thinking is akin to being affected, but not quite a proper instance of it)." Er tendiert zu der dritten Bedeutung. In seinem Kommentar zu *De anima* (2016, 297–299) gibt Shields eine ausführlichere Interpretation. Er bleibt bei seiner früheren Konklusion: „Aristotle is claiming, in effect, that, *when suitably understood*, reason's being affected – after a fashion – is consistent with its being unaffected." (299). Auf eben diese Weise erklärt Simplikius (223, 40–224, 1, Hayduck) den Satz: τὸ μὲν γὰρ τὶ πρόσκειται τῷ πάσχειν, ἵνα μὴ φθαρτικὸν τὸ πάσχειν ἀκούσωμεν. Aber τι kann genauso gut ein indefinites Objekt von πάσχειν sein. Nach Hicks (1907, 292, auch 476) bedeutet τι im Eingangssatz von III 4 eindeutig „etwas". Er beruft sich dabei auf einen Satz in De an. II 12: τί οὖν ἐστὶ τὸ ὀσμᾶσθαι παρὰ τὸ πάσχειν τι; (424b16–17). Hicks' Interpretation lässt sich noch durch den folgenden Satz aus der *Physik* unterstützen: ἡ γὰρ αἴσθησις ἡ κατ' ἐνέργειαν κίνησίς ἐστι διὰ τοῦ σώματος, πασχούσης τι τῆς αἰσθήσεως (Phys. VII 2, 244b11–12). Aber wie Hicks (292) selbst sagt, bleibt der Sinn des Satzes ungeachtet dessen, welche Bedeutung dem τι zugesprochen wird, deutlich.

15 De an. II 5, 417b16–17: τοῦ δ' αἰσθητικοῦ ἡ μὲν πρώτη μεταβολὴ γίνεται ὑπὸ τοῦ γεννῶντος [...], und Met. I 1, 980a27–28: φύσει μὲν οὖν αἴσθησιν ἔχοντα γίγνεται τὰ ζῷα.

16 Schon Themistius (94, 5–9, Heinze) erörtert πάσχειν in diesem Sinne: εἰ δὴ τὸ νοεῖν ἀνάλογόν ἐστι τῷ αἰσθάνεσθαι (δι' ἀμφοῖν γὰρ κρίνει τε καὶ γνωρίζει καθάπερ καὶ πρότερον ἔφαμεν ἡ ψυχή), πάσχοι ἄν τι καὶ ὁ νοῦς ὑπὸ τῶν νοητῶν, ὥσπερ ὑπὸ τῶν αἰσθητῶν ἡ αἴσθησις, τὸ πάσχοι δ' ἂν καὶ ἐνταῦθα ἀκουστέον παραπλησίως· κυριώτερον γὰρ εἰπεῖν, ὅτι μᾶλλον τελειοῖτο ἂν εἰς ἐνέργειαν ἐκ δυνάμεως προαγόμενος.

stoteles das Denken mit dem Wahrnehmen.[17] Auffallend ist jedoch, dass er gerade in dem Kapitel, wo das Denken eigens thematisiert wird, den Vergleich zwischen dem Wahrnehmen und dem Denken behutsam formuliert. Die Vergleichbarkeit wird durch eine weitere Alternative (τι τοιοῦτον ἕτερον) relativiert. Wir müssen nicht wie Ross ἤ ... ἤ als strenge Alternative verstehen – das Wort τοιοῦτον in der zweiten Alternative macht diese Auslegung unwahrscheinlich,[18] damt wird jedoch auf gewisse Unterschiede zwischen Denken und Wahrnehmen hingedeutet. Nach Horn dürfte ein Unterschied darin liegen, dass, während die Wahrnehmung bei der Gegenwart eines Wahrnehmbaren mit Notwendigkeit erfolge, das Denken unserem freien Entschluss unterworfen sei.[19] Dies ist gewiss ein wichtiger Unterschied zwischen Wahrnehmen und Denken, wie aus den hier folgenden Ausführungen ersichtlich wird. Aber wahrscheinlich hat Aristoteles eine noch tiefgreifendere Relativierung im Sinn. Die Relativierung kommt nicht nur in der zweiten Alternative zum Ausdruck, sondern sie wird schon durch den Optativ „(ἂν) εἴη", den Aristoteles im Hauptsatz verwendet, vermittelt. Was der Vergleich von Denken und Wahrnehmen bis jetzt herausstellt, ist die Passivität. Nun wird dieses Grundverhältnis durch den Optativ etwas eingeschränkt.[20] Mit anderen Worten, die Grundvergleichbarkeit zwischen Wahrnehmen und Denken steht in doppelter Relativierung. Das Erleiden beim Denken ist sehr wohl doch in einer weiteren Hinsicht etwas anderes als das Erleiden beim Wahrnehmen. Während Aristoteles in früheren Ausführungen das Denken analog zum Wahrnehmen auftreten lässt, gilt es nunmehr – weil der Wesensunterschied des Nous gegenüber den anderen Seelenver-

---

17 De an. III 3, 427a19–20: δοκεῖ δὲ καὶ τὸ νοεῖν καὶ τὸ φρονεῖν ὥσπερ αἰσθάνεσθαί τι εἶναι. Das τι versteht Horn (1994, 47) im Unterschied zu Hicks (1907, 454) als „eine bestimmte Art von". Aber es stellt sich die Frage, ob „eine Art von Wahrnehmen" hier Sinn macht. Denn anders als Erleiden wird das Wahrnehmen nur in einem Sinne verstanden. Denselben Vergleich macht Aristoteles an einer früheren Stelle: In I 5, 410a25–26 berichtet Aristoteles die Grundansicht der früheren Philosophen hinsichtlich der Wahrnehmung wie folgt: τὸ δ' αἰσθάνεσθαι πάσχειν τι καὶ κινεῖσθαι τιθέασιν. Was er dabei kritisiert, ist nicht die Passivität des Wahrnehmens oder des Denkens, sondern eine bestimmte Auffassung der These, dass Gleiches durch das Gleiche erkannt werde. Dazu siehe § 5.1.

18 Ross 1961, 291–292. Hamlyn (1958, 136) deutet es ebenfalls als eine exklusive Wahl. Allerdings interpretiert er das πάσχειν als Erleiden im eigentlichen Sinne. Wie er selbst zugibt, kann das Erleiden im eigentlichen Sinn nicht einmal für das Wahrnehmen gelten. Zum Gebrauch von ἤ ... ἤ, der keine strikte Entgegensetzung involviert: siehe Kühner § 538, 1–2 (II. 297). Diesen Gebrauch kennt Ross selbst. Die Stelle „[...]ἢ νοῦς γένοιτο αἴτιος ἢ φύσις" in der *Physik* (II 6, 198a6) paraphrasiert er neben „reason or nature" auch mit „reason and nature" (Ross Phys. Komm. 355). Elders (1960, 132) führt Beispiele bei Aristoteles an, in denen das ἤ ... ἤ keine sich ausschließenden Alternativen verbindet.

19 Horn 1994, 82.

20 Der Optativ ist im Sinn von optativus potentialis zu verstehen: Das Denken dürfte ein Erleiden in gewisser Hinsicht sein ...

mögen, vor allem dem Wahrnehmen, bestimmt werden soll –, das Denken vom Wahrnehmen abzugrenzen.[21]

3 Die Wesensbestimmung des Nous

Die Ermittlung der Eigenschaft, durch die sich der Nous von allen anderen Seelenvermögen abhebt, ist *das* Thema von III 4. Die Fragen nach der Unsterblichkeit sowie nach der Entstehung des Denkens hängen von dem Wesen des Nous ab. Aristoteles fragt nicht, ob der Mensch als ein Seele-Körper-Komplex unsterblich sei oder wie der Mensch zur Wahrnehmung komme. Es ist der Nous mit seiner eigenartigen Natur, der die obigen Fragen aufkommen lässt. Um Aristoteles' Ausführungen im Kapitel III 5, in dem sich seine Antworten auf die Fragen finden, besser zu verstehen, sollen wir uns ein tieferes Verständnis für das Wesen des Nous verschaffen.

3.1 Die Ungemischtheit des Nous

Der Nous wird als leidensunfähig (ἀπαθές), aufnahmefähig für die intelligible Form (δεκτικὸν τοῦ εἴδους) und diese der Möglichkeit nach (δυνάμει τοιοῦτον) bestimmt.[22] Auf den ersten Blick scheint bereits die erste Bestimmung „leidensunfähig" dem eben Gesagten zu widersprechen. Dieser scheinbare Widerspruch lässt sich dadurch aufheben, dass das Erleiden des Denkens sowie des Wahrnehmens nicht im gewöhnlichen Sinne als Vernichtung zu verstehen ist. Insofern sind die beiden im eigentlichen Sinn leidensunfähig. Aber ἀπαθές könnte einen konkreteren Sinn haben. An einer Stelle im ersten Buch sagt Aristoteles, dass der Nous in gewissem Sinne ἀπαθές ist. Er *erlischt* mit dem dahinwelkenden Körper. An sich ist er aber leidensunfähig.[23] Dasselbe gilt auch für die Wahrnehmungsvermögen, wie

21 Damit wird aber sicherlich nicht gesagt, dass die Vergleichbarkeit gänzlich zurückgewiesen wird. Wie der die Passage abschließende Satz (καὶ ὁμοίως ἔχειν, ὥσπερ κτλ. 429a16–18) zeigt, ist das Denken im Hinblick auf die Passivität immer noch eng vergleichbar mit dem Wahrnehmen. An einer späteren Stelle (429b24–25) wird das Denken nochmals als πάσχειν τι charakterisiert. Dieses Grundverhältnis ist so weit intakt geblieben. Aber andererseits wollte Aristoteles die feinen und entscheidenden Unterschiede zwischen den beiden Vermögen durch gewisse sprachliche Nuancierungen andeuten.

22 De an. III 4, 429a15–16: ἀπαθὲς ἄρα δεῖ εἶναι, δεκτικὸν δὲ τοῦ εἴδους καὶ δυνάμει τοιοῦτον ἀλλὰ μὴ τοῦτο.

23 De an. I 4, 408b18 f. Diese Stelle wird unten in § 6.2 eingehend diskutiert.

derselben Stelle zu entnehmen ist: Ein Greis könnte genauso gut sehen wie ein Jüngling, wenn er ein entsprechendes Auge hätte. Der Nous ist wie die Wahrnehmungsvermögen keiner leiblichen Destruktion unterworfen. Er ist in diesem Sinne ἀπαθές. Ferner ist der Nous als das Denkvermögen aufnahmefähig für das Denkbare.[24] Auch diese Beschaffenheit teilt der Nous mit den Wahrnehmungsvermögen. Die Wahrnehmungssinne sind ebenfalls aufnahmefähig für ihre entsprechenden Gegenstände. Zu Beginn von II 12 macht Aristoteles klar, dass die Wahrnehmung das Aufnahmefähige (δεκτικόν) für die wahrnehmbaren Formen ohne Materie ist, wie das Wachs bloß das Zeichen vom Ring aufnimmt.[25] Wie diese Metapher zu verstehen sein soll, ist das Thema einer großen Kontroverse vor allem in der angelsächsischen Welt. Sorabji besteht darauf, dass z. B. das Sehen einer Farbe eine physiologische Veränderung involviere. Die κόρη werde gefärbt. Das Sehen sei das Bewusstsein dieses physiologischen Vorgangs.[26] Burnyeat dagegen bestreitet, dass eine solche physiologische Veränderung stattfindet. Das Sehen ist ihm zufolge lediglich das Bewusstsein der Farbe.[27] Insofern folgt Burnyeat der Ansicht mancher antiker Kommentatoren. Schon Alexander leugnet, dass die Wahrnehmung eine

24 Die Aufnahmefähigkeit des Nous äußert Aristoteles deutlich an einer Stelle in der *Metaphysik:* τὸ γὰρ δεκτικὸν τοῦ νοητοῦ καὶ τῆς οὐσίας νοῦς. (Met. XII 7, 1072b22).

25 De an. II 12, 424a17–21: ὅτι ἡ μὲν αἴσθησίς ἐστι τὸ δεκτικὸν τῶν αἰσθητῶν εἰδῶν ἄνευ τῆς ὕλης, οἷον ὁ κηρὸς τοῦ δακτυλίου ἄνευ τοῦ σιδήρου καὶ τοῦ χρυσοῦ δέχεται τὸ σημεῖον. Dieselbe Metapher begegnet in De mem. 1, 450a30–32. Das Gedächtnisbild ist ein gewisser Abdruck des Wahrnehmungsbilds, wie das Wachssiegel der Abdruck eines Ringes ist. Aristoteles folgt an dieser Stelle dem Sinn derselben Metapher in Platons *Theaitetos* (191c8–e2). Dort wird das Gedächtnis (ἡ μνημοσύνη, μνημονεῦσαι) ebenfalls mit dem Abdruck auf dem Wachsstück verglichen. Aristoteles überträgt den Sinn der Metapher in *De anima* auf die Wahrnehmung. Danach gilt das Abdrucksverhältnis sowohl für die Wahrnehmung wie auch für die Vorstellung (φαντασία), zu der das Gedächtnis gehört. Zum Gedächtnis als eine Art Vorstellung: De sen. 1, 450a22–23.

26 Sorabji 1992, 209 ff. Belege aus Aristoteles' Schriften, die seine These unterstützen: 209 Anm. 103; seinen angeführten Stellen ist noch eine hinzuzufügen, die auch auf eine gewisse Färbung hinweist: ἔτι δὲ καὶ τὸ ὁρῶν ἔστιν ὡς κεχρωμάτισται (III 2, 425b22–23). Siehe auch Sorabji 1991, 228; 1979. Die Korē ist nach Sorabji (1992, 210, mit ihm auch Johansen 1997, 56) die Flüssigkeit innerhalb des Auges. Die Stelle in II 12 deutet er als einen physiologischen Vorgang der Färbung dieser Flüssigkeit.

27 Burnyeat 1992, v. a. 19–21: „the eye's taking on a colour is just one's becoming aware of some colour" (18). Dieses Bewusstsein entspreche dem Übergang von der ersten zur zweiten Vollendung nach Aristoteles' Dreistufenlehre. Die Färbung bedeute den Übergang von der Möglichkeit zur ersten Vollendung. Zu Sorabjis Antwort auf Burnyeats These: Sorabji 1992, 220 f. Für Sorabji hat die Tatsache, dass manche antike Kommentatoren wie Philoponus und Thomas von Aquin eine derartige physiologische Veränderung ausschließen, keine Aussagekraft. Sorabji sieht die Ablehnung physiologischer Veränderung als eine Dematerialisierung (dematerialisation) der Wahrnehmung unter den antiken und den mittelalterlichen Kommentatoren, die schon mit Alexander den Anfang nahm (Sorabji 1991, 1992, 224–225).

physiologische Veränderung einschließt,[28] und hierin stimmt Themistius mit ihm überein.[29] Auf diese Kontroverse wird hier nicht eingegangen.[30] Beide Seiten bestreiten nicht, dass die Wahrnehmung einen psychologischen Bestandteil hat. Auch Sorabji würde nicht leugnen, dass das eigentliche Wahrnehmen im Bewusstsein eines Wahrnehmbaren wie einer Farbe liegt.[31] Dieses Bewusstsein ist im Grunde nichts anderes als das Abstrahieren der wahrnehmbaren Form ohne die Materie. Wir sehen die Gestalt und die Farbe eines Steins, ohne dass dieser in unseren Augen wäre. Ob und inwiefern das Bewusstsein physiologische Vorgänge voraussetzt, ist

28 Alex. De an. 61, 30 – 62,5 Bruns: ἤ εἰ μὲν οὕτως κινοῖτο, ὡς πάσχειν τε καὶ δέχεσθαι τὸ λευκὸν καὶ τὸ μέλαν; ἅμα ἂν ἀναλαμβάνοι τὸ ἐναντία, ὅ ἐστιν ἀδύνατον, [...] ὁρῶμεν γὰρ ὅτι οὐ γίνεται ἡ ὄψις μέλαινα καὶ λευκή, ὅταν ἐκείνων αἰσθάνηται (61, 30 – 62,1; 62, 4 – 5), siehe auch 84, 4 ff. (Bruns). Sorabjis Antwort auf Alexander: Sorabji 1991, 229.

29 Them. De an. 56, 39 – 57, 5, Heinze: ὅτι γὰρ οὐ πάσχουσα κυρίως ἡ αἴσθησις ὑπὸ τῶν αἰσθητῶν, ἀλλ' οὐδὲ ἀλλοιουμένη δέχεται αὐτῶν τὰ εἴδη, δῆλον ἐκεῖθεν· οὐ γὰρ λευκὴ γινομένη τῶν λευκῶν ἀντιλαμβάνεται, οὐδὲ θερμὴ τῶν θερμῶν, οὐδὲ γλυκεῖα τῶν γλυκέων, ἀλλ' ἐκμάττεται μὲν τὰ εἴδη τῶν αἰσθητῶν καὶ τοὺς λόγους ἄνευ τῆς ὕλης, ὥσπερ ὁ κηρὸς τὸ εἶδος τῆς χρυσῆς σφραγῖδος ἄνευ τοῦ χρυσοῦ.

30 In der aktuellen Diskussion steht dieser Streit im Zusammenhang mit einer noch umfangreicheren Frage, die Dilcher (2000, 21) als (beinahe) die Kardinalfrage hinsichtlich der aristotelischen Seelenlehre bezeichnet, nämlich ob Aristoteles' Seelenlehre eine Form des Funktionalismus sei. Sorabji gehört zu den Vertretern der funktionalistischen Deutung der Seelenlehre, nach der die seelischen Funktionen auf eine Zusammenwirkung von physiologischen und psychologischen Prozessen zurückgehen. Burnyeat (siehe oben Anm. 27) weist eine solche Deutung zurück, eben weil die Wahrnehmung aus rein psychologischen Vorgängen bestehe. Auf der anderen Seite erkennt Robinson (1978, 113 – 115) eine physiologische Veränderung bei der Wahrnehmung an, aber nichtsdestoweniger lehnt er eine funktionalistische Erklärung ab. Zu dieser Frage siehe die Aufsätze in AA, 1979 sowie Nussbaum/Rorty 1992. Zu einer Zusammenfassung wichtiger Aspekte siehe Cohen 1992, Dilcher 2000, Judson 2019, 290 – 291. Nach Perler (1996) weist Aristoteles' Seelenlehre zwar manche Ähnlichkeiten mit dem Funktionalismus auf; er warnt aber davor, sie zu eng mit dem Funktionalismus in Parallelität zu setzen. Es gebe prinzipielle Unterschiede zwischen der aristotelischen Seelenlehre und einer modernen funktionalistischen Betrachtung der Seelenvermögen (349 ff.): Die Seele ist für Aristoteles der Grund für Einheit und Lebendigkeit des Körpers. Dies ist für eine funktionalistische Betrachtung eher irrelevant. Die Funktionalisten untersuchen die kausalen Zusammenhänge verschiedener Funktionen. Dass der Körper mit solchen Funktionen ausgestattet und lebendig ist, wird vorausgesetzt und nicht hinterfragt. Ferner ist für die Funktionalisten der Körper schon aufgrund seiner raumzeitlichen Existenz eine Einheit; für Aristoteles gilt er erst mit der Ausstattung der seelischen Funktionen als eine (organische) Einheit. Kurz, die Seele ist bei Aristoteles zwar Inbegriff aller seelischen Funktionen, und insofern steht die aristotelische Seelenlehre dem Funktionalismus nahe; aber der Prinzipiencharakter der Seele gegenüber dem Körper liegt außerhalb der Perspektive des Funktionalismus.

31 Siehe Sorabji 1974=1979, 53 – 56; auch Barnes 1979, 32 ff. v. a. 38 stellt die Probleme einer rein materialen Deutung der Wahrnehmung dar.

für unsere Untersuchung sekundär.[32] Wie Wahrnehmung besteht die Tätigkeit des Nous in der Aufnahme der Form ohne die Materie, obwohl die Form und die Materie in diesem Zusammenhang anders sind als bei der Wahrnehmung. Was die letzte Eigenschaft anbelangt, hat der Nous auch diese mit der Wahrnehmung gemeinsam. Ebenso ist das Wahrnehmende vor der Wahrnehmung der Möglichkeit nach das, was es im Wahrnehmungsakt aktual wahrnimmt.[33] Mit diesen drei Beschaffenheiten wird der Nous näher bestimmt. Gleichwohl ist keine davon der Wesensunterschied, der den Nous von allen anderen Seelenvermögen abhebt. Die bisherigen Bestimmungen bewegen sich noch im Vergleichsrahmen. Der Wesensunterschied kommt erst im nächsten Satz zum Ausdruck:

> ἀνάγκη ἄρα, ἐπεὶ πάντα νοεῖ, ἀμιγῆ εἶναι, ὥσπερ φησὶν Ἀναξαγόρας, ἵνα κρατῇ, τοῦτο δ' ἐστὶν ἵνα γνωρίζῃ· παρεμφαινόμενον γὰρ κωλύει τὸ ἀλλότριον καὶ ἀντιφράττει.
>
> III 4, 429a18–21
>
> Also muss [der Nous], weil er alles denkt, ungemischt sein, wie Anaxagoras sagt, um zu herrschen, das heißt, um zu erkennen, denn das Fremde, das sich dazwischen zeigt, hindert und versperrt.

Das Ungemischtsein ist die διαφορά, welche den Nous von allen anderen Seelenvermögen abgrenzend definiert. Dementsprechend klingt der vorhergehende Satz wie ein kleiner Abschluss.[34] Anhand einer gewissen Gleichheit dessen, was sie beide in der Verwirklichung werden, vergegenwärtigt sich gleichsam zum guten Schluss die enge Vergleichbarkeit zwischen Denken und Wahrnehmen. Allerdings beginnt

---

32 Allerdings ist nach Aristoteles' eigenen Ausführungen naheliegend, dass die Wahrnehmung physiologische Prozesse involviert. Dazu I 1, 403a3 ff.: φαίνεται δὲ τῶν μὲν πλείστων οὐθὲν ἄνευ τοῦ σώματος πάσχειν οὐδὲ ποιεῖν, οἷον ὀργίζεσθαι, θαρρεῖν, ἐπιθυμεῖν, ὅλως αἰσθάνεσθαι (a5–7). Auf diese Stelle stützt sich auch Sorabji (1992, 211). An einer anderen Stelle gibt Aristoteles zu verstehen, dass die Korē und die Sehkraft zusammen das Auge bilden, so wie der Körper und die Seele das Lebewesen: ἀλλ' ὥσπερ ὀφθαλμὸς ἡ κόρη καὶ ἡ ὄψις, κἀκεῖ ἡ ψυχὴ καὶ τὸ σῶμα ζῷον (II 1, 413a2–3; auch II 1, 412b18 f.). Es ist daher kaum möglich, dass die Funktion des Sehens keinerlei physiologische Veränderung im entsprechenden körperlichen Teil hervorruft. Siehe auch D. Frede, 2003, 95–96, auch sie kritisiert Burnyeats These. Dennoch ist fraglich, dass die Wachsmetapher *nur* auf den physiologischen Prozess anspielt, wie Sorabji erklärt. Denn die Stelle beinhaltet gleichsam eine Definition der Aisthēsis und diese kann nicht im Wesentlichen im Physiologischen liegen. Die Haut des Menschen kann auch gefärbt werden, aber dies ist keineswegs eine Wahrnehmung. Nussbaum (1978, 258) deutet die Metapher so, dass sie eine physiologische Veränderung – das Eindrücken in das Wachs – und einen psychologischen Vorgang – das bewusste Aufnehmen dieses Eindrucks – einschließt.

33 De an. II 5, 418a3–4: τὸ δ' αἰσθητικὸν δυνάμει ἐστὶν οἷον τὸ αἰσθητὸν ἤδη ἐντελεχείᾳ.

34 De an. III 4, 429a16–18: καὶ ὁμοίως ἔχειν, ὥσπερ τὸ αἰσθητικὸν πρὸς τὰ αἰσθητά, οὕτω τὸν νοῦν πρὸς τὰ νοητά.

der Satz, der mit der Feststellung des Ungemischtseins einen neuen Anfang machen soll, mit der verbindenden Partikel ἄρα. Selbst das Eigenartige und Unvergleichbare leitet Aristoteles aus dem Vergleich ab. Nun wird *zuerst* kein qualitativer Unterschied festgestellt, sondern lediglich eine quantitative Differenz gemäß der Wirkungsbreite: Das Eigentümliche des Nous liegt darin, dass er *alles* (πάντα) denkt, während die Spannweite der Wahrnehmung Einschränkungen unterworfen ist. Das Ungemischtsein wird *erst im Anschluss* als eine notwendige Bedingung für die uneingeschränkten Denktätigkeiten angebracht. Dass eine Grundvergleichbarkeit vorhanden ist, wird selbst bei der Bestimmung des Nous sorgfältig bewahrt. Es ist jedoch nicht klar, wie ἀμιγής an dieser Stelle zu verstehen ist. Unter den antiken Kommentatoren wurden zwei Erklärungen vorgeschlagen: Nach Philoponus' [Stephanus'] Bericht soll Alexander von Aphrodisias die Ungemischtheit des Nous so verstanden haben, dass er mit keiner Form vermischt sei und keine eigene Form habe.[35] Daran schließen sich die Deutungen von Themistius[36] und Simplikius[37] an.

35 Philoponus [Stephanus] 523, 4–5, Hayduck: φησὶ γὰρ ὅτι εἰ πάντα νοεῖ, ἀμιγής ἐστι τῶν εἰδῶν καὶ οὐκ ἔχει εἶδος. Es gibt zwei Kommentare zu *De anima*, die in der modernen Forschung Philoponus zugeschrieben werden. Der eine ist der griechische Kommentar zu allen drei Büchern von *De anima* (CAG XV), der unter dem Namen von Philoponus überliefert ist. In der Forschung wird aber der Kommentar zum dritten Buch einem anderen Kommentator, nämlich Stephanus zugeschrieben. Schon Hayduck (V) vermutet, dass Stephanus der Autor dieses Kommentars ist. Es handelt sich um eine Mitschrift einer Vorlesung zu *De anima*, die Stephanus hielt. In jüngerer Zeit schreiben z. B. Charlton (2000, 10) und Perkams (2008, 237–238) den Kommentar Stephanus zu. Zu der Diskussion über den Verfasser siehe Charlton 2000, 1–10, siehe auch Grabmann 1929, 9–10. Neben dem griechischen Kommentar gibt es einen lateinischen Kommentar zum dritten Buch von *De anima* (III 4–9). Charlton (1991, 4–11) argumentiert dafür, dass Philoponus der Autor ist. Sein Kommentar zum dritten Buch wurde im griechischen Kommentar durch einen Kommentar, der von Stephanus verfasst wurde, ersetzt; seine eigene Auslegung zum dritten Buch wurde ins Lateinische übersetzt und überliefert. Dazu auch Grabmann 1929 und Perkams 2008, 37–38. Wilhelm von Moerbeke wird gemeinhin als Übersetzer dieses Teils angesehen. Grabmann (1929, 15–31, spez. 21 f. und 30) argumentiert ausführlich gegen Wilhelm von Moerbeke als Übersetzer. In einer späteren Schrift (1936, 23–24) korrigiert er sich selbst und stimmt der Zuweisung zu Wilhelm von Moerbeke zu. Neulich hat aber Golitsis (2016) eindringlich für eine neue Zuordnung der Autorschaft argumentiert. Nach ihm bilden der griechische Kommentar zum ersten und zweiten Buch sowie der lateinische Kommentar zum dritten Buch von *De anima* eine Einheit, aber der Autor ist Ammonius, Philoponus' Lehrer. Siehe Golitsis 2016, v. a. 394–397. Philoponus hat Ammonius' Vorlesung zu *De anima* editiert und publiziert. Philoponus hat lediglich den Lehrmeinungen seines Lehrers einige kritische Bemerkungen hinzugefügt. (Golitsis *ibid.* 404 zu einem Beispiel einer solchen Bemerkung) Der griechische Kommentar zum dritten Buch stammt tatsächlich von Philoponus (Golitsis *ibid.* 406–412). In der vorliegenden Untersuchung folgen wir einerseits Golitsis' Zuordnungen, andererseits werden die bis jetzt gängigen Zuordnungen neben Golitsis' Zuordnungen in eckigen Klammern angegeben.

Aber Philoponus [Stephanus] selbst sieht die Ungemischtheit des Nous darin, dass er nicht mit dem Körperlichen vermischt sei.[38] Jede der beiden Erklärungen weist auf eine wesentliche Beschaffenheit des Nous hin: die erstere darauf, dass er ein reines Vermögen ist; die letztere auf dessen strenge Immaterialität. Wie gleich ausgeführt wird, hängen die beiden in der Tat aufs Engste miteinander zusammen.

Alexander identifiziert das Partizip παρεμφαινόμενον mit dem Nous und interpretiert den Satz dahingehend, dass der Nous, der mit seiner eigenen Form dazukomme, die Aufnahme des Fremdartigen (ἀλλότριον) behindere.[39] Seine Interpretation ist nicht nur grammatisch möglich, sondern lässt sich sogar durch eine Stelle über den Raum in Platons *Timaios* untermauern. Der Raum (χώρα) muss jeglicher Form entbehren. Ansonsten könnte er sich Formen, die seiner eigenen Beschaffenheit entgegengesetzt oder von dieser völlig verschieden sind, bei der Aufnahme nur schwer angleichen, weil der Raum sein eigenes Aussehen daneben zeigen würde (παρεμφαῖνον).[40] Das Wort bedeutet an dieser Stelle gerade das Danebenzeigen der eigenen Form. Es ist mithin anzunehmen, dass dasselbe Verb von Aristoteles in gleichem Zusammenhang verwendet wird. Indessen darf man Platons Explikation der Formlosigkeit des Raums nicht ohne Weiteres auf die Eigenart des

36 Wörtlich heißt es bei Themistius, dass er keine eigene Form und Gestalt habe: ἀνάγκη ἄρα, ἐπειδὴ πάντα νοεῖ, πάντα εἶναι δυνάμει, τουτέστι μὴ ἔχειν εἶδος οἰκεῖον μηδὲ μορφήν (94, 18–20, Heinze).

37 Simplikius De an. 225, 35–36, Hayduck: καὶ οὗτος οὐδέν ἐστι τῶν νοητῶν, ἀλλὰ πρὸς πάντα ὑπάρχει ἀμιγής [...].

38 Philoponus [Stephanus] De an. 522, 31–32, Hayduck: [...] τὸν νοῦν πάντα νοεῖν, ἀμιγῆ δεῖ αὐτὸν ὑποθέσθαι τῆς ὕλης. Siehe auch 521, 28. Unter den modernen Interpreten bezieht z. B. Ross 1961, 292 keine klare Stellung zu diesem Problem. Hicks 1907, 477, der die Meinungsunterschiede zwischen den antiken Kommentatoren berichtet, folgt der Interpretation des Themistius. Auch Horn 1994, 83–84 glaubt, dass hier die Ungemischtheit mit anderen Formen gemeint sei. Theiler (1959, 139) und Hamlyn (1968, 136) dagegen scheinen Philoponus' [Stephanus'] Erklärung zuzustimmen. Seidl (1995, 262) erklärt ἀμιγής als ungemischt mit den Elementen des materiellen Objekts.

39 Alexander De an. 84, 15–16, Bruns: παρεμφαινόμενον γὰρ τὸ οἰκεῖον εἶδος κωλύει τὴν τοῦ ἀλλοτρίου λῆψιν. Ähnliches interpretiert Themistius, siehe De an. 94, 21–24, Heinze. Nur wird der Singular τὸ ἀλλότριον von Themistius zum Plural τὰ ἀλλότρια geändert. Hicks (1907, 478–479) folgt der Auslegung der beiden und sieht den Nous (παρεμφαινόμενον) als das Subjekt des Satzes. Den Gebrauch von Neutrum rechtfertigt er mit dem Hinweis auf die früheren Stellen 429a10 (μόριον) und a15–16 (δεκτικόν, τοιοῦτον) sowie die spätere Stelle a22 (δυνατόν).

40 Tim. 50de: [...] πλὴν ἄμορφον ὂν ἐκείνων ἁπασῶν τῶν ἰδεῶν ὅσας μέλλοι δέχεσθαί ποθεν. ὅμοιον γὰρ ὂν τῶν ἐπεισιόντων τινὶ τὰ τῆς ἐναντίας τά τε τῆς τὸ παράπαν ἄλλης φύσεως ὁπότ' ἔλθοι δεχόμενον κακῶς ἂν ἀφομοιοῖ, τὴν αὑτοῦ παρεμφαῖνον ὄψιν. Buchheim (1994, 210–211, 2016, 189 Anm. 205) macht auf die vergleichbare Anwendung dieses Wortes bei Platon aufmerksam. Auf das Problem mit der Bedeutung von ἀμιγής geht er nicht ein. Seine Übersetzung des betreffenden Satzes von III 4 zeigt, dass er eher Philoponus' Interpretation folgt. Alexanders Deutung folgt Menn (2020, 104–105).

aristotelischen Nous übertragen. Es wäre merkwürdig, wenn Aristoteles den Nous, auf den allein es hier ankommt, als ein gewisses Hindernis des Denkens charakterisierte. Ferner wäre schwer verständlich, dass die intelligiblen Formen als dem Nous fremdartig bezeichnet würden; und dies umso mehr, als wir die aristotelische These der Identität des Denkenden und des Denkbaren berücksichtigen. Danach ist eine Form als ein denkbarer Gegenstand keineswegs dem Nous, dem Denkenden, fremd; vielmehr ist es diesem in gewisser Hinsicht eigen.[41] Der Bezug des Partizips παρεμφαῖνον bei Platon ist anders als derjenige von παρεμφαινόμενον an unserer Stelle. Platon macht sich Gedanken darüber, dass, wenn der Raum seine eigene Form hätte, diese Form gleichsam daneben erschiene (παρεμφαῖνον) und das Erscheinen anderer Formen behindern könnte. Bei Aristoteles dagegen ist es nicht der Nous, der daneben erscheint, sondern das Fremde (ἀλλότριον), welches sich daneben zeigt und noetische Tätigkeiten des Nous behindert und versperrt. Nicht Platon, sondern Anaxagoras, den Aristoteles an der Stelle explizit erwähnt, ist der Hintergrund des Ungemischtseins. Es ist das berühmte Fragment 12 des Anaxagoras, auf das Aristoteles Bezug nimmt. Der Nous bei Anaxagoras ist klar getrennt vom universalen Gemisch, welches dieser beherrscht.[42] Ihm zufolge würde ansonsten das Zusammengemischte (συμμεμειγμένα) den Nous daran hindern, über das Gemisch in der gleichen Weise zu herrschen wie jetzt, wo er allein an sich ist.[43] Das τὰ ἄλλα, welches im Fragment das Gemisch bedeutet, entspricht offenbar dem ἀλλότριον an unserer Stelle. Das Verb κωλύειν findet sich auch im Fragment. Aristoteles ersetzt lediglich das συμμεμειγμένα durch das παρεμφαινόμενον; ein Wort, das, wie sich gleich zeigen wird, zum Kontext besser passt. Daher ist es durchaus möglich, dass Aristoteles die Schrift des Anaxagoras noch vor sich hatte. Obwohl es eher unwahrscheinlich ist, dass Anaxagoras seinen Nous tatsächlich als rein immateriell konzipiert hat,[44] ist eine Gegenüberstellung zwischen ihm und dem Gemisch

---

41 ἀλλότριον ist der Gegensatz zu ἴδιον.

42 DK59B12 (=KRS476, Simplikius in Phys. 164, 24f., Diels): τὰ μὲν ἄλλα παντὸς μοῖραν μετέχει, νοῦς δέ ἐστιν ἄπειρον καὶ αὐτοκρατὲς καὶ μέμεικται οὐδενὶ χρήματι, ἀλλὰ μόνος αὐτὸς ἐφ' ἑωυτοῦ ἐστιν […]. Siehe auch DK59B11 (= KRS482, Simplikius in Phys. 164, 23, Diels): ἐν παντὶ παντὸς μοῖρα ἔνεστι πλὴν νοῦ […]. In der Tat hält Aristoteles den anaxagoreischen Nous für eng vergleichbar mit seinem Nous. An einer früheren Stelle (I 2, 405a16–17) bezeichnet er den Nous des Anaxagoras als einfach (ἁπλοῦς), ungemischt (ἀμιγής) und rein (καθαρός); an einer anderen Stelle (I 2, 405b19–21) als leidensunfähig (ἀπαθής) sowie, dem Sinne nach, ungemischt (κοινὸν οὐθὲν οὐθενὶ τῶν ἄλλων ἔχειν).

43 DK59B12 (= KRS476, Simplikius in Phys. 156, 17–19, Diels): καὶ ἂν ἐκώλυει αὐτὸν τὰ συμμεμειγμένα, ὥστε μηδενὸς χρήματος κρατεῖν ὁμοίως ὡς καὶ μόνον ἐόντα ἐφ' ἑαυτοῦ.

44 Aristoteles' Ausführungen über den anaxagoreischen Nous, z. B. an eben erwähnter Stelle 405a16–17, könnten auf einen reinen immateriellen Nous hinweisen. Aber in demselben Fr.12 bestimmt Anaxagoras seinen Nous als das feinste und das reinste von allen Dingen (ἔστι γὰρ λεπτότατόν τε πάντων χρημάτων καὶ καθαρώτατον). Der Nous wird damit wieder mit allen anderen

nichtsdestoweniger maßgebend, und für den Nous ist das Gemisch etwas Fremdartiges.[45] Wenn Aristoteles an dieser Stelle den ungemischten Nous des Anaxagoras heranzieht, müsste man die Ungemischtheit des Nous in III 4 ebenfalls in Bezug auf Fremdartiges behaupten, das daneben tritt und behindert. Was dieses Fremdartige ist, gibt Aristoteles zunächst einmal nicht zu erkennen; stattdessen beschäftigt er sich weiter mit der Eigenart des Nous.

> ὥστε μηδ' αὐτοῦ εἶναι φύσιν μηδεμίαν ἀλλ' ἢ ταύτην, ὅτι δυνατός. ὁ ἄρα καλούμενος τῆς ψυχῆς νοῦς ... οὐθέν ἐστιν ἐνεργείᾳ τῶν ὄντων πρὶν νοεῖν. διὸ οὐδὲ μεμῖχθαι εὔλογον αὐτὸν τῷ σώματι.
> *De anima* III 4, 429a21–25

> Daher besitzt er [der Nous] auch keine andere Natur als diese, dass er vermögend [zum Denken] ist. Der sogenannte Nous der Seele ... ist nichts von dem Seienden in Wirklichkeit, bevor er denkt. Daher hat es auch einen guten Grund, dass er nicht mit dem Körper gemischt ist.

Im Vergleich zu Anaxagoras steht der Wesensunterschied, welcher den Nous von allen anderen Seelenvermögen unterscheidet, in vollständigerer Weise fest: Er ist *nichts anderes* als Vermögen zum Denken, ungemischt mit allem Körperlichen. Deshalb käme kein Körperliches als dem Nous Fremdartiges (ἀλλότριον) dazwischen (παρεμφαινόμενον), was diesen in seinem Denken behindern und versperren könnte. Hieraus ergibt sich, dass er *alles* denkt. Das Verb μεμῖχθαι (> μειγνύναι) ist mit dem Adjektiv ἀμιγής verwandt. Daher ist es unwahrscheinlich, dass das kurz

Dingen verglichen. Wie KRS (399–400) bemerkt, ist Anaxagoras wie viele seiner Vorgänger bestrebt, eine wahrhaft unkörperliche Substanz vorzustellen. Aber wie bei ihnen, so sei auch bei ihm das einzige bzw. letzte Wirklichkeitskriterium räumliche Ausdehnung. Ähnlich urteilen auch Hicks 1907, 236, Rapp ²2007, 186, Bächli/Graeser 2000, 90, Sedley 2007, 12. Siehe dazu die ausführliche Diskussion bei Zeller, Phi. d. Gr. Erster Teil, zweite Abt. 1224–1226 mit 1225 Anm. 1. Bezeichnend ist eine Stelle im ersten Buch, wo Aristoteles drei Beschaffenheiten der Seele auflistet, welche die verschiedenen vorsokratischen Seelenlehren miteinander teilen: Sie sind: Bewegung (κίνησις), Wahrnehmung (αἴσθησις) und das Unkörperliche (τὸ ἀσώματον, De an. I 2, 405b11–12). Das Unkörperliche darf aber nicht allzu wörtlich als rein immateriell begriffen werden, weil die Seelenlehren, die vorher erwähnt wurden, allesamt materialistisch sind. Ferner ist das Feuer nach Aristoteles überaus feinteilig (λεπτομερέστατον) und von den Elementen am meisten unkörperlich (μάλιστα τῶν στοιχείων ἀσώματον, I 2, 405a6–7). Auch die Seele von Heraklit, die in Wirklichkeit Aufdünstung (ἀναθυμίασις) sei, sei das Unkörperlichste und immer im Fluss (ἀσωματώτατόν τε καὶ ῥέον ἀει, I 2, 405a26–27). Der Nous des Anaxagoras ist sehr wohl auch ἀσώματον in diesem schwächeren Sinne. Er war zwar auf dem Weg zu einer rein immateriellen Substanz, bleibt allerdings einer gewissen materialistischen Vorstellung verhaftet.

45 Nach Theophrast vertritt Anaxagoras bereits einen bestimmten Dualismus: [...] συνβαίνει δύο τὰς ἀρχὰς αὐτὸν [sc. Ἀναξαγόραν] λέγειν τήν τε τοῦ ἀπείρου φύσιν καὶ τὸν νοῦν (DKA41=KRS480, Theophrast Phys. op. Fg. 4 apud Simplikium in Phys. 27, 21–22, Diels).

zuvor erscheinende ἀμιγής sich auf etwas anderes als auf das Körperliche bezieht. Diese Auslegung hat fernerhin den Vorteil, dass damit eine stilistisch etwas ungeschickte Trennung der beiden Participia als Subjekt und Objekt vermieden wird.[46]

Alexander und andere Kommentatoren könnten sich von Aristoteles' Aussage, dass der Nous nichts als Vermögen sei, zu ihrer Deutung haben leiten lassen. Im Grund ist ihre Deutung nicht falsch. Aristoteles selbst beteuert ja, dass der Nous nichts vom Seienden in Wirklichkeit ist, bevor er denkt. Aber Alexander ignoriert die Separation des Nous vom Körper. Wenn man aber bedenkt, dass die Bestimmung des Nous aus dem Vergleich mit der Wahrnehmung hervorgeht, wird klar, dass die Ungemischtheit ausschlaggebend ist. Auch die Wahrnehmungsvermögen und ihre Organe sind nicht mit ihren wahrnehmbaren Formen vermengt. Unser Gesichtssinn ist, um ein Beispiel zu geben, nicht mit irgendeiner Farbe verbunden. Nach Aristoteles besteht das innere Auge aus Wasser und das Ohr aus Luft;[47] bekanntlich hat weder das Wasser noch die Luft eine bestimmte wahrnehmbare Form.[48] Deshalb vermag ἀμιγής, im Sinne vom Ungemischtsein mit Formen, den Nous nicht von den Wahrnehmungsvermögen abzugrenzen.[49] Anders als Alexander sieht Thomas von Aquin in ἀμιγής eine Anspielung auf Empedokles' Lehre.[50] Nach

46 Gerade auf diese Weise trennt Brentano die beiden Participia in seiner deutschen Paraphrase: „Wäre irgend etwas schon von Natur aus wirklich in ihm, so würde dieses für die anderen Objekte (ἀλλότριον) ein Hindernis (παρεμφαινόμενον) werden und ihnen so zu sagen den Zugang versperren." (1867, 115). Horn 1994, 83–84 Anm.16 zeigt, dass eine solche Trennung inhaltlich problematisch und sprachlich bedenklich ist. Den Satz übersetzt er wie folgt: Das Fremde, das beiläufig, nebenbei erscheine, sei (dem Erkennen) hinderlich und stehe im Wege (83–84).

47 De an. III 1, 425a4–5: ἡ μὲν γὰρ κόρη ὕδατος, ἡ δ' ἀκοὴ ἀέρος, ἡ δ' ὄσφρησις θατέρου τούτων, auch de sen. 2, 438a5 f.

48 Zu diesen beiden Medien sagt Aristoteles an einer früheren Stelle: ἔστι δὲ χρώματος μὲν δεκτικὸν τὸ ἄχρουν, ψόφου δὲ τὸ ἄψοφον (II 7, 418b26–27).

49 Thomas von Aquin bringt in seinem Kommentar die *Vergleichbarkeit* zwischen Wahrnehmung und Nous gerade in dieser Hinsicht zum Ausdruck: „omne enim quod est in potentia ad aliquid et receptivum eius caret eo ad quod est in potentia et cuius est receptivus, sicut pupilla quae est in potentia ad colores et receptiva eorum est absque omni colore; sed intellectus noster sic intelligit intelligibilia quod est in potentia ad ea et susceptivus eorum sicut sensus sensibilium." (Sent. De an. Lib. III cap. 1, 131–138=203, Leonina). Hierauf weist Alexander von Aphrodisias bzw. der Autor von *De intellectu* (106–107, Bruns) ebenfalls hin. Aber er bleibt bei der Meinung, dass der Nous keine eigene Form habe wie das Wasser keine Farbe. Dann kann man aber den Nous kaum von der Wahrnehmung unterscheiden. Das Gesicht nämlich ist als die Form des Auges nicht auf irgendeine bestimmte Farbe festzulegen. Entscheidend für den Unterschied zwischen Wahrnehmung und Nous ist vielmehr eine bestimmte Wahrnehmungsbreite, die durch die körperliche Konstruktion des Auges bedingt ist. Dazu unten § 3.2. Da der Nous an keinen Körper gebunden ist, ist er keiner festgelegten Reichweite unterworfen.

50 Siehe Thomas von Aquin Sent. De an. Lib. III cap. 1, 98 ff.=203, Leonina. Das Ungemischtsein von den Körperorganen wird bei Thomas als ein weiteres Merkmal eingeführt (*ibid.* 89 f.=204, Leonina).

Empedokles besteht unsere Wahrnehmung aus körperlichen Elementen und ein jegliches wird durch das Gleiche wahrgenommen.[51] Auch das Denken erfolge nach demselben Prinzip des Gleichen durch das Gleiche. Ein wichtiges Merkmal des Denkens sei die Mischung der Elemente, während bei der Wahrnehmung das Wahrnehmen einzelner Elemente durch das Gleiche betont wird.[52] Dies steht offenkundig in Kontrast zu dem Nous des Anaxagoras, der gerade dem großen Gemisch gegenübersteht.[53] Daher könnte man mit Thomas zu dem Schluss kommen, dass mit dem ἀμιγής ein Nous empedokleischer Natur ausgeschlossen werde. Allerdings dürfte dieser Ausschluss, wenn er überhaupt mitgemeint sein sollte, eher von sekundärer Bedeutung sein. Denn das materiell aufgefasste Gleiches-durch-Gleiches-Prinzip, das Empedokles' Wahrnehmungs- und Erkenntnistheorie zugrunde liegt, hat Aristoteles schon bei seiner Wahrnehmungstheorie längst aufgegeben. Es ist kaum möglich, die Feststellung der Ungemischtheit als intendierte Auseinandersetzung mit Empedokles aufzufassen. Es ist vielmehr Anaxagoras, auf dessen Nouslehre Aristoteles eingeht. Trotz des Bezugs auf Anaxagoras ist allerdings nicht zu übersehen, dass die Ungemischtheit bei Aristoteles einem anderen Zusammenhang entstammt. Dem Nous spricht Anaxagoras entscheidende kosmologische Funktion zu. Als Weltnous steht dieser dem Gemisch gegenüber und beherrscht dessen Rotation. Demgegenüber wird der Nous in *De anima* in noetischer Hinsicht thematisiert. Es ist die Abhebung des Nous gegen die Wahrnehmung, auf die es Aristoteles ankommt. Die Sinne sind alle an körperliche Organe gebunden. Der Gesichtssinn ist unabhängig davon, ob man wirklich sieht, die Form des Auges, wie die Seele im Ganzen die Form des organischen Körpers ist. Das Gleiche gilt für alle anderen Wahrnehmungssinne. Sie sind immer bestimmte Formen bestimmter Körperorgane.[54] Die Wahrnehmungsvermögen sind zwar als solche leidensunfähig (ἀπαθῆ), aber aufgrund ihrer Gebundenheit an die Sinnesorgane wird die Spannweite der Wahrnehmung eingeschränkt: Die Wahrnehmungssinne unterliegen mit den Organen den Schwankungen der sinnlichen Welt, werden warm oder kalt, und

---

Auch Averroes interpretiert das ἀμιγής mit diesem doppelten Bezug: neque est corpus neque virtus in corpore (Comm. Magnum, 383, Crawford).

51 DK31B109 (= KRS393, Met. III 4, 1000b6–8, De an. I 2, 404b13–15). Zu Empedokles' Theorie der Wahrnehmung: Rapp ²2007, 170–173.

52 DK31A86 (= KRS392, Theophrast De sensu 9): [...] ὡς ἢ ταὐτὸν ἢ παραπλήσιον ὂν τῇ αἰσθήσει τὴν φρόνησιν [...] διὸ καὶ τῷ αἵματι μάλιστα φρονεῖν· ἐν τούτῳ γὰρ μάλιστα κεκρᾶσθαι [ἐστὶ] τὰ στοιχεῖα τῶν μερῶν.

53 Zum Verhältnis des Anaxagoras zu Empedokles und zu den Atomisten: Zeller Phi. d. Gr. Erster Teil, zweite Abt. 1259 ff. zu Empedokles spez. 1262–1264.

54 De an. II 1, 412b15 f., auch *De sensu* 1, 436b6–8. Vgl. II 12, 424b1–3, wo Aristoteles erklärt, warum die Pflanzen keine Wahrnehmung haben. Sie verfügen über keine immateriellen Vermögen, leiden bloß physisch mit der Materie (πάσχειν μετὰ τῆς ὕλης), werden warm und kalt.

die dazugehörigen körperlichen Organe werden durch überstarke wahrnehmbare Gegenstände beeinträchtigt und vermögen diese nicht wahrzunehmen.[55] Dagegen werden die Denktätigkeiten des Nous durch mächtige intelligible Formen verstärkt.

Aristoteles' von Anaxagoras unterschiedenes Anliegen wird neben seiner Korrektur des anaxagoreischen „um zu herrschen" noch an zwei auffälligen Umformulierungen des Anaxagoras-Fragments deutlich:[56] Anstatt συμμεμειγμένα, das dem Sachverhalt des anaxagoreischen Modells gut entspricht, verwendet Aristoteles παρεμφαινόμενον. Wenn der Nous gemischt wäre, träte das Körperliche daneben und könnte dadurch das Denken hindern, so wie die Körperorgane die Funktionen der Sinne einschränken. Insofern ist das anschauliche Moment, welches das Wort an der *Timaios*-Stelle suggeriert, auch an dieser Stelle zu merken.[57] Hinzu kommt, dass die Hinderung durch die Verbindung mit dem Körperlichen durch das Verb ἀντιφράττειν, das in dem Fragment nicht vorkommt, noch verstärkt betont wird. Das Verb, ein terminus technicus bei Aristoteles, kann auf das Sichdazwischenschieben der Erde referieren, was die Mond- oder Sonnenstrahlen blockiert und eine Finsternis erzeugt.[58] Es liegt nahe, dass mit dem ἀντιφράττειν das die Wahrnehmung blockierende Dazwischensein des Sinnenorgans bildhaft dargestellt wird.

Zusammenfassend lässt sich wie folgt resümieren: Der Nous der Seele ist ein reines Vermögen zum Denken, und die Reinheit des Vermögens gründet auf der Ungemischtheit mit dem Körper. Gerade deswegen unterliegt das Denken keinen Einschränkungen. Der Nous kann *alles* denken. Es ist auffallend, wie ausgiebig Aristoteles den Sinn des ἀμιγής entfaltet. Seine Ausführungen umfassen 19 Zeilen, was von seinem sonst prägnanten Stil augenscheinlich abweicht. Dies zeigt, wie viel ihm daran liegt, den Nous nunmehr aus seiner engen Vergleichbarkeit mit der Wahrnehmung herauszulösen und sein eigentümliches Merkmal (διαφορά) darzulegen.[59]

---

55 De an. III 4, 429a25–b5. Im Grunde werden die Wahrnehmungssinne als solche nie warm oder kalt. Es sind die Körperorgane, die warm oder kalt werden. In De an. II 12, 424a17 ff. spez. 28 f. führt Aristoteles aus, wie die Bandbreite der Wahrnehmung aufgrund des Körperorgans eingeschränkt wird. Diese Ausführungen werden an dieser Stelle vorausgesetzt.

56 Zu dieser Korrektur siehe auch Kap. IV § 5.

57 Es ist möglich, dass Aristoteles bei der Ausarbeitung die *Timaios*-Stelle im Hinterkopf hatte, obwohl er mit diesem Wort ein anderes Bild vermitteln wollte als jenes im *Timaios*.

58 Anal. post. 87b40, De Caelo 293b25. In seiner *Meteorologie* (I 8, 345a25) gibt Aristoteles an, dass schon Anaxagoras und Demokrit dieses Wort verwenden. Die betreffenden Fragmente sind DK59A42 und DK68A91. Dazu Trendelenburg 1877, 386, Strohm 1979, 146 – 147.

59 Brentano (1867, 120 – 127) bietet eine differenzierte Analyse, wie Aristoteles die Ungemischtheit vom Körper rechtfertigt. Aber seine Deutung stellt das Denken wohl zu eng an die Seite der Wahrnehmung. Denn nach ihm ist es das Hauptargument für die Ungemischtheit, dass der Nous aufgrund seiner Ungemischtheit das Sosein alles Wahrnehmbaren denken könne. Dagegen seien die

3.2 Wahrnehmung als Logos

Es herrscht Uneinigkeit unter den Forschern, wie die Wahrnehmung als Logos zu verstehen ist. Nach Ross ist der Logos das Verhältnis zwischen dem Wahrnehmenden und dem Wahrnehmbaren.[60] Auf den ersten Blick ist leicht erklärlich, dass ein überstark Wahrnehmbares die Wahrnehmung zerstört. Das Verhältnis geht dabei zugrunde. Aber wie dieses Verhältnis zu verstehen ist, hat Ross unterlassen weiter zu bestimmen. Aristoteles gibt mit dem Beispiel vom Ton und Zusammenklang deutlich zu erkennen, dass solche Verhältnisse Logoi sind.[61] Zu dieser Problematik hat Welsch eine gründliche Untersuchung durchgeführt.[62] Danach ist der Logos zuerst auf doppelte Weise zu verstehen. Der Logos, der die Wahrnehmung ausmacht, ist nach ihm der Logos des Sinnesorgans.[63] Dieser sei die spezifische Verfasstheit (εἶδος) des Organs, die seinen eigenen wahrnehmbaren Gegenständen entspricht. Anders gesagt, die somatisch-organische Struktur, d.h. der Logos des Organs, entspreche der aisthetischen Struktur des ihm eigenen Wahrnehmungsbereiches derart, dass das Wahrnehmungsvermögen dieses Organs alle seine aisthetischen Formen der Möglichkeit nach in sich enthalte. Auf der anderen Seite bedeute der Logos die Verfasstheit der wahrnehmbaren Gegenstände (αἰσθητά). Jeder wahrnehmbare Bereich ist Aristoteles zufolge polar strukturiert, d.h. durch einen Grundgegensatz aufgespannt und charakterisiert, z.B. ist es beim Gesichtsinn der Gegensatz von Schwarz und Weiß, beim Gehör derjenige von Höhe und Tiefe.[64]

Sinne jeweils auf ein bestimmtes Gebiet beschränkt (spez. 123–126). Außerdem scheint er die Einschränkung der Bandbreite der Wahrnehmung durch die Körperorgane zu unterschätzen (dazu 121). Dies aber ist nach unserer Interpretation *der* Grund für die Ungemischtheit des Nous.

60 Ross 1961, 265: „[...] and here λόγος seems to mean a relation in which such a creature stands to the things it perceives." Ross' Deutung ist aber nicht neu. Jedenfalls erklärt Thomas an einer Stelle den Logos als ein solches Verhältnis: oportet enim in organis sentiendi ad hoc quod sentiatur esse quandam rationem, id est proportionem, ut dictum est [...] (Sent. De an. Lib. II cap. 24, 101f. =170, Leonina).

61 An einer Stelle in III 2 (426a28–29) sagt Aristoteles ausdrücklich, dass λόγος δ ' ἡ συμφωνία ist.

62 Welsch 1987, 138ff.; zu anderen Erklärungsansätzen: Welsch *ibid.* 129, 138 Amn. 39.

63 „Die αἴσθησις ist λόγος des Organs, und eben diese Geprägtheit desselben macht dessen Wahrnehmungsvermöglichkeit (δύναμις ἐκείνου) aus." (139).

64 De sensu 4, 442b17–19: ἔτι τὰ μὲν αἰσθητὰ πάντα ἔχει ἐναντίωσιν, οἷον ἐν χρώματι τῷ μέλανι τὸ λευκὸν καὶ ἐν χυμοῖς τῷ γλυκεῖ τὸ πικρόν. Ferner auch De sensu 6, 445b24–27, De an. II 11, 422b23–25. Mehr zur Farbe: Kap. II § 3.2.1 para 7 zum Licht. In II 11 (422b25ff.) sieht sich Aristoteles mit dem Problem konfrontiert, dass es bei dem Tastsinn mehr als einen Grundgegensatz zu geben scheint. Sein erster Antwortversuch, dass bei anderen Sinnen ebenfalls mehr als eine Grundspanne vorhanden sei, scheint ihn selbst nicht zufriedenstellen zu können: „ἀλλὰ τί τὸ ἓν τὸ ὑποκείμενον, ὥσπερ ἀκοῇ ψόρος, οὔτω τῇ ἁφῇ, οὐκ ἔστν ἔνδηλον", De an. II 11, 422b32–33. Hier wird auf diese

Die beiden Glieder eines Gegensatzes umfassen gemäß Welschs Interpretation alle aisthetischen Zwischenformen, die jeweils eine Mischung der beiden extremen Glieder sind und sukzessiv dem einen oder dem anderen von ihnen näher stehen. Diese zwei Seiten hingen aufs Engste miteinander zusammen. Die Logos-Struktur der αἴσθησις sei, wie er behauptet, das Pendant zur Logos-Struktur der αἰσθητά. Nun ist Welschs Deutung zufolge der Logos des Sinnesorgans grundlegender. Mit anderen Worten, die somatische Struktur des Sinnesorgans sei entscheidend für die Wahrnehmung. Dies sei organisch so strukturiert, dass alle aisthetischen Formen in gewisser Weise schon vorgegeben seien, wie die Saiten eines Instrumentes derart angespannt seien, dass alle Töne der Möglichkeit nach bereits präsent seien. Die Anregung wahrnehmbarer Gegenstände von außen bestimme dem Organ nur dazu, aus seiner Bewegung bestimmte Formen aufgehen zu lassen. Die Wahrnehmung sei als Verwirklichung der Spannung des Organs zu verstehen, wie das Saitenspiel als Verwirklichung der Stimmung des Instrumentes. Die somatisch-organische Seite wird von Welsch stark hervorgehoben. Nach ihm ist die aristotelische Wahrnehmungslehre logisch, aber im Sinne von Organo-Logischem.[65]

Welschs Hervorhebung des Sinnesorgans könnte sich dadurch rechtfertigen, dass die Struktur des Sinnesorgans tatsächlich die Reichweite der Wahrnehmung bestimmt. Außerdem lässt seine Interpretation den Gegensatz zwischen der Wahrnehmung und dem Nous stärker hervortreten.[66] Indes macht Aristoteles deutlich, dass die *Wahrnehmung*, nicht das Wahrnehmungsvermögen oder das Sinnesorgan, ein Logos ist. Eine Stelle aus II 12 zeigt, wie wir gleich analysieren, dass es ihm eher darauf ankommt, den Grund der Störung *eines* Wahrnehmungsaktes darzustellen, als die Gesamtstruktur der Wahrnehmung zu analysieren. Es wird in Aristoteles' Ausführungen klar, dass im Falle einer Störung *ein* bestimmter Logos, z. B. ein bestimmter Ton, nicht wahrgenommen werden kann. Welsch hingegen stellt offensichtlich die Gesamtstruktur der Wahrnehmung in den Mittelpunkt seiner Interpretation und erörtert die Störung erst in diesem theoretischen Rahmen.[67] Dementsprechend wird der Logos in seinen Ausführungen oft im Sinne von

Problematik nicht eingegangen, zu Themistius' Kritik an diesem Lösungsversuch: Them. 72, 21 ff., Heinze.

65 Welsch 1987, 153 ff. vor allem 158–159, 164–165, 176–177. Zwar lässt Welsch gelegentlich Worte klingen, die der Logos-Struktur des Wahrnehmbaren doch eine wichtige Rolle beizumessen scheinen, wie z. B. „Mittlerweile hat sich gezeigt, dass die grundsätzliche λόγος-Struktur der αἴσθησις dafür verantwortlich ist, dass auch der entsprechende Sinn λόγος-Struktur hat." (153); im Großen und Ganzen ist das Wahrnehmungsgeschehen aber seiner Deutung nach grundlegend somatisch-organisch.

66 Dies tut Welsch selbst in 1987, 177.

67 Nachdem Welsch (1987, 138 f.) die Logos-Struktur der Wahrnehmung dargelegt hat, erklärt er die wirkliche Wahrnehmung und deren Störung (150–153).

Logos-Struktur verwendet: Es ist z. B. die Logos-Struktur des Ohres, die der Logos-Struktur der wahrnehmbaren Töne entspricht.[68] Ferner besteht, wie Welsch feststellt, ein überaus enges, entelechiales Verhältnis zwischen dem Sinnesorgan und der Wahrnehmung, wie bei Seele und Körper es grotesk zu fragen wäre, ob die Wahrnehmung und das Organ dazu eines seien.[69] Das Wahrnehmungsvermögen steht in demselben Verhältnis zum Sinnesorgan wie die Seele zum Körper.[70] Aber Aristoteles führt die Bestimmung der Seele als Form des Körpers keineswegs auf dessen somatische Verfasstheit zurück. Daher stellt sich die Frage, ob man mit Welsch die Wahrnehmung und deren Vermögen auf das Sinnesorgan rekurrieren und die Wahrnehmung in erster Linie von der Körperseite aus betrachten solle. Nicht zuletzt ist nach Aristoteles die Wahrnehmung ein gewisses Erleiden durch das Wahrnehmbare. Dem Letzteren wird die Initiative zugeteilt. Welschs Erklärung räumt zwar dem Wahrnehmbaren die Auslösungsfunktion ein, verlagert die Formbestimmung jedoch auf die somatische Konstitution des Sinnesorgans.[71] Indes setzt Aristoteles bei der Darstellung von Wahrnehmung als Logos von der anderen Seite an. Um seine These besser verstehen zu können, müssen wir uns genauer anschauen, wie Aristoteles sie ausführt. Der locus classicus ist die berühmte Stelle in *De anima* II 12:

> ὁμοίως δὲ καὶ ἡ αἴσθησις ἑκάστου ὑπὸ τοῦ ἔχοντος χρῶμα ἢ χυμὸν ἢ ψόφον πάσχει, ἀλλ' οὐχ ᾗ ἕκαστον ἐκείνων λέγεται, ἀλλ' ᾗ τοιονδί, καὶ κατὰ τὸν λόγον. αἰσθητήριον δὲ πρῶτον ἐν ᾧ ἡ τοιαύτη δύναμις. ἔστι μὲν οὖν ταὐτόν, τὸ δ' εἶναι ἕτερον· μέγεθος μὲν γὰρ ἄν τι εἴη τὸ αἰσθανόμενον, οὐ μὴν τό γε αἰσθητικῷ εἶναι οὐδ' ἡ αἴσθησις μέγεθός ἐστιν, ἀλλὰ λόγος τις καὶ δύναμις ἐκείνου. φανερὸν δ' ἐκ τούτων καὶ διὰ τί ποτε τῶν αἰσθητῶν αἱ ὑπερβολαὶ φθείρουσι τὰ αἰσθητήρια· (ἐὰν γὰρ ᾖ ἰσχυροτέρα τοῦ αἰσθητηρίου ἡ κίνησις, λύεται ὁ λόγος – τοῦτο δ' ἦν ἡ αἴσθησις – ὥσπερ καὶ ἡ συμφωνία καὶ ὁ τόνος κρουομένων σφόδρα τῶν χορδῶν).
>
> *De anima* II 12, 424a21–32

Ebenso erleidet die Wahrnehmung von jedem Gegenstand, welcher Farbe, Geschmack oder Ton hat, aber nicht, sofern er jedes Einzelne von ihnen ist, sondern sofern er von solcher Art

68 Der Begriff „Logos-Struktur" erscheint z. B. in 140, 151 Anm. 54, 165 usw. Synonyme Begriffe wie Logos-Verfasstheit (139, 140, 151, 152 etc.), (logoshafte) Verfasstheit (139, 153 etc.) sowie Organisationsstruktur (164) erscheinen mehrfach in der Darstellung. Auch „Logos" wird oft im Sinne von Logos-Struktur verwendet, z. B. 153, 163, 164 etc.

69 Welsch 1987, 127 f. mit Anm. 31.

70 In *De anima* wird gerade das analoge Verhältnis zwischen der Sehkraft und dem Auge zur Verdeutlichung des Verhältnisses zwischen der Seele und dem Körper gebraucht: εἰ γὰρ ἦν ὁ ὀφθαλμὸς ζῷον, ψυχὴ ἂν ἦν αὐτοῦ ἡ ὄψις· αὕτη γὰρ οὐσία ὀφθαλμοῦ ἡ κατὰ τὸν λόγον. ὁ δ' ὀφθαλμὸς ὕλη ὄψεως [...] (II 1, 412b18–20), siehe auch 413a2–3. Allgemein wird dieses Verhältnis in der *Metaphysik* so dargestellt: ἡ ἐσχάτη ὕλη καὶ ἡ μορφὴ ταὐτὸ καὶ ἕν, <τὸ μὲν> δυνάμει, τὸ δὲ ἐνεργείᾳ (Met. VIII 6, 1045b17–19).

71 Zur Auslösungsfunktion des Wahrnehmbaren: Welsch 1987, 174–175.

> und gemäß dem Logos ist. Das erste Sinnesorgan ist das, worin sich ein solches Sinnesvermögen befindet. [Der Wahrnehmungssinn und das Organ] machen dasselbe aus, doch ist ihr Sein verschieden; denn das Wahrnehmende müsste eine ausgedehnte Größe sein [d.h. das Wahrnehmende ist das Organ]. Das eigentliche Sein des Wahrnehmungsfähigen und der Wahrnehmung ist jedoch nicht Größe, sondern ein gewisser Logos und Vermögen jenes [Organs]. Daraus wird offenbar, warum das Übermaß der wahrnehmbaren Eigenschaften die Wahrnehmungsorgane zerstören: Denn wenn die Bewegung stärker als das Organ war, so löst sich der Logos auf – dies war aber die Wahrnehmung – wie auch der Zusammenklang und Ton [sich auflösen], wenn die Saiten zu stark angeschlagen werden.

Gleich zu Beginn gibt Aristoteles drei wichtige Aspekte der Wahrnehmung zu erkennen: Erstens ist die Wahrnehmung ein Erleiden; zweitens wird nicht ein Ding (τόδε τι), das Sinnenqualitäten wie Farbe, Geschmack oder Ton hat, *als solches* wahrgenommen, sondern das sinnlich so Beschaffene (τοιονδί), welches auf die Sinne wirkt. Als Drittes kommt nun der Logos: Die Wahrnehmung erfolgt gemäß dem Logos. Anschließend lenkt Aristoteles seine Betrachtung auf die Seite des Wahrnehmenden und unterscheidet zwischen dem unmittelbaren Sinnesorgan (πρῶτον αἰσθητήριον)[72] und dem Wahrnehmungsvermögen (δύναμις), das in dem Organ residiert. Das Sinnesorgan und das Vermögen bilden zwar eine numerische Einheit – sie sind insofern dasselbe. Man kann mit Welsch diese Einheit ontologisch durchaus enger als entelechiale Einheit auffassen; gleichwohl darf man die Einschränkung nicht übersehen, dass sie wiederum dem Sein nach verschieden sind. Das Wahrnehmungsvermögen ist die Funktion und somit die Form des körperlichen Organs, das gleichsam die Materie dieses Vermögens ist. Welsch versteht diese Seinsdifferenz so, dass sie die entelechiale Einheit nicht nur ermögliche, sondern gerade verbürge.[73] Auch hier kann man seiner Erläuterung folgen. Aber danach deutet er, seiner Hervorhebung des Organo-Logischen folgend, den Logos als die Form des Sinnesorgans, indem er diesen direkt mit dem Wahrnehmenden verbindet: Das Wahrnehmungsvermögen werde nicht abstrakt oder für sich als Logos, sondern präzise als Logos des Wahrnehmenden (αἰσθανόμενον) bestimmt und überdies als die δύναμις des Wahrnehmenden gekennzeichnet.[74] Es stellt sich indessen die Frage, ob man denn zuerst ohne weiteres das Wahrnehmungsvermögen

72 Das πρῶτον αἰσθητήριον erscheint in II 11 (422b22), wo Aristoteles überlegt, ob das Fleisch beim Tasten nur das Medium μεταξύ) oder das eigentliche Sinnenorgan (πρῶτον αἰσθητήριον) ist. Aristoteles tendiert dazu, das Fleisch als Medium anzusehen und das πρῶτον αἰσθητήριον in etwas anderem zu finden. Siehe Hicks 1907, 403 – 404, Welsch 1987, 128. Aber an der zitierten Stelle verweist πρῶτον αἰσθητήριον auf das Sinnesorgan. Hier stehen nicht das Fleisch und das πρῶτον αἰσθητήριον, sondern πρῶτον αἰσθητήριον und das Vermögen darin im Kontrast zueinander.

73 Welsch 1987, 128.

74 Welsch 1987, 129 – 130.

als Logos und diesen dann direkt als Logos des Wahrnehmenden (λόγος ἐκείνου) betrachten darf. Denn Aristoteles' Ausführungen zeigen deutlich, dass der Logos sich in erster Linie auf die Wahrnehmung (αἴσθησις) bezieht; diese geschieht nämlich κατὰ τὸν λόγον, weil letztlich das Wahrnehmbare im Grunde ein Logos ist. Außerdem macht er gleich danach mit den Worten „ὁ λόγος – τοῦτο δ' ἦν ἡ αἴσθησις" unzweideutig klar, dass der Logos die Wahrnehmung ist, und zwar eine bestimmte Wahrnehmung, die nun gestört wurde.[75] Das ἐκείνου dagegen steht in engem Zusammenhang mit der δύναμις; und die δύναμις ἐκείνου macht gemäß Aristoteles' Lehre der Wahrnehmung das Wesen des Wahrnehmungsfähigen (τὸ αἰσθητικῷ εἶναι) aus. Damit wird nicht besagt, dass diese vier Begriffe, nämlich die Wahrnehmung, der Logos, das Vermögen (δύναμις) und das Wahrnehmende (das Organ), strikt getrennt zuzuordnen wären, etwa dass die Wahrnehmung ein Logos ist und gleichsam getrennt davon das Vermögen die Dynamis eines Wahrnehmenden. Dass der Logos sich auf das Wahrnehmende bezieht, ist sprachlich möglich sowie theoretisch erklärbar. Ferner sind der Logos und das Vermögen in gewisser Hinsicht gleichzusetzen. Gleichwohl müssen diese Beziehungen dadurch vermittelt werden, dass die Wahrnehmung selbst Logos ist, weil nach Aristoteles das Wahrnehmende sich auf das Wahrnehmbare richtet und jedes Wahrnehmbare ist an sich ein Logos. Erst durch diese Vermittlung ist die δύναμις ἐκείνου und mithin das αἰσθητικῷ εἶναι ein Logos, und schließlich kann dieser über die Vermittlung des Vermögens auch als Form des Sinnesorgans gelten. Kurz, gegen Welschs Interpretation, die dem Sinnesorgan einen grundlegenden Status einräumt, ist vorzubringen, dass nach Aristoteles die Wahrnehmung, und damit das Wahrnehmbare, den Vorrang erhält.[76]

Aristoteles' Beispiel zufolge ist der Zusammenklang oder der Ton Logos. Wir wissen aus der *Metaphysik*, dass ein Zusammenklang ein zahlenmäßiges Verhältnis ist.[77] Wie Welsch darstellt, ist jeder Wahrnehmungsbereich von einem Gegensatz polar strukturiert. Jedes Binnen-Wahrnehmbare ist ein Gemisch der beiden äußersten Glieder und jede Mischung ist im Grunde ein zahlenmäßiges Verhältnis (λόγος) der beiden Eckglieder; so ist z. B. ein Zusammenklang ein bestimmtes Zahlenverhältnis zwischen der Höhe und der Tiefe.[78] Daher hat Welsch insofern

75 Deshalb steht das Präteritum ἦν.

76 Dies sagt Aristoteles deutlich zu Beginn von II 6 in *De anima:* λεκτέον δὲ καθ' ἑκάστην αἴσθησιν περὶ τῶν αἰσθητῶν πρῶτον (418a7–8).

77 Met. I 9, 991b13–14: εἰ δ' ὅτι λόγοι ἀριθμῶν τἀνταῦθα, οἷον ἡ συμφωνία, [...]; siehe auch Met. XIV 5, 1092b13–14.

78 Dazu *De sensu* 3, 439b25–440a6. Hier wird nebenbei klargemacht, dass Zusammenklänge Zahlenverhältnisse sind. Auch die asymmetrischen (inkommensurablen) Verhältnisse von Mehr oder Weniger wollte Aristoteles als gewisse, obgleich nicht regelmäßige, Zahlenverhältnisse anerkennen.

recht, als er den Logos als die Verfasstheit wahrnehmbarer Gegenstände deutet. Genauer betrachtet spricht Aristoteles an der zitierten Stelle nicht von dem Wahrnehmbaren im Allgemeinen, sondern von der Wahrnehmung, in der ein Wahrnehmbares von einem Wahrnehmenden wahrgenommen wird. In der Wahrnehmung fallen die Wirklichkeit des Wahrnehmbaren und diejenige des Wahrnehmenden zu einer einzigen Wirklichkeit der Wahrnehmung zusammen und diese befindet sich im Letzteren, wie Aristoteles in III 2 ausführt.[79] Deshalb ist auch das Wahrnehmende in gewissem Sinne ein Logos: Ein Zusammenklang wird im Gehör wahrgenommen.[80] Der Logos, der zugleich die Wahrnehmung ist, soll primär in diesem dynamischen Aspekt verstanden werden. Aus dieser Perspektive lässt sich erklären, warum sich der Logos bei einem allzu stark Wahrnehmbaren löst. Zunächst ist festzuhalten, dass nur in Bezug auf das Wahrnehmende, genauer gesagt, auf das Organ der Wahrnehmung ein wahrnehmbarer Gegenstand übermäßig stark erscheint. *An sich* ist ein Wahrnehmbares, als ein bestimmter Logos, niemals zu stark.[81] Aber die Spannweite unserer Wahrnehmung wird bestimmt und eingeschränkt durch die Polarstruktur des Wahrnehmungsvermögens, der wiederum die somatische Struktur des Sinnesorgans zugrunde liegt. Diese wird durch einen für sie überstarken Gegenstand gleichsam zersprengt.[82] Das Organ wird *zerstört* und die Wahrnehmung findet nicht statt, so wie ein Klang nicht gehört werden kann, wenn die Saiten zu stark angeschlagen werden. Dies heißt an unserer Stelle, dass der Logos sich löst.[83] Nunmehr wird die Eigenart des Nous deutlich. Wie das Wahrnehmbare kann das Denkbare an sich nie überstark sein. Aber anders als die Wahrnehmungssinne ist der Nous an keine Körperlichkeit gebunden. Deshalb gibt es beim Nous nie Übermaß. Er vermag jedes Denkbare, wie stark es auch sein mag, zu denken.

Siehe auch *De sensu* 4, 442a12–16 zum Geschmack. Anal. post. II 2, 90a18 f. zu Symphonia. Dazu Ross 1955, 198–199, Welsch 1987, 142 f.

79 De an. III 2, 425b26–426a5: ἡ δὲ τοῦ αἰσθητοῦ ἐνέργεια καὶ τῆς αἰσθήσεως ἡ αὐτὴ μέν ἐστι καὶ μία, τὸ δ' εἶναι οὐ τὸ αὐτὸ αὐταῖς· [...] εἰ δή ἐστιν ἡ κίνησις καὶ ἡ ποίησις καὶ τὸ πάθος ἐν τῷ ποιουμένῳ, ἀνάγκη καὶ τὸν ψόφον καὶ τὴν ἀκοὴν τὴν κατ' ἐνέργειαν ἐν τῇ κατὰ δύναμιν εἶναι [...]. Dies entspricht Aristoteles' allgemeiner Lehre der Bewegung, nach der wirkliche Bewegung im Bewegten stattfindet, dazu Phys. III 3, 202a13–15, siehe auch Phys. V 1, 224b25–26.

80 De an. III 2, 426a28–29: [...] λόγος δ' ἡ συμφωνία, ἀνάγκη καὶ τὴν ἀκοὴν λόγον τινὰ εἶναι.

81 Eine allzu grelle Farbe kann vom Menschen nicht wahrgenommen werden. Aber es löst sich nur die Wahrnehmung von ihr auf. Diese Farbe an sich, die als Wahrnehmbares eben ein gewisser Logos ist, bleibt intakt und es ist nicht auszuschließen, dass sie doch von anderen Tieren wahrgenommen werden könnte.

82 „[...] ἰσχυροτέρα τοῦ αἰσθητηρίου ἡ κίνησις" (424a30), wie Aristoteles an der Stelle ausdrücklich sagt.

83 Derselbe Gedanke auch in De an. III 2, 426a27 f.

Welschs eingehende Untersuchung bietet wertvolle Einsicht in die Struktur und in die organische Voraussetzung der aristotelischen Wahrnehmungslehre. Die somatische Struktur der Sinnesorgane dürfte ausschlaggebend für die Bandbreite und mithin die Einschränkung der Wahrnehmung sein. Welschs organo-logische Betrachtung der Wahrnehmung kann deshalb die Zerstörung einer Wahrnehmung treffend erklären, weil diese, wie soeben dargestellt, das Organische betrifft. Umso interessanter ist jedoch, dass Aristoteles die ganze Sache von der anderen Seite aus betrachtet. Er geht offenbar von dem Wahrnehmbaren aus, und zwar vom Wahrnehmen dieses Wahrnehmbaren. Weil das Wahrnehmbare ein Logos ist, muss die Wahrnehmung auch ein Logos sein. Schon aufgrund dieses Ausgangspunktes kommt das Somatisch-Organische in seiner Untersuchung zu kurz. Die Wahl dieses Ansatzes lässt sich auf jene Grundverfassung der Wahrnehmung zurückführen. Wahrnehmung ist ein gewisses Erleiden durch das Wahrnehmbare. Diese Passivität hat ihren Ursprung in dem Außenaspekt seiner Wahrnehmungslehre. Wahrnehmung richtet sich auf das, was in der Außenwelt da ist. Daher hätte eine Wahrnehmungstheorie, die ihren Ausgang von dem wahrnehmenden Organ nimmt, bei Aristoteles kaum zur Betrachtung kommen können.

3.3 Der Ort der Formen

> καὶ εὖ δὴ οἱ λέγοντες τὴν ψυχὴν εἶναι τόπον εἰδῶν, πλὴν ὅτι οὔτε ὅλη ἀλλ’ ἡ νοητική, οὔτε ἐντελεχείᾳ ἀλλὰ δυνάμει τὰ εἴδη.
>
> III 4, 429a27–29[84]
>
> Und treffend sagen auch diejenigen, die Seele sei der Ort der Formen, nur dass dies nicht die gesamte, sondern die vernünftige Seele ist und dass sie die Formen nicht der Wirklichkeit, sondern der Möglichkeit nach ist.

Die Rede vom Ort der Formen ist mitten in der Bestimmung des Nous eingeführt. Sie bestätigt einmal mehr, dass der Nous ein reines, ungemischtes Denkvermögen ist. Die Identifikation von „οἱ λέγοντες“ ist zwar aus dem Textzusammenhang nicht eindeutig feststellbar, aber es besteht kaum Zweifel, dass Aristoteles die Platoniker im Visier hat. Gewiss findet sich der Ausdruck „τόπος εἰδῶν“ nicht in den platonischen Dialogen, dennoch ist nicht auszuschließen, dass der Ort für die Formen der Sache nach doch auf Platon zurückgeht.[85] Die platonische Provenienz ist der alles

84 Siehe auch III 8, 432a1–3, wo der Nous und die Wahrnehmung wiederum eng vergleichen und beide als Form der intelligiblen bzw. wahrnehmbaren Formen bezeichnet werden.

85 Philoponus [Stephanus] (de an. 524, 6 Hayduck) identifiziert οἱ λέγοντες geradezu mit Platon. Dagegen enthalten sich andere antike Kommentatoren wie Themistius (95, 5, Heinze) und Simplikius

Werdende aufnehmende Raum (χώρα) im *Timaios*. Neben Sein und Werden wird er als die dritte Gattung für die Gestaltung des Universums eingeführt.[86] Im vierten Buch der *Physik*, in dem Aristoteles den Begriff des Ortes entfaltet, erwägt er an einer Stelle, ob der Ort, weil er das von der Form Abgegrenzte zu sein scheint, mit dem Stoff (ὕλη) gleichgesetzt werden kann. Gerade aus diesem Grunde, so Aristoteles, habe Platon Raum und Stoff als gleich angesehen:

> διὸ καὶ Πλάτων τὴν ὕλην καὶ τὴν χώραν ταὐτό φησιν εἶναι ἐν τῷ Τιμαίῳ· τὸ γὰρ μεταληπτικὸν καὶ τὴν χώραν ἓν καὶ ταὐτόν. ἄλλον δὲ τρόπον ἐκεῖ τε λέγων τὸ μεταληπτικὸν καὶ ἐν τοῖς λεγομένοις ἀγράφοις δόγμασιν, ὅμως τὸν τόπον καὶ τὴν χώραν τὸ αὐτὸ ἀπεφήνατο. λέγουσι μὲν γὰρ πάντες εἶναί τι τὸν τόπον, τί δ' ἐστίν, οὗτος μόνος ἐπεχείρησεν εἰπεῖν.
>
> *Physik* IV 2, 209b11–17
>
> Aus dem Grunde lässt ja auch Platon Stoff und Raum dasselbe sein in seinem *Timaios:* Denn das Teilhaftige und der Raum [sind] ein und dasselbe. Freilich meint er zwar dort teilhaftig in anderem Sinne als in der sogenannten ungeschriebenen Lehre, gleichwohl bestimmte er Ort und Raum als dasselbe. Es sagen ja alle, dass es so etwas wie Ort geben muss, was das aber ist, hat er allein einmal auszusagen versucht.

Am Ende lobt Aristoteles, dass Platon als erster deutlich macht, was Ort (τόπος) ist. Aristoteles stellt hier Verknüpfungen her: Der Ort ist dasselbe wie der Raum, und dieser, so referiert Aristoteles weiter, und der Stoff gelten im *Timaios* als dasselbe. Im nächsten Schritt identifiziert er, gleichsam als eine nähere Bestimmung des Raumes, diesen mit dem Teilhaftigen (μεταληπτικόν). Mit anderen Worten, Aristoteles' überaus knapper Erklärung zufolge erklärt Platon als erster, was Raum und Ort sind, nämlich Stoff und Teilhaftiges. Allerdings drängt sich die Frage auf, ob Aristoteles Platons Theorie zum Raum richtig auf- und zusammenfasst. Der Sache nach ist eine Gleichsetzung von aristotelischem Ort und platonischem Raum mehr als fraglich. Der Ort bei Aristoteles ist die unmittelbare, unbewegliche Grenze des einen Gegenstand Umfassenden,[87] und als solcher weist er Ausdehnung und

---

(227, 34, Hayduck) der Identifizierung. Nach Meinung von Ross (1961, 292) und Theiler (1959, 140) sind mit οἱ λέγοντες wahrscheinlich Platoniker gemeint.

86 Tim. 48e–49a, 50e–51a, 52ab. Neben Raum bezeichnet Timaios dieses Prinzip auch als Aufnehmerin (ὑποδοχή), Amme (τιθήνη) und Mutter (μήτηρ). Shields (2016, 303–304) verbindet Aristoteles' Bezeichung des Nous als Ort der Formen mit Platons Zurückweisung der Formen als Gedanke im *Parmenides* (132b, 133c, 134a) oder mit Platons These der Wiedererinnung im *Menon* (80e–86d). Auch Reeve (2017, 154) sieht *Parmenides*-Stellen als möglichen Bezug. Diese Zuordnungen sind bloß insofern weniger überzeugend, als der Begriff „Ort" an den beiden Stellen gar nicht vorkommt.

87 *Physik* IV 4 212a20–21. In IV 3, Aristoteles unterscheidet acht Bedeutungen von „eines in einem anderen (ἄλλο ἐν ἄλλῳ)", von denen die letzte und hauptsächliche „in einem Gefäß und allgemein an einem Ort" ist (210a24).

wahrnehmbare räumliche Position auf.[88] Der Raum im *Timaios* dagegen ist kein Ort in diesem physischen Sinne, sondern eine ontologische Potenzialität, einer formlosen Masse gleich, die allen sinnlichen Erscheinungen zugrunde liegt. In Bezug auf Aristoteles' eigene Bestimmung des Raumes erscheint die Gleichsetzung von Ort und Raum als eine vorläufige Stoßrichtung in der Erörterung des Ortes, die gleich darauf über Bord geworfen wird. Platon selbst verwendet jedoch an einer Stelle im *Timaios* (52ab) den Raum und den Ort als synonym. Aristoteles hat daher eigentlich einen guten Grund, die beiden Begriffe nebeneinander zu stellen. Entscheidender als dies für das Verstehen von Platons Raum und Aristoteles' Ort der Formen ist, dass Aristoteles zufolge der Raum und der Stoff für Platon dasselbe sind.

Was die Gleichsetzung von Raum und Stoff anbelangt, wird in der Forschung immer wieder darauf aufmerksam gemacht, dass Platons Raum ganz anders als der Stoff bei Aristoteles ist. Der Raum ist ein ontologisches Prinzip, *in* dem sinnliche Erscheinungen *auftreten*; der Stoff dagegen ist grundlegend für Aristoteles' Hylomorphismus. *Aus* einem bestimmten Stoff entsteht ein Einzelwesen, wie z.B. *aus* einem Stück Bronze eine Statue gemacht wurde.[89] Es scheint, dass Aristoteles zwei heterogene Entitäten als gleich nebeneinander stellt. Aber bei näherer Betrachtung erscheint diese Differenz gar nicht so maßgebend. Platon selbst gibt Anlass zu einer Angleichung von Raum und Stoff. Im *Timaios* vergleicht er den Raum jeweils mit Gold, Abdruckstoff und geruchfreier Salbe. Alle drei sind Stoffe, und im Hinblick auf Gold sagt Timaios sogar, dass man *aus* diesem alle möglichen Formen bildet. Daher muss man bei der auf den ersten Blick drastischen Unterscheidung zwischen „in dem" und „aus dem" etwas vorsichtig sein. Keimpe Algra argumentiert ausführlich dafür, dass Platons χώρα sowohl im Sinne von „space" als auch von „matter" erfasst werden kann. Er verweist auf zwei Stellen aus dem *Timaios*, wo an der einen „aus dem" und an der anderen „in dem" verwendet wird. Das „aus dem" in 50a „εἰ γὰρ πάντα τις σχήματα πλάσας ἐκ χρυσοῦ [...]" sei dahingehend zu verstehen, dass eine Form *aus* Gold herausgearbeitet wird (πλάσσειν); dagegen sei das „in dem" in 50e „ὅσοι τε ἔν τισιν τῶν μαλακῶν σχήματα ἀπομάττειν ἐπιχειροῦσι [...]" so aufzufassen, dass man eine Form *in* eine Masse eindrückt (ἀπομάττειν). Algra zufolge sind die beiden Ausdrücke jeweils in einen anderen Kontext eingebettet. Während das „aus

88 Dazu Horn/Rapp 2002, 452–453. Flashar (2013, 252) erklärt den Sinn des aristotelischen Ortes kurz und prägnant, aber anschaulich: „Anstelle eines allumfassenden [sc. platonischen] Raumes setzt Aristoteles den ‚Ort' (‚Topos', τόπος). Gemeint ist damit der von einem Körper eingenommene ‚Platz', der außerhalb und oberhalb der Körper keine Existenz hat, der aber die Abgrenzung der Körper gegeneinander und deren spezifische Lage markiert. Der ‚Ort' ist so etwas wie ein mit einem bestimmten Inhalt (dem Körper) gefülltes Gefaß."

89 *Physik* II 3, 194b25. Zum Unterschied zwischen Aristoteles' Materie und Platons Raum siehe unter anderem Morison 2002, 116 und Perl 2014a, 70.

dem“ auf das Produkt des Eindrückens deutet, weist das „in dem“ auf das Eindrücken des Originals in eine biegsame Masse hin.[90] Zusammen passen die beiden Vorgänge zu der mythischen Erzählung des *Timaios: Bildlich gesehen* drückt der Demiurg die Formen *in* den Raum ein, infolgedessen erscheinen die Abbilder im Raum. Fokussiert man andererseits auf das Erscheinen sinnlicher Gestalten, kann man diese mit Platon als aus dem Raum hervorgetreten betrachten, wie aus Gold goldene Produkte hervortreten. Beide Redeweisen, „aus dem“ und „in dem“, deuten auf denselben Sachverhalt hin. Der Raum gleicht dem Stoff, allerdings ist die Ähnlichkeit nicht in der Materialität, sondern in der Formbarkeit zu suchen. Alle drei Stoffe sind äußerlich geschmeidig und anpassungsfähig, und deshalb können sie alle zu verschiedenen Gestalten geformt werden.[91] Aristoteles bedient sich desselben doppelten Charakters in seiner Bestimmung des menschlichen Nous. In III 4 veranschaulicht er den formlosen menschlichen Nous als Ort der Formen, *in dem* intelligible Formen erscheinen; in III 5 setzt er denselben Nous, welcher der Möglichkeit nach alles Denkbare ist, mit dem Stoff gleich, *aus dem* denkbare Formen durch den produktiven Nous wie durch die Kunst hervorgebracht werden. Man kann eine Parallele zwischen Platons Raum und Aristoteles' potenzialen Intellekt ziehen: Wie sich der Raum zu sinnlichen Erscheinungen verhält, so steht der Ort zu intelligiblen Formen.

An der *Physik*-Stelle erwähnt Aristoteles einen weiteren Aspekt, der in gewissem Maße den Raum und den Stoff verbindet: Der Raum und der Stoff, die dort als dasselbe gelten, sind teilhaftig (μεταληπτικόν); und von dem Teilhaftigen unterscheidet er zwei Sinne: Das Teilhaftige im *Timaios* sei anders als dasjenige in Platons ungeschriebener Lehre. Im Hinblick auf das Teilhaftige im *Timaios* wird in der Forschung gemeinhin auf eine Stelle hingewiesen, an der die Denkbarkeit des Raumes besprochen wird. Diese lässt sich freilich nur aus einer unechten Schlussfolgerung (νόθος λογισμός) erfassen.[92] Wie man sich diese unechte Folgerung vorstellen sollte, wird anschließend erklärt. Die Denkbarkeit des Raumes gibt zwar Auskunft über das Verständnis sowohl für den platonischen Raum als auch für Aristoteles' Ort der Formen. Indessen, wenn man die andere Art des Teilhaftigen,

---

90 Algra 1995, 72 ff. v. a. 81 f., 90 – 91.

91 Tim. 50a (Gold), 50d (Abdruckstoff), 50e (Salbe). In Bezug auf den Raum kommentiert Kahn (2013, 191): „Plato is exploring a concept that Aristotle will develop in his theory of potentiality.“ Zu den Vergleichen: Cornford 1937, 185; Happ Hyle, 100 – 101. Die Vergleiche, vor allem die Knetmasse, erinnern an den Vergleich mit dem Wachs (ὁ κηρός) bei Aristoteles (De an. II 12, 424a17 f.). Auch dieses ist im höchsten Grade formbar. Gewiss wird dieser Vergleich hinsichtlich des Wahrnehmens verwendet. Aber dies zeigt gerade eine Gemeinsamkeit zwischen Wahrnehmen und Denken.

92 Tim. 51a, 52ab. Cornford (1937, 187 – 188) interpretiert Tim. 51a in Verbindung mit 52ab. Auch Ross (Phy. Komm., 565 – 566) merkt an, dass mit dem Teilhaftigen die Denkbarkeit des Raumes gemeint ist.

die Platon in seinen ungeschriebenen Lehrsätzen erörtert, in Betracht zieht, kommt man auf eine andere Interpretation des Teilhaftigen im *Timaios*. Nach Platons ungeschriebener Lehre ist das Große-und-Kleine das material-potenziale Prinzip für die Ideen und die Ideenzahlen. Aufgrund der einheitsformenden Wirkung des Einen wird das zweite Prinzip des Großen-und-Kleinen zu verschiedenen ewigen und *ein*deutigen Einheiten, nämlich Ideen und Ideenzahlen bestimmt.[93] Das Teilhaftige des zweiten Prinzips bezieht sich auf das Eine, und aus der Teilhabe kommen Ideen und Ideenzahlen ins Sein. Es handelt sich um das Ins-Sein-Gehen des Teilhaftigen. Dementsprechend dürfte das Teilhaftige des *Timaios* ebenfalls das Ins-Sein-Gehen des Raumes bedeuten. In Wirklichkeit ist Teilhabe (μέθεξις/μετέχειν), mit dem das Teilhaftige dem Sinne nach verwandt ist, ein zentraler platonischer Begriff, mit dem Platon primär die Beziehung von sinnlichen Erscheinungen und Ideen beschreibt: Jene treten auf, indem sie an den Ideen teilhaben. Weil jede sinnliche Erscheinung gleichsam in den Raum eintritt und aus diesem erscheint, hat eine Portion des Raumes, in dem ein Einzelwesen erscheint, eben mit dieser Erscheinung an der von ihr abgebildeten Idee teil. Da alle Erscheinungen im Raum erscheinen, ist der Raum im Ganzen an den Ideen teilhaftig.[94] Vor diesem Hintergrund scheint Aristoteles' Kritik an Platon berechtigt zu sein. Während sinnliche Erscheinungen in einem Raum auftreten, versäumt Platon, die Ideen und Zahlen an einem Ort unterzubringen.

> Πλάτωνι μέντοι λεκτέον, εἰ δεῖ παρεκβάντας εἰπεῖν, διὰ τί οὐκ ἐν τόπῳ τὰ εἴδη καὶ οἱ ἀριθμοί, εἴπερ τὸ μεθεκτικὸν ὁ τόπος, εἴτε τοῦ μεγάλου καὶ τοῦ μικροῦ ὄντος τοῦ μεθεκτικοῦ εἴτε τῆς ὕλης, ὥσπερ ἐν τῷ Τιμαίῳ γέγραφεν.
>
> *Physik* IV 2, 209b33–210a2

> Gegen Platon muss man einwenden, wenn denn beim Vortrag einmal abgewichen werden darf: Warum sind Formen und Zahlen nicht an einem Ort (τόπος), wenn doch das Teilhaftige (τὸ μεθεκτικόν) der Ort sein soll, einerlei ob nun das Große-und-Kleine dieses Teilhaftige ist oder der Stoff, so wie er im *Timaios* geschrieben hat.

---

93 Dazu u. a. Aristoteles *Metaphysik* I 6, 987a29–988a17=Test. Plat. 22 A, Alexander von Aphrodisias In Met. 56, 5 ff.=Test. Plat. 22B. Selbst eine nur umrisshafte Darstellung der Prinzipienlehre, die in Platons mündlichen Belehrungen entfaltet wurde, würde den Rahmen dieser Arbeit sprengen. Zu Platons Prinzipienlehre siehe vor allem die Arbeiten von Krämer und Gaiser, vor Kurzem auch Szlezák 2021, 502–554.

94 Siehe Kap. III § 5.2 zu einer differenzierten Interpretation der Teilhabe, nach welcher die Ideen ihre Transzendenz und Integrität behalten. Solche Erscheinungen treten als sinnenfällige Einzeldinge auf. Es erscheint ein Mann oder ein Baum. Aber Platon legt weniger Emphase auf die konkrete Gegenständlichkeit eines erscheinenden Einzelwesens als auf dessen Sinnlichkeit. Sinnenfällige Einzelwesen sind Abbilder der Ideen. Dagegen sieht Aristoteles einzelne sinnenfällige Dinge aufgrund seiner hylemorphischen Auffassung in höherem Grade als konkrete Gegenstände. Dazu Kahn 2013, 205, Perl 2014a, 70–71.

Ungeachtet dessen, dass es sich um zwei Arten der Teilhabe handelt, betont Aristoteles jetzt, was die beiden als Ort gemeinsam haben: Sowohl der Raum als auch das Große-und-Kleine lassen Dinge, sinnliche in dem einen, intelligible in dem anderen Fall, ins Sein. Besonders aufschlussreich ist fernerhin seine Kritik an Platon, nämlich dass es für die Ideen und die Ideenzahlen keinen Ort gebe. Mit dem Ort der Formen gewährt er, im Gegensatz zu seinem Lehrer, den Formen einen Ort. Gleichwohl gibt Aristoteles den Grund nicht zu erkennen, warum seine Formen einen Ort haben. Über die Überlegungen, warum Aristoteles die Formen mit einem Ort versieht, dürften nun eben Platons Gedanken zur Denkbarkeit des Raumes Aufschluss geben. Der Raum ist, wie Timaios behauptet, eine unsichtbare Form, die „ungestaltet, alleserfassend, teilhaftig (μεταλαμβάνον) auf seltsamste Weise am Denkbaren, selbst äußerst schwer greifbar" ist.[95] Da er unsichtbar ist, lässt er sich nicht wahrnehmen. Er ist nichts, hat überhaupt keine Gestalt, und ihn kann man gar nicht denkend erfassen. Wie ist diese „seltsamste Weise" zu verstehen? Dazu erklärt Platon an einer weiteren Stelle im *Timaios:*

> τρίτον δὲ αὖ γένος ὂν τὸ τῆς χώρας ἀεί, φθορὰν οὐ προσδεχόμενον, ἕδραν δὲ παρέχον ὅσα ἔχει γένεσιν πᾶσιν, αὐτὸ δὲ μετ' ἀναισθησίας ἁπτὸν λογισμῷ τινι νόθῳ, μόγις πιστόν, πρὸς ὃ δὴ καὶ ὀνειροπολοῦμεν βλέποντες καί φαμεν ἀναγκαῖον εἶναί που τὸ ὂν ἅπαν ἔν τινι τόπῳ καὶ κατέχον χώραν τινά, τὸ δὲ μήτ' ἐν γῇ μήτε που κατ' οὐρανὸν οὐδὲν εἶναι.
>
> *Timaios* 52ab
>
> Eine dritte Gattung wiederum ist die immer seiende des Raumes,[96] die keinen Untergang kennt und allem einen Platz (ἕδρα) gewährt, was da Entstehung hat, selbst ausgestattet mit Nichtwahrnehmbarkeit durch Sinne, zugänglich nur nach einer Art unechter Schlussfolgerung, kaum glaubhaft, auf das hinschauend wir denn ins Träumen geraten und behaupten, notwendig sei ja wohl jedes Seiende an einem Ort (ἔν τινι τόπῳ) und nehme einen bestimmten Raumabschnitt (χώραν τινά) ein, was dagegen weder auf der Erde noch irgendwo am Himmel sei, sei nichts.

Es gehört zu den alltäglichsten Erfahrungen, dass jedes sinnenfällige Einzelne an einem Ort und in einem Raumabschnitt erscheint, und mit jeder Erscheinung werden ein Ort und ein Raum sinnlich feststellbar. Nun besteht die Folgerung darin, dass es einen Raum geben muss, der allen einzelnen Raum- und Ortserscheinungen zugrunde liegt und damit alle solchen Erscheinungen ermöglicht. Platon bezeichnet die Folgerung jedoch als unecht und vergleicht sie mit einem Traum. Was Platon mit dem Traum meint, wird ersichtlich an dem Kontrast der wirklich vorhandenen

95 Tim. 51a: ἀλλ' ἀνόρατον εἶδός τι καὶ ἄμορφον, πανδεχές μεταλαυβάνον δὲ ἀπορώτατά πῃ τοῦ νοητοῦ.

96 τρίτον δὲ αὖ γένος ὂν τὸ τῆς χώρας ἀεί [...]; Cornford (1937, 192 Anm.1) liest ὄν und ἀεί zusammen. Zekl (1992, 85) folgt Cornford in seiner Übersetzung.

Natur mit diesem Traumzustand: „[...] wenden wir unter dem Eindruck dieses Daherträumens auch auf die gar nicht traumhafte und wirklich vorhandene Natur an [...]“. Wir werden diese Stelle, die unmittelbar auf die zitierte Passage folgt, gleich genauer unter die Lupe nehmen. Die wirklich vorhandene Natur, die dem Traum entgegensteht, weist sehr wohl auf den Kosmos der Ideen hin. Der traumhafte Zustand verweist dementsprechend auf die sinnliche Welt. In der *Politeia* vergleicht Sokrates gerade die Welt der Sinnlichkeit, nämlich die vielen schönen Dinge, mit einem Traum, die Ideen dagegen mit einem Wachzustand.[97] In der uns bekannten sinnlichen Welt ist alles, was ist, *irgendwo*. Was nicht *auf der Erde* oder *am Himmel* ist, ist nichts. Nun wird daraus vermittels einer unechten Folgerung (νόθος λογισμός) auf die Denkbarkeit des Raumes geschlossen. Das griechische Wort νόθος bedeutet „unehelich, außer der Ehe mit einer Sklavin bzw. Ausländerin erzeugt [...]“.[98] „Unecht“ verweist auf eine Heterogenität hinsichtlich des gesellschaftlichen Status. Auf die Denkbarkeit des Raumes bezogen ist die Heterogenität eine des ontologischen Status: Aus dem Sinnlichen wird unberechtigterweise auf das Unsinnliche geschlossen. Die Folgerung ist unecht, d.h. unbegründet, und daher ungültig, aber das Geschlossene muss nicht trügerisch oder falsch sein: Ein Kind, das aus einer solchen *unechten* Beziehung geboren wurde, ist nichtsdestoweniger ein *echter* Mensch. Der Raum ist strenggenommen nicht denkbar, aber er ist trotzdem anzunehmen. Der Raum müsste als Bedingung des Vorkommens aller sinnlichen Gegebenheiten *angenommen* und in diesem Sinne *denkbar* sein.[99]

Auch Aristoteles erkennt die Notwendigkeit des Raumes für alles, was *ist*, an. Zu Beginn seiner Erörterung des Raumbegriffes in der *Physik* scheint er wieder auf Platons Überzeugung zurückzugreifen: Alle nehmen an, dass alles, was ist, irgendwo

---

97 Pol. V 476cd.

98 Passow, *Handwörterbuch der Griechischen Sprache*, und Liddell/Scott, *A Greek-English Lexicon* ad loc.

99 Kahn (2013, 193): „[...] that depends upon a kind of bastard reasoning to the effect that whatever comes to be must have a place where it is located (52b). Thus, the Receptacle is required as the framework for any rational account of the phenomena of change.“ Kürzlich erklärte Szlezák in seinem Platonbuch: „Das Bastardhafte dieses Schlusses scheint darin zu liegen, dass uns die nie endenden Umwandlungen des Wahrnehmbaren zwar zwingen, etwas dem Zugrundeliegendes anzunehmen, dieses Zugrundeliegende aber nicht sichtbar und anfaßbar ist wie das Werdenden, aber auch nicht als intelligibles eidos erfaßbar ist [...].“ (2021, 433). Cornford (1937, 193–194) und Happ (Hyle, 108–109) verstehen die unechte Schlussfolgerung als Abstraktion. Der Raum sei jeglicher positiver Bestimmungen beraubt. Was zurückbleibe, sei der Raum. Nach dieser an sich möglichen Interpretation ist die Folgerung insofern unecht, als sie nicht zur Bestimmung, sondern zu deren Negierung führt. Allerdings passt sie nicht gut zu Platons Hinweis auf die Folgerung, dass nämlich alles an einem Ort oder an einem bestimmten Raum ist.

ist; denn was nicht ist, ist nirgends.[100] Mit dieser Grundansicht, die auf Platon zurückgeht, sieht sich Aristoteles berechtigt, an der eben zitierten Stelle Platons Ideenlehre anzugreifen. Da die Formen und Zahlen am höchsten Grad seiend sind, müssten sie eigentlich auch an einem Ort sein.[101] Aristoteles scheint den Vorwurf ernsthaft zu erheben, da er seinen Formen einen Ort gibt. Warum hat Platon seinen Formen und Zahlen einen Ort verwehrt? In der Fortsetzung seiner Erläuterung über die Denkbarkeit des Raumes lässt Platon Timaios Stellung zur Annahme eines Ortes der Formen und Zahlen beziehen.

> ταῦτα δὴ πάντα καὶ τούτων ἄλλα ἀδελφὰ καὶ περὶ τὴν ἄυπνον καὶ ἀληθῶς φύσιν ὑπάρχουσαν ὑπὸ ταύτης τῆς ὀνειρώξεως οὐ δυνατοὶ γιγνόμεθα ἐγερθέντες διοριζόμενοι τἀληθὲς λέγειν, ὡς εἰκόνι μέν, ἐπείπερ οὐδ' αὐτὸ τοῦτο ἐφ' ᾧ γέγονεν ἑαυτῆς ἐστιν, ἑτέρου δέ τινος ἀεὶ φέρεται φάντασμα, διὰ ταῦτα ἐν ἑτέρῳ προσήκει τινὶ γίγνεσθαι, οὐσίας ἁμωσγέπως ἀντεχομένην, ἢ μηδὲν τὸ παράπαν αὐτὴν εἶναι, τῷ δὲ ὄντως ὄντι βοηθὸς ὁ δι' ἀκριβείας ἀληθὴς λόγος, ὡς ἕως ἄν τι τὸ μὲν ἄλλο ᾖ, τὸ δὲ ἄλλο, οὐδέτερον ἐν οὐδετέρῳ ποτὲ γενόμενον ἓν ἅμα ταὐτὸν καὶ δύο γενήσεσθον.
>
> *Timaios* 52b–d
>
> All das und andere diesem verschwisterte Annahmen wenden wir unter dem Eindruck des Träumens auch auf die gar nicht traumhafte und wirklich vorhandene Natur an und sind nicht in der Lage, aufzuwachen und klar zu unterscheiden und so das Wahre zu sprechen, welches besagt: Da ein Bild nicht das ist, nach dem es gebildet ist, sondern es immer das Abbild eines von ihm verschiedenen trägt, deshalb kommt ihm zu, in einem von ihm Verschiedenen zu entstehen, wobei es irgendwie ans Sein hält, oder es ist ganz und gar nichts; dagegen steht dem wahrhaft Seienden ein Satz von genauer Wahrhaftigkeit bei: Solange etwas einerseits dies, andererseits aber auch anderes sein soll, und solange keines von beiden je in einem anderen entsteht, müsste ein und dasselbe eins und zugleich zwei werden.

In dieser Passage macht Platon deutlich, warum es für die Formen weder Raum noch Ort gibt.[102] Sinnliche Erscheinungen sind als Abbilder der Formen anders als diese. Deshalb müssen sie *in* einem anderen als in den Formen selbst entstehen, und als im Raum Entstandene haben sie *erst* einen gewissen Anteil an Sein. Die Formen sind an sich seiend, und wären sie in einem anderen entstanden, hätten sie eine Beziehung mit einem anderen; und vor dem Entstehen, sei es im zeitlichen oder im ontologischen Sinne, wären sie nichts. Kurz, wenn die Formen einen Ort hätten,

---

100 Phy. IV 1, 208a29–30: τά τε γὰρ ὄντα πάντες ὑπολαμβάνουσιν εἶναί που – τὸ γὰρ μὴ ὂν οὐδαμοῦ εἶναι·

101 Es gibt zwei Arten von Zahlen bei Platon, mathematische Zahlen und Ideenzahlen. Wenngleich beide Arten in den Sinnzusammenhang passen, dürften an dieser Stelle die Ideenzahlen gemeint sein. Denn Platons ungeschriebene Lehre fasst das Große-und-Kleine als materiales Prinzip der Ideenzahlen.

102 Um schwerfällige Aufzählungen zu vermeiden, schließen die Formen in diesem Diskussionszusammenhang die Zahlen ein.

würde man sie auf dieselbe ontologische Ebene wie die sinnlichen Gegebenheiten herabsetzen. Aber zwischen Formen und sinnlichen Gegebenheiten besteht ein Unterschied: Eine gerechte Handlung ist aus einer anderen Perspektive nicht gerecht. Sinnliche Erscheinungen sind und sind nicht. Die gerechte Seite einer Handlung kann aber nicht aus einer ungerechten Seite derselben Handlung entstehen. Ein und dieselbe Handlung ist daher zugleich zwei.[103] Die Annahme des Raumes geschieht und hat ihre gewisse Richtigkeit nur in der traumhaften Welt der Sinnlichkeit. Den Formen einen Raum zuzuweisen, entspräche es, sich dem Aufwachen zu verweigern. Platons Begründung für das Fehlen des Ortes wirft Licht auf Aristoteles' Vorstellung vom Ort der Formen. Der Nous des Menschen ist nur *der Möglichkeit nach* die denkbaren Gegenstände. Erst im Vollzug des Denkens wird dieser zu gedachten Gegenständen. Der Nous ist mithin in einer Hinsicht die Formen, in einer anderen wieder nicht. Der Nous in III 4 ist der noologische Grund der Entstehung des Denkens im Menschen und insofern vergleichbar mit dem Raum als kosmologischem Grund der Entstehung sinnlicher Erscheinungen. Der Ort der Formen ist so besehen doch keine Metapher, vielmehr bezeichnet er den ontologischen Status des menschlichen Nous. Hinzu kommt, dass der platonische Raum sinnlicher Erscheinungen in gewissem Maße homogen ist. Ihm werden unbestimmte Ausdehnung und Spuren (τὰ ἴχνη) der vier Grundstoffe zugeschrieben; die Spuren aber sind kaum mehr als blinde, atelologische Bewegungen der Kräfte unterschiedlicher Qualitäten, die nach Formung streben.[104] Formung solcher Kräfte führt zur Entstehung elementarer Stoffe mit den ihnen eigenen qualitativen Eigenschaften. Der Nous aus III 4 dagegen weist überhaupt keine Spuren auf, was sicherlich seiner nichtsinnlichen Natur entspricht. Die Spurlosigkeit hat eine Folge. Der Raum mit seinen Spuren wird von Timaios als Notwendigkeit (ἀνάγκη) bezeichnet. Der Demiurg wirkt auf sie, überredet sie zur Formung der elementaren Stoffe.[105] Der Demiurg hatte zwar die Oberhand, aber seine Schöpfung wurde doch

103 Dagegen ist die Idee des Gerechten *immer* gerecht. In gewissem Sinne entsteht das Gerechte aus dem Schönen oder die Form des Menschen aus der des Lebewesens. Aber dies hat wenig mit der Feststellung der Ambiguität zu tun. Cornfold (1937, 194–195) interpretiert die beiden Entitäten, die jeweils nicht in der anderen entstehen können, als die Form und den Raum. Aber erstens steht der Kontrast zwischen Formen und Abbildern im Zentrum der Passage, und zweitens ist die Ambiguität, auf die die Rede von eins und zwei deutet, charakteristisch für sinnliche Gegebenheiten.

104 Tim. 52d–53a. Dazu Happ Hyle, 107–111 mit Anm. 126, 129. Nach Happ könnten die Spuren (τὰ ἴχνη) Hinweis auf ein solches Streben sein. Kahn (2013, 196–200) gibt eine ausführliche Beschreibung von den Zuständen des Raumes vor dem Eingriff des Schöpfergottes. Weil alle Bewegungen chaotisch sind, vermag der Raum keine stabile Gestalt anzunehmen. Er bleibt infolgedessen formlos.

105 Tim. 47e–48a, 56c, 68e–69a. Dass Timaios die formende Instanz mal als Nous (47e–48a), mal als Gott (56c), mal wieder als göttliche Ursache (τὸ θεῖον), die der notwendigen Ursache (τὸ ἀναγκαῖον) entgegensteht (68e–69a), bezeichnet, weist auf die Identität von Demiurgen und Nous.

von solchen vorhandenen *notwendigen* Spuren eingeschränkt: Die Spuren bestimmen ja, dass sie zu diesen Stoffen mit solchen Eigenschaften geformt werden *mussten.*[106] Eine derartige Einschränkung ist nicht bei dem Nous zu finden, weil er überhaupt nichts ist. Diese absolute Potenzialität macht es gerade möglich, dass er zu *allen* denkbaren Gegenständen werden kann.

4 Der Nous und der Wissende

Auf den ersten Blick dient Aristoteles' Vergleich mit einem Wissenden dazu, die bekannte Dreistufenlehre, die Aristoteles in II 5 auf diesen anwendet, nun auf den Nous zu übertragen. Alexander hat die Passage diesbezüglich bereits so gelesen und interpretiert,[107] und ihm folgen viele andere Kommentatoren.[108] Um die Passage genauer zu analysieren und Entscheidung über eine wichtige Lesevariante zu treffen, ist es gut, sie hier vollständig zu zitieren:

> ὅταν δ' οὕτως ἕκαστα γένηται ὡς ὁ ἐπιστήμων λέγεται ὁ κατ' ἐνέργειαν (τοῦτο δὲ συμβαίνει, ὅταν δύνηται ἐνεργεῖν δι' αὑτοῦ), ἔστι μὲν καὶ τότε δυνάμει πως, οὐ μὴν ὁμοίως καὶ πρὶν μαθεῖν ἢ εὑρεῖν· καὶ αὐτὸς δὲ αὑτὸν τότε δύνατάι νοεῖν.
>
> *De anima* III 4, 429b5–9
>
> Wenn er aber auf die Weise zu jedem wird, wie man von einem, der der Wirklichkeit nach weiß, sagt – dies ist der Fall, wenn er von sich aus wirklich tätig sein kann, so befindet er sich noch gewissermaßen in Möglichkeit, jedoch nicht mehr in gleicher Weise wie früher, bevor er lernte und entdeckte. Und auch er kann sich denken.

Das ἕκαστα γένηται weist sehr wohl lediglich auf das Erreichen der zweiten Stufe hin, obwohl im Vergleich ὁ κατ' ἐνέργειαν steht. Denn der erklärende Einschub verweist mit dem δύνηται eindeutig auf die Stufe der ersten Vollendung. Hieraus

---

106 Dazu siehe Sedleys ausführliche Analyse (2007, 113–127). Sedley betont die Dominanz des Nous trotz der Notwendigkeit, die der Demiurg als stoffliches Prinzip vorfindet. Der Gott musste zwar Kompromisse eingehen, machte aber das allerbeste daraus (118–121).

107 Siehe Alexander De an. (81f. Bruns). Er unterscheidet einen νοῦς ὑλικός – auch φυσικός oder ὁ δυνάμει νοῦς genannt, der als rein materiales Prinzip der Aufnahme bei allen Menschen präsent sei, von dessen ἕξις – auch εἶδος oder τελειότης τοῦ φυσικοῦ genannt, die nur bei gewissen begabten Menschen durch Lehren (διδασκαλία) und Gewöhnen (ἔθη. 81, 25) erworben werden könne, dazu 81–82, 85–86; siehe auch *De Intellectu*, 106–107 Bruns.

108 Siehe z.B. Themistius (95, 9f. Heinze), Philoponus [Stephanus] (De an. 524, 25f. Hayduck), Simplikius (229–230 Hayduck), Thomas (Sent. De an. Lib. III cap. 2, 1ff.=208–209, Leoninia), Trendelenburg (1877, 388), Hicks (1907, 484), Theiler (1959, 140), Ross (1961, 292), Sorabji (1992, 221) und Horn (1994, 88). Sie konzentrieren sich alle auf den Unterschied zwischen dem reinen Vermögen und dessen erster Verwirklichung.

aber scheint sich eine Unstimmigkeit zu ergeben. Um diese zu beseitigen, schlägt Theiler eine Emendation vor: Statt ὁ κατ' ἐνέργειαν liest er ὁ μὴ κατ' ἐνέργειαν.[109] Theilers Korrektur fehlt indessen jeglicher Beleg aus der Textüberlieferung. Wie er selbst zugibt, hat schon Theophrast κατ' ἐνέργειαν gelesen.[110] Theilers Eingriff hilft, selbst wenn man ihn gelten lässt, ohnehin wenig. Denn außer dem Einschub macht auch Aristoteles' vorsichtige Formulierung im Hauptsatz (τότε δυνάμει πως) deutlich, dass es sich lediglich um die zweite Stufe handelt. Indessen ist es aus folgenden Überlegungen heraus fragwürdig, ob man dem Nous alle drei verschiedenen Stufen zusprechen kann wie einem Wissenden, z. B. einem gebildeten Wissenschaftler:

Erstens: Aristoteles scheint nirgends gesagt zu haben, dass der Nous sich durch das Lernen und Entdecken, oder wie bei Alexander durch Unterweisung und Gewöhnung, von der ersten Stufe der bloßen Anlage zur zweiten Stufe des Vermögens entwickeln könnte wie ein Lernender sich zu einem Menschen mit Wissen, etwa einem Wissenschaftler. Er hat zwar den Prozess der Bildung des Allgemeinen aufgezeichnet, der die Wahrnehmung als Ausgang und Erinnerung und Erfahrung als Zwischenstufen hat.[111] Aber man kann diesen Prozess nicht ohne Weiteres mit jener Entwicklung, etwa mit dem Lernen und Entdecken, identifizieren.

Zweitens: Man darf den Unterschied zwischen dem Nous und einem Wissenschaftler nicht ignorieren. Aristoteles sagt ausdrücklich, dass nicht die Seele, sondern der Mensch mit der Seele lernt.[112] Es steht außer Frage, dass er dabei die Entwicklung von der ersten zur zweiten Stufe durchlaufen muss. Bei dem Nous dagegen handelt es sich um ein Seelenvermögen, nämlich um das Erfassen des Denkbaren. Der eben erwähnte Prozess geht dem Denken zwar voran, aber als solcher steht er *außerhalb* des Denkens. Wie das Wahrnehmen ist das Denken (νοεῖν) beim Menschen eine momentane intuitive Erfassung des Denkbaren. Entweder denkt man oder man erfasst das Denkbare nicht.[113]

---

109 Theiler 1959, 140. Diese Unstimmigkeit findet in den früheren Kommentaren wenig Aufmerksamkeit. Selbst Hicks erwähnt sie in seinem ausführlichen Kommentar nicht. Horn (1994, 88) meint, dass die Charakterisierung des Wissens als die erste Vollendung aus Aristoteles' Darstellung weit klarer hervorgehe als durch Theilers Richtigstellung.

110 Fragment 8, in Hicks 1907, 592 (=Prisc. 31, 8–13).

111 Siehe Anal. post. II 19, 100a3 ff., auch Met. I 1, 980b28 f. Zur ausführlichen Analyse: Schlussbetrachtung.

112 De an. I 4, 408b13–15: βέλτιον γὰρ ἴσως μὴ λέγειν τὴν ψυχὴν ἐλεεῖν ἢ μανθάνειν ἢ διανοεῖσθαι, ἀλλὰ τὸν ἄνθρωπον τῇ ψυχῇ.

113 Das Denken, wenn es sich ereignet, muss wahr sein. Zwischen dem Wissen (γνῶσις) und dem Nichtwissen (ἄγνοια) gibt es kein Mittleres. Dies wird von Oehler als noologischer Singularismus bezeichnet. Siehe Oehler 1962a, 212–217, neulich auch Corcilius 2017, LXXXIII. Zum noologischen Singularismus bei Platon: Oehler 1962a, 119–122. Siehe Met. IX 10, 1051b25–26: ἀπατηθῆναι γὰρ περὶ τὸ τί ἐστιν οὐκ ἔστιν ἀλλ' ἢ κατὰ συμβεβηκός. Die gleiche Unfehlbarkeit gilt auch für das Wahr-

Drittens: Die Wahrnehmungsvermögen bedürfen keines Entwicklungsprozesses. Sie sind von Geburt an vorhanden.[114] Nur so ist die Definition, die Seele sei die erste Wirklichkeit des organischen Körpers (II 1, 412b5–6), verständlich. Der Übergang von der ersten zur zweiten Stufe bedeutet eine Veränderung im eigentlichen Sinne einer Vernichtung. Wenn schon die Wahrnehmungsvermögen eine solche Veränderung nicht zu durchlaufen brauchen, ist höchst fraglich, dass Aristoteles ohne Erklärung ausgerechnet das höchste aller Seelenvermögen, den Nous, aus der Vergleichbarkeit mit dem Wahrnehmen herauszöge und ihm einen derartigen Übergang zuspräche.[115] Bei seiner Bewertung der Aussage, die Seele sei der Ort der Formen, schränkt Aristoteles sie gemäß seiner Lehre dahingehend ein, dass der Nous der Möglichkeit nach der Ort der Formen sei. Als solcher ist der Nous vergleichbar mit den Wahrnehmungsvermögen, die ebenfalls der Möglichkeit nach wahrnehmbare Formen sind. Dabei gibt Aristoteles keinen einzigen Hinweis darauf, dass die Redeweise „der Möglichkeit nach Ort der Formen“ in doppelter Hinsicht, etwa als bloßes Vermögen (δύναμις κατ᾽ ἐπιτηδειότητα) und als gebildete Haltung (δύναμις καθ᾽ ἕξιν) zu verstehen wäre.[116] Daher gelten für den Nous nur die letzten zwei Stufen. Die Interpretation, dass der Nous ebenso das ganze dreistufige Entwicklungsmodell aufweise wie ein Wissenschaftler, ist also falsch. Es ist nicht zu leugnen, dass das Subjekt des Nebensatzes „ὅταν δ᾽ οὕτως ἕκαστα γένηται“, der auf einen Übergang zu der zweiten Stufe bzw. das Vorhandensein der ersten hinzudeuten scheint, offenkundig der Nous ist. Dennoch darf dies nicht allzu wörtlich genommen werden. Es ist nicht der Nous, sondern der Mensch, der diesen Prozess durchmacht. Die Andeutung dieses Prozesses könnte auf eine gewisse Angleichung an den Vergleich mit einem Wissenden zurückgeführt werden. Zwischen dem Nous und der Wissenschaft besteht fürwahr ein innerer Zusammenhang: Nicht nur, dass beides das Allgemeine und das Notwendige als Gegenstände hat, sondern auch, dass der Nous der Wissenschaft ihre Prinzipien (ἀρχαί) gibt.[117] In seinen Ausführungen

---

nehmen als solches. Zur Unfehlbarkeit beim Wahrnehmen: De an. II 6, 418a11–15. Auch in dieser Hinsicht unterscheidet sich das Denken erheblich von der Bildung eines Wissenschaftlers.

114 Siehe De an. II 5, 417b16–17. Dort werden die angeborenen Wahrnehmungsfähigkeiten mit einer erlernten Wissenschaft verglichen. Auch das Bewegungsvermögen ist angeboren.

115 So aber sieht es gerade Alexander: γίνεται δὲ ὁ ἄνθρωπος οὐκ εὐθὺς ἔχων τήνδε τὴν ἕξιν, ἀλλ᾽ ἔχων μὲν δύναμιν καὶ ἐπιτηδειότητα τοῦ δέξασθαι αὐτήν, ὕστερον μέντοι λαμβάνων αὐτήν (81, 13–15, Bruns).

116 Dazu Philoponus [Stephanus] in De an. 524, 29–30 Hayduck. Das gleiche auch bei Thomas' Kommentar: cum enim intellectus actu intelligit, species intelligibles sunt in ipso secundum actum perfectum, cum autem habet habitum scientiae, sunt species in ipso intellectu medio modo inter potentiam puram et actum purum (Sent. De an. Lib.III cap. 2, 46–50=209, Leonina).

117 Dazu NE VI 6, 1140b31f.

lässt Aristoteles oft die Wissenschaft stellvertretend für den Nous auftreten.[118] Der Vergleichpunkt an dieser Stelle ist nicht der Prozess des Lernens, der, wie gesagt, auf den Nous nicht anwendbar ist, sondern das Erreichen der zweiten Stufe eines gebildeten Wissenschaftlers. Der Nous ist als das Vermögen, zu denken, ebenfalls auf dieser Stufe. Das Vergleichende ὡς ὁ ἐπιστήμων λέγεται ὁ κατ' ἐνέργειαν zeigt eindeutig die zweite Stufe an, und die Bezeichnung „ὁ ἐπιστήμων", nämlich der Wissende,[119] soll den Schwerpunkt des Vergleiches genau festlegen. Aber auch die Worte οὐ μὴν ὁμοίως καὶ πρὶν μαθεῖν ἢ εὑρεῖν signalisieren lediglich die Stufe eines gebildeten Wissenschaftlers, welcher dem Status des Nous vor Denktätigkeiten entspricht (δυνάμει πως). Sie implizieren dagegen nicht, dass *der Nous selbst* zuerst hätte gelernt oder entdeckt werden müssen. Dementsprechend suggeriert der Aorist Konjunktiv γένηται auf der Seite des Verglichenen das Moment des Abgeschlossenseins, nicht das Entstehen selbst als eine Bewegung. Kurz, es ist die zweite Stufe, die Bereitschaft, in die volle Aktualität überzugehen, auf die der Vergleich abzielt.[120] So gesehen ist der springende Punkt des Vergleiches die Spontaneität, die im eingeschobenen Satz zum Ausdruck kommt: Der Wissenschaftler kann zu jeder Zeit von sich aus (δι' αὑτοῦ) wirklich tätig sein. Das gleiche gilt für den Nous. An einer früheren Stelle sagt er, dass das Denken in der Verfügung des Menschen steht, wann auch immer er will; denn die Gegenstände des Denkens sind in gewisser Weise bereits in der Seele. Das Wahrnehmen dagegen ist auf die Gegenwart äußerer Gegenstände angewiesen.[121] Wie die Immanenz des Denkbaren genau zu verstehen ist, wird uns noch beschäftigen. Eines ist gewiss, dass neben der uneingeschränkten Wirkungsbreite ein weiterer, signifikanter Unterschied zwischen dem Nous und der Wahrnehmung ans Licht gebracht wird.

---

118 Z. B. wird am Ende des Kapitels (430a3–5) die Wissenschaft stellvertretend für den Nous eingeführt – ähnliche Fälle sind z. B. III 7, 431a1–3, III 8, 431b21 f.

119 An der Stelle wird gleich auf die genaue Bedeutung von ὁ κατ' ἐνέργειαν hingewiesen. Dieser Ausdruck ist daher nicht berichtigungsbedürftig, wie Theiler meint. Siehe oben Anm. 109.

120 Wenn tatsächlich ein Übergang, etwa das Aneignen, gemeint wäre, wäre der Vergleich wohl anders formuliert, wie etwa ὅταν δ' οὕτως ἕκαστα γίγνηται, ὥς τις ἕκαστα μανθάνει.

121 De an. II 5, 417b19–28: [...] αἴτιον δ' ὅτι τῶν καθ' ἕκαστον ἡ κατ' ἐνέργειαν αἴσθησις, ἡ δ' ἐπιστήμη τῶν καθόλου· ταῦτα δ' ἐν αὐτῇ πώς ἐστι τῇ ψυχῇ. διὸ νοῆσαι μὲν ἐπ' αὐτῷ, ὁπόταν βούληται, αἰσθάνεσθαι δ' οὐκ ἐπ' αὐτῷ· ἀναγκαῖον γὰρ ὑπάρχειν τὸ αἰσθητόν [...].

5 Die Aporien

5.1 Die erste Aporie – die Artgleichheit zwischen dem Wirkenden und dem Leidenden

Gegen Ende des Kapitels stellt Aristoteles zwei Aporien dar. Die erste betrifft den Begriff der Ungemischtheit. Wenn man wie Anaxagoras die Ungemischtheit so betrachtet, dass der Nous mit nichts etwas Gemeinsames (τι κοινόν) hat, erhebt sich ein schwerwiegendes Problem hinsichtlich der Entstehung des Denkens.

> ἀπορήσειε δ' ἄν τις, εἰ ὁ νοῦς ἁπλοῦν ἐστι καὶ ἀπαθὲς καὶ μηθενὶ μηθὲν ἔχει κοινόν, ὥσπερ φησὶν Ἀναξαγόρας, πῶς νοήσει, εἰ τὸ νοεῖν πάσχειν τί ἐστιν. ᾗ γάρ τι κοινὸν ἀμφοῖν ὑπάρχει, τὸ μὲν ποιεῖν δοκεῖ τὸ δὲ πάσχειν.
>
> *De anima* III 4, 429b22–26
>
> Man könnte sich aber fragen, wenn der Nous einfach ist und leidensunfähig und mit nichts etwas Gemeinsames hat, nach Anaxagoras' Behauptung, wie er denn etwas denken wird, wenn das Denken doch ein Erleiden ist; denn sofern zwischen beiden [sc. dem Denkenden und dem Gedachten] etwas Gemeinsames da ist, scheint das eine zu wirken und das andere zu erleiden.

Zur Beantwortung verweist Aristoteles auf eine frühere, aber nicht näher bestimmte Untersuchung über das Erleiden. Die Kommentatoren weisen zu Recht auf die Hauptstelle hin, wo die Doppeldeutigkeit des Erleidens gemäß seiner Dreistufenlehre entfaltet wird.[122] Die Gemeinsamkeit besteht darin, dass der Nous der Möglichkeit nach das Denkbare ist. Den Nous vergleicht Aristoteles in diesem Zusammenhang mit einer Schreibtafel, auf der noch nichts geschrieben ist.[123] Sie ist mithin der Potenzialität nach alle Schriften, die jemals aufgeschrieben werden könnten.[124] Die Metapher mit der Tafel nimmt die Bezeichnung vom Nous als dem

---

122 De an. II 5, 417b2f. siehe Hicks 1907, 494–495, Theiler 1959, 141, Ross 1961, 294, Horn 1994, 97. Hamlyn (1968, 138) dagegen verweist nur auf III 4, 429a13f. Zu anderen Stellen, wo auch das uneigentliche Erleiden angesprochen wird, wie III 4, 429a13f., siehe Hicks *ibid.* und Theiler *ibid.*

123 Nach Jacksons (1920, 193) Annahme gab es tätsachlich eine weiße Tafel in Aristoteles' Arbeitszimmer. Siehe auch Flashar 2013, 22. Anhand der Gegenstände, die in Aristoteles' Schriften erwähnt wurden, rekonstruierte Jackson die Ausstattung des Arbeitszimmers. Aber bei der weißen Tafel versäumte er, diese Stelle aus *De anima* als Hinweis zu nennen.

124 Bezeichnend ist Alexanders Umwendung dieser Metapher. Um die Immaterialität des Nous und seine Eigenart als Denkvermögen zu unterstreichen, will er den Nous, den er den νοῦς ὑλικὸς nennt, mit dem Zustand des Unbeschriebenseins der Schreibtafel vergleichen: ἐπιτηδειότης τις ἄρα μόνον ἐστὶν ὁ ὑλικὸς νοῦς πρὸς τὴν τῶν εἴδων ὑποδοχὴν ἐοικὼς πινακίδι ἀγράφῳ, μᾶλλον δὲ τῷ τῆς πινακίδος ἀγράφῳ, ἀλλ' οὐ τῇ πινακίδι αὐτῇ. αὐτὸ γὰρ τὸ γραμματεῖον ἤδη τι τῶν ὄντων ἐστίν. διὸ ἡ μὲν ψυχὴ καὶ τὸ ταύτην ἔχον [sc. ὁ ἄνθρωπος] εἴη μᾶλλον <ἂν> κατὰ τὸ γραμματεῖον, τὸ δὲ ἄγραφον ἐν αὐτῇ ὁ νοῦς ὁ ὑλικὸς λεγόμενος, ἡ ἐπιτηδειότης ἡ πρὸς τὸ ἐγγραφῆναι (de an. 84, 24–85, 1, Bruns).

„Ort der Formen" wieder auf, allerdings ohne die ontologische Implikation. Das grundlegende Prinzip äußert Aristoteles an einer Stelle in *De generatione et corruptione.* Das Wirkende und das Leidende müssen der Art nach gleich sein: Eine bestimmte Farbe wird von einer anderen gefärbt oder ein heißer Körper von einem kühlen gekühlt. Dieses Prinzip gewährleistet, dass in der Natur nichts Beliebiges aus Beliebigem entstünde.[125] Dieser Sachverhalt gibt einen wichtigen Hinweis auf das Verständnis des produktiven Nous preis. Dieser muss der Art oder der Gattung nach gleich dem menschlichen Nous sein; dies impliziert seinerseits aber, dass er nicht identisch mit dem Nous aus III 4 sein kann.[126]

Bezüglich des Gemeinsamen, was Aristoteles als Bedingung für das Denken setzt, ist möglich, dass er dabei die empedokleische Konzeption der Wahrnehmung und des Denkens im Hinterkopf hat. Die seelischen Tätigkeiten operieren nach Empedokles unter dem material aufgefassten Prinzip des Gleichen durch das Gleiche, welches Aristoteles in *De anima* erwähnt und kritisiert.[127] Dies bedeutet jedoch nicht, dass Aristoteles das Prinzip komplett verwirft. Eine jede Bewegung setzt etwas Gemeinsames voraus. Was er zurückweist, ist die materiale Auffassung dieses Prinzips. Er interpretiert das Prinzip gemäß seiner Konzeption von Möglichkeit und Wirklichkeit neu. Ein Hinweis darauf ist seine Darstellung der Er-

---

Erwähnenswerts ist auch die Deutung des Iamblichus, die in Philoponus' [Stephanus'] Kommentar (de an. 533, 26 f., Hayduck) überliefert ist. Er deutet die Metapher ganz im Sinne der platonischen Anamnēsis-Lehre: ὥστε εἰ γραμματείῳ αὐτὴν ἀπείκασε, δῆλον ὅτι τοὺς λόγους τῶν πραγμάτων ἔχει, ὥσπερ καὶ τὸ γραμματεῖον ἔχει γράμματα. εἰ δὲ ἀγράφῳ, ἀντὶ τοῦ κακογράφῳ, διὰ τὸ λεπτὰ καὶ ἀφανῆ ἔχειν γράμματα, ἐπεὶ καὶ ἄφωνον λέγομεν τραγῳδὸν τὸν κακόφωνον. ὥστε καὶ Ἀριστοτέλης, φησί, δοξάζει εἶναι ἐν τῇ ψυχῇ τὰ νοητά, ὡς Πλάτων […] (28 – 33). Im nächsten Kapitel wird sich zeigen, dass Aristoteles' Noetik das Moment der Wiedererinnerung gerade nicht impliziert. Siehe Kap. II §§ 3.2.3, 5.2.

125 De gen. et corr. I 7, 323b1 ff. v. a. b30 f., dasselbe auch Phys. I 5, 188a31 f. Siehe auch Met. XII 3, 1070a4 – 5: ὅτι ἑκάστη ἐκ συνωνύμου γίγνεται οὐσία; auch VII 9, 1034a23 – 24, wo statt „Synonym" „Homonym" steht. Mehr dazu: Kap. II § 3.2.1 para. 5 zur Kunst und Materie.

126 In seiner kurzen Erörterung dieser Aporie hebt Miller Jr. (2012, 319) die Potenzialität des Nous hervor. Der Mensch müsse sich durch Lernen und Entdecken Denkinhalte aneignen. Allerdings handelt sich in der aristotelischen Noetik nicht um das Lernen, sondern um das Denken als intuitives Einsehen des Denkbaren, wie eben klargemacht wurde. Daher ist die Potenzialität des Nous eher ein Problem für das Entstehen des Denkens als eine Lösung.

127 De an. I 2, 404b11 ff. Kritik: I 5, 409b23 ff. Zum Denken bei Empedokles, das wie das Wahrnehmen material konzipiert wird, z. B. ὡσαύτως δὲ λέγει καὶ περὶ φρονήσεως καὶ ἀγνοίας. τὸ μὲν γὰρ φρονεῖν εἶναι τοῖς ὁμοίοις, τὸ δ' ἀγνοεῖν τοῖς ἀνομοίοις, ὡς ἢ ταὐτὸν ἢ παραπλήσιον ὂν τῇ αἰσθήσει τὴν φρόνησιν […] διὸ καὶ τῷ αἵματι μάλιστα φρονεῖν· ἐν τούτῳ γὰρ μάλιστα κεκρᾶσθαι [ἐστὶ] τὰ στοιχεῖα τῶν μερῶν. (DK31 A86=KRS 392=Theophrast, de sen. 9). Zum Denken bei Empedokles siehe Long 1966, 267 f., KRS, 342 – 343.

nährung in II 4, wo er das Prinzip nicht gänzlich ablehnt, sondern modifiziert.[128] Dieses neu verstandene Prinzip liegt jeder Bewegung und Hervorbringung zugrunde, darunter auch der Entstehung des Denkens.

5.2 Die zweite Aporie – die Selbstreferenz des Denkens

Die zweite Aporie betrifft die Denkbarkeit des Nous. Ist der Nous selbst denkbar bzw. ein intelligibler Gegenstand?[129] Wenn der Nous selbst denkbar ist, kann er sich durchaus denken. Hierzu gibt Aristoteles zwei mögliche Deutungen des Sichdenkens an, die aber zu absurden Konsequenzen führen.

> ἔτι δ' εἰ νοητὸς καὶ αὐτός; ἢ γὰρ τοῖς ἄλλοις νοῦς ὑπάρξει, εἰ μὴ κατ' ἄλλο αὐτὸς νοητός, ἓν δέ τι τὸ νοητὸν εἴδει, ἢ μεμιγμένον τι ἕξει, ὃ ποιεῖ νοητὸν αὐτὸν ὥσπερ τἆλλα.
>
> *De anima* III 4, 429b26–29

> Ferner, ob er selbst intelligibel ist; denn entweder wird den anderen [sc. Einzeldingen] Nous zukommen – wenn er nicht auf andere Weise intelligibel ist, und das Intelligible der Art nach eines ist, oder der Nous wird etwas [sc. ihm] Beigemischtes haben, welches bewirkt, dass er denkbar ist wie die anderen [sc. Einzeldinge].

Beide *Lösungen*, die Aristoteles vorschlägt, erklären die Denkbarkeit des Nous in enger Parallelität zur Wahrnehmbarkeit des sinnenfälligen Einzeldinges. Die erste Lösung besteht darin, wahrnehmbare Einzeldinge zum Nous zu machen: Wenn der Nous als Denkbares wie alle anderen denkbaren Gegenstände bei den Einzeldingen ist, wenn ferner alle denkbaren Gegenstände nur eine Art bilden, hätten alle Einzeldinge einen Nous in sich – da sie ja in gewissem Sinne etwas Denkbares in sich verbergen. Alle Einzeldinge würden zum Nous gemacht und könnten dann denken.[130] Die zweite Lösung hingegen macht den Nous zum wahrnehmbaren Einzel-

128 De an. II 4, 416a10 ff., 29 f. An dieser Stelle fasst Aristoteles das Gleiche strenger als nur die Artgleichheit. Aber seine Feststellung, dass etwas sich zum Entgegengesetzten (τὸ ἀντικείμενον) oder zum Dazwischenliegenden (τὸ μεταξύ) wandelt, impliziert die Artgleichheit, die dieser Umwandlung zugrunde liegt.

129 Diese Aporie wird als eine Frage nach dem Sichdenken des Nous gedeutet, siehe z. B. Polansky (2007, 452) und Shields (2016, 308) Während in der Aporie letztendlich das Sichdenken gemeint ist, ist darauf hinzuweisen, dass das, was dem Wortlaut nach infrage gestellt wird, die Denkbarkeit des Nous ist. Das Sichdenken folgt aus der Sicherstellung der Denkbarkeit des Nous.

130 Polansky (2007, 452) zufolge setzt Aristoteles bei der ersten Lösung das Denkbare in allen sinnlichen Dingen mit dem Nous gleich. Mit anderen Worten, alle denkbaren Gegenstände seien Nous („all the intelligible things that mind thinks are themselves minds"). Dagegen ist anzumerken, dass für Aristoteles die Gleichsetzung von Denkbarem und Nous keine absurde Konsequenz ist. Die

ding: Der Nous könnte Stoff als mit ihm Beigemischtes haben. Anders ausgedrückt, der Nous wäre mit der Materie vermischt.[131] Indessen, auch wenn beide Deutungen absurd erscheinen, bewegen sie sich im Rahmen der Vergleichbarkeit von Wahrnehmen und Denken. Auf den ersten Blick ist der Selbstbezug beim Denken vergleichbar mit demjenigen beim Wahrnehmen. Aristoteles macht in *De anima* deutlich, dass das Wahrnehmende im Akte der Wahrnehmung mit wahrgenommen wird.[132] Aber der Selbstbezug beim Wahrnehmen geht nicht über ein begleitendes Bewusstsein hinaus.[133] Die wahrnehmbaren sinnlichen Qualitäten sind dabei das

---

intelligiblen Formen sind im Akt des Denkens noushaft. Dazu Kap. II § 5.3. Das Problem liegt darin, dass Einzeldinge nicht denken können.

131 Seidl (1995, 171, 265) deutet das, was dem Nous beigemischt wird, als Materie. Hicks (1907, 494) interpretiert das Beigemischte lediglich als „a foreign mixture". Einer klaren Identifikation enthält sich auch Horn (1994, 95). Shields (2016, 308–311) hält das Beigemischte für einen anderen Nous (reason), welcher der Wirklichkeit nach Denkbares sei. Als solches führe dieser den Nous zum Denken. Diese Interpretation habe den Vorteil, so Shields, dass damit erklärt werden könne, warum Aristoteles eine Erklärung finden wolle, dass der Nous nicht immer denkend tätig sei. Denn wenn ein weiterer Nous als aktual Denkbares da sei, müsse der Nous ständig denken. Die Frage ist nicht, ob die von Shields vorgeschlagene Deutung die Denkbarkeit des Nous sicherstellen kann. Ohnehin kann keiner der beiden Deutungsansätze, die Aristoteles in 429b26–29 vorbringt, die Denkbarkeit erklären. Die Frage ist vielmehr, ob das Beigemischte ein Nous ist, wie Shields interpretiert. Gegen diese Deutung ist jedoch anzumerken, dass erstens die Annahme eines fremden Nous, der als aktual Denkbares den menschlichen Nous zum Denken bewegt, bei Aristoteles keinen Anhaltspunkt findet – der produktive Nous ist in gewissem Sinne ein zweiter Nous, der den menschlichen Nous zum Denken überführt. Aber er wirkt dabei nicht als ein denkbarer Gegenstand vom Nous des Menschen. Ferner bedeutet das Beigemischtsein eher eine Mischung mit dem Körperlichen, weil das Ungemischtsein als Eigenart des Nous eine Mischung vom Körper zurückweist. Was schließlich den angeblichen Vorteil angeht, ist entgegenzuhalten, dass die kurze Thematisierung des ewigen Denkens neun Bekker-Zeilen von diesem Deutungsvorschlag entfernt ist und sehr wohl zu einem anderen Zusammenhang gehört.

132 De an. III 2, 425b12–13: ἐπεὶ δ᾽ αἰσθανόμεθα ὅτι ὁρῶμεν καὶ ἀκούομεν, ἀνάγκη ἢ τῇ ὄψει αἰσθάνεσθαι ὅτι ὁρᾷ, ἢ ἑτέρᾳ. Das Sichwahrnehmen gilt dabei als selbstverständlich. Die Frage ist nur, ob ein extra Sinn dafür zuständig sei. In der folgenden Argumentation (425b12–17) entscheidet Aristoteles sich dagegen. Zu der Konstruktion dieser prägnanten Argumentation: Ross 1961, 274–275. Zur Selbstreferenz beim Wahrnehmen und Denken auch NE IX 9, 1170a29–33. Zitat siehe unten Anm. 148.

133 Nach Welsch (1987, 94 Anm. 25, auch 340) ist dieses Bewusstsein die Selbsterfahrung der Wahrnehmung als wirklicher gegenständlicher Wahrnehmung. Nach Hicks (1907, 434) ist diese begleitende Wahrnehmung in Wirklichkeit eine Art Bewusstsein (consciousness), obwohl Aristoteles dafür das Verb αἰσθάνεσθαι verwendet. Alexander benutzt gelegentlich das Wort συναίσθησις (De an. 65, 9 Bruns), um dieses begleitende Bewusstsein zu bezeichnen – dasselbe Wort verwendet Plotin Enn. V.3.2.4–5, um das Bewusstsein der inneren Vorgänge bei der Wahrnehmung zu bezeichnen. Eine gegenständliche Wahrnehmung unseres Selbst geschieht, wenn wir vor einem Spiegel stehen. Aber dieser Sonderfall ist in diesem Zusammenhang offensichtlich nicht gemeint.

Wesentliche und Vorrangige. Das Wahrnehmende ist der Mensch, das Wahrgenommene ist eine Farbe. Man würde nicht sagen, dass man sich sehe, wenn man einen farbigen Gegenstand wahrnehme. Im Prinzip ist die Wahrnehmung immer nach außen orientiert. Man nimmt mit seinen fünf Sinnen die Außenwelt wahr, nicht das wahrnehmende Selbst.[134]

Beim Denken gilt ebenfalls ein Außenaspekt, wenn unter dem Außenaspekt der Vorrang des Gegenstandes gemeint ist. Das Denken ist wie das Wahrnehmen am Gegenstand orientiert. Die Möglichkeit, dass das Selbstbewusstsein von sich aus autonom die gegenständliche Welt konstituiere, hat schon Platon gesehen und zugleich abgelehnt.[135] In dieser Hinsicht weicht Aristoteles nicht von seinem Lehrer ab. Die Intentionalität liegt dem passiven Grundverhältnis des Wahrnehmens und des Denkens zugrunde. Vorrangig ist das Sein, das sich im Denken sowie im Wahrnehmen offenbart. Nur hat das Denkbare einen deutlich höheren Seinsgehalt als das Wahrnehmbare.[136] Der eigentliche Gegenstand des Denkens ist das Sein, das τί ἐστι der Dinge. Die Frage, ob der Nous selbst intelligibel ist, bejaht Aristoteles.

> καὶ αὐτὸς δὲ νοητός ἐστιν ὥσπερ τὰ νοητά. ἐπὶ μὲν γὰρ τῶν ἄνευ ὕλης τὸ αὐτό ἐστι τὸ νοοῦν καὶ τὸ νοούμενον· ἡ γὰρ ἐπιστήμη ἡ θεωρητικὴ καὶ τὸ οὕτως ἐπιστητὸν τὸ αὐτό ἐστιν.
>
> *De anima* III 4, 430a2–5
>
> Er [der Nous] selbst ist denkbar wie die denkbaren Gegenstände. Bei dem, was ohne Materie besteht, ist das Denkende und das Gedachte dasselbe; denn die theoretische Wissenschaft und das so Erkannte sind dasselbe.

An einer früheren Stelle erklärt Aristoteles, dass bei der Wahrnehmung die Wirklichkeit des Wahrnehmbaren und des Wahrnehmenden ein und dieselbe ist.[137] So scheint es, dass sich die Konstatierung der Selbigkeit des Denkenden und des Gedachten analog zum Wahrnehmen verstehen lässt. Das Denkende wird selbst im

---

134 Dies zeigt sich am deutlichsten an einer Stelle in der *Metaphysik:* οὐ γὰρ δὴ ἥ γ' αἴσθησις αὐτὴ ἑαυτῆς ἐστίν, ἀλλ' ἔστι τι καὶ ἕτερον παρὰ τὴν αἴσθησιν, ὃ ἀνάγκη πρότερον εἶναι τῆς αἰσθήσεως, Met. IV 5, 1010b35–37, siehe auch De an. II 5, 417a2–3.

135 *Parmenides* 132bc.

136 Auch die Wahrheit im Sinne von Wahrhaftigkeit, Unverborgenheit gründet sich auf Sein. Es besteht ein wesenshafter Zusammenhang zwischen dem Sein, dem Denken und dem Wahren. Dazu Platons klare Feststellung im Soph. 240b3–4: XE. Ἆρα τὸ ἀληθινὸν ὄντως ὂν λέγων; ΘΕΑΙ. Οὕτως. Der Zusammenhang zwischen dem Sein und dem Wahren wird auch in Platons Sonnengleichnis (Pol. VI, 507a ff. spez. 508e) anschaulich gemacht. In der zweiten Analytik (Anal. post. I 2, 71b25–26) sagt Aristoteles, dass es vom Nichtsein kein Wissen gibt. Siehe dazu Beierwaltes 1980, 15 ff. spez. 17–19; Steinfath 1991, 19 f. spez. 19, 25. Auch das Wahrnehmen hat einen bestimmten, ihm gebührenden Anspruch an Wahrheitswert.

137 De an. III 2, 425b26 f.: ἡ δὲ τοῦ αἰσθητοῦ ἐνέργεια καὶ τῆς αἰσθήσεως ἡ αὐτὴ μέν ἐστι καὶ μία, τὸ δ' εἶναι οὐ τὸ αὐτὸ αὐταῖς (b26–27), auch 426a15–16.

Durchgang des Denkens nebenbei *mit*-gedacht. Dieses Verständnis könnte sich auf eine andere Stelle in III 4 stützen. Dort sagt Aristoteles, dass der gebildete Wissenschaftler von sich aus (δι' αὑτοῦ) tätig sein kann, und dann vermag er auch sich zu denken.[138] Alexander deutet diese Stelle so, dass die Selbstreferenz beim Denken lediglich nebenbei erfolgt. Er geht von der bekannten Struktur des Denkens bei Aristoteles aus. Der Nous denkt einen bestimmten denkbaren Gegenstand, indem er aus dem Zustand des reinen Vermögens zu eben diesem Gegenstand übergeht und bei dem Denkvollzug identisch mit dem Gedachten wird. Seiner Erörterung zufolge heißt dies, dass der Nous in erster Linie (προηγουμένως) einen bestimmten Gegenstand und nur aufgrund der Identität des Denkenden und des Gedachten auch sich selbst denke.[139] Zwar ist aus dieser kurzen Erklärung nicht mit Sicherheit zu folgern, dass Alexander das Sichselbstdenken des Nous wie beim Sichwahrnehmen als ein begleitendes Bewusstsein des Denkaktes deutet. Dennoch besteht nach ihm ohnehin ein wesentlicher Unterschied zwischen dem jeweils Gedachten und dem Nous, der dabei lediglich accidenter (κατὰ συμβεβηκός) mit-gedacht wird. Das Denken scheint auf derselben Seite wie das Wahrnehmen zu stehen. Aber alleine aus dem Kontext ist nicht plausibel, die Selbstreferenz beim Denken genauso zu verstehen wie beim Wahrnehmen. Die Tatsache, dass Aristoteles hinsichtlich der Wahrnehmung keine ähnliche Frage stellt, deutet bereits darauf hin, dass das Sichselbstdenken anders strukturiert sein könnte als das Sichwahrnehmen. Hinzu kommt, dass bei der Frage nach dem Sichselbstdenken nicht der Mensch oder „wir", sondern der Nous an der Subjektstelle steht. Damit kann die Antwort nicht etwa in einem begleitenden Bewusstsein gesucht werden. Im Hinblick auf die Selbstreferenz soll es einen einschneidenden Unterschied zwischen dem Denken und dem

138 III 4, 429b9: καὶ αὐτὸς δὲ αὑτὸν τότε δύναται νοεῖν. Die Lesart dieser Bemerkung ist freilich nicht unumstritten. Bywaters Konjektur folgend, liest Ross 1961, 292 – und nach ihm auch Theiler 1959, 140, Horn 1994, 89 – statt δὲ αὑτόν δι' αὑτοῦ. Damit wird das Vermögen des Nous, von sich aus zu denken, ganz ausdrücklich und zwar parallel zum gebildeten Wissenschaftler (δι' αὑτοῦ in b7) ausgesagt. Gleichwohl ist δὲ αὑτόν aus den folgenden Gründen plausibler: Erstens ist diese Leseart von Mss. und vielen anderen antiken Kommentatoren wie Alexander (de an. 86, 17–18, Bruns), Simplikius (230, 11, Hayduck), Philoponus [Stephanus] (De an. 524, 24, Hayduck) bezeugt; zweitens entspricht δέ sprachlich besser dem vorhergehenden μέν (b8). Nicht zuletzt ist der Satz mit δὲ αὑτόν sinnreicher. Denn es kommt ein neuer Aspekt zur Sprache. Corcilius (2017, 180) liest δὲ αὑτόν.

139 Alexander De an. 86, 14 f. v. a. 20–23 Bruns: ὃ [sc. ἑαυτὸν] γὰρ δύνατει νοεῖν, τοῦτο αὐτὸ αὐτὸς νοῶν γίνεται, καὶ ἔστιν ὅταν νοῇ πορηγουμένως μὲν καὶ καθ' αὑτὸν νοῶν τὸ νοητὸν εἶδος, κατὰ συμβεβηκὸς δὲ ἑαυτὸν τῷ συμβεβηκέναι αὐτῷ, ὅταν νοῇ, γίνεσθαι ἐκεῖνο, ὃ νοεῖ; dasselbe auch in dem Metaphysik-Kommentar (in Met. 698, 7–9 Hayduck). Thomas vertritt im Grunde die gleiche Ansicht wie Alexander in seinem Kommentar zu *De anima:* „Dicit ergo primo quod intellectus possibilis est intelligibilis non per essentiam suam, sed per aliquam speciem intelligibilem, sicut et alia intelligibilia" (Sent. De an. Lib. III cap. 3, 65–68=216, Leonina).

Wahrnehmen geben. Mit der Feststellung des Ungemischtseins wenden sich Aristoteles' Ausführungen von der Gemeinsamkeit zwischen dem Wahrnehmen und dem Denken zum wesentlichen Merkmal des Letzteren. Auch die Spontaneität des Denkens, die anhand des Wissenschaftlers angeschnitten wird, unterscheidet das Denken vom Wahrnehmen. Daher ist unwahrscheinlich, dass Aristoteles zum Schluss der Passage plötzlich wieder zu der Gemeinsamkeit zurückkehrte und den Selbstbezug beim Denken parallel zu demjenigen bei der Wahrnehmung als Beiwerk bestimmte. Inwiefern weist der Selbstbezug des Denkens eine andere Struktur auf als beim Wahrnehmen? Um dies zu erhellen, muss man Aristoteles' Antwort auf die zweite Aporie genauer betrachten.

Aristoteles' Antwort lautet, dass bei den immaterialen Dingen das Denkende und das Gedachte dasselbe sind. Vor dem Denkvollzug ist der Nous nichts als reines Vermögen zum Denken; erst im Akt des Denkens wird er zum aktual Denkbaren. Das Denkbare, z. B. die Form des Menschen, ist vor dem Denkvollzug lediglich der Möglichkeit nach in den sinnenfälligen Einzeldingen vorhanden. Erst im aktualen Denken wird es aus der Sinnlichkeit abstrahiert und zum aktual Denkbaren gemacht; zugleich geht der Nous in die Wirklichkeit, indem er zu diesem nunmehr aktual gedachten Denkbaren wird. Das Denkende ist beim Denken immer identisch mit dem Gedachten. Dagegen ist die Wirklichkeit des Wahrnehmbaren und der Wahrnehmung zwar identisch, Aristoteles fügt dennoch der Identitätsfeststellung eine einschränkende Anmerkung hinzu, dass das Sein für beides nicht dasselbe ist.[140] Der Grund für den Unterschied liegt sehr wohl in der Gebundenheit an die Materie. Die Wirklichkeit der Wahrnehmung ist die Verwirklichung des Gehöres, der als Form des Ohres innerlich an dieses Organ gebunden ist. Andererseits ist die Wirklichkeit des Erklingens die Wirklichkeit eines Gegenstandes, der erklingen kann.[141] Die Trennung von Gehör und erklingendem Gegenstand hat zur Folge, dass, obwohl die Wirklichkeit bei aktualer Wahrnehmung der Zahl nach eine ist, dem Sein nach die eine Wirklichkeit auf das Gehör sowie auf den erklingenden Gegenstand verteilt sein muss. Die Wahrnehmung richtet sich wesentlich auf wahrnehmbare Gegenstände außerhalb des Wahrnehmenden, und das Wahrnehmen des Wahrnehmenden ist demzufolge als Beiwerk zu charakterisieren. In diesem Licht besehen ist beachtlich, dass diese nachträgliche Unterscheidung bei der Konstatierung der Identität des Denkenden und des Gedachten fehlt.[142] Wenn der Unterschied im Sein in der Gebundenheit an die Materie liegt, müsste der Grund

140 τὸ δ' εἶναι οὐ τὸ αὐτὸ αὐταῖς. Siehe oben Anm. 137 zu dem Zitat. Zu dem Ausdruck: Theiler 1959, 128–129.

141 De an. III 2, 425b27 f., 426a11 f..

142 Diese Einschränkung existiert ebenfalls nicht in I 3, 407a7–8, wo ebenfalls von einer solchen Identität die Rede ist.

des Fehlens in der Immaterialität des Denkens zu suchen sein. Wir haben gesehen, dass der Nous als der Ort der Formen charakterisiert wird. Dieser Grundzug des menschlichen Nous, dass er alle Formen in Potenzialität ist, wird in der Aporiendiskussion durch die Metapher einer Schreibtafel nochmals verdeutlicht. In II 5 gibt Aristoteles schon zu verstehen, dass das Denkbare sich in gewisser Weise in der Seele befindet.[143] Obwohl die wahrnehmbaren Formen im gewissen Sinne auch in der Seele sind,[144] weist Aristoteles' wiederholte Charakterisierung des Nous als der Potenzialität aller Formen auf eine bestimmte Eigenart des Nous hin. Im Gegensatz zum Wahrnehmbaren zeigt sich das Denkbare als solches an keinen Einzeldingen, und der Nous an sich ist nichts als Vermögen. Daher entfällt die Verteilung der beiden Momente des Denkvollzugs auf zwei sinnlich-materiale Entitäten wie beim Akt der Wahrnehmung. Im Denkvollzug wird der Nous eins mit dem aktual Denkbaren. Das Sichdenken gründet sich auf diese strikte Identität.

Es gibt allerdings eine Stelle in der *Metaphysik*, die unsere Auffassung zu widerlegen droht. Das ist die berühmte Passage in XII 9, wo die Erfahrung unseres Selbst in unseren seelischen Tätigkeiten nur als Beiwerk bezeichnet wird:

> φαίνεται δ' ἀεὶ ἄλλου ἡ ἐπιστήμη καὶ ἡ αἴσθησις καὶ ἡ δόξα καὶ ἡ διάνοια, αὑτῆς δ' ἐν παρέργῳ. ἔτι εἰ ἄλλο τὸ νοεῖν καὶ τὸ νοεῖσθαι, κατὰ πότερον αὐτῷ τὸ εὖ ὑπάρχει; οὐδὲ γὰρ ταὐτὸ τὸ εἶναι νοήσει καὶ νοουμένῳ. ἢ ἐπ' ἐνίων ἡ ἐπιστήμη τὸ πρᾶγμα, ἐπὶ μὲν τῶν ποιητικῶν ἄνευ ὕλης ἡ οὐσία καὶ τὸ τί ἦν εἶναι, ἐπὶ δὲ τῶν θεωρητικῶν ὁ λόγος τὸ πρᾶγμα καὶ ἡ νόησις; οὐχ ἑτέρου οὖν ὄντος τοῦ νοουμένου καὶ τοῦ νοῦ, ὅσα μὴ ὕλην ἔχει, τὸ αὐτὸ ἔσται, καὶ ἡ νόησις τῷ νοουμένῳ μία.
>
> *Metaphysik* XII 9, 1074b35 – 1075a5
>
> Nun haben aber offenbar die Wissenschaft, die Sinneswahrnehmung, die Meinung und das (diskursive) Denken immer etwas anderes zum Gegenstand, sich selbst aber nur nebenbei. Ferner, wenn das Denken und das Gedachtwerden verschieden sind, in Beziehung auf welches von beiden kommt denn dem Nous das Gute zu? Denn das Denken und das Gedachtwerden sind nicht dasselbe. Doch bei manchem ist die Wissenschaft die Sache selbst. Bei den werktätigen Wissenschaften ohne Materie sind die Wesen und das Wesenswas, bei den betrachtenden der Logos und das Denken die Sache. Da also das Gedachte und der Nous bei allem, was keine Materie hat, nicht verschieden sind, so werden sie dasselbe sein, und das Denken mit dem Gedachten eines.

Im Grunde liegt hier dasselbe Argument für die Identität des Denkenden und des Gedachten vor. Nur wird es hier eingehender ausgeführt. Zuerst stellt Aristoteles fest, dass bei manchen seelischen und geistigen Tätigkeiten wie Wahrnehmung, Meinung und diskursivem Denken (διάνοια) der eigentliche Gegenstand ein anderer

143 Siehe De an. II 5, 417b19 – 28.
144 De an. III 8, 431b21 – 22: ὅτι ἡ ψυχὴ τὰ ὄντα πώς ἐστιν πάντα· ἢ γὰρ αἰσθητὰ τὰ ὄντα ἢ νοητά [...].

ist, das Bewusstsein solcher Tätigkeiten nur nebenbei geschieht.[145] Der Sache nach ist dies eine Wiederaufnahme dessen, was Platon im *Charmides* diskutiert.[146] Nun fragt Aristoteles, ob dasselbe auch für das intutive Denken (νοεῖν) gilt. Wenn das Denken und das Gedachte dem Sein nach unterschiedlich sein sollten, gäbe es eine Schwierigkeit mit der Zuordnung des Guten. Gemäß der Grundstruktur des Denkens kann das Gute nicht dem Nous zukommen, weil das Denken ein Erleiden durch das Denkbare ist. Aber im Buch Lambda stellt sich der Gott als Nous heraus. Dann wäre der Gott nicht das Beste, was nicht annehmbar sein kann. Zur Beantwortung bringt Aristoteles dasselbe Argument wie in III 4 vor, um die Eigenart des Denkens darzustellen. Bei dem, was ohne Materie ist, ist der Nous, d.h. das Denken, und das Gedachte ein und dasselbe. Der Nous ist im Denkakt zugleich das Denkende und das Gedachte. Bemerkenswert ist dabei, dass die Wissenschaft, die vorher wie die Wahrnehmung den Selbstbezug lediglich als Beiwerk involviert, nunmehr zur Etablierung der eigenartigen Identität bei dem Denken eingeführt wird. Man muss Aristoteles' Ausführungen genauer lesen. Der Handwerker baut ein Haus, aber es ist die Form des Hauses, um das es hier einzig und allein geht. Ein Mathematiker betreibt Mathematik, aber es ist z. B. nur die Form des Geraden, die hierbei zählt.[147] Die Form des Haues und die des Geraden sind denkbare Gegenstände ohne Materie. Die Wissenschaft an dieser Stelle wird anders betrachtet als an der Eingangsstelle. Dort wird sehr wohl mehr der Wissenschaftler als die reine, immateriale Wissenschaft gemeint. Der Wissenschaftler ist als ein Synholon offenbar nicht identisch mit dem Wesenswas oder dem Logos; und das Bewusstsein, dass er gerade seine Wissenschaft betreibt, ist ein Beiwerk.[148] In der zweiten Hälfte ist die Wissenschaft

---

145 Brunschwig 2000, 291: „[A]ll the epistemic states or dispositions mentioned here (including the *dianoia*, significantly substituted for the *nous*) are typically human (or even animal), and all of them are lower than *nous* […] *Nous* itself is markedly absent from the list […].“

146 Das „Was einer weiß“ bildet den eigentlichen Gegenstand solcher Tätigkeiten; dagegen ist das „Dass einer weiß“ eine Art Nebenerfahrung. Vgl. Charm. 169e–170c.

147 De an. III 4, 429b18–20. Zur entscheidenden Rolle, welche die Form des Hauses beim Bauen spielt, siehe Kap. II § 3.2.1 para. 5 zur Kunst und Materie.

148 Der gleiche Sachverhalt zeigt sich deutlich an einer Stelle in der *Nikomachischen Ethik*. Ähnlich wie die *Metaphysik*-Stelle setzt Aristoteles dort das Bewusstsein des Denkens parallel zum Bewusstsein anderer seelischer Akte: ὁ δ' ὁρῶν ὅτι ὁρᾷ αἰσθάνεται καὶ ὁ ἀκούων ὅτι ἀκούει καὶ […] ὥστε ἂν αἰσθανώμεθ', ὅτι αἰσθανόμεθα, κἂν νοῶμεν, ὅτι νοοῦμεν, τὸ δ' ὅτι αἰσθανόμεθα ἢ νοοῦμεν, ὅτι ἐσμέν (NE IX 9, 1170a29–33). Das Subjekt des Denkens ist „wir“. Brunschwig (2000, 293) geht davon aus, dass die Wissenschaft an den beiden Stellen dasselbe bedeutet, und, um an der Selbstreferenz des Denkens festzuhalten, macht er das „φαίνεται δ' ἀεὶ“ stark: „Es *scheint* immer“ impliziert, dass es wirklich nicht immer. Danach deutet er die Eingangsstelle dahingehend, dass es nicht immer der Fall sei, dass die Wissenschaft, die Wahrnehmung, die Meinung und das diskursive Denken etwas anderes zum Gegenstand hätten. Indessen, abgesehen davon, ob man das „φαίνεται“ so überwört-

rein an sich betrachtet. In diesem Falle wird der Unterschied zwischen dem Denkenden und dem Gedachten aufgehoben. Der Satz „οὐχ ἑτέρου οὖν ὄντος τοῦ νοουμένου καὶ τοῦ νου“ ist offensichtlich eine Korrektur der Feststellung des begrifflich-analytischen Unterschieds „οὐδὲ γὰρ ταὐτὸ τὸ εἶναι νοήσει καὶ νοουμένῳ“, welcher für den Wissenschaftler gilt.[149] Die Einheit des Denkenden und des Gedachten muss aufgrund der Immaterialität als sehr stark angenommen werden. Das Denken des Nous ist im Wesentlichen das Sichdenken desselben. Die Passage, die wir gerade analysiert haben, ist aus Aristoteles' Darstellung des göttlichen Nous, und zwar nach der Konstatierung des Noēsis Noēseōs. Hierin stellt er die Identität des Denkens und des Gedachten genauso wie in III 4 anhand der Wissenschaft heraus. Die gleiche argumentative Strategie verrät eine enge Parallelität zwischen dem menschlichen und dem göttlichen Denken. Mit anderen Worten, diese Identität gehört zur Grundstruktur des Denkens. Wenn der menschliche Nous sich auf das intuitive Denken einlässt, wird dieses Denken, wenigstens strukturell, kaum vom Denken des göttlichen Nous unterschieden.[150] Am Ende des vierten Kapitels wird gezeigt werden, dass die Gleichheit in der Tat über die Struktur hinausgeht. Im Denkvollzug geht der menschliche Nous gänzlich in Gott auf.

Bevor wir auf Aristoteles' Überlegungen zur Unsterblichkeit der Seele übergehen, ist noch eine kurze Anmerkung am Ende der Aporiendiskussion zu machen. Nach der Feststellung der Identität des Denkenden und des Gedachten kommt Aristoteles unerwartet darauf, nach dem Grund zu fragen, warum der Nous nicht

---

lich nehmen darf, ist es höchst fraglich, ob bei solchen seelischen Tätigkeiten ein strikter Selbstbezug wie beim Denken vorliegt.

149 ἔτι εἰ ἀλλο τὸ νοεῖν καὶ τὸ νοεῖσθαι, κατὰ πότερον αὐτῷ τὸ εὖ ὑπάρχει; οὐδὲ γὰρ ταὐτὸ τὸ εἶναι νοήσει καὶ νοουμένῳ. Der erste Satz „ἔτι εἰ […] τὸ εὖ ὑπάρχει;“ enthält die Frage nach der Zuordnung des Guten. Auf den ersten Blick scheint der folgende Satz „οὐδὲ γὰρ […]“ eine Feststellung des Unterschieds zwischen dem Denken und dem Gedachtwerden zu sein. Wenn dies der Fall wäre, wäre die Frage unlösbar. Aber anschließend nennt Aristoteles einen Weg aus der schwierigen Situation. Daher ist der Satz keine Feststellung des Unterschieds, sondern eine weitere Erklärung der Frage: Wenn das Denken (τὸ νοεῖν) und das Gedachtwerden (τὸ νοεῖσθαι) dasselbe wäre, dann wäre die Denktätigkeit (νόησις) und das Gedachte (νοούμενον) dasselbe. Mit dem einleitenden ἤ beginnt erst Aristoteles' Antwort.

150 Vgl. dazu Krämers Feststellung (1967, 315): „Der von den meisten neueren Interpretationen zwischen De anima-Nous und Lambda-Nous statuierte Gegensatz wird bei Aristoteles nirgends ausdrücklich; stattdessen distanziert Aristoteles in Lambda 9 das göttliche Denken zwar von den übrigen Erkenntnisarten, aber gerade nicht von dem endlichen Nous.“, siehe auch 1969, 374 Anm. 44, UGM, 166 Anm. 135. Krämer macht die strukturelle Gleichheit zwischen dem menschlichen und dem göttlichen Denken *stark* geltend. Siehe 1967, 315 mit Anm. 7, 316–317, 319; 1969, 371 f.

unaufhörlich denkt.[151] Die Frage scheint überflüssig, ja sogar merkwürdig zu sein. Denn dass der Mensch nicht immer denkt, gehört zu den gewöhnlichsten Phänomenen. Auf die Frag gibt es eigentlich eine klare Antwort: Das Denken ist dem Willen des Menschen unterworfen.[152] Am wenigsten erwartet man von Aristoteles, dass er ein solches Phänomen hinterfragt.[153] Handelt es sich um einen irrtümlichen Einschub? Allerdings gibt es dafür keinerlei Hinweise aus der Überlieferung. Bei der Darstellung des Nous Poiētikos im fünften Kapitel wäre die Frage dagegen sinnvoll. Dieser ist nämlich immer denkend tätig.[154] Könnte es sein, dass Aristoteles beim Verfassen von III 4 plötzlich aus dem Argumentationskontext geraten ist und auf den produktiven Nous blickt? Möglich ist es, aber beweisen wird man das wohl nie können. Man kann versuchen, diese Frage aus dem Zusammenhang heraus zu verstehen.[155] Sie folgt auf die Feststellung der Identität des Denkenden und des Gedachten. Der Nous und das Gedachte bilden aufgrund der Immaterialität im Denkvollzug eine strenge Einheit. Man denkt ständig, entweder wenn der Nous immer tätig ist oder wenn ein aktual Denkbares dem Nous immer vorliegt. Nun wird aus der Darstellung des Nous deutlich, dass der Nous nichts als ein Vermögen zum Denken ist. Das immerwährende Denken kann nur auf die Gegenwart eines Denkbaren angewiesen sein. Allerdings weist Aristoteles' Schlussbemerkung diese Möglichkeit zurück.

---

151 430a5–6: τοῦ δὲ μὴ ἀεὶ νοεῖν τὸ αἴτιον ἐπισκεπτέον. Das Subjekt des unaufhörlichen Denkens wird nicht klargemacht. Aus dem Kontext ist leicht zu ergänzen, dass der Mensch bzw. der Nous des Menschen das Subjekt ist.

152 De an. II 5, 417b23–24: ταῦτα δ' ἐν αὐτῇ πώς ἐστι τῇ ψυχῇ. διὸ νοῆσαι μὲν ἐπ' αὐτῷ, ὁπόταν βούληται.

153 An einer Stelle in der *Physik* äußerst sich sein großes Vertrauen in die allgemeine Erfahrung so: τί μὲν οὖν ἐστιν ἡ φύσις, εἴρηται, καὶ τί τὸ φύσει καὶ κατὰ φύσιν. ὡς δ' ἔστιν ἡ φύσις, πειρᾶσθαι δεικνύναι γελοῖον· φανερὸν γὰρ ὅτι τοιαῦτα τῶν ὄντων ἐστὶν πολλά. τὸ δὲ δεικνύναι τὰ φανερὰ διὰ τῶν ἀφανῶν οὐ δυναμένου κρίνειν ἐστὶ τὸ δι' αὑτὸ καὶ μὴ δι' αὑτὸ γνώριμον, II 1, 193a1–6. Siehe auch Phys. VIII 3, 253a32 ff.

154 De an. III 5, 430a22: ἀλλ' οὐχ ὁτὲ μὲν νοεῖ ὁτὲ δ' οὐ νοεῖ. Diese scheinbar banale Frage wird daher hinsichtlich einer Feststellung in III 5 unumgänglich. Der produktive Nous, der das Denken des Menschen in Gang setzt, denkt seinerseits unaufhörlich. Daraus scheint mit Notwendigkeit zu folgern, dass auch der Mensch permanent denken müsse. In diesem Kontext erscheint die Frage als der erste Schritt einer Rettung des Phänomens.

155 Hicks (1907, 497) bezeichnet die Frage als „parenthetical remark": „The question is suggested by the conclusion that mind may have itself for object." Dies könnte die einigermaßen unerwartete Frage erklären, obwohl Hicks keine weitere Erläuterung gibt. Stattdessen erwähnt er die Deutung von Philoponus [Stephanus] (De an. 528, 11–14, Hayduck). Nach ihm ist der Nous zwar immer tätig, aber meistens beträfen seine Denktätigkeiten Dinge in der Außenwelt, wie z. B. die Welt und Gott, selten aber den Nous selbst. Diese Deutung entspricht vielleicht unseren alltäglichen Erfahrungen, aber kaum Aristoteles' noetischer Theorie.

> ἐν δὲ τοῖς ἔχουσιν ὕλην δυνάμει ἕκαστον ἔστι τῶν νοητῶν. ὥστ' ἐκείνοις μὲν οὐχ ὑπάρξει νοῦς (ἄνευ γὰρ ὕλης δύναμις ὁ νοῦς τῶν τοιούτων), ἐκείνῳ δὲ τὸ νοητὸν ὑπάρξει.
>
> *De anima* III 4, 430a6–7
>
> Bei den Gegenständen hingegen, die Materie haben, ist ein jedes Intelligible nur der Möglichkeit nach vorhanden. Daher wird in jenen Dingen kein Nous vorliegen – denn der Nous ist Vermögen ohne Materie für solche Dinge [d. h. für solche intelligiblen Gegenstände oder für die denkbaren Gegenstände in solchen materialen Einzeldingen], jenem [d.h. dem Nous] aber wird das Denkbare [sc. im Denkvollzug] zukommen.

Aristoteles macht deutlich, dass nicht nur der Nous, sondern auch die denkbaren Formen in sinnenfälligen Dingen lediglich der Möglichkeit nach vorhanden sind, was er in Bezug auf das Wahrnehmbare nicht behauptet.[156] Damit geht er auf die beiden aufgegebenen Deutungsansätze ein. Da das Denkbare nur der Möglichkeit nach in den Dingen präsent ist, haben diese keinen Nous in sich. Eine gelbe Blume kann von sich aus nicht denken. Des Weiteren sind der Nous und die denkbaren Formen in deren Wirklichkeit ungemischt mit der Materie. In allen materialen, sinnenfälligen Dingen sind diese nur potenzial vorhanden. Damit wird zwar erklärt, dass der menschliche Nous nicht pausenlos denkt, aber zugleich stellt sich eine schwerwiegende Frage. Denn die Entstehung des Denkens erscheint nunmehr aufgrund der Feststellung, dass sowohl der Nous als auch die denkbaren Formen gleichermaßen nur der Möglichkeit nach vorhanden sind, unmöglich. Indessen gehört beides, dass der Mensch nicht ständig denkt und dass der Mensch doch denken kann und denkt, zu unseren alltäglichen Erfahrungen. Mit der Annahme eines produktiven Nous geht Aristoteles im fünften Kapitel nochmals, nunmehr ausführlich, auf die Aporien ein. Dabei erklärt er die Entstehung sowie die noetische Struktur des Denkens, nicht zuletzt *rettet* er damit das Phänomen, dass der Mensch zwar von sich aus denken kann, aber nicht ständig denken muss.[157]

---

156 Themistius deutet die Frage in seiner Paraphase auch in dieser Richtung: ὁ δὲ νοῦς οὗτος, ὁ δυνάμει λέγω, ὥσπερ δυνάμει νοῦς, οὕτω καὶ δυνάμει νοητός· διόπερ οὐκ αἰεὶ νοεῖ καὶ νοῶν συνεχῶς κάμνει· ὕπεστι γὰρ αὐτῷ τὸ δυνάμει, ὥστε οὐδὲ ἀεὶ νοητός, ἀλλ' ὅταν συλλέξηται τὰ νοήματα. εἰ δέ τις νοῦς παντάπασιν ἄνευ τοῦ δυνάμει, οὗτος ἀεὶ καὶ νοῦς ἅμα καὶ νοητός, περὶ οὗ καὶ δὴ λέγομεν ἀρχὴν ἄλλην ποιησάμενοι, Them. De an. 98.4–9, Heinze. Am Ende seiner Paraphase spielt Themistius auf den produktiven Nous an, der im nächsten Kapitel thematisiert wird.

157 Menn (2020, 119–124) schlägt eine andere Interpretation der Passage vor. Die erste Hälfte „ἐν δὲ τοῖς ἔχουσιν ὕλην δυνάμει ἕκαστόν ἐστι τῶν νοητῶν. ὥστ' ἐκείνοις μὲν οὐχ ὑπάρξει νοῦς" übersetzt er mit der Hinzufügung des νοῦς als gedachtes Subjekt: „[B]ut in things that have matter, [the νοῦς] is *potentially* each of the νοητά, so that νοῦς will not belong to them [=the νοητά]" (119). Den III 4 abschließenden Passus erklärt er mithin folgendermaßen: Der Nous ist eine Art Erkenntnis, genauer genommen eine Kunst der Hervorbringung (productive art). Bei materiellen Dingen ist der Nous potenzial das Denkbare, z. B. die denkbare Form eines Hauses. Bei immateriellen Dingen dagegen ist der Nous solcher Dinge das Vermögen ohne Materie (ἄνευ γὰρ ὕλης δύναμις ὁ νοῦς τῶν τοιούτων).

6 Die Frage nach der Unsterblichkeit der Seele

Bereits in der Einführung wird darauf hingewiesen, dass die Suche nach einem Seelenteil, welcher im strengen Sinne abtrennbar und mithin unsterblich ist, ein wichtiges Anliegen von Aristoteles ist. Obwohl Aristoteles die Suche in *De anima* nie eigens thematisiert, wird die Frage immer wieder unter dem Begriff von Abtrennbarkeit (χωριστόν) angeschnitten. Bevor wir die relevanten Stellen analysieren, werfen wir einen kurzen Blick auf die Anfangsstelle von III 4, die dieselbe Frage stellt:

> περὶ δὲ τοῦ μορίου τοῦ τῆς ψυχῆς ᾧ γινώσκει τε ἡ ψυχὴ καὶ φρονεῖ, εἴτε χωριστοῦ ὄντος εἴτε καὶ μὴ χωριστοῦ κατὰ μέγεθος ἀλλὰ κατὰ λόγον, σκεπτέον [...].
>
> *De anima* III 4, 429a10–12
>
> Hinsichtlich des Seelenteils, mit dem die Seele erkennt und denkt,[158] sei er abtrennbar, sei er auch nicht der Größe nach abtrennbar, sondern dem Begriff nach, muss man untersuchen [...].

Aristoteles nennt zwei Arten der Abtrennbarkeit: eine der Größe nach und eine nur dem Begriff nach. Eine schwache Abtrennbarkeit, die lediglich dem Begriff nach ist, führt nicht zur Unsterblichkeit. Als Form des Körpers ist die Seele sehr wohl nur dem Begriff nach von diesem abtrennbar. Aristoteles legt besonderen Nachdruck auf die innerliche Einheit des Seele-Körper-Komplexes. Er macht deutlich, dass man nicht fragen sollte, ob die Seele und der Körper eines seien, wie man nicht fragt, ob das Wachs und die Figur eines seien.[159] Im Nous sieht Aristoteles eine Chance, eine trennbare und selbstständige Entität zu finden. Damit wird verständlich, warum er

---

Gemeint ist Menns Beispiel mit dem Bauen zufolge die Erkenntnis des Haues bzw. das Vermögen zum Bauen (v.a. 120, 123). Gegen Menns detaillierte Analyse ist dreieierlei einzuwenden: Erstens macht die erste Hälfte ohne das hinzugedachte „νοῦς" bereits einen guten Sinn. Zweitens scheint der νοῦς zwei verschiedene Bedeutungen zu haben: In der ersten Hälfte ist der Nous potenzial die denkbare Form eines Hauses, in der zweiten Hälfte ist er eine hervorbringende Erkenntnis, etwa die Baukunst. Zwar liegt die Form eines Hauses der Baukunst zugrunde, als solche ist sie nicht die Kunst. Drittens ist Kunst, etwa die Baukunst (ἡ οἰκοδομικὴ τέχνη) keine Erkenntnis im strengen Sinne (siehe *Nikomachische Ethik* VI 4, 1040a1–8). Menn sieht zu Recht die wichtige Rolle der Aporiendiskussion. Nach ihm ergibt sich die Annahme des Nous Poiētikos aus Aristoteles' Auseinandersetzungen mit den Aporien. Er meint sogar, dass III 5 besser mit dem Beginn der Aporien (429b22) anfangen sollte; die jetzigen Kapiteltrennungen gehen eigentlich nicht auf Aristoteles zurück (103). Menn hat darin recht, dass das Ende von III 4 das Fehlen einer bewirkenden Instanz deutlich macht und das Thema von III 5 gerade die Annahme eines produktiven Nous ist. Aber das aporetische Motiv geht aus seiner Deutung nicht hervor.

158 Zur Übersetzung der beiden Verben: oben § 1.

159 De an. II 1, 412b6–8: διὸ καὶ οὐ δεῖ ζητεῖν εἰ ἓν ἡ ψυχὴ καὶ τὸ σῶμα, ὥσπερ οὐδὲ τὸν κηρὸν καὶ τὸ σχῆμα, οὐδ' ὅλως τὴν ἑκάστου ὕλην καὶ τὸ οὗ ἡ ὕλη, siehe oben Anm. 25.

die Frage nach der Unsterblichkeit bei seiner Noetik weiterverfolgt und beantwortet. An einer Stelle in der *Metaphysik* überlegt sich Aristoteles, ob die Form nach dem Vergehen des Körpers noch verbleibt. Er nennt insbesondere die Seele. Obwohl es eher unmöglich ist, dass die ganze Seele verbliebe, scheint jedoch nichts dem im Weg zu stehen, dass der Nous den Tod des Körpers überlebt.[160] Was eine Abtrennbarkeit der Größe nach betrifft, verweist Themistius auf den platonischen Hintergrund dieser Stelle. Nach Platon sind der Nous im Kopf, der Mut in der Brust und die Begierde im Bauch angesiedelt.[161] Diese stärkere Art der Abtrennbarkeit macht eine wirkliche Trennung möglich. Da die Eigenart des Nous zu Beginn des Kapitels noch nicht festgestellt wird, lässt er die Optionen offen und geht zur Bestimmung der Eigenart über. Nach der Konstatierung des Nous als ein reines, ungemischtes Vermögen gibt Aristoteles die räumliche Vorstellung auf, weil dieser sich nirgendwo im Körper ansiedeln lässt. Die rein immateriale Natur des Nous könnte im Hinblick auf die Unsterblichkeit implizieren, dass dieser aufgrund seiner völligen Ungemischtheit vom Körper abtrennbar und nach dessen Vergehen abgetrennt sein kann. Die erwähnte *Metaphysik*-Stelle lässt diese Möglichkeit offen. Nach der Aufklärung der Eigenart kommt Aristoteles bei der Untersuchung der Denkbarkeit noch einmal auf die Abtrennbarkeit des Nous zu sprechen. Im Gegensatz zu sinnenfälligen Dingen sind die denkbaren Formen, die das Wesen solcher Dinge ausmachen, immaterial. Während Wasser wahrnehmbar ist, ist das Wesen des Wassers nur intelligibel zugänglich.[162] Man nimmt das Wasser wahr, aber für die Erkenntnis des Wesens muss man Gebrauch von einem anderen Vermögen, nämlich vom Nous machen. Nun zieht Aristoteles zwei Möglichkeiten in Betracht: Entweder handelt sich um zwei abtrennbare Vermögen oder die Wahrnehmung und der Nous sind nur zwei Aspekte ein und desselben Vermögens.[163] Im Grunde nimmt

---

160 Met. XII 3, 1070a24–26: εἰ δὲ καὶ ὕστερόν τι ὑπομένει, σκεπτέον· ἐπ' ἐνίων γὰρ οὐδὲν κωλύει, οἷον εἰ ἡ ψυχὴ τοιοῦτον, μὴ πᾶσα ἀλλ' ὁ νοῦς· πᾶσαν γὰρ ἀδύνατον ἴσως.

161 Them. de an. 93, 32–94, 3, Heinze: περὶ δὲ τοῦ μορίου τοῦ τῆς ψυχῆς, ᾧ χρώμεθα εἰς θεωρίαν καὶ πρᾶξιν, εἴτε χωριστοῦ ὄντος κατὰ τόπον, ὡς ᾤετο Πλάτων τὸν λόγον μὲν ἐν τῇ κεφαλῇ καθιδρύων, τὸν θυμὸν δὲ ἐν τῇ καρδίᾳ, τὴν ἐπιθυμίαν δὲ ἐν τῷ ἥπατι, εἴτε τόπῳ μὲν οὐ διεστῶτος τῶν ἄλλων δυνάμεων τῆς ψυχῆς, λόγῳ δὲ μόνῳ χωριζομένου [...]. In 37, 4 verweist Themistius bezüglich dieser räumlichen Trennungen auf den Dialog *Timaios*. Siehe Tim. 69b ff. v.a. 69d6 f., 69e8 f., 70d7 f. Den platonischen Hintergrund erwähnt auch Theiler in seinem Kommentar (1959, 139). Sicherlich darf man eine solche räumliche Verteilung im *Timaios* nicht allzu ernst nehmen.

162 De an. III 4, 429b10–11: ἐπεὶ δ' ἄλλο ἐστὶ τὸ μέγεθος καὶ τὸ μεγέθει εἶναι, καὶ ὕδωρ καὶ ὕδατι εἶναι.

163 De an. III 4, 429b12–13, 16–17: τὸ σαρκὶ εἶναι καὶ σάρκα καὶ ἢ ἄλλῳ ἢ ἄλλως ἔχοντι κρίνει … ἄλλῳ δὲ ἤτοι χωριστῷ ἢ κεκλασμένη ἔχει πρὸς αὑτὴν ὅταν ἐκταθῇ, τὸ σαρκὶ εἶναι κρίνει. Die Metapher, dass sich die geknickte Linie zu sich selbst aber als gestreckte Linie verhält, hebt hervor, dass es sich um eine Linie handelt.

Aristoteles die Unterscheidung von einer Abtrennbarkeit dem Begriff nach und einer anderen der Größe nach wieder auf. Nunmehr wird die räumliche Vorstellung der Abtrennbarkeit zugunsten einer ontologischen Selbstständigkeit der Sache gemäß aufgegeben. Die Frage nach einer starken Abtrennbarkeit ist im Laufe der Erörterung der Seelenlehre mehrmals gestellt worden, wie unten gleich gezeigt wird. Bis zu III 4 wird keine eindeutige Entscheidung gefällt. Erst in III 5 mit der Annahme des produktiven Nous wird die Frage nach der Unsterblichkeit geklärt.

6.1 Abtrennbarkeit des Nous

Das Thema der Abtrennbarkeit findet sich am Anfang der Schrift. Die Unterscheidung einer schwächeren, begrifflichen Abtrennbarkeit von einer stärkeren, die zur Unsterblichkeit der Seele führen könnte, macht Aristoteles bereits beim ersten Anstoß zu dieser Fragestellung geltend.

> ἀπορίαν δ' ἔχει καὶ τὰ πάθη τῆς ψυχῆς, πότερόν ἐστι πάντα κοινὰ καὶ τοῦ ἔχοντος ἢ ἔστι τι καὶ τῆς ψυχῆς ἴδιον αὐτῆς· τοῦτο γὰρ λαβεῖν μὲν ἀναγκαῖον, οὐ ῥᾴδιον δέ. φαίνεται δὲ τῶν μὲν πλείστων οὐθὲν ἄνευ τοῦ σώματος πάσχειν οὐδὲ ποιεῖν, οἷον ὀργίζεσθαι, θαρρεῖν, ἐπιθυμεῖν, ὅλως αἰσθάνεσθαι. μάλιστα δ' ἔοικεν ἴδιῳ τὸ νοεῖν· εἰ δ' ἐστὶ καὶ τοῦτο φαντασία τις ἢ μὴ ἄνευ φαντασίας, οὐκ ἐνδέχοιτ' ἂν οὐδὲ τοῦτ' ἄνευ σώματος εἶναι. εἰ μὲν οὖν ἔστι τι τῶν τῆς ψυχῆς ἔργων ἢ παθημάτων ἴδιον, ἐνδέχοιτ' ἂν αὐτὴν χωρίζεσθαι· εἰ δὲ μηδέν ἐστιν ἴδιον αὐτῆς, οὐκ ἂν εἴη χωριστή, ἀλλὰ καθάπερ τῷ εὐθεῖ, ᾗ εὐθύ, πολλὰ συμβαίνει, οἷον ἅπτεσθαι τῆς χαλκῆς σφαίρας κατὰ στιγμήν, οὐ μέντοι γ' ἅψεται οὕτω χωρισθὲν τὸ εὐθύ· ἀχώριστον γάρ, εἴπερ ἀεὶ μετὰ σώματός τινός ἐστιν.
>
> *De anima* I 1, 403a3–16
>
> Eine Frage stellt sich in Bezug auf die Eigenschaften (Affekte) der Seele, ob sie alle ihrem Träger gemeinsam sind oder ob es gewisse der Seele eigentümliche gibt; denn dies muss man annehmen, doch ist es nicht leicht. Die meisten Eigenschaften scheinen nicht ohne den Körper zu erleiden und zu tun, z. B. sich erzürnen, mutig sein, begehren, überhaupt wahrnehmen. Am meisten scheint der Seele das Denken eigentümlich zu sein. Wenn aber auch dieses eine Art Vorstellung, oder nicht ohne Vorstellung ist, dann dürfte auch dieses nicht ohne den Körper sein. Wenn es nun eine von den Leistungen oder Eigenschaften gibt, die der Seele eigentümlich ist, dürfte sie sich in dieser [vom Körper] abtrennen. Wenn es aber nichts für sie Eigentümliches gibt, dürfte sie nicht abtrennbar sein, sondern nur so, wie die Gerade, der als Gerade vieles zukommt, wie z. B. die eherne Kugel in einem Punkte zu berühren, die aber diese nicht als [wirklich] abgetrennt so berühren wird. [Die Gerade ist] nämlich nicht [wirklich] abtrennbar, wenn sie doch immer mit einem Körper verbunden ist.

Aristoteles' Argument in dieser längeren Passage lässt sich relativ leicht zu folgen. Von Anfang an versucht Aristoteles nicht, die ganze Seele als unsterblich zu bestimmen, weil diese sich eng mit dem Körper verbindet. Gesucht wird vielmehr eine Eigenschaft oder eine Tätigkeit, die nur der Seele eigentümlich ist. Eigentümlich bedeutet, dass diese sich ohne Mitwirkung des Körpers vollzieht. Wenn es eine gibt, dann dürfte die Seele im strengen Sinne vom Körper abtrennbar sein[164] – sie kann ohne ihn existieren. Die einzig mögliche Tätigkeit, die diese Bedingung erfüllen könnte, ist das Denken (τὸ νοεῖν). Hier wird sogar festgestellt, dass das Denken jedenfalls ohne direkte Mitwirkung des Körperlichen stattfindet. Dennoch stellt sich die Frage, ob eine indirekte Abhängigkeit aufgrund der Mitwirkung der Vorstellung (φαντασία) vorliegt.[165] Die Alternativen sind die folgenden: Wenn das Denken nicht von der Vorstellung abhängt, ist es im strengen Sinne der Seele eigentümlich und die Seele ist *in dieser Tätigkeit* abtrennbar vom Körper. Wenn dies nicht der Fall ist, gibt es strenggenommen keine einzige der Seele eigentümliche Tätigkeit und die Seele ist nur dem Begriff nach oder nur im Denken vom Körper abtrennbar, wie eine gerade Linie lediglich im Denken als Gerade (ᾗ εὐθυ) vom Körper abtrennbar ist, in Wirklichkeit kann sie nicht als eine abgetrennte (οὐ […] οὕτω χωρισθέν) Linie eine Kugel an einem Punkt berühren, weil sie, wie alle mathematischen Entitäten, strenggenommen vom Körper ἀχώριστον ist.

Aristoteles gibt hier keine endgültige Antwort. Auf den ersten Blick liegt eine Antwort auf der Hand. Das Denken geschieht nicht ohne Vorstellungsbilder.[166] Bei näherer Betrachtung könnte die Sache verwickelter erscheinen. Der Mensch denkt zwar nicht ohne Vorstellungsbilder;[167] aber der Nous an sich ist ein reines Denkvermögen. Entweder denkt er oder er denkt nicht und bleibt in seiner Potenzialität. Die Tätigkeiten *des Nous* bedürfen keiner Vorstellung. Aristoteles spricht an dieser Stelle aber nicht von der Unsterblichkeit des Menschen, sondern der Seele, und zwar schränkt er dahingehend die Betrachtung auf einen Teil der Seele ein, der in

164 Der Aorist ἐνδέχοιτο mit ἄν signalisiert eine logische Folgerung. Dazu Hicks 1907, 195.

165 Die Vorstellung selbst ist nicht direkt abhängig vom Körper. Aber sie geht auf die Wahrnehmung zurück, und diese ist von körperlichen Organen abhängig, wie Aristoteles an dieser Stelle deutlich macht. Dazu De an. III 3, 427b15: αὐτή [sc. ἡ φαντασία] τε οὐ γίγνεται ἄνευ αἰσθήσεως. Ausführlicher siehe De mem. 1, 450a22 f.

166 Siehe De an. III 7, 431a16–17. Mehr dazu: Kap. II § 4.4.

167 Gemäß Shields' Unterscheidung von einer schwachen und einer starken Gemeinsamkeit (weak and strong commonality, 2016, 95–96) liegt beim Nous am höchsten eine schwache Gemeinsamkeit mit dem Körper vor: Der Nous denkt nicht ohne die Mitwirkung der Vorstellungsbilder. Dies ist zu unterscheiden vom Weben. Das Weben ist im starken Sinn dem Körper und der Seele gemeinsam. Die Seele denkt und plant, während der Körper webt. Eine starke Gemeinsamkeit macht eine strenge Abtrennbarkeit und Unsterblichkeit unmöglich. Dazu, ob eine schwache Gemeinsamkeit eine Abtrennbarkeit unmöglich macht, gibt Shields allerdings keine klare Antwort. Denn in seiner Erörterung über die Abtrennbarkeit (97–98) sagt er nur „Gemeinsamkeit" ohne Qualifikation. Wie wir gleich argumentieren werden, könnte der Nous an sich in seinen eigenen Tätigkeiten sogar frei von der schwachen Gemeinsamkeit sein.

seinen Tätigkeiten einzig der Seele eigentümlich ist. Der Nous mit seinem Denken bleibt ein Kandidat für einen unsterblichen Teil der Seele.

6.2 Unterwegs zu zwei Intellekten

In einer anderen Passage taucht die gleiche Frage wieder auf. Diesmal scheint Aristoteles sogar stillschweigend zwei verschiedene Intellekte anzunehmen.

> τὸ δὴ λέγειν ὀργίζεσθαι τὴν ψυχὴν ὅμοιον κἂν εἴ τις λέγοι τὴν ψυχὴν ὑφαίνειν ἢ οἰκοδομεῖν· βέλτιον γὰρ ἴσως μὴ λέγειν τὴν ψυχὴν ἐλεεῖν ἢ μανθάνειν ἢ διανοεῖσθαι, ἀλλὰ τὸν ἄνθρωπον τῇ ψυχῇ [...] ὁ δὲ νοῦς ἔοικεν ἐγγίνεσθαι οὐσία τις οὖσα, καὶ οὐ φθείρεσθαι. μάλιστα γὰρ ἐφθείρετ' ἂν ὑπὸ τῆς ἐν τῷ γήρᾳ ἀμαυρώσεως, νῦν δ' ἴσως ὅπερ ἐπὶ τῶν αἰσθητηρίων συμβαίνει· εἰ γὰρ λάβοι ὁ πρεσβύτης ὄμμα τοιονδί, βλέποι ἂν ὥσπερ καὶ ὁ νέος. ὥστε τὸ γῆρας οὐ τῷ τὴν ψυχήν τι πεπονθέναι, ἀλλ' ἐν ᾧ, καθάπερ ἐν μέθαις καὶ νόσοις. καὶ τὸ νοεῖν δὴ καὶ τὸ θεωρεῖν μαραίνεται ἄλλου τινὸς ἔσω φθειρομένου, αὐτὸ δὲ ἀπαθές ἐστιν. τὸ δὲ διανοεῖσθαι καὶ φιλεῖν ἢ μισεῖν οὐκ ἔστιν ἐκείνου πάθη, ἀλλὰ τουδὶ τοῦ ἔχοντος ἐκεῖνο, ᾗ ἐκεῖνο ἔχει. διὸ καὶ τούτου φθειρομένου οὔτε μνημονεύει οὔτε φιλεῖ· οὐ γὰρ ἐκείνου ἦν, ἀλλὰ τοῦ κοινοῦ, ὃ ἀπόλωλεν· ὁ δὲ νοῦς ἴσως θειότερόν τι καὶ ἀπαθές ἐστιν.
>
> *De anima* I 4, 408b11–29
>
> Nun aber zu sagen, dass die Seele sich erzürne, ist gleich, wie wenn einer sagte, dass die Seele weben oder bauen würde. Denn es ist vielleicht besser, nicht zu sagen, die Seele habe Mitleid oder lerne oder denke [diskursiv], sondern der Mensch mit der Seele [...]. Der Nous aber scheint als eine gewisse Substanz einzutreten und nicht zu vergehen. Am meisten würde er vergehen unter dem dahinwelkenden Alter, nun aber verhält es sich wohl so, wie es bei den Sinnesorganen geschieht: Wenn ein Greis ein entsprechendes Auge erhielte, würde er sehen wie der Jüngling. So besteht das Alter nicht darin, dass die Seele etwas erlitten hat, sondern in dem, wie es in rauschhaften und kranken Zuständen geschieht. Das Einsehen und Betrachten welkt dahin, weil etwas anderes innen vergeht, es selbst dagegen ist leidensunfähig. Das [diskursive] Denken und Lieben oder Hassen sind nicht Affekte des Nous, sondern des Menschen, der es hat, sofern er es hat. Wenn daher dieser zugrunde geht, erinnert er sich nicht mehr noch auch liebt er; dann dies war nicht jenem zu eigen, sondern dem Gemeinsamen, das zugrunde geht. Der Nous aber ist vermutlich etwas Göttlicheres und leidensunfähig.

Im Grunde liegt dieselbe Suche nach einem unsterblichen Seelenteil vor. Gesucht wird nach etwas, was nicht zu dem Gemeinsamen (κοινόν), dies heißt, zum Menschen als Zusammengesetztem gehört.[168] Es steht fest, dass alle Effekte wie das

168 Themistius deutet das κοινόν als einen gemeinsamen Nous. Diesen setzt er mehrmals in Kontrast zu dem produktiven und dem potenzialen Nous, z. B. in de an. 101, 18 f., 32 f., 102, 1 ff., 20 f., 105, 18 f. und 108, 28 f., Heinze: ἐξ ὧν ἁπάντων δῆλόν ἐστιν, ὅτι οὐ φαύλως ὑπονοοῦμεν ἄλλον μέν τινα παρ' αὐτοῖς εἶναι τὸν παθητικὸν νοῦν καὶ φθαρτόν, ὃν καὶ κοινὸν ὀνομάζουσι καὶ ἀχώριστον τοῦ σώματος (108, 28–30). Es gibt allerdings keinerlei Anhaltspunkte aus Aristoteles' Darstellung, wel-

Lieben, Hassen, Erinnern und sogar das diskursive Denken genauso wie das Bauen und Weben Effekte des Menschen sind. Denn dies alles leistet die Seele unter der Mitwirkung des Körpers. Wie an der vorigen Stelle hebt Aristoteles auf den Nous als *den* Kandidaten ab, der unsterblich sein könnte. Die Aussagen, die er in Bezug auf den Nous macht, stimmen jedoch allem Anschein nach miteinander nicht völlig überein. In Bezug auf den Nous äußert sich Aristoteles wie folgt:

Erstens: Der Nous scheint (ἔοικεν) als eine gewisse Substanz (οὐσία τις οὖσα) von außen hineingetreten zu sein und nicht zu vergehen (408b18–19).

Zweitens: Am meisten vergeht der Nous mit zunehmendem Alter wie die Wahrnehmungsvermögen (408b19 f.).

Drittens: Das Einsehen und das Betrachten welken dahin, weil die Organe zugrunde gehen. Strenggenommen sind sie leidensunfähig (ἀπαθές) (408b24 f.).

Viertens: Im Gegensatz zu anderen Effekten und Tätigkeiten der Seele ist der Nous wohl (ἴσως) etwas Göttlicheres und leidensunfähig (ἀπαθές) (408b27–29).

Die zweite und dritte Aussage beinhalten das Gleiche. Der Nous vergeht nicht im strengen Sinne. Außerdem macht Aristoteles deutlich, dass auch die Vermögen der Wahrnehmung nicht in sensu stricto untergehen. Hierin unterscheidet sich der Nous nicht von den Sinnen. Obwohl Aristoteles das nicht weiter erklärt, ist aus dem Ausgeführten zu folgern, dass auch die anderen Effekte wie das Lieben, das Hassen und das diskursive Denken nicht dem Untergang im strengen Sinne unterworfen sind. Als immateriale Effekte erlöschen sie zusammen mit dem leiblichen Tod. Nichtsdestoweniger impliziert diese uneigentliche Art des Vergehens eine gewisse, wenn auch indirekte, Abhängigkeit aller dieser Effekte und Tätigkeiten vom Körperlichen. Die erste und vierte Aussage weisen darauf hin, dass der Nous eine göttlichere und von außen in die Seele hineingetretene Substanz ist. Als solche ist er unvergänglich. Diese beiden Aussagengruppen lassen sich jedoch schwer miteinander in Einklang bringen. Es ist schwierig, eine Substanz mit einer, wenn auch nur uneigentlichen, Vergänglichkeit zu belasten. Der Begriff „ἀπαθές“ erscheint zweimal

che Themistius' Interpretation unterstützen. Schroeder und Todd (96, Anm. 95) bezeichnen dies als Themistius' „perverse interpretation“, siehe auch Schramm 2008, 204. Themistius' Deutung hängt mit seiner Identifikation des Nous Pathētikos aus III 5 mit den irrationalen Seelenkräften zusammen. Diesen *Nous*, der in der Tat doch kein Nous ist, nennt er gerade den gemeinsamen Nous bzw. das Gemeinsame (κοινόν). Daher kann man vielleicht mit Hicks die Sache so sehen: „It is unnecessary to refute Them. who is forced by exegetical exigencies to understand by this term ὁ παθητικὸς νοῦς“ (1907, 279). Siehe Hicks 1907, 278–279 zu dem κοινόν als dem Zusammengesetzten aus Seele und Körper.

an dieser Stelle. Zuerst erscheint er nach der Feststellung des Dahinwelkens des Nous. In diesem Zusammenhang schließt das ἀπαθές einen Untergang im eigentlichen Sinne aus. Danach taucht er zum Schluss wieder auf. In diesem Kontext muss er die Leidensunfähigkeit im absoluten Sinne bedeuten, weil der Nous als etwas Göttlicheres den anderen Effekten gegenübersteht. Wenn man die vier Aussagen als Aspekte *eines* Nous betrachtet, ergibt sich hieraus ein seltsamer Gedankengang: Aristoteles geht von der Annahme des Nous als einer separaten, unsterblichen Substanz aus, räumt allerdings gleich danach eine uneigentliche Vergänglichkeit auch für die noetische Substanz ein, kommt am Ende jedoch wieder zur Göttlichkeit und der strengen Unvergänglichkeit derselben zurück, was freilich mit der uneigentlichen Vergänglichkeit nur schwer vereinbar ist.

Im Nachhinein wird klar, dass an dieser Stelle eine Unterscheidung von zwei Nous antizipiert wird, die in III 4 und 5 eigens vorgenommen wird. Indessen präsentiert Aristoteles seine Gedanken an dieser Stelle nicht als eine feststehende Lehre. Das auffallende Auftreten relativierender Wörter wie ἔοικεν, τις und ἴσως soll den Eindruck erwecken, dass seine Einstellung zur Unsterblichkeitsfrage sich mehr oder weniger noch in der Entwicklung befindet.[169] Er bringt Motive ein, die aus verschiedenen Zusammenhängen stammen, ohne eine sorgfältige Differenzierung vorzunehmen. Auf die Frage nach der Unsterblichkeit der Seele bzw. eines Seelenteils gibt er noch keine definitive Antwort.

In Bezug auf Aristoteles' Ausführungen ist schließlich eine Bemerkung zu „οὔτε μνημονεύει" angebracht. Die Funktion des Gedächtnisses hängt aufs Engste mit der Vorstellung zusammen.[170] Mit dem Tod löst sich alles auf. Das Moment des Nichterinnerns kommt in III 5 nochmals vor, und zwar ebenfalls im Zusammenhang mit der Feststellung der Vergänglichkeit. Gleichwohl geht die Pointe dort in eine andere Deutungsrichtung als hier. In III 5 steht es im Zusammenhang mit der Vergänglichkeit des potenzialen Nous des Menschen. Wir werden im nächsten Kapitel zeigen, dass Aristoteles damit seine Stellungnahme zu Platons Anamnēsis-Lehre abgibt. An dieser Stelle bezieht sich das Nichterinnern auf die Effekte des Menschen. Alle Effekte und Tätigkeiten, die der Mensch als ein Seele-Körper-Komplex hat und durchführt, vergehen mit dem leiblichen Tod. Was mit dem Nous, welcher göttlicher und leidensunfähig scheint, passiert, lässt Aristoteles noch offen.

---

169 Hicks (1907, 276) kommentiert, dass mit dem ἔοικεν Aristoteles' eigene objektive Konklusion ausgedrückt werde. Zwar ist dies der Sache nach richtig, trotzdem hat er zu viel vorweggenommen. Seine Deutung wird grammatisch dem ἔοικεν sowie darstellungsstrategisch Aristoteles' Ausführungen an dieser Stelle nicht gerecht. Außerdem lägen logische Unstimmigkeiten vor, wenn Aristoteles die Stelle wirklich als objektive, feststehende Lehre darstellte.

170 Siehe oben Anm. 25.

6.3 Schiffermetapher

Nach der Darstellung der Beziehung zwischen einem Seelenvermögen und dem dafür zuständigen Organ, und generell zwischen der Seele und dem Körper, kehrt Aristoteles noch einmal auf die zentrale Frage nach der Unsterblichkeit zurück.

> οὐ μὴν ἀλλ' ἔνιά γε οὐθὲν κωλύει, διὰ τὸ μηθενὸς εἶναι σώματος ἐντελεχείας. ἔτι δὲ ἄδηλον εἰ οὕτως ἐντελέχεια τοῦ σώματος ἡ ψυχὴ ὥσπερ πλωτὴρ πλοίου.
>
> *De anima* II 1, 413a6–9

> Aber bei einigen [Teilen=Vermögen] hindert nichts, [dass sie abtrennbar sind,] weil sie die Vollendung von keinem Körper sind. Ferner ist nicht klar, ob die Seele auf diese Art Vollendung des Körpers ist wie der Schiffer für das Schiff.

Im Anschluss an die Feststellung der innerlichen Beziehung zwischen Körper und Seele, die sich auch an derjenigen von der Sehkraft und der Pupille manifestiert, erwähnt Aristoteles, gleichsam nebenbei, die Existenz abtrennbarer Seelenvermögen, die in keiner Beziehung mit dem Körper stehen. Obwohl er das Wort „Nous" nicht gebraucht – stattdessen spricht er von gewissen Seelenteilen –, wird aus seinen Ausführungen an anderen Stellen klar, dass der Nous gemeint ist. Im Grunde ist diese Stelle eine kurze Wiederaufnahme der Erwägung, die er in I 1 anstellt. Aber während Aristoteles dort den Sinn der Abtrennbarkeit nicht weiter bestimmt, verrät er hier mit der Metapher des Schiffers mehr über seine Vorstellung der Abtrennbarkeit. Der Schiffer gehört nicht innerlich zum Schiff. Er steigt in das Schiff ein und kann aus ihm aussteigen. Gemäß dieser Metapher soll die Abtrennbarkeit als ontologische Sebstständigkeit aufzufassen sein. Der Nous könnte sogar den leiblichen Tod des Menschen überdauern. Wie ernst Aristoteles das Bild des Schiffers nimmt und ob dem Nous der Seele eine solche Unsterblichkeit zuzumuten ist, dazu ist bei Aristoteles in seiner knappen Erwähnung nichts zu vernehmen.

6.4 Nous als eine andere Gattung

Die letzte Stelle findet sich in II 2. Nach der Darstellung der Beziehungen zwischen den anderen Seelenvermögen wie Wahrnehmung, Vorstellung und Streben stellt Aristoteles die folgende Frage:

> περὶ δὲ τοῦ νοῦ καὶ τῆς θεωρητικῆς δυνάμεως οὐδέν πω φανερόν, ἀλλ' ἔοικε ψυχῆς γένος ἕτερον εἶναι, καὶ τοῦτο μόνον ἐνδέχεται χωρίζεσθαι, καθάπερ τὸ ἀίδιον τοῦ φθαρτοῦ. τὰ δὲ λοιπὰ μόρια τῆς ψυχῆς φανερὸν ἐκ τούτων ὅτι οὐκ χωριστά, καθάπερ τινές φασιν.
>
> *De anima* II 2, 413b24–29

> Hinsichtlich des Nous und des betrachtenden Vermögens ist es noch nicht deutlich, vielmehr scheint es eine andere Seelengattung zu sein, und dieses allein kann sich abtrennen wie das Ewige vom Vergänglichen. Hinsichtlich der übrigen Teile der Seele aber wird daraus offenbar, dass sie nicht abtrennbar sind, wie einige behaupten.

Auffällig ist an der Stelle, dass neben dem Nous das betrachtende Vermögen steht. Was dieses ist, kann vorerst dahingestellt bleiben.[171] Eine definitive Theorie gibt Aristoteles an solchen kurzen Stellen ohnehin nicht. Hier wagt es Aristoteles, mit „ψυχῆς γένος ἕτερον" dem Nous eine signifikante Unterscheidung von anderen Seelenkräften zu bescheinigen. Der Ursprung dieser Bezeichnung ist wohl im *Timaios* zu finden. An der Stelle, wo Platon die drei Seelenteile in drei Bereichen des Körpers verortet,[172] unterscheidet er eine sterbliche Gattung der Seele von einer unsterblichen.[173] Diese ist die Denkseele (τὸ λογιστικόν), die sich im Kopf des Menschen befindet. Aristoteles spielt hier auf diese Stelle an und lässt damit seine Beziehung zu Platons Seelenlehre erkennen.[174] Auch er sieht in diesem Teil eine Chance (ἔοικε), dass die Seele abtrennbar und damit unsterblich ist. Die anderen Teile gehören zu einer anderen, nämlich sterblichen Gattung der Seele.[175] An dieser Stelle enthält sich Aristoteles einer eindeutigen Stellungnahme. Erst in III 4 und 5

---

171 Wie die θεωρητικὴ δύναμις zu verstehen ist, hängt von dem Sinn des καί ab. Handelt es sich um ein exegetisches καί, ist dieses Vermögen nichts als eine genauere Bezeichnug des Nous als noetischen Denkens. Es ist aber möglich, dass dieses Vermögen das dianoetische Denken ist. Damit sind beide Denkarten impliziert.

172 Tim. 69b ff. siehe oben Anm. 161.

173 Tim. 69c5–8: οἱ δὲ μιμούμενοι, παραλαβόντες ἀρχὴν ψυχῆς ἀθάνατον, τὸ μετὰ τοῦτο θνητὸν σῶμα αὐτῇ περιετόρνευσαν ὄχημά τε πᾶν τὸ σῶμα ἔδοσαν ἄλλο τε εἶδος ἐν αὐτῷ ψυχῆς προσῳκοδόμουν τὸ θνητόν [...]. Das Unsterbliche als eine Art der Seele steht dabei nicht expressis verbis, lässt sich problemlos der Bezeichnung ἄλλο τε εἶδος ... τὸ θνητόν entnehmen. An einer späteren Stelle nennt Platon diese sterbliche Art der Seele die sterbliche Gattung: „τὸ τῆς ψυχῆς θνητὸν γένος" (69e4–5), wobei kein Unterschied zwischen den beiden Begriffen εἶδος und γένος festzustellen ist.

174 Die Denkseele bei Platon kann das intuitive und das diskursive Denken umfassen. Wenn Platons Seelenlehre dieser Stelle zugrunde liegt, dürfte damit das Vermögen zur Dianoia gemeint sein. Mehr zu Platons λογιστικόν: Kap. II § 5.1.

175 Nach Hicks (1907, 327) ist mit τινες die platonische Auffassung (the Platonic view) gemeint. Dies hängt mit der schwierigen Frage zusammen, ob Platon die ganze Seele samt allen ihren Teilen als unsterblich betrachtet oder nur die Denkseele, d.h. den Nous. In seinen Dialogen gibt er unterschiedliche Hinweise. Nach Szlezák (1976, v.a. 43 f.) gilt nur das λογιστικόν als unsterblich. Zu den verschiedenen Hinweisen in den Dialogen siehe Hicks 1907, 300, ausführlich Szlezák 1976, sowie die kurze Darstellung dieser Problematik in der Einführung der vorliegenden Untersuchung. Es ist daher durchaus möglich, dass einige Platoniker die Seele mit allen Teilen für abtrennbar und unsterblich halten. Platon selbst, und möglicherweise einige andere Platonschüler, halten nur die Denkseele für unsterblich.

gibt Aristoteles auf die Frage nach einem im strengen Sinn abtrennbaren, unsterblichen Seelenteil eine klare Antwort.

6.5 Resümee und Ausblick

Die Frage nach der Abtrennbarkeit durchdringt nahezu die ganze Darstellung der Seelenlehre. Wenn Aristoteles auf die Seelenvermögen zu sprechen kommt, erwägt er immer wieder die Möglichkeit, dass die Seele, oder wenigstens ein Teil der Seele, in Wirklichkeit vom Körper abtrennbar und insofern unsterblich ist. Im Nous des Menschen *könnte* der Seelenteil gefunden werden, der unsterblich ist. Er ist seinem Wesen nach ungemischt mit allem Körperlichen. An sich genommen ist er bei seinen Tätigkeiten weder auf die Wahrnehmung noch auf die Vorstellung angewiesen. Allerdings ist es schwierig sich vorzustellen, wie ein reines Vermögen unsterblich sein soll. Der Nous ist *nichts* vor und nach dem Denken. Trotz seiner Eigenart unterliegt er, als Vermögen des Menschen, dem gleichen Dahinwelken wie andere Vermögen der Seele. Die Unsterblichkeit der Seele dürfte daher nicht in ihm zu suchen sein.

Wie die Analyse der betreffenden Stellen zeigt, finden sich Hinweise auf einen Nous, welcher, bildlich ausgedrückt, von außen in die Seele hineingetreten und im strengen Sinn leidensunfähig ist. Dieser Nous spielt auf den Nous Poiētikos in III 5 an.[176] Auch die Formulierung „καὶ τοῦτο μόνον ἐνδέχεται χωρίζεσθαι, καθάπερ τὸ ἀίδιον τοῦ φθαρτοῦ“, die Aristoteles an der zitierten Stelle aus II 2 benutzt, erinnert an die Bezeichnung des produktiven Nous in III 5 (430a22–25): „χωρισθεὶς δ’ ἐστὶ μόνον τοῦθ’ ὅπερ ἐστί, καὶ τοῦτο μόνον ἀθάνατον καὶ ἀίδιον [...] ὁ δὲ παθητικὸς νοῦς φθαρτός“. Dennoch unterlässt es Aristoteles an allen Stellen bis zu III 4, eine klare Position zu beziehen. Die auffällige Präsenz fragender und zweifelnder Wörter wie ἔοικε und ἴσως zeugt vom Charakter einer vorübergehenden Annahme oder Spekulation. Mit der Ansetzung des νοῦς ποιητικός gibt Aristoteles Antwort auf zwei Fragen, zum einen nach der Entstehung des Denkens im Menschen und zum anderen nach einem seelischen Teil, der im realen Sinn abtrennbar und unsterblich ist.

---

176 Alexander bezeichnet den produktiven Nous als „νοῦς θύραθεν“: καὶ ἔστιν οὗτος ὁ νοῦς ὁ θύραθέν τε ἐν ἡμῖν γινόμενος καὶ ἄφθαρτος, Alexander De an. 90, 19–20, Bruns u.ö. Die gleiche Identifikation auch in *Περὶ νοῦ:* θύραθέν ἐστι λεγόμενος νοῦς ὁ ποιητικός, οὐκ ὢν μόριον καὶ δύναμίς τις τῆς ἡμετέρας ψυχῆς, ἀλλ’ ἔξωθεν γινόμενος ἐν ἡμῖν, 108, 22–23, Bruns. Man verbindet diese Bezeichnung mit einer Stelle in *De generatione animalium*, an der ebenfalls von einem in den Körper hineingetretenen Nous gesprochen wird (λείπεται δὴ τὸν νοῦν μόνον θύραθεν ἐπεισιέναι καὶ θεῖον εἶναι μόνον· οὐδὲν γὰρ αὐτοῦ τῇ ἐνεργείᾳ κοινωνεῖ <ἡ> σωματικὴ ἐνέργεια, De gen. animal. II 3, 736b27–29). Obwohl dieser Nous als göttlich gilt, ist aus dem Zusammenhang heraus kaum möglich, dass er der produktive Nous aus *De anima* ist.

Das zweite Kapitel – die Annahme des Nous Poiētikos: *De anima* III 5

1 Der Weg zum Nous Poiētikos

An einer Stelle in *Περὶ νοῦ* ist überliefert, dass es zwei Gründe gibt, die Aristoteles zur Annahme des produktiven Nous in III 5 bewegt haben. Ersterer ist die Analogie zwischen Denken und Wahrnehmen; zweiterer ist Aristoteles' allgemeine Bewegungslehre, in die seine Lehre der Hervorbringung fällt. Danach muss es einerseits eine wirkende, andererseits eine leidende Instanz geben.[1] Moraux zufolge handelt es sich bei dieser Berichterstattung weniger um die eigene Lehre des Aristoteles von Mytilene, der in der Schrift erwähnt ist, als um eine Art allgemein akzeptierter Deutung der Annahme des produktiven Nous, die von diesem Aristoteles durch mündliche Belehrung an den Schüler Alexander weitervermittelt wurde.[2] Diese Interpretation findet ihre Rechtfertigung durchaus in Aristoteles' eigener Darstellung, wie wir in der Analyse von III 4 gesehen haben und in der von III 5 noch sehen werden. Aristoteles stellt die Entstehung der Wahrnehmung im Rahmen seiner Bewegungslehre dar. Das Denken wird in enger Parallelität zum Wahrnehmen eingeführt und analysiert. Dennoch hat die hohe Vergleichbarkeit ihre Grenzen. Beim Wahrnehmen befindet sich das Wahrnehmbare, welches das Wahrnehmende zur Wahrnehmung bringt, außerhalb von diesem. Nach Aristoteles' Ausführungen in III 4 ist das Denkbare zwar in gewissem Sinne innerhalb und außerhalb des Denkenden, allerdings beide Male nicht als wirkliche Denkgegenstände, sondern

1 Alexander, Mantissa 110, 4–20, Bruns. Zur Diskussion über den Autor der kleinen Schrift siehe Schroeder/Todds Zusammenfassung (1990, 6 f.). Sharples identifiziert Alexander als Autor in seiner neuen Ausgabe der *Mantissa* (2008, 149). Nach Zeller (Phi. d. Gr. III 1, 814 Anm. 1, 815 Anm. 3) gibt es keine Spur eines Peripatetikers namens Aristoteles, der Lehrer von Alexander war. Daher hat er Ἀριστοτέλους durch Ἀριστοκλέους ersetzt. Der Peripatetiker Aristokles von Messene war Alexanders Lehrer. Moraux (1967, 170–171 Anm. 4–5, 1984, 399 Anm. 5) weist darauf hin, dass spätestens seit Ende des 16. Jh. die Ansicht, Aristokles sei Lehrer des Alexanders gewesen, mehrfach vertreten worden ist. Zellers Konjektur war bis 1967 die opinio communis: „It is well known that virtually all scholars assume that Aristotle is a scribe's mistake for Aristocles", (Merlan 1963, 46). Erst Moraux hat in seinem wichtigen Aufsatz (1967) einen anderen Peripatetiker namens Aristoteles sichergestellt. Aristoteles von Mytilene, der bei Galen überliefert ist, war der Lehrer Alexanders, welcher an der Stelle in *Über den Intellekt* gemeint ist (1967, 176 f., auch 1984, 399–401). Moraux' Identifizierung folgen u. a. Schroeder und Todd (1990, 22 ff.), die auch einen ausführlichen Überblick über die Forschungslage geben, und Sharples (2008, 152). Andererseits gibt es Forscher in der jüngeren Zeit, die sich noch Zellers Konjektur anschließen, z. B. Davidson 1992, 28 Anm. 88 und Burnyeat 2008, 36.
2 Moraux 1984, 412 mit Anm. 46.

https://doi.org/10.1515/9783111384719-004

lediglich der Möglichkeit nach.[3] Unter diesen Umständen kann das Denken überhaupt nicht entstehen, weil das der Wirklichkeit nach Denkbare fehlt. Nach der Bewegungslehre muss eine wirkende Instanz, welche nichts anderes als das wirklich Denkbare ist, vorhanden sein, um den menschlichen Nous zum Denken zu bewirken. Das fünfte Kapitel enthält den Nachweis dieser Instanz, die in der Forschung gemeinhin νοῦς ποιητικός genannt wird.

Allerdings sind Aristoteles' überknappe Ausführungen mehr verwirrend als erhellend. Dunkel bleiben dabei sowohl die Identität des produktiven Nous als auch dessen Beziehung zu dem menschlichen, potenzialen Nous, der im vorigen Kapitel thematisiert wurde. Wie im letzten Teil des ersten Kapitels dargestellt, bemüht sich Aristoteles in der Entfaltung seiner Seelenlehre darum, einen *Teil* in der Seele zu konstituieren, welcher losgelöst vom Körper und deshalb unsterblich ist. Ist mit der Annahme eines produktiven Nous dieser Teil gefunden? Ist damit die Seele, ja sogar der Mensch unsterblich? Im Folgenden werden wir Aristoteles' lapidare Abhandlung des Nous Poiētikos einer eingehenden Analyse unterziehen, um seine Antworten auf diese Fragen herauszuarbeiten.

2 Text und Übersetzung

[1] ἐπεὶ δ' ὥσπερ ἐν ἁπάσῃ τῇ φύσει ἐστί [τι] τὸ μὲν ὕλη ἑκάστῳ γένει (τοῦτο δὲ ὃ πάντα δυνάμει ἐκεῖνα), ἕτερον δὲ τὸ αἴτιον καὶ ποιητικόν, τῷ ποιεῖν πάντα, οἷον ἡ τέχνη πρὸς τὴν ὕλην πέπονθεν, ἀνάγκη καὶ ἐν τῇ ψυχῇ ὑπάρχειν ταύτας τὰς διαφοράς. καὶ ἔστιν ὁ μὲν τοιοῦτος νοῦς τῷ πάντα γίνεσθαι, ὁ δὲ τῷ πάντα ποιεῖν, ὡς ἕξις τις, οἷον τὸ φῶς· τρόπον γάρ τινα καὶ τὸ φῶς ποιεῖ τὰ δυνάμει ὄντα χρώματα ἐνεργείᾳ χρώματα. [2] καὶ οὗτος ὁ νοῦς χωριστὸς καὶ ἀπαθὴς καὶ ἀμιγής, τῇ οὐσίᾳ ὢν ἐνέργεια. ἀεὶ γὰρ τιμιώτερον τὸ ποιοῦν τοῦ πάσχοντος καὶ ἡ ἀρχὴ τῆς ὕλης. τὸ δ' αὐτό ἐστιν ἡ κατ' ἐνέργειαν ἐπιστήμη τῷ πράγματι· ἡ δὲ κατὰ δύναμιν χρόνῳ προτέρα ἐν τῷ ἑνί, ὅλως δὲ οὐδὲ χρόνῳ· ἀλλ' οὐχ ὁτὲ μὲν νοεῖ ὁτὲ δ' οὐ νοεῖ. χωρισθεὶς δ' ἐστὶ μόνον τοῦθ' ὅπερ ἐστί, καὶ τοῦτο μόνον ἀθάνατον καὶ ἀΐδιον. [3] οὐ μνημονεύομεν δέ, ὅτι τοῦτο μὲν ἀπαθές, ὁ δὲ παθητικὸς νοῦς φθαρτός· καὶ ἄνευ τούτου οὐθὲν νοεῖ.

De an. III 5, 430a10–25

[1] Denn aber wie es in der ganzen Natur einerseits Materie für jede Gattung gibt – dies ist aber, was alles jenes in Potenzialität [ist], andererseits das Ursächliche und das Wirkende, dadurch, dass es alles bewirkt, wie die Kunst sich zu der Materie verhält –, so müssen diese Unterschiede auch in der Seele vorliegen. Und es gibt einen derartigen Nous, dass er alles wird, und einen solchen, dass er alles bewirkt, wie eine gewisse Haltung, wie das Licht; denn in gewisser Weise macht auch das Licht die Farben in Möglichkeit zu Farben in Wirklichkeit. [2] Und dieser Nous ist abgetrennt, leidensunfähig, ungemischt und seinem Wesen nach Denktätigkeit. Denn im-

3 Gegen Ende von III 4 (430a6–7) sagt Aristoteles deutlich, dass das Denkbare nur der Möglichkeit nach in den Außendingen vorhanden ist. Dazu Cassirer 1932, 166, 168–169; Theiler 1959, 142; Horn 1994, 102 und Shields 1995, 314.

mer ist das Wirkende ehrwürdiger als das Leidende und das Prinzip als die Materie. Dasselbe aber ist die Wissenschaft in Wirklichkeit mit dem Gegenstand. Die Wissenschaft in Potenzialität ist im Einzelnen der Zeit nach früher, im Ganzen aber nicht der Zeit nach. Aber [der produktive Nous] ist nicht bald denkend tätig, bald nicht denkend tätig. Abgetrennt ist er aber nur das, was es gerade ist, und dieses einzig [ist] unsterblich und ewig. [3] Wir erinnern uns freilich nicht, weil dieses zwar leidensunfähig, der leidende Nous aber vergänglich ist, und ohne dieses denkt nichts.

3 Kommentar zu III 5

Diese sechzehn Zeilen, die III 5 umfasst, gehören zu den dunkelsten und meist kommentierten Stellen nicht nur des Corpus Aristotelicum, sondern der gesamten antiken Philosophie überhaupt.[4] Die Kommentare gehen auseinander nicht nur im Hinblick auf die Bestimmung des produktiven Nous und auf dessen Wirkungsweise, sondern auch im Hinblick auf die Beziehung des produktiven Nous zu dem Nous, der in III 4 behandelt worden ist, und ferner auf die Bestimmung des leidenden Nous, der einmal als das, was alles wird, bezeichnet und am Ende des Kapitels παθητικός genannt wird. Alexander hat nicht nur zwei Nous, sondern drei ins Spiel gebracht, nämlich νοῦς ὑλικός, ἐπίκτητος und ποιητικός.[5] Die Terminologie hat sich im Laufe der Kommentierungsgeschichte noch vervielfacht.[6] Es ist nicht das Ziel der Arbeit, die verschiedenen Deutungen zu referieren und sie gegeneinander abzuwägen, was angesichts ihrer Menge und Vielfalt praktisch kaum machbar ist.[7] Die vorliegende Arbeit konzentriert sich vielmehr auf Aristoteles' Ausführungen in III 5. Im Folgenden wird das Kapitel einer eingehenden Untersuchung unterzogen, um möglichst herauszufinden, was Aristoteles in den wenigen Zeilen zum produktiven Nous, zur Entstehung des Denkens sowie zur Unsterblichkeit der Seele äußert.

---

4 „Only the disputed hypotheses of the Parmenides can compete for the production of such lengthy and prolonged discussion among Platonists in antiquity – to say nothing of the continued controversies about the active intellect in later times." (Blumenthal 1996a, 151). Zur Auswahl der Forschungsliteratur bezüglich dieses Kapitels siehe Anm. 4 in der Einleitung.

5 Alex. De an. z. B. 81, 24, 82, 1, 88, 20, 23, 24 und 89, 6 Bruns. Den ὑλικός Nous nennt er auch ὁ δυνάμει νοῦς (81, 10); der ἐπίκτητος Nous heißt bei ihm etwa auch ὁ ἐν ἕξει νοῦς (86, 16) und schließlich ist der νοῦς ποιητικός ὁ νοῦς ὁ θύραθεν (90, 19). Zu Alexanders Deutung des produktiven Nous: Guyomarc'h 2023.

6 Nach Merlan (1963, 68) sind von der ursprünglichen Unterscheidung von zwei Nous in III 5 zur Zeit Plotins bereits acht Termini im Gebrauch.

7 Einen guten Überblick über die Terminologie bietet immer noch Kurfess' Arbeit (1911) an, die schon zu Beginn der Einleitung zusammen mit anderen Forschungsarbeiten zu III 5 genannt wurde. Außerdem sei noch auf die folgenden Arbeiten verwiesen: Grabmann 1929, Blumenthal 1991, Blumenthal 1996a, spez. Kap. 11, 151–170, Davidson 1992 und Perkams 2008.

3.1 Vorbemerkungen

Bevor wir Aristoteles' überaus prägnante Ausführungen zu dem Nous Poiētikos analysieren, sind einige Bemerkungen vorwegzuschicken, um die Grundzüge des Nachweises sichtbar zu machen und um einigen grundlegenden Missdeutungen zuvorzukommen.

Erstens ist der Gegenstand der Ausführungen in III 5 der Nous, nicht die Seele oder der Mensch. Als Nous sind der produktive sowie der leidende Nous nicht nur unkörperlich – denn so ist auch die Seele, sondern überhaupt nicht an das Körperliche gebunden. Ferner sollte man nicht ohne Weiteres das Beispiel des Wissenschaftlers, mit dem Aristoteles seine Dreistufenlehre erleuchtet,[8] der Interpretation des Nous Poiētikos zugrunde legen, auch wenn es eine innerliche Beziehung zwischen dem Nous und der Wissenschaft gibt. Ein Wissenschaftler ist ein Mensch, der mit seinem Nous denkt und seine wissenschaftliche Arbeit betreibt. In III 5 dagegen legt Aristoteles unabhängig von allen anderen seelischen Funktionen, und mithin unabhängig von dem Menschen, der eine Seele hat, eine Analyse des Nous und des Denkens vor.

Ferner ist der Nachweis des produktiven Nous nichtsdestoweniger ein Teil der gesamten Darstellung der Seele. Nach der Definition der Seele kommt Aristoteles zu einer kurzen Darstellung des Ernährung- und Zeugungsvermögens. Hieran schließt sich eine längere und detaillierte Analyse des Wahrnehmungsvermögens einschließlich der Vorstellung (φαντασία) an. Erst darauf folgt die Nouslehre. Das Hauptanliegen der aristotelischen Noetik, die in *De anima* ihre Entfaltung findet, ist das intuitive Denken *des Menschen*. Die Thematisierung des produktiven Nous geht aus der Darstellung des menschlichen Nous hervor. Er wird als das Bewirkende für das menschliche Denken eingeführt und soll möglichst entsprechend verstanden werden.

Drittens wird in diesem Kapitel der Nachweis eines produktiven Nous so weit wie möglich im Rahmen der Bewegungslehre durchgeführt. Bei der Analyse des Denkens sollte man vor allem die Struktur des Wahrnehmens im Blick behalten, weil die Struktur des Denkens durch die des Wahrnehmens transparent wird.

Hinzu kommt, dass der Nous aus III 4, der jetzt als der material-potenziale Nous auftritt und eine Wirkung des produktiven Nous *erleidet*, ein Teil der Seele ist. Es gibt eine Vielzahl von ihm. Die Einzigkeit des materialen Nous, die Averroes vertritt,

---

8 De an. II 5, 417a22 f., III 4, 429b6 – 9.

kann der aristotelischen Nouslehre nicht entsprechen.[9] Die averroistische Lehre wurde allen voran von Thomas entschieden zurückgewiesen.[10]

Fünftens handelt es sich um zwei Nous. Allerdings wird unter Aristoteles' Kommentatoren immer wieder die Meinung vertreten, dass der produktive und der leidende Nous nur zwei Aspekte ein und desselben Nous seien. Schon Ammonius [Philoponus] hat diese Deutung vorgelegt.[11] Nach ihm wird ein und derselbe Nous zum produktiven Nous, wenn er von der Möglichkeit in die Wirklichkeit übergeführt wird, und daher sei die Deutung von Alexander zu verwerfen.[12] Diese Position vertritt auch Philoponus [Stephanus], nach Golitsis der Autor des griechischen Kommentars zum dritten Buch von *De anima*. In mancher Hinsicht folgt Philoponus der Interpretation seines Lehrers.[13] Der achte der insgesamt zehn Leitsätze zur

---

9 Dazu z. B. Averroes' großer Kommentar zu *De anima* III, 387 ff. Crawford. Seine Deutung, dass der materiale Nous eine einzige überseelische Substanz sei, ist eine Neuheit in der exegetischen Tradition von *De anima*. Auf seine Position, die eine längere Entwicklung hinter sich hat, wird hier nicht eingegangen. Thomas fasst in seinen Summa c. gent. II, cap. 75 Averroes' Argumente für die Einzigkeit des materialen Nous in drei Punkten zusammen. Zur ausführlichen Darstellung seiner Lehre siehe Davidson 1992, v. a. 258 ff. und Wirmer 2008.

10 Nach Wirmer (2008, 17 mit Anm. 22) scheint Albertus Magnus „der erste zu sein, der Averroes' Position ausdrücklich kritisiert hat". Thomas' wirkungsmächtige Widerlegungen der averroistischen Lehre finden sich neben Summa c. gent. II cap. 75 vor allem in seiner Schrift *Tractatus de unitate intellectus contra Averroistas.* Zum Hintergrund dieser Schrift siehe Zedlers Einführung in deren englischer Übertragung (1968, 1 ff., zu Siger von Brabant als dem Averroisten, welchem Thomas' Schrift vor allem gilt: 7 f.).

11 Zur Autorschaft des griechischen Kommentars zu *De anima*, der unter Philoponus überliefert wurde, sowie zu dem lateinischen Kommentar zum dritten Buch, welcher in der Forschung ebenfalls Philoponus zugeschrieben wurde, siehe Kap. I Anm. 35.

12 Praeter has autem est quarta opinio et vera, quod de intellectu humano dicit hoc, qui idem existit ei, qui potentia; dum perficitur enim qui potentia fit actu; quare qui potentia et qui actu unus et idem essentia, perfecto et imperfecto differentes (64vb, 53–56=45, Verbeke). Alexanders Deutung kritisiert er schon zu Beginn seines Kommentars zu III 4: [sc. Alexander] dicit quod de conditore intellectu hic loquitur, et quod ait hunc esse et separatum et non mixtum et impassibilem, valde inconsiderate (58ra, 72–74=4, Verbeke).

13 Die vier Deutungen, die in der lateinischen Übersetzung des Kommentars von Ammonius [Philoponus] ohne Erwähnung von Namen zusammengefasst sind (64va–64vb=43–45, Verbeke), finden sich im griechischen Kommentar wieder. Dort sind sogar die Namen der Interpreten erwähnt. Sie sind Alexander, der den produktiven Nous als die erste Ursache von allem, d. h. als Gott identifiziert, Marinus, nach dem der produktive Nous ein dämonisches oder engelhaftes Wesen (δαιμόνιόν τινα ἢ ἀγγελικόν) ist, Plotin, der den produktiven Nous als einen immer denkenden Nous in der Seele (τὸν ἀνθρώπινον νοῦν ἀεὶ νοοῦντα) erklärt, und schließlich Plutarch, der den produktiven und den leidenden Nous als zwei Aspekte ein und desselben Nous sieht (Philoponus de an. 535, 4–19, Hayduck). Diese vierte Deutung wird von Ammonius [Philoponus] und Philoponus [Stephanus] übernommen (535, 13–14: Πλούταρχος δέ, ὃ καὶ ἡμεῖς τιθέμεθα ...). Caston (1999, 202

Erörterung des produktiven Nous lautet, dass der Nous in Möglichkeit sich von dem Nous in Wirklichkeit der Zeit nach, nicht dem Substratum (τῷ ὑποκειμένῳ) nach unterscheidet. Derselbe Nous sei der potenziale Nous, wenn er nicht denke; sobald er denke, werde er zum produktiven Nous.[14] Danach ist der in III 5 abgehandelte Nous derselbe wie der Nous, der in III 4 dargestellt wird. Philoponus [Stephanus] schreibt dem produktiven Nous Züge zu, die dem menschlichen Nous eigentümlich sind, wie z.B. dass der produktive Nous zur Seele gehört und mit den Vorstellungsbildern arbeitet. Auf der anderen Seite ist der menschliche Nous unsterblich, weil Aristoteles in III 5 deutlich sagt, dass der produktive Nous unsterblich ist.[15] Abgesehen von gewissen ergänzenden und vertiefenden Erörterungen ist diese Interpretation eine Wiederholung der Grundthese in III 4, dass der Nous ein Denkvermögen ist, welches gelegentlich zum wirklichen Denken übergeht. Aber wie kann ein Nous, der sich in der Möglichkeit befindet, von sich aus zum aktiven Denken übergehen?[16] Dies ist *die* Leitfrage, die III 5 beantworten soll. Ammonius [Philoponus] gibt in seinem Kommentar eine Lösung. Nach ihm wird ein leidender Nous durch einen anderen, in Wirklichkeit befindlichen Nous in die Denktätigkeit übergeleitet, so wie der Nous eines Schülers durch den seines Lehrers.[17] Einerseits bleibt die Grundthese intakt, dass derselbe Nous sowohl potenzial wie auch tätig sein kann; andererseits scheint die Entstehung durch die Verteilung des produktiven und des leidenden Nous auf zwei Menschen bzw. menschliche Nous erklärlich zu sein. Genau gesehen aber wird das Problem damit nicht berührt. Man kann immer hinterfragen, wie das Denken der Wirklichkeit nach bei dem Lehrenden entsteht. Eine Interpretation, die diese Leitfrage nicht beantworten kann oder nicht mindestens zu beantworten versucht, geht an dem Kapitel vorbei und wird dem

Anm. 7) vermutet, dass die Deutung, welche die zwei Nous in III 5 als zwei Aspekte erklärt, ursprünglich von Plutarch stammt.

14 Philoponus [Stephanus] de an. 534, 31–32, auch 536, 7–10 Hayduck.

15 Es sind die Leitsätze Nr. 4, Nr. 9, Nr. 10 und Nr. 5 (de an. 534, 27 f. Hayduck). Zur Unsterblichkeit der Denkseele auch 537, 1 f. und 541, 5 f. Hayduck.

16 An einer Stelle in der *Metaphysik* (XII 6, 1071b11–22) sagt Aristoteles deutlich, dass ein Prinzip der Bewegung eine Bewegung nicht hervorbringen kann, wenn es selbst nicht in wirklicher Produktivität ist.

17 Ammonius [Philoponus] 65rb, 28–32=48, Verbeke: Videtur igitur ex his quae dicuntur, quarta opinio vera esse, quod eundem intellectum et potentia esse dicit et actu, ab eo qui potentia in eum qui actu transmutatum et ductum in actum ab alio intellectu et ipso ente in humana anima, scilicet in ea, quae doctoris et ipso videlicet ex potentia aliquando in actum ducto. Wie Grabmann (1936, 23) anmerkt, findet sich dieses Argument nicht in Philoponus' [Stephanus'] griechischem Kommentar. Der anonyme Verfasser der Baseler quaestio hat insofern dieses Argument treffend als für Ammonius [Philoponus] repräsentativ angeführt. Dazu Grabmann *ibid.* 91, auch 21–23; Charlton 1991, 9.

wichtigen Vergleich, der die Hälfte des Kapitels einnimmt und mit dem Aristoteles gerade die bewirkende Funktion des produktiven Nous verdeutlicht, kaum gerecht.

Auch Gerson, der unter den modernen Kommentatoren in III 5 nur *einen* Nous sehen will,[18] gerät in ähnliche Schwierigkeiten. Nach ihm stellen der produktive und der leidende Nous die Dualität des *einen* Nous dar – der leidende Nous sei der Nous in der zweiten Möglichkeit; der produktive Nous sei der Nous beim Denkvollzug, d.h. in der vollen Wirklichkeit. Danach wird in III 4 und 5 ein und derselbe Nous thematisiert. In dieser Hinsicht unterscheidet sich Gersons Deutung nicht viel von den Interpretationen, die Ammonius [Philoponus] und Philoponus [Stephanus] vorlegen. Es ergibt sich dasselbe Problem: Wie kann der produktive Nous, der nicht immer tätig ist, selbst überhaupt zur Denktätigkeit übergehen? Der Nous in III 4 ist nichts anderes als reines Vermögen. Wenn in III 5 ein und derselbe Nous wie in III 4 thematisiert wird, wie ist das ständige Denken in III 5 zu verstehen? In der zweiten Hälfte des Kapitels wird der produktive Nous als dem Wesen nach reine Denktätigkeit bestimmt. Nun scheint Gerson auf dieses Problem so einzugehen, dass er ein und demselben Nous zwei Arten des Denkens zuschreibt, je nachdem, unter welcher Perspektive dieser betrachtet wird. Der Nous an sich denkt selbstreflektiv und immer; er bedarf keiner Bilder der Vorstellung (φαντασία). Kurz, der Nous an sich ist reines intuitives Einsehen. Wenn derselbe Nous *in der Seele* betrachtet, denkt er vermittels der Vorstellungsbilder (φαντάσματα). Dieses Denken läuft im leidenden Nous ab und ist nicht ständig.[19] Mit anderen Worten: Es gibt einerseits ein fortwährendes intuitives Denken und andererseits ein Denken der Seele, welches sporadisch und diskursiv ist.[20] Aber damit ist *die* Frage, die zur Annahme des Nous

18 Gerson 2004, spez. 354 ff.: „[T]he idea that there are two intellects in *De Anima* is a myth." (349, siehe auch 361). Die gleiche Interpretation auch in Gerson 2005, chap. 5 v. a. 152–172. Auch Flashar deutet in seiner Skizze der Noetik in *De anima* (2013, 307) den produktiven und den leidenden Nous als zwei „Funktionen ein und desselben Nous".

19 Gerson 2004, 361 ff. v. a. 361, 363–366: „Intellect is always intellect, that is, it is always engaged in self-reflexive activity. This is the case both when intellect is ‚in the soul' and when intellect is separate. But when it is in the soul – when it is accessed by that which operates in nature – that access is always via image."

20 Obwohl Gerson es nicht deutlich macht, legt seine Deutung nahe, dass das Denken des leidenden Nous mittels Bilder und diskursiv ist. Hinweis gibt er an einer früheren Stelle: „The distinction between ‚the part of the soul that is called intellect' and ‚intellect itself' is the distinction between intellect as it exists ‚on its own' or separate and intellect as it exists in the composite individual. In the latter mode, it is accessible to the thinking individual. ‚Accessible' means ‚available for employment in discursive reasoning and belief' via imagination." (Gerson 2004, 356). In seinem Buch (2005, 157) macht Gerson klar, dass das Denken der Seele diskursiv ist. Gersons Deutung zeigt gewisse Einflüsse Plotins auf. Für Plotin ist das intuitive Denken eines Nous, der nicht ins Körperliche herabgestiegen ist, der Grund für diskursives Denken der Seele. Aber Plotin befasst sich nicht mit dem Anstoß des Denkens. Mehr dazu: unten §§ 4.3 und 5.1.

Poiētikos führte, nicht beantwortet. Wie wird der Mensch zum Denken bewegt? Gerson hat lediglich zwei Arten des Denkens eingeführt. Ferner ist das Denken, in das der leidende Nous des Menschen überführt wird, sehr wohl intuitiv seiner Natur nach. Aristoteles gibt keinerlei Hinweis darauf, dass eine andere Art des Denkens produziert wird. Nicht zuletzt legt Aristoteles' Formulierung nahe, dass es sich um zwei Intellekte handelt.[21]

Des Weiteren ist der νοῦς παθητικός, der gegen Ende des Kapitels auftritt (430a24), derselbe wie der Nous, der alles wird (430a14–15). Indessen wird spätestens seit Themistius der passive Nous gegen Ende des Kapitels mit irrationalem Seelenvermögen identifiziert.[22] In seiner Paraphrase beruft er sich zu Unrecht auf Theophrastus, der nach Themistius' Referat den passiven Nous auch als irrationale Seelenvermögen sieht.[23] In der Tat wird dieser παθητικός Nous in späteren Kommentaren weitgehend mit der Vorstellung identifiziert.[24] Dennoch ist die spätere

21 Auch Gerson (2004, 362) gibt zu, dass Aristoteles' Wortlaut eine Interpretation von zwei Nous durchaus zulässt.

22 τίνα μὲν οὖν λέγει τὸν παθητικὸν νοῦν καὶ φθαρτόν, προϊόντες ἐπισκεψόμεθα καὶ ὅτι μὴ τὸν δυνάμει τοῦτον παραλαμβάνει, ἀλλ' ἕτερόν τινα νοῦν, ὃν κοινὸν ὠνόμασεν ἐν τοῖς πρώτοις, μεθ' οὗ τὰ ἐνταῦθα νοεῖ, καὶ σὺν ᾧ περὶ τῶν ἐνταῦθα διανοεῖται, οὗ καὶ τὸ φιλεῖν φησὶ καὶ τὸ μισεῖν καὶ τὸ μεμνῆσθαι (Them. De an. 101, 5–9, Heinze). Themistius verbindet den Nous Pathētikos mit Aristoteles' Darstellung in I 4, 408b18 f. Zu dieser Stelle siehe die Darstellung im ersten Kapitel. Siehe auch 105, 13 f. und 106, 14 f., wo Themistius sich auf Platons Darstellung von irrationalen Kräften im *Timaios* (69c5–e4) beruft. Siehe auch Schramm 2008, 185. Bemerkenswert ist, dass Alexander den Terminus παθητικός in seiner überlieferten Schrift *De anima* nicht verwendet – ob er ihn in seinem verloren gegangenen Kommentar verwendet hat, ist nicht klar. Dazu Blumenthal 1996a, 154. Der Terminus erscheint in den *Mantissa* zweimal, aber nicht in *Περὶ νοῦ*. Beide Male wird mit dem Terminus irrationales Vermögen bezeichnet. Dazu Blumenthal *ibid.*, 154–155.

23 ἐξ ὧν ἀπάντων δῆλόν ἐστι, ὅτι οὐ φαύλως ὑπονοοῦμεν ἄλλον μέν τινα παρ' αὐτοῖς [sc. Ἀριστοτελει καὶ Θεοφράστῳ] εἶναι τὸν παθητικὸν νοῦν καὶ φθαρτόν, ὃν καὶ κοινὸν ὀνομάζουσι καὶ ἀχώριστον τοῦ σώματος [...] (Them. De an. 108, 28–30, Heinze). Dieser Satz erscheint nach Themistius' Referat von Theophrastus' Erläuterung zu III 5. Er ist Themistius' eigene Zusammenfassung. Theophrastus hat in Themistius' Referat den passiven Nous nicht als von dem leidenden Nous unterschieden bestimmt. Eine Stelle im Referat, die wohl relevant ist, lautet: λέγουσι δὲ καὶ αὐτὸν ἀπαθῆ καὶ χωριστόν, ὥσπερ τὸν ποιητικόν καὶ τὸν ἐνεργείᾳ· „ἀπαπὴς γάρ" φησιν „ὁ νοῦς, εἰ μὴ ἄρα ἄλλως παθητικός," καὶ ὅτι τὸ παθητικὸν ἐπ' αὐτοῦ οὐχ ὡς τὸ κινητὸν ληπτέον (ἀτελὴς γὰρ ἡ κίνησις), ἀλλ' ὡς ἐνέργειαν (108, 14–17, Heinze). Das 4. Fragment (Hicks 1907, 591), welches aus Priskian entnommen ist, besagt dasselbe wie dieser Abschnitt aus Themistius. Das παθητικός an dieser Stelle bedeutet nicht das Erleiden im eigentlichen Sinne, sondern Verwirklichung. In diesem Sinne sind das Denken wie das Wahrnehmen Erleiden. Dazu Kap. I, § 2.

24 Z.B. identifizieren beide, Ammonius [Philoponus] (67vb, 72–74=61, Verbeke) und Philoponus [Stephanus] (542, 2, Hayduck), den Nous Pathētikos als die Vorstellung. In der Neuzeit identifiziert z.B. Brentano (1867, 208) diesen Nous mit der Vorstellung; und unter den modernen Forschern tendiert Polansky (2007, 468–472) zu dieser Identifikation. Den Anlass zu dieser Identifikation gibt Themistius in seiner Paraphrase (De an. 100, 28 f. Heinze, spez. 29–30: οὐ γὰρ τῆς αἰσθητικῆς, ὕλη

Entwicklung von der ursprünglichen Bedeutung des Terminus zu unterscheiden. Es wäre kurios, dass Aristoteles inmitten der Entfaltung seiner Noetik irrationale Seelenteile hineinbrächte und mit dem produktiven Nous kontrastierte. Der Zusammenhang legt nahe, dass der neu eingeführte produktive Nous sich von dem schon in III 4 thematisierten potenzialen Nous abhebt. Gewiss könnte Aristoteles' Charaktersierung des παθητικὸς νοῦς als φθαρτός Anhaltspunkte für die Annahme liefern, dass der passive Nous in Wirklichkeit kein Nous, sondern die Vorstellung oder andere Seelenvermögen ist. Aber wir haben gesehen, dass das Zugrundegehen in einem anderen, uneigentlichen Sinne verstanden werden kann.[25] Auch das Attribut παθητικός muss nicht schon als ein Erleiden in sensu stricto aufgefasst werden. Aristoteles macht zu Beginn der Darstellung seiner Noetik deutlich, dass das Denken ein gewisses Erleiden (πάσχειν) ist.[26] Im vorigen Kapitel haben wir den Sinn dieses Erleidens verständlich gemacht. ποιεῖν und πάσχειν sind als Termini in die Darlegungen der aristotelischen Bewegungs- und Wahrnehmungslehre eingegangen. Wenn nun das παθητικός sich aus dem πάσχειν ableitet, muss es im spezifischen aristotelischen Sinne verstanden werden.[27]

Nicht zuletzt besteht die Wirkung des produktiven Nous darin, den menschlichen Nous, der das Vermögen zu denken ist, in die Denkwirklichkeit zu überführen. Alexander hat aber anhand seiner dreifachen Differenzierung des Nous die Wirkung so gedeutet, dass der produktive Nous den material-potenzialen Nous aus der ersten Möglichkeit in die zweite Möglichkeit bzw. erste Vollendung bringe. Diese Stufe ist gleich einer Disposition (ἕξις), welche ein gelernter Wissenschaftler oder Handwerker erreicht.[28] In dieser Hinsicht folgt Themistius Alexanders Auslegung.[29]

γὰρ ἦν τῆς φαντασίας· οὐδὲ αὖ τῆς φανταστικῆς, ὕλη γὰρ ἦν τοῦ δυνάμει νοῦ), obwohl er selbst diesen Nous nicht mit der Vorstellung gleichsetzt. Zur Entwicklung dieser Terminologie siehe die Arbeiten von Blumenthal (1991, 1996a, 151 ff., spez. 157–158). Blumenthal vermutet, dass Iamblichus oder Plutarch oder Syrianus schon den νοῦς παθητικός mit Vorstellung identifiziert hatte. Kurfess (1911, 25) nennt nur Plutarch. Cassirer 1932, 170–173 kritisiert die Identifikation des Nous Pathētikos mit der Vorstellung.

25 Siehe die Analyse zu der Stelle in Kap. I § 6.2.

26 De an. III 4, 429a13–15.

27 In der modernen Forschung wird der νοῦς παθητικός oftmals wieder mit dem potenzialen Nous zu Beginn des Kapitels identifiziert und so die ursprüngliche Zweiteilung wiederhergestellt. Z. B. Blumenthal (1996a, 153) bemerkt treffend, dass nach der Darstellung von III 5 der potenziale bzw. passive Nous über allen irrationalen Seelenvermögen, sogar über dem diskursiven Denken, stehen soll. Theiler (1959, 142–143) und kützlich auch Burnyeat (2008, 40) bestimmen ihn als den potenzialen Nous. Allem Anschein nach sieht Hicks (1907, 500–501) dies nicht anders, obwohl er sich einer eindeutigen Zuordnung enthält.

28 καὶ ἐπεὶ ἐστιν ὑλικός τις νοῦς, εἶναί τινα δεῖ καὶ ποιητικὸν νοῦν, ὅς αἴτιος τῆς ἕξεως τῆς τοῦ ὑλικοῦ νοῦ γίνεται (Alex. De an. 88, 23–24, Bruns). Dieselbe Deutung auch in *Περὶ νου:* τρίτος δέ ἐστι νοῦς παρὰ τοὺς προειρημένους δύο ὁ ποιητικός, δι' ὃν ὁ ὑλικὸν ἐν ἕξει γίνεται (107, 29–30, Bruns).

Diese Deutung passt jedoch kaum zu den Ausführungen in III 5. Dort wird nur von zwei Nous geredet. Die Unterscheidung zwischen reinem Vermögen und erworbener Fähigkeit, zwischen der ersten und der zweiten Möglichkeit, wird dort nicht thematisiert.[30] Einen Anlass zu dieser Deutung gibt Aristoteles' eigenes Beispiel des Wissenschaftlers, der sich nach der Bildung in einer Hexis befindet und von sich aus jederzeit wissenschaftlich tätig sein kann.[31] Aber wie oben im ersten Punkt deutlich gemacht, ist der Gegenstand nicht der Mensch, sondern der Nous, und daher darf man dieses Beispiel nicht zum Maßstab der Interpretation von III 5 nehmen. Im ersten Kapitel wurde ausführlich argumentiert, dass der Nous nicht alle drei Stufen durchmacht wie ein Wissenschaftler. Er ist kein Speicher etwa für gefasste Begriffe oder wahrgenommene Bilder, vielmehr ist er entweder ein Vermögen zu Denken oder er denkt.[32]

Dazu ausführlich Sharples 1987, 1204 ff., v. a. 1206. Dazu auch Merlan 1963, 14–15: „It is this [sc. productive] intelligence which is the cause (αἴτιος) of the material intelligence turning into ‚able' intelligence" (15)." Burnyeat (2008, 23–24) deutet ebenfalls den Übergang als einen von der ersten Möglichkeit zur zweiten. Nach dem Erwerb von universalen Begriffen ist der Nous bereit, zum Denken in Wirklichkeit überzugehen. Zu Alexanders Umdeutung der Hexis: Bei Aristoteles ist der produktive Nous „wie eine gewisse Hexis ὡς ἕξις τις)", bei Alexander ist der potenzial-materiale Nous eine Hexis (τῆς ἕξεως τῆς τοῦ ὑλικοῦ νοῦ): Guyomarc'h 2023, 103.

29 Them. De an. 98, 20–24, Heinze: τὸν δέ τινα ἐνεργείᾳ νοῦν τέλειόν τε καὶ μηκέτι δυνάμει καὶ τῷ περυκέναι, ἀλλὰ νοῦν ὄντα ἐνεργείᾳ, ὃς ἐκείνῳ συμπλακεὶς τῷ δυνάμει καὶ προαγαγὼν αὐτὸν εἰς ἐνέργειαν τὸν καθ' ἕξιν νοῦν ἀπεργάζεται, ἐν ᾧ τὰ καθόλου νοήματα καὶ αἱ ἐπιστῆμαι. Siehe auch 98, 28–32. Die ἐνέργεια, in die der potenziale Nous geführt wird, ist dem Kontext nach nur die erste Wirklichkeit.

30 Auch die Beispiele von Haus und Statue, die Themistius zur Verdeutlichung der Wirkung des produktiven Nous anführt (98, 24 f. Heinze), passen nicht zu dieser Deutung.

31 Z. B. Schramm 2008, 184–185.

32 Siehe Kap. I § 4. Cassirer (1932, 156) erklärt Aristoteles' Noetik gemäß der Dreistufenlehre. Die zweite Stufe, d. h. die erste Vollendung, bedeutet nach ihm den Besitz allgemeiner Begriffe. Auch Kahn (1981, 399–401, 410) sieht die Wirkung des produktiven Nous primär darin, den potenzialen Nous mit den allgemeinen Begriffen auszustatten. Dies benötigt nach Kahn wiederholte Einwirkungen des produktiven Nous. Andererseits schließt er nicht aus, dass der produktive Nous auch beim Erfassen eines gespeicherten Denkgegenstandes die Rolle des Wirkprinzips spielt. Aber dieser Übergang von der ersten zur zweiten Vollendung verursache keine besonderen Probleme. Nach Kahns Deutung handelt es sich um dieselbe Wirkung, weil die Ausstattung des potenzialen Nous nichts anderes als das denkende Erfassen der Universalien bedeutet. Danach ist die Wirkung des produktiven Nous primär darin zu sehen, den potenzialen Nous von der ersten Möglichkeit zur zweiten, d. h. zu einer Disposition zu verhelfen. Das Problem dieser Deutung bleibt dasselbe. Der potenziale Nous ist als Nous keineswegs das Lager für allgemeine Begriffe, die schon durch das Denken gewonnen wurden. Jedesmal muss das Denkbare erneut noetisch erfasst werden. Es ist das Gedächtnis, das für das Speichern zuständig ist, wie Aristoteles mit aller Deutlichkeit sagt: ἡ δὲ μνήμη, καὶ ἡ τῶν νοητῶν, οὐκ ἄνευ φαντάσματός ἐστιν, <καὶ τὸ φάντασμα τῆς κοινῆς αἰσθήσεως πάθος ἐστίν>· ὥστε [sc. ἡ μνήμη] τοῦ νοῦ μὲν κατὰ συμβεβηκὸς ἂν εἴη, καθ' αὑτὸ δὲ τοῦ πρώτου

Nachdem gewisse grundsätzliche Fragen im Vorfeld geklärt worden sind, können wir nun Aristoteles' Darstellung in III 5 gezielter analysieren. Die Untersuchung soll Hinweise oder Antworten auf die folgenden zentralen Fragen geben:

Zuerst ist zu fragen, ob der produktive Nous ein selbstständiger, göttlicher Nous oder ein Teil der menschlichen Seele ist. Der prominente Vertreter der ersten Position ist Alexander von Aphrodisias. Nach ihm ist der produktive Nous der Gott, der in Met. XII 7 und 9 thematisiert wird. Eine relevante Deutung bestimmt den produktiven Nous zwar nicht als den höchsten Nous, doch immerhin als eine göttliche Entität. Wichtige Vertreter dieser Position sind die arabischen Philosophen Al-Farabi, Avicenna und Averroes.[33] Der Nachweis des produktiven Nous ist bei den arabischen Kommentatoren in ihre Emanationslehre eingebunden.[34] Anhaltspunkte für diese Deutung bieten vor allem die Epitheta an, die in III 5 dem produktiven Nous beigefügt sind. Dieselben finden sich in Met. XII 7 für den göttlichen Nous wieder. Auf der anderen Seite bestimmt Aristoteles ihn als einen Nous in der Seele (ἐν τῇ ψυχῇ). Diese Bestimmung weist eher darauf hin, dass der produktive Nous zur menschlichen Seele gehört. Darin sieht wiederum die immanente Deutung des produktiven Nous, zu deren berühmtesten Repräsentanten Themistius und Thomas von Aquin zählen, ihre Rechtfertigung. Gewiss ist die Frage, ob der produktive Nous in III 5 immanent als menschlich oder transzendent als göttlich zu deuten sein soll, der Dreh- und Angelpunkt der Interpretation des produktiven Nous. Dennoch sollte zugleich gefragt werden, ob die beiden Positionen sich unversöhnlich entgegenstehen oder ob es einen Deutungsansatz gibt, der zwischen den beiden Erklärungen vermitteln könnte. Mit der ersten Frage aufs Engste zusammenhängend ist die Frage nach der Unsterblichkeit der menschlichen Seele. In III 5 wird nur der produktive Nous als unsterblich bezeichnet. Der leidende Nous vergeht mit dem Körper. Die Frage, ob die Seele des Menschen unsterblich ist, hängt davon ab, ob der produktive Nous wesentlich zu ihr gehört.

Schließlich ist zu fragen, was für eine Rolle der produktive Nous bei der Entstehung des Denkens spielt. Aristoteles' Bezeichnung zufolge ist er die Wirkursache des Denkens im menschlichen Nous. Die Kommentatoren und Forscher sind sich darin einig, dass der produktive Nous dem menschlichen Nous zum wirklichen

---

αἰσθητικοῦ (De mem. 1, 450a12–14). Hier macht Aristoteles auch deutlich, dass das Denkbare, das gespeichert ist, nicht im strengen Sinne ein Denkbares ist. Es fällt gleichsam ins Sinnliche und mithin in die Potenzialität zurück. Bezeichnend ist, dass Kahn selbst in einem späteren Aufsatz (1992, 364) auf diese Stelle hinweist.

33 Davidson 1992, z. B. 13: „Alfarabi, Avicenna, and Averroes, like virtually all Islamic and Jewish philosophers in the Aristotelian tradition, accepted the transcendent interpretation without question." Dazu gehört auch die Auslegung, die Marinus vorlegt, siehe oben Anm. 13.

34 Dazu die ausführliche Abhandlung von Davidson (1992).

Denken verhilft.[35] In II 5 sagt Aristoteles aber, dass das Allgemeine als das Denkbare in uns ist und wir dies nach Belieben denken können. Der Anstoß scheint alleine vom Willen des Menschen auszugehen. Wozu braucht man einen produktiven Nous? Aristoteles' Darstellung in III 5 gibt keine eindeutige Antwort auf die Wirkungsweise des produktiven Nous. Eine eingehende Analyse von Aristoteles' Ausführungen dürfte Aufschluss darüber geben.

3.2 Analyse des Kapitels

3.2.1 Der erste Abschnitt

In diesem Abschnitt wird der produktive Nous anhand des Vergleiches mit der Hervorbringung in der Natur eingeführt. Wie das Bewirkende in der Natur soll er auch als das αἴτιον καὶ ποιητικόν gelten. Die Bezeichnung macht deutlich, dass der produktive Nous in diesem Zusammenhang als das Wirkprinzip eingeführt wird.[36] Im Folgenden werden einzelne Punkte dieses Abschnittes näher analysiert.

1. ἐπεὶ δ' ὥσπερ – Bereits der Anfang des Kapitels verursacht gewisses Kopfzerbrechen und ruft Konjekturen hervor. Zwei einen Nebensatz einleitende Konjunktionen scheinen nebeneinander zu stehen – aber zum einen gibt es nur ein Verb, ἐστί, in der scheinbar verschränkten Konstruktion der Protasis, zum anderen folgt darauf nur ein Hauptsatz, der mit ἀνάγκη beginnt. Den Paraphrasen von Alexander und Themistius folgend, haben Jaeger und Ross das ὥσπερ in ihren Ausgaben getilgt.[37] Allerdings ist das ὥσπερ in allen Codices bezeugt.[38] Noch wichtiger ist, dass das „καὶ ἐν τῇ ψυχῇ κτλ." im Hauptsatz sich eng auf das „ὥσπερ ἐν ἁπάσῃ τῇ φύσει κτλ." bezieht. Der Vergleich ist nach dem antiken Verständnis der Analogie, deren eigentliche Anwendungen in der Mathematik und Geometrie zu finden sind, strenger aufzufassen als in der heutigen Zeit. Es herrscht das gleiche

35 Schon Theophrastus apud Themistius (108, 25, Heinze): ὁ κινῶν. Siehe auch Brentano 1867, 167, Hicks 1907, 49. Zu weiterer Literatur siehe Anm. 4 in der Einleitung.

36 Das καί ist exegetisch zu verstehen. Daher ist die Bezeichnung νοῦς ποιητικός durchaus berechtigt, obwohl sie als solche im Corpus Aristotelicum nicht zu finden ist.

37 Alexander hat (De an. 88, 17, Bruns) das ὥσπερ weggelassen, so auch Themistius (98, 11, Heinze). Siehe Ross 1961, 296. Caston (1999, 205) spricht gegen die Tilgung. Nach ihm ist das ὥσπερ ein Teil des Rückgrats des Gefüges, obwohl er keine Lösung zu dem Anakoluth anbietet. Dagegen lässt Brentano (1867, 166 mit Anm. 150) das ἐπεί bei seiner Übersetzung weg.

38 Nach Hicks (1907, 500) soll man das „ὥσπερ ἐν ἁπάσῃ τῇ φύσει" oder gar das ganze „ὥσπερ ἐν ἁπάσῃ τῇ φύσει ἐστί" gedanklich aus dem „ἐπεὶ δ'"-Nebensatz nehmen und hinter ἀνάγη transponieren. Damit wird die verschränkte Konstruktion aufgelöst und der Vergleich mit der Natur lose an die Apodosis angehängt. Aber bei der zweiten Variante wird die Protasis anakoluthisch, wie Hicks selbst bemerkt, weil der Vordersatz dann kein Verb hat.

Verhältnis (Logos) im Bereich der Natur wie im seelischen Bereich. Wenn es in der Natur einerseits ein Wirkendes und andererseits ein Bewirktes gibt und das eine auf das andere wirkt, muss es (ἀνάγκη) dieses Verhältnis auch in der Seele geben.[39] Wenn aber das ὥσπερ beizubehalten ist, wie sind die beiden Konjunktionen zu erklären? Nun gibt es eine Möglichkeit, die bei den Konjekturen und Übersetzungen vergessen wird. Das ἐπεί leitet zwar oft einen temporalen oder kausalen Nebensatz ein,[40] kann aber durchaus in einem Hauptsatz stehen und ist etwa mit „denn" zu übersetzen.[41] Im Corpus Aristotelicum finden sich Belege dafür, dass ἐπεὶ δέ einen Hauptsatz einleitet.[42] Eine Stelle in *De anima*, wo ein Hauptsatz ebenfalls mit ἐπεὶ δέ anfängt, könnte Licht auf den nuancierten Sinn dieser verbindenden Worte werfen:

> ἐπεὶ δὲ ᾧ ζῶμεν καὶ αἰσθανόμεθα διχῶς λέγεται, καθάπερ ᾧ ἐπιστάμεθα (λέγομεν δὲ τὸ μὲν ἐπιστήμην τὸ δὲ ψυχήν, ἑκατέρῳ γὰρ τούτων φαμὲν ἐπιστάσθαι) [...].
>
> *De anima* II 2, 414a4–6
>
> Denn (ἐπεί) aber das, wodurch wir leben und wahrnehmen, wird auf zweifache Weise benannt, wie auch das, wodurch wir erkennen – wir nennen es einerseits die Wissenschaft, andererseits auch die Seele, denn durch jede von den beiden, so sagen wir, erkennen wir [...].

In der vorausgehenden Passage spricht Aristoteles über die verschiedenen Seelenvermögen. Es steht fest, dass nicht jedes Lebewesen über alle Seelenvermögen verfügt. In Bezug auf die Wahrnehmung besitzen die einen Lebewesen alle Wahrnehmungsvermögen, die anderen nur einige. *Aber* die Wahrnehmung ist nicht auf ein einfaches Vermögen zurückzuführen; die einleitenden „ἐπεὶ δέ" vermitteln eine adversative Nuance: Die Wahrnehmung geht aus zwei Instanzen hervor, dem Wahrnehmbaren als Bewirkendem und dem Wahrnehmungsvermögen als Be-

39 Zu den antiken Logos- und Analogiegedanken: Stenzel, 1929=1956; zur Definition der Analogie als Logosgleichheit in zwei oder mehr Gruppen spez. 219. Stenzel nennt ein Beispiel einer solchen Analogie: Tim. 31c (193); siehe auch Toeplitz 1929. Caston (1999, 205–206) erkennt, dass der Vergleich für die Entfaltung der Nouslehre wichtig ist, obwohl er den Vergleich anders erklärt, worauf wir später noch zu sprechen kommen. Daher spricht er gegen die Tilgung. Nach ihm ist das ὥσπερ ein Teil des Rückgrats des Gefüges. Zu dem Anakoluth des Nebensatzes aber bietet er keine Lösung an.

40 Ein Beispiel dafür ist: ἐπεὶ δ' ἐστὶν ἡ τοιαύτη σκέψις ἑτέρων λόγων οἰκειοτέρα, ταύτην μὲν ἀφῶμεν τὸ νῦν, De An. I 3, 407b12–13; weitere Beispiele: De an. III 2, 425b12–13, Phys. II 2, 193b21 ff. und Met. VIII 2, 1042b9–10.

41 Siehe Passows *Handwörterbuch der griechischen Sprache* ad ἐπεί. Herr Prof. Dr. William Furley hat mich in einem Gespräch auf diese Möglichkeit hingewiesen.

42 Z. B. Met. VII 8, 1033a24 f., XII 5, 1070b36 f., De mem. 1, 449b30 f., De an. III 3, 427a17–19: ἐπεὶ δὲ δύο διαφοραῖς ὁρίζονται μάλιστα τὴν ψυχήν, κινήσει τε τῇ κατὰ τόπον καὶ τῷ νοεῖν καὶ φρονεῖν καὶ αἰσθάνεσθαι, δοκεῖ [...]. Schon Alexander sieht Ungereimtheit in der Konstruktion Ἀλέξανδρος δοκεῖ μάτην εἶναι τὸ ἐπειδή· οὔτε γὰρ ἔχει ἀπόδοσιν (apud Philoponus [Stephanus] De an. 489, 8, Hayduck). Zum Problem des vermeintlichen Anakoluths an dieser Stelle siehe Hicks 1907, 453–454.

wirktem. Analog zu dieser Stelle soll mit den gleichen Worten zu Beginn von III 5 eine Differenzierung eingeleitet werden. Im vorigen Kapitel wurde der potenziale Nous als eine denkende Instanz thematisiert. *Aber* für die Entstehung des Denkens bedarf der potenziale Nous einer wirkenden Instanz; das fünfte Kapitel stellt den produktiven Nous als die wirkende Instanz vor. Mit „ἐπεὶ δέ" wollte Aristoteles eine ähnliche Nuance wie in II 4 kreieren.[43]

2. In der ganzen Natur und in der Seele: Wir müssen zunächst die beiden Bereiche genau abgrenzen. Mit der Natur ist die wahrnehmbare Natur gemeint.[44] Aristoteles stellt damit die gesamte wahrnehmbare Natur und den seelischen Bereich in einen Vergleich miteinander: In beiden Bereichen besteht dasselbe Verhältnis zwischen einer wirkenden und einer leidenden Instanz. In welchen der beiden Bereiche ist nun die Wahrnehmung einzuordnen? Zwar ist sie eine seelische Tätigkeit und insofern könnte die Wahrnehmung auf der Seite der Seele stehen. Gleichwohl ist sie auf die wahrnehmbaren Gegenstände in der Natur gerichtet. Nach Aristoteles ist die wissenschaftliche Betrachtung der Seele im Großen und Ganzen eine Aufgabe der Naturphilosophen.[45] Zugleich macht Aristoteles deutlich, dass, wenn es etwas gibt, was im strengen Sinne trennbar ist, die Betrachtung davon nicht der Naturphilosophie, sondern der ersten Philosophie zuzuordnen ist.[46] Wird dieser Gegensatz berücksichtigt, gehört die Wahrnehmung eher zur Seite der Natur. Der seelische Bereich ist streng zu betrachten. Die Abgrenzung der Unterteilung wird nicht bloß daran aufgezogen, dass die Wahrnehmung auf die Sinnesorgane angewiesen ist, sondern auch daran, dass das Wirkende und das Wahrnehmbare sich *außerhalb* der Seele befinden. Das Denken ist hingegen ein Vorgang, der sich ausschließlich *innerhalb* der Seele ereignet. Dies stimmt mit der Feststellung, dass die Unterscheidung von zwei Nous eine Unterscheidung ἐν τῇ ψυχῇ (430a13) ist, überein. Damit sind beide Bereiche klar voneinander getrennt, und die Hervorbringung im seelischen Bereich wird anhand des vergleichbaren Vorgangs im Bereich der Natur dargestellt.

3. In der Seele: Die Verortung ist auf den ersten Blick eindeutig: Wie der potenziale Nous des Menschen befindet sich auch der produktive Nous in der Seele. Aus ihr ergeben sich jedoch schwerwiegende Probleme. Erstens: Als das Vermögen zu denken ist der potenzial-leidende Nous *eine* Seelenfähigkeit, über die nur die menschliche Seele verfügt. Wenn der produktive Nous ebenfalls in der Seele ist, wie soll die Immanenz des produktiven Nous aufzufassen sein? Nach der aristotelischen

43 Gerson (2004, 362 Anm. 5) bemerkt, dass das ἐπεὶ δ' eine Fortsetzung von III 4 suggeriert. Allerdings erklärt er nicht weiter, inwiefern die Kontinuität des Gedankengangs zu verstehen sein soll.

44 Dazu Hicks 1907, 499: „the physical universe", „external reality".

45 De an. I 1, 403a27–28: καὶ διὰ ταῦτα ἤδη φυσικοῦ τὸ θεωρῆσαι περὶ ψυχῆς.

46 De an. I 1, 403b15–16: ᾗ δὲ κεχωρισμένα, ὁ πρῶτος φιλόσοφος. Siehe auch Met. VI 1, 1026a15–16.

Lehre der Bewegung und Hervorbringung müsste sich das Wirkende vom Bewirkten unterscheiden. Vielleicht könnte der Unterschied zwischen dem produktiven Nous und dem potenzialen Nous als lediglich dem Begriff nach bestehend entschärft werden; mit dem sich selbst als Patienten behandelnden Arzt scheint ein Fall des Unterschieds dem Begriff nach vorzuliegen. Wenn der Unterschied zwischen den beiden Nous tatsächlich so aufzufassen wäre, würde die Auslegung des Ammonius [Philoponus] und Philoponus [Stephanus] nahe liegen.[47] Allerdings befindet sich die Heilkunst, die einen Arzt zum Arzt macht, in dessen Seele[48] und nicht etwa in seiner Hand, an der er zufällig verletzt ist. Der Unterschied zwischen seiner Heilkunst und seinem Willen, sich ärztlich zu behandeln, einerseits und seiner verletzten Hand andererseits ist nicht minder realiter aufzufassen als derjenige zwischen seiner rechten und seiner linken Hand.[49] Der Grundsatz der Bewegungslehre findet in diesem Falle durchaus seine Geltung. Kurz, selbst wenn die beiden Nous gleichermaßen in der Seele sind, muss der produktive Nous, um seiner Rolle als wirkender Ursache gewachsen zu sein, von dem leidenden Nous *realiter* unterschieden werden. Zweitens: Die Charakterisierungen des produktiven Nous im zweiten Abschnitt weisen diesen über eine innerseelische Existenz hinaus, was der Immanenz desselben Nous geradezu zu widersprechen scheint. Wie ist der Gegensatz zwischen den Ausführungen in den beiden Textabschnitten zu erklären? Die beiden Fragen werden nicht gleich an dieser Stelle beantwortet. Nach der Analyse des Kapitels, welche uns ein tieferes Verständnis von Aristoteles' Darstellung in III 5 verschaffen soll, befassen wir uns genau mit der Bestimmung und dem Sinn der Immanenz des produktiven Nous.

4. Alles werden und alles wirken: Die unmissverständliche Emphase auf „alles" ist auffällig. Denn bei der Hervorbringung liegt öfter ein Eins-zu-Eins-Verhältnis vor: Ein Mensch zeugt einen Menschen. Peleus zeugt Achilles. Das gleiche liegt auch bei der künstlichen Produktion vor. Obwohl ein Bewirkendes mehrere Dinge hervorbringen kann, ist die Feststellung, dass es *alles* macht, doch merkwürdig. [50] Genauso auffallend ist die Behauptung, es gebe eine Materie, die *alles* werde. Selbst wenn dies prinzipiell möglich sein kann – ein Bildhauer kann beliebige Statuen

47 Siehe oben § 3.1.

48 Met. VII 7, 1032a32 ff.: ἀπὸ τέχνης δὲ γίγνεται ὅσων τὸ εἶδος ἐν τῇ ψυχῇ [...] ἡ δὲ ὑγίεια ὁ ἐν τῇ ψυχῇ λόγος καὶ ἡ ἐπιστήμη [...].

49 Wenn ein Psychiater sich selbst als seelisch krank behandelte, könnte damit ein Fall vorliegen, in welchem der Unterschied nur begrifflich zu fassen sein könnte. Aber kann ein seelisch kranker Psychiater sich selbst helfen?

50 Met. I 6, 988a3–4: φαίνεται δ' ἐκ μιᾶς ὕλης μία τράπεζα, ὁ δ' τὸ εἶδος ἐπιφέρων εἷς ὢν πολλὰς ποιεῖ. Generell: αἱ δὲ πράξεις καὶ αἱ γενέσεις πᾶσαι περὶ τὸ καθ' ἕκαστόν εἰσιν (Met. I 1, 981a16–17), siehe auch XII 5, 1071a20 f.

machen, oder ein Stück Bronze kann zu irgendeiner Statue werden –, ist der Anspruch auf Totalität befremdend. Denn stoffliche Materie ist bei der natürlichen und künstlichen Hervorbringung unabdingbar; sie ist dennoch für Aristoteles das principium individuationis.[51] Daher ist nachvollziehbar, dass bei der Produktion eher die Einzigkeit als die Totalität betont werden soll. Indessen verschwindet beim Denken alle Stofflichkeit, und mithin verschwindet auch die Einschränking auf konkretes Einzelnes im Denken. Es ist die Eigenart des Denkens, dass der Nous *alles* denkt.[52] Weil Aristoteles die Entstehung des Denkens durch den Vergleich mit der Hervorbringung im Naturbereich erklärt, wird der Anspruch auf Totalität unberechtigterweise auf diese übertragen. Wenn aber der menschliche Nous alles denken kann, muss der produktive Nous als Wirkursache alles Denkbare in sich denkend umfassen.[53] Er kann nichts anderes sein als der Inbegriff aller Denkformen.

5. Die Kunst und ihre Materie: Innerhalb des Vergleichsrahmens zwischen Natur und Seele führt Aristoteles eine weitere Dimension ein, nämlich die Kunst und die Materie. Seine Gedankenführung lässt sich wie folgt rekonstruieren: Aristoteles vergleicht die Entstehung des Denkens in der Seele zuerst mit dem Vorgang der Entstehung in der Natur. In beiden Fällen gibt es einen passiven, leidenden Aspekt, der als Materie bezeichnet wird, sowie einen aktiven, wirkenden Aspekt. Aber anstatt natürliche Entstehungsvorgänge zu analysieren, setzt er die Kunst und die Materie zum Verdeutlichen ein. Zwar ahmt die Kunst Aristoteles zufolge der Natur nach,[54] dennoch ist die Wende von Natur auf Kunst auffallend. Warum verzichtet Aristoteles auf Beispiele aus der Natur? Der Unterschied zwischen Kunst und Natur, den man gewöhnlich geltend macht, liegt darin, dass Naturdinge das Prinzip der Bewegung in sich haben, wohingegen Kunstprodukte den Anstoß zur Bewegung von außen bekommen.[55] Auf den ersten Blick werden deswegen Na-

---

51 Z. B. Met. VII 8, 1034a5 – 8, zu anderen Belegen siehe Kap. III § 5.1 Anm. 232.

52 Mehr zu der Immaterialität und Totalität des Denkens siehe Kap I. §§ 3.1, 3.2.

53 Dies sieht treffend Kahn (1981, 407).

54 Phy. II 2, 194a21 – 22. Die Nachahmung ist nicht als Nachmachung der sichtbaren Natur zu verstehen, sondern als Nachahmung der göttlichen Schöpfung. Dazu siehe Flasch 1965, v. a. 270 – 271. Das Denken wird analog zur Hervorbringung in der Natur dargestellt, und die künstliche Produktion ist im Grunde eine Nachahmung der Natur. So werden die drei Bereiche, der Nous, die Natur und die Kunst, aufgrund der gleichen bzw. vergleichbaren Struktur der Hervorbringung in Zusammenhang gesetzt.

55 Dazu grundsätzlich Phys. II 1, z. B. 192b13 – 23: τούτων μὲν γὰρ ἕκαστον ἐν ἑαυτῷ ἀρχὴν ἔχει κινήσεως καὶ στάσεως [...] κλίνη δὲ καὶ ἱμάτιον, καὶ εἴ τι τοιοῦτον ἄλλο γένος ἐστίν, ᾗ μὲν τετύχηκε τῆς κατηγορίας ἑκάστης καὶ καθ' ὅσον ἐστὶν ἀπὸ τέχνης, οὐδεμίαν ὁρμὴν ἔχει μεταβολῆς ἔμφυτον [...] ὡς οὔσης τῆς φύσεως ἀρχῆς τινὸς καὶ αἰτίας τοῦ κινεῖσθαι καὶ ἠρεμεῖν ἐν ᾧ ὑπάρχει πρώτως καθ'

turvorgänge zur Erläuterung einbezogen, weil der Mensch, der denkt, ein Naturwesen ist. Ferner steht außerhalb jeden Zweifels, dass der Mensch von sich aus denken kann. Der Grund für den Verzicht auf Naturvorgänge ist wohl, dass in III 5 der Nous, nicht der Mensch, zum Thema gemacht wird. Aristoteles geht nicht von einem alltäglichen Phänomenon aus, vielmehr geht er eine Stufe tiefer auf die noetische Struktur des Denkens. Er will nämlich zeigen, *warum* er von sich aus denken kann, und künstliche Produktion setzt ein Wirkendes voraus, welches von außen etwas anderes bewirkt.[56] Dies entspricht der Annahme eines produktiven Nous, welcher, getrennt von dem potenzialen, diesen zum Denken führt. Gleichwohl ist erklärungsbedürftig, warum die Emphase auf die Kunst (τέχνη) gelegt wird und nicht auf den Künstler. Zwar fallen, wie oben erwähnt, nach Aristoteles die Form-, die Wirk- sowie die Zweckursache zusammen;[57] aber offensichtlich steht ein Künstler, der ein Stück Bronze zu einer Statue formt, doch außerhalb der Statue.

Aristoteles' bekannte Formel lautet: Ein Mensch zeugt einen Menschen (ἄνθρωπος ἄνθρωπον γεννᾷ).[58] Mit der Kunst an dieser Stelle macht Aristoteles die Form zur Wirkursache, was auf den ersten Blick merkwürdig scheinen mag. Aber trotz der wiederholten Unterschreichung von Erzeugung eines Einzelnen durch ein anderes Einzelnes liegt der tiefe Sinn der Wirkursache jedoch nicht in dem einzelnen Handelnden. An einer Stelle aus der *Metaphysik* stellt sich die Form als die eigentliche causa efficiens heraus.

> ὥστε συμβαίνει τρόπον τινὰ τὴν ὑγίειαν ἐξ ὑγιείας γίγνεσθαι καὶ τὴν οἰκίαν ἐξ οἰκίας, τῆς ἄνευ ὕλης τὴν ἔχουσαν ὕλην· ἡ γὰρ ἰατρική ἐστι καὶ ἡ οἰκοδομικὴ τὸ εἶδος τῆς ὑγιείας καὶ τῆς οἰκίας, λέγω δὲ οὐσίαν ἄνευ ὕλης τὸ τί ἦν εἶναι.
>
> *Metaphysik* VII 7, 1032b11–14
>
> Es ergibt sich also, dass gewissermaßen die Gesundheit aus der Gesundheit hervorgeht, und das Haus aus dem Haus, nämlich das Stoffliche aus dem Nichtstofflichen; denn die Heilkunst und die Baukunst ist die Form der Gesundheit und des Hauses, Wesenheit ohne Stoff aber nenne ich das „Was hieß es zu sein".

αὐτὸ καὶ μὴ κατὰ συμβεβηκός. Siehe auch Phys. II 2, 194a21–22, Phys. II 8, 199a12 f., auch Metero. IV 3, 381b6.

56 Ein Grenzfall der natürlichen Hervorbringung ist die Zeugung. Ein Mensch zeugt einen Menschen, und dabei ist der Vater getrennt von dem gezeugten Kind. Aber nach dem Zeugungsakt hört er auf, causa efficiens zu sein. Siehe Phy. II 3, 194b30, Met. V 2, 1013b31, auch Gen. animal. II 1, 732a1–9. Der Fetus und nach der Geburt das Kind, welches als Naturding das Prinzip zur Veränderung in sich trägt, sind die bewegende Ursache für seine eigene Entwicklung. Vgl. Sedley 2010, 12–13.

57 Phy. II 7, 198a23–27. Zitat: Kap. IV Anm. 63.

58 Met. VII 7, 1032a25, Met. XII 4, 1070a27–28 u. ö.

Hier macht Aristoteles unzweideutig, dass aus einer Form ein konkreter Gegenstand entsteht, wie ein gebautes Haus aus einer Form von ihm. Ferner macht er deutlich, dass es um die Form in der Seele eines Menschen geht.[59] Huismann argumentiert in seiner ausführlichen Analysis der Wirkursache dagegen, dass die Kunst als Wirkursache fungieren kann. Zur Stütze zieht er eine Stelle aus *De generatione et corruptione* heran:

> εἰ μὲν γάρ ἐστιν αἴτια τὰ εἴδη, διὰ τί οὐκ ἀεὶ γεννᾷ συνεχῶς, ἀλλὰ ποτὲ μὲν ποτὲ δ' οὔ, ὄντων καὶ τῶν εἰδῶν ἀεὶ καὶ τῶν μεθεκτικῶν; ἔτι δ' ἐπ' ἐνίων θεωροῦμεν ἄλλο τὸ αἴτιον ὄν· ὑγίειαν γὰρ ὁ ἰατρὸς ἐμποιεῖ καὶ ἐπιστήμην ὁ ἐπιστήμων, οὔσης καὶ ὑγιείας αὐτῆς καὶ ἐπιστήμης καὶ τῶν μεθεκτικῶν, ὡσαύτως δὲ καὶ ἐπὶ τῶν ἄλλων τῶν κατὰ δύναμιν πραττομένων.
>
> De gen. et corr. II 9, 335b18–24

> Denn wenn die Form Ursachen sein sollten, warum erzeugen sie nicht immer ununterbrochen, sondern bald wohl, bald aber nicht, da die Formen und das Teilhabefähige ja immer vorhanden sind? Ferner sehen wir bei manchen Dingen, dass ein anderes die Ursache ist: Der Arzt bringt die Gesundheit zustande und der Wissende die Wissenschaft, obwohl Gesundheit, Wissenschaft sowie das Teilhabefähige existieren, ebenso wie bei den anderen gemäß einem Vermögen vorgebrachten Dingen.

Nach Huismanns Interpretation stellt Aristoteles ein Argument der Gleichgültigkeit (indifference argument) dar: Wenn einerseits Formen und andererseits Teilhabefähiges immer da seien, gebe es zwei Möglichkeiten: Die Formen erzeugten immer oder sie erzeugten zeitweise. Allerdings gebe es keinen Grund bzw. keinen Anlass, dass die Formen immer oder zeitweise auf das Teilhabefähige wirkten. Beide Szenarien seien *gleich*gültig. Aber die Pointe des Arguments ist wohl nicht, wie Huismann deutet, die Alternative zwischen unaufhörlichem und gelegentlichem Wirken.[60] Die Logik des Arguments weist auf eine andere Alternative hin: Wenn die Formen wirkungsfähig sind und wenn sie und das Teilhabefähige immer existieren, müssten sie immer und ununterbrochen wirken. Denn es gibt keinen Grund, dass sie gerade an diesem Moment, aber nicht an einem anderen wirken. Die Alternative, welche unmöglich ist, betrifft verschiedene Zeitpunkte, nicht das ununterbrochene und das gelegentliche Wirken.[61] Die zeitliche Gegensätzlichkeit (temporal contrastiveness), dass ein Wirkender an diesem Punkt und nicht an einem anderen wirkt,

---

59 Met. VII 7, 1032b23. Huismann (2022, 665–666) merkt richtig an, dass damit nicht ein Wissen als solches gemeint ist, sondern eine Kunst, die sich in der Seele eines Menschen befindet und von diesem Menschen aktiviert werden kann.

60 Huismann 2022, 669–673. „Forms and participants are always there, therefore without further ado there is no more reason for Forms to cause at all times than to cause intermittently, or they cause neither at all times nor intermittently.“ (671).

61 Im Grunde übernimmt Aristoteles Parmenides' Argument gegen Entstehung durch Anwendung des Prinzips des zureichenden Grundes. DK28B8=Simplikius In Phy. 145, 9–11, Diels.

ist entscheidend für die Wirkursache, wie Huismann unterstreicht. Formen können nicht wählen, weil sie leidensunfähig sind. Sie lassen sich durch nichts zum Handeln bewegen. Da aber Aristoteles explizit die Formen als Wirkursache bezeichnet, räumt Huismann den Formen einen gewissen Status der Wirkursache ein, aber als diese im eigentlichen Sinne erkennt er trotzdem die einzelnen Wirkenden an.[62] Huismann hebt zu Recht die Rolle der einzelnen Wirkenden hervor. *Von diesen* kommt der Anstoß. Bezüglich des Denkens ist dies eindeutig: Der Mensch denkt, wann auch immer er will.[63] Der Wille eines Menschen erklärt, warum er an diesem, aber nicht an einem anderen Zeitpunkt denkt. Huismann unterlässt allerdings den Grund zu erläutern, warum Aristoteles der Form eine wirkende Funktion zuschreibt.[64] Dieser fast einseitige Fokus auf das Handelnde trägt allerdings nicht Aristoteles' Vorhaben Rechnung. An der *Metaphysik*-Stelle weist er der Form den Status der Wirkursache zu, und in der *Physik* erklärt Aristoteles, warum die Form sogar als *die* Wirkursache in sensu stricto gelten soll.

> δεῖ δ' ἀεὶ τὸ αἴτιον ἑκάστου τὸ ἀκρότατον ζητεῖν, ὥσπερ καὶ ἐπὶ τῶν ἄλλων (οἷον ἄνθρωπος οἰκοδομεῖ ὅτι οἰκοδόμος, ὁ δ' οἰκοδόμος κατὰ τὴν οἰκοδομικήν· τοῦτο τοίνυν πρότερον τὸ αἴτιον, καὶ οὕτως ἐπὶ πάντων.)
>
> *Physik* II 4, 195b21–25
>
> Man muss immer die genaueste Ursache von etwas aufsuchen, wie bei dem übrigen auch, z. B. der Mensch baut ein Haus, weil er Baumeister ist, der Baumeister aber [baut] gemäß der Baukunst; diese Ursache ist also vorrangig, und so in allen Fällen.

An dieser Stelle stellt Aristoteles Schritt für Schritt die eigentlichste Ursache des Bewirkens heraus: Es ist sicherlich wahr, dass ein Mensch ein Haus baut. Aber er baut es als Baumeister, weshalb im Vergleich zum Menschen der Baumeister im engeren Sinn die Wirkursache ist. Ein Baumeister muss nicht bauen, er kann auch Sport treiben. Die Entscheidung, an diesem Zeitpunkt zu bauen, geht auf ihn zurück. Nun baut er aufgrund von nichts anderem als der Baukunst; und die Baukunst ist nur für das Bauen zuständig. Daher gilt die Kunst als die genaueste Ursache für das Zustandebringen eines Artefaktes. Nach Sedley folgt Aristoteles dabei Platons Auffassung von Ursache. Eine Ursache im strengen Sinne ist das, was notwendig für das

---

62 Huismann 2022, 682–683. Formen gelten bei Huismann als „α-makers" und einzelne Wirkende als „β-makers": „One the other hand, a formal cause of some effect is not an efficient cause of one and the same effect; hence β-makers, and not α-makers, are efficient causes." (685).

63 Kap. I §§ 4, 5.2 mit Anm. 121, 152.

64 Huismann sagt an einer Stelle: „An art is a power", fügt aber hinzu, dass damit nicht erklärt werden könne, warum eine Kunst an einem Zeitpunkt etwas bewirke, an einem anderen aber nicht (2022, 681). Er fokussiert lediglich auf die zeitliche Gegensätzlichkeit, die er als das Allerwichtigste an der Wirkursache ansieht.

Verursachte zuständig ist. Darum geht die Suche nach einer ersten Wirkursache nicht bei dem Baumeister zu Ende. Im *Phaidon* sagt Sokrates, dass schöne Dinge eben auf*grund* der Form des Schönen schön sind.[65] Die Hervorhebung der Form als Wirkursache unterstreicht, wie Stallmach richtig bemerkt, die Wirkungsmacht der Formen.[66] Es wird klar, dass nunmehr in III 5 die Kunst als Wirkursache zur Verdeutlichung eingeführt wird. Eine streng analytische Auffassung der Wirkursache rückt die Wirk- und die Formursache nahe zusammen, was erklärt, warum diese beiden Ursachen oft in eins fallen. Dennoch ändert dies nichts an der Tatsache, dass die Formursache und die Wirkursache aus zwei verschiedenen Gesichtspunkten hervorgehen.[67] Letztlich verrichtet ein Einzelnes, nicht eine Form, die Arbeit. Unten kommen wir auf den Aspekt des Einzelnen, den Aristoteles an dieser Stelle herabgespielt hat, zurück.

6. Wie eine Hexis: ἕξις kann einen Zustand, eine Haltung (διάθεσις) bedeuten. Der Gesundheitszustand ist eine ἕξις, wie Aristoteles in seinem philosophischen Lexikon lehrt.[68] Die Hexis als Haltung spielt in Aristoteles' Dreistufenlehre eine prominente Rolle. Der Besitz einer Wissenschaft nach dem Lernen ist eine Hexis. Diese ist die zweite Stufe des Vermögens bzw. die erste Stufe der Verwirklichung.[69] An einer Stelle in *De anima* II 5 wird der Terminus genau in diesem Sinne verwendet.

> ἀλλ' ὁ μὲν διὰ μαθήσεως ἀλλοιωθεὶς καὶ πολλάκις ἐξ ἐναντίας μεταβαλὼν ἕξεως.
>
> *De anima* II 5, 417a31–32
>
> Aber der eine ist es dadurch, dass er sich durch Lernen verändert hat und vielmals in eine entgegengesetzte Haltung übergewechselt ist.

Zuerst ist trotz dieser Stelle festzuhalten, dass die ἕξις, wie sie in Aristoteles' Lexikon definiert ist, nicht schon die erste Vollendung im Sinne vom Besitz bedeuten muss. Ein guter Gesundheitszustand ist ein guter Zustand und kann nicht als die erste Vollendung zu einem höheren, besseren Zustand übergehen. Ferner ist es kaum möglich, dass der produktive Nous als eine Haltung in diesem Sinne cha-

---

65 *Phaidon* 100de. Zu Aristoteles' Konzeption der Wirkursache sowie seine Übernahme von Platons strenger, analytischer Auffassung von Ursachen: Sedley 2007, 178–181, und Sedley 2010, 13–18. Zu Platons Konzeption von Ursachen: Sedley 1998, v. a. 114–117.

66 Stallmach 1959, 156, auch 150. Nach Stallmach ist die Wirkungsmächtigkeit des Eidos der Garant, dass nicht Beliebiges aus Beliebigem entstünde.

67 Siehe Shields 2007, 91–92, der auf den begrifflichen Unterschied der beiden Termini aufmerksam macht.

68 Met. V 20, 1022b10 f.

69 De an. II 5, 417a21-b2, auch Phys. VIII 4, 255a30-b5, NE I 9, 1098b33 f. Zu Aristoteles' Dreistufenlehre siehe Kap. I § 2.

rakterisiert würde.[70] Der bloße Besitz von Wissenschaften dagegen ist noch eine Möglichkeit und keine Wirklichkeit im vollen Sinne. Der produktive Nous würde selbst einer anderen Wirkinstanz bedürfen, um in die Wirklichkeit im strengen Sinne überzugehen.[71] Die ἕξις an dieser Stelle muss daher einen anderen Sinn haben, wie Hicks richtig sieht.[72] Aristoteles gibt in seinem Lexikon eine andere Bedeutung von ἕξις.

> ἕξις δὲ λέγεται ἕνα μὲν τρόπον οἷον ἐνέργειά τις τοῦ ἔχοντος καὶ ἐχομένου, ὥσπερ πρᾶξίς τις ἢ κίνησις. (ὅταν γὰρ τὸ μὲν ποιῇ τὸ δὲ ποιῆται, ἔστι ποίησις μεταξύ· οὕτω καὶ τοῦ ἔχοντος ἐσθῆτα καὶ τῆς ἐχομένης ἐσθῆτος ἔστι μεταξὺ ἕξις).
>
> *Metaphysik* V 20, 1022b4 – 8
>
> Haltung nennt man in der einen Bedeutung z. B. eine gewisse wirkliche Tätigkeit des Haltenden und des Gehaltenen als eine Art von Handlung oder Bewegung; denn wenn das eine hervorbringt, das andere hervorgebracht wird, so findet sich als Vermittelndes die Hervorbringung, und ebenso findet sich zwischen dem, welcher ein Kleid hat, und dem gehaltenen Kleid als Vermittelndes die Haltung.

Danach ist die Hexis eine Wirklichkeit, genauer ein laufender Vorgang, der die aktive und die passive Seite als zwei Aspekte ein und desselben gerade stattfindenden Vorgangs umfasst. Beim Hervorbringen hat ein derartiger Vorgang eine passende Bezeichnung, nämlich ποίησις; beim Tragen eines Kleides dagegen nicht. Nun ist schon bei der Wahrnehmung die Wirklichkeit der Wahrnehmung das Ineinssein des Wahrnehmenden und des Wahrgenommenen, wie Aristoteles in *De anima* ausdrücklich zu verstehen gibt. ἕξις kann gerade diese Vereinigung bei dem Wahrnehmen bezeichnen. Dies gilt gewiss auch für die Wirklichkeit des Denkens, und zwar in höherem Grade. Denn Arisoteles fügt der Feststellung der Einheit der Wirklichkeit bei der Wahrnehmung eine einschränkende Ergänzung hinzu: τὸ δ'

70 Ross (1961, 296): „The chapter is somewhat carelessly written; the most conspicuous instance of this is he description of the νοῦς ποιητικός first as a ἕξις and then as an ἐνέργεια." Wir werden zeigen, dass das Kapitel nicht unaufmerksam geschrieben wurde, aber sorgfältig gelesen werden muss.

71 Allerdings vertritt Polansky in seiner Gesamtdarstellung von *De Anima* (2007, 458 ff. spez. 461 – 463) eine ähnliche Ansicht. Der produktive Nous ist nach ihm die gelernte Wissenschaft, welche das Denken bewirken könne. So ist der produktive Nous lediglich die erste Wirklichkeit – Polansky nennt diesen Status „active potentiality" (!) (462, auch 463: „Intellect as agent is a hexis; that is, it is a disposition or first actuality." Es bedarf keiner weiteren Analyse, um die Probleme dieser Deutung deutlich zu machen.

72 Hicks (1907, 501): „There is, however, a difficulty, for νοῦς which is ἐν ἕξει, as described 429b5 – 9, is still δυνάμει πως. That which is always actual and never potential can only be described as a ἕξις by a stretch of the term. Hence τίς."

εἶναι οὐ τὸ αὐτὸ αὐταῖς.[73] Diese Einschränkung ist leicht verständlich. Wenn man eine rote Blume sieht, würde man nicht behaupten, dass man sich sehe. Das Wahrnehmende und das Wahrgenommene gehören jeweils zu einer anderen körperlichen Substanz. Bei dem völlig immaterialen Denken ist die Einheit im höheren Grade zu fassen, weil beides, das Denkende und das Gedachte, an keine Materialität gebunden ist.[74] Bei dem produktiven Nous, der, wie unten die Analyse des zweiten Abschnitts zeigen wird, ein göttlicher Nous ist, ist die Einheit im strengen Sinne zu verstehen. Als das reine Ansichsein des Denkens *ist* dieser die Gegenwart der Denkformen selbst, die wesentlich zu ihm gehören.[75] So betrachtet ist die ἕξις keineswegs bloß die erste Vollendung, sondern die Wirklichkeit (ἐνέργεια) im eigentlichen Sinne, die unter dem Gesichtspunkt des Ineinsseins des Denkenden und des Gedachten verstanden wird. Der produktive Nous ist als permanente Vereinigung des Denkenden und des Gedachten eine ἕξις.[76] Dieser Sinn

73 De An. III 2, 425b26–27: ἡ δὲ τοῦ αἰσθητοῦ ἐνέργεια καὶ τῆς αἰσθήσεως ἡ αὐτὴ μέν ἐστι καὶ μία, τὸ δ' εἶναι οὐ τὸ αὐτὸ αὐταῖς.

74 III 4, 430a3–4: ἐπὶ μὲν γὰρ τῶν ἄνευ ὕλης τὸ αὐτό ἐστι τὸ νοοῦν καὶ τὸ νοούμενον; auch Met. XII 9, 1075a3–5. An den beiden Stellen gibt es keine zusätzliche Einschränkung der Einheit wie bei der Wahrnehmung. Die erste *De-anima*-Stelle muss auch für den menschlichen Nous gelten; die zweite *Metaphysik*-Stelle ist eine allgemeine Feststellung und gilt daher auch für den menschlichen Nous, obwohl sie in die Ausführungen über den höchsten Gott eingebettet ist.

75 Krämer (1967, 314 f., mit 317 Anm. 14; 1969, 374–375) macht die Identität des Denkenden und des Gedachten beim menschlichen Denken stark geltend. Bezüglich der *Metaphysik*-Stelle 1072b15 f., 24 f. sagt Krämer (UGM, 166 Anm. 135), dass das göttliche Denken dort graduell und temporär, nicht wesenhaft vom menschlichen Denken herausgehoben werde. Trotzdem ist zu fragen, wie weit die Identität beim menschlichen Denken getrieben werden kann. Denn der menschliche Nous ist seinem Wesen nach ein Denkvermögen, nicht das wirklich Denkbare. Außerdem ist er als ein Teil der Seele an den Menschen als das Zusammengesetzte gebunden. Oehler (1962a, 296 f.) weist darauf hin, dass sich die Identität in Bezug auf den menschlichen Nous nur im jeweiligen Akt des Denkens ereignet.

76 Wohl um diesen Sinn von ἕξις als erster Vollendung zu unterscheiden, sagt er statt „ὡς ἕξις" „ὡς ἕξις τις". An einer Stelle in II 5, wo Aristoteles über die Zweideutigkeit des Erleidens (πάσχειν) spricht, könnte die Hexis die Wirklichkeit bedeuten: ἤ δύο τρόπους εἶναι ἀλλοιώσεως, τήν τε ἐπὶ τὰς στερητικὰς διαθέσεις μεταβολὴν καὶ τὴν ἐπὶ τὰς ἕξεις καὶ τὴν φύσιν (II 5, 417b14–16). Aristoteles erwägt, dass das Lernen und das Erwerben von einer Wissenschaft nicht mehr als „Erleiden" bezeichnet werden kann, weil das Erleiden im Vorhergehenden (417b5 f.) im Sinne vom Übergang aus der ersten zur zweiten, vollen Wirklichkeit gebraucht wird. Das Lernen ist aber ein Übergang aus der Möglichkeit zur ersten Wirklichkeit. Die zwei Arten von Veränderungen, die an der zitierten Stelle angesprochen sind, können nur die beiden Arten vom Erleiden sein. Der Wechsel zu privativen im Sinne von entgegengesetzten Zuständen dürfte das Erleiden im eigentlichen Sinne, d. h. das Lernen, bedeuten, obwohl der Ausdruck στερητικαὶ διαθέσεις etwas merkwürdig klingt – zu der Möglichkeit, dass στέρησις auch einen positiven Sinn haben kann, siehe Hicks (1907, 357). Dann ist der Übergang zu Hexis und zur Natur der Übergang zur Vollendung. Das „ἕξεις" hier bedeutet die Wirklichkeit. Allerdings deutet Theiler (1959, 118) die στερητικαὶ διαθέσεις im wörtlichen Sinne als

von ἕξις begegnet schon bei Platon. Im *Theaitetos* unterscheidet Platon gerade zwischen dem Haben (ἐπιστήμης ἕξιν) und dem Besitz (ἐπιστήμης κτῆσιν) von Wissen und bedient sich dabei auch des Beispiels mit dem Kleid.[77] Wenn jemand einen Mantel gekauft hat und darüber verfügt, ihn aber nicht trägt, würde man sagen, dass dieser den Mantel lediglich besitzt (κεκτῆσθαι), aber nicht anhat (ἔχειν).[78] Es ist wahrscheinlich, dass Aristoteles' Ausführungen in seinem philosophischen Lexikon auf dieses Beispiel anspielen. Platon macht unmissverständlich klar, dass das Haben (τὸ ἔχειν, ἡ ἕξις) keineswegs dem bloßen Besitzen (τὸ κτᾶσθαι, ἡ κτῆσις) gleicht. Während das letztere mit der ersten Vollendung gleichzusetzen ist, impliziert die Hexis hingegen die Verwirklichung, wie das *Anhaben* eines Kleides.[79]

7. Wie das Licht: Dass sich der Lichtvergleich auf Platons Sonnengleichnis bezieht, ist unverkennbar; trotzdem wurden manche Bezüge des Vergleiches auf das Sonnengleichnis von den Kommentatoren nicht berücksichtigt.[80] In der *Politeia* bezeichnet Platon das Licht, welches als das Dritte den Gesichtsinn mit der Farbe verbindet, als ein edleres Band (τιμιώτερος ζυγός) zwischen den beiden.[81] Wie Szlezák bemerkt, ist die Bezeichnung τιμιώτερος nicht als bloße Wertschätzung zu verstehen; sie impliziert bei Platon oft einen ontologischen Rangunterschied, der der Wertschätzung zugrunde liegt.[82] Das Verständnis des Gleichnisses ist in der letzten Zeit insbesondere durch die Arbeiten, die Platons Prinzipienlehre berück-

φθορά und die ἕξεις und φύσις als den latenten Besitz. Der Übergang zu der zweiten Vollendung ist bei Theilers Deutung ausgelassen. Shields (2016, 218–219) trennt „καὶ τὴν [sc. μεταβολὴν] ἐπὶ τὰς ἕξεις" von „καὶ [sc. ἐπὶ] τὴν φύσιν", und die ἕξεις deutet er als die erste Vollendung: „a change into a positive state consonant with a thing's nature [...] that a teacher does not alter a pupil, because she does not make her other than she already is essentially [...]." Allerdings ist dem Kontext und dem Wortlaut nach fraglich, ἐπὶ τὰς ἕξεις separat von [sc. ἐπὶ] τὴν φύσιν zu deuten. Shields erklärt ferner nicht, was ein Übergang „[sc. ἐπὶ] τὴν φύσιν" bedeuten könnte, obwohl der Sache nach nur der Übergang zur zweiten Vollendung übrigbleibt. An einer Stelle in der *Metaphysik*, an der die drei Substanztypen, die an der Veränderung involviert sind, nennt Aristoteles neben dem Stoff und dem zusammengesetzten Einzelnen „ἡ δὲ φύσις τόδε τι καὶ ἕξις τις εἰς ἥν" (XII 3, 1070a11–12). Die Hexis kann nur die Form bedeuten.

77 Auf die platonische Herkunft verweist Kirwan (1993, 170–171).

78 *Theaitetos* 197b.

79 Daher kann Bonitz' Erklärung: „ἕξις et ἐνέργεια perinde inter se opponuntur ac κτῆσις et χρῆσις" (Index, 261a51 f.) nicht uneingeschränkt gelten.

80 Rosamond Kent Sprague (1972, 250–251) beklagt sich darüber, ohne jedoch selbst in ihrem kurzen Aufsatz darauf einzugehen. Horn (1994, 103–104) hat in seinem Kommentar zwar deutliche Bezüge auf Platons Sonnengleichnis festgestellt, konnte aber von den ontologischen und erkenntnistheoretischen Implikationen des Gleichnisses keinen Gebrauch machen.

81 Pol. VI, 507d8–508a2.

82 Szlezák 2003, 68; auch Bormann 1982, 10.

sichtigen und diese dem Gleichnis zugrunde legen, sehr weit gediehen.[83] Nun wird bekanntlich die ontologische Rolle der Idee des Guten in der intelligiblen Welt analog zu der Rolle der Sonne in der Sinnenwelt verdeutlicht. Das Licht, das von der Sonne ausströmt, erweist sich als das Licht des Seins und des Wahren in der intelligiblen Welt.[84] Wie unten bei der Erörterung des platonischen Demiurgen noch genauer ausgeführt wird, sind die Ideen, welche das wahrhaft Seiende ausmachen, noushaft. Der Ideenkosmos ist ein Nous, der sich denkt. Analog zu dem Licht in der sinnlichen Welt, durch das irdische Dinge wachsen und in dem sie gesehen werden, ist das intelligible Licht noushaft und vollkommen seiend, durch welches die Ideen wahrhaft seiend sind und in welchem sie erkannt bzw. gedacht werden. Aristoteles ist sicherlich mit dem platonischen Hintergrund vertraut. Und es versteht sich, warum er lediglich vom Licht spricht. Die Sonne steht nämlich bei Platon für das überseiende Gute, was keinen Platz in der aristotelischen Philosophie findet. Das Licht macht, so Aristoteles in III 5, in gewisser Weise die Farben in Möglichkeit zu Farben in Wirklichkeit, und dies lässt sich aus zwei Perspektiven betrachten: Erstens: Verdanken die Farben dem Lichte ihre Farbigkeit? Zweitens: Wie führt das Licht die Farben aus der Möglichkeit in die Wirklichkeit? Das Sichtbarmachen der Farbe durch das Licht soll die Wirkung des produktiven Nous verdeutlichen. Trotz des begrifflichen Hintergrundes können Platons Ausführungen freilich wenig Aufschluss geben.[85] Denn Platon fasst das Zustandekommen der Farben anders als Aristoteles auf. Nach ihm kommt das Sehen zustande, wenn sich zwei Lichtstrahlen, von denen der eine aus den Augen, der andere aus dem sichtbaren Gegenstand herausfließt, zusammentreffen, und die Farbe *entsteht* erst als Wirkung, welche die Teilchen des Lichtstrahls, der aus den sichtbaren Dingen ins Auge eindringt, im

---

83 Wichtige Arbeiten zu diesem Thema sind u. a. Hans Krämer (1997, 179 – 203), Szlezák (1985, 271 ff.), Szlezák (2003), Halfwassen (1992, 220 ff.), Reale (^{2}2000, 257 ff.). Zur Lichtmetaphysik: Beierwaltes (1957, 37 ff. 73 ff.), Blumenberg (1957, 432 – 447), zu Platon: 432 ff. Zur antiken Lichttheorie: Haas (1906, 345 – 386), zu Platon, 372 f., zu Aristoteles 375 f. Zur Lichtsymbolik: Bultmann (1948, 1 – 36), zu Platon: 17 f.

84 Pol. VI, 508e f. Generell ist das Licht bei Platon eng verbunden mit dem Sein und der Wahrheit, das Dunkel dagegen mit dem Nichtsein bzw. der Unerkennbarkeit. Siehe Soph. 254a, Phil. 59c. Dazu Beierwaltes 1957, 73 f. Nach ihm sind das Licht und das Dunkel nicht bloße Metaphern, sondern sie sagen Wesentliches über das Sein der Dinge aus. Platon vertiefte die Lichtsymbolik zu einer Lichtmetaphysik. Siehe auch Blumenberg 1957, 433 – 434.

85 Platons Farbentheorie weist gewisse Ähnlichkeiten mit Aristoteles' Lehre auf, wie z. B. die grundlegende Rolle, die Schwarz und Weiß spielen, sowie das Durchsichtige als unentbehrliches Medium. Zu Aristoteles' Lehre siehe unten für weitere Details. Zu Platons Theorie der Farbe siehe Gaiser 1965, v. a. 173 – 185.

Auge erzeugen.[86] Deshalb wird bei Platon das *Sehen* der Farbe thematisiert. Aber in *De Sensu* weist Aristoteles die Theorie des Sichtstrahls als unbegründet (ἄλογον) und einfältig (εὔηθες) zurück.[87] Aristoteles zufolge haftet die Farbe an sinnenfälligen Dingen an, ungeachtet dessen, ob sie gesehen wird. Was im Mittelpunkt steht, ist das Erscheinen von Farben im Licht. Da die Farbe im Licht sichtbar ist, wird ein Mensch, der günstig positioniert ist, sie sehen. Das Sehen selbst ist eher von sekundärer Bedeutung. Um Aristoteles' Vergleich mit dem Licht zu verstehen, müssen wir seine eigene Theorie über Farben und deren Erscheinen im Licht genauer untersuchen.

In *De anima* II 7, in dem das Sehen behandelt wird, spricht Aristoteles über das Licht. Wie bei Platon benötigt ein wirklicher Sehvorgang neben dem Sehenden und dem Gesehenen ein Drittes, welches als Medium die beiden Momente verbindet. Aristoteles zufolge ist das Durchsichtige dieses verbindende Dritte. Das Durchsichtige wird beleuchtet, wenn Feuer oder feurige Teilchen anwesend sind. Nun ermöglicht das beleuchtete Medium das Sichtbarwerden der Farbe, und zwar so, indem die Farbe das Durchsichtige bewegt.[88] Demnach geht das Sichtbarwerden aus einer Zusammenwirkung von Licht, Durchsichtigem und Farbe hervor. In seiner naturwissenschaftlichen Schrift *De sensu* erklärt Aristoteles das Erscheinen der Farbe genauer.

> ὥσπερ οὖν εἴρηται περὶ φωτὸς ἐν ἐκείνοις, ὅτι ἐστὶ χρῶμα τοῦ διαφανοῦς κατὰ συμβεβηκός— ὅταν γὰρ ᾖ τι πυρῶδες ἐν διαφανεῖ, ἡ μὲν παρουσία φῶς, ἡ δὲ στέρησίς ἐστι σκότος· ὃ δὲ λέγομεν διαφανὲς οὐκ ἔστιν ἴδιον ἀέρος ἢ ὕδατος οὐδ' ἄλλου τῶν οὕτω λεγομένων σωμάτων, ἀλλά τίς ἐστι κοινὴ φύσις καὶ δύναμις, ἣ χωριστὴ μὲν οὐκ ἔστιν, ἐν τούτοις δ' ἔστι, καὶ τοῖς

86 Tim. 45b2 ff.: Der Ausfluss des Lichtstrahls aus den Augen und dessen Zusammentreffen mit dem Lichtstrahl aus dem sichtbaren Gegenstand im Tageslicht, welches das verbindende Dritte ist. Tim. 67c ff.: Die Symmetrie und Asymmetrie der aus dem wahrnehmbaren Gegenstand ausfließenden Teilchen mit dem Gesichtsinn. Beide Ansätze haben bekanntlich ihre Entsprechung bei Empedokles. Zur Ähnlichkeit zwischen Platons Farbenlehre und Empedokles: Gaiser 1965, 178. Empedokles' Theorie des Ausflusses aus den Augen ist belegt in Aristoteles De sen. 2, 437b26 f. (DK31B84=KRS 389); seine Theorie zu der Symmetrie und Asymmetrie zwischen den Teilchen und den Poren der Sinnen: Platons *Menon* 76cd (DK31 A92=KRS 390): ἔστιν γὰρ χρόα ἀπορροὴ σχημάτων ὄψει σύμμετρος καὶ αἰσθητός (76d6–7), Theophrast De sensu 7 (DK31 A86=KRS 391). Zur Diskussion der Beziehung zwischen diesen beiden Theorien siehe z. B. Long 1966, 262–264.

87 De sen. 2, 438a25–b2. Ein wichtiger Grund seiner Ablehnung ist, dass nach ihm die Membran (ἡ μῆνιγξ) zwischen den Augen und der Außenwelt das Zusammentreffen von Lichtstrahlen verhindern muss (438b2). Dazu Johansen 1997, 58 f.

88 De an. II 7, 418a31 ff.: πᾶν δὲ χρῶμα κινητικόν ἐστι τοῦ κατ' ἐνέργειαν διαφανοῦς, καὶ τοῦτ' ἐστὶν αὐτοῦ ἡ φύσις. διόπερ οὐχ ὁρατὸν ἄνευ φωτός, ἀλλὰ πᾶν τὸ ἑκάστου χρῶμα ἐν φωτὶ ὁρᾶται (a31–b3); φῶς δέ ἐστιν ἡ τούτου ἐνέργεια, τοῦ διαφαινοῦς ᾗ διαφαινές. δυνάμει δὲ ἐν ᾧ τοῦτ' ἐστί, καὶ τὸ σκότος (418b9–11); [...] ἀλλὰ [φῶς] πυρὸς ἢ τοιούτου τινὸς παρουσία ἐν τῷ διαφανεῖ (418b16).

> ἄλλοις σώμασιν ἐνυπάρχει, τοῖς μὲν μᾶλλον τοῖς δ' ἧττον· ὥσπερ οὖν καὶ τῶν σωμάτων ἀνάγκη τι εἶναι ἔσχατον, καὶ ταύτης—ἡ μὲν οὖν τοῦ φωτὸς φύσις ἐν ἀορίστῳ τῷ διαφανεῖ ἐστίν· τοῦ δ' ἐν τοῖς σώμασι διαφανοῦς τὸ ἔσχατον ὅτι μὲν εἴη ἄν τι, δῆλον, ὅτι δὲ τοῦτ' ἐστὶ τὸ χρῶμα, ἐκ τῶν συμβαινόντων φανερόν. τὸ γὰρ χρῶμα ἢ ἐν τῷ πέρατί ἐστιν ἢ πέρας.
>
> *De Sensu* 3, 439a18–30
>
> In jener Schrift wurde ja bezüglich des Lichts erklärt, es sei die Farbe des Durchsichtigen per accidens. Wenn etwas Feuriges sich im Durchsichtigen befindet, so bedeutet diese Anwesenheit Licht, die Nichtanwesenheit Dunkel. Was wir Durchsichtiges nennen, ist keine Eigenschaft, die ausschließlich der Luft, dem Wasser oder sonst einem der Körper zukommt, die man durchsichtig nennt, sondern es handelt sich dabei um eine gemeinsame Natur und Vermögen, das nicht abgetrennt existiert, sondern an ihnen auftritt und in höherem oder geringerem Maß an allen anderen Körpern zu finden ist. Wie die Körper, so muss nun auch dieses Durchsichtige eine Grenze haben. Das Licht tritt in einem unbegrenzten durchsichtigen Medium auf, an den Körpern hingegen besitzt das Durchsichtige deutlich eine reale Grenze, und zwar handelt es sich dabei, wie sich an den faktischen Erscheinungen zeigt, um die Farbe. Denn Farbe befindet sich entweder an der Grenze [sc. des Körpers] oder ist die Grenze.

Der Hinweis auf „jene Schrift" macht es sehr wahrscheinlich, dass diese Passage nach *De anima* II 7 verfasst wurde. Das Licht ist wie in II 7 als Anwesenheit von feurigen Teilchen im Durchsichtigen erklärt. Wenn solche Teilchen nicht zugegen sind, herrscht das Dunkel. Was über II 7 hinausgeht, ist die Feststellung, dass das Durchsichtige nicht nur in Luft oder Wasser, sondern an allen Körpern vorhanden ist; und ferner bewirkt das Durchsichtige je nach Ausmaß seiner Anwesenheit, dass die Körper Farben haben.[89] Weiter unten in *De sensu* 3 führt Aristoteles dies noch detaillierter aus:

> ἔστι μὲν οὖν ἐνεῖναι ἐν τῷ διαφανεῖ τοῦθ' ὅπερ καὶ ἐν τῷ ἀέρι ποιεῖ φῶς, ἔστι δὲ μή, ἀλλ' ἐστερῆσθαι. ὥσπερ οὖν ἐκεῖ τὸ μὲν φῶς τὸ δὲ σκότος, οὕτως ἐν τοῖς σώμασιν ἐγγίγνεται τὸ λευκὸν καὶ τὸ μέλαν.
>
> *De sensu* 3, 439b14–18

89 Dies sieht Ross (1955, 197) als das, was „goes beyond what is said in the *De Anima*, which attributes transparency only to air, water, and many solids (418b6)". Kalderon (2015, 53) ist der Meinung, dass Aristoteles „meant to be offering an extension of the *De Anima* account, and not a substantive revision of it." Met. V 20, 1022a17–18: Die Farbe entsteht πέφυκε in der Oberfläche des Körpers. Zu der innerlichen Beziehung zwischen dem Durchsichtigen und den Farben siehe Alexanders *Quaestiones*, Quaestio 1.2, 5.1 ff., Bruns: τὸ χρῶμα ὡρίσατο Ἀριστοτέλης πέρας τοῦ ὡρισμένου διαφανοῦς ἢ διαφανές. τοῦ γὰρ σώματος καθόσον μὲν σῶμα πέρας ἐπιφάνεια, καθόσον δὲ διαφανὲς χρῶμα (5, 1–3). Nach Platon tritt die Farbe auch an der Grenze (Gestalt, σχῆμα) des Körpers auf, z. B. *Menon*, 76a4 f. Zu einer detaillierten Rückführung der qualitativen Farbenwahrnehmungen über Bewegung, Volumen und Fläche auf die Zahl siehe Gaiser (1965, 178 f., 181–183).

Nun kann das, was in der Luft Licht bewirkt, im Durchsichtigen eines Körpers vorhanden sein oder nicht, sondern [der Körper] ist [dessen] beraubt worden. Und auf dieselbe Weise, wie dort Licht und Dunkel, so entstehen an den Körpern Weiß und Schwarz.

ἔστι μὲν οὖν οὕτως ὑπολαβεῖν πλείους εἶναι χρόας παρὰ τὸ λευκὸν καὶ τὸ μέλαν, πολλὰς δὲ τῷ λόγῳ (τρία γὰρ πρὸς δύο, καὶ τρία πρὸς τέτταρα, καὶ κατ' ἄλλους ἀριθμοὺς ἔστι παρ' ἄλληλα κεῖσθαι· τὰ δ' ὅλως κατὰ μὲν λόγον μηδένα, καθ' ὑπεροχὴν δέ τινα καὶ ἔλλειψιν ἀσύμμετρον).
De sensu 3, 439b25 – 30

Auf diese Weise können wir uns die Entstehung von vielen Farben neben Weiß und Schwarz vorstellen, und zwar entsprechend einem zahlenmäßigen Verhältnis, wobei Weiß und Schwarz im Verhältnis 3 : 2, 3 : 4 und nach anderen Zahlenverhältnissen nebeneinander liegen oder auch nach überhaupt keiner zahlenmäßigen Proportion, sondern nach einem inkommensurablen Verhältnis von Mehr oder Weniger [...]

Das Licht ist die Präsenz von feurigen Teilchen im Durchsichtigen, wie Aristoteles an anderen Stellen, die oben zitiert wurden, feststellt. Die Natur des Durchsichtigen besteht darin, Licht zu empfangen. Zwar ist es an allen Körpern vorhanden, aber an verschiedenen Körpern ist der Gehalt des Durchsichtigen unterschiedlich.[90] Der Gehalt des Durchsichtigen an einem Körper seinerseits ist bestimmend für den Empfang von feurigen Teilchen, insofern sie anwesend sind,[91] und dies ist maßgebend für die Farbe, welche im Licht erscheint. Ein Körper erscheint als weiß, weil das an ihm im sehr hohen Grade vorhandene Durchsichtige beleuchtet wird; hingegen ist ein Körper deswegen schwarz, weil an ihm das Durchsichtige weitgehend abwesend ist – es gibt nämlich nichts, was das Licht empfängt. Andere Farben ergeben sich aus Mischung von Weiß und Schwarz, wobei die beiden die Grenzwerte des Farbspektrums darstellen.[92] Luft oder Wasser sind unbegrenzt durchsichtig,

90 Unterschiede am Gehalt des Durchsichtigen an verschiedenen Körpern gehen sehr wohl auf die Materialität jedes Körpers zurück. Dies führt dazu, dass verschiedene Körper verschiedene Farben haben.

91 Aristoteles' Ausführungen zu Beginn der Stelle sind etwas verwirrend. Er sagt, dass feurige Teilchen – eben das, „was in der Luft Licht bewirkt" – im Durchsichtigen eines Körpers vorhanden sind. Man könnte dies so auslegen, dass solche Teilchen *immer* an Körpern da sind. Wenn aber dies der Fall wäre, müssten die Farben am Körper tatsächlich vorhanden sein, selbst wenn es draußen dunkel ist. Denn die Präsenz des Lichtes ist entscheidend für die Farben, wie gleich erörtert wird. Die Abwesenheit der Teilchen betrifft lediglich das Schwarz. Aber Fakt ist: Im Dunkeln kann man keine Farben sehen. An einer anderen Stelle sagt Aristoteles, dass die Farbe ohne Licht nicht gesehen wird (De an. II 7, 419a9) Eine plausiblere Deutung ist es, dass der Grad des Durchsichtigen an einem Körper die *materielle* Grundlage der Farbe bestimmt, die bei Beleuchtung erscheint. Dazu Kalderon (2015, 89 – 91).

92 Auf Aristoteles' zum Teil verwickelte Erklärung, vor allem über die verschiedenen Typen der Verhältnisse, wird nicht eingegangen – Zu einer ausführlichen Analyse siehe Gaiser 1965, 185 – 193, zur möglichen platonisch-akademischen Herkunft der aristotelischen Farbenlehre 197 – 201; Sorabji 1972. Was klar ist, ist, dass unter den vielen Zahlenverhältnissen einige einfach und harmonisch

weil in ihnen rein Durchsichtiges herrscht. Bei anderen Farben ist der Grad des Durchsichtigen niedriger, folglich lassen sie sich nicht durchschauen. Sie bilden, um mit Aristoteles zu sagen, eine reale Grenze am Körper.[93] Wir haben den Grundzug der aristotelischen Farbenlehre erläutert. Um die Lichtmetapher für das Verständnis des produktiven Nous fruchtbar zu machen, muss man sich genauer ansehen, inwiefern das Licht zum Sichtbarwerden der Farbe beiträgt. Darüber gibt eine Stelle aus Alexanders *De anima* Aufschluss. Das Sichtbarwerden der Farbe stellt er als einen komplexen Vorgang mit zwei Schritten dar:

> γίνεται δὲ τὸ χρῶμα ἐν τῷ πεφωτισμένῳ τε καὶ φωτὶ οὕτως ὡς καὶ τὸ φῶς ἐν τῷ διαφανεῖ, οὔτε κατὰ ἀπόρροιάν τινα, οὔτε ὡς ὕλης ἢ τοῦ διαφανοῦς δεχομένου τὸ φῶς ἢ τοῦ φωτὸς τὸ χρῶμα (ἀπελθόντων γοῦν τῶν ταῦτα ἐμποιούντων εὐθὺς συναπέρχεται τὸ μὲν χρῶμα ἐκ τοῦ φωτός, εἰ τὰ χρωννύντα αὐτὸ ἀπέλθοι, τὸ δὲ φῶς ἐκ τοῦ διαφονοῦς, εἰ τὸ φωτίζον αὐτὸ μὴ παρείη), ἀλλ' ἔστι τις ἡ ἀπ' ἀμφοτέρων κίνησις ἐν τοῖς δεχομένοις αὐτὰ γινομένη κατὰ παρουσίαν τε καὶ ποιὰν σχέσιν, ὡς γίνεται καὶ ἐν τοῖς κατόπτροις τὰ ἐν αὐτοῖς ὁρώμενα. ἔστιν οὖν κατ' ἐνέργειαν, ὥσπερ εἶπον, διαφανῆ τὰ πεφωτισμένα.
>
> Alexander *De anima*, 42, 19–43, 5, Bruns
>
> Die Farbe erscheint im Beleuchteten und im Lichte, so wie auch das Licht im Durchsichtigen, weder auf die Weise gewissen Ausflusses noch nimmt wie Materie das Durchsichtige das Licht auf oder das Licht die Farbe – wenn das, was diese Dinge hervorbringt, verschwindet, gehen sie sofort zugleich weg: Die Farbe von dem Licht, wenn das, was das Licht färbt, zurücktritt; das Licht von dem Durchsichtigen, wenn das, was das Durchsichtige leuchtet, nicht anwesend ist – sondern es entsteht eine Bewegung von den beiden Seiten in dem, was diese Dinge aufnimmt, gemäß der Anwesenheit und einer gewissen Haltung, wie ein Gegenstand sich im Spiegel sieht. Wie ich gesagt habe, ist das Durchsichtige in Wirklichkeit das Beleuchtete.

Alexander lehnt eine Theorie des Ausflusses ab. An einer anderen Stelle sagt er, dass der Gesichtsinn nichts entsendet, ansonsten würde er bewirken, aber das Wahrnehmen ist eine Art Erleiden.[94] Des Weiteren lehnt Alexander ab, dass das Er-

sind, wie 4 : 3 und 3 : 2; aus solchen Verhältnissen entstehen Purpur, Karmesinrot und einige wenige andere Farben (*De Sensu* 3, 439b31–440a1). In *De sensu* 4, 442a20–25 nennt Aristoteles sechs Farben, die zwischen Weiß und Schwarz liegen, nämlich Gelb, Karmesinrot, Purpur, Grün, Dunkelbrau und Grau – oder fünf, weil Grau zu Schwarz gerechnet werden kann. Und die weiteren Farben sind Mischungen von diesen. Diese sechs Farben dürften aus jenen einfachen, harmonischen Verhältnissen entstanden sein. Dazu Kalderon 2015, 124–127.

93 Weil an den meisten Körpern der Gehalt unter 100 Prozent ist, sind die meisten Körper nicht transparent. De an. II 7, 418b6–7: τοιοῦτον δέ ἐστιν ἀὴρ καὶ ὕδωρ καὶ πολλὰ τῶν στερεῶν. Kalderon nennt Glas, Eis, Kristall etc. als Beispiele von solchen in höherem Grad durchsichtigen Körpern. Dazu Kalderon 2015, 52–54.

94 Alexander De an. 141, 30–36, Bruns: δοκεῖ τοίνυν Ἀριστοτέλει, ὥσπερ καὶ αἱ ἄλλαι αἰσθήσεις πασχόντων γίνονται τῶν αἰσθητηρίων, οὕτως δὲ καὶ τὸ ὁρᾶν πασχούσης τῆς ὄψεως γίνεσθαι, ἀλλ' οὐχὶ ἐκπεμπούσης τι καὶ ποιούσης, εἰ μὴ καὶ τὸ πάσχειν ποιεῖν τις λέγοι. πάσχει δὲ οὐκ ἀπορρέοντά

scheinen der Farbe ein einfacher Vorgang des Aufnehmens ist – weder nimmt das Durchsichtige einfach das Licht auf noch das Licht die Farbe; vielmehr ist dies eine komplexe Bewegung: Auf der einen Seite bewegt das Licht das Durchsichtige, dieses nimmt jenes auf und geht in die Wirklichkeit über; auf der anderen Seite kommt die Farbe, die sich an der Oberfläche aller Körper und damit an der Grenzlinie zwischen diesen und dem Durchsichtigen zeigt, in die Wirklichkeit, indem die Oberfläche gemäß dem Gehalt des Transparenten Licht empfängt. Die wirkliche Farbe bewegt das durchsichtige Medium und zeigt sich in ihm, so wie eine Person sich im Spiegel sieht. Beide Male wirkt das Durchsichtige als das aufnehmende Prinzip, für das Licht ebenso wie für die Farbe. Nach Alexander involviert das Sichtbarwerden der Farbe eine Anwesenheit und eine gewisse Haltung (ποιά σχέσις). Die erstere lässt sich leicht aus dem bereits Ausgeführten erklären. Das Feuer bzw. feurige Teilchen müssen im Durchsichtigen zugegen sein. Und die Anwesenheit des Lichts ist eine Haltung. Aristoteles hat eben den Nous Poiētikos als eine Haltung (ἕξις) vorgestellt, und das Licht ist in diesem Kontext als Haltung zur Erläuterung eingeführt.[95] Wir haben erklärt, dass eine Haltung eine Wirklichkeit ist, welche die aktive und die passive Seite als zwei Aspekte ein und desselben Vorgangs einschließt. Das Denken umfasst das Denkende und das Gedachte, und deshalb ist der produktive Nous, der im weiteren Verlauf der Erörterung als reiner Denkvollzug charakterisiert wird, eine Haltung in diesem Sinne. Jetzt wird das Licht auch als Haltung zum Vergleich gebracht. Allerdings ist das Licht zwar eine Wirklichkeit im Sinne von der Präsenz feuriger Teilchen, umfasst aber keine zwei Aspekte wie das Denken. Insofern ist es nicht im vollen Sinne eine Haltung. Das dürfte der Grund sein, warum Alexander, als er in seinem Kommentar Aristoteles' Theorie zu Licht und Farbe erörterte, anstatt ἕχις das Wort σχέσις verwendete. Denn während das erstere eine dauerhafte Wirklichkeit bedeutet, referiert das letztere oft auf wandelbare Zustände.[96]

Nachdem wir Aristoteles' Theorie zu Licht und Farbe dargelegt haben, können wir nun die Lichtmetapher genauer in Bezug auf die Wirkung des produktiven auf den potenzialen Nous auswerten. Das διαφανές ist mit dem potenzial-leidenden Nous zu vergleichen. In seinem Beleuchtetsein ist das Durchsichtige in Wirklichkeit, d.h. in seiner eigenen Natur, und diese besteht in seiner Aufnahmefähigkeit. Wie

τινα ἀπὸ τῶν ὁρατῶν δεχομένη, ἀλλὰ τοῦ μεταξὺ τῆς τε ὄψεως καὶ τοῦ ὁρωμένου διαφανοῦς ἀλλοιουμένου πως ὑπὸ τοῦ ὁρατοῦ καὶ τὸ εἶδος τὸ ἀπὸ τοῦ ὁρατοῦ τῇ ὄψει διαγγέλλοντος. Aristoteles weist auch in *De sensu* 3 (438a25–b2) die Theorie des Abflusses vom Sichtstrahl als unbegründet (ἄλογος) und einfältig (εὐήθης) zurück.

95 De an. III 5, 430a15–17: […] ὡς ἕξις τις, οἷον τὸ φῶς· τρόπον γάρ τινα καὶ τὸ φῶς ποιεῖ τὰ δυνάμει ὄντα χρώματα ἐνεργείᾳ χρώματα.

96 Henry George Liddell, Robert Scott, *A Greek-English Lexicon*, ad σχέσις.

das Durchsichtige ist der potenziale Nous ein Aufnahmevermögen, und weil dieses farblos ist, kann es *alle* Farben aufnehmen.[97] Genauso ist der potenziale Nous des Menschen.[98] Er ist vor der aktualen Denktätigkeit nichts als die Potenzialität *aller* denkbaren Formen. Demgegenüber gleicht der produktive Nous dem Licht. So wie das Licht auf das Durchsichtige wirkt der produktive Nous auf den potenzialen Nous. Das Ergebnis der Wirkung gemäß der Wirkung des Lichts besteht darin, den potenzialen Nous aufnahmefähig zu machen. Dies ist freilich nur die Hälfte des Entstehens des Denkens, wie das Aufnahmefähigmachen des Durchsichtigen durch das Licht der erste Schritt des Farbenerscheinens ist. Ein anderer Schritt des Sichzeigens der Farbe dürfte darüber weiteren Aufschluss geben. Die Farbe bewegt das beleuchtete Durchsichtige, um in ihm zu erscheinen. Es stellt sich die Frage, warum Aristoteles der Farbe, die in diesem Moment noch nicht sichtbar wird, eine aktive, bewegende Rolle zuschreibt. Er könnte einfach sagen, dass die Farbe nunmehr im Lichte erscheint, was unserer Erfahrung näher kommt. Der Grund findet sich wohl darin, dass die Farbe selbst für ihr Auftreten im Lichte grundlegend ist. Eine rote Blume könnte sich im Licht nicht als weiß zeigen; denn das Rote geht auf einen bestimmten Gehalt des Durchsichtigen an der Blume zurück. Auch hier ist das Licht maßgeblich, weil der Gehalt des Durchsichtigen, welches sich am Gegenstand befindet und die Farbe von diesem bestimmt, im Wesentlichen ein Lichtgehalt ist. Mit anderen Worten, die Farbigkeit und die Helligkeit einer Farbe verdanken sich dem Licht.[99] Beleuchtet vom Licht, bewegt ein bestimmter Gehalt des Durchsichtigen, welcher sich als Farbe eines Gegenstandes zeigt, das den Gegenstand umgebende Durchsichtige. Insofern hängen sowohl die Sichtbarkeit wie auch das Sichtbarwerden wesentlich vom Licht ab.[100] In Analogie hierzu ist die Funktion des

---

97 De an. II 7, 418b26 – 27: ἔστι δὲ χρώματος μὲν δεκτικὸν τὸ ἄχρουν.

98 Das Wort δεκτικόν verwendet Aristoteles in III 4 für den potenzialen Nous des Menschen.

99 Nach Platnauer (1921, v. a. 155 – 156, 162) sind manche griechische Farbbezeichnungen wie λευκός und γλαυκός doppeldeutig. Sie weisen sowohl auf eine bestimmte Farbe als auch auf eine Art Helligkeit hin. Die innerliche Beziehung von Licht und Farbe ist wohl der Grund, dass die Griechen zwischen Färbung und Glanz nicht eindeutig unterschieden.

100 De an. II 7 419a9 – 10: τοῦτο γὰρ ἦν αὐτῷ τὸ χρώματι εἶναι, τὸ κινητικῷ εἶναι τοῦ κατ᾽ ἐνέργειαν διαφανοῦς. Einerseits ist nach Aristoteles das Licht die Wirklichkeit und Farbe des Durchsichtigen; aber an sich hat das Licht keine Farbe, seine Farbe ist diejenige, die in ihm erscheint. Ohne sich auf eine detaillierte Analyse einzulassen, kommentiert Buchheim (2016, 266) jedoch treffend: Das Licht bringt die Farbe nicht hervor, „sondern lässt sie bewegend einwirken auf das der Wirklichkeit nach Durchsichtige (=Licht), so dass sie zu sehen sind“. Es ist dennoch ein wenig verkürzend, das in Wirklichkeit Durchsichtige direkt mit dem Licht gleichzusetzen. Zusammenfassend lässt sich folgendes resümieren: Das Licht macht einerseits das potenzial Durchsichtige aufnahmefähig, andererseits die potenzial sichtbare Farbe sichtbar und wirkungsfähig. Diese bewegt das nunmehr wirklich Durchsichtige, indem sie sich zeigt. Es ist dieser doppelte Vorgang, der eben in unseren Ausführungen erörtert wurde.

produktiven Nous zu verstehen. Auf diesen lassen sich die Denkbarkeit und das Denkbarwerden eines denkbaren Gegenstandes zurückführen.[101]

Der platonische Hintergrund des Lichtvergleichs darf nicht vergessen werden. Gemäß dem Sonnengleichnis verleiht das Gute dem Denkbaren Wahrheit und dem Denkenden das Vermögen zum Denken, wie das Sonnenlicht dem Sehenden das Gesicht und dem sinnlichen Gegenstand die sichtbare Farbe gibt. Aber als ontologischer Grund der Denkbarkeit und sogar des Seins transzendiert das Gute das Denken und das Sein. Das Gute ist jenseits des Seins.[102] Nun transzendiert das Licht, als Grund der Farbe, alle bestimmten Farben. Es ist farblos.[103] Wenn man den Lichtvergleich streng auf die Interpretation des produktiven Nous anwendet, müsste man diesen über alle denkbaren Gegenstände setzen. Der Nous Poiētikos käme dem platonischen Guten näher. Aristoteles hätte dies durchaus vertreten können. Simplikius berichtet in seinem Kommentar zu *De Caelo*, dass Aristoteles sich überlegt habe, ob sein Gott ein Nous oder jenseits des Nous sei.[104] Er hat sich am Ende für das erstere entschieden. Der Nous Poiētikos ist *ein Nous*, und der Vergleich mit der Kunst weist eindeutig darauf, dass der Nous die Formen in sich hat. Der Vergleich mit dem Licht darf deshalb nicht bis auf das letzte Detail zur Deutung des Nous genommen werden.

Die Interpretation, die soeben vorgeschlagen wurde, fokussiert auf das Sichtbarwerden der Farbe im Licht. Dennoch könnte Aristoteles mit der Feststellung, dass das Licht die Farben in Möglichkeit zu solchen in Wirklichkeit macht, über das Sichtbarwerden hinaus das Gesehenwerden im Sinn haben. Es ist davon auszugehen, dass der gleiche Vorgang auch im Auge stattfindet.[105] Dennoch ist ein grund-

---

101 Die Metapher mit dem Licht weist auf eine weitere Eigenschaft des Nous Poētikos hin: Analog zum Licht, das sich lediglich κατὰ συμβεβηκός mit dem Durchsichtigen verbindet, besteht zwischen dem Nous Poētikos und dem menschlichen potenzialen Nous keine wesentliche Verbindung.

102 Pol. VI, 508b–509b.

103 Dangel (2013, 211–212) merkt treffend an, dass sich mit der Lichtanalogie eine leichte Sinnverschiebung gegenüber der Kunstanalogie ergibt.

104 Aristoteles' *Über das Gebet:* ὅτι γὰρ ἐννοεῖ τι καὶ ὑπὲρ τὸν νοῦν καὶ τὴν οὐσίαν ὁ Ἀριστοτέλης, δῆλός ἐστι πρὸς τοῖς πέρασι τοῦ Περὶ εὐχῆς βιβλίου σαφῶς εἰπών, ὅτι ὁ θεὸς ἢ νοῦς ἐστιν ἢ καὶ ἐπέκεινά τι τοῦ νοῦ (Simplikius *In De Caelo* 485, 19–22, Heiberg = Fr. 49, Rose). Dangel (2014, 37–39) zufolge wird damit lediglich eine Alternative eröffnet. Aristoteles stelle keineswegs fest, dass der Gott jenseits des Nous sei. Ferner sei nicht eindeutig, was mit ἐπέκεινά τι τοῦ νου gemeint ist. Diese Alternative aber lässt sich auf Platons Prinzipienlehre zurückführen.

105 Das Innere des Auges besteht aus Wasser, weil, wie Aristoteles feststellt, Wasser herausfließt, wenn Augen verletzt werden. Das Wasser ist ebenfalls etwas Durchsichtiges. Siehe *De sensu* 2, 438a5 ff.: διαφανὲς γὰρ τὸ ὕδωρ, ὁρᾶται δὲ ὥσπερ καὶ ἔξω οὐκ ἄνευ φωτός, οὕτως καὶ ἐντός. διαφανὲς ἄρα δεῖ εἶναι· ἀνάγκη ἄρα ὕδωρ εἶναι, ἐπειδὴ οὐκ ἀήρ […] διόπερ ἀνάγκη διαφανὲς εἶναι καὶ δεκτικὸν φωτὸς τὸ ἐντὸς τοῦ ὄμματος (438b6–11), auch De an. III 1, 425a4. Nach Johansen (1997, 56

legender Unterschied zwischen Wahrnehmen und Denken nicht zu übersehen. Während das Wahrnehmbare der Wirklichkeit nach an einem sinnenfälligen Gegenstand vorhanden ist, bleibt das Denkbare in der Sinnlichkeit verborgen. Das Licht erleuchtet das durchsichtige Medium und lässt Farben darin erscheinen. Jede Farbe an sich *ist* ein bestimmter Gehalt am Durchsichtigen. Dagegen ist ein sinnenfälliges Einzelwesen kein denkbarer Gegenstand. Das Denkbare muss erst aus dem Einzelwesen abstrahiert werden. Unten in § 4.4 werden wir darauf eingehen, wie dieses Abstrahieren zu verstehen ist und welche Funktion der Nous Poiētikos dabei spielt.

Eine weitere Frage betrifft das Verhältnis zwischen den beiden Nous. Das Licht verbindet sich nicht wesentlich mit dem Durchsichtigen. Der wechselhafte Auf- und Rücktritt des Lichtes entspricht auf den ersten Blick sehr gut unserer Erfahrung mit dem Denken. Wir denken ja nicht ständig. Dennoch wird diese augenscheinliche Korrespondenz bei näherem Betrachten fraglich. Denn anders als das Licht denkt der Nous Poiētikos permanent. Er ist nichts anderes als rein denkende Tätigkeit.[106] Ferner besteht die unmittelbare Wirkung des Lichts auf das Durchsichtige; analog hierzu wirkt der produktive Nous direkt auf den potenzialen Nous des Menschen. Wie das Licht das Durchsichtige aufnahmefähig für die Farbe macht, macht das permanente Denken den Nous des Menschen aufnahmefähig für das Denkbare. Und weil der produktive Nous ständig denkend wirkt, wird der Nous des Menschen dauernd aufnahmefähig gemacht. Mit anderen Worten: Der Mensch kann jederzeit denken. Wie ist die Beziehung zwischen ihm und dem potenzialen Nous des Menschen zu konzipieren? Ist dieser ebenfalls ein wesentlicher Seelenteil wie der potenziale Nous? Und warum ist der Mensch sich des ständigen Denkens des produktiven Nous nicht bewusst. Unten in § 4 werden wir auf diese Frage zu sprechen kommen. Im Folgenden gehen wir zuerst zu dem zweiten Abschnitt über, in dem der produktive Nous unter einem geänderten Gesichtspunkt thematisiert wird.

3.2.2 Der zweite Abschnitt

Der Abschnitt lässt sich in folgende fünf Teile unterteilen:

1. Der produktive Nous ist abgetrennt (χωριστός),[107] leidensunfähig (ἀπαθής), ungemischt (ἀμιγής) und dem Wesen nach Denktätigkeit (τῇ οὐσίᾳ ὢν ἐνεργεία).

---

mit Anm. 61) ist die κόρη bei Aristoteles die Flüssigkeit im Inneren des Auges. Zur Struktur des Auges: Kalderon 2015, 141–150.

106 Mehr dazu siehe gleich unten § 3.2.2.

107 Das Wort χωριστός kann „abtrennbar“ oder „abgetrennt“ bedeuten. Theiler (1959, 59) und Gigon (1950, 333) übersetzt mit „abgetrennt“. Auch Burnyeat (2008, 52 Anm. 49: separate, nicht separable).

2. Der produktive Nous ist ehrwürdiger (τιμιώτερος) als der potenziale Nous; denn das Prinzip (ἀρχή) ist ehrwürdiger als die Materie (ὕλη).
3. Die Wissenschaft in Wirklichkeit ist dasselbe wie ihr Gegenstand. Im Einzelnen ist die Wissenschaft in Möglichkeit der Zeit nach früher; im Ganzen aber nicht.
4. Der produktive Nous denkt ununterbrochen.
5. Abgetrennt (χωρισθείς) ist der produktive Nous das, was er eigentlich ist, und nur dies ist unsterblich und ewig.

Während im ersten Abschnitt der Zusammenhang zwischen dem produktiven und dem leidenden Nous thematisiert wird, gilt es in diesem Abschnitt, den produktiven Nous von dem leidenden abzuheben. Während im ersten Abschnitt der Ausdruck „ἐν τῇ ψυχῇ" für eine immanente Deutung spricht, weisen dagegen die Attribute in diesem Abschnitt auf eine transzendente, göttliche Denkinstanz hin. Die Ähnlichkeit mit Aristoteles' Ausführungen über den göttlichen Nous im Buch Lambda der *Metaphysik* ist auffällig.[108] Die immanente Deutung sieht sich vor allem mit der Feststellung konfrontiert, dass der produktive Nous ständig denkt. Das Subjekt des οὐχ ὁτὲ μὲν κτλ. ist der produktive Nous;[109] und die Überlieferung lässt nicht zu, das den Satz negierende οὐχ etwa mit Simplikius zu streichen, weil die Partikel in allen wichtigen Manuskripten bezeugt ist.[110] Dies besagt nichts als die Charakterisierung, dass der produktive Nous seinem Wesen nach reine Denktätigkeit ist. Nun denkt

Seidl (1995, 173) ändert Theilers „abgetrennt" in seiner Ausgabe zu „abtrennbar". Wir folgen der Übersetzung von Theiler und Gigon. Es ist jedoch für die vorliegende Interpretation nicht entscheidend, ob man das Wort mit „abgetrennt" oder „abtrennbar" übersetzt. Denn das χωρισθείς unten macht das tatsächliche Abgetrenntsein deutlich.

108 Der göttliche Nous denkt immer (Met. XII 9, 1075a10); er ist abgetrennt von dem Wahrnehmbaren (XII 7, 1073a4) etc. Die Ähnlichkeiten zwischen dem göttlichen Nous in Met. XII und dem produktiven Nous in III 5 hat Caston (1999, 211–212) sehr schön herausgearbeitet.

109 Siehe Them. De an. 99, 34–36, Heinze; auch Alex. Mantissa 109, 27–28, Bruns.

110 Simplikius De an. 245, 5, Hayduck. Philoponus' [Stephanus'] Bericht (De an. 535, 13–16, Hayduck) – Πλούταρχος δὲ, ὃ καὶ ἡμεῖς τιθέμεθα, οὐκ οἴεται εἶναι παρ' ἡμῖν διττὸν νοῦν, ἀλλ' ἁπλοῦν, καὶ τοῦτον τὸν ἁπλοῦν οὐ λέγει ἀεὶ νοοῦντα, ἀλλά ποτε νοοῦντα [...] – legt nahe, dass auch Plutarch das οὐχ nicht liest. Ammonius [Philoponus] macht deutlich, wo das Problem liegt: „Aiunt enim quia conditor intellectus ‚non aliquando quidem intelligit, aliquando autem non intelligit, sed semper intelligit', [...]. Quicumque autem nostrum intellectum aiunt dicere Aristotelem, eiiciunt unam negationem, scilicet ‚non', et scribunt ita: ‚sed quandoque quidem intelligit, quandoque autem non intelligit' (potentia quidem enim ens non intelligit, actu autem intelligit)." (De an. 67va, 29–35=59–60, Verbeke). Seine eigene Antwort (67va, 36–40=60, Verbeke, auch Philoponus [Stephanus] De an. 538, 34 ff. Hayduck), dass nicht *ein* Nous in *einer* Seele unaufhörlich denke, sondern es unter den menschlichen Seelen immer irgendwelche Nous gebe, die dächten, ist allerdings nicht zufriedenstellend.

nur der Gott kontinuierlich; der Mensch dagegen offenbar nicht.[111] Das Wesen des menschlichen Nous ist nicht das Denken, sondern lediglich das Vermögen dazu. Auf der anderen Seite weist Aristoteles' Darstellung im ersten Abschnitt den produktiven Nous als einen Seelenteil aus, was zu der jetzigen Charakterisierung als reinem Denkvollzug nicht passt. Deshalb hat sich eine jede Interpretation des Kapitels mit der Frage zu beschäftigen, wie die beiden Teile zu einem sinnvollen Ganzen zu verbinden sind.

Der erste Teil

Die ersten drei Attribute erscheinen auch im vorigen Kapitel. Aber hieraus soll die Folge, dass der in diesem Kapitel behandelte Nous derselbe wie der in III 4 sei, nicht gezogen werden.[112] Es wäre merkwürdig, wenn alle Epitheta in demselben Sinn auf zwei verschiedene Nous zuträfen.[113] Man sollte sich den unterschiedlichen Sinnzusammenhang der beiden Kapitel vergegenwärtigen. Im vorigen Kapitel wurde der menschliche Nous, der nichts als reines Vermögen ist, vom Körper abgehoben. Die Attribute, die sich dort auf ihn beziehen, sind in diesem Rahmen zu verstehen. Er ist abtrennbar und ungemischt vom Körperlichen. Die Leidensunfähigkeit des menschlichen Nous, die er mit dem Wahrnehmungsvermögen teilt, besteht darin, dass die Verwirklichung kein Erleiden im eigentlichen Sinne ist. Das πάσχειν in diesem Falle bedeutet das In-Erfüllung-Gehen. Das χωριστός sowie das ἀμιγής bezüglich des Körpers sind zwar ohne Zweifel auch auf den produktiven Nous, und zwar a fortiori, anzuwenden. Die Konstellation hat sich indes im jetzigen Kontext geändert. Nunmehr steht der produktive Nous dem potenzialen gegenüber und bezogen auf den letzteren erhalten alle wesentlichen Eigenschaften einen neuen Sinn. Der produktive Nous ist abgetrennt vom leidenden, menschlichen Nous.[114] Dies wird im fünften Teil dieses Abschnitts nochmals bestätigt. Wir werden gleich noch sehen, wie diese Abgetrenntheit genau zu verstehen ist. Gleichermaßen ver-

111 Gegen Ende von III 4 sagt Aristoteles: τοῦ δὲ μὴ ἀεὶ νοεῖν τὸ αἴτιον ἐπισκεπτέον (430a5–6). Das Thema des Kapitels legt es nahe, dass es sich um den menschlichen Nous handelt. Siehe dazu Kap. I, § 5.2.

112 Diese Folgerung zieht z. B. Gerson (2004, 364–365). Aber es ist nicht nur das ἀπαθής, welches eine andere Nuance als in III 4 habe, wie Theiler (1959, 143) erklärt. Hicks (1907, 502) sieht es richtig, dass sich die Attribute an dieser Stelle auf den produktiven Nous beziehen. Im Folgenden wird gezeigt, wie sie in diesem Zusammenhang aufzufassen sind.

113 So aber deutet es Thomas in seinem Kommentar zu III 5: „[...] tertia quod sit inmixtus, id est non compositus ex naturis corporalibus neque adiunctus organo corporali, et in his tribus convenit cum intellectu possibili." (Sent. De an. Lib. III cap. 4, 67–70=219–220, Leonina).

114 Dies sieht auch Rist (1966, 13–14). Die Aufnahmefähigkeit des potenzialen Nous dagegen kann nicht für den produktiven Nous geltend gemacht werden, weil dieser eine reine Denkaktualität ist.

hält es sich mit der Ungemischtheit. Er ist mit allem Menschlichen einschließlich des menschlich-potenzialen Nous ungemischt. Auch die Leidensunfähigkeit muss entsprechend absolut verstanden werden. Selbst im uneigentlichen Sinne als In-Erfüllung-Gehen ist der produktive Nous von III 5 leidensunfähig, weil, was die letzte Charakterisierung deutlich macht, dieser seinem Wesen nach nichts als Denken ist (τῇ οὐσίᾳ ὢν ἐνεργεία).[115] Bei ihm findet das In-Erfüllung-Gehen überhaupt nicht statt. Der produktive Nous ist danach reines Denken und diese Eigenschaft fehlt im vorigen Kapitel. In III 4 wird der menschliche Nous als als δεκτικόν (429a15) bezeichnet, und dies fehlt an dieser Stelle. Das Fehlen lässt sich leicht erklären: Ein tatsächliches Aufnehmen des Denkbaren findet beim produktiven Nous nicht statt, weil dieses das In-Wirklichkeit-Gehen bedeutet und deshalb für den potenzialen Nous charakteristisch ist.[116]

Der zweite Teil

Die Hervorhebung des produktiven Nous wird in diesem Teil fortgesetzt. Als Wirkursache ist er ehrwürdiger als der leidende Nous. Bei der Analyse der Lichtmetapher wurde bereits darauf hingewiesen, dass das Wort τιμιώτερον bei Platon oft einen ontologischen Rangunterschied impliziert. Der produktive Nous ist ontologisch ranghöher als der leidende. Die ἀρχή, die hier der ὕλη als ranghöher gegenübersteht, vereinigt sehr wohl die drei Momente:[117] Der Nous wird zuerst als Wirkursache vorgestellt, wie auch immer dies zu verstehen sein mag; des Weiteren ist er eine Ursache der Form nach, weil er als der Wirklichkeit nach denkende Substanz die Form des potenzialen Nous des Menschen ist. Nicht zuletzt kann er als causa finalis gelten. Denn das wirkliche Denken ist gerade das, nach dem der po-

115 Die Mss. haben ἐνεργείᾳ. Simplikius liest ἐνέργεια statt ἐνεργείᾳ (243, 8, 15 etc., Hayduck) – siehe dazu den apparatus criticus bei Jaeger und Hicks 1907, 134. Simplikius' Konjektur folgen die meisten modernen Herausgeber und Kommentatoren, wie z. B. Jaeger, Ross, Hicks (1907, 134), Theiler (1959, 143), Seidl (1971, 120, 1995, 172), Caston (1999, 211), Burnyeat (2008, 39) und Corcilius (2017, 184). Es ist nicht gänzlich unmöglich, dass der Dativ aus dem ἐνεργείᾳ in der vorigen Zeile (a17) auf diese Stelle übertragen wurde. Nach Ansicht z. B. von Brentano (1867, 166) und Cassirer (1932, 174 Anm. 1) gibt es ohnehin zwischen dem Dativ und dem Nominativ keinen signifikanten Unterschied. Gerson (2004, 365 Anm. 57, 2005, 156–157, Anm. 108) folgt den Mss. und liest ἐνεργείᾳ. Ferner sieht er einen Unterschied zwischen den beiden Formen. Mit ἐνεργείᾳ scheint er den Satz etwa als „in seinem Wesen ist er in Denktätigkeit" zu verstehen und darin die Möglichkeit, dass der produktive Nous mal nicht in seinem Wesen, d. h. nicht denkend, sein könnte, offenzuhalten. Aber diese Möglichkeit, selbst wenn sie vorhanden sein sollte, wird durch die weiteren Charakterisierungen ausgeschlossen.

116 Es ist jedoch anzumerken, daß in der Thematisierung des Gottes im Buch Lambda der *Metaphysik* Aufnahmefähigkeit als Teil der gemeinsamen Struktur des menschlichen und des göttlichen Denkens gilt. Dazu die Ausführung in Kap. IV § 2.1.

117 Nach Aristoteles fallen diese drei Ursachen oft in eins. Siehe Kap. IV Anm. 63.

tenziale Nous strebt. Was allen drei Fällen gemeinsam ist und diesen zugrunde liegt, ist die Wirklichkeit des Denkens, von welcher der höhere ontologische Rang abhängt.

Der dritte Teil

Der dritte Teil „τὸ δ' αὐτό ἐστιν … ὅλως δὲ οὐ χρόνῳ" (430a19–21) erscheint wiederum zu Beginn des siebten Kapitels (431a1–3), und manche Kommentatoren betrachten diesen Satz im III 5 als Dublette.[118] Aber selbst wenn diese Sätze tatsächlich zu diesem Kapitel gehören sollten – sie sind in den Mss. bezeugt und die Wissenschaft ist Aristoteles' Standardverdeutlichung des Denkens, jedenfalls widersprechen sie dem bisherigen Nachweis des produktiven Nous nicht. Die Identität der Wissenschaft mit ihrem Gegenstand wird schon in III 4 ausgesprochen.[119] In Bezug auf das zeitliche Früher macht Aristoteles eine Unterscheidung auf, die nicht schwer zu verstehen ist. In jedem einzelnen Menschen ist die Wissenschaft der Möglichkeit nach früher, weil jeder diese zuerst erwerben muss, bevor er die Wissenschaft der Wirklichkeit nach besitzt. In der *Metaphysik* beschäftigt er sich mit dem zeitlichen Früher bei der Wissenschaft. Das der Art nach Identische ist früher in Wirklichkeit; das der Zahl nach Identische dagegen ist nicht früher in Wirklichkeit. Ein Student muss sich die Wissenschaft aneignen. Betrachtet man das Aneignen der Wissenschaft bei diesem Studenten, ist die Wissenschaft bei ihm – das der Zahl nach Identische – zuerst nur der Möglichkeit nach vorhanden. Aber der Student lernt die Wissenschaft von einem Lehrer, der diese schon der Wirklichkeit nach besitzt. Betrachtet man die Wissenschaft bei ihm und bei seinem Lehrer – das der Art nach Identische – ist die Wirklichkeit der Wissenschaft der Zeit nach früher.[120]

---

118 Z. B. Theiler (1959 59), Hamlyn (1968, 141), Horn (1994, 105–106), Dilcher (1999, 327 Anm. 36), und Reeve (2017, 55, 161) betrachten diesen Satz hier als Dublette. Es gibt aber keinen Grund, mit Ross (1961, ad loc.) den folgenden Satz „ἀλλ' οὐχ ὁτὲ κτλ." zu tilgen. Andererseits gibt es Forscher, die ihn als hierher gehörig behalten, z. B. Brentano 1867, 182–183, Rist (1966, 14–18), Gigon in seiner Übertragung (1950, 333) sowie Caston (1999, 211), Gerson (2004, 361) und Burnyeat (2008, 39, 53 Anm. 52). Die Gründe, die für die Tilgung sprechen, sind: 1. Dieser Teil wiederhole sich im III 7; 2. Der Inhalt dieses Teils passe nicht zum Thema von III 5; er störe sogar den Gedankengang des Kapitels – z. B. Rist 1966, 14–15, Ross 1961, 303. Aber wie Gerson (2004, 366 Anm. 62) bemerkt, ist der erste Grund nicht schlüssig. Zu dem zweiten Grund sei auf Corcilius' Rechtfertigung des Beibehaltens dieser Passage zu verweisen (2017, 229): Ohne sie wäre das Adversativ „ἀλλ'" ohne inhaltlichen Anschluss. Wir zeigen gleich, dass die Sätze in diesem Zusammenhang einen Sinn haben.

119 De an. III 4, 430a2–4, auch Met. XII 9, 1074b38–1075a3.

120 Met. IX 8, 1049b17–27. Nach Stallmach (1959, 150) handelt es sich um die zeitliche Priorität der Wirklichkeit an der *Metaphysik*-Stelle, nicht um die Entstehung eines Einzelnen, sondern um die Fortdauer der Art. Zu einer Analyse dieser Passage: Kap. IV § 3, vor allem 3.2.

Auf den ersten Blick adressiert Aristoteles mit seiner Feststellung, dass die Wissenschaft im Ganzen nicht der Möglichkeit nach früher sein kann („ὅλως δὲ οὐδὲ χρόνῳ"), das zeitliche Früher der Art nach. Berücksichtigt man den Zusammenhang, zu dem dieser Satz gehört, kommt man zu einem tieferen Sinn der Feststellung. An der *Metaphysik*-Stelle handelt es sich um die alltägliche Erfahrung: Ein Mensch lernt etwas von einem anderen. An der Stelle in III 5 kommt es Aristoteles auf die Gewährleistung des Entstehens des Denkens an. Mit dem ὅλως stellt Aristoteles etwas Prinzipielles dar. Wenn die Möglichkeit zeitlich früher wäre, könnte die Wissenschaft gar nicht entstehen und bliebe in ewiger Möglichkeit stecken. Wenn es nur den Nous des Menschen gäbe, käme das Denken überhaupt nicht zustande, da der Nous reines Vermögen ist. Die Wissenschaft in Wirklichkeit ist nicht nur dem Wesen und dem Logos nach – diese beiden Momente stecken im Hintergrund der Ausführungen,[121] sondern prinzipiell auch der Zeit nach früher als die Wissenschaft bloß der Möglichkeit nach, und dasselbe gilt für den produktiven Nous. Er ist früher als der potenzial-leidende schlechthin.

Der vierte Teil

Obwohl das Subjekt des Satzes fehlt, besteht kaum Zweifel darüber, dass die Feststellung des actus sempiternus dem produktiven Nous gilt. Dies ist bereits durch die Feststellung, dass der produktive Nous dem Wesen nach Denktätigkeit ist, vorbereitet.[122] Kein Mensch vermag für immer in absoluter Denktätigkeit zu verharren. Mit dem ἀλλά markiert Aristoteles einen Kontrast.[123] Nunmehr wird nicht ein Mensch, der eine Wissenschaft lernt und erwirbt, angesprochen, vielmehr steht ein göttlicher Nous, der ständig denkt, im Mittelpunkt. Wenn man bedenkt, dass dieser Nous auch in einer Seele als die das Denken herbeiführende Instanz wirkt, kommt man auf die Frage: Warum denkt ein Mensch nicht andauernd? In III 4 spricht Aristoteles diese Frage in aller Kürze an. Auf den ersten Blick scheint die Frage merkwürdig zu sein. Kein Mensch denkt ja ständig. Nach der Einführung des produktiven Nous erscheint diese Frage jedoch fast unumgänglich. Wenn der produktive Nous permanent denkend tätig ist, müsste der Mensch auch ständig denken.

121 Die Abgetrenntheit des produktiven Nous, die im 5. Teil dieses Abschnittes ausgesprochen wird, macht dessen ontologisches Früher deutlich.

122 Dagegen erklärt Brentano, der den produktiven Nous auch immanent als seelische Kraft bestimmt (1867, 167, 176, 205 u. ö.), dass sich gewisse Aussagen in diesem Teil nicht unmittelbar auf den produktiven Nous bezögen (1867, 166). Er bezieht die kontinuierliche Denktätigkeit auf den ewig denkenden, göttlichen Nous, ohne ihn mit dem Nous Poiētikos zu identifizieren (182–183).

123 Horn (1994, 106) sieht den adversativen Sinn des ἀλλά.

Warum denken wir nicht andauernd?[124] In der Gesamtanalyse des Kapitels werden wir auf diese Frage eingehen.

Der fünfte Teil

Das Subjekt von χωρισθείς ist der produktive Nous, wie es aus dem Ausgeführten ersichtlich ist.[125] Der Sinn des Aoristpartizips ist jedoch nicht ganz deutlich. Manche Forscher sehen darin die Implikation, dass der produktive Nous einst im Körper gewesen und erst nach dem leiblichen Tode davon abgetrennt (χωρισθείς) und selbstständig geworden sei.[126] Caston macht aber darauf aufmerksam, dass der Aorist nicht auf eine zeitliche Trennung hinzuweisen habe. Der Aorist χωρισθείς könne eine bestimmte Betrachtungsweise zum Ausdruck bringen, wie aus dem Vergleich mit einer Stelle aus dem ersten Buch hervorgeht.[127] Der νοῦς ποιητικός

---

124 Simplikius (de an. 245, 34, Hayduck) tilgt das negierende οὐχ, vielleicht um die merkwürdige Feststellung des ständigen Denkens abzuschaffen. Shields (2016, 324–325) referiert über den Zweifel an dieser Feststellung: „This line is also sometimes thought to be an interpolation, perhaps trailing after the intrusive words immediately preceding it [d.i. 430a20–21]. So, for instance, already in late antiquity Philoponus (De intel. 60.31) relays the information that some commentators known to him thought this line needed to be excised [...].“ Allerdings ist die Negation mit οὐχ bei den besten Mss. bezeugt.

125 So sehen dies z.B. Hicks (1907, 505), Ross (1961, 47) und neulich auch Polansky (2007, 467). Thomas dagegen kommentiert ausdrücklich, dass es nicht der produktive Nous oder der potenziale Nous allein, sondern die Kombination aus den beiden, d.h. das aktuale Denken, abgetrennt sei (Sent. Lib. De an. Lib. III cap. 4, 202–216=222, Leonina).

126 Z.B. Brentano (1867, 204) übersetzt diesen Satz folgendermaßen: „Wenn aber der Verstand vom Leibe getrennt worden“, siehe auch 206; Ross (1961, 47–48, [6]1995, 155) tendiert zu dieser Deutung, auch Theiler 1959, 144, Rist 1966, 8, Seidl 1971, 122, Miller Jr. 2012, 321–322 mit Anm. 48 und Shields 2016, 326.

127 Caston (1999, 208) zählt drei Modi des χωρίζειν auf, die in Betracht kommen könnten: „1. separable from the body insofar as it lacks a bodily organ; 2. separates or *severs* from the rest of the soul at death; 3. to exist separately on its own, as a complete, self-contained substance.“ Der erste Modus trifft für den produktiven Nous nicht (unmittelbar) zu, sondern für den potenzialen Nous, wie wir oben bei der Erklärung des χωριστός (430a17) schon gesagt haben. Der zweite und der dritte weisen auf eine selbstständige Seinsweise hin. Der zweite setzt eine engere Beziehung mit der Seele voraus. Dieser Modus lässt sich dahingehend verstehen, dass vor der Separation der Nous Poiētikos ein Teil der Seele ist. Diese Deutung involviert den zeitlichen Aspekt, der bei manchen Forschern für die Deutung des Aoristpartizips χωρισθείς bestimmend ist. Caston (ibid.) führt eine Stelle aus dem ersten Buch von *De anima* an, um zu zeigen, dass der Aorist nicht mit einem temporalen Aspekt verbunden sein muss. Das Aoristpartizip χωρισθέν in „οὐ μέντοι γ' ἅψεται οὕτω χωρισθὲν τὸ εὐθύ“ (I 1, 403a14–15) impliziert sicherlich nicht, wie Caston treffend bemerkt, dass die Linie einst in einem Körper gewesen und nun getrennt worden wäre. χωρισθέν deutet auf eine Betrachtungsweise hin. Die Linien, die an einem Körper sind, lassen sich getrennt von ihm *betrachten*. In Wirklichkeit sind sie aber nicht von ihm getrennt. Zur Erklärung von dieser Stelle: Kap. 1, § 6.1. Zu anderen möglichen

wird demnach *als* getrennt und *als* an und für sich betrachtet. Ob er einst in einer Seele gewesen ist, ist von dem Partizip nicht abzulesen; und dies ist für das Verständnis dieser Stelle ohnedies nicht entscheidend. Hervorgehoben ist das An- und Fürsichsein des produktiven Nous; an dieser Stelle gilt er nicht mehr als ein in der Seele auf einen potenzialen Nous wirkender und insofern produktiver Nous. Getrennt von der Immanenz und von der Funktion als Wirkursache betrachtet ist er *nur* das,[128] was er *gerade* ist. Wie Oehler zeigt, wird das ὅπερ bei Aristoteles im Gegensatz zu κατὰ συμβεβηκός zur Angabe des Wesenhaften oder gar des Wesens selbst verwendet. Die Formel „τοῦθ' ὅπερ ἐστί" gibt an, dass damit das Wesen und nur das Wesen artikuliert wird. Der produktive Nous ist ein Nous, nicht mehr und nicht weniger.[129] Diese Betrachtungsweise *allein* impliziert allerdings nicht, dass der Nous realiter von dem potenzialen Nous und mithin von der Seele getrennt wird. Eine Linie nämlich lässt sich getrennt vom Körper *betrachten*. Es ist das Wesen des Nous, nicht die Betrachtungsweise, welches für die ontologische Abgetrenntheit grundlegend ist. An sich ist der Nous dem Wesen nach Denktätigkeit (τῇ οὐσίᾳ ὢν ἐνέργεια, 430a18), welche ununterbrochen ist (ἀλλ' οὐχ ὁτὲ κτλ. 430a22). Als rein noetisches Denken ist er unsterblich und ewig (ἀθάνατον καὶ ἀίδιον).

Der Wechsel zum Neutrum ist auffallend.[130] Man könnte ihn als Signal des Wechsels der Betrachtung verstehen. Gleichsam am Punkt des Wechsels steht noch das Maskulinum χωρισθείς, welches dem bisher Ausgeführten näher steht. Denn bis zu dieser Stelle verwendet Aristoteles das Maskulinum für den produktiven Nous.[131] Aber bis dahin wurde die Darstellung des produktiven Nous weitgehend in Bezug auf den potenzialen Nous durchgeführt. Im ersten Abschnitt geht es um seine

---

Deutungen des Partizips siehe Hicks (1907, 505–506). Hicks tendiert auch zu einer Separation in der Betrachtung: „[I]f we mentally separate it from the relation it has to the passive intellect […]" (506). Castons Interpretation stimmt auch Burnyeat 2008, 53, Anm. 54 zu.

128 Hicks (1907, 506) bemerkt treffend, dass der Bezug des μόνον (430a22) nicht eindeutig ist. Es kann sich auf χωρισθείς oder auf τοῦθ' ὅπερ ἐστί beziehen. Aber die Bedeutung ist beide Male gleich. Die Stellung des μόνον spricht für einen Bezug auf das τοῦτο, obwohl damit eine kleine Redundanz festzustellen ist, weil das zweite μόνον (430a23) auch die Eigenart dieses Nous akzentuiert. Philoponus [Stephanus] und Ammonius [Philoponus] beziehen das μόνον ebenfalls auf das τοῦτο. Den an. 541, 1, Hayduck und 67va, 42–43=60, Verbeke; siehe auch Charlton 1991, 77 Anm. 76.

129 Oehler 1962a, 222 f., zu der Formel: 224–225 mit 224 Anm. 1. Oehler nennt ein Beispiel aus den *Kategorien:* ἑκάστη οὐσία τοῦθ' ὅπερ ἐστὶν οὐ λέγεται μᾶλλον καὶ ἧττον (Cat. 5, 3b35–36). Mit der Formel wird die Art angegeben. Das οὐ μᾶλλον καὶ ἧττον macht gerade die exakte Implikation der Formel deutlich und ist auch an dieser Stelle dazuzudenken.

130 Hicks (1907, 506) führt das Neutrum von ἀθάνατον καὶ ἀίδιον auf das τοῦθ' zurück, aber die Frage nach dem Wechsel vom Maskulinum zum Neutrum bleibt.

131 In ἀεὶ γὰρ τιμιώτερον κτλ. (430a18–19) steht das Neutrum. Aber hierbei handelt es sich um eine allgemeine Regel, zu der das Verhältnis zwischen dem produktiven und dem potenzialen Nous auch gehört. Die Stelle gilt nicht spezifisch für den νοῦς ποιητικός.

Einwirkung auf den potenzialen Nous; aber auch in diesem Abschnitt wird er zunächst im Gegensatz zum potenzialen Nous charakterisiert. Mit dem Wechsel zum Neutrum wird das Ansichsein des produktiven Nous unter der Trennung von *jeglicher* Beziehung zum Menschlich-Seelischen hervorgekehrt. Der göttliche Nous ist nicht mehr eine seelische Kraft, die das Denken in der Seele bewirkt, sondern eine reine denkende Substanz.

Man kann weiterfragen, warum Aristoteles das Ansichsein so sehr hervorhebt. Der Grund liegt wohl darin, dass er eine Antwort auf die Frage nach der Unsterblichkeit der Seele gibt. Seine Antwort fällt im Gegensatz zu Platon negierend aus. *Nur* – man sollte auf Aristoteles' starken Nachdruck auf diese Einschränkung mit zwei μόνον achten – der göttliche Nous als denkende Substanz ist unsterblich und ewig. Der menschliche Nous vergeht, wie die unmittelbar folgende Stelle deutlich macht.

3.2.3 Der dritte Abschnitt

Während der zweite Abschnitt in gewisser Hinsicht im Gegensatz zum ersten steht, ist der dritte Teil eine Fortsetzung des zweiten. In diesem kurzen Abschnitt nimmt Aristoteles neben der ergänzenden Bestätigung seiner Antwort auf die Frage nach der Unsterblichkeit noch zu einer anderen platonischen Lehre Stellung, die auf das Innigste mit der Unsterblichkeit der Seele verbunden ist.

Das Nichterinnern (οὐ μνημονεύομεν): Das Subjekt des Verbs ist auffallend und das Objekt nicht klar.[132] Warum wechselt Aristoteles das Subjekt zu „wir"? Woran erinnern wir uns nicht? Nach Wedin erinnern wir uns nicht an die wirkenden Tätigkeiten des produktiven Nous; denn man könne sich nur an die Inhalte des Denkens erinnern, nicht an das Denken *selbst* als Tätigkeit.[133] Dass das Erinnern sich auf das Denken samt der Inhalte, aber nicht auf die reinen, inhaltslosen Denkvorgänge bezieht, ist klar. Es ist daher eher unwahrscheinlich, dass Aristoteles dies an dieser Stelle explizit erwähnt. Ebenfalls ist nicht wahrscheinlich, dass Aristoteles die alltäglichen Phänomene des Vergessens auf einem Niveau der philosophischen Auseinandersetzung wie in *De anima* III 5 anspricht.[134] Aus philosophischer Perspektive interessanter ist die Erklärung von Plutarch. Danach handelt es sich um das Vergessen dessen, was der Nous in diesem irdischen Leben gedacht

132 Castons Interpretation (1999, 214 mit Anm. 20), nach der das οὐ μνημονεύομεν lediglich eine „philosophical and urbane" Redeweise ist, mit der Aristoteles „recall agreements made earlier within the discussion in order to clinch in an important point" ist zwar möglich, aber nicht wahrscheinlich.

133 Wedin 1988, 179–181. Ähnliche Erklärung vertritt auch Horn (1994, 107).

134 So deutet Hamlyn (1968, 141) den Satz.

hat, im Leben nach dem Tode. Als Grund dieses Vergessens gibt er die Verbindung des irdischen Denkens mit der Vorstellung an, die vergänglich ist.[135] Gleichwohl ist diese Deutung aus folgenden Gründen nicht stichhaltig. Erstens beruht sie auf einer Identifikation des νοῦς παθητικός mit der Phantasia, was wir oben (§ 3.1) als nicht plausibel befunden haben. Zweitens setzt diese Interpretation die Unsterblichkeit einzelner Seelen voraus.[136] Diese ist zwar kompatibel mit der platonischen Lehre, stimmt dennoch kaum mit Aristoteles' Konzeption der menschlichen Seele überein.

Es ist möglich, dass Aristoteles seine Stellungnahme zu der platonischen Anamnēsis-Lehre äußert, die mit der Ideenschau vor der Geburt verbunden ist.[137] *Wir* haben keine Einnerung an die Denkformen.[138] Der Grund ist, dass die menschliche Seele, und mit ihr der menschliche Nous, sterblich ist. Der produktive Nous, der die Formen in sich denkend umfasst, gehört nicht zu der Seele, wie wir unten in § 4 ausführlich darstellen werden. Bei Platon hat die Seele selbst auf die Ideen geschaut und das Geschaute quasi in die Vereinigung mit dem Körper mitgebracht. Das Geschaute garantiert als das Vorwissen der Ideen, dass der Mensch sie im Leben bewusst erkennen kann. Aristoteles verzichtet auf die mythische Rede der Ideenschau und sieht im produktiven Nous die Instanz für das Vorwissen der Formen, wie unten in § 5.2 erörtert wird.

Dem göttlichen Nous, der leidensunfähig (ἀπαθής) ist, wird der leidende Nous (παθητικός) des Menschen gegenübergestellt. Dieser ist sterblich (φθαρτός). Bei der Charakterisierung des produktiven Nous wird er unter anderem als ἀπαθής (430a18) bezeichnet. Dies bedeutet in jenem Zusammenhang die absolute Leidensunfähigkeit, weil er ewig beim Denken ist und daher nicht aus dem Vermögen zur Vollendung geht, was auch als ein gewisses Erleiden gilt. An dieser Stelle (430a24) kann

---

135 Philoponus [Stephanus] (De an. 541, 20 f., Hayduck) nennt in seinem Kommentar den Namen Plutarch als Vertreter dieser Auslegung. Dieselbe Auslegung findet sich ohne Angabe des Vertreters bei der lateinischen Übertragung des Kommentars von Ammonius [Philoponus] (67vb, 72–76=61, Verbeke).

136 Dazu Ammonius [Philoponus] (67vb, 54–62=60, Verbeke) und Philoponus [Stephanus] (De an. 541, 5 f., Hayduck)

137 Bormann (1982, 10) deutet das Nichterinnern auch in Bezug auf die Anamnēsis-Lehre. Hicks (1907, 507–508) scheint auch zu dieser Interpretation zu tendieren, nachdem er verschiedene Deutungsmöglichkeiten erwogen hat. Siehe auch Menn (2020, 137–141, v. a. 140–141). Der dritte Deutungsansatz, welchen Menn bevorzugt, involviert eine Ablehnung der platonischen Anamnēsis-Lehre.

138 Nach Theiler (1959, 144) bedeutet die Negierung des Erinnerns, dass wir nicht zurück an das Dasein des produktiven Nous als einen freien Geist denken, weil der Nous des Menschen leidensfähig ist und untergeht. Ähnlich legt Polansky (2007, 468) das Nichterinnern aus. Diese Deutung steht der hier vorgeschlagenen näher. Aber sie ist immer noch etwas zu platonisch. Die Pointe des Nichterinnerns liegt gerade in der Zurückweisung der platonischen Lehre der Wiedereinnerung.

das ἀπαθές offensichtlich nicht dasselbe bedeuten. Ihm steht nun das φθαρτός, welches den νοῦς παθητικός kennzeichnet, gegenüber. In diesem Kontext soll das ἀπαθές als unvergänglich oder der körperlichen Zerstörung nicht ausgesetzt erfasst werden. Andererseits lässt sich die Vergänglichkeit des νοῦς παθητικός nicht im strengen Sinne als körperliche Zerstörung verstehen, weil der Nous kein Körper ist.[139] Wie diese Vergänglichkeit überhaupt aufzufassen sein soll, gibt eine im ersten Kapitel diskutierte Stelle aus dem ersten Buch von *De anima* Aufschluss.[140] Der Nous ist im strengen Sinne nicht vergänglich, weil er ein reines Vermögen ist. Aber er *vergeht* in gewissem Sinne unter dem dahinwelkenden Alter wie die Wahrnehmungsvermögen. Als das Vermögen zu denken erlischt der Nous des Menschen, wenn der Körper zugrunde geht. Denn obwohl er, anders als die Wahrnehmungsvermögen, bei ihrer Betätigung keine körperlichen Organe benötigt, ist er doch insofern mittelbar von ihnen abhängig, als das Denken das Abstrahieren des Denkbaren von Vorstellungsbildern einschließt. Die Vorstellungsbilder stammen aus der Wahrnehmung. Mit dem leiblichen Tode wird dem Nous der Zufluss des Denkmaterials abgeschnitten. Das φθαρτός an der Stelle in III 5 ist wie in I 4 im uneigentlichen Sinne als das Welken mit dem Körper zu verstehen.[141] Bei der Analyse der Stelle in I 4 haben wir darauf hingewiesen, dass Aristoteles dort nicht zwischen den beiden Nous unterscheidet. Der Nous gilt einerseits als eine hinzugetretene Substanz und insofern als nicht zum Zusammengesetzten (τὸ κοινόν) gehörig wie die anderen seelischen Leidenschaften; andererseits vergeht er doch in der eben aufgezeigten Weise. Kurz, an der Stelle in I 4 kann Aristoteles den exakten Sinn der Vergänglichkeit des Nous noch nicht aufklären; seine diesbezüglichen Aussagen grenzen sogar an Widerspruch. Nach der Differenzierung von zwei Nous in III 5 wird nunmehr deutlich, dass der potenziale Nous, der zu der Seele und mithin zu dem zusammengesetzten Menschen gehört, vergeht oder verwelkt. Der Nous, der in I 4 als eine gewisse hinzugetretene Substanz (ἐγγίνεσθαι οὐσία τις οὖσα) und als göttlich (θειότερόν τι) gilt, ist der produktive Nous. Abgetrennt von aller Verbindung mit der Seele ist er an sich, und *nur* er ist in senso stricto unsterblich. Damit ist zugleich deutlich, dass er nicht zur Seele gehört.

---

139 Das Attribut παθητικός ist nicht gemäß dem φθαρτός als Erleiden im eigentlichen Sinne zu verstehen, obwohl sich der Sinn des Satzes auch mit einem so verstandenen παθητικός nicht dramatisch ändern würde. φθαρτός steht im Gegensatz zu ἀπαθές. Das Attribut παθητικός hat damit nichts zu tun, vielmehr stammt es aus der Charakterisierung des menschlichen Nous als des Vermögens zu denken. Als solches erleidet er, indem er in die Denktätigkeit überführt wird. Dazu siehe das erste Kapitel zu der Rahmenbedingung des Denkens als des Erleidens in III 4, 429a14.

140 De an. I 4, 408b18–29, siehe die Analyse dieser Stelle im Kap. I § 6.2

141 Auf diese Weise des Vergehens weist Aristoteles auch in der *Metaphysik* (VII 10, 1035a28–30) hin.

Der letzte Satz, „καὶ ἄνευ τούτου οὐθὲν νοεῖ“, lässt, wie Ross analysiert, vier verschiedene Deutungsmöglichkeiten zu, je nachdem, zu welchem Nous das τοῦτο zuzuordnen und welcher syntaktischen Rolle das οὐθὲν zuzuweisen ist.[142]

Erstens: Und ohne den νοῦς παθητικός denkt der νοῦς ποιητικός nicht.
Zweitens: Und ohne den νοῦς ποιητικός denkt der νοῦς παθητικός nicht.
Drittens: Und ohne den νοῦς παθητικός denkt nichts.
Viertens: Und ohne den νοῦς ποιητικός denkt nichts.

Die Deutungen 1 und 3 machen den νοῦς παθητικός zur notwendigen Bedingung des Denkens, wohingegen die Lösungen 2 und 4 die notwendige Bedingung im νοῦς ποιητικός sehen. Die Grammatik spricht eher für die Möglichkeiten 1 und 3, weil das τοῦτο in der Regel auf das unmittelbar Vorhergehende verweist und dies in diesem Falle der Nous Pathētikos (430a24) ist.[143] Gleichwohl ist die erste Deutung nicht möglich, weil das Denken des produktiven Nous keineswegs von dem leidenden Nous abhängig ist. Die dritte Möglichkeit kann so gelesen werden, dass damit der leidende Nous als die notwendige Bedingung für das menschliche Denken gilt. Allerdings passt diese Deutung nicht gut zu dem Anliegen des Kapitels, in dem Aristoteles den produktiven Nous als die conditio sine qua non für die Denktätigkeiten des menschlichen Nous nachweisen will.[144] Daher soll das τοῦτο auf den νοῦς ποιητικός bezogen werden. Die grammatikalische Schwierigkeit dafür lässt sich vielleicht so lösen: Das τοῦτο bezieht sich nicht auf den unmittelbar vorhergehenden νοῦς παθητικός, sondern nimmt das τοῦτο wieder auf, welches in 430a23 zweimal auftritt und beide Male auf den produktiven Nous verweist. Wir haben soeben die besondere Funktion des τοῦτο dargestellt. So ist es möglich, dass Aristoteles im letzten Satz bei dem τοῦτο bleibt. Mithin kommen die zweite und die vierte Übersetzung in Betracht, und der Unterschied zwischen den beiden Zuordnungen ist unerheblich. Wenn der menschliche leidende Nous nicht denken kann, kann auch nichts anderes im Menschen denken. Weil aber die Einwirkung des

142 Ross [6]1995, 156.

143 Nach Cassirer (1932, 176–177) ist es „eine unsinnige Behauptung“ und „gegen jedes sprachliche Gefühl“, das τοῦτο auf den produktiven Nous zu beziehen. Siehe Ammonius [Philoponus] (68rb, 24 f.=63, Verbeke) und Philoponus [Stephanus] (de an. 542, 7, Hayduck). Ihnen folgen z. B. Brentano (1867, 210) und Polansky (2007, 469). Aber sie identifizieren alle den Nous Pathētikos mit der Vorstellung.

144 Hicks (1907, 509–510): „If the active intellect had not been required to complete the theory of how thinking comes about (429a13), this chapter would never have been written, for nowhere else is a distinction drawn between two intellects.“ Hicks schlägt vor, einen Punkt nach dem φθαρτός zu setzen und das ἄνευ τούτου mit „ohne den produktiven Nous“ zu übersetzen: „ [A]nd without the active intellect no thinking is possible.“

produktiven Nous auf den potenzial-leidenden Nous das Thema des Kapitels ist, ist die Lösung 2 etwas naheliegender. Aristoteles' letzte Bemerkung ist sinngemäß mit „und ohne den produktiven Nous denkt der Pathētikos nicht" zu übersetzen.[145]

4 Die Bestimmung des Nous Poiētikos

Wir haben soeben das Kapitel detailliert kommentiert. Es bleiben freilich noch manche Fragen, die bei der Erläuterung einzelner Sätze nicht geklärt werden können. Diese Fragen sind allerdings grundlegend für ein vollständigeres Verständnis des produktiven Nous und somit für die Entstehung des Denkens. Als die das Denken herbeiführende Instanz muss der Nous eine Beziehung zur Seele haben. Mit der Verortung des Nous Poiētikos „in der Seele (ἐν τῇ ψυχῇ)" scheint Aristoteles diesem eine immanente Seinsweise zuzusprechen. Gleichwohl wird der produktive Nous im zweiten Abschnitt als ein dem Wesen nach aktives Denken charakterisiert und von dem Nous des Menschen, der in III 4 thematisiert wird, abgegrenzt. Die Bestimmungen des produktiven Nous in diesem Abschnitt erinnern an den göttlichen Nous, welcher im Buch Lambda der *Metaphysik* dargestellt wird. Ist der Nous Poiētikos deshalb göttlich und transzendent? Wie verhalten sich die scheinbar unterschiedlichen Bestimmungen in den beiden Hälften von III 5? Ferner ist der produktive Nous ein an sich durchgängiger Denkvollzug. Aber ein solches Denken merkt der Mensch überhaupt nicht, und er denkt auch offensichtlich nicht beständig. Wie ist dies zu erklären? Nicht zuletzt ist die Funktion des Nous Poiētikos noch genauer zu betrachten. Wie ist seine Rolle als Wirkursache aufzufassen? Im Folgenden wird versucht, diese Fragen im Rahmen einer Gesamtdarstellung von III 5 zu beantworten.

4.1 Alexander und Themistius – Transzendenz und Immanenz

Alexander von Aphrodisias identifiziert den produktiven Nous als jenen höchsten Nous, der im Buch Lambda der *Metaphysik* thematisiert wird. Ob diese Identifi-

145 In gleicher Weise verstehen Menn (2020, 138, 140–141) und Buchheim (2016, 195 mit Anm. 218) diesen äußerst prägnanten Satz. Buchheim ist auf einem anderen Weg zu dem Ergebnis gekommen: „[...] aus dem Verbum (*noei*) dasselbe Subjekt (der pathetikos *nous*) zu ergänzen; dann muss ‚ohne diesen' den vorgenannten unsterblichen *nous* weisen." Miller Jr. (2012, 321 mit Anm. 50) bevorzugt die vierte Übersetzung, meint aber, dass im Grunde der Unterschied zwischen der zweiten und der vierten Übertragung für die Deutung der Passage unerheblich ist. Beide Interpretationen machen den produktiven Nous zur notwendigen Bedingung des Denkens.

kation zutrifft, mag einmal dahingestellt sein.[146] Dagegen erkennt Themistius dem produktiven Nous die Gottähnlichkeit zu.[147] Schroeder und Todd bemerken, dass damit dem produktiven Nous nur die Ähnlichkeit mit Gott, nicht das Gottsein schlechthin zugesprochen wird.[148] Man kann die Gottähnlichkeit so verstehen, dass Themistius damit eine Gleichsetzung des produktiven Nous mit dem höchsten Nous der *Metaphysik* ablehnt. Aus dieser Sicht ist Themistius' Wertung einerseits eine Hervorhebung der ontologischen Stellung des produktiven Nous gegenüber dem potenzialen, aber zugleich eine stillschweigende Korrektur der alexandrischen Deutung. Der produktive Nous ist zwar nicht *der* Gott, aber doch gottähnlich; allerdings ist eine Gottähnlichkeit nichtsdestoweniger göttlich.[149] Nach Aristoteles' Ausführungen in III 5 ist kaum zu leugnen, dass der Nous Poiētikos eine göttliche Denkinstanz ist. Die Lichtmetapher deutet, wie wir gesehen haben, auf eine Beziehung zwischen dem produktiven und dem potenzialen Nous hin, die nicht wesentlich aufzufassen ist. Und die Attribute des zweiten Abschnittes weisen unmissverständlich darauf hin, dass der produktive Nous göttlich ist.[150] Wie oben gesagt, stammen die Schwierigkeiten aus dem ersten Abschnitt, in welchem der produktive Nous allem Anschein nach *in* der Seele verortet wird. Es ist eine Konkurrenz zwischen einer transzendenten und einer immanenten Deutung; eine Konkurrenz, die auf den ersten Blick ebenfalls zwischen Alexander und Themistius zu konstatieren ist.[151] Aber bevor eine Entscheidung zwischen den beiden Interpretationen getroffen wird, sollte gefragt werden, ob sie einander tatsächlich so versöhnungslos gegenüberstehen, wie ihre Bezeichnungen suggerieren. Themistius sieht zwar einerseits, dass ein jeder produktiver Nous tatsächlich in einer jeden Seele angesiedelt und für das Denken dieser Seele verantwortlich ist und dass es daher mehrere Noi Poiētikoi gibt. Aber andererseits setzt er *einen* oberen νοῦς ποιητικός voraus, der über den in den einzelnen Seelen verstreuten, produktiven Intellekten steht. Es sind die folgenden drei Gesichtspunkte, die Themistius zum

---

146 Im Kap. IV werden wir darauf zu sprechen kommen.

147 Them. De an. 99, 23–25, Heinze: ποιητικὸς γὰρ αὐτὸς καὶ ἀρχηγὸς τῶν νοημάτων. διὸ καὶ θεῷ μάλιστα ἔοικε· καὶ γὰρ ὁ θεὸς πὼς μὲν αὐτὰ τὰ ὄντα ἐστί, πὼς δὲ ὁ τούτων χορηγός.

148 Schroeder/Todd 1990, 91 Anm. 63.

149 So sieht es auch Blumenthal (1990a, 118). Nach ihm könnte diese Bestimmung als Themistius' Versuch, den Nous Poiētikos in der Hierarchie der Beweger einzuordnen, verstanden werden.

150 Brentano (1867, 166) meint, dass sich manche Ausführungen in diesem Abschnitt nicht auf den produktiven Nous bezögen. Aber ein Subjektwechsel mitten in der Darstellung wäre außergewöhnlich.

151 Gerade aufgrund dieser Verortung kritisiert Themistius (102, 30 ff., Heinze) Alexanders Deutung, obwohl er Alexander nicht nennt: οἱ δὲ τὸν πρῶτον θεὸν λέγεσθαι παρ' αὐτοῦ τὸν ποιητικὸν νοῦν ὑπολαμβάνοντες, τί δήποτε ἐν αὐτῇ ταύτῃ τῇ ῥήσει ταῦτα παρορῶσι· […] ἀνάργη φησὶ καὶ ἐν ψυχῇ ὑπάρχειν ταύτας τὰς διαφοράς (102, 36–103, 3).

Verhältnis von Einheit und Vielheit bezüglich des produktiven Nous zu erkennen gibt.[152]

Erstens: Die mehreren νοῖ ποιητικοί sind der Art nach gleich (τῷ εἴδει). Jeder von ihnen ist seinem Wesen nach wirkliches Denken und jeder denkt das Gleiche. Diese Gleichheit des Denkens hat ihrerseits zur Folge, dass die menschlichen Nous das Gleiche denken.[153] Moderner ausgedrückt: Die Gleichheit der νοῖ ποιητικοί gewährleistet die Intersubjektivität beim Denken.[154] Zweitens: Dass sich jeder produktiver Nous der Zahl nach von jedem anderen unterscheidet, geht auf die Materie zurück. Was mit der Materie als principium individuationis gemeint sein soll, das hat Themistius nicht weiter erklärt. Damit kann zuerst die menschliche Seele bzw. der menschliche Nous gemeint sein, welcher als formungsbedürftig die Rolle des materialen Prinzips spielt. Aber letztendlich müsste die Seele auf den Körper zurückgehen, weil auch die zahlenmäßige Individualität der Seele und des Nous sich auf den Körper zurückführen lässt. Drittens: Die artmäßige Einheit aller νοῖ ποιητικοί weist auf einen einzigen Nous Poiētikos hin, welcher über ihnen steht und ihre Einheit ontologisch begründet. Die Vielheit der einzelnen produktiven Intellekte geht aus der Einheit eines oberen produktiven Nous hervor und ist zugleich in ihr begründet. Themistius vertritt trotz seiner Betonung der Immanenz des produktiven Nous eine mononoistische Deutung.[155] Ein solches Verhältnis von Einheit und Vielheit erklärt, so Themistius, dass Aristoteles das Licht und nicht dessen Quelle die Sonne zur Verdeutlichung herangezogen hat. Die Sonne, die den oberen, einzigen Nous Poiētikos verkörpert, ist eine. Das Licht hingegen ist zwar in einem Sinne eines, aber im Hinblick auf jeden Lichtstrahl, der das Sehen ermög-

152 Them. De an. 103, 20 ff. Heinze.

153 Während die Noi Poiētikoi als Inbegriff aller Denkformen sowohl dem Umfang wie auch dem eidetischen Inhalt nach das Gleiche denken, ist die Denkgleichheit bei den menschlichen Intellekten lediglich dem Inhalt des aktualen Denkens nach zu verstehen. Dies heißt, dass nicht alle Menschen zugleich das Eidos des Pferds dächten, sondern jeder Mensch denselben eidetischen Inhalt einsieht, wenn er die Form des Pferdes denkt.

154 Them. De an. 103, 38 – 104, 3, Heinze: πόθεν γὰρ αἱ κοιναὶ ἔννοιαι; πόθεν δὲ ἡ ἀδίδακτος καὶ ὁμοία τῶν πρώτων ὅρων σύνεσις καὶ τῶν πρώτων ἀξιωμάτων; μήποτε γὰρ οὐδὲ τὸ συνιέναι ἀλλήλων ὑπῆρχεν ἄν, εἰ μή τις ἦν εἷς νοῦς, οὗ πάντες ἐκοινωνοῦμεν [...]. Schramm (2008, 200): „Daher ist der aktive Nous nicht nur der Garant für das menschliche Denken, sondern auch für objektives Wissen." In Bezug auf die platonische Ideenlehre nennt Hartmann (1957, 54) zwei Aspekte des Apriorismus: 1. die Gemeinsamkeit der Vernunft, und 2. ihre Kraft, das Seiende unmittelbar zu erfassen. Der erste Aspekt betrifft die intersubjektivische Übereinstimmung; der zweite betrifft den objektiven Wahrheitsanspruch. Man kann hinzufügen, dass die Intersubjektivität nicht auf einer inter-subjektiven Grundlage, sondern auf einer transzendenten Entität beruht.

155 Schramm 2008, 196 ff., v. a. 197 – 199, auch Merlan 1963, 55, Bormann 1982, 16 – 17.

licht, vieles.[156] Das eine Licht, das auf einen Innenhof fällt, ist identisch mit dem anderen Licht, welches den Nachbarhof erfüllt. Die Teilung geht lediglich auf die Mauer zurück.[157] Die Eigenart von Einheit und Vielheit des produktiven Nous lässt sich durch die Lichtmetapher passend verdeutlichen.[158] Themistius' Deutung von Einheit und Vielheit des produktiven Nous wurde im Mittelalter unter gewissen Modifikationen übernommen. Thomas von Aquin, der sich energisch für eine immanente Deutung einsetzt, sieht in Gott einen transzendenten Grund des immanenten produktiven Nous. Im 10. Artikel seiner *Quaestio de spiritualibus creaturis* argumentiert er ausführlich für eine alle Noi Poiētikoi transzendierende Entität, nämlich Gott.[159]

---

156 Them. de an. 103, 21 ff. Heinze. ἓν γάρ που καὶ τὸ φῶς, μᾶλλον δὲ καὶ ὁ τοῦ φωτὸς χορηγός, ὑφ' οὗ πᾶσαι αἱ τῶν ζώων ὄψεις προάγονται ἐκ δυνάμεως εἰς ἐνέργειαν (22–24), ᾗ ὁ μὲν πρώτως ἐλλάμπων εἷς, οἱ δὲ ἐλλαμπόμενοι καὶ ἐλλάμποντες πλείους ὥσπερ τὸ φῶς (32–34). Darin, dass das Licht, welches aus der einen Sonne stammt, in einer Hinsicht eins, in einer anderen vieles ist, sieht Themistius Aristoteles' Begründung, anstatt der Sonne das Licht zum Vergleich zu nehmen. Aber Aristoteles' Wahl könnte noch einen anderen Grund gehabt haben. Die Sonne ist das Gegenstück des absoluten Einen im wahrnehmbaren Bereich, und das Eine transzendiert sogar den Nous. Aristoteles' Wahl ist durchaus dem platonischen ontologischen System gemäß. Themistius dagegen identifiziert die Sonne mit dem oberen Nous.

157 An einer Stelle im *Parmenides*, in der der junge Sokrates nach dem Verhältnis von Einheit und Vielheit gefragt wird, bedient er sich gerade der Lichtmetapher. Allerdings wendet der greise Parmenides in dem Gespräch Sokrates' Lichtmetapher in den Vergleich mit einem Segeltuch um. Dazu Kap. III § 5.1.

158 Bezeichnend ist, dass Themistius an einer anderen Stelle (105, 26 ff., Heinze) den potenzialen Nous mit dem Lichtstrahl vergleicht. Der produktive Nous korrespondiert mit der Sonne: ὁ δυνάμει δὲ ἀπαθὴς καὶ ἄμικτος τῷ σώματι καὶ χωριστός (ταῦτα γὰρ περὶ αὐτοῦ διαρρήδην φησίν), οἷον πρόδρομος τοῦ ποιητικοῦ, ὥσπερ ἡ αὐγὴ τοῦ φωτός, ἢ ὥσπερ ἄνθος πρόδρομον τοῦ καρποῦ (105, 29–32). Das Licht (φῶς) ist hier stellvertretend für die Sonne. Kurz danach (106, 7) wird die αὐγή dem ἥλιος gegenübergestellt. Die Sonne, die den produktiven Nous suggeriert, ist im Ganzen der Zeit nach früher als der Lichtstrahl, welcher den potenzialen Nous vertritt. Der Vergleich des potenzialen Nous mit dem Lichtstrahl ist nicht gegen den ontologischen höheren Rang des produktiven Nous. Mehr dazu siehe die Ausführungen unten, vor allem Anm. 161.

159 Quaest. de spiritual. creaturis, art. 10, 124 f., Keeler. Thomas erkennt einerseits nach Johannes 1, 9 (Erat lux vera quae illuminat) an, dass der Gott die Menschen beleuchtet; andererseits schränkt er ein, dass die Erleuchtung nicht als eine direkte Illumination zu verstehen ist. Der Gott erleuchtet den Intellectus agens in uns, dieser erleuchtet seinerseits die Vorstellungsbilder: dicendum quod proprium est Dei illuminare homines, imprimendo eis lumen naturale intellectus agentis, et super hoc lumen gratiae et gloriae. Sed intellectus agens illustrat phantasmata, sicut lumen a Deo impressum (128, Keeler, auch 125). Thomas beruft sich wie Themistius auf das „in der Seele" und bestimmt den produktiven Nous als der Seele immanent: „Uterque igitur intellectus, et possibilis et agens, est aliquid in nobis vel in anima." (Quaes. disput. De an. Quaest. 5, 93–95=39, Leonina). Aber in seiner Widerlegung der averroistischen Lehre der Einzigkeit des materialen Nous zeigt Thomas gewisses Verständnis für die Einheit des produktiven Nous: „Forte enim de agente hoc dicere, ali-

So besehen stellt sich Themistius' sogenannte immanente Deutung Alexanders Interpretation, welche die Transzendenz des Nous Poiētikos unterstreicht, nicht drastisch entgegen, zumal, wenn man von Alexanders näherer Bestimmung des produktiven Nous als dem göttlichen Nous im Buch XII der *Metaphysik* vorerst absieht. Alexander deutet zwar einerseits den νοῦς ποιητικός als einzig und göttlich, andererseits räumt er ein, dass dieser Nous in uns, in unsere Seele gelangt. Den göttlichen produktiven Nous bezeichnet er auch als ὁ νοῦς ὁ θύραθεν.[160] Daher ist bei Alexander dem νοῦς ποιητικός nicht jegliche Tür zur Immanenz versperrt; nur hebt er dessen wahre, transzendente Natur hervor. Themistius dagegen legt bei seiner Deutung den Akzent auf die Immanenz des produktiven Nous in der menschlichen Seele, ohne dessen transzendenten Ursprung völlig zu ignorieren. Trotzdem ist der Akzentunterschied zwischen den beiden antiken Deutungen nicht herunterzuspielen. Es ist Themistius, der eine innerliche Beziehung zwischen dem

quam rationem haberet, et multi philosophi hoc posuerunt. Nihil enim inconveniens videtur sequi, si ab uno agente multa perficiantur, quemadmodum ab uno sole perficiuntur omnes potentiae visivae animalium ad videndum; quamvis etiam hoc non sit secundum intentionem Aristotelis, qui posuit intellectum agentem esse aliquid in anima, unde comparavit ipsum lumini. Plato autem ponens intellectum unum separatum, comparavit ipsum soli, ut Themistius dicit. Est enim unus sol, sed plura lumina diffusa a sole ad videndum." (De unitate cap. IV § 86, 54–55, Keeler). Ähnliches sagt er auch in seinen *Quaestiones* (Quaest. Disput. De anima, quaest. 5, 103f. =39, Leonina). Thomas hat Gründe für dieses Verständnis. Er sieht in Gott die „substantia superior", an der jeder intellectus agens teilhat: „[...] ut intellectus agens sit quasi quaedam virtus participata ex aliqua substantia superiori, scilicet Deo." (Quaes. disput. De an. Quaest. 5, 238–240=42, Leonina). Dazu Rolfes 1977, IX und Smit 2001, 88, 97f. Aber trotzdem gibt es einen entscheidenden Unterschied zwischen Thomas und Themistius bzw. Aristoteles. Nach Thomas kann der Mensch mit seinem Intellectus agens in seinem leiblichen Leben aufgrund der Gebundenheit an die Materialität nur die Formen der materialen Gegenstände erkennen, aber nicht das erste Prinzip, d.h. Gott. Dazu *Summa contra gentiles* III, cap. 45 – der Titel des Kapitels lautet: Non possumus intelligere substantias separatas. Er macht in dem Kapitel Gebrauch von dem Vergleich der Eulenaugen in der *Metaphysik* (Met. II 1, 993b9–11) und deutet ihn so, als habe Aristoteles nichts anderes gemeint: „Propter quod et Aristoteles congruo exemplo usus est: nam oculus vespertilionis nunquam potest videre lucem solis." Siehe auch cap. 47: „si autem alias substantias separatas in hac vita intelligere non possumus, propter connaturalitatem intellectus nostri ad phantasmata, multo minus in hac vita divinam essentiam videre possumus, quae transcendit omnes substantias separatas." Ein Grund dieses Unterschieds dürfte darin liegen, dass für Themistius, aber auch für Alexander, Aristoteles und Platon die Totalität der Formen an sich göttlich, ja sogar Gott, ist – wenn man von dem absoluten Einen erst einmal absieht. Thomas als christlicher Theologe stellt Gott als Schöpfer der materialen Welt über diese und über alle Formen der sinnenfälligen Dinge. Er spricht daher ein Problem an, das in der Form bei den antiken Philosophen nicht existiert, nämlich, ob der Mensch aus eigener Kraft Gott erkennen kann. Zu der Einschränkung des Erkennens bei Thomas siehe Hoenen 1995, Forschner 2006, 36–39, 44. Hoenen hat in seinem Aufsatz den Vergleich mit den antiken Philosophen nicht gemacht.

160 Alex. De an. 90, 19–20: καὶ ἔστιν οὗτος ὁ νοῦς ὁ θύραθέν τε ἐν ἡμῖν γινόμενος καὶ ἄφθαρτος.

produktiven und dem potenzialen Nous des Menschen sieht. Der erstere gleicht der Form, während der letztere den stofflichen Aspekt darstellt. Demnach formt der erstere den letzteren und wird eins mit ihm; oder aus einer anderen Perspektive betrachtet: Der potenziale Nous wird geformt und zum produktiven Intellekt gemacht. Aus der Wirkung des produktiven Nous auf den potenzialen entsteht *eine* Einheit, ein denkender Nous, so wie aus der Formung des Eidos des Menschen *ein* Mensch aus Fleisch und Knochen entsteht.[161] Themistius geht noch einen Schritt weiter und behauptet, dass das Zusammenkommen des produktiven und des potenzialen Nous das einzelne Ich ausmache, wobei das Wesen des Ichs auf die Form, nämlich den produktiven Nous zurückgehe.[162] Gleichwohl ist diese Deutung schwerwiegenden Schwierigkeiten ausgesetzt: Es ist zum einen eine Sache, dass sich die Form prägend mit der Materie zu einem Ganzen verbindet; aber es ist eine andere, dass das Wirkende, in dem die Form des Produktes vorhanden ist, an einem Stück Materie arbeitet und diese zu einem geformten Ganzen macht. Das erstere ist eine ontologische Analyse eines jeden Zusammengesetzten. In Wirklichkeit geht keine Form *als solche* selbst in eine Hylē hinein, um sich mit ihr zu verbinden. Letzteres dagegen stellt einen tatsächlichen Prozess der Hervorbringung dar. Die Form, die im hervorgebrachten Ganzen ist, und die Form im Hervorbringenden sind *der Zahl nach* nicht identisch. Im Rahmen der aristotelischen Bewegungslehre ist die vollständige Einigung des Wirkenden und des Bewirkten schwer vorstellbar. Die beiden Partien müssen realiter voneinander getrennt sein, selbst wenn sie sich

---

161 Them. De an. 99, 17–18, Heinze: οὕτω γὰρ καὶ ὁ κατ' ἐνέργειαν νοῦς τῷ δυνάμει νῷ προσγενόμενος εἷς τε γίνεται μετ' αὐτοῦ· ἓν γὰρ τὸ ἐξ ὕλης καὶ εἴδους. An einer Stelle (106, 7 f.) deutet er an, dass auch der potenziale Nous von außen in die Seele gekommen ist. In diesem Zusammenhang vergleicht Themistius den potenzialen Nous mit dem Lichtstrahl und den produktiven mit dem Licht bzw. der Sonne, wohl um die innerliche Beziehung zwischen den beiden Intellekten deutlich zu machen – ähnlich wie bei dem Vergleich der vielen produktiven Intellekte mit dem Licht und des einen oberen mit der Sonne, auch um die innerliche Beziehung zwischen dem einen Poiētikos Nous und den vielen Poiētikoi zu verdeutlichen. Das Motiv des Vorläufers (πρόδρομος) soll den ontologischen Rangunterschied zwischen den beiden klarmachen. Siehe oben Anm. 158.

162 Them. De an. 100, 16–20, Heinze: ἡμεῖς οὖν ἢ ὁ δυνάμει νοῦς ἢ ὁ ἐνεργείᾳ. εἴπερ οὖν ἄλλο ἐπὶ τῶν συγκειμέμων ἁπάντων ἔκ τε τοῦ δυνάμει καὶ τοῦ ἐνεργείᾳ τὸ τόδε καὶ τὸ τῷδε <εἶναι>, ἄλλο ἂν εἴη καὶ τὸ ἐγὼ καὶ τὸ ἐμοὶ εἶναι, καὶ ἐγὼ μὲν ὁ συγκείμενος νοῦς ἐκ τοῦ δυνάμει καὶ τοῦ ἐνεργείᾳ, τὸ δὲ ἐμοὶ εἶναι ἐκ τοῦ ἐνεργείᾳ ἐστίν […]. Siehe auch 100, 26 f., 103, 36–38. Die Ausdrücke „τὸ τόδε“ und „τὸ τῷδε εἶναι“ sind die aristotelischen Bezeichnungen für das zusammengesetzte Ganze (das Synolon) und das Eidos als Wesen des Ganzen. Der plotinische Einfluss ist unverkennbar. Plotin unterscheidet zwischen dem „Wir“, das der belebte Leib ist, und dem „Wir“, das die Seele, das wahre Selbst bedeutet. (Enn. I.1.10.5–15) Anders als Plotin sieht Themistius in dem produktiven Nous das Wesen des Ichs, welches in dem aus dem potenzialen und dem produktiven Nous zusammengesetzten Nous besteht. Zur platonischen Herkunft (Alkad. I, 128e–130c) siehe Szlezák 1979, 170 und Schramm 2008, 186–187; zu Plotins Thematisierung des wahren Selbsts, siehe unten § 5.1.

in einer ihnen übergeordneten Entität befinden. Wie oben dargelegt, sind bei dem sich selbst heilenden Arzt zwei Momente, das heilende und das geheilte, nicht bloß dem Logos nach zu unterscheiden.[163] In Bezug auf die beiden Nous ist geklärt worden, dass sie nicht identisch sind. Der eine ist göttlich, der andere dagegen menschlich. Dieser Sachverhalt macht eine strikte Gleichsetzung der beiden unmöglich. Andererseits ist die Einheit des Denkenden und des Gedachten im Denkvollzug aufgrund der Immaterialität in höherem Grade aufzufassen. Der produktive Nous ist nichts als der konstante Denkvollzug; wenn der menschliche Nous zum Denken übergeht, könnte es hierin eine Möglichkeit geben, dass der menschliche Nous dabei im produktiven Nous aufgeht.[164] Trotzdem ist eine solche Einheit, wenn sie auch möglich sein sollte, *nicht* die innerliche Einheit wie diejenige zwischen dem Eidos und seiner Materie, auf die Themistius' Auslegung hinausläuft.[165] Dies wird alleine an der Tatsache sichtbar, dass der Mensch nur sporadisch und punktuell denkt bzw. in eine solche Einheit eingeht. Hinzu kommt: Themistius bestimmt den produktiven Nous als göttlich. Aber der in das Denken übergeführte Nous ist der Nous des Menschen. Wenn der göttliche produktive Nous die Form des menschlichen Nous wäre, müsste dieser auch göttlich sein. Außerdem, wenn der produktive Nous das wahre Selbst von uns sein sollte, wären wir immer denkend tätig und unsterblich. Dies lehnt Aristoteles jedoch in III 5 unmissverständlich ab.[166]

Eine Beziehung zwischen der Einheit eines oberen Nous und der Vielheit der in die Seelen verstreuten Nous, wie Themistius in seiner Paraphrase darstellt, erinnert an die Beziehung der einen Idee und der vielen gleichen immanenten Eigenschaften in den sinnlichen Erscheinungen, die charakteristisch für die platonische Ideenlehre ist.[167] Es stellt sich indessen die Frage, wie sich die vielen immanenten pro-

---

163 Themistius (99, 11f., Heinze) macht selbst aufmerksam auf die Regel, dass das Wirkende außerhalb (ἔξωθεν) des Bewirkten liegt; trotzdem insistiert er, dass der produktive Nous in den ganzen potenzialen hineingeht: ἀλλ' ἐνδύεται ὅλῳ τῷ δυμάμει νῷ ὁ ποιητικός (99, 14–15).

164 Mehr dazu siehe Kap. IV § 5.1.

165 Jedenfalls ist diese nicht die Einheit, die Aristoteles zufolge Form und Materie in einem zusammengesetzten Einzelnen haben. In *De anima* sagt Aristoteles ja, dass man gar nicht fragt, ob die Seele und der Körper eins seien, wie auch nicht das Wachs und seine Figur (II 1, 412b6–8. Zitat Kap, I Anm. 159). Auch Met. VIII 6, 1045b17–19: Die Einheit von nächstem Stoff und Form.

166 Nach Blumenthal (1990a, 118) hat Themistius keine Antwort auf diese Inkonsistenz.

167 Dass damit platonische Motive in Themistius' Deutung vorhanden sind, stört manche Kommentatoren schon. Es scheint, dass nicht nur Aristoteles selbst ein solches Verhältnis von Einheit und Vielheit nicht konzipieren konnte, sondern auch der peripatetische Kommentator Themistius eine derartige Erklärung nicht vorzubringen vermag. So erklärt z. B. Merlan (1963, 50–51 Anm. 3), dass die Stelle (103, 32–36, Heinze), wo die Vielheit der Noi Poiētikoi zum Ausdruck gebracht wird, eine später eingeschobene Glosse sei, weil das unmittelbar Darauffolgende (103, 36–38) wiederum von einem Nous Poiētikos rede. Ähnlich sieht dies auch Kurfess (1911, 23). Aber schon Mahoney (1973, 431) und Blumenthal (1990a, 120) sprechen dagegen, die Stelle über die vielen νοῖ ποιητικοί einfach

duktiven Intellekte verhalten. Inwiefern unterscheidet sich der eine produktive Nous von einem anderen? In Bezug auf den menschlichen Nous ist leicht verständlich, dass der eine sich von einem anderen am aktualen Denkinhalt unterscheidet, am Denkinhalt an sich aber nicht, z. B. der eine Mensch denkt gerade an die Form des Menschen, während der andere an die des Pferdes denkt. Aber die Form des Menschen oder des Pferds bleibt immer dieselbe, wer auch immer sie denkend erfasst. Die Individualität des menschlichen Denkens geht auf die Seele zurück, und diese wiederum auf das Synholon von Seele und Körper. Wann und was jemand denkt, wird zum großen Teil dadurch betimmt, was ihm im Laufe seines Lebens begegnet. Wenn nun der Unterschied zwischen zwei je einer anderen Seele innewohnenden produktiven Intellekten ebenfalls darin besteht, dass der eine dies, der andere jenes gerade bei sich denkt, würden der produktive und der menschliche Nous in eins fallen. Ferner wäre schwer erklärbar, wie ein immanenter Nous Poiētikos einen potenzialen Nous zum Denken bewegt. Wenn die bewirkende Instanz eines immanenten Nous letztendlich auf den transzendenten produktiven Nous zurückgeht, weil dieser das ewige Denken ist, wäre die Ananhme immanenter Noi Poiētikoi eine unnötige Verdoppelung. Oder man kann sich die Immanenz so vorstellen, dass alle einzelnen produktiven Intellekte gleichermaßen beständiges Denken aller intelligiblen Formen sind. Diese Annahme wird dem Sinn der Immanenz gerecht: Jeder immanente produktive Nous versetzt den potenzialen Nous, der in derselben Seele ist, in aktuales Denken. Darüber hinaus wird eine intersubjektive Grundlage für das Denken gewährleistet, da alle Noi Poiētikoi identisch sind. Dieser bestechenden Deutung ist jedoch entgegenzuhalten, dass Aristoteles weder von zwei Arten des produktiven Nous noch von einer Muliplikation gesprochen hat. Trotz allem aber ist dem Nous Poiētikos als Wirkursache des Denkens eine gewisse Immanenz zuzuschreiben. Er muss in einer Beziehung mit dem Nous des Menschen stehen. Wie diese Beziehung aufzufassen ist, darauf wird im folgenden Abschnitt näher eingegangen.

als Glosse zu ignorieren. In der Tat sind die Einheit des produktiven Nous und dessen Vervielfachung in den einzelnen Seelen miteinander vereinbar, und der Wechsel von der Vielheit zu dem einen νοῦς ποιητικός sollte keinen Anstoß erregen. Für den Zweck der vorliegenden Arbeit ist jedenfalls sekundär, ob die Stelle über die Vielheit des Nous Poiētikos von Themistius oder von einem anderen anonymen Kommentator stammt. Wichtig ist, ob dieses Modell von Einheit und Vielheit Aristoteles' Darstellung in *De anima* III 5 gut erklären kann. Zu den neoplatonischen Einflüssen bei Themistius siehe Mahoney 1973 (428, 431) und Blumenthal 1990a, v. a. 119 – 121. Nach Schramm (2008, 196) ist Themistius der erste der Kommentatoren, der diese für Plotin typische Frage nach dem Verhältnis von Einheit und Vielheit explizit auf den produktiven Nous überträgt.

4.2 Der Sinn der Immanenz – Nous Poiētikos und die Seele

Die Analyse des Kapitels hat ergeben, dass der erste und der zweite Abschnitt jeweils einen anderen Aspekt des produktiven Nous zum Gegenstand der Betrachtung machen. Im ersten wird der produktive Nous thematisiert, der *in* der Seele ist. In diesem Rahmen wird ihm die Rolle einer Wirkinstanz gegenüber dem menschlichen potenzialen Nous zugesprochen. Dabei ist zu beachten, dass die Funktion als causa efficiens nur in Bezug auf den potenzialen Nous verstanden wird. Der Gegenstand des zweiten Abschnitts ist die wahre, göttliche Natur desselben Nous, die sich nicht nur nicht im Momenten des Bewirkens erschöpft, sondern sich gerade losgelöst von seiner Beziehung zum potenzialen Nous und somit von seiner Funktion als Wirkinstanz bestimmen lässt. Das Aoristpartizip χωρισθείς (430a22) am Ende des zweiten Abschnittes markiert eine ontologische Trennung. Der produktive Nous ist an und für sich genommen das, was er gerade ist, nämlich das reine Denken (τῇ οὐσίᾳ ὢν ἐνέργεια, 430a18).[168] Daher gilt die Bezeichnung „νοῦς ποιητικός“ nur insofern, als er in der Seele wirkend betrachtet wird. Seinem eigenen Wesen nach ist er keine bewirkende Instanz. Die Bezeichnung als solche stammt eigentlich nicht von Aristoteles; und die Ausdrücke „ποιεῖν“ und „ποιητικόν“, welche der Bezeichnung zugrunde liegen, tauchen lediglich im ersten Abschnitt auf. Unter Berücksichtigung der unterschiedlichen Perspektive werden die scheinbaren Ungereimtheiten, die beim Lesen der ersten beiden Abschnitte aufgetreten sind, verständlich.

Wenn der produktive Nous göttlich ist, kann er nicht wesentlich zur menschlichen Seele gehören. Wie verhält sich der produktive Nous, der, in welchem Sinn auch immer, *in* der Seele ist, zur Seele und mithin zum Menschen? Auf den ersten Blick kommen zwei Arten der Immanenz in Betracht. Erstens ist der produktive Nous nur akzidentiell in der Seele, wie das Weiß in Sokrates. In den *Kategorien* gilt diese Art der Immanenz als „nicht als Teil in einem Zugrundeliegenden“.[169] Zweitens ist er als wesentlicher Bestandteil in der Seele, wie das Zweifüßige im Menschen. Die zweite Alternative scheidet aus, weil der produktive Nous nicht wesentlich zur Seele gehört. Wie mehrmals betont, ist er reine Denktätigkeit, nicht Denkvermögen. Wenn er nicht zu den wesentlichen Teilen der Seele zählt, sollte er lediglich akzidentiell zur Seele gehören. Allerdings scheint die erste Alternative kaum akzeptabler zu sein. Denn die akzidentiellen Eigenschaften sind ständigen Veränderungen unterworfen. Nach einigen sonnigen Tagen ist Sokrates nicht mehr so weiß. Dagegen kann der produktive Nous nichts anderes sein als unaufhörlicher Denkvollzug und, was noch entscheidender ist, seine Beziehung zum menschlich-

168 Siehe oben die Erörterung zu dem fünften Teil des zweiten Abschnittes mit Anm. 127.
169 Cat. 1, 1a24–25. Dazu und zu der folgenden Weise der Immanenz siehe Kap. III § 4.1, §§ 5.1–5.2.

potenzialen Nous bleibt unverändert. Nun gibt Aristoteles in seinem philosophischen Lexikon zu verstehen, dass es eine besondere Art des Akzidens gibt, das permanent einer Sache innewohnen kann.

> λέγεται δὲ καὶ ἄλλως συμβεβηκός, οἷον ὅσα ὑπάρχει ἑκάστῳ καθ' αὑτὸ μὴ ἐν τῇ οὐσίᾳ ὄντα, οἷον τῷ τριγώνῳ τὸ δύο ὀρθὰς ἔχειν. καὶ ταῦτα μὲν ἐνδέχεται ἀΐδια εἶναι, ἐκείνων δὲ οὐδέν.
>
> *Metaphysik* V 30, 1025a30 – 33
>
> Auch auf eine andere Weise nennt man Akzidens alles, was einem Gegenstand an sich zukommt, ohne in seiner Wesenheit zu sein, wie z. B. dem Dreieck die Winkelsumme von zwei rechten Winkeln. Und dieses Akzidens kann ewig sein, jenes aber nicht.

Wie Ross bemerkt, wird diese Art von Akzidens an einer anderen Stelle als τὰ καθ' αὑτὰ συμβεβηκότα bezeichnet.[170] Ein derartiges Akzidens ist zwar nicht ein Teil der Wesenheit einer Sache, es ist ihr trotzdem eigentümlich (ἴδιον). Alle Dreiecke und nur die Dreiecke haben eine solche Winkelsumme und sie haben diese Eigentümlichkeit immer. Diese Winkelsumme ist koextensiv mit dem Dreieck. In den *Topica* erwähnt Aristoteles bei seinen Definitionen des Akzidens nicht diesen Sonderfall, sondern nur normale Fälle des Akzidens.[171] In seiner ersten Definition (102b4 – 5) grenzt er das Akzidens unter anderem von der Eigentümlichkeit ab, in welche der im philosophischen Lexikon erwähnte Sonderfall des Akzidens fallen soll. Das Eigentümliche definiert Aristoteles in den *Topica* wie folgt:

> ἴδιον δ' ἐστὶν ὃ μὴ δηλοῖ μὲν τὸ τί ἦν εἶναι, μόνῳ δ' ὑπάρχει καὶ ἀντικατηγορεῖται τοῦ πράγματος. οἷον ἴδιον ἀνθρώπου τὸ γραμματικῆς εἶναι δεκτικόν.
>
> *Topik* I 5, 102a18 – 20
>
> Eigentümlich ist, was zwar nicht das Was-hieß-dies-zu-sein bezeichnet, doch aber einzig dieser Sache zukommt und wechselweise voneinander ausgesagt wird, z. B. ist es eine Eigentümlichkeit des Menschen, der Schriftkunst fähig zu sein.[172]

---

170 Ross Met. Komm. I, 349. Met. III 1, 995b18 – 20: ἐπισκεπτέον, καὶ πότερον περὶ τὰς οὐσίας ἡ θεωρία μόνον ἐστὶν ἢ καὶ περὶ τὰ συμβεβηκότα καθ' αὑτὰ ταῖς οὐσίαις.

171 Top. I 5, 102b4 – 8: συμβεβηκὸς δέ ἐστιν ὃ μηδὲν μὲν τούτων ἐστί, μήτε ὅρος μήτε ἴδιον μήτε γένος, ὑπάρχει δὲ τῷ πράγματι, καὶ ὃ ἐνδέχεται ὑπάρχειν ὁτῳοῦν ἑνὶ καὶ τῷ αὐτῷ καὶ μὴ ὑπάρχειν· οἷον τὸ καθῆσαι ἐνδέχεται ὑπάρχειν τινὶ τῷ αὐτῷ καὶ μὴ ὑπάρχειν· ὁμοίως δὲ καὶ τὸ λευκόν· τὸ γὰρ αὐτὸ οὐθὲν κωλύει ὁτὲ μὲν λευκὸν ὁτὲ δὲ μὴ λευκὸν εἶναι.

172 Dazu auch Katz 2017, 38 – 39. Katz nennt das Eigentümliche „non-essential necessary attributes". Dennoch scheint es eine andere Art von diesem besonderen Akzidens zu geben. Etwas ist einer Sache eigentümlich, wenn in der Definition von ihm diese Sache enthalten ist und nicht umgekehrt. Aristoteles' Beispiel in der *Physik* (186b18 f.) ist das Stumpfnasige. Im Logos vom Stumpfnasigen ist die Nase enthalten, aber nicht umgekehrt. Ein anderes Beispiel ist das Weibliche (τὸ θῆλυ, Met. VII 5, 1030b26). In ihm ist das Lebewesen enthalten; aber im Lebewesen ist das Weibliche nicht enthalten. Zu einer detaillierten Analyse dazu siehe Tugendhat ³2003, 60 ff. Der Unterschied zwischen dieser

Das Eigentümliche könnte das Verhältnis zwischen dem νοῦς ποιητικός und der Seele gut erklären.[173] Der produktive Nous kommt einzig der menschlichen Seele zu, und andererseits verfügt einzig die menschliche Seele über ihn. Die Eigentümlichkeit in diesem Falle ist genauso, wie die Winkelsumme zum Dreieck zu erfassen. Gemäß der Zweiteilung in den *Kategorien* ist der Eigentümlichkeit wie dem Akzidens die Seinsweise „in dem Zugrundeliegenden, aber nicht als Teil" zuzusprechen. Zwar ist er keineswegs wie Ärger und Freude, die im strengen Sinn akzidentiell in der Seele sind, trotzdem gehört er nicht zum Wesen der Seele – der potenziale Nous dagegen ist der wesentliche Teil der menschlichen Seele. Der Nous Poiētikos ist der Seele und somit dem Menschen τὸ ἴδιον.

4.3 Der Sinn der Immanenz – göttliches und menschliches Denken

Wie festgestellt, ist der produktive Nous an sich ewiges intuitives Denken. Als Wirkursache muss er eine Beziehung zur Seele haben. Aber der Mensch denkt nicht immer, und ferner merken wir überhaupt nicht, dass ein Nous in uns denkend tätig ist. Wie ist die Immanenz zu verstehen? Bevor man versucht, eine Antwort auf diese Frage zu geben, könnte zuerst das ewige Denken selbst infrage gestellt werden. Man kann den Satz in einem anderen Sinn als eine Feststellung des ewigen Denkens lesen. Nach Wedin dient der Satz οὐχ ὁτὲ μὲν κτλ. nicht zur Feststellung des kontinuierlichen Denkens, sondern dazu, die Möglichkeit, dass der produktive Nous zwar existiert, aber nicht denkt, auszuschließen.[174] Den produktiven Nous deutet er

---

Art von Akzidens und der Art in V 30, die Aristoteles mit dem Beispiel der Winkelsumme verdeutlicht, ist unverkennbar. Nicht jede Nase ist stumpfnasig; dagegen hat jedes Dreieck dieselbe Winkelsumme, und jede menschliche Seele ist mit dem produktiven Nous ausgestattet.

173 Thomas bezeichnet den produktiven Nous als das principium activum proprium, das in einer einzelnen Seele wirkt: „Cum igitur id quod est perfectissimum in omnibus inferioribus sit intellectualis operatio, praeter principia activa universalia, quae sunt virtus Dei illuminantis vel cuiuscumque alterius substantiae separatae, requiritur in nobis principium activum proprium, per quod efficiamur intelligentes in actu. Et hoc est intellectus agens." (Quaest. Disput. De anima, quaest. 5, 156–163=41, Leonina). In seinen *Summa contra gentiles* (II, cap. 76) sieht er das Moment des proprium als einen Beweis, dass der intellectus agens in der Seele ist und auf den entsprechenden potenzialen Nous wirkt: „oportet quod unicuique passivo respondeat proprium activum." Weil proprium das lateinische Wort für ἴδιον ist, könnte Thomas den Status des produktiven Nous auch in einer vergleichbaren Richtung deuten.

174 Wedin 1988, 185, 190. Shields (2016, 324–325) nennt eine Interpretation, die den Nous Poiētikos als menschlich-seelisch deutet und ihm zugleich das beständige Denken abspricht. Dass der Nous dem Wesen nach Denktätigkeit sei, heiße nur so viel, dass er, wenn er tätig sei, nur denkend tätig sein könne – der Nous Poiētikos könne nichts anderes tun. Es könne nicht passieren, dass der Nous existiere, aber nicht denke. Daher ist der Nous „nicht bald denkend tätig, bald nicht denkend tätig".

wie Ammonius [Philoponus] und Philoponus [Stephanus] als den menschlichen Nous, der sich gerade im Akt des Denkens befindet.[175] Daher kann er nicht existieren, ohne zugleich zu denken. Wedin könnte sich auf keinen Geringeren als Thomas von Aquin berufen. Auch Thomas bestreitet das ewige Denken in der Seele und deutet den Satz ähnlich wie Wedin. Nach ihm gilt der Satz nicht dem intellectus agens, sondern dem intellectus in actu, d.h. dem wirklichen denkenden Nous des Menschen.[176] Weil der menschliche Nous nicht zu jeder Zeit in actu ist, kann man den Satz nicht anders verstehen, als dass der menschliche potenziale Nous, wenn er in die Wirklichkeit geführt worden ist, nichts anderes tun kann als denken. Mit anderen Worten: Es ist unmöglich, dass er in actu ist und nicht denkt.[177]

Gegen diese Erklärungsansätze ist jedoch festzuhalten, dass das Subjekt des Satzes οὐχ ὁτὲ μὲν κτλ. der göttliche produktive Nous ist, und nicht etwa der denkende Nous des Menschen, welchen Thomas und Wedin für das Subjekt halten. Ferner ist nach den grundsätzlichen Bedingungen der Bewegungslehre das kontinuierliche Denken des produktiven Nous für seine Wirkung in der Seele vorauszusetzen. Thomas unterscheidet offensichtlich zwischen dem Denken und dem Bewirken des Denkens, welches, wie oben ausgeführt, in der Abstraktion der intelligiblen Gegenstände (intelligibiles species) aus Vorstellungsbildern besteht. An einer Stelle in seinen *Quaestiones* erklärt Thomas ausdrücklich, dass das Abstrahieren nicht ständig in der Seele stattfindet.[178] Abgesehen davon, ob die Wirkung

---

175 Wedin 1988, 168. Ammonius [Philoponus] und Philoponus [Stephanus] haben die Schwierigkeit auf eine andere Weise gelöst. Siehe oben § 3.1.

176 „tertia conditio intellectus in actu est per quam differt ab intellectu possibili et intellectu agente, quorum uterque quandoque intelligit et quandoque non intelligit; set hoc non potest dici de intellectu in actu, qui consistit in ipso intelligere." (Sent. De an. Lib. III cap. 4, 192–197=222, Leonina). Dieselbe Deutung auch in Quaest. disput. De anima, quaest. 5, 262–264=43, Leonina.

177 Hauptunterschiede zwischen Wedin und Thomas bestehen darin, dass erstens nach Wedin der produktive Nous und der potenziale Nous nur zwei Aspekte des menschlichen Nous sind und dass zweitens Wedin keine Transzendenz über die einzelnen produktiven Intellekte anerkennt. Nach Thomas sind die beiden voneinander realiter verschieden. Das Subjekt des Satzes ist der Intellectus in actu, nicht der produktive Nous. Über den einzelnen Noi Poiētikoi steht nach Thomas noch der Gott als die transzendente Entität. Dazu oben Anm. 159.

178 „Operatio intellectus agentis est abstrahere species intelligibiles a fantasmatibus, quod quidem non semper in nobis accidit. Non autem esset ratio quare haec abstractio quandoque fieret et quandoque non fieret, ut videtur, si intellectus agens esset substantia separata." (Quaest. Disput. De anima, quaest. 5, 96–101, 39, Leonina). In dieser Hinsicht folgt Brentano Thomas. Siehe unten Anm. 196. Daher kommt er zu dem Schluss, „dass der Aristotelische νοῦς ποιητικός kein denkendes, sondern ein denkenmachendes Vermögen ist" (205). Aber die Feststellung des ewigen Denkens bereitet Brentano, der den produktiven Nous als ein Seelenvermögen auslegt, trotzdem keine Schwierigkeit. Er macht diese Feststellung für den göttlichen Nous geltend; nur ist dieser nicht mit dem produktiven Nous zu verwechseln (182–183).

des Nous Poiētikos im Abstrahieren des Denkbaren besteht, ist das Bewirken einzelner Denkvorgänge von der Bereitschaft, *jederzeit* solche Vorgänge zustande zu bringen, zu unterscheiden. Nach der Bewegungslehre muss das Wirkende die Formen, die in das Bewirkte hineingebracht werden sollen, der Wirklichkeit nach in sich haben. Wenn der menschliche Nous zu jeder Zeit alles denken kann, müssen alle Denkformen in dem Wirkenden im Denkakt präsent sein. Diese Präsenz ist nichts anderes als das intuitive Denken. Hörte das Denken des produktiven Nous einmal auf, wäre es nicht möglich, das Denken im potenzialen Nous hervorzubringen. Denn der produktive Nous fiele in die Potenzialität zurück und benötigte eine andere aktive Instanz, um selbst wieder in die Tätigkeit zurückzukommen.

Es könnte noch eine Möglichkeit geben, um dem ewigen Denken in der Seele aus dem Weg zu gehen. Der produktive Nous, der den potenzialen Nous in der Seele ins Denken überführt, muss selbst nicht ständig in Denktätigkeit sein. Die Denkformen, die er für seine Funktion bräuchte, kann er in Bezug auf den *einen* transzendenten, kontinuierlich denkenden Nous haben und gleichsam aus dem transzendenten Nous holen.[179] Diese Erklärung findet sich wenigstens ansatzweise bereits bei Themistius und später bei Thomas.[180] Die Schwierigkeiten mit dieser Deutung wurden oben dargelegt. Die Verdopplung und sogar Multiplikation des produktiven Nous wären überflüssig. Ein immanenter Nous Poiētikos, der lediglich Vorarbeit zum Denken leistete und keine Formen denkend in sich behielte, wäre nichts. Nicht zuletzt findet man in Aristoteles' Ausführungen über den νοῦς ποιητικός kaum Anhaltspunkte für diese Erklärung.

Es bleibt übrig, ein fortwährendes Denken in der Seele anzunehmen, dessen der Mensch sich offenbar nicht bewusst ist. Brentano spricht von einer unbewusst

---

179 Merlan (1963, 47–52) hat in seiner Aufzählung der unterschiedlichen Versuche, den ewigen Actus auszulegen, einen Ansatz erwähnt, nach dem nur der transzendente Nous Poiētikos unaufhörlich denkt, die immanenten Noi Poiētikoi hingegen nicht (50 mit Anm. 2). Als Vertreter nennt Merlan den portugiesischen Theologen Petrus Hispanus (Papst Johannes XXI) im 13. Jh. Aber wie Merlan bemerkt, denken die immanenten Noi Poiētikoi Petrus Hispanus zufolge sehr wohl beständig. Dazu siehe das sechste Kapitel seiner Schrift *De anima*, herausgegeben von Grabmann (1938, 189–194).

180 Siehe oben § 4.1. Hoenen (1995, 409–412) erwähnt eine Interpretation, die von Johannes de Rupella, Johannes Peckham und Roger Marston vorgebracht wurde. Perkhams Deutung zufolge gibt es zwei produktive Intellekte, von denen der eine menschlich und immanent, der andere Gott und transzendent ist. Der menschliche Nous allein könne sich nicht zum Denken erheben; dazu brauche er Gottes Mitwirkung. Im Grund ist dieser Ansatz vergleichbar mit der Interpretation von zwei Nous, die Themistius und Aquinas vorlegen. Hoenen stellt diese aber dem thomastischen Ansatz gegenüber. Der entscheidende Unterschied liegt aber nicht in der Annahme von zwei Intellekten, sondern darin, dass, während nach Peckham der menschliche Nous unter Gottes Mitwirkung Gott erkennen könne, das Denken des Menschen nach Thomas Gott oder das erste Prinzip nicht zu erkennen vermöge. Zu Thomas von Aquins Interpretation: oben Anm. 159.

wirkenden Kraft.[181] Nun ist ein unbewusstes Denken im Menschen kein neuer Deutungsansatz. Nach Plotins Lehre des nicht herabgestiegenen Nous gibt es im Menschen ein solches Denken. Der Mensch ist sich dessen nicht bewusst, weil das Bewusstsein des Menschen weiter in einen tieferen Bereich des Seelisch-Körperlichen gesunken ist. Hingegen verweilt der Nous *oben* in ununterbrochener Schau des Intelligiblen. Merlan nennt dies „Metabewusstsein (metaconsciousness)“.[182] Obwohl Plotin keinen Kommentar zu *De anima* verfasst hat, wurde seine Theorie zum nicht herabgestiegenen Nous in der Kommentartradition als eine Deutung des produktiven Nous angesehen.[183] Merlan verbindet Plotins Nous, der oben geblieben ist, aufs Engste mit Aristoteles' produktiven Nous und sieht den Letzteren als Ursprung für die plotinische Noetik.[184] Szlezák dagegen verfolgt die Entwicklung der Lehre weiter zurück auf Platons Versuch, den wahren, unsterblichen Kern der Seele zu finden. Unten in § 5.1 werden wir ausführlicher über die platonische Provenienz dieses Gedanken sprechen. Die Entstehung des Denkens im Menschen hat Platon nicht weiter behandelt. Es war zuerst Aristoteles, der mit der Annahme des Nous Poiētikos eine dem Wesen nach reine Denktätigkeit ins Spiel brachte. Mit der Behandlung des nicht herabgestiegenen Nous gibt Plotin daher in erster Linie eine Antwort auf Platons Suche nach der wahren Seele und mithin dem wahren Selbst.[185] Dennoch könnte man mit Plotins Annahme eines Nous, der mit seinem

---

181 Brentano 1867, 164, 165, 180.

182 Merlan 1963, 11–13, 83–84: „But when Plotinus teaches that the intelligence which thinks incessantly is present in us although we are not (or are not always) conscious of it, he obviously thinks of the unconscious in terms of the divine and upper world. It is unconscious with regard to us. We are unconscious of it. But per se this intelligence cannot be described as unconscious, because it is eminently *rational*. Therefore we should apply to it the term metaconsciousness rather than unconsciousness.“ (83).

183 Dieser oben gebliebene Nous wurde mehrmals erwähnt in Plotins Schriften, wie z. B. Enn. IV.8.8.1–3: καὶ εἰ χρὴ παρὰ δόξαν τῶν ἄλλων τολμῆσαι τὸ φαινόμενον λέγειν σαφέστερον, οὐ πᾶσα οὐδ' ἡ ἡμετέρα ψυχὴ ἔδυ, ἀλλ' ἔστι τι αὐτῆς ἐν τῷ νοητῷ ἀεί. Siehe auch III.4.3.22–24, und oben Anm. 13 zu Plotins Lehre als einen Deutungsansatz.

184 Merlan (1963, 13): „ [T]he doctrine of the unconscious, whether we apply it to the soul, or to intelligence, or to both, historically stems from the assertion of Aristotle that the ‚productive' intelligence always intelligizes.“ In seiner Untersuchung betont Merlan die vermittelnde Rolle von Alexander (*ibid.* 47–48). Zwar stimmt Szlezák mit Merlan darin überein, dass Aristoteles' Theorie zum Einfluss auf Plotins Noetik ausübt, warnt aber, Aristoteles als einzige Quelle für den oben gebliebenen Nous zu halten. Siehe Szlezák 1979, 186.

185 Blumenthal (1990b, 313–315) meldet Zweifel an einer zu engen Bindung der plotinischen Lehre an *De anima* III 5. Die Lehre des nicht herabgestiegenen Nous sei ein Bestandteil der plotinischen Seelenlehre ohne besonderen Bezug auf die aristotelische Lehre des immerwährend denkenden Nous; nur Ammonius [Philoponus] und Philoponus [Stephanus] hätten sie als Exegesis von III 5

unablässigen Denken stets *oben* im Intelligiblen bleibt, Licht auf das Verständnis der Immanenz des Nous Poiētikos werfen. Bezüglich der Frage nach der Imamnenz ist allerdings nicht ganz eindeutig, ob der nicht herabgestiegene Nous sich vereinzelt im oberen Teil einer jeden Seele ansiedelt oder nicht. Plotins Ausführungen ist nicht eindeutig zu entnehmen, ob es nur einen einzigen oder vielmehr mehrere Intellekte geben solle. An einer Stelle spricht Plotin von mehreren Intellekten, von denen jeder seine Individualität behalte; und ferner hinge jede Seele von einem Nous (καθ' ἕκαστον νοῦν) ab.[186] An einer anderen Stelle aber scheint Plotin von einem transzendenten Nous zu sprechen, von dem mehrere Intellekte jeweils in einer Seele abhängig seien.[187] Trotz der sich unterscheidenden Hinweise ist es wahrscheinlich, dass Plotin eine Pluralität des Nous favorisiert, weil seine Lehre des oben gebliebenen Nous sich mit seinem Bestreben, das wahre Selbst und die wahre Natur der Seele herauszufinden, verbindet. In Bezug auf unsere Untersuchung ist festzuhalten, dass Aristoteles' produktiver Nous einer anderen Problematik entspringt. Ob er sich vereinzelt in jeder Seele befindet oder ob es nur einen transzendenten Nous Poiētikos gibt, dafür gibt Aristoteles keinen klaren Hinweis. Jedenfalls muss der produktive Nous als die das Denken zustande bringende Instanz im gewissen Sinn *in* der Seele sein. Oben (§ 4.1) wurde argumentiert, dass die Annahme mehrerer Intellekte wenig zur Klärung der Entstehung des Denkens beiträgt. Vielleicht lässt sich die Immanenz des produktiven Nous doch so verstehen, dass es in jeder menschlichen Seele einen Bezug auf ihn gibt, vermöge dessen der Mensch denken kann. Der Nous Poiētikos ist insofern immanent in einer Seele, als diese über einen transzendenten Bezug auf ihn verfügt. Dementsprechend weist das „in der Seele (ἐν τῇ ψυχῇ)" nicht auf eine strikte Immanenz in der Seele, sondern ist im Sinne von „in

---

herangezogen. Siehe Anm. 13 zu den vier Deutungen, die Ammonius [Philoponus] in der lateinischen Übersetzung seines Kommentars anführt. Eine davon ist Plotins Lehre des permanenten Denkens.

186 Enn. IV.3.5.5–9: ἢ ἀπολεῖται οὐδὲν τῶν ὄντων· ἐπεὶ κἀκεῖ οἱ νόες οὐκ ἀπολοῦνται, ὅτι μή εἰσι σωματικῶς μεμερισμένοι, εἰς ἕν, ἀλλὰ μένει ἕκαστον ἐν ἑτερότητι ἔχον τὸ αὐτὸ ὅ ἐστιν εἶναι. οὕτω τοίνυν καὶ ψυχαὶ ἐφεξῆς καθ' ἕκαστον νοῦν ἐξηρτημέναι. Nach Blumenthal (1996b, 100) ist der Text nicht eindeutig: „ [...] a text which unfortunately does not show decisively whether each soul depends on a separate intellect, or whether there are clusters of souls attached to all the intellects in the intelligible." Jedenfalls gibt es in beiden Szenarien eine Mehrzahl von Intellekten.

187 Enn. II.9.2.2–6: ἀλλ' ἕνα νοῦν τὸν αὐτὸν ὡσαύτως ἔχοντα, ἀκλινῆ παναταχῇ, μιμούμενον τὸν πατέρα καθ' ὅσον οἷόν τε αὐτῷ. ψυχῆς δὲ ἡμῶν τὸ μὲν ἀεὶ πρὸς ἐκείνοις, τὸ δὲ πρὸς ταῦτα ἔχειν, τὸ δ' ἐν μέσῳ τούτων. Von den drei Seelenteilen ist der eine der oben gebliebene Nous, der andere die Denkseele mit dem diskursiven Denken und der dritte das Wahrnehmungsvermögen. Siehe dazu Gerson 2018, 211 Anm. 16.

Bezug auf die Seele“ aufzufassen.[188] Mit dem Tod eines Menschen vergeht die Seele und zugleich erlischt auch der Bezug auf den einen produktiven Nous.

4.4 Die Wirkungsweise des Nous Poiëtikos

Aristoteles zieht Parallelen zwischen Wahrnehmen und Denken. Zu Beginn von III 4 macht Aristoteles deutlich, dass das Wahrnehmen ein gewisses Erleiden vom Wahrnehmbaren ist. *Übersetzt* in die alltägliche Sprache heißen seine gekünstelt klingenden Worte nichts anderes als das: Wenn jemand gerade da ist, erleidet sein Gesichtsinn von der Farbe, indem er sie sieht. Das Erleiden des Wahrnehmenden vom Wahrnehmbaren besteht darin, dass das Wahrnehmende dieses von den sinnenfälligen Gegenständen abstrahiert. Die Wahrnehmung ist im Grunde eine Aufnahme der Form ohne Materie, wie die berühmte Wachsmetapher deutlich macht.[189] In der Seele wird nicht der Stein, sondern dessen Form wahrgenommen.[190] Das Rote wird von der roten Blume abstrahiert und wahrgenommen. Das Denken ist analog zum Wahrnehmen ebenfalls eine Aufname der Form ohne Materie. Potenziale Gegenstände des Denkens sind Vorstellungsbilder. Für die Menschen ist die Vorstellung die Vorstufe des Denkens, und Aristoteles hebt immer wieder hervor, dass das Denken des Menschen ohne Vorstellung nicht möglich ist.[191] Es scheint, dass bei wirklichem Denken eine der Wahrnehmung vergleichbare

188 Shields (2016, 318) macht darauf aufmerksam, dass „in der Seele“ „im Fall der Seele (in case of the soul)“ oder „in Bezug auf die Seele (where the soul is concerned)“ bedeuten kann. In der *Physik* (IV 3, 210a14–24) unterscheidet Aristoteles acht verschiedene Bedeutungen von „in“; die 7. ist „um willen“, was „im Fall von“ bzw. „in Bezug auf“ am nähesten liegt. Caston (1999, v. a. 206–210) schlägt diese Deutungsmöglichkeit vor. Aber er legt den Schwerpunkt auf taxonomische Unterschiede von Seelenvermögen. Wie es in der Natur verschiedene Arten der Lebewesen gebe, solle es im Falle der Seele auch unterschiedliche Seelentypen bzw. Seelenvermögen geben. Die Unterschiede betreffen Caston zufolge die Extensionsunterschiede zwischen den Arten der Seelenvermögen; dies heißt, welches Seelenvermögen sich unabhängig von den anderen instanziiert. Der Nous sei taxonomisch unabhängig von den anderen Seelenvermögen; denn der Gott sei nichts anderes als Nous – auf der anderen Seite stehe das Ernährungsvermögen, weil die Pflanzen nur dieses und kein anderes besitzen würden (210). Castons Analyse der Verteilung verschiedener Seelenvermögen quer durch die Arten der Lebewesen hat sicherlich ihre Richtigkeit. Allerdings kann er diese Stelle mit seiner Analyse nicht erklären. Denn die Pointe des Vergleichs ist die Zusammenwirkung einer produktiven und einer leidenden Instanz bezüglich des Denkens. Die taxonomischen Klassifikationen verschiedener Seelentypen bzw. Seelenvermögen haben damit nicht viel zu tun.

189 De an. II 12, 424a17 f. Zu dieser Stelle siehe: Kap. I § 3.1.

190 De an. III 8, 431b29.

191 De an. III 7, 431a16–17: διὸ οὐδέποτε νοεῖ ἄνευ φαντάσματος ἡ ψυχή. Damit ist klar, dass es sich um das Denken der Seele handelt. Siehe auch III 8, 432a8–9, De mem. 450a1 f.

Abstraktion durchgeführt wird. Die Vergleichbarkeit hört jedoch mit einem wesentlichen Unterschied zwischen der Farbe als Wahrnehmbarem und dem Vorstellungsbild als potenzial Denkbarem auf. Beim Wahrnehmen bleibt alles auf dem Niveau des Sinnlichen: Eine rote Blume ist tatsächlich *da*, um meinen Gesichtssinn zu bewegen, eben dieses Rote zu sehen. Hinsichtlich des Wahrnehmens involviert die Vorstellung eine Abstraktion: Während eine Wahrnehmung sich je auf einen einzelnen sinnenfälligen Gegenstand bezieht, hat ein Vorstellungsbild der roten Blume keinen direkten Bezug auf irgendeine einzelne Blume, sondern man stellt sich ein Bild ohne Wahrnehmung vor, sei es eine rote Blume in der Erinnerung oder sei es eine rote Blume, die sich aus Verallgemeinerung einzelner wahrgenommener roter Blumen ergibt. Kurz, aus der Einzigkeit und Unmittelbarkeit der Wahrnehmung wird ein *allgemeines* Bild abstrahiert.[192] Trotzdem bleiben Vorstellungsbilder in der Sinnlichkeit verhaftet. Das Rote an einem Vorstellungsbild ist nichtsdestoweniger sinnlich. Das Denkbare dagegen ist nur der Möglichkeit nach einem Bild der Vorstellung inhärent. Als *Bild* liegt dem Menschen ein Vorstellungsbild vor und bewegt ihn zum Denken – das Denken ist eine Art Erleiden und es muss von etwas, was sich in der Wirklichkeit befindet, erlitten werden; aber bezüglich des Denkens ist das Bild der Vorstellung lediglich ein potenzial Denkbares. Um dieses in einen denkbaren Gegenstand umzuwandeln, bedarf es einer weiteren Abstraktion. Die Frage ist: Was führt diesen Prozess aus? Wir haben die Lichtmetapher detailliert ausgelegt. Weil das Durchsichtige die Farbe erscheinen lässt, gibt es Kommentatoren wie Alexander von Aphrodisias, die den potenzialen Nous dafür verantwortlich machen.[193] Vor Kurzem wurde von Schroeder die Wirkung des Durchsichtigen beim Erscheinen der Farbe hervorgehoben. Das Licht sei zwar aufgrund seiner stärksten

192 Vorstellung kommt von dem Verb φαντάζεσθαι (erscheinen): Ein Bild erscheint, obwohl der direkte Bezug des Bildes nicht vorhanden ist. Mehr zur Vorstellung: Caston 2006, 331–335, v. a. 332–333; auch Höffe 2005, 442–444. Höffe unterscheidet von einer sinnlich bedingten Vorstellung, die in Bildern von Träumen oder Erinnerungen ihre Wirkung zeigt, und einer logisch bedingten Vorstellung, mit der der Mensch sich spontan ein Bild vorstellt. „Auf der höchsten, abstrakt erkennenden Stufe" stellt man sich verallgemeinerte Bilder vor, derer sich das Denken bedient.

193 De an. 84, 19–21, Bruns: ποιεῖ γὰρ ὁ νοῦς καὶ τὰ αἰσθητὰ αὐτῷ νοητὰ χωρίζων αὐτὰ τῆς ὕλης καὶ τί ποτέ ἐστιν αὐτοῖς τὸ εἶναι θεωρῶν; siehe auch *De intellectu*, 108, 19–22, Bruns. Zu den Unterschieden zwischen den beiden Erklärungen: Sharples 1987, 1207 mit Anm. 102. Sharples kommentiert, dass die Wirkung des produktiven Nous nicht deutlich sei, weil die eigentliche Arbeit der Abstraktion auf den potenzialen Nous falle. Themistius macht den potenzialen Nous auch im gewissen Sinne verantwortlich für die Abstraktion. Aber die Ergebnisse seiner Abstraktion sind nur die Vorbegriffe, die unserer alltäglichen sprachlichen Kommuikation zugrunde liegen, noch keine noetische Erfassung der Formen bzw. die logische Kombination oder Trennung von ihnen (Them. Anal. post., 64, 21–66, 3, Wallies). Zu Themistius siehe Schramm 2008, 194–195, 199–200. Allerdings ist fraglich, ob man dem potenzialen Nous eine derartige Vorarbeit zuweisen kann. Dafür bieten Aristoteles' Ausführungen v. a. in III 4 keinen Anhaltspunkt an.

Sichtbarkeit der Grund der Sichtbarkeit der Farbe, aber dies alleine reiche nicht aus. Das Sichtbarwerden der Farbe benötige noch die Mitwirkung des Durchsichtigen.[194] Wenn die Mitwirkung lediglich das Vorhandensein eines rezeptiven Prinzips benötigt, sei es das Durchsichtige, sei es der potenziale Nous, ist diese Feststellung zwar richtig, aber trivial. Schroeder scheint dem potenzialen Nous eine stärkere, aktive Funktion beizumessen. Nach seinen Ausführungen abstrahiert der menschliche Nous die potenzial denkbaren Formen aus der Materie und stellt diese dem produktiven Nous gegenüber, damit die intelligible Illumination stattfinden kann.[195] Seine Interpretation könnte den Eindruck erwecken, dass das Denken als Abstrahieren des Denkbaren aus den Vorstellungsbildern ohne Wirkung des produktiven Nous stattfindet. Dies entspricht kaum der aristotelischen Lehre. Wie ist dann die Illumination zu verstehen? Sicher ist, dass das menschliche Denken die Mitwirkung des potenzialen Nous benötigt; sicher ist ferner, dass diese Mitwirkung tatsächlich in der Abstraktion liegt. Aber der menschliche Nous benötigt dafür gerade den produktiven Nous; ansonsten wäre ein Nous, der ausgerechnet ποιητικός heißt, gar nicht nötig. Auf der anderen Seite sieht Thomas in dem produktiven Nous die Instanz, welche die Abstraktion vollzieht.[196] Dies entspricht zwar im höheren Grade der Charakterisierung des Nous als ποιητικός; aber das Licht übernimmt kaum eine derart aktive hervorbringende Funktion; es sei denn, dass man den Vergleich mit dem Unvergleichbaren überforderte.

Die Metapher der Kunst und Materie zeigt einen anderen Aspekt, der das ποιητικόν näher bestimmt. Es wird nicht der Künstler, der etwas herstellt in den Vordergrund gerückt, sondern die Kunst, die eher auf die Form weist. Auch wenn man zugibt, dass die Form im strengen Sinn die Wirkursache ist, bewegt eine Form

194 Schroeder 1981, v. a. 218–219, 224–225; 1984, v. a. 242. Er spricht allerdings nicht vom Licht, sondern von der Quelle des Lichtes, die er mit der Präsenz der feurigen Teilchen zu identifizieren scheint (1981, 220).

195 „When the human mind abstracts potentially intelligible forms from matter, these are brought into that juxtaposition with the Active Intellect which allows intellectual illumination to take place." (Schroeder 1984, 239, auch 247; siehe auch 1981, 225).

196 Et ideo, licet lux solis exterior sufficiat ad faciendum colores visibiles actu, ad faciendum tamen fantasmata intelligibilia esse actu requiritur lux interior, quae est lux intellectus agentis (Quaest. Disput. De anima, Quaest. 5, 339–342=45, Leonina). Siehe auch ibid. Quaest. 5, 96–101=39, Leonina, wo die Abstraktion der intelligiblen Gegenständen aus den Vorstellungsbildern als die operatio intellectus agentis bezeichnet wird, sowie Sent. libri De anima cap. IV, 103 ff.=220, Leonina. Thomas' Deutung folgt z. B. Brentano (1867, 164, 167, 173–174 u. ö.), nach ihm wirkt der produktive Nous auf den sensitiven Teil der Seele, nämlich auf die Vorstellungsbilder.

als solche nichts, wie Aristoteles in seiner *Nikomachischen Ethik* feststellt.[197] Allein der Entwurf eines Hauses vermag nicht ein Haus zu bauen; und der produktive Nous, als denkender Inbegriff aller Formen, kann alleine von sich aus einen menschlichen Nous nicht zum Denken bewegen. Deshalb kann man dem Nous Poiētikos nicht die ganze Aufgabe des Hervorbringens zuschreiben.

Sieht man sich das Sehen, mit dem Aristoteles das Denken vergleicht, genauer an, ist es allerdings so, dass es strenggenommen nicht das Auge ist, welches sieht, sondern der Mensch sieht mit den Augen. Aristoteles macht klar, dass nicht die Seele agiert und reagiert, sondern der Mensch mit seiner Seele.[198] In II 5 legt Aristoteles dar, dass *der Mensch* jederzeit denken kann, weil das Denkbare in gewisser Weise in der Seele ist.[199] Daher ist es doch wohl nicht der Nous des Menschen, der denkt, sondern *der Mensch* denkt mit seinem Nous. Die Entstehung des Denkens *im Menschen* kann weder allein durch Analyse des Nous noch alleine durch Analyse des Menschen vollständig aufgeklärt werden.

Das folgende Beispiel der Anfertigung einer Statue soll die Funktion des produktiven Nous bei der Abstraktion deutlich machen. Bei der Produktion einer Statue sind folgende Instanzen am Werk: erstens die Form der Statue, zweitens der Wille des Künstlers, eine Statue anzufertigen, drittens die Arbeit des Künstlers, viertens ein Stück Bronze als Materie. Von diesen sind die ersten drei Instanzen im Künstler vorzufinden. Die Form gilt nicht nur als Formursache, sondern auch als Zweck, den die angefertigte Statue erfüllen soll. Nicht zuletzt gilt sie als Wirkursache im eigentlichen Sinn. Sie lenkt die ganze Arbeit im Hintergrund und stellt sicher, dass am Ende eine Statue und nicht etwa ein Haus hergestellt wird. Indessen ist die Form zwar die Wirkursache in sensu stricto, aber nicht in sensu completo. Der Künstler stellt einen weiteren Aspekt des Wirkens dar. Er ist es, der eine Statue anfertigen *will* und die Anfertigung durchführt. Die Form gibt den Rahmen des Produzierens vor, der Künstler realisiert diese in einem Klumpen aus Bronze.

Beim Wahrnehmen verhält es sich etwas anders. Während das Herstellen ein aktives Handeln des Künstlers ist, weist das Wahrnehmen vonseiten des Wahrnehmenden ein gewisses Erleiden auf. Die Form ist nicht am Wahrnehmenden vorhanden, sondern am wahrgenommenen Gegenstand wie das Rot an einer Blume.

---

197 NE VI 1, 1139a35–36: διάνοια δ' αὐτὴ οὐθὲν κινεῖ. In einem Fragment aus dem *Protreptikos* (B52, Düring) äußert Aristoteles im ethischen Zusammenhang Ähnliches: Die Erkenntnis des Guten genügt nicht, man benötigt noch Handlungen.

198 De an. I 4, 408b14–15. An dieser Stelle trennt Aristoteles den Nous von allen anderen Seelenvermögen. Der Nous könnte eine selbstständige Denkinstanz sein. Aber wie unten gezeigt wird, ist erst der produktive Nous die gesuchte Denkinstanz. Der menschliche Nous dagegen ist ein Teil der Seele.

199 De an. II 5, 417b24.

Deshalb liegt das Wahrnehmen nicht im Willen des Wahrnehmenden, sondern an dem Sichzeigen eines wahrnehmbaren Gegenstandes. Die Entstehung des Denkens nimmt eine mittlere Stelle zwischen Wahrnehmung und Herstellung ein. Sie ähnelt dem Wahrnehmen, indem sie immer noch ein Erleiden vom Denkbaren ist. Auf der anderen Seite hängt das Denken nicht von der Gegenwart eines der Wirklichkeit nach Denkbaren ab. Das potenzial Denkbare ist das Vorstellungsbild, das aus der Wahrnehmung stammt und in der Sinnlichkeit verhaftet bleibt. Dieses kann daher nicht als intelligibler Gegenstand erfasst werden, vielmehr muss es erst ins Intelligible transformiert werden. Der menschliche Nous stellt einen weiteren Aspekt der Potenzialität dar. Dieser ist nur der Möglichkeit nach alles Denkbare. So besehen ist bezüglich des Denkens im Menschen die Potenzialität auf zwei Seiten verteilt: Das Bild der Vorstellung und der Nous des Menschen. Im Kontrast zur Wahrnehmung fehlt hierbei ein wirklicher formaler Aspekt. Deshalb ist der Nous Poiētikos, welcher das für den Menschen unbewusste Denken der Formen ist, für die Entstehung des Denkens vonnöten. Die Transformation eines Vorstellungsbildes in einen denkbaren Gegenstand ist im Grunde ein Abstrahieren des Intelligiblen aus dem Sinnlichen. Insofern ist das Denken der künstlichen Herstellung näher. Wie ein Künstler hat der Mensch den Willen zu denken; und wie ein Entwurf eines Produktes wirkt der produktive Nous latent bei der Entstehung des Denkens im Menschen mit. Unter der unbewussten Leitung des göttlichen Nous bewirkt der Mensch diese Transformation. Das Ergebnis ist das aktuale Denken im Sinn von Bewusstwerden des Denkbaren im menschlichen Nous.

5 Nous Poiētikos als Platonrezeption

Wir haben zu Beginn der Analyse klargestellt, dass Aristoteles in III 5 zu zwei Fragen Stellung bezieht, nämlich ob die Seele unsterblich ist und wie das Denken im Menschen zustande kommt. Die erstere gehört zu Platons Hauptanliegen; was die letztere anlangt, ist die Unterscheidung von zwei Intellekten mit den Bezeichnungen wie „ποιητικός“ und „παθητικός“ aristotelischer Herkunft. Aber bei näherer Untersuchung wird ein vielschichtiger Zusammenhang zwischen Aristoteles und Platon deutlich: Nicht nur in Bezug auf die Seelenlehre, sondern auch in noologisch-ontologischer sowie erkenntnistheoretischer Hinsicht geht Aristoteles mit seiner Lehre vom Nous Poiētikos auf Platons Philosophie ein. Im Folgenden wird die Annahme des produktiven Nous auf diesen dreifachen Bezug hin analysiert.

5.1 Unsterblichkeit der Seele – wahre Natur der Seele und Nous Poiētikos

Wie oben ausgeführt wurde, kann Plotins nicht herabgestiegener Nous das ewige, vom Menschen unbewusste Denken des Nous Poiētikos erhellen, und dies ungeachtet dessen, dass Plotins Lehre auf eine andere Fragestellung hin entwicklt wurde. Szlezák rückt Plotins Nouslehre in seiner Deutung näher an Sokrates' Bestimmung der wahrhaftigen Natur der Seele (ἡ ἀληθὴς φύσις) im zehnten Buch der *Politeia* und an den Mythos der Ideenschau des Wagenlenkers im *Phaidros*.[200] Die menschliche Seele sei wie der mit Muscheln überzogene Meergott Glaukos, dessen wahre Natur sich erst nach dem Abstoß alles üblen und fremden Zuwachses zeigt.[201] Zwar hat Platon an der *Politeia*-Stelle die wahre Natur der Seele nicht genau bestimmt, aber der gereinigte wahre Kern der Seele könne demnach nur der vernünftige Teil der Seele (λογιστικόν) sein. Nur dieser Teil ist unsterblich. Allerdings umfasst bei Platon das λογιστικόν das intuitive (νοῦς) und das diskursive Denken (διάνοια).[202] Das diskursive Denken verfährt analytisch und läuft in der Zeit ab: Es nimmt Begriffe auseinander und ordnet sie in Propositionen ein, bewegt sich von einer Prämisse zu einer anderen. Das noetische Denken dagegen ist das In-*eins*-Sehen aller denkbaren Formen, die als Momente eines einsehenden Denkens erfasst werden.[203] Während das diskursive Denken aus sich heraus ins Nacheinander von Begriffen und Propositionen läuft, bleibt das noetische Denken in sich kreisend: Das Denkende und das Gedachte, das geistig Schauende und das Geschaute sind ein und dasselbe, wie Aristoteles in III 4 deutlich formuliert.[204] Obwohl Platon nicht explizit zu erkennen gibt, welcher von den beiden Aspekten für ihn der unsterbliche Kern der Seele ist, liegt doch nahe, dass der Nous mit seinem überzeitlichen Einsehen die wahre Natur der Seele sei. Denn obwohl das diskursive Denken an sich nicht von sinnlichen Gegebenheiten bestimmt wird, mischt es sich immer wieder in die Sinnlichkeit ein. Mathematiker sind in ihrer Arbeit auf Hilfe von sinnlichen Bildern angewiesen, wie Platons Liniengleichnis deutlich macht.[205] Darüber hinaus

---

200 *Politeia* X, 611b–612a; *Phaidros* 247c. Szlezák 1979, 170–183; neulich auch Szlezák 2008, v. a. 32 f. Der Beginn von Enn. IV.7.10 spielt mit der Charakterisierung des göttlichen Seelenteils als eines unfühlbaren sowie farb- und gestaltlosen auf den *Phaidros* an (10.1–3); und mitten in der Schrift wird von der Reinigung geredet, die an Platons *Politeia* erinnert (10.9–11).

201 In Enn. I.1.12.13–16 erwähnt Plotin ausdrücklich Platons Metapher des Meergottes Glaukos.

202 Dazu Szlezák 1979, 168, 177–180 mit Anm. 577, 2008, 37.

203 Zu einer präzisen Beschreibung der mittleren Stellung des diskursiven Denkens zwischen Nous und Sinnlichkeit: Beierwaltes 2001, 98–99; siehe auch Blumenthal 1996b, 93–94. Zu einer ausführlichen Erörterung von noetischem und dianoetischem Denken: Oehler (1962a).

204 De an. III 4, 430a3–5: ἐπὶ μὲν γὰρ τῶν ἄνευ ὕλης τὸ αὐτό ἐστι τὸ νοοῦν καὶ τὸ νοούμενον· ἡ γὰρ ἐπιστήμη ἡ θεωρητικὴ καὶ τὸ οὕτως ἐπιστητὸν τὸ αὐτό ἐστιν. Zu dieser Identität siehe Kap. I § 5.2.

205 Pol. 509d–511e.

gehört es zur Aufgabe des dianoetischen Denkens, sinnliche Einzeldinge unter Begriffe zu bringen.[206] Einen Hinweis auf diese Identifizierung liefert die Wagenmetapher im *Phaidros*. Es ist *der Nous*, der über den äußersten Rand der Himmelswölbung hinaus auf das wahrhaft Seiende blickt.[207] Hinzu kommt, dass das Augengleichnis des *Großen Alkibiades* ebenfalls auf den Nous als den wahren Kern der Seele deutet. Um sich zu erkennen, blicke man in die Pupille eines anderen Auges, sodass das Auge des Sehenden sich selbst wie in einem Spiegel sieht. Sokrates nennt die Pupille den besten und göttlichen Teil der Seele. In ihr findet das Sehen statt. Die Pupille des Sehenden sieht sich selbst in der Pupille eines anderen. Das Beste sieht sich im Besten.

Analog hierzu erkennt sich die Seele im Blick auf eine andere Seele, wobei sich der beste und göttliche Seelenteil in eben dem gleichen Teil einer anderen Seele erkennt. Dieser Teil, welcher für das Wissen (εἰδέναι) und die Einsicht (φρονεῖν) zuständig ist, kann nur der Nous sein.[208] Nun unterzieht Plotin die Struktur des vernünftigen Seelenteils (λογιστικόν) einer detaillierten Analyse. Wie Platon unterscheidet Plotin zwei Arten des Nous: Das intuitive Einsehen und das diskursive Überlegen. Die Seele stamme, so Plotin, aus dem Nous, und der Nous der Seele wirke als überlegendes Denken (λογισμός). Die Vollendung dieses Denkens hänge jedoch von *dem* Nous ab, von dem die Seele, und mit ihr der Nous der Seele, hervorgekommen seien. Plotin veranschaulicht das Verhältnis mit dem von Vater und Sohn. Der Vater erzeugt den Sohn, dieser ist aber nicht genauso vollkommen wie der Vater.[209] Die Abhängigkeit des diskursiven Denkens vom Nous deutet Plotin zu Beginn von V.1.11. Das diskursive Denken kümmere sich um die Angelegenheiten in der sinnlichen Welt. Aber um zu entscheiden, ob etwas schön oder ob eine Handlung gerecht sei, müsse es sich auf den Nous berufen. Dieser lasse sich nicht auf Überlegen und Entscheiden ein, halte hingegen das Schöne und das Gerechte im ewigen

206 Beierwaltes 1991, 103–106, Remes 2007, 143–145.

207 *Phaidros* 247c: ἡ γὰρ ἀχρώματός τε καὶ ἀσχημάτιστος καὶ ἀναφὴς οὐσία ὄντως οὖσα, ψυχῆς κυβερνήτῃ μόνῳ θεατὴ νῷ [...].

208 *Großer Alkibiades* 132d–133c. Dazu Beierwaltes 1991, 81–84. An der Echtheit des Dialoges wird gezweifelt. Beierwaltes glaubt mit den Neuplatonikern daran, dass der Dialog aus Platons Feder stammt. Selbst wenn der Dialog nicht authentisch platonisch sein sollte, bedeutet dies nicht, dass der Gedanke nicht trotz allem platonisch ist. Dass Aristoteles in seiner *Nikomachischen Ethik* die Spiegelmetapher seiner Erörterung, dass man seine eigene Tugend in derjenigen seines Freundes klarer beobachten und sich darüber freuen kann (Buch IX spez. 1169b30–35), zugrunde legt, ist ein Hinweis darauf, dass die Metapher von Sehen und Spiegel im Kreis Platons gängig war.

209 Enn. V.1.3.12–15: οὖσα οὖν ἀπὸ νοῦ νοερά ἐστι, καὶ ἐν λογισμοῖς ὁ νοῦς αὐτῆς καὶ ἡ τελείωσις ἀπ' αὐτοῦ πάλιν οἷον πατρὸς ἐκθρέψαντος, ὃν οὐ τέλειον ὡς πρὸς αὐτὸν ἐγέννησεν. Das überlegende Denken verfährt diskursiv. Dazu Szlezák 1979, 184.

Denkvollzug.[210] Der Nous mit seinen Formen biete dem Überlegen die *reale* Grundlage, damit es für den Körper sorgen und über die Außenwelt urteilen könne. Daher mache der Nous die Vollendung des Denkens der Seele möglich.

Ist der Nous ein Teil der Seele? Szlezák findet im *Timaios* einen Hinweis auf den Ursprung des Nous. Mitten im Mythos der Weltschöpfung stellt Timaios die Erzeugung der Denkseele durch Mischung aus teilbarer und unteilbarer Substanz (οὐσία) dar. Während die teilbare οὐσία sich auf das Immerwerdende (τὸ γιγνόμενον ἀεί) beziehe, nehme die unteilbare das Immerseiende (τὸ ὂν ἀεί) wieder auf. Dies entfalte sich in dem Ideenganzen, welches seiner Natur nach Nous sei.[211] Plotin sieht das unteilbare Sein als den Nous an, der, bildhaft gesprochen, *oben* bei den intelligiblen Ideen verweile und nicht in die Mischung für die Seele eingehe. In III.8.5 bestimmt Plotin den Nous als den ersten Seelenteil, welcher sich oben befinde und stets von dem, was oben ist, erfüllt und beleuchtet sei.[212] Platons Seelenwagen zufolge gehe die Seele in den Körper herab. Den Abstieg schildert Plotin in IV.3.12. Ein Teil rücke dabei trotzdem nicht nach unten und bleibe als Nous im wahrhaft Seienden. Der Rest der Seele werde nach unten ins Sinnliche gezogen. Das diskursive, überlegende Denken sei indes nicht so weit nach unten gegangen und bleibe ein vom Körper unabhängiges Denken. Andererseits gehe es jedoch so weit nach unten, dass es sich um das Körperliche kümmere. Plotin nennt das diskursive Denken im Kontrast zum oben gebliebenen Nous den mittleren Teil der Seele.[213] Welcher von den beiden, der Nous oder das dianoetische Denken der Seele, macht die wahre Natur der Seele und damit das wahre Selbst aus? Während der oben gebliebene Nous reines, permanentes Denken sei, sei sich der Mensch dessen kaum bewusst. Das diskursive Denken sei von oben ins sinnlich-körperliche gerückt und

---

210 Enn. V.1.11.1 – 7. Am Ende erwähnt Plotin sogar das Eine als Prinzip und Gott des Nous. In IV.7.13.1 – 10 kontrastiert Plotin einen Nous, der immer bei sich ein unaffiziertes intelligibles Leben führt, mit einem anderen, der Begierde hat, Ordnung nach den intelligiblen Vorbildern in die sinnliche Welt einzuführen. Dieser Nous ist das überlegende Denken. Platons demiurgisches Gedankengut ist dabei kaum zu übersehen. Siehe auch V.3.2.2 – 14, vor allem 7 – 11 zu den verbindenden Tätigkeiten des diskursiven Denkens.

211 Tim. 35a Siehe Tim. 27d–28a zu dem Immerseienden und dem Immerwerdenden. Zur Bildung der Seele in Tim. 35a: Cornford 1937, 59 – 66. Zur Deutung der Tim. 35a in Bezug auf die Lehre des nicht herabgestiegenen Nous: Szlezák 1979, 188 f., 2008, 35 – 39. Zur Einheit von Nous und Sein: unten § 5.3.1.

212 Enn. III.8.5.9 – 11.

213 Enn. IV.3.12.1 – 8 ἀνθρώπων δὲ ψυχαὶ εἴδωλα αὑτῶν ἰδοῦσαι οἷον Διονύσου ἐν κατόπτρῳ ἐκεῖ ἐγένοντο ἄνωθεν ὁρμηθεῖσαι, οὐκ ἀποτμηθεῖσαι οὐδ’ αὗται τῆς ἑαυτῶν ἀρχῆς τε καὶ νοῦ. οὐ γὰρ μετὰ τοῦ νοῦ ἦλθον, ἀλλ’ ἔφθασαν μὲν μέχρι γῆς, κάρα δὲ αὐταῖς ἐστήρικται ὑπεράνω τοῦ οὐρανοῦ. πλέον δὲ αὐταῖς κατελθεῖν συμβέβηκεν, ὅτι τὸ μέσον αὐταῖς ἠναγκάσθη, φροντίδος δεομένου τοῦ εἰς ὃ ἔφθασαν, φροντίσαι. Zum Mythos von Dionysus: Armstrong Plot. IV, 72 – 73 mit Anm. 2; zum mittleren Seelenteil: Szlezák 1979, 191, 2008, 31.

gerade deswegen das Zentrum der Persönlichkeit, weil der Umgang mit der Außenwelt den Inhalt des Bewusstseins bestimme.[214] In der zweiten Hälfte von VI.4.14 versucht Plotin, die Frage nach dem wahren „Wir" aufzuklären (ἡμεῖς δέ – τίνες δὲ ἡμεῖς;). Vor dem Abstieg in die sinnliche Welt seien *wir* Nous und beim Intelligiblen gewesen. Und selbst nach der Geburt seien wir nicht völlig vom Intelligiblen abgeschnitten. Ein Teil der Seele sei der oben gebliebene Nous. Plotin macht deutlich, dass *wir* doppelt zu verstehen ist: *Wir* sind, was wir vor dem Abstieg waren.[215] *Wir* sind auch, was aus dem Ursprünglichen und dem nachher Hinzugefügten entstanden ist. Jenes Wir sei der bei sich weilende Nous; dagegen gründe dieses Wir auf dem überlegenden Denken, schließe Wahrnehmung, Begierden und andere Gemütsbewegungen ein.

Beide sind *wir.* In der Tat pflegen wir eher das zweite Wir für das Selbst zu halten, weil wir als Seele-Körper-Komplexe uns unserer psychischen Bewegungen, einschließlich diskursiver Erwägungen, bewusst sind.[216] Das ewige Denken merken wir hingegen nicht. In den späteren Schriften tendiert Plotin dazu, das diskursive Denken als das Selbst anzusehen. In der 49. Schrift (V.3) gibt er einerseits zu, dass der Nous in der Seele ist, leugnet allerdings, dass er ein Teil der Seele ist. Der Nous *ist und ist nicht* unserer. Demgegenüber machten wir ständig Gebrauch vom diskur-

---

214 Emilsson (2017, 269 ff.) hebt in seiner ausführlichen Erörterung des Selbst bei Plotin die Rolle der Vorstellung (φαντασία) in den bewussten seelischen Aktivitäten hervor. Die Vorstellung verbinde das diskursive Denken und die Wahrnehmung. Das Wahrgenommene werde durch Vorstellung aufgenommen und überarbeitet, und das sorgende Überlegen beziehe sich auf das Überarbeitete. Die Vorstellung sei daher das Koordinationszentrum des bewussten Lebens: „It is here that our conscious life takes place for the most part and here where the empirical ‚we' is located [...]" (*ibid.* 270).

215 Dazu Szlezák 1979, 188–189, 2008, 36. Auch Blumenthal (1996b, 99): „[...] it is at the level of discursive reason that Plotinus often thought our self, what he often calls ‚the we', is to be found. That view contrasts with another, by which we are really our intellects."

216 Seiner Emphase auf die Rolle der Vorstellung entsprechend, hebt Emilsson das diskursive Denken (reason) als das Selbst (das Wir) hervor: „On the other hand, the self is reason, the pure soul without the ‚encrustations'." (2017, 291); „Thus, the faculty of representation [i. e. die Vorstellung] is our faculty of consciousness but strictly speaking we ourselves are the reason [i. e. das diskursive Denken] in affair." (*ibid.* 292). Siehe oben Anm. 214. Remes (2007, 10) unterscheidet zwei „Wir": „[...] either including the beast or that which is above it (I.1.10.5–6; for beast, cf. Pl. Resp. 588c). The ‚beast' refers to the non-rational behavioural motivations closely connected with the functions and needs of the body, whereas reason is what is above it." Wie Emilsson hebt auch Remes die Dianoia als das Selbst hervor: „Since human beings have a many-dimensional selfhood ... to reach a comprehensive understanding of themselves they need to learn all different aspects. This tells more about their inclusive nature than pure intellectual self-intellection. Since they are embodied and discursive thinkers, understanding this aspect of their own nature seems essential for self-understanding." (173).

siven Denken. Dieses mache das eigentliche Wir aus.[217] Die Emphase auf dieses Wir bleibt bis zu den letzten Schriften gültig. Allerdings ist dies nicht die vollständige Bestimmung des Wir. Der Nous sei nur „auf eine andere Weise" abwesend. Dies hindere nicht daran, dass er als Ursprung der Seele und Grund des diskursiven Erwägens *auf wieder eine andere Weise* doch mitwirke, wie Plotin in V.1.11 zugibt.[218] Am Ende sieht er ihn erneut als einen Teil von uns. In seiner vorletzten Schrift fordert Plotin uns auf, zu diesem Teil der Seele aufzusteigen, weil dieser ein Teil von uns sei.[219] Damit wird das dianoetische Denken nicht aus dem Persönlichkeitszentrum verdrängt. Das bewusste Selbst sei uns gleichsam gegeben: Wir sind es immer. Als Ursprung und Grund der Seele sei der Nous deren wahre Natur und das wahre Selbst. Allerdings sei dieser das, was *erst* bewusst gemacht werden müsse. Das wahre Selbst stelle für den Menschen eine Herausforderung dar, aus dem sinnlich Gegebenen heraus in das wahrhaft seiende Intelligible zu gelangen.[220] Der Aufstieg zum nicht herabgestiegenen Nous ist, wenn man sich die räumliche Metapher anders vorstellen darf, im Grunde die Rückkehr in die Tiefe der Seele, um zu erkennen, was man eigentlich ist.

Die Suche nach dem wahren Selbst beginnt mit Platon. Im *Phaidros* lässt Sokrates deutlich vernehmen, dass für ihn die Selbsterkenntnis das Allerwichtigste ist.

> οὐ δύναμαί πω κατὰ τὸ Δελφικὸν γράμμα γνῶναι ἐμαυτόν· γελοῖον δή μοι φαίνεται τοῦτο ἔτι ἀγνοοῦντα τὰ ἀλλότρια σκοπεῖν [...] σκοπῶ οὐ ταῦτα ἀλλ' ἐμαυτόν, εἴτε τι θηρίον ὂν τυγχάνω Τυφῶνος πολυπλοκώτερον καὶ μᾶλλον ἐπιτεθυμμένον, εἴτε ἡμερώτερόν τε καὶ ἁπλούστερον ζῷον, θείας τινὸς καὶ ἀτύφου μοίρας φύσει μετέχον.
>
> *Phaidros* 229e–230a

> Ich kann noch immer nicht nach dem Delphischen Spruch „mich selbst erkennen". Lächerlich also kommt es mir vor, solange ich hierin noch unwissend bin, an andere Dinge zu denken [...] denke ich nicht an diese Dinge, sondern an mich selbst, ob ich etwa ein Ungeheuer bin, noch

217 Enn. V.3.3.34–38. V.3 ist Plotins 49. Schrift. In seiner vorletzten Schrift (I.1.7.21–24) erkennt Plotin das diskursive Überlegen weiterhin als das *Wir* an. Szlezák hat eine Änderung in Bezug auf die Identifikation des Nous bei Plotin festgestellt. Denn in den früheren Schriften, z. B. IV.7.10 (2. Schrift), IV.3.12 (27. Schrift), III.8.5 (30. Schrift) tendiert Plotin dazu, den Nous als Seelenteil und sogar den wahren Seelenteil anzusehen. Dazu Szlezák 1979, 199–201, 2008, 37–39.

218 Gemäß Plotins Hypostasenlehre muss die Seele sich stets zu ihrem Ursprung, dem Nous, hinwenden, um weiter als solche bestehen zu können. Zur Hinwendung: Enn. V.1.6.45–49, und Kremer 1990, XI.

219 Enn. I.1.13.7–8: μέρος γὰρ καὶ οὗτος ἡμῶν καὶ πρὸς τοῦτον ἄνιμεν.

220 Enn. I.1.11.4–5 τί οὖν; οὐχ ἡμεῖς καὶ πρὸ τούτου [τοῦ μέσου]; ἀλλ' ἀντίληψιν δεῖ γενέσθαι. Hier macht Plotin deutlich, dass der Nous, der vor dem mittleren Seelenteil ist, zum Wir gehört. Gerson (1992, 251, 254–255) nennt ihn „the ideal self" im Gegensatz zum „empirical self". Zum wahren Selbst: Beierwaltes 2001, 103–106.

verschlungener gebildet und ungetümer als Typhon, oder ein milderes einfacheres Wesen, das sich seines göttlichen und friedlichen Teiles von Natur erfreut.

Long zufolge gehört diese Passage zu den frühesten Versuchen, den Delphischen Spruch philosophisch fruchtbar zu machen. Der Spruch ist eine Warnung vor dem Hochmut des Menschen: Der Mensch sollte die ihm gesetzte Grenze erkennen. Platon verleiht dem Spruch einen nuancierten neuen Sinn. Der Mensch solle seine eigene Natur erkennen, ob er ein Ungeheuer ist oder über eine göttliche und friedliche Natur verfüge.[221] Die Suche nach der Natur des Menschen ist eine wichtige Aufgabe in Platons philosophischen Bemühungen. Plotin hat Platons ambigues λογιστικόν genauer bestimmt und den Nous als *das wahre Selbst* des Menschen konstatiert. Gegenüber dem Selbst, das in bewussten Überlegungen bestehe und jedem Menschen zugänglich sei, liege der Nous ganz oben im intelligblen Bereich der Seele. Plotin trägt dem offenkundigen Umstand Rechnung, dass viele Menschen sich selten oder nie auf das intuitive Denken einlassen. Das wahre Selbst sei mithin nicht eine Sache, die vorliegt, sondern eine Herausforderung. Der Mensch solle sich bemühen, zu seinem eigentlichen Selbst im Denken zu gelangen. Mit dem Nous Poiētikos nimmt auch Aristoteles an der Diskussion teil, obwohl die Suche nach dem wahren Selbst nicht den Ausgang für die aristotelische Lehre bildet. Er fragt jedoch nach der Unsterblichkeit der Seele. In mancher Hinsicht lässt sich der Nous Poiētikos als Vorläufer des plotinischen Nous ansehen: Beide sind unsterblich und beide sind intuitives, auf sich bezogenes Denken, welches für den Menschen unbewusst abläuft. Während Plotin sich viele Gedanken über die Zugehörigkeit des Nous zur Seele macht, geht Aristoteles von vornherein davon aus, dass der Nous, der ständig denkt, nicht eng zur Seele gehört. Indes, wie eben ausgeführt, gibt es eine Phase, in der Plotin doch zögert, den Nous als einen Seelenteil anzusehen. Er ist zwar in der Seele (ἐν τῇ ψυχῇ), aber nicht ein Teil von ihr. Dies kommt Aristoteles' Bestimmung des produktiven Nous recht nahe. Plotin entscheidet sich schließlich für eine innere Beziehung zwischen dem Nous und der Seele. Allerdings ergeben sich aus dem Identitätswechsel kaum Änderungen am Wesen des Nous. Zwar ist der Nous bei Plotin nicht völlig abgetrennt von der Seele, jedoch ändert dies nichts an der Tatsache, dass der oben gebliebene Nous ohne jede persönliche Identität bleibt. Er ist wie der Nous Poiētikos dem Wesen nach Denktätigkeit (τῇ οὐσίᾳ ὢ ἐνεργεία).[222] Plotin ermahnt den Menschen, zum wahren Selbst aufzu-

---

221 Long 2001, spez. 20–21.

222 Remes (2007, 170) merkt richtig an: „Intellect's self-knowledge does not yield any personal or individual information." Das Sichdenken des Nous hat eine andere Dimension. Gegenüber dem Sichdenken des Aristoteles schließt das Sichdenken bei Plotin ein neues Element ein: Das Sichdenken ist ein klar bewusster Art. Das Sichdenkende ist sich der denkenden Tätigkeiten und der

steigen. Dies ist eine Wiederaufnahme des platonischen Motivs von der Gleichwerdung mit Gott.[223] Darauf kommen wir im vierten Kapitel zurück. Wir werden zeigen, dass es von Aristoteles eine ähnliche Ermahnung gibt, ungeachtet dessen, dass der produktive Nous nicht menschlich ist und dass dem Menschen die Unsterblichkeit abgesprochen wird.

5.2 Möglichkeit des Denkens – Ideenschau und Nous Poiētikos

Es scheint ferner so zu sein, dass *erst* Aristoteles die Entstehung des Denkens für erklärungsbedürftig hält. Dies stimmt freilich nur zum Teil. Platon hat keine Theorie dazu formuliert; aber sein Mythos der Ideenschau und die damit zusammenhängende Anamnēsis-Lehre stellen Platons Antwort auf die Entstehung des Denkens dar.[224] Entmythologisiert handelt es sich bei Platons Lehre um die ontologische Begründung des Erkennens. Die Seele verfügt über ein gewisses Vorwissen der Ideen aufgrund der mythischen Ideenschau vor der Geburt; und dieses Vorwissen ermöglicht es uns, die Ideen zu erfassen.[225] Der Mensch ist sich dieses Vorwissens nicht bewusst. Das Denken selbst, das ein bewusster Akt ist, ist nach Platon im Grund das Wiedererinnern.[226]

Aristoteles hat sich in einem früheren Werk Platons Ansicht zur Unsterblichkeit und Wiedererinnerung angeschlossen. In seinem verloren gegangenen Dialog *Eudemos* glaubt er an die Unsterblichkeit der Seele. Aristoteles nennt eine Ursache, warum die Seele, wenn sie von dort komme, hier in diesem Leben die dort geschauten Bilder vergesse, wenn sie dagegen von hier weggehe, sich dort an die

---

Identität von sich selbst als Denkendem und als Gedachtem bewusst. Emilsson macht auf Plotins Anwendung der ersten Person in seiner Formulierung des Sichdenkens aufmerksam. Siehe 2007, 107 ff. v. a. 109–119, 2017, 118–123, Remes 2007, 163–170. An einer Stelle fasst Emilsson präzise zusammen: „So the conclusion is that for a thought to pass as self-thinking it must contain a conscious identification of itself with what is thought.“ (2017, 121, auch Emilsson 2007, 118–119 Anm. 53). Hier ist nicht der Ort, Plotins innovatives Sichdenken ausführlich zu analysieren. Eines aber bleibt, dass das Ich beim Sichdenken keine persönliche Identität involviert. Es ist im Grund selbstreferenzielles Denken des Nous. Wie sich ein solches unpersönliches Denken mit Platons Mythen des Todesgerichtes vereinbaren lässt, ist eine nicht leicht zu beantwortende Frage. Diese braucht allerdings Aristoteles nicht zu beschäftigen, da er den Nous nicht zur Seele rechnet.

223 *Theaitetos* 176b.

224 Der locus classicus dieser Lehre bei Platon ist *Menon* 80d ff., auch *Phaidros* 249d ff., *Phaidon* 72e f.

225 Dazu ausführlich Hartmann 1957.

226 Hartmann (1957, 56–57) hält die Theorie der Anamnēsis eher für ein Sichbesinnen und ein Bewusstmachen latenten Wissens als für eine mythische Präexistenz der Seele. Aber die Unsterblichkeit ist bei Platon doch nicht eine bloße mythische Präexistenz der Seele.

Leiden hier erinnere. Dies ist seine Erklärung: Menschen, die von der Gesundheit in die Krankheit übergingen, begännen zu vergessen, und zwar sogar zuweilen die Buchstaben, die sie gelernt hätten. Wenn sie dagegen von der Krankheit zur Gesundheit kämen, so geschehe niemals das Gleiche. So gleicht das Leben der Seele, welches ohne den Leib ist, der Gesundheit, da es das naturgemäße Leben ist; das Leben in Leibern gleicht dagegen der Krankheit, da es naturwidrig ist. Denn dort leben die Seelen gemäß ihrer Natur, hier aber gegen ihre Natur. So geschieht es denn mit Recht, dass die Seelen, die von dort kommen, das Dortige vergessen, jene aber, die von hier dorthin gehen, sich an das Hiesige erinnern.[227]

In dieser Erzählung ist das platonische Gedankengut kaum übersehbar. Die Seele gilt als unsterblich und hat ein Leben vor sowie ein Leben nach dem hiesigen leiblichen Leben.[228] Bezeichnend ist, dass Aristoteles behauptet haben soll, dass wir das vor unserer Geburt Angeschaute (τὰ ἐκεῖ θεάματα) in diesem Leben vergessen hätten (ἐπιλανθάνεσθαι). Dies ist zweifelsohne eine Anspielung auf die platonische Ideenschau und seine Anamnēsis-Lehre. Weniger deutlich ist allerdings Aristoteles' Haltung dazu. Prima facie lehnt er dabei die Anamnēsis-Lehre ab, weil er vom Vergessen redet.[229] Diese Deutung ist dennoch nicht zwingend. Zum einen redet Platon nicht von Erinnerung, sondern von *Wieder*erinnerung, die das Vergessen voraussetzt; zum anderen ist der Eintritt in das irdische Leben bei Platon ebenfalls vergleichbar mit dem Beginn einer Krankheit. Daher ist es möglich, dass Arisoto-

227 Eudemos, Ross, 5, R[3] 41: λέγει δὲ καὶ ὁ δαιμόνιος Ἀριστοτέλης αἰτίαν δι' ἣν ἐκεῖθεν μὲν ἰοῦσα ἡ ψυχὴ δεῦρο ἐπιλανθάνεται τῶν ἐκεῖ θεαμάτων, ἐντεῦθεν δὲ ἐξιοῦσα μέμνηται ἐκεῖ τῶν ἐνταῦθα παθημάτων· καὶ ἀποδεκτέον τοῦ λόγου. φησὶ γὰρ […].

228 Beweise für die Unsterblichkeit der Seele finden sich in dem Dialog. Zu den Beweisen siehe Gigon 1950, 200–201. Der *Eudemos* gehört zu Aristoteles' exoterischen Schriften, die nach Düring (1966, 554–555) für ein breiteres Publikum gedacht waren und zu einer anderen Gattung von Schriften gehören. Eine ähnliche Meinung vertritt Franz Dirlmeier (1963=1970, 162–173, hier 163–164). Wehrli (1961=1972, 217–228) glaubt, dass Aristoteles' populäre Schriften gleichsam als Brücke zwischen der vorplatonischen, ja sogar vorphilosophischen Literatur und den jüngeren Peripatetikern dienen (224 f.). Zu einer kurzen Vorstellung der einzelnen Fragmente des Dialogs siehe Gigon (1960, 19–33). Zur Diskussion über die Gemeinsamkeiten zwischen dem *Eudemus* und Platons *Phaidon* siehe Rees (1960, 191–195).

229 So deuten es Flashar/Dubielzig/Breitenberger in ihrem Kommentar (2006, 159) zu dieser Passage. Der Grund, dass die Kommentatoren Aristoteles' Ausführungen als Ablehnung auslegen, ist, dass Aristoteles nicht die Existenz der Ideen annimmt: „Es gibt in der Konsequenz der Ablehnung der Ideenlehre Platons keine ‚Wiedererinnerung' auf Erden, sondern Lernen und Erfahrung mit der Möglichkeit des Bewahrens der hier gewonnenen Kenntnisse in einer angenommenen Postexistenz des Vernunftteiles der Seele." Wir haben darzustellen versucht, dass Aristoteles' Noetik und seine Erkenntnislehre eine transzendente Grundlage haben sollen.

teles im *Eudemos* Platons Anamnēsis-Lehre akzeptiert.[230] Aber in seinen Pragmatien gibt sich Aristoteles offensichtlich mit der Anamnēsis-Lehre nicht zufrieden. Der Grund liegt weniger darin, dass die Lehre lediglich durch die Mythen des Seelenwagens und der Ideenschau dargestellt wird, als vielmehr darin, dass sie die Unsterblichkeit der Seele voraussetzt. In III 5 gibt Aristoteles jedoch der Frage nach der Unsterblichkeit der Seele eine definitive Antwort: Nur der göttliche Nous Poiētikos an sich ist unsterblich, weil er reines Denken ist. Der menschliche νοῦς παθητικός dagegen ist sterblich und deshalb erinnern *wir* – die Menschen – uns nicht. Wie in der Analyse dieses Passus ausgeführt, soll das Bestreiten der Erinnerung in Bezug auf Platons Lehre der Wiedererinnerung gelesen werden. Wenn Aristoteles den Ansatz des Lehrers zurückweist, muss er eine neue Grundlage für die Möglichkeit des Denkens ausfindig machen. Das Denken ist eine Art Erleiden. Aber einerseits ist der Nous des Menschen nichts als reines Vermögen, und andererseits ist das Denkbare bei den sinnenfälligen Einzeldingen nur der Möglichkeit nach vorhanden, wie kommt da das Denken überhaupt zustande? Nun ist einem antiken Philosophen wie Aristoteles die Existenz von transzendentalen Vermögen eines Immanuel Kants nicht zuzumuten.[231] Der νοῦς ποιητικός erfüllt als Inbegriff aller Denkformen die Funktion als ontologische Begründung des Denkens. Die

230 Elders (1960, 13) ist der Ansicht, dass Aristoteles in diesem Fragment die Ideenlehre akzeptiere. Konrad Gaiser (1985, vor allem 476–477, 483–484) gibt in seiner ausführlichen Diskussion über den *Eudemos* zu, dass der Dialog Gedanken zur Unsterblichkeit der Seele enthält, warnt aber, diesen zu schnell als Aristoteles' eigene Lehrmeinung zu deuten: Aristoteles lege Eudemos den Gedanken in den Mund. Daher könne man nicht sicherstellen, ob Eudemos dabei tatsächlich Aristoteles' eigene Position zur Unsterblichkeit vortrage. Gaiser konkludiert: „[...] aber er hat in dem exoterischen Dialog auch platonische und altüberlieferte Vorstellungen zur Sprache gebracht, die er als Philosoph bezweifelte [...] so spricht in diesen beiden Werken [d. h. *Eudemos* und *Protreptikos*] wahrscheinlich auch aus dem Plädoyer für den Unsterblichkeitsglauben mehr die Solidarität mit der platonischen Schule als das persönliche Bekenntnis." (484). Gigon (1950, 202–203) schlägt eine völlig andere Deutungsrichtung vor. Nach ihm will Aristoteles nicht auf Platons schattenhafter und prekärer These der Wiedererinnerung aufbauen. Das Erinnern im Jenseits setzt er eher in den Zusammenhang zu Totengericht, Opfern und Spenden.

231 Cassirer (1932, 146–147, 158, 172) sieht die Entstehung des Allgemeinen als einen allmählichen Prozess von unten nach oben. Aber was garantiert, dass dieser allmähliche Prozess zu Ende geführt werden kann? Wilpert (1935, 449–450) betont, dass das Intelligibelmachen in der Tat Abstraktion ist, und die Produktivität des Nous Poiētikos besteht nach ihm gerade in der Abstraktion. Er fügt hinzu, dass schon Alexander die Aufgabe des Nous in der Abstraktion sieht, und kommt zu dem Schluss: „Die Produktivkeit des nous poiêtikos ist jeder Mystik entkleidet und in eine Reihe näher bestimmbarer Akte des Vergleichens und Analysierens der empirischen Gegebenheiten zerlegt." (450). Alexander sagt an einer Stelle (*De anima* 83, 11–12, Bruns): „ἥτις περίληψίς τε καὶ διὰ τῆς τῶν καθ' ἕκαστα αἰσθητῶν ὁμοιότητος τοῦ καθόλου λῆψις νόησίς ἐστιν." Aber wir dürfen nicht vergessen, dass der νοῦς ποιητικός bei ihm der Gott ist.

Annahme des produktiven Nous lässt sich als Aristoteles' stillschweigende Antwort auf Platons Mythos der Wiedererinnerung ansehen.[232] Weil er nicht wesentlich zu unserer Seele gehöre, seien wir uns seiner Wirkung nicht bewusst: Wir haben keine Erinnerung. Als Inbegriff aller denkbaren Formen liefere er den formalen und mithin den grundlegenden Aspekt des Bewirkens bei der *Produktion* des Denkens im Menschen, dennoch bedürfe die Produktion darüber hinaus noch eines *Handelnden. Der Mensch* denkt immer, wenn er will. Dies erklärt, warum Aristoteles dem Nous Poiētikos zwar die Funktion „πάντα ποιεῖν" zuteilt, zugleich aber durch die Vergleiche mit der Kunst und dem Licht das Moment des Wirkens qualifiziert.

5.3 Nous in Produktion – Demiurg und Nous Poiētikos

Wie in der Einleitung (§ 2) ausgeführt wurde, ist die Hervorbringung (ποιεῖν) ein zentraler Begriff in der platonischen Philosophie. Nach Aristoteles hat Sokrates sich auf ethische Fragenstellungen konzentriert, um allgemeine Bestimmungen für Tugenden aufzuspüren.[233] In seiner sogenannten klassischen Theorie der Ideen, die in den mittleren Dialogen entfaltet wird, beschäftigt sich Platon, seinem Lehrer folgend, hauptsächlich mit aesthetisch-moralischen Normen. Aber mit der Zeit erweitert Platon, über Sokrates hinausgehend, sein philosophisches Interesse auf kosmologische und auf die Natur bezogene Fragestellungen. Der *Timaios* lässt sich als platonische Wiederbelebung der vorsokratischen Kosmologie und Naturphilosophie sehen. Das Moment des ποιεῖν, verkörpert durch den Demiurgen, ist in gewissem Sinne der Vorläufer des produktiven Nous. Im Folgenden werden wir zunächst Platons Gedanken zum Demiurgen analysieren, um alsdann zu ermitteln, inwiefern Platons Demiurg Einfluss auf die Konzeption des produktiven Nous hat.

5.3.1 Der Demiurg im *Timaios*

Die These, dass die Welt auf die Schöpfung eines Gottes zurückgeht, findet sich nicht nur im *Timaios*. Im *Sophistes* wird die göttliche und die menschliche Hervorbrin-

232 Plotin bringt an einer Stelle in den *Enneaden* den Nous, das Sein und das Wiedererinnern zusammen: ὀρθῶς ἄρα τὸ γὰρ αὐτὸ νοεῖν ἐστί τε καὶ εἶναι καὶ ἡ τῶν ἄνευ ὕλης ἐπιστήμη ταὐτον τῷ πράγματι καὶ τὸ ἐμαυτὸν ἐδιζησάμην ὡς ἓν τῶν ὄντων· καὶ αἱ ἀναμνήσεις δέ (V.9.5.29 – 32). Thomas betrachtet Aristoteles' Annahme des νοῦς ποιητικός auch als eine Antwort auf Platon. Allerdings weist er eine Präsenz der reinen Formen vor dem Denken des Menschen zurück. Den intellectus agens deutet er lediglich als das Vermögen der Abstraktion. Siehe oben Anm. 196.

233 Met. I 6, 6, 987b1 – 4. Zitat siehe Kap. III § 2 Anm. 6.

gung zum Vergleich herangezogen;[234] ferner gibt Platon im *Philebus* zu verstehen, dass generell alles, was entstanden ist, eine Ursache voraussetzt, wobei Ursache (τὸ αἴτιον) und Bewirkendes (τὸ ποιοῦν) nur verschiedene Namen ein und derselben Sache sind.[235] Die Übereinstimmung mit der Redeweise „τὸ αἴτιον καὶ ποιητικόν" in III 5 ist deutlich zu erkennen.[236] Im *Timaios* werden das Ursächliche und das Bewirkende als Schöpfer im Rahmen der Weltschöpfung thematisiert. Timaios von Locri gibt eine Erzählung über die Schöpfung der Welt. Danach ist die Welt das Ergebnis der Schöpfung des Demiurgen. Für seine Kreation hat der Schöpfergott die vollkommenen Formen als Muster genommen.[237] Die Frage nach der Identität des Demiurgen hat Diskussionen entfacht. Auf den ersten Blick entspricht dies durchaus unserer Erfahrung von Produktion, die auch Aristoteles' Lehre der Hervorbringung zugrunde liegt: Die Produktion einzelner Gegenstände braucht einen gestaltenden Meister. Nun ist es der Demiurg, der die Welt erschaffen hat. In seiner Platonkritik in *Metaphysik* I 9 weist Aristoteles die These zurück, dass Ideen als Vorbilder zur Entstehung einzelner Dinge beitragen können. Er fragt nämlich, was das für ein Erschaffendes ist, welches im Blick auf die Formen etwas herstellt?[238] Die Anspielung auf den Demiurgen ist nicht zu verkennen. Aristoteles erlaubt es nicht, das Modell der Schaffung in der Welt auf die Weltschaffung zu übertragen, da er von der Ewigkeit der Welt ausgeht. Allerdings warnt Timaios ausdrücklich davor, seine Erzählung wörtlich zu nehmen. Der Mythos über die Entstehung des Kosmos ist lediglich eine wahrscheinliche Darstellung (εἰκὸς μῦθος), die nur διδασκαλίας χάριν entworfen wurde.[239] Den engsten Platonschülern ist nicht entgangen, dass die Schöpfung, die in dem Mythos erzählt wurde, nicht wörtlich als creatio ex nihilo zu

---

234 Platon macht sich im *Sophistes* (265b ff.) diese Parallelität zunutze. Beides, die göttliche wie die menschliche Hervorbringung, weist den gleichen Logos aus. Eine andere Stelle bei Platon, die sich in demselben Rahmen bewegt, ist die Rede von Gott als dem Schöpfer der Idee des Betts im zehnten Buch der *Politeia* (597d). Dazu Krämer 1969, 491. Zur vorsokratischen Herkunft: Kahn 2013, 159–160.

235 Phil. 26e: οὐκοῦν ἡ τοῦ ποιοῦντος φύσις οὐδὲν πλὴν ὀνόματι τῆς αἰτίας διαφέρει, τὸ δὲ ποιοῦν καὶ τὸ αἴτιον ὀρθῶς ἂν εἴη λεγόμενον ἕν;

236 Nach Merlan (1963, 10) sieht Plotin hierin den Anhaltspunkt, den Demiurgen als Nous zu bestimmen.

237 Tim. 28a6–7: ὅτου μὲν οὖν ἂν ὁ δημιουργὸς πρὸς τὸ κατὰ ταὐτὰ ἔχον βλέπων ἀεί. Im früheren Dialog *Gorgias* (500e–501c, 503d–504a) beschreibt Platon eine Vorgehensweise des Schaffens, die der göttlichen Weltschaffung im *Timaios* zugrunde liegt. Siehe Sedley 2007, 107–108.

238 Met. I 9, 991a22–23: τί γάρ ἐστι τὸ ἐργαζόμενον πρὸς τὰς ἰδέας ἀποβλέπον; Zu Aristoteles' Kritik siehe Kap. III § 2.1.

239 Tim. 29cd. Trotz dieser Warnung stellt Flashar in seinem Aristotelesbuch „fundamentale Unterschiede" zwischen Platon und Aristoteles fest. Die demiurgische Schöpfung deutet er wörtlich und daher ist Platons kosmologisches Konzept schwer vereinbar mit dem aristotelischen. Siehe Flashar 2013, 230–231.

verstehen ist.[240] Aristoteles' Polemik gegen eine einmalige Weltschöpfung trifft Platon somit nicht.[241] Die Schöpfungsgeschichte im *Timaios* wurde wieder von Matthias Baltes mit großer Eindringlichkeit als eine creatio perpetua sive continua nachgewiesen. Dementsprechend ist der Demiurg kein anderer als der Nous, der mit den Formen als Inhalt des Denkens identisch ist.[242] Diese Deutung gewinnt ferner dadurch an Plausibilität, dass Platon für die Entstehung der Welt nur drei Gattungen gelten lässt, nämlich die Formen als Muster, die sinnenfälligen Dinge als Nachahmung des Musters und das alles wie eine Amme Aufnehmende.[243] Ein Demiurg als Schöpfergott wird dabei nicht erwähnt. Hieraus ist zweierlei abzuleiten: Erstens, der Demiurg stellt den Aspekt der Wirkungsmächtigkeit der Formen dar.[244] Dies entspricht Platons strikt analytischer Auffassung von den Formen als Ursachen für die Entstehung und Existenz sinnenfälliger Einzeldinge. Die Ideen sind insofern wirkungsmächtig, als sie den ontologischen Grund für alles, was sich auf der sinnenfälligen Welt findet, darstellen. Aus denselben Überlegungen heraus bestimmt Aristoteles wie Platon die Form als in sensu stricto die Wirkursache sinnenfälliger

---

240 Z. B. Xenokrates Fg. 54, Heinze (=Plutarch de an. procr. 3, 1013a): τὰ δ' αὐτὰ καὶ περὶ τοῦ κόσμου διανοούμενον (Πλάτωνα οἴονται οἱ περὶ Ξενοκράτην καὶ τὸν Κράντορα) ἐπίστασθαι μὲν ἀίδιον ὄντα καὶ ἀγέννητον. Siehe auch Speusipp Fg. 94–95 I.P., Ross Phys. Komm. 689, Dillon 1977, 33, D. Thiel 2006, 133–136. Nach Thiel fand der Lösungsvorschlag von Xenokrates und Speusipp den gesamten antiken Platonismus hindurch bis in die Moderne seine kompetenten Fürsprecher. Im antiken Platonismus tendiere nur Plutarch zu einer wörtlichen Deutung des *Timaios* (*ibid.* 135). Zu einem Überblick über die Hauptthesen der wörtlichen und der metaphorischen Deutung der Schöpfung bzw. des Demiurgen siehe Zeyl 2000, xx–xxv.

241 Z. B. *De caelo*, I 10, 279b32 ff., v. a. 280a1 f., Phys. VIII 1, 251b17–19 etc. In der *Physik*-Stelle lässt Aristoteles vernehmen: Πλάτων δὲ γεννᾷ μόνος· ἅμα μὲν γὰρ αὐτὸν [sc. χρόνον] τῷ οὐρανῷ [γεγονέναι], τὸν δ' οὐρανὸν γεγονέναι φησίν. Dies ist sicherlich keine getreue Wiedergabe der platonischen Lehre. Für Platon ist die Zeit genauso ewig wie für Aristoteles. Die immer in Zahlen fortlaufende Zeit hat ihr Vorbild in der Idee der Ewigkeit, in der sich das Ewige nicht in einem zeitlichen Ablauf zeigt. Dazu Mesch 1997, 231, 236–237, Halfwassen 2004, 102 f.

242 Baltes 1996. Der Sinn des γέγονεν (Tim. 28b7) ist nach Baltes so aufzufassen, dass das Partizip den Zustand des Entstandenseins ausdrückt. Dieser Zustand ist auf seine Ursache zurückzuführen, „die sich zerlegen lässt in einen aktiv schaffenden, einen ordnenden und einen paradigmatischen Aspekt" (94, siehe 92–94) Elders (1972, 19–25, v. a. 21) tendiert dazu, den Demiurgen mit den Ideen zu identifizieren. In jüngerer Zeit argumentieren Perl (1988, 2014b v. a. 147–150) und Halfwassen (2000, v. a. 50 ff.) für diese Gleichsetzung des Demiurgen mit den Formen. Auch Szlezák (2021, 451–456) stimmt dieser Deutung zu, lässt jedoch offen, dass der Demiurg entweder mit dem Ideenkosmos oder einzig mit der Idee des Guten identifiziert werden kann. Die beiden möglichen Identifizierungen sind, so Szlezák, durchaus miteinander kompatibel.

243 Tim. 48e–49a. Zu dem alles Aufnehmenden, welches auch als Platz (τόπος) und Raum (χώρα) bezeichnet wird (52b): siehe die Ausführungen im Kap. I § 3.3.

244 Nach Halfwassen (2000, 44 mit Anm. 15, auch 57) stellt der Demiurg den ewigen Akt der Begründung, Ordnung und Erhaltung der Welt dar.

Gegenstände.[245] Der Demiurg muss als ontologischer Grund der sinnlichen Welt alle Formen in sich haben. Analog dazu muss der produktive Nous als ontologischer Grund für das Denken alle denkbaren Formen in sich denkend enthalten, um sicherzustellen, dass diese vom Menschen gedacht werden. Zweitens, die Gleichsetzung des Demiurgen mit den Ideen zeigt, dass die Formen geistig sind. In III 4 stellt Aristoteles die überaus folgenreiche These auf, dass bei den immaterialen Dingen das Denkende und das Gedachte dasselbe sind.[246] Der produktive Nous, der unaufhörlich denkt, ist absolut identisch mit dem Denkbaren. Dieser für das intuitive Denken grundlegende Sachverhalt ist schon bei Platon zu finden: Der Demiurg ist kein handelndes Einzelnes, das außerhalb der Formen stünde. Er ist Nous, allerdings nicht einer, der die Formen als fremde Gegenstände dächte, noch ist er sporadisches Denken. Als ewiger Denkvollzug fällt der Demiurg mit den Formen in eins zusammen. Er *ist* der Ideenkosmos, und weil der Ideenkosmos Nous ist, sind die Ideen noushaft. Und weil die Ideen ihrerseits das wahrhaft Seiende ausmachen, ist das Sein im Wesentlichen geistig. Die Geistigkeit des Seins wird an einer viel diskutierten Stelle im *Sophistes* angeschnitten, wie gleich gezeigt wird.

Es melden sich immer wieder Forscher zu Worte, die sich gegen eine Identifikation des Demiurgen mit den Formen aussprechen.[247] Kahn weist diese Identifikation mit der Begründung zurück, dass Platon zufolge der Nous nur in der Seele sein kann.[248] Dabei beruft er sich unter anderem auf eine *Timaios*-Stelle, an der Timaios zu verstehen gibt, dass von dem von Natur aus Sichtbaren nichts, was ohne Nous ist, jemals schöner sein wird als das, was Nous hat, dass aber ohne Seele Nous einem unmöglich zuteil werden kann.[249] Timaios macht zwar deutlich, dass der Nous für seine Existenz abhängig von der Seele ist; aber man darf eine Einschränkung nicht aus den Augen verlieren: Timaios' Feststellung gilt lediglich dem

245 Dazu oben § 3.2.1 para 5 – Die Kunst und ihre Materie. Für Aristoteles gilt dies nicht nur für die künstliche Produktion. Die Form des Menschen, die im Vater vorhanden ist, ist der Garant dafür, dass das Neugeborene ein Mensch ist. Siehe auch Kap. IV § 3.3 zur Analyse von Met. IX 8.

246 De an. III 4, 430a3–4: ἐπὶ μὲν γὰρ τῶν ἄνευ ὕλης τὸ αὐτό ἐστι τὸ νοοῦν καὶ τὸ νοούμενον· Siehe auch *Metaphysik* XII 7, 1072b19–21 und XII 9, 1074b38–1075a4.

247 Ein leichter zu entkräftender Einwand ist es, dass der Schöpfergott und die Formen in Timaios' Rede explizit separat behandelt würden. Sedley (2007, 108) scheint eine solche wörtliche Interpretation vorzuziehen.

248 Kahn (2013, 179): „Here [i.e. in the *Timaeus*] as elsewhere, Plato insists that nous can be found only in a psyche. But since the world soul is said to be created by the Demiurge, it can scarcely be identified with its maker." Aber wenn der Demiurg kein Nous ist, wie lässt sich dieser göttliche Schöpfer in die platonische Philosophie einordnen? Kahn räumt selbst ein, dass die Postion des Demiurgen in Platons metaphysischem System obskur ist.

249 Tim. 30b: [...] νοῦν δ' αὖ χωρὶς ψυχῆς ἀδύνατον παραγενέσθαι τῳ. διὰ δὴ τὸν λογισμὸν τόνδε νοῦν μὲν ἐν ψυχῇ, ψυχὴν δ' ἐν σώματι [...].

sichtbaren Bereich: Für alle sinnenfälligen Dinge gilt, dass ein Nous nur in einer Seele vorkommt.[250] Dennoch darf man nicht übersehen, dass sich das Noushaben vom Noussein unterscheidet. Während gewisse Einzelwesen Nous haben, *ist* der Demiurg Nous.[251] Trotzdem gibt es eine Stelle, die ernsthaft für den Einschluss der Seele ins vollkommen Seiende zu sprechen scheint. Im *Sophistes* konstatiert der Gast aus Elea, dass dem vollkommen Seienden (τὸ παντελῶς ὄν) weder Bewegung noch Leben oder Seele oder Nous fehlen darf. Im Anschluss macht er abermals deutlich, dass Nous und Leben in der Seele vorzufinden sind.[252] Es gibt Interpretationen, die aufgrund dessen, dass der Gast Bewegung und Seele zu dem vollkommen Seienden zählt, dessen Geltungsbereich so erweitern, dass dieses neben den unveränderlichen Formen auch veränderliche Einzeldinge in der sinnenfälligen Welt einschließt.[253] Allerdings ist diese Deutung schon wegen des Korrelats zwischen dem vollkommen Seienden und dem vollkommen Erkennbaren (τὸ παντελῶς γνωστόν) mehr als fraglich.[254] Der Kontext legt nahe, dass mit dem vollkommen Seienden der Ideenkosmos bzw. die Formen gemeint sind.[255] Es scheint, dass man gar nicht umhin kommt, dem Ideenkosmos eine Seele zuzusprechen.[256] Der Gast gibt an der *Sophistes*-Stelle (248e–249a) Aufschluss über die intrinsische Beziehung von Sein und Geist, die gleicherweise für Aristoteles von grundlegender Bedeutung ist. Der Gott des Aristoteles ist nichts anderes als Nous. Dennoch ist niemand aus der Antike je auf die Idee gekommen, dass Aristoteles mit dem göttlichen Nous einen neuen und anderen Weg als Platon eingeschlagen hätte. Dies warnt uns davor, die Feststellung des Gastes vorschnell wörtlich zu nehmen; viel-

250 Kahn (2013, 179) führt andere Stellen an: Tim 37c, 46d, Soph. 249a, Phil. 30c; abgesehen von Soph. 248e–249a, geht es bei allen anderen Stellen um sinnenfällige Einzeldinge. Wir kommen gleich auf die *Sophistes*-Stelle zu besprechen.

251 Hackforth 1936, 4. Nach ihm steht der Demiurg stellvertretend für Nous: „[T]he Demiurge is to be identified with νοῦς, i. e. he is the ‚mythical' equivalent of νοῦς."

252 Soph. 248e–249a: τί δὲ πρὸς Διός; ὡς ἀληθῶς κίνησιν καὶ ζωὴν καὶ ψυχὴν καὶ φρόνησιν ἦ ῥᾳδίως πεισθησόμεθα τῷ παντελῶς ὄντι μὴ παρεῖναι, μηδὲ ζῆν αὐτὸ μηδὲ φρονεῖν, ἀλλὰ σεμνὸν καὶ ἅγιον, νοῦν οὐκ ἔχον, ἀκίνητον ἑστὸς εἶναι;

253 Z. B. Hackforth (1936, 7), Menn (1995, 19–24, v. a. 21–22 mit Anm. 1); auch Kahn (2013, 105) erwägt diese Deutung.

254 Pol. V, 477a. Gerson (2006, 292 mit Anm. 3) weist auf dieses Korrelat hin. Perl (2014b, 151) erklärt παντελῶς als ein Adverb, das „degree or intensity of being" vermittelt.

255 Im Anschluss kommt der Gast aus Elea auf die fünf großen Gattungen des Seienden zu sprechen.

256 Perl (2014b) lässt sich in seinem Aufsatz über diese Stelle auf das Problem mit der Seele nicht ein; und Gerson (2006, 298) geht über die folgende Feststellung nicht hinaus: „[W]e need no longer suppose that the soul that is introduced into the really real is other than the immortal part of the soul, that is, the soul that does not need to be embodied."

mehr sollte man herausfinden, ob es andere Gründe für die Aufnahme der Seele in eine Bestimmung des vollkommen Seienden gibt.

Die Feststellung geht unmittelbar aus dem eingebildeten Gespräch mit den Freunden der Formen hervor. Sich fest an Parmenides' Lehre haltend sprechen sie dem Sein jegliche Bewegung und Veränderung ab. Sie werden indes zum Eingeständnis gebracht, dass die Formen hinsichtlich des Erkennens – sie müssen erkannt werden können – kognitive Bewegungen zuzulassen haben. Was der Gast hier zu verstehen gibt, ist die Geistigkeit des Seienden. Das Erkennen und das Erkanntwerden sind Interrelationen zwischen den Formen. Demnach sind die Formen keine isolierten, bewegungslosen *Pfähle* im Ideenganzen, vielmehr stehen sie zueinander in unterschiedlichen Ein- und Ausschlussverhältnissen. Erkennen heißt nichts anderes, als dass eine Form eine andere einschließt bzw. ausschließt, z. B. die Form der Gerechtigkeit schließt die der Schönheit ein, aber die Form der Besonnenheit aus; das Erkanntwerden ist dementsprechend in dem Sinn zu verstehen, dass eine Form von einer anderen ein- bzw. ausgeschlossen wird. Eine jede Idee steht durch solche Verhältnisse in bestimmten Beziehungen zu allen anderen Ideen und mithin zum Ideenganzen. Das Erkennen und das Erkanntwerden sind geistige Bewegungen *innerhalb der Formen*. Solche Bewegungen sind selbstreferenzierend, und das Denken ist das Sichdenken. Die Formen denken sich selbst, indem sie sich in gleichbleibenden Beziehungen zueinander halten. Hinzu kommt, dass diese Verhältnisse keine leblosen, *fest*geschriebenen Definitionen sind, die erst von irgendeinem Menschen gedacht und aktiviert würden. Die Ein- und Ausschlüsse sind dynamisch, vergegenwärtigen sich zu jederzeit erneut im Denken: Jede Idee ist sich aller Verhältnisse, durch die sie zu allen anderen Ideen steht, und mithin sich ihrer Stellung in dem Ideenganzen stets denkend bewusst. Jede Idee, und mithin das Ganze des Seienden, ist zu jeder Zeit im Denkvollzug, der nichts als das Bewusstsein und Bewussthalten aller Verhältnisse ist. Das Sein ist noushaft und Nous zugleich, und der Nous ist gleichermaßen das Sein und seiend.[257] Dieser reine Denkvollzug des Seins ist ein geistiges Leben. Nach Aristoteles ist das Leben des Nous sogar das

257 Dazu Halfwassen 2000, 59, 2004, 68 f. Halfwassen nennt dies geistige Selbstanschauung (2004, 72). Obwohl Halfwassens Darstellung Plotins Philosophie gewidmet ist, gilt die Analyse des Sichdenkens des Seins den platonischen Ideen. Siehe auch Krämer UGM 193 ff., zu den Stellen aus dem *Timaios*, die das intelligible Leben der Ideen darstellen: 200–201. Zu der Bewegung der Ideen ineinander als dem Immer-schon-übergegangen-Sein siehe Mesch 1997, 234–235. Szlezák (2021, 474) verweist auf eine Feststellung aus dem *Phaidros* (247e). Danach ist die unwandelbare Erkenntnis des Seienden in dem wahrhaft Seienden (τὴν ἐν τῷ ὅ ἐστιν ὂν ὄντως ἐπιστήμην οὖσαν). Das wahrhaft Seiende ist nicht das Objekt der Erkenntnis, sondern das ist die Erkenntis bzw. das Denken selbst. Als solche steht diese Feststellung in engem Zusammenhang mit der *Sophistes*-Stelle, wie Szlezák sieht.

beste und ewige.[258] Aus dieser Sicht betrachtet erklärt sich, warum das vollkommen Seiende Nous, Bewegung und Leben involviert. Als Nous in Wirklichkeit genießt der Demiurg offensichtlich ein solches Leben. Der Nous verbindet sich mit dem Sein. Präziser gesagt: Der Demiurg ist Sein.

Gleichwohl gibt es dabei keinen Platz für die Seele. Um das scheinbar unbegründete Vorkommen der Seele verständlich zu machen, tun wir gut daran, uns den Kontext, in dem der Einschluss vorkommt, zu vergegenwärtigen. Die Stelle ist in die Gigantomachie (Soph. 246a ff.) eingebettet. Es handelt sich um eine Schlacht zwischen zwei Grundpositionen. Den Giganten wird abverlangt, die Seele und, wenn diese immer noch als körperlich erklärt wird, wenigstens die moralischen Qualitäten, die als Kräfte zum Tun und Erleiden gelten, als unkörperlich anzuerkennen. Als im Anschluss die Freunde der Formen ins Gespräch kommen, werden auch sie gezwungen, dem Sein Bewegungen im Sinn von Erkennen und Erkanntwerden anzuerkennen. Der tiefgreifende Sinn dieses Geständnisses ist oben ausführlich dargelegt. Allerdings lässt Platon den Gast das Gespräch nicht so weit führen, dass die ganzen ontologischen Implikationen offengelegt würden; vielmehr wird die Diskussion noch weitgehend von dem Kontext der Gigantomachie, in der *die Seele* mit ihren Kräften im Mittelpunkt steht, bestimmt. Zwar handelt es sich beim Sicherkennen der Formen um die geistigen Bewegungen innerhalb des Ideenkosmos, aber das Erkennen wird dennoch im Rahmen der seelischen Aktivitäten dargestellt: Die Formen werden von der Seele – präziser gesagt, von einem Menschen mit seiner Seele – erkannt.[259] Die Einbindung der Seele wird verständlich, führt aber freilich dazu, dass die Ausführungen über die Geistigkeit des Seins ins Menschlich-Seelische rücken. Die Seele gehört nicht zum vollkommen Seienden, weil dieses *noushaft* ist. Der Demiurg, der als Nous mit den Formen identisch ist, stellt erst den genuinen Sinn des Seins dar.[260] Dis Seele ist an dieser Stelle gleichsam

---

258 Aristoteles macht in der *Metaphysik* ganz deutlich, dass die Tätigkeit des Nous Leben ist: καὶ ζωὴ δὲ [θεῷ] γε ὑπάρχει· ἡ γὰρ νοῦ ἐνέργεια ζωή, ἐκεῖνος δὲ ἡ ἐνέργεια· ἐνέργεια δὲ ἡ καθ' αὑτὴν ἐκείνου ζωὴ ἀρίστη καὶ ἀΐδιος, Met. XII 7, 1072b26 – 28.

259 Soph. 248d: εἰ προσομολογοῦσι τὴν μὲν ψυχὴν γιγνώσκειν, τὴν δ' οὐσίαν γιγνώσκεσθαι. Kurz danach ändert der Gast das Subjekt des Erkennens von der Seele auf die Erkenntnis ([…] τὴν οὐσίαν δὴ κατὰ τὸν λόγον τοῦτον γιγνωσκομένην ὑπὸ τῆς γνώσεως, 248e), aber mit dem etwas schwachen und neutralen „γνῶσις" kommt der ontologische Sinn nicht explizit zum Ausdruck.

260 Kahn zufolge (2013, 106 – 107) ist eine schwache Konklusion, nach der das Seiende von einem Erkennenden, das einen Nous hat, erkannt wird, eher problemlos. Er merkt richtig an, dass die Stelle etwas Tiefsinnigeres verrät, und vermutet, dass es sich um einen göttlichen Nous handeln könnte, der die Formen zu Objekten macht, und dass das Erkennende und das Erkannte zusammen eine noetische Einheit bilden. Allerdings zögert Kahn, diese Interpretation, die eigentlich die richtige ist, zu billigen, weil diese zu neoplatonisch ist. Am Ende kann er nur resignierend sagen: „We are left with this dilemma unresolved." Bezüglich der aristotelischen Bestimmung der Seele stellen Corcilius

aus der Gigantomachie in die wahrhaftige Bestimmung des vollkommen Seienden gerutscht.

5.3.2 Demiurg als Vorläufer der These von den Ideen als Gedanken in Gottes Geist

Die im Mittelplatonismus verbreitete These der „Ideen als Gedanken im Geiste Gottes“ war theoretisch schon im alten Platonismus angelegt.[261] Krämer hat in seiner Studie den Ursprung der These über Varros und Ciceros Lehrer Antiochos von Askalon auf den Platonschüler Xenokrates zurückverfolgt.[262] Aber man könnte die Wurzeln der These bereits bei Aristoteles finden. Grundlegend für die These ist die Parallelität zwischen der göttlichen und der menschlichen Kunstfertigkeit (τέχνη). Weil die menschliche Hervorbringung die göttliche nachahmt, kann die letztere durch die erstere verdeutlicht werden.[263] Dies ist eine Erklärung des an sich Bekannteren (τὰ τῇ φύσει γνωριμώτερα) durch das für uns Bekanntere (τὰ ἡμῖν γνωριμώτερα).[264] In den Kapiteln 7–9 des VII. Buchs der *Metaphysik*, die die Entstehung behandeln, macht Aristoteles Gebrauch von zahlreichen Beispielen aus dem Bereich der künstlichen Hervorbringung. Seine klare Position, dass sich die Formen der Artefakte in der Seele des Künstlers befinden, ist wegweisend für eine Theorie, nach der die Formen der Natur im Geist Gottes angesiedelt sind.[265] Wie bei Xenokrates ist der Nous bei Aristoteles das oberste Prinzip. Zwar ist der Inhalts-

und Gregoric fest, dass das Ernährungsvermögen und der Nous von anderen Seelenvermögen abgetrennt sind. Die Pflanzen haben nur das Vermögen zur Ernährung, und die göttlichen Wesen (divine beings) sind nur Nous. Für diese ist der Nous die Seele (2010, 92–94, 104 Anm. 33) Im Grunde trifft diese Gleichsetzung von Nous und Seele ebenfalls auf Platons vollkommen Seiendes zu.

261 Z.B. bei Philo, De opificio mundi, 20, Albinoos, Didaskalikos IX 1, und X 3, Cicero, Orator, 9–10 und Varro bzw. das Varrozitat bei Augustinus, De civitate dei, 28. Mehr dazu: Rich 1954, 123 mit Anm. 2.

262 Krämer 1969, 493–496, ders. UGM, 21–45; auch Dillon 2003, 120–121 und Halfwassen 2004, 64–65 sehen Xenokrates als den (wahrscheinlichen) Urheber der These. Armstrong (1960, 401) sieht Antiochos als den Urbheber; allerdings weist Dörre in der Diskussion (*ibid.* 417–418) Antiochos' Urheberschaft zurück. Zu anderen Kandidaten, die in der älteren Forschung vorgeschlagen wurden, siehe Jones 1926, 317f. Jones selbst (323–325) hebt neben Platons *Timaios* und *Politeia* Buch X insbesondere Aristoteles' Lehre der Noēsis Noēseōs sowie der Identität des Denkenden und des Gedachten als die Orte hervor, von wo aus sich die These entwickelt hat.

263 In diesem Zusammenhang sei nochmals auf Flaschs Arbeit (1965, v.a. 270–271) hingewiesen.

264 Z.B. Top. VI 4, 141b44f.

265 Zu Aristoteles' Lehre, dass die Form des zu produzierenden Artefaktes im Kopf des Künstlers ist, siehe vor allem seine Ausführungen in Met. VII 7, wie z.B. 1032a32–b2: ἀπὸ τέχνης δὲ γίγνεται ὅσων τὸ εἶδος ἐν τῇ ψυχῇ (εἶδος δὲ λέγω τὸ τί ἦν εἶναι ἑκάστου καὶ τὴν πρώτην οὐσίαν); siehe auch 1032b23, VII 9, 1034a23–24 Rich (1954, 130–131) sieht gerade aus diesem Grunde Aristoteles im höheren Grade als den Vorläufer dieser These als Platon.

bezug des Denkens des Denkens (νόησις νοήσεως), welches das Wesen des höchsten Nous im Buch Lambda der *Metaphysik* ausmacht, Thema einer großen Debatte,[266] aber mit dem Nous Poiētikos, der alle Formen in sich denkend umfasst, hat man sehr wohl einen Vorläufer der These. Hinzu kommt, dass dieser im Rahmen der Hervorbringung des Denkens im Menschen in grundlegender Hinsicht als Wirkursache eingeführt wird.

Die Suche nach dem Ursprung der These könnte jedoch über Aristoteles hinagehen. Platon macht sich die Verwandtschaft von menschlicher und göttlicher Kunstfertigkeit zunutze.[267] Der Demiurg wird im Rahmen der Schöpfung eingeführt. Krämer hat die Einflüsse des demiurgischen Aspekts des *Timaios* auf Aristoteles' Theologie sowie die enge Vergleichbarkeit zwischen Aristoteles und Xenokrates ausführlich dargelegt.[268] Zwar ist die These von den Ideen im Geist Gottes nicht explizit bei Platon belegt, und nimmt man die Erzählung wörtlich, sind die Formen nicht im Geist des Demiurgen. Dieser hat lediglich auf die Formen bei der Schaffung geblickt. Nichtsdestoweniger gilt der *Timaios* gemeinhin als *der* Dialog, der mit seinem Demiurg-Mythos den Ausgang für die Festsetzung dieser These bildet.[269] Dies wird umso deutlicher, als der Demiurg sich als Nous erweist. Die Theorie, nach der die Ideen in Gottes Geist vorhanden sind, bringt Geist und Formen aufs Engste zusammen. Der Demiurg *ist* die Formen. Allerdings darf dies nicht dahingehend verstanden werden, dass der Nous ontologische Priorität gegenüber dem Sein genösse, etwa derart, dass der Nous erst die Formen als Produkte des Denkens herstellte. Im *Parmenides* weist Platon ein Verständnis des Seins zurück, nach dem das Sein gegenüber dem Nous ontologisch nachrangig ist. Die Ideen dürfen nicht als bloße Gedanken (νοήματα) in der Seele verstanden werden, weil das Denken intentional auf etwas Seiendes (τινὸς ὄντος) gerichtet sein muss.[270] Die

---

266 Dazu siehe Kap. IV § 2.2.

267 Siehe oben Anm. 234.

268 Krämer UGM Kap. 1 und 2, ders. 1967, 323 ff., 1969, 497 f. Ein Zeichen der Einflüsse zeigt sich nach Krämer an einer Stelle in der *Metaphysik*, wo er wie in I 9 die mangelnde Wirkungsmacht der Ideen, der Zahlen und sogar der Prinzipien kritisiert: ἀλλὰ μὴν οὐδέν γ' ἔσται τῶν ἐναντίων ὅπερ καὶ ποιητικὸν καὶ κινητικόν (Met. XII 10, 1075b30 – 31).

269 Rich 1954, 124 – 125, auch Armstrong (1960, 400). Ausführlich Krämer 1969, 486 f.

270 Im *Parmenides* 132bc lässt Platon den greisen Parmenides die These zurückweisen, dass Ideen bloße Gedanken seien. Neben der *Parmenides*-Stelle befasst Platon sich im *Charmides* mit der Intentionalität der Erkenntnis: Charm. 164c ff. spez. 165c–166b, 170c, 171a. Dort versucht Sokrates, die Abwegigkeit der von Kritias aufgestellten These, die Besonnenheit (σωφροσύνη) sei ein besonderes Wissen von sich selbst (ἐπιστήμη ἑαυτῆς) darzulegen. Bezeichnend ist, dass Platon ebenso wie Aristoteles den Außenaspekt des Wissens parallel zu demjenigen des Wahrnehmens (167c–d, 168d) darstellt. Zu der Intentionalität des Denkens siehe Oehlers ausführliche Darstellungen: 1962a, 105 ff. (zu Platon bzw. zur Erörterung der *Charmides*- und *Parmenides*-Stellen), 188 ff. v. a. 192 – 193 (zu

Bezüglichkeit des Denkens erweist die ontologische Priorität des Seins. Es ist das Sein, welches noetisch gedacht wird; allerdings würde das Sein nicht von einem von diesem getrennten Nous gedacht, sondern das Sein denkt sich selbst, ist sich aller Beziehungen aller einzelnen Ideen aufeinander, die Glieder des seienden Ideenganzen sind, bewusst. Das Sein ist Geist; und die Geistigkeit des Seins ist ebenfalls grundlegend für Aristoteles' sowie für Plotins Philosophie.[271]

5.3.3 Unterschied zwischen Demiurgen und Nous Poiētikos

In mancher Hinsicht ist Aristoteles' Nous Poiētikos vergleichbar mit Platons Demiurgen. Beide sind Inbegriff der Formen, die noushaft sind.[272] Beide sind sowohl Formursache als auch Wirkursache – wenn man Aristoteles' Terminologie auf Platons Schöpfergott anwenden darf. Daher sollte man sich hüten, Aristoteles' Kritik, dass die Ideen, getrennt von Einzeldingen, nichts zu deren Entstehung sowie Veränderung beitrügen, allzu ernst zu nehmen. Zwar lässt sich seine berühmte Formel, ein Mensch zeugt einen Menschen (ἄνθρωπος ἄνθρωπον γεννᾷ),[273] als eine implizite Kritik an Platons Ideen verstehen, aber sie drückt nichts als eine augenscheinliche Tatsache aus. Platon kann nicht so töricht gewesen sein, zu glauben, dass die Form des Menschen ein Kind zur Welt brächte. Gerson zufolge passt Platons Ideenlehre eigentlich nicht zu Aristoteles' Theorie der Kausalität. Die Ideen sind ontologische Gründe, keine Wirkursachen in dem Sinne, dass sie aus eigener Hand eine Veränderung herbeiführen.[274] Aber wir haben oben dargelegt, dass auch für Aristoteles die Form wirkmächtig ist: Der Entwurf eines Hauses ist in sensu

---

Aristoteles); Oehler 1997, 30 ff. v. a. 30–32, 37–39. Auch Krämer (1967, 317) macht deutlich: „Ein reines, von aller Gegenständlichkeit isoliertes Denken gibt es dagegen bei Aristoteles wohl so wenig wie sonst irgendwo im Bereich der antiken Philosophie". Siehe auch Krämer 1969, 371 f.

271 Diese Vorrangigkeit des Seins vor dem Denken ist zu unterscheiden von der mittelplatonischen Auffassung von den Ideen im Geist Gottes. Danach bringt der göttliche Nous denkend das Sein, nämlich die Ideen, hervor. Zur Priorität des Seins vor dm Denken: Halfwassen 2000, 42, 2004, 59 ff., v. a. 64–68; Perl 2014a, 111–112.

272 In seiner neueren Arbeit identifiziert Menn den produktiven Nous mit *einem* immateriellen, denkbaren Gegenstand. Jeder Nous Poiētikos sei ein ewiges Denken eines Denkbaren, und es gebe mehrere Noi Poiētikoi. Nach Menns Ansicht gibt es weder bei Platon noch bei Aristoteles ein Ganzes aller denkbaren Formen. Demnach lehnt er etwas wie einen Ideenkosmos ab. Ein Ganzes der denkbaren Formen gebe es erst bei Plotin: „It was Plotinus' position: for Plotinus, the many Platonic forms, or many sciences, are inseparable parts within νοῦς as a whole […]." (145) Siehe Menn 2020, 126–127, 130–131, 141 f. An mehreren Stellen der vorliegenden Arbeit wird gezeigt, dass schon bei Platon der Nous ein denkendes Ganzes ist. Dazu auch Schlussbetrachtung Anm. 5.

273 Met. VII 7, 1032a25, Met. XII 4, 1070a27–28 u. ö.

274 Gerson 2005, 225–226.

stricto die Wirkursache für die Entstehung eines Hauses.[275] *Insofern* weicht er von Platon wenig ab. Das besagt aber nicht, dass es überhaupt keinen Unterschied zwischen dem produktiven Nous und dem Demiurgen gäbe. Als ontologische Ursache der sinnenfälligen Welt ist der Demiurg offensichtlich in den kosmologisch-ontologischen Zusammenhang der platonischen Philosophie einbezogen. Der νοῦς ποιητικός hingegen wird auf seine erkenntnistheoretische Funktion hin eingeschränkt. In III 4 deutet Aristoteles an einer Stelle diese Einschränkung an. Bei der Erörterung des Ungemischtseins (ἀμιγής) des menschlichen Nous beruft sich Aristoteles auf Anaxagoras, dessen Nous ebenfalls ungemischt ist, allerdings mit einem einschränkenden Zusatz: ὥσπερ φησίν Ἀναξαγόρας, ἵνα κρατῇ, τοῦτο δ' ἐστὶν ἵνα γνωρίζῃ (429a19–20). Dabei spielt er auf eine Stelle im erhaltenen Fragment 12 an. Dort ist nach Anaxagoras die Ungemischtheit die Voraussetzung, dass der Nous *herrschen* (κρατεῖν) kann.[276] Das Herrschen ist bei Anaxagoras durchaus im kosmologischen Sinne zu verstehen: Der Nous beherrscht alles, auch die kosmologische Kreisbewegung, aus der alles außer dem Nous entsteht.[277] Das Vokabular des Herrschens lebt auch bei Platon fort und bildet zusammen mit dem Vokabular des Wirkens und des Ordnens eine ontologisch-kosmologische Sinngruppe.[278] Die Änderung in III 4, die Aristoteles anscheinend lediglich nebenbei vornimmt, markiert in Wirklichkeit eine entscheidende Akzentverschiebung gegenüber der anaxagoreisch-platonischen Tradition in der Entfaltung seiner noetischen Lehre.[279] Das

275 Siehe oben § 3.2.1, para. 5.

276 DK59B12=KRS 476=Simplikius In Phy. 156, 17-19, Diels: καὶ ἂν ἐκώλυεν αὐτὸν τὰ συμμεμειγμένα, ὥστε μηδενὸς χρήματος κρατεῖν ὁμοίως ὡς καὶ μόνον ἐόντα ἐφ' ἑαυτοῦ.

277 DK59B12=KRS 476=Simplikius In Phy. 156, 21-22, Diels: καὶ ὅσα γε ψυχὴν ἔχει, καὶ τὰ μείζω καὶ τὰ ἐλάσσω, πάντων νοῦς κρατεῖ. καὶ τῆς περιχωρήσιος τῆς συμπάσης νοῦς ἐκράτησεν [...].

278 Z. B. Pol. VI, 509d1–3: δύο αὐτὼ εἶναι, καὶ βασιλεύειν τὸ μὲν νοητοῦ γένους τε καὶ τόπου, τὸ δ' αὖ ὁρατοῦ. Zum Wortschatz des Herrschens gehören bei Platon auch das demiurgische Vokabular wie δημιουργός, ποιητής, διακοσμῶν sowie das θεῖον, τιμιώτερον und verwandte Wörter. Dazu ausführlich Menn 1995, v. a. 6 ff., 7–9. Aber Menn (*ibid.* 6, 10, 46–47, 67 Anm. 2) nimmt den Blick des Demiurgen auf die Ideen wörtlich und weist diesem eine stark wirkende Rolle zu. Er stelle nicht die Wirkungsmacht der Formen dar, sondern gelte geradezu als eine handelnde causa efficiens.

279 Dieselbe Wende zeigt sich an einer Stelle in der *Metaphysik*, wenn man sie, wie Wilpert (1949, 129 f.) schön hervorhebt, mit einer Stelle aus dem *Protreptikos* (Ross 5, R³ 52, Düring B31–40, v. a. B35) vergleicht. An der *Protreptikos*-Stelle wird ganz im platonischen Sinne nach dem Früheren, d. h. den Prinzipien und den Elementen der Wirklichkeit gefragt: πολὺ γὰρ πρότερον ἀναγκαῖον τῶν αἰτίων καὶ τῶν στοιχείων εἶναι φρόνησιν ἢ τῶν ὑστέρων· οὐ γὰρ ταῦτα τῶν ἄρκων οὐδ' ἐκ τούτων τὰ πρῶτα πέφυκεν, ἀλλ' ἐξ ἐκείνων καὶ δι' ἐκείνων τἆλλα γίγνεται καὶ συνίσταται φανερῶς. Im ersten Buch der *Metaphysik* werden den Prinzipien eine andere Funktion zugeteilt: μάλιστα δ' ἐπιστητὰ τὰ πρῶτα καὶ τὰ αἴτια· διὰ γὰρ ταῦτα καὶ ἐκ τούτων τἆλλα γνωρίζεται ἀλλ' οὐ ταῦτα διὰ τῶν ὑποκειμένων (I 2, 982b2–4). Wie Wilpert bemerkt, klingt die Aussage der *Metaphysik* „fast wie eine stillschweigende

Allesbeherrschen wird zum Allesdenken umgedeutet; Kosmologie wird zur Erkenntnistheorie. Auch in III 5, in dem der Nous Poiētikos eigens thematisiert wird, spricht Aristoteles kein einziges Wort über Kosmologie. Der göttliche Nous in *De anima* ist zuständig für das Erkennen der Weltstruktur, nicht für deren Werden.

In der Kommentierungstradition identifizieren Alfarabi und Avicenna den produktiven Nous mit dem zehnten und damit untersten transzendenten Nous, welcher über keinen Himmelskörper verfüge und keinen weiteren transzendenten Planetenbeweger aus sich erzeuge. Dafür sei er für den sublunarischen Bereich zuständig.[280] Diese Deutung hat ihre Plausibilität. Denn erstens könnte sich diese Identifikation einigermaßen in Aristoteles' System der Planetenbeweger einfügen;[281] und zweitens passt diese Zuordnung zur Eigenart des produktiven Nous. Die Zuteilung des sublunarischen Bereiches an den νοῦς ποιητικός erklärt, dass er alle Denkformen des Menschen denkend umfasst. Er ist an sich die transzendente Struktur unserer sublunarischen Welt. Allerdings hat Aristoteles in seinen Schriften nie von einem zehnten Nous geredet, ganz zu schweigen von einer Identifikation des Nous Poiētikos mit einem Nous des sublunarischen Bereiches. Ferner scheint, dass Aristoteles' Wendung in der Betrachtung, die mit dem korrigierenden Zusatz „um zu erkennen" verdeutlicht wird, bei ihnen nicht angekommen ist. Der produktive Nous wird von Alfarabi wie auch von Avicenna in einen Zusammenhang mit der Struktur des Kosmos und mit dessen Intakthaltung gebracht. Der Nous Poiētikos wird zu einem wesentlichen Teil, wenn auch nicht der Kosmo*gonie*, so jedenfalls der Kosmo*logie*. Wie Platons Schöpfergott ist der göttliche Nous des Aristoteles der ontologische Grund für die sinnliche Welt. Indessen, die Integration des aristotelischen Nous in die Ontologie und Kosmologie beginnt nicht erst mit den arabischen Kommentatoren. Schon Alexander interpretiert den produktiven Nous in diesem Zusammenhang. Ohne hierfür zu argumentieren, identifiziert Alexander den Nous Poiētikos geradezu mit dem Nous von *Metaphysik Lambda*. Der göttliche, produktive Nous sei auf dieselbe Weise die erste Ursache und das Prinzip des Seins des Denkbaren, wie er es bezüglich des Seins der Dinge sei.[282] Den aristotelischen Nous

Korrektur". Die ersten und die Ursachen sind nicht mehr die Prinzipien des Seins und der Zusammensetzung, sondern sie sind Erkenntnisprinzipien (1949, 132–133).

280 Dazu siehe Davidson 1992, 44 ff. v. a. 47; zu Alfarabi, 74 ff. v. a. 76 zu Avicenna. Siehe auch Mahdi 2001, 127 f., v. a. 128.

281 Davidson 1992, 76 Anm. 8 gibt eine andere Quelle an, nach der Avicenna den produktiven Nous mit dem Mondbeweger identifiziere. Diese Identifikation findet sogar Entsprechung in Aristoteles' Lehre der Planetenbeweger.

282 De an. 89, 9–11, Bruns: εἰ ὁ τοιοῦτος νοῦς τὸ πρῶτον αἴτιον, ὃ αἰτία καὶ ἀρχὴ τοῦ εἶναι πᾶσι τοῖς ἄλλοις, εἴη ἂν καὶ ταύτῃ ποιητικός, ᾗ αὐτὸς αἴτιος τοῦ εἶναι πᾶσι τοῖς νοουμένοις. Siehe auch 88, 26, Bruns. Ammonius [Philoponus] nennt den Nous Poiētikos bei Alexander gemäß seiner ontologischen Rolle den conditor: scilicet divinum et conditorem non enim esse humanum intellectum [...]

Poiētikos legt Alexander, *der* große peripatetische Exeget des Aristoteles,[283] platonisch-akademisch aus.

Bei näherer Betrachtung dürfte die Zuordnung einer kosmologischen Funktion jedoch mit dem Nous Poiētikos kompatibel sein, wenn gemäß Alexanders Deutung der göttliche Nous von *De anima* derselbe wie der göttliche Nous der *Metaphysik* ist. Die kosmologische Rolle kommt dem göttlichen Nous als dem Nous, von dem „der Himmel und die Natur abhängig“ ist, zu.[284] Wenn derselbe Nous als Poiētikos im noetisch-kognitiven Zusammenhang thematisiert wird, wird dabei verständlicherweise von dessen kosmologischer Funktion abgesehen. Aristoteles bietet in *De Anima* eine Ontologie des Denkens an.[285] Wenn aber, wie eben gezeigt, der Nous seiendhaft und das Sein noushaft sind, könnte der göttliche Nous eine Ontologie des Seins darstellen. Alexander geht in seinem Kommentar kaum über eine kurze Identifikation hinaus. Erklärende Details zunächst beiseite gelassen, ist es *der Sache* nach genauso möglich, dass die beiden Nous ein und dasselbe göttliche Denken darstellen, wie, dass Aristoteles in zwei Schriften zwei unterschiedliche Nous thematisiert. Wenn dem so ist, könnte die Einschränkung aufs Wissen lediglich in Bezug auf das Bewriken des Denkens gelten, aber nicht schlechthin. Dagegen spricht aber, dass der Inhalt des Denkens des Denkens, welches den göttlichen Nous der *Metaphysik* charakterisiert, von Aristoteles nicht explizit festgestellt wurde. Daher darf man nicht ohne Weiteres mit Alexander diesen mit dem Nous Poiētikos gleichsetzen. Bezüglich der Bestimmung des produktiven Nous könnte sich der Vorbehalt ergeben, dass der so aufgefasste Nous Poiētikos in mancher Hinsicht an den Demiurgen und somit an die platonische Ideenlehre erinnert. Aristoteles übt aber doch immer wieder Kritik an der Ideenlehre. Ferner sind die Formen, so scheint Aristoteles zu beteuern, sinnlichen Einzeldingen immanent. Es drängt sich die Frage auf, ob eine transzendente Seinsweise der Formen bei Aristoteles einen

(64va, 19–20=44, Verbeke). In *Περὶ νοῦ* wird von der kosmologischen Rolle des produktiven Nous nicht geredet. Auf der anderen Seite wird ihm eine im Vergleich zu *De anima* aktivere Rolle bei der Hervorbringung zugesprochen. Der produktive Nous gilt hier nicht als der Grund des Seins des Denkbaren, sondern er macht direkt den νοῦς ὑλικός zum aktual denkenden Nous: δεῖ τινα εἶναι καὶ νοῦν ποιητικὸν ἐνεργείᾳ ὄντα, ὃς ποιήσει τὸν τέως ὄντα δυνάμει ἐνεργεῖν δύνασθαι καὶ νοεῖν. τοιοῦτος δέ ἐστιν ὁ θύραθεν εἰσιών (110, 22–24, Bruns, auch 108, 1–2). Mehr zu den Unterschieden zwischen Alexanders *De anima* und *Περὶ νοῦ* hinsichtlich der Wirkung des produktiven Nous auf den νοῦς ὑλικός siehe Moraux 2001, 380, 388–390.

283 Simplikius in Phys. 707, 33, 1170, 2, Diels.

284 Met. XII 7, 1072b13–14. Wie die kosmologische Rolle zu konzipieren sein soll, bleibt vorerst dahingestellt.

285 Nach Kahn (1992, 369 Anm. 18) ist die extreme Kürze des Kapitels darauf zurückzuführen, dass die Darstellung des νοῦς ποιητικός aus der naturphilosophischen Betrachtung der Seele, die der Skopos der Schrift ist, herausfalle. Die gleiche Ansicht vertrittt auch Burnyeat (2008, 38).

Platz hat. Nicht zuletzt: Was denkt der Gott des Buches Lambda? Kann man oder muss man sogar Aristoteles'metaphysischen Gedanken entnehmen, dass das Denken des Denkens das Bewusstsein aller Formen ist? In den nächsten Kapiteln werden wir uns diesen Fragen zuwenden, um zu sehen, ob der Nous Poiētikos sich in einen breiteren Zusammenhang der aristotelischen Metaphysik und Theologie einordnen lässt.

Das dritte Kapitel – Transzendenz und Immanenz bei Aristoteles

1 Der Weg zur Transzendenz

Im vorigen Kapitel wurde der produktive Nous als göttlich gedeutet; er ist in gewissem Sinne in unserer Seele und sorgt dafür, dass der menschliche Nous, der leidende Nous in *De anima* III 4, zum Denken kommt. Dabei stellte sich heraus, dass dieser göttliche Nous seiner Natur nach reines Denken der Formen ist. Mit der Annahme des produktiven Nous wird eine mit den platonischen Ideen vergleichbare transzendente Seinsweise aufgezeigt. Wie der Demiurg für die Entstehung der sinnenfälligen Welt so ist der produktive Nous für das Zustandekommen des Denkens im menschlichen Nous verantwortlich. Als ermöglichender Grund menschlichen Denkens ist der Nous Bewusstsein aller intelligiblen Formen und auch hier ist er mit Platons Demiurgen vergleichbar. Denn im Demiurgen, der noushaft ist, sind die Ideen anwesend.[1] Die Ergebnisse des vorigen Kapitels werden Bedenken und Einwände hervorrufen, und dies schon deswegen, weil Aristoteles als hartnäckiger Kritiker seines Lehrers gilt. Seine strengen Einwände gegen Platons Ideen sind allenthalben in seinen Schriften, allen voran in der *Metaphysik*, zu finden. Dass Aristoteles' Ontologie stark von Immanenz geprägt ist, scheint allgemein akzeptiert zu sein. Seine Eidoslehre, die vor allem in den mittleren Substanzbüchern der *Metaphysik* entfaltet wird, läuft allem Anschein nach darauf hinaus, die immanenten Formen als Substanzen zu konstatieren.[2] Mit dem göttlichen Nous tritt eine Transzendenz zutage, die auf den ersten Blick mit seiner Platonkritik und seiner eigenen Eidoslehre schwer vereinbar ist.

---

1 Diese Vergleichbarkeit darf uns freilich nicht darüber hinwegtäuschen, dass der Bereich des Intelligiblen bei Platon und derjenige bei Aristoteles nicht deckungsgleich sind. Siehe unten § 2.1 und § 4.2 zu einem Aufriss der unterschiedlichen Auffassungen der Transzendenz bei Platon und Aristoteles.

2 Wenn nicht anders angegeben, wird in dieser Arbeit οὐσία mit Substanz übersetzt. In seiner Arbeit über die Metaphysik u. a. von Platon und Aristoteles zieht Perl (2014, 82–83) „reality" als Übersetzung der gängigen Variante „substance" vor, zum einen, weil der lateinische Terminus „Substanz" irreführend sein könne, zum anderen, weil „reality" eine wörtlichere Übersetzung von οὐσία bzw. εἶναι sei. Für Platon und Aristoteles sei das Sein die Realität. Wir bleiben bei „Substanz", weil das deutsche Wort „Realität" einen Bezug auf empirische Gegebenheiten hat und daher irreführend sein könnte. Zu einem Überblick über die verschiedenen Übersetzungen von οὐσία: Kosman 2014, 267 ff.

https://doi.org/10.1515/9783111384719-005

Wie lässt sich nun die neu erschlossene Transzendenz in seine Philosophie integrieren? Ist der Nous Poētikos nichts als ein Ausnahmekonstrukt, schwer vereinbar mit der gesamten aristotelischen Philosophie, und wird deshalb nur an einer Stelle in *De anima*, und zwar in aller Kürze, thematisiert? Aristoteles hat im Buch Lambda seiner *Metaphysik* eine Theologie entworfen, in der er den ersten Beweger als Gott, der eigentlich noetisches Denken ist, bestimmt. Aber wir müssen uns davor hüten, vorschnell den göttlichen Nous aus dem Buch Lambda als Beweis für eine transzendente Deutung des *Nous Poētikos* anzugeben. Aus den knappen Ausführungen im Buch XII wird die Beziehung zwischen Aristoteles' Ontologie und Theologie nicht unmittelbar klar; darüber hinaus bestehen unter den Forschern Meinungsunterschiede, was der aristotelische Gott denkt. Bevor wir uns Aristoteles' Auseinandersetzung zuwenden, tun wir gut daran, dessen Ontologie genauer zu untersuchen. In diesem Kapitel versuchen wir, die Form und die Substanz bei Aristoteles zu bestimmen. Gefragt wird vor allem danach, wie die Immanenz bei ihm zu verstehen ist und ob seine auf den ersten Blick vorherrschende Immanenzlehre Platz für eine Transzendenz hat. Mit einem besseren Verständnis der aristotelischen Eidoslehre, die zugleich seine Lehre zur Substanz ist, wird eine gute Grundlage zur Deutung der Gotteslehre des Buches Lambda geschaffen. Im Folgenden werden wir die wichtigen Etappen zur Entfaltung seiner Eidoslehre, die vor allem im Buch Zeta ausführlich dargestellt wird, betrachten, um herauszufinden, ob und inwiefern Aristoteles' Theorie der Formen seine Lehre über Gott vorbereitet.

Beginnen wollen wir mit Aristoteles' Kritik der Ideenlehre. In der Forschung wird oft von Aristoteles' „Platonkritik" oder „Kritik an Platons Ideenlehre" geredet. Solche Bezeichnungen sind ungenau und abgrenzungsbedürftig. Erstens gibt es innerhalb der Akademie andere Ideenlehren, die von anderen Mitgliedern vertreten wurden. Zwar stehen sie mit Platons eigener Ideenlehre in engem Zusammenhang, sie sind jedoch nicht mit ihr identisch.[3] Zweitens bezieht sich Aristoteles' Kritik nicht immer auf tatsächlich vorgebrachte Lehrmeinungen. Manchmal betrifft sie eher Denkmodelle oder Konsequenzen, die sich aus bestimmten Ansätzen ergeben könnten. Dann hat die Platonkritik eher die Eigenschaft philosophischer Auseinandersetzung denn gezielten Tadels.[4] Dementsprechend bezeichnet das Wort „Platonkritik" in dieser Arbeit nicht nur Kritik an Platons eigener Lehre, sondern

3 Gerson 2005, 220.

4 Fine 1993, 28–29, 1986=2003, 317; Lewis 1991, 5; auch Steel 2012, 168–169. Dennoch darf man Aristoteles' Platonkritik nicht als bloß heuristische Argumentationsstrategie betrachten. Dazu Owens Aufsatz (1968), in dem er Kritikpunkte aus der *Topik* analysiert. Andererseits darf nicht ohne weiteres davon ausgegangen werden, dass seine Platonkritik fair und sachgemäß ist. Dazu Szlezák 1987, spez. 48 Anm. 9 zu Aristoteles' unterschiedlicher Bewertung der akademischen Gestaltung des zweiten Prinzips.

auch Postionen und Lehrmeinungen, die mit dieser in Beziehung stehen. Für unsere Untersuchung ist es von Nutzen, Aristoteles' Kritik einer detaillierten Untersuchung zu unterziehen. Und dies nicht nur, weil wir dadurch zu einem besseren Verständnis von Platons Ideenlehre kommen, sondern insbesondere auch, weil wir Aristoteles' eigene Ansätze besser verstehen können. Weist Aristoteles Transzendenz tout court zurück oder nur gewisse Formen von ihr? Verwirft er nicht jegliche Transzendenz, ist davon auszugehen, dass er, wenn er Transzendenz in seine Philosophie einbaut, nicht jene von ihm abgelehnten Spielarten auswählt. In gewissem Sinne hängt Aristoteles' Entfaltung seiner Eidoslehre mit seiner Kritik an der platonischen Ideenlehre zusammen; durch Kontrastieren mit der Ideenlehre lässt er die Eigenart seiner Lehre klar hervortreten. Aristoteles' Kritik an der Ideenlehre ist überall in seinen Schriften, vor allem aber in der *Metaphysik* zu finden. Eine umfassende Erörterung dieser Kritik würde den Rahmen der jetzigen Arbeit überschreiten. Wir konzentrieren uns auf jene Aspekte, die das Wesentliche seiner Eidoslehre erkennen lassen.[5]

2 Aristoteles' Kritik an der platonischen Ideenlehre

In seinem philosophiehistorischen Abriss im ersten Buch der *Metaphysik* schildert Aristoteles prägnanterweise die Herkunft der Ideenlehre Platons. Nach Aristoteles' Berichterstattung bildet Sokrates' Suche nach dem Wesen der Tugenden den Ausgang der Entwicklung der Ideenlehre.[6] Dabei ist fraglich, ob sich die philosophischen Gedanken des historischen Sokrates überhaupt rekonstruieren lassen. Eines dürfte als gewiss gelten: Man darf nicht ohne weiteres Platons Frühdialoge als getreue Wiedergabe von Sokrates' Unterredungen voraussetzen, um daraus eine von dem System seines Schülers abgesonderte Philosophie des historischen Sokrates herauszuarbeiten.[7] Aristoteles' Berichte erlauben uns jedoch, gewisse Grundzüge von Sokrates' Philosophie zu erkennen. Erstens gilt sein Interesse den ethischen

5 Daher lassen wir seine ausführliche kritische Auseinandersetzung mit der platonischen Lehre von Zahlen und Ideenzahlen, die sich in den Büchern XIII und XIV findet, außer Betracht.

6 Met. I 6, 987b1 – 4 (= Test. Plat.22a): Σωκράτους δὲ περὶ μὲν τὰ ἠθικὰ πραγματευομένου περὶ δὲ τῆς ὅλης φύσεως οὐθέν, ἐν μέντοι τούτοις τὸ καθόλου ζητοῦντος καὶ περὶ ὁρισμῶν ἐπιστήσαντος πρώτου τὴν διάνοιαν.

7 Krämer (APA, spez. Kap. I und II) hat die gedanklichen Beziehungen der Frühdialoge zu den mittleren und späteren Dialogen aufgezeigt. Siehe auch Szlezáks Untersuchungen (1985, 2004; 2021, 163 – 194) zu Platons Schriftkritik und dessen Bild des Dialektikers. Zu Überblick und Forschungsliteratur zur Sokrates-Frage: Erler Überweg, 82 – 84.

Gegenständen;[8] zweitens sucht er das Allgemeine (τὸ καθόλου) als Wesensbestimmung (ὁρισμός), welche für alle einzelnen Fälle derselben Tugend gilt. Drittens macht Aristoteles in seinem Bericht deutlich, dass Sokrates das Wesen der Tugenden nicht von sinnenfälligen Dingen trennte. Platon war es zuerst, und nach ihm die Platoniker, welche das Wesentliche vom Sinnlichen separierten und diese zu Ideen machten.[9] Was sind Sokrates' Wesensbestimmungen? Welchen ontologischen Status haben sie? Die Zeugnisse sind leider zu spärlich, als dass man eine Antwort auf diese Fragen geben könnte. Wir haben keine authentische Ideenlehre, nicht einmal ein einziges Beispiel aus der Ideenlehre des historischen Sokrates vor uns. Es ist nicht einmal sicher, ob es bei ihm überhaupt eine *Lehre* der Wesensbestimmungen gibt.[10] Nach Aristoteles hatte Platon sich den Ansichten des Heraklit, alles Sinnliche sei im Fluss, angeschlossen und kam zu der Überzeugung, dass das Allgemeine nicht in den sinnenfälligen Dingen sei. Deshalb habe er die Ideen, die Wesensbestimmungen an sich sind, vom Sinnlichen getrennt.[11] Es lässt sich annehmen, dass Sokrates die Wesensbestimmungen noch in sinnenfälligen Einzeldingen gesucht hatte.[12] Dennoch ist aus Aristoteles' Referat nicht darauf zu schließen, dass Sokrates eine immanente Lehre des Allgemeinen im aristotelischen Sinne vertreten hätte. Er stand mit seiner Suche nach der Definition der Tugenden noch *vor* dem Problem des Chōrismos. Platon hat gegenüber seinem Lehrer nicht nur die Domäne philoso-

8 Sokrates' Einschränkung seiner philosophischen Bemühungen auf ethische Probleme wird von Cicero mit den berühmten Worten gelobt: „Sokrates autem primus philosophiam devocavit e caelo et in urbibus conlocavit et in domus etiam introduxit et coegit de vita et moribus rebusque bonis et malis quaerere" (Tusc. V 10).

9 Siehe Met. XIII 9, 1086b3–4: ἐκίνησε μὲν Σωτράτης διὰ τοὺς ὁρισμούς, οὐ μὴν ἐχώρισέ γε τῶν καθ' ἕκαστον; auch Met. XIII 4, 1078b30–32. Steel: „Here Aristotle undoubtedly has information on Socrates beyond what he could have learned from just reading the Platonic dialogues, but whether he had it from Plato himself, remains uncertain. Aristotle may have come to this conclusion by comparing the way Plato represents Socrates in his dialogues, with other Socratic dialogues, such as those of Xenophon […]" (2012, 176).

10 Aristoteles' Wortlaut in XIII 4, 1078b30–31 scheint darauf hinzuweisen, dass es bei Sokrates eine entwickelte Lehre des Allgemeinen gibt. In I 6 dagegen sagt Aristoteles nur, dass er das Allgemeine suche (τὸ καθόλου ζητοῦντος, 987b3).

11 Auch Met. XIII 4, 1078b12–32, spez. 30–31: ἀλλ' ὁ μὲν Σωκράτης τὰ καθόλου οὐ χωριστὰ ἐποίει οὐδὲ τοὺς ὁρισμούς· οἱ δ' ἐχώρισαν, und XIII 10, 1086a32–b13; dazu Fine 1993, 44–46, Fine 1984=2003, 264–273. Zu verschiedenen Deutungen von Chōrismos: Fine 1984=2003, 252–253, auch 1993, 51–52, 268–269 Anm. 28. Zu Platons Auseinandersetzung mit der sogenannten herakleitischen Flusslehre im Katylos: Steel 2012, 171–174, auch Irwin 1977.

12 Aristoteles' Ausführungen in Met. XIII 9 weisen sehr wohl eben darauf hin. Diejenigen, welche die Substanzen als allgemein setzen (τοῖς λέγουσι τὰς οὐσίας καθόλου, 1086a35–36), sind die Platoniker, gegen die Sokrates, da er seine Wesensbestimmungen nicht von den Sinnendingen getrennt hat, später (1086b3) abgehoben wird.

phischer Untersuchung nach allen Richtungen hin erweitert, sondern das Philosophieren sogar in eine andere Dimension gebracht. Er hat nämlich den Bereich des Sinnlichen verlassen, weil er erkannt hatte, dass das Wissen gar nicht auf den stets veränderlichen, sinnenfälligen Einzeldingen beruhen kann.[13] Platon sieht die Ideen nicht nur als Gegenstände des Wissens, sondern darüber hinaus als ontologische Gründe der sinnenfälligen Dinge. Damit erweitert er die Geltung und Funktion der Ideen und gründet die Ideenlehre auf einer bestimmten Auffassung der Transzendenz.

2.1 Die Ideenkritik – *Metaphysik* I 9

Metaphysik I 9 enthält Aristoteles' kritische Auseinandersetzung mit der Ideenlehre.[14] Das lange Kapitel lässt sich in zwei Hälften teilen: In der ersten wird die Ideenlehre kritisiert, die vor allem in Platons mittleren Dialogen entwickelt und dargestellt wird, die zweite Hälfte dagegen zielt auf die Lehre der Ideenzahlen ab, die vor allem in der mündlichen Lehre überliefert ist.[15] Da wir die Ideenlehre analysieren, fokussieren wir auf die erste Hälfte (990a33–991b9). In ihr stellt Aristoteles eine Reihe von Einwänden auf, die verschiedene Aspekte der Ideenlehre attackieren:

1. Annahme von Ideen hat die Verdoppelung der Dinge zur Folge.
2. Manche Beweisführungen für Ideen führen zu keiner zwingenden Schlussfolgerung.
3. Manche andere lassen Ideen zu, von denen es keine Ideen geben sollte.
    3.1. Aus Beweisen von Wissenschaften ergeben sich Ideen für alle Gegenstände der Wissenschaften.
    3.2. Aus dem Beweisgrund von Einheit über Vielheit ergeben sich wie z. B. Ideen der Negation sowie des Vergangenen.
4. Schärfere Beweisgründe führen zu unerwünschten Konsequenzen wie 4.1 Ideen des Relativen und 4.2 dem dritten Menschen.

13 Dass die sinnenfälligen Dinge in ständiger Veränderung sind, sagt Platon in seinen Dialogen überall. Am deutlichsten im Tim. 27d6–28a4. Siehe dazu Graeser 1982, 30–34.

14 Met. XIII 4, 1078b34 ff. ist eine Wiederholung von Teilen von I 9. Ausführliche Untersuchungen dazu: Fine 1993; Wilpert 1949, 27 ff., Annas 1976, Szlezák 1987 und Frede/Patzig 1988, Frede 2012 etc.

15 Frede 2012, 265–266. Wie Frede bemerkt, vollzieht Aristoteles dabei keine explizite Trennung von diesen zwei Fronten seiner Kritik. Für ihn sind die beiden wohl Teile *einer* Lehre.

5. Die Ideenlehre hebt die Geltung der Prinzipien auf; denn die Zweiheit ist ontologisch niedriger als die Zwei (5.1), und das Relative, gemeint ist das Mehr und Weniger, ist ontologisch früher als Ideen, die an sich seiend sind. (5.2)[16]
6. Die Lehre scheint auch Ideen für Nichtsubstanzen zuzulassen, d.h. Dinge, die nach Aristoteles eigener Eidoslehre keine selbstständigen Substanzen sind.
7. Ideen sind nutzlos für das sinnlich Wahrnehmbare, sowohl für das Ewige als auch für das Vergängliche. Denn sie sind weder Ursachen für deren Bewegung noch für deren Veränderung; ferner tragen sie nichts zur Erkenntnis von diesen bei; auf der anderen Seite führt eine Theorie immanenter Beimischung zu manchen ungereimten Folgerungen.
8. Es ist unmöglich, dass Ideen von wahrnehmbaren Dingen getrennt sind; und selbst wenn es Ideen gäbe, wären sie keine Ursachen für die Entstehung solcher Dinge, weil sie keine bewegenden Kräfte sind.
9. Das Verhältnis zwischen Ideen und sinnlich wahrnehmbaren Dingen ist nicht klar; ein und dieselbe Idee kann zugleich Abbild und Vorbild sein. Überdies sind Redeweisen von Vorbild (παράδειγμα) und Teilnahme (μετέχειν) nichts als leere Worte und poetische Metaphern.[17]

Die vielen Einwände sind ohne strengen logischen Zusammenhang zusammengestellt. Aber auch hier brauchen wir nicht auf alle kritischen Punkte einzugehen, weil einige davon offensichtlich wenig mit Aristoteles' eigener Lehre der Formen zu tun haben. Die folgenden werden je mit einer kurzen Bemerkung zuerst außer Acht gelassen.

Erstens zielt Aristoteles in dem fünften Kritikpunkt nicht auf die Ideenlehre, sondern auf das Prinzip der unbestimmten Zweiheit. Diese funktioniert Platons ungeschriebener Lehre zufolge als das stoffliche Prinzip alles Seienden; als solches ist die Zweiheit unterseiend. Aristoteles scheint aus diesem eigenartigen Seinsstatus des Prinzips eine paradoxe Folgerung zu ziehen: Die Zahl 2 muss ontologisch höher gestellt sein als die unbestimmte Zweiheit, weil eine Zahl eindeutig bestimmt ist. Danach ist das Prinzipiierte höher als das Prinzip. Hält man aber streng an den

16 Aristoteles schließt diese kritischen Bemerkung mit „und was sich sonst noch alles, den Ansichten der Ideenlehre nachgehend, ihren Prinzipien entgegengestellt hat". Allerdings hat er dies nicht weiter ausgeführt.

17 Seit Langem wird darauf aufmerksam gemacht, dass Aristoteles hier an gewissen Stellen „wir" verwendet (990b11, b23), während in XIII 4, wo gleiche Einwände vorgebracht werden, das distanzierende „sie" steht (1079a7, a20). Inwiefern diese Änderung Aristoteles' Affinität zur Akademie verrät, mag zunächst dahin gestellt sein. Wichtig ist, dass Aristoteles' Kritik nicht mit „wir" gemildert wird. So bemerkt Alexander, dass Aristoteles seine, d.h. die akademischen, Argumente für Ideen kritisch überprüft und als problematisch entlarvt (In Met. 78, 1–4). Siehe auch Reeve 2016, 294.

Prinzipiencharakter der unbestimmten Zweiheit, die ein Mehr und Weniger ist, fest, muss das Relative ontologisch höher sein als die Ideen. Da aber die Ideen an sich seiend sind, wäre das Relative – die unbestimmte Zweiheit – dem Seinsgehalt nach höher als das An-sich-Seiende, was aber die ontologische Rangfolge der Ideenlehre auf den Kopf stellte.[18] Zweitens bestritt Aristoteles mit 3.1 nicht, dass es Ideen von Gegenständen der Wissenschaften gibt; was er missbilligt, ist vielmehr, dass es Ideen von *allen* Gegenständen der Wissenschaften gibt. Worauf er damit abzielt, dürfte klar sein: Zwar ist die Mathematik nach Aristoteles Wissenschaft, aber von Zahlen und geometrischen Figuren soll es seiner Ansicht nach keine Ideen geben.[19] Es geht dabei um eine unterschiedliche ontologische Auffassung der Zahlen zwischen Aristoteles und Platon, die mit unserer vorliegenden Untersuchung nicht in engem Zusammenhang steht. Ferner macht 3.2 die Ideen der Negationen sowie des Vergangenen zum Ziel der Kritik. Die Existenz von Ideen des Vergangenen ist mehr als fraglich; und was die Ideen der Negationen anbelangt, könnte es sich um eine tiefliegende ontologische These der Ideenlehre handeln. Im *Sophistes*, in dem der Gast aus Elea eine Theorie über Sein und Nichtsein entwickelt, handelt es sich bei der Negation um die Andersheit: Die Idee der Tapferkeit ist *anders* als die des Schönen. Die Idee der Andersheit gehört zu den fünf größten Gattungen, die der Vernetzung der Ideen zugrunde liegen.[20] Schließlich geht Aristoteles mit den Ideen des Relativen (4.1) und aller Nichtsubstanzen (6) auf einen grundlegenden Unterschied bei der Auffassung der Substanz ein. Mit gewissem Recht lässt sich sagen,

---

18 Dazu Reeve 2016, 296 Anm. 180. Nach Frede (2012, 280–281) hat der Einwand nichts mit der unbestimmten Zweiheit zu tun: Aristoteles weise eher darauf hin, dass es keine Idee der Zahlen gebe, weil in diesen ein Früher und Später vorhanden sei (Met. III 3, 999a6–10). Aber Aristoteles' eigene Ausführungen, wie z. B., dass „dessen Realität die Anhänger der Ideenlehre noch mehr behaupten als die der Ideen selbst", dürften klarmachen, dass es sich um die Prinzipien, vor allem um die unbestimmte Zweiheit handelt. In 5.1 bemängelt Aristoteles, dass, wenn die Zahl eine Idee ist und wenn alle Zahlen sich darunter stellen, die Zweiheit als eine Zahl die ontologische Priorität verliert; in 5.2 kritisiert er, dass die unbestimmte Zweiheit im Sinne von Mehr oder Weniger ontologisch früher als die an sich seienden Ideen ist. Zu einer zusammenfassenden Darstellung von Simplikius' Referat über die unbestimmten Zweiheit: Szlezák 2021, 510–512.

19 Frede 2012, 273.

20 *Sophistes* 257b–258e. Dazu Frede (2012, 274–275) für die Pros und Kontras der Ideen der Negationen in Platons Dialogen. Frede nennt die *Sophistes*-Stelle (257a–258e) einen Nachweis dafür, dass Platon Ideen der Negationen zulässt; und das gleiche tut Reeve in seinem *Metaphysik*-Kommentar (2016, 294–295). Aber wie Frede treffend bemerkt, betreffen Negationen in der *Sophistes*-Stelle die Andersheit. Nichtschön ist in der Tat alles, was außerhalb des Schönen ist, und umfasst daher nicht nur das Hässliche, sondern auch das Gerechte, das Große usw. Daher ist die Existenz von Ideen der Negationen des Schönen nichts als die Existenz der anderen Ideen wie die des Gerechten, des Großen und sogar des Hässlichen usw. Dazu siehe Meinhardts ausführliche Erörterungen zu der genannten *Sophist*-Stelle (Meinhardt 1990, 239–240)

dass die Einordnung des Lebewesens Aristoteles' Lehre der Formen zugrunde liegt. Schon in den *Kategorien* gelten Naturdinge wie Menschen und Pferde als selbstständige Substanzen.[21] Dagegen ist die lebendige Welt nie das Zentrum von Platons Philosophie. Der Ausgang seiner Philosophie ist vielmehr die Suche nach absoluten Maßstäben. Moralisch-politische Werte sind Qualitäten, die für Aristoteles in keiner Weise Substanzen sind, und Vergleiche, seien es qualitative, seien es quantitative, involvieren Relativa. Dagegen bilden Werte und Vergleiche, nicht die Arten der Lebewesen, die Grundlage der Ideenphilosophie.[22] Deshalb betreffen 4.1 und 6 die unterschiedliche Auffassung der Transzendenz bei den beiden Philosophen. Aristoteles lehnt transzendente Formen für Nichtsubstanzen und für Relativa ab.

Die übrigen Kritikpunkte betreffen unsere Untersuchung mehr. Die Verdopplung der Wirklichkeit (1) sowie die Nutzlosigkeit und Irrelevanz der Ideen für die Veränderung, Entstehung und Erkenntnis der sinnenfälligen Welt (7 and 8) greifen alle die Transzendenz der Ideen an. Mit anderen Worten: Platon hat keine klare Erklärung zum Verhältnis zwischen der Ideenwelt und der Welt sinnlicher Einzeldinge geliefert (9). Wie wir gleich sehen werden, zielt der dritte Mensch (4.2) ebenfalls auf Probleme mit der Transzendenz ab. Was den Mangel an Evidenz bei manchen Beweisen anbelangt (2), hat Aristoteles unterlassen, diesen weiterzube-

---

21 Die siebte Aporie (III 3, 998b14–999a23) ist der Frage gewidmet, ob die obersten Gattungen oder die untersten Arten im höheren Grade Prinzipien sind. Gemäß dem Grundcharakter der Apoiendiskussion legt sich Aristoteles nicht auf eine Alternative fest, aber die Tatsache, dass über zwei Drittel der Aporienpassage dem Absprechen des Prinzipienstatus für die oberen Gattungen gewidmet sind, verrät Aristoteles' Präferenz.

22 Bezeichnend ist jedoch, dass Aristoteles an einer Stelle in der *Metaphysik* sagt, dass Platon nicht unrecht habe, Ideen nur für die natürlichen Dinge zu setzen (διὸ δὴ οὐ κακῶς Πλάτων ἔφη ὅτι εἴδη ἔστιν ὁπόσα φύσει […], Met. XII 3, 1070a18–19=Test. Plat. 64). Eine solche Einschränkung der Ideen auf Naturdinge findet man nicht in den Dialogen, wie Ross (Met. Komm. II 356) bemerkt. Im *Parmenides* (130c) fragt der junge Sokrates, ob es Ideen für Menschen, für Feuer und Wasser gibt. Parmenides gibt ihm keine definitive Antwort, vielmehr lenkt er die Frage auf Ideen von Haar, Schlamm und Schmutz. Man findet eine dihäretische Klassifikation der Naturdinge in Platons *Staatsmann* (263b ff.). Aber das eigentliche Thema des *Staatsmannes* ist Staatskunst, und die Dihärese dient nur als Beispiel der Einteilung, so wie die Dihärese der Angelkunst im *Sophistes.* Im *Timaios* (30c–d, 39e–40a), einem Dialog über die Entstehung des Universums, spricht Timaios kurz über Ideen der Lebewesen ohne detaillierte Erörterung. Man kann mit gewisser Sicherheit sagen, dass Platon Ideen für Naturdinge setzt, obwohl diese nicht im Fokus seiner Theorie stehen. Aber es ist kaum möglich, dass er Ideen *nur* für Naturwesen setzte. Themistius sowie Averroes lesen die *Metaphysik*-Stelle „οἱ τὰ εἴδη τιθέμενοι ἔφασαν“ (app. criticus zur Stelle). Beide Kommentatoren dürften die überlieferte Feststellung als problematisch empfunden haben. Von den modernen Kommentatoren erwähnt Ross (Met. Komm. II 356) die Leseart bei Themistius und Averroes; Elders (1972, 107–108 mit Anm. 30) scheint die Konjektur von diesen beiden zu präferieren. Judson (2000, 131–133; 2019, 121–123) geht auf diese Feststellung gar nicht ein, sondern konzentriert sich auf die Abtrennbarkeit der Formen. Siehe unten Anm. 209.

stimmen. Aber aus seinen Ausführungen in *De Ideis*, welche in Alexander von Aphrodisias' Kommentar zur *Metaphysik* überliefert sind, erfahren wir, dass sich nach Aristoteles weder aus den Wissenschaften noch aus einer Einheit über Vielheit noch aus dem Denken zwingende Gründe zur Annahme von Ideen ergeben.[23] Alles in allem ziehen die obigen Beanstandungen primär auf die Spaltung zwischen Ideen und sinnenfälligen Dingen ab. Aristoteles ist der Meinung, dass Platon einen transzendenten Bereich aufgebaut und die Ideen von sinnenfälligen Dingen getrennt habe. Ihm sei jedoch nicht gelungen, die Ideen als transzendente Entitäten zu beweisen und nutzbar zu machen. Es seien die Transzendenz und die damit einhergehende Trennung, welche schwerwiegende Probleme verursachten.[24] Die erste Hälfte der Ideenkritik in Met. I 9 schließt er mit der Bekräftigung ab, dass die Trennung der Ideen von den Einzeldingen die Ideen kraftlos und unwirksam mache.[25] Bei der Untersuchung der aristotelischen Transzendenz wird unsere Aufmerksamkeit vor allem auf Aristoteles' Klärung des Verhältnisses seiner Formen und der Einzeldinge gerichtet. Wir werden versuchen zu bestimmen, ob und inwiefern die aristotelischen Formen einen transzendenten Bereich bilden. Da der Nous Poiētikos ein intuitives Einsehen aller denkbaren Formen ist, führt ein besseres Verständnis der Transzendenz zu einer Einordnung des produktiven Nous in die aristotelische Philosophie.

Innerhalb seiner Ideenkritik erwähnt Aristoteles eine immanente Theorie, nach der die Immanenz als Beimischung von Stoff angesehen wird. Diese Mischungslehre lehnt Aristoteles kurzerhand ab.[26] In *De Ideis* setzt er sich ausführlich mit ihr auseinander. Wir werden gleich analysieren, wie er gegen die Mischungslehre argumentiert. Der Grund, warum Aristoteles diese Art der Immanenz zurückweist, könnte Licht auf seine eigene Vorstellung von Immanenz sowie von einer Transzendenz, die er akzeptiert, werfen.

---

23 Wir werden unten kurz auf den vermeintlichen Mangel an Beweiskraft zu sprechen kommen.

24 Met. XIII 9, 1086b6–7: τὸ δὲ χωρίζειν αἴτιον τῶν συμβαινόντων δυσχερῶν περὶ τὰς ἰδέας ἐστίν.

25 Met. I 9, 991b1–5: ἔτι δόξειεν ἂν ἀδύνατον εἶναι χωρὶς τὴν οὐσίαν καὶ οὗ ἡ οὐσία· ὥστε πῶς ἂν αἱ ἰδέαι οὐσίαι τῶν πραγμάτων οὖσαι χωρὶς εἶεν; ἐν δὲ τῷ Παίδωνι οὕτω λέγεται, ὡς καὶ τοῦ εἶναι καὶ τοῦ γίγνεσθαι αἴτια τὰ εἴδη ἐστίν· καίτοι τῶν εἰδῶν ὄντων ὅμως οὐ γίγνεται τὰ μετέχοντα ἂν μὴ ᾖ τὸ κινῆσον […].

26 Met. I 9, 991a11–14: οὔτε γὰρ κινήσεως οὔτε μεταβολῆς οὐδεμιᾶς ἐστὶν αἴτια αὐτοῖς. ἀλλὰ μὴν οὔτε πρὸς τὴν ἐπιστήμην οὐθὲν βοηθεῖ τὴν τῶν ἄλλων (οὐδὲ γὰρ οὐσία ἐκεῖνα τούτων· ἐν τούτοις γὰρ ἂν ἦν), οὔτε εἰς τὸ εἶναι, μὴ ἐνυπάρχοντά γε τοῖς μετέχουσιν· […].

2.2 Materialistische Immanenz – Mischungstheorie

Nach der Mischungslehre sind die Ideen in dem Sinne Ursachen, wie die Mischung mit Weißem Ursache dafür ist, dass etwas weiß ist. Als Vertreter nennt Aristoteles Anaxagoras und Eudoxus. Nach dem Erstgenannten ist neben dem ungemischten Nous die große Mischung ein weiteres kosmologisches Prinzip, wie zu Beginn des Fragments 12 festgestellt wird:

> τὰ μὲν ἄλλα παντὸς μοῖραν μετέχει, νοῦς δέ ἐστιν ἄπειρον καὶ αὐτοκρατὲς καὶ μέμεικται οὐδενὶ χρήματι […].
>
> DK59B12=Simplicius In Phys. 164, 24–25, Diels
>
> An jedem hat all anderes Anteil, der Nous dagegen ist unbegrenzt, selbstständig herrschend und mit keiner Sache vermischt […].

An einer *Physik*-Stelle referiert Aristoteles, dass Anaxagoras unzählige Homoiomerien und Gegensätze (τά τε ὁμοιομερῆ καὶ τἀναντία) als Bestandteile der ursprünglichen Mischung ansetzt.[27] Es gibt verschiedene Deutungen dazu, was in jener ursprünglichen Mischung war.[28] Darum müssen wir hierzu keine Position beziehen. Für die vorliegende Untersuchung reicht, dass die Bestandteile material bzw. körperlich sind. Obwohl es nicht unmittelbar klar ist, wie diese Materialität bzw. Körperlichkeit zu verstehen ist, lässt sich aus den Fragmenten doch mindes-

---

27 *Physik* I 4, 187a25. Wie KRS (411–412) und Rapp (^{2}2007, 178) annehmen, ist Aristoteles wohl der erste, der diesen Ausdruck auf die Theorie des Anaxagoras anwandte. ὁμοιομερῆ ist im Sinne von gleichartig zu verstehen, wie der Beginn von De hist. animal. zeigt: τῶν ἐν τοῖς ζῴοις μορίων τὰ μὲν ἐστιν ἀσύνθετα, ὅσα διαιρεῖται εἰς ὁμοιομερῆ, οἷον σάρκες εἰς σάρκας, τὰ δὲ σύνθετα, ὅσα εἰς ἀνομοιομερῆ, οἷον ἡ χεὶρ οὐκ εἰς χεῖρας διαιρεῖται οὐδὲ τὸ πρόσωπον εἰς πρόσωπα (De hist. Animal. I 1, 486a5–8). Im Gegensatz zu Hand und Gesicht gehört Fleisch zu den Homoiomerien. In *Physik* I 4, 187b5–6 führt Aristoteles Weiß, Schwarz, Süß einerseits und Fleisch und Knochen andererseits als Bestandteile an. Siehe auch De gen. et corr. I 1, 314a20=DK59 A46.

28 KRS (412) sieht außer den Gegensätzen noch die vier elementaren Stoffe sowie natürliche Substanzen wie Fleisch, Knochen und Metalle als Homoiomerien. Sedley (2007, 8–10, 26–30) hingegen argumentiert ausführlich, dass Anaxagoras lediglich Gegensätze in die Mischung setzt und dabei in der Tradition der vorsokratischen Naturphilosophie bleibt. Zur Tradition der vorsokratischen Philosophie siehe Graham 2006, 40–41. In Bezug auf Anaximander sagt Graham, dass sich elementare Eigenschaften wie Heiß, Kalt, Trocken, und Nass nicht eindeutig von den elementaren Stoffen unterscheiden. McKirahan (^{2}2010, 204–208, auch 45–46) meint auch, dass Anaxagoras in dieser Tradition bleibt, indem er Gegensätze als Prinzipien setzt. Dies auch deswegen, weil Stoffe und Gegensätze nicht klar voneinander getrennt waren. Wie KRS zählt er Haar und Knochen zu jenen Homoiomerien, merkt aber zugleich, dass die Aufnahme natürlicher Stoffe von der vorsokratischen Tradition abweicht.

tens schließen, dass Extension ein Merkmal der Materialität sein muss.[29] Aus der kosmischen Rotation entstanden konkrete Dinge, und die ursprüngliche Homogenität bewahrte sich nicht mehr. Nunmehr stehen die Gegensätze in jedem herausrotierten Ding in unterschiedlichen Proportionen. Ein weißer Gegenstand ist deswegen weiß, weil das Weiße zahlenmäßig in der Mischung dominiert.[30]

Anaxagoras hat bekanntermaßen keine Ideenlehre vorgebracht. Dennoch lässt sich seine Lehre der Mischung leicht in eine immanente Teilhabelehre umwandeln. In dem oben zitierten Beginn des Fragments 12 werden Teilhaben (μετέχειν) und Mischen (μειγνύναι) ohnedies als Synonyme verwendet. Sokrates ist deswegen ein Mensch, weil in ihm die Idee des Menschen als raumerfüllende Entität quantitativ überlegen ist.[31] Der Akademiker Eudoxus war wohl Vertreter einer solchen Teilhabelehre.[32] In seiner Platonkritik erwähnt Aristoteles die Mischungslehre des Eudoxus und schiebt sie gleichsam mit einer Handbewegung zur Seite. Gegen eine solche Theorie gebe es viele Ungereimtheiten.[33] Was das für Ungereimtheiten sind, führt er aber nicht weiter aus. Alexanders *Metaphysik*-Kommentar enthält eine

29 Anaxagoras soll gesagt haben, dass alle Dinge sowohl der Anzahl wie auch der Kleinheit nach unbegrenzt sind. Es gibt keine kleinsten Dinge; aber Luft und Äther sind die größten (μέγιστα) unter allen Dingen, sowohl der Anzahl als auch der Ausdehnung (μέγεθος) nach (DK59B1=Simplikius In Phy. 155, 26 f., Diels). Selbst wenn die Authentität des letzten Satzes von B1 fragwürdig sein sollte – dazu McKirahan ²2010, 193, deutet ein anderes Fragment DK59B3 (Simplikius In Phy. 164, 17–20, Diels) ebenfalls darauf hin. Selbst der Nous wurde von Anaxagoras als ausgedehnt konzipiert. Denn „der Nous ist allemal gleich, sowohl der größere als auch der kleinere" (DK59B12=Simplikius In Phy. 157, 2–3, Diels).

30 Phys. I 4, 187b2–7 = KRS 485: φαίνεσθαι δὲ διαφέροντα καὶ προσαγορεύεσθαι ἕτερα ἀλλήλων ἐκ τοῦ μάλισθ' ὑπερέχοντος διὰ πλῆθος ἐν τῇ μίξει τῶν ἀπείρων· εἰλικρινῶς μὲν γὰρ ὅλον λευκὸν ἢ μέλαν ἢ γλυκὺ ἢ σάρκα ἢ ὀστοῦν οὐκ εἶναι, ὅτου δὲ πλεῖστον ἕκαστον ἔχει, τοῦτο δοκεῖν εἶναι τὴν φύσιν τοῦ πράγματος.

31 In Met. 100, 27–33. Alexander kommt hier noch einmal auf Aristoteles' Kritik an der Mischungstheorie zu sprechen. Als Beispiel nennt Aristoteles die Idee des Menschen.

32 Dazu von Fritz 1978, 157–158. Nach ihm sind die Homoiomerien von Eudoxos nicht rein stofflich wie Knochen und Gold bei Anaxagoras, sondern nur ausgedehnt und raumerfüllend. Hier ist nicht der Ort, um die eudoxische Ideenlehre genau zu bestimmen. Darüber ist die Überlieferung ohnehin äußerst spärlich. Immanente, ausgedehnte Homoiomerien sind durchaus vergleichbar mit den pythagoreischen Zahlen, aus denen den Pythagoreern zufolge die Weltdinge zusammengesetzt sind. Angesichts der engen Beziehung zwischen Platonikern und Pythagoreern ist es möglich, dass Eudoxos tatsächlich eine solche immanente Variante der Ideenlehre, wenn auch nur ansatzweise, vertreten hat. Auch nach Fine (1986=2003, 302n.3, 316 f.) vertritt Eudoxos eine immanente Ideenlehre. Sie scheint Eudoxos' Lehre als materialistisch zu betrachten.

33 Met. I 9, 991a16–19.

detaillierte Kritik an Eudoxus' Teilhabelehre, die wohl Aristoteles' Schriften entnommen ist.[34]

ὅτι δὲ μὴ ὡς Εὔδοξος ἡγεῖτο καὶ ἄλλοι τινὲς μίξει τῶν ἰδέων τὸ ἄλλα, ῥᾴδιόν φησιν εἶναι συναγαγεῖν πολλὰ καὶ ἀδύνατα ἑπόμενα τῇ δόξῃ τῇδε. εἴη δ' ἂν τοιαῦτα. εἰ μίγνυνται αἱ ἰδέαι τοῖς ἄλλοις, πρῶτον μὲν σώματα ἂν εἶεν· σωμάτων γὰρ ἡ μῖξις. ἔτι ἕξουσιν ἐναντίωσιν πρὸς ἀλλήλας· ἡ γὰρ μῖξις κατ' ἐναντίωσίν ἐστιν. ἔτι οὕτως μιχθήσεται ὡς ἢ ὅλην ἐν ἑκάστῳ τῶν οἷς μίγνυται εἶναι ἢ μέρος. ἀλλ' εἰ μὲν ὅλη, ἔσται ἐν πλείοσι τὸ ἓν κατὰ τὸν ἀριθμόν. ἓν γὰρ κατὰ τὸν ἀριθμὸν ἡ ἰδέα· εἰ δὲ πρὸς μέρος, τὸ μέρος τοῦ αὐτοανθρώπου μετέχον, οὐ τὸ ὅλου τοῦ αὐτοανθρώπου ἔσται ἄνθρωπος. ἔτι διαιρεταὶ ἂν εἶεν αἱ ἰδέαι καὶ μερισταί, οὖσαι ἀπαθεῖς. ἔπειτα ἔσται μὲν ὁμοιομερῆ, εἴ γε πάντα τὰ ἔχοντά τι μέρος ἐξ αὐτοῦ ὅμοιά ἐστιν ἀλλήλοις· πῶς δὲ οἷόν τε τὰ εἴδη ὁμοιομερῆ εἶναι; οὐ γὰρ οἷόν τε τὸ μέρος τοῦ ἀνθρώπου ἄνθρωπον εἶναι, ὡς τὸ τοῦ χρυσοῦ μέρος χρυσόν. ἔτι, ὡς καὶ αὐτος ὀλίγον προελθὼν λέγει, ἐν ἑκάστῳ οὐ μία ἔσται ἰδέα μεμιγμένη ἀλλὰ πολλαί· εἰ γὰρ ἄλλη μὲν ζῴου ἰδέα ἄλλη δὲ ἀνθρώπου, ὁ δὲ ἄνθρωπος καὶ ζῷόν ἐστι καὶ ἄνθρωπος, ἀμφοτέρων ἂν μετέχοι τῶν ἰδεῶν. καὶ ὁ αὐτοάνθρωπος δὲ ἰδέα, ᾗ μὲν καὶ ζῷόν ἐστιν, μετέχοι ἂν καὶ αὐτὸ τοῦ ζῴου· οὕτως δὲ οὐκέτι ἂν ἁπλαῖ αἱ ἰδέαι εἶεν, ἀλλ' ἐκ πολλῶν συγκείμεναι, καὶ αἱ μὲν αὐτῶν πρῶται αἱ δὲ δεύτεραι. εἰ δὲ μή ἐστι ζῷον, πῶς οὐκ ἄτοπον ἄνθρωπον λέγειν μὴ εἶναι ζῷον; ἔτι δέ, εἰ μίγνυται τοῖς πρὸς αὐτὰ οὖσι, πῶς ἂν ἔτι εἶεν παραδείγματα, ὡς λέγουσιν; οὐδὲ γὰρ οὕτως τὰ παραδείγματα ταῖς εἰκόσι τῆς ὁμοιότητος τῆς πρὸς αὐτὰ αἴτια τῷ μεμῖχθαι. ἔτι τε καὶ συμφθείροιντο ἂν τοῖς ἐν οἷς εἰσι φθειρομένοις. ἀλλ' οὐδὲ χωρισταὶ ἂν εἶει αὐταὶ καθ' αὑτάς, ἀλλ' ἐν τοῖς μετέχουσιν αὐτῶν. πρὸς δὲ τούτοις οὐδὲ ἀκίνητοι ἔτι ἔσονται [...].

Alexander, in Met. 97, 27–98, 21, Hayduck

Dass andere Dinge nicht, wie Eudoxus und gewisse andere glauben, durch Mischung der Ideen [existieren], dazu sagt er [Aristoteles], dass es leicht sei, viele für diese Lehre unmögliche Konsequenzen zusammenzustellen. Diese sind etwa Folgendes: Wenn die Ideen sich mit den anderen Dingen mischen, [1] erstens müssten sie Körper sein; denn Mischung gibt es nur von Körpern. [2] Ferner hätten sie Gegensätze zueinander; denn Mischung findet bei Gegensätzen statt. [3] Ferner wird eine Idee so gemischt, entweder als ganze mit jedem, mit dem sie sich mischt, oder als Teil. [3.1] Wenn aber als Ganze, wäre sie eine der Zahl nach in mehreren Dingen; denn die Idee ist der Zahl nach eine. [3.2] Wenn aber als Teil, dann wäre das, was an einem Teil des Menschen selbst teilhat, nicht das, was an dem Ganzen des Menschen selbst [teilhat], Mensch. [3.3] Ferner dürfte eine Idee trennbar und [folglich] wohl geteilt sein, [obwohl] sie leidensunfähig sind. [4] Ferner wäre [eine Idee] Homoiomerien, wenn alle Dinge, die irgendein Teil von ihr haben, einander gleich sind. Aber wie können die Ideen Homoiomerien sein? Denn nicht so, wie ein Teil des Goldes Gold ist, ist ein Teil des Menschen ein Mensch. [5] Ferner, wie dieser [sc. Aristoteles] etwas später sagt, dass in jedem [sc. Einzelwesen] nicht eine Idee, sondern mehrere gemischt sind; denn wenn die Idee des Lebewesens anders ist als die Idee des Menschen, und der [Einzel]Mensch sowohl Lebewesen wie auch Mensch ist, dürfte er [sc. der Einzelmensch] an den beiden Ideen teilhaben. Auch der Mensch an sich ist eine Idee,

34 Die Autorschaft dieser Passage ist nicht unumstritten. Dancy (1991, 34–44, vor allem 34–35, 40, 42) zufolge stammen nicht alle kritischen Bemerkungen von Aristoteles. Die Argumente 3 und 4 sind wahrscheinlich aus Alexanders eigener Feder geflossen. Dagegen schreibt Fine (1986=2003, 316 v. a. Anm. 23) Aristoteles alle Argumente zu.

insofern er auch Lebewesen ist, dürfte er auch an dem Lebewesen an sich teilhaben. So dürften die Ideen nicht mehr einfach sein, sondern aus vielen [sc. anderen Ideen] zusammengesetzt; und die einen Ideen wären primär, die anderen sekundär. Wenn aber [sc. die Idee des Menschen] nicht das Lebewesen ist, wie wäre es nicht absurd zu sagen, dass der Mensch nicht Lebewesen sei. [6] Ferner wenn die Ideen sich in die Dinge mischen, die in Bezug auf sie sind, auf welche Weise wären sie noch Vorbilder, wie sie [sc. die Platoniker] behaupten? Denn nicht auf diese Weise sind die Vorbilder durch Mischen ihren Abbildern die Ursache der Ähnlichkeit, die sie ihnen gegenüber haben. [7] Ferner würden die Ideen zusammen mit dem, in dem sie sich befinden, zugrunde gehen. Freilich dürften sie nicht an sich getrennt [sc. von den Sinnendingen] existieren, sondern in dem, was an ihnen teilhat. [8] Außerdem wären sie sogar nicht unveränderlich [...].

Aristoteles' kritische Anmerkungen werden gleich unten einer näheren Betrachtung unterzogen. Zwar steht eine Mischungstheorie wie diejenige von Eudoxus nicht im Mittelpunkt unserer Untersuchung, gleichwohl gibt seine Kritk Auskunft über Aristoteles' und sogar über Platons Theorie der Formen.[35] Wie unten noch ausgeführt wird, spielt Platon im *Parmenides* ebenfalls auf Eudoxus' Lehre an. Mit einer Analyse der Kritik an der Mischungstheorie verschaffen wir uns einen guten Ausgangspunkt für die Untersuchung der aristotelischen Eidoslehre.

Die ersten zwei Punkte gehören nicht zur Kritik der Lehre; vielmehr bestimmen sie den Rahmen der Teilhabelehre, die sich als Mischungstheorie verstehen lässt. Eine Mischung findet nur zwischen Körpern statt. Mit anderen Worten, die Ideen sin Körper. Ferner ist die Mischung von Körpern als Mischung der Gegensätze, die sich in Körpern vorfinden, zu verstehen.[36] Ob Eudoxus die Mischung tatsächlich so konzipiert hat, ist nicht mit Sicherheit zu erschließen. Dennoch ist die so dargestellte Lehre der Mischung gut kompatibel mit Aristoteles' eigener Theorie der Veränderung. Nach ihr finden Veränderungen nur zwischen Gegensätzen, oder präziser ausgedrückt, zwischen Dingen, welche gegensätzliche Eigenschaften haben, statt, wie z. B.: Ein weißes Ding wird von einem schwarzen Gegenstand oder

35 Es ist auffällig, dass das eher an Platon erinnernde Wort „ἰδέα" in Alexanders Berichterstattung steht.

36 Siehe Dancys Interpretation (1991, 42). πρὸς ἀλλήλας ist Feminin Plural und deutet auf Ideen hin. Daher mischen sich die Ideen miteinander, und weil Ideen Eigenschaften haben, mischen sich damit entgegengesetzte Eigenschaften miteinander. Aristoteles führt nicht mehr weiter aus, wie Ideen und ihre Gegensätze genauer aufzufassen sind. Sollte man es derart verstehen, dass eine Idee verschiedene Gegensätze wie Härte, Farbe und Wärme hat? Oder eher so, dass eine Idee nur eine bestimmte Eigenschaft besitzt, die zu einer anderen Idee mit einer dieser entgegengesetzten Eigenschaft im Gegensatz steht? Die letztere Auffassung macht eine Idee und ihre Eigenschaft zu einer engen Einheit, und dies entspricht Anaxagoras' Gegensätzen besser. Aristoteles arbeitet in den folgenden 3. und 4. Punkten mit der Auffassung, dass Ideen wie Gold Homoiomerien sind. Diese Auffassung korrespondiert mit seiner Interpretation von der großen Mischung des Anaxagoras.

von Dingen mit anderen Farben verändert, aber nicht von einem gebildeten Menschen.[37] Die Frage, ob Aristoteles Eudoxus' Lehre vielleicht doch nach seinen Ansichten modifiziert hat, ist für unsere Untersuchung freilich nicht von besonderem Belang. Was zählt, ist, wie Aristoteles die Lehre formuliert und zurückweist. Die weiteren Punkte 3 bis 8 enthalten die Kritik. Der dritte Punkt betrifft das Verhältnis von Einheit und Vielheit. Wie kann ein und dieselbe Idee, die ein Körper ist, zugleich in mehreren Dingen anwesend sein? Wenn eine konkrete Idee nicht zugleich als Ganze in mehreren Dingen ist, könnte jeweils ein Teil von ihr in einem Einzelding sein? Aristoteles führt die Absurditäten vor Auge: Wie kann ein einzelner Mensch, der nur an einem Teil der Idee des Menschen teilhat, ein ganzer Mensch sein? Neben Aristoteles nimmt Platon eine solche Lehre ins Visier. Im *Parmenides* vergleicht Platon eine Idee mit einem Segeltuch, um die Ungereimtheiten einer materialistischen Vorstellung der Idee aufzuzeigen.[38]

Mit dem vierten Kritikpunkt etabliert Aristoteles eine material konzipierte Einfachheit, nämlich, dass eine Idee aus qualitativ gleichem Stoff besteht. Dies lässt sich als Antwort auf den vorigen Punkt deuten. Sind alle Teile einer Idee homogen, müssten alle Einzeldinge, die an ihr teilhaben, gleich sein. Diese Konzeption entspricht eher Anaxagoras' großer Mischung, allerdings ist der Mensch nicht ein homogener Stoff wie das Gold. Ein Teil des Menschen ist definitiv anders als ein anderer Teil und als der ganze Mensch. Durch Teilhabe an einem Teil kann es keinen kompletten Menschen geben. Außerdem muss eine materialistisch konzipierte Idee Teilbarkeit voraussetzen, wenn die Gegenwart *einer* Idee an mehreren Dingen vermieden werden soll. Dennoch lassen weder Platon noch Aristoteles eine konkrete, materialistisch verstandene Teilbarkeit der Form zu.

Der fünfte Punkt betrifft weniger Eudoxus' Lehre als die aristotelische Theorie der Formen. Eine Idee ist eine Einheit, die eine ontische Struktur aufweist, aber keine Einfachheit. Die Idee des Menschen schließt die Idee des Lebewesens ein. Aristoteles beschäftigt sich mit der Problematik von Einheit und Vielheit innerhalb einer Idee. Wir werden bei der Analyse des dreizehnten Kapitels vom Buch Zeta der *Metaphysik* sehen, wie sehr diese Frage Aristoteles beschäftigt.[39]

---

37 De gen. et corr. I 7, 323b28–324a9, Phys. I 5, 188a31 f. An beiden Stellen macht Aristoteles klar, dass Veränderungen an Gegensätzen stattfinden. In Phy. I 7, 190b29–191a3 gibt Aristoteles eine genauere Formulierung seiner Lehre: Veränderungen finden nicht direkt zwischen Gegensätzen als solchen statt, sondern zwischen Dingen, welche die Gegensätze haben. Veränderungen setzen drei Prinzipien voraus: zwei Gegensätze und ein Zugrundeliegendes. Siehe dazu Dancy 1991, 42–43.

38 Mehr zu Platons Behandlung der Mischungslehre: unten § 5.1.

39 Aristoteles spricht bereits in der zwölften Aporie diese Problematik kurz an, kommt aber zu keinem Schluss. Platon hat das Problem von Einheit und Vielheit generell nicht so aufgefasst, zum einen weil Platon die Frage nach der Einheit von Vielheit innerhalb einer Idee nicht eigens be-

Der sechste Punkt scheint sich allein auf Platons Ideenlehre zu stützen. Es geht um die Ideen als Vorbilder. Wir haben in § 2.1 gesehen, dass Aristoteles in seiner Ideenkritik die Redeweise von Vorbild und Teilhabe als „leere Worte" ablehnt. Mit der Angabe „sie sagen (λέγουσιν)" scheint sich Aristoteles von diesem kritischen Punkt zu distanzieren: *Sie*, die Platoniker, könnten die Lehre derart bemängeln. Wenn man aber nicht so strikt und wörtlich an Aristoteles' Ideenkritik festhält, sollte man bedenken, dass weder leere Worte noch poetische Metaphern unbedingt auf Falschheit hindeuten. Aristoteles könnte sich über Mangel an Klarheit und Präzision beklagen. In seiner *Physik* verwendet er die Form und das Vorbild (παράδειγμα) gleichsam als Synonyme. Aristoteles' Konzeption der finalen Ursache lässt sich doch als eine aristotelische Variante der Vorbildsfunktion ansehen.[40]

Die beiden letzten Punkte gelten in einer Hinsicht sowohl Aristoteles' als auch Platons Formen. Sie sind alle stets mit sich identisch.[41] Was das Zugrundegehen anbelangt, stimmt Aristoteles seinem Lehrer darin zu, dass sowohl Platons Ideen wie auch seine Formen aufgrund ihrer intelligiblen Natur nicht zugrunde gehen können. Andererseits scheint Aristoteles von seinem Lehrer dahingehend abzuweichen, dass er die Formen als den Einzelwesen immanent konzipiert. Platons Ideen sind, wie Aristoteles kritisiert, mit keinen sinnlichen Dingen gemischt.

Wir haben Aristoteles' Kritik an einer materialistischen Mischungstheorie zusammenfassend dargestellt. In der längeren Passage, die bei Alexander überliefert wurde, gibt Aristoteles schlüssige Hinweise auf manche Aspekte seiner eigenen Lehre zu erkennen. Manchen kritischen Punkten würde Platon ohne Weiteres zustimmen. Letztendlich ist seine Ideenlehre keineswegs materialisch konzipiert. Bezeichnend ist indessen, dass Aristoteles die eudoxische Lehre aus der Perspektive des Vorbildes angreift. Dies könnte, gegen das gängige Verständnis seiner Ideenkritik, auf eine Vorbildfunktion der Formen hinweisen. Im vierten Kapitel wird die mögliche Vorbildfunktion der Formen im Rahmen der causa finalis bei Aristoteles wieder aufgegriffen. Die eudoxische Lehre zeugt von einer Tendenz unter den Platonikern, die Ideen immanent und materialistisch zu konzipieren. Außer der Mischungstheorie zeigt Aristoteles' Argument vom dritten Menschen eine andere Stoßrichtung derselben materialistischen Auffassung. Demnach sind die Formen transzendent, allerdings nicht minder materialistisch.

---

handelt – sein Augenmerk gilt eher dem Ideenkosmos als einer Einheit von Vielheit; zum anderen, weil er eine ganz andere Vorstellung vom Verhältnis zwischen dem Gattungsallgemeinen und dem Artallgemeinen hat, wie unten (§ 4.2) ausgeführt wird.

40 *Physik* II 3, 194b26–27. Mehr zur Form als Vorbild bei Aristoteles: Kap. IV § 3.2.

41 Das Wort ἀκίνητον bedeutet nicht nur im eigentlichen Sinn unbeweglich, sondern auch unveränderlich, wie z. B. an einer Stelle in der *Nikomachischen Ethik:* παρ' ἡμῖν δ' ἔστι μέν τι καὶ φύσει, κινητὸν μέντοι (V 1134b29).

2.3 Materialistische Transzendenz – das Dritter-Mensch-Argument

Das berühmte Dritter-Mensch-Argument erwähnt Aristoteles in der *Metaphysik* nur am Rand. Im Buch I sagt er in seiner Ideenkritik, dass Beweise für Ideen zum dritten Menschen führen können.[42] Aber wie die Beweise zu dieser Absurdität führen, wird dort nicht näher erläutert. An einer anderen Stelle – diesmal in der ausführlicheren Ideenkritik im Buch VII – gibt er in aller Kürze den Kern des Problems an. Alles, was im Allgemeinen über vieles ausgesagt wird, bezeichnet ein Solches (τοιόνδε); sieht man aber dieses Ausgesagte als ein Einzelwesen (τόδε τι) an, ergibt sich hieraus der dritte Mensch.[43] An beiden Stellen wird das Argument als bekannt vorausgesetzt. In einer Passage von *De Ideis*, die sich in Alexanders Kommentar zur *Metaphysik* überliefert findet, führt Aristoteles das Argument detailliert aus. Allerdings sollte man das Argument nicht leichthin für eine Kritik an Platons Ideenlehre halten, da Platon selbst ein durchaus vergleichbares Argument im *Parmenides* formuliert. Im Folgenden werden wir sowohl das platonische als auch das aristotelische Argument des dritten Menschen analysieren.

2.3.1 Das dritte Große bei Platon

Im *Parmenides* denkt sich Platon ein Argument aus, welches das Große betrifft. Im Rahmen der Bestimmung der Natur der Ideen führt der greise Parmenides das Argument wie folgt aus:

> τί δ' αὐτὸ τὸ μέγα καὶ τἆλλα τὰ μεγάλα, ἐὰν ὡσαύτως τῇ ψυχῇ ἐπὶ πάντα ἴδῃς, οὐχὶ ἕν τι αὖ μέγα φανεῖται, ᾧ ταῦτα πάντα ἀνάγκη μεγάλα φαίνεσθαι;
>
> *Parmenides* 132a5–7

> [Parmenides:] Wie steht es aber mit dem Großen selbst und den anderen großen Dingen? Wenn du in der gleichen Weise mit der Seele auf alle hinsiehst, zeigt sich dir dann nicht wiederum ein anderes Großes, wodurch sich dir dieses alles notwendigerweise als groß erweist?

42 Met. I 9, 990b17.

43 Met. VII 13, 1039a1–3. Der dritte Mensch wird auch in Soph. Elen. 22, 178b36–39 erwähnt. τόδε τι bedeutet wörtlich „dieses etwas". Dass eine Substanz ein „dieses etwas" ist, gehört zu den grundlegenden Ansichten der aristotelischen Ontologie. ἡ δ᾽ οὐσία τόδε τι (Met. III 6, 1003a9), auch Met. 1017b25, 1042a29, 1049a35, 1070a11. Weitere Belege: Reeve 2016, 333 n. 353. Aber der Kontext von dieser *Metaphysik*-Stelle legt nahe, dass τόδε τι hier als Einzelwesen zu verstehen ist. Nicht nur an dieser Stelle, auch in 1003a10 und a12 ist τόδε τι wie τὰ καθ' ἕκαστα als Einzelwesen zu verstehen. Dazu Fine 1993, 219 mit Anm.19.

Genau genommen geht es hier um das dritte Große;[44] und im Grunde ist es eine materialistische, und mithin problematische Konzipierung der Einheit über Vielheit. Wenn es neben den vielen Dingen, die groß sind, noch eine Idee des Großen gibt, ist ein drittes Großes zu setzen, welches den Grund für die Zusammenschau der vielen großen Dingen und dieser Idee des Großen bietet; und wenn ein drittes, dann ein viertes ad infinitum.

Über die logische Struktur des Arguments ist schon viel Tinte geflossen.[45] Darum liegt nun der Fokus auf dem, was unsere Untersuchung näher betrifft. Es sind zwei Bedingungen, welche für die absurde Konsequenz verantwortlich sind, nämlich Selbstprädikation und Nichtidentität.[46] Die erstere besagt: Eine Idee X ist selbst X. Selbstprädikation begegnet bereits in Platons Dialogen, z. B. das Schöne selbst ist schön oder die Idee der Gerechtigkeit ist gerecht.[47] Wie auch immer man Selbstprädikation versteht, führt diese alleine nicht zum absurden Regress. Dazu wird die zweite Bedingung benötigt. Die zweite besagt: Wenn X F ist, kann X nicht identisch mit F sein. Mit anderen Worten kann ein Ding nur eine Eigenschaft haben, indem es an der Idee dieser Eigenschaft teilhat. Es selbst kann diese nicht sein. Auf den ersten Blick ist diese mit der ersten nicht kompatibel; denn Selbstprädikation scheint Nichtidentität geradezu auszuschließen. Wenn X eine Idee ist, dann muss X mit F identisch sein: Die Idee des Schönen (X) und das Schönsein (F) müssen identisch sein.[48] Um den Regress zu ermöglichen, muss die Bedingung revidiert werden. Sie ist von Sandra Peterson zur Negation von Selbstbegründung verschärft worden. Danach ist nichts in Bezug auf sich selbst das, was es ist. Dies heißt, dass selbst die Idee von X nicht aufgrund seiner selbst X ist. Sie bedarf einer weiteren

---

44 Sedley (1998, 127–128) weist darauf hin, dass das Trio „Groß-Gleich-Klein" eine zentrale Role bei der Illustration der Ideenlehre spielt, da die Definitionen Platons Lesern und Gesprächspartnern bekannt sind. Das Große ist das Vermögen zum Übertreffen. Dann überrascht es nicht, dass Platon Parmenides sich des Großen bedienen lässt. Es ist bezeichnend, dass das Argument im Anschluss an die Metapher von Segeltuch gestellt ist. Dass Aristoteles ebenfalls die beiden Spielarten berücksichtigt, zeigt, dass diese Themen in der Akademie erörtert wurden.

45 Wichtig sind vor allem die Arbeiten von Vlastos 1954, 1969, 1974; siehe auch Peterson 1973; Lewis 1991, 13 ff.; Meinwald 1992, 2016, 259–274; Fine 1993, 197 ff. etc. Zur Angabe neuerer Forschungsliteratur: Erler Überweg, 398.

46 Vlastos hat als erster die beiden Bedingungen festgestellt. Siehe Vlastos 1954, 324–325, 1969, 291–292.

47 *Protagoras* 330c, *Phaidon* 100c4, auch *Symposium* 210e. Siehe Kahn 2013, 9.

48 Vlastos selbst erkennt dieses Problem. Nach ihm sind die beiden Bedingungen „mutually inconsistent, and that their inconsistency does not need to be exposed through the indirect and elaborate machinery of the infinite regress". Er schränkt die Nichtidentität nur auf Einzelwesen ein und macht dann die beiden Bedingungen miteinander kompatibel. Aber, wie er zugibt, tritt kein Regress zutage. Siehe Vlastos 1954, 325–326.

Idee X_1.[49] Allerdings ist Platons Ideenlehre einem solchen Regress keineswegs ausgesetzt. Es gibt zwei Arten der Prädikation, *per aliud* und *per se*. Die erstere involviert einen Bezug auf anderes (*per aliud*), wie z. B. Helena ist schön. Die Schönheit ist weder Helena noch Helenas Natur. Sie *hat* lediglich Schönheit. Im platonischen Sinne kommt Helenas Schönheit aus der Idee des Schönen. Dagegen ist die Idee der Schönheit aufgrund ihrer selbst schön (*per se*).[50] Selbstprädikation ist offenkundig eine Prädikation *per se* und steht damit auf einer anderen Ebene als Prädikationen *per aliud*. Auf die beiden Bedingungen, die einem Regress zugrunde liegen, lässt sich nun erwidern. Erstens: Eine Form X ist X, und dies ist als eine Prädikation *per se* zu verstehen. Zweitens: Die starke Nichtidentität ist auf Platons Ideen nicht anwendbar, eben weil eine Form *per se* selbstprädikativ ist. Folglich kann ein Regress gar nicht beginnen.[51] Platon unterscheidet zwar die eine Art der Prädikation nicht explizit von der anderen, aber alleine aus der Tatsache heraus, dass Platon im *Parmenides sein* drittes Großes thematisiert, wird es höchst unwahrscheinlich, dass Platon demselben Problem, welches das Dritter-Mensch-Argument deutlich macht, verfallen ist. Wenn der dritte Mensch Platon und seiner Lehre keine Schwierigkeiten bereitet, warum macht Aristoteles sich die Mühe, ein solches Argument aufzustellen? Und mehr noch, er macht explizit diejenigen, die Ideen annehmen, für den dritten Menschen verantwortlich. Wir wissen nicht, welche Platoniker eine solche Lehre vorgeschlagen hatten. Aber dies ist für unsere Untersuchung ohne besonderen Belang. Wichtig ist vielmehr, was für Probleme Aristoteles mit seinem Argument aufzeigt.

---

49 Peterson (1973, 453 mit Anm. 6) nennt die revidierte Bedingung „non-self-explanation". Sedley versucht mit der Revidierung „No cause is identical with its own effect" (1998, 131) die so verstandene Nichtidentität mit Selbstprädikation kompatibel zu machen. Zu diesen beiden Bedingungen: Kahn 2013, 9–11; Meinwald 1992, 384–386; Fine 1993, 204–211. Fine *ibid.* 206–207 adoptiert Petersons starke Version der Nichtidentität.

50 Michael Frede, *Prädikation und Existenzaussage* 1967, 12–36. Meinwald (1992, bes. 378–387, 2016, 263–266) wendet diese grundlegende Unterscheidung auf Platons *Parmenides* an. Sie nennt die beiden Typen der Prädikation „in relation to others" und „in relation to itself". Der erste Typ liegt der normalen Prädikation wie „Maria ist schön" zugrunde und der zweite der definitorischen, oder wie Meinwald es nennt, der „Baum-Prädikation" (tree predication), wie „Der Mensch ist Säugetier". Ein *extremer* Fall solcher Baum-Prädikation ist „Der Mensch ist Mensch". Die wesentlichen Bestimmungen des Menschen sind in der Prädikation implizit enthalten.

51 Wie Meinwald sagt: „Plato's metaphysics can say good-bye to the Third Man" (1992, 387). Plotin macht auf einen anderen Aspekt der Prädikation *per se* aufmerksam, obwohl er sich dieser Terminologie nicht bedient. Eine Idee der Quantität ist selbst nicht quantitativ, und die Idee des Weißen ist nicht weißfarbig. Generell ist eine Idee keineswegs von sinnlichen Qualitäten. Mit der Unterscheidung der beiden Arten der Prädikation darf die Prädikation *per se* nicht analog zur Prädikation *per aliud* verstanden werden. Dazu Plotin Enn. II.4.9, auch Gerson 2005, 229–231 mit Anm. 91, 246 Anm. 21.

2.3.2 Der dritte Mensch bei Aristoteles

Aristoteles' Argument ist in Alexanders *Metaphysik*-Kommentar wie folgt überliefert:

> εἰ τὸ κατηγορούμενόν τινων πλειόνων ἀληθῶς καὶ ἔστιν ἄλλο παρὰ τὰ ὧν κατηγορεῖται, κεχωρισμένον αὐτῶν (τοῦτο γὰρ ἡγοῦνται δεικνύναι οἱ τὰς ἰδέας τιθέμενοι· διὰ τοῦτο γάρ ἐστί τι αὐτοάνθρωπος κατ' αὐτούς, ὅτι ὁ ἄνθρωπος κατὰ τῶν καθ' ἕκαστα ἀνθρώπων πλειόνων ὄντων ἀληθῶς κατηγορεῖται καὶ ἄλλος τῶν καθ' ἕκαστα ἀνθρώπων ἐστίν) – ἀλλ' εἰ τοῦτο, ἔσται τις τρίτος ἄνθρωπος. εἰ γὰρ ἄλλος ὁ κατηγορούμενος ὧν κατηγορεῖται, καὶ κατ' ἰδίαν ὑφεστώς, κατηγορεῖται δὲ κατά τε τῶν καθ' ἕκαστα καὶ κατὰ τῆς ἰδέας ὁ ἄνθρωπος, ἔσται τρίτος τις ἄνθρωπος παρά τε τοὺς καθ' ἕκαστα καὶ τὴν ἰδέαν. οὕτως δὲ καὶ τέταρτος ὁ κατά τε τούτου καὶ τῆς ἰδέας καὶ τῶν καθ' ἕκαστα κατηγορούμενος, ὁμοίως δὲ καὶ πέμπτος, καὶ τοῦτο ἐπ' ἄπειρον.
>
> Alexander, In Met. 84, 22–85, 3, Hayduck

> Wenn das wahrhaft von mehreren Ausgesagte auch ein anderes neben den [sc. Einzeldingen] ist, von denen es ausgesagt wird, [ist es] getrennt von ihnen (denn diejenigen, die Ideen ansetzen, glauben, dieses darzustellen; denn daher ist ein gewisser Mensch an sich in Bezug auf sie, weil der Mensch über die einzelnen Menschen, die in Pluralität sind, wahrhaft ausgesagt wird und [er] ein anderer als die einzelnen Menschen ist) – aber wenn dies so ist, wird es einen dritten Menschen geben. Denn wenn das Ausgesagte anders ist als die, von denen es ausgesagt wird, und an sich existiert [und wenn nun] der Mensch über die einzelnen Menschen und die Idee ausgesagt wird, wird es einen dritten Menschen geben neben den einzelnen Menschen und der Idee. Auf diese Weise aber auch der vierte, der über diesen und die Idee sowie die einzelnen Menschen ausgesagt wird. So aber auch der fünfte, und dies ad infinitum.

Das Argument des dritten Menschen weist strukturelle Ähnlichkeiten mit Platons Argument über das Große auf. Erstens ist der Anfang bei beiden Argumenten gleich. Es sind einerseits eine Mehrzahl einzelner Menschen und andererseits eine Form des Menschen (αὐτοάνθρωπος), die anders als alle einzelnen Menschen und getrennt von jenen existiert. Zweitens bedient sich Aristoteles ebenfalls der Selbstprädikation. Die Form des Menschen ist Mensch. Drittens weist jeder „Mensch", sei es ein einzelner, sei es die erste Form, sei es die zweite, aus sich hinaus auf einen weiteren Menschen, was der starken Nichtidentität entspricht.[52] Trotz alledem ist eine Eigenart nicht aus den Augen zu verlieren, die Aristoteles' dritter Mensch gegenüber Platons Argument aufweist.

Aristoteles setzt sein Argument offensichtlich in einen anderen theoretischen Kontext als Platon in seinem *Parmenides*. Im *Parmenides* steht, wie Sedley treffend analysiert, die kausale Funktion der Ideen im Mittelpunkt. Das Große ist es, „wodurch sich dir dieses alles notwendigerweise als groß erweist". Es gehört zu den grundlegendsten Ansichten der Ideenlehre, dass Ideen ontologische Gründe sin-

52 Zur detaillierten Analyse der beiden Argumente: Fine 1993, 204–211, 215–220. Nach Fine (1993, 218, 223) haben die beiden Argumente die gleiche logische Struktur.

nenfälliger Dinge sind. Im *Phaidon* macht Sokrates klar, dass alle schönen Dinge durch das Schöne selbst schön sind.[53] Im *Parmenides* nun lässt Platon den erfahrenen Metaphysiker dem jungen Sokrates mögliche Schwierigkeiten der Ideenlehre vor Augen halten.

Nun ändert Aristoteles das Thema des Arguments. Anstatt des Großen tritt der Mensch auf. Hinzu kommt, dass das Argument bei Aristoteles in einem anderen theoretischen Zusammenhang eingeführt wird. Es ist nicht das ontologische Begründungsverhältnis, das mit dem Argument des Großen geklärt werden soll. Es ist vielmehr die Aussagestruktur, anhand deren die Absurdität des dritten Menschen gezeigt wird. Die Änderungen lassen sich wohl auf den unterschiedlichen philosophischen Ansatz von Aristoteles zurückführen. Seit den *Kategorien* gilt sein Interesse natürlichen Dingen wie Menschen und Pferden – er war unter anderem Biologe – und die Aussagestruktur liegt seinen Ausführungen in den *Kategorien* zugrunde. Indessen, trotz des augenscheinlichen Unterschieds besteht ein gemeinsames Anliegen bei den beiden Varianten des Arguments. Es geht nämlich um die Frage von Einheit über Vielheit. Platons Metapher mit dem Segeltuch, auf die das dritte Große folgt und auf die wir noch zu sprechen kommen, nimmt dieselbe Frage in den Blick. Was den dritten Menschen anbetrifft, ist dies in gewissem Sinn eine Variante von Aristoteles' Auseinandersetzung mit dem Verhältnis von Einheit und Vielheit, welche, Alexanders Referat zufolge, er an einer früheren Stelle vorbringt. Dort wird vor allem auf Probleme mit den Ideen von Negation und von dem, was nicht ist, eingegangen. Aristoteles bedient sich eines ähnlichen Arguments, um eine Idee, die getrennt von den Einzeldingen ist, zu verdeutlichen. Dabei beschränkt sich die Pluralität auf sinnenfällige Einzelwesen (τὰ καθ' ἕκαστα). Es ist daher bezeichnend, dass im dritten Menschen die Pluralität anstatt mit „τὰ καθ' ἕκαστα" mit „πλείονα" ausgedrückt wird und damit intelligible Entitäten einschließt.[54] Der Grund der Änderung dürfte darin liegen, dass mit dem dritten Menschen ein anderes Ziel verfolgt wird. Es sind nicht Ideen von Negation, die behandelt werden, sondern eine bestimmte Vorstellung der Seinsweise von Ideen, die verworfen werden soll. Der neue Beweiszweck fordert eine Gruppierung von Einzelwesen und intelligiblen Entitäten, damit die Absurdität hervortritt. Mit „wahrhaft ausgesagt" (ἀληθῶς κατηγορεῖται) macht Aristoteles im dritten Menschen klar, dass es sich nicht bloß um sprachliche Elemente handelt. Im Mittelpunkt steht die Seinsweise des Allgemeinen (τὸ καθόλου), welches allgemein ausgesagt wird. An beiden Stellen wird das Allgemeine als getrennt (κεχωρισμέμον) sowie neben (παρά) den Einzel-

53 *Phaidon* 100de. Zur analytischen Auffassung der Ursache bei Platon: Kap. II § 3.2.1 para. 5 zur Kunst und Materie.

54 Alexander, In Met. 80, 8–81, 22, Hayduck. Dazu Fine 1993, 14–16, 198–199, 216.

wesen charakterisiert.[55] Das Perfekt „κεχωρισμέμον“ weist wohl auf aktuales Getrenntsein hin. Nach Aristoteles tritt das Problem zutage, wenn eine Form des Menschen neben (παρά) Einzelmenschen existiert. Wiederholt verwendet Aristoteles dieselbe Präposition, um eine räumliche Trennung auszudrücken. Nicht nur beim dritten Menschen, auch in der *Metaphysik* drückt sie diese bestimmte Art der Trennung aus.

Die lange siebte Aporie befasst sich damit, ob die obersten Gattungen oder vielmehr die untersten Arten den Anspruch erheben können, als Prinzip zu gelten. Wir brauchen nicht auf Aristoteles' verwickelte Auseinandersetzung damit einzugehen. Erhellend für die jetzige Untersuchung ist eine Feststellung, die Aristoteles mitten in der Aporie auf die Seinsweise des Allgemeinen von Dingen, bei denen es ein Früher und Später gibt, zu erklären sucht: Das Allgemeine über diesen Einzelnen (τὸ ἐπὶ τούτων) kann nicht etwas neben denselben (τι παρὰ ταῦτα) sein.[56] Offenkundig ist dabei das „παρά“ dem „ἐπί“ entgegengesetzt. Während das letztere eine logische Beziehung erkennen lässt, verweist das erstere auf eine bestimmte Seinsweise. Dasselbe liegt hinter dem bekannten Kontrast in den *Analytica Posteriora*. Dort legt Aristoteles fest, dass es für die wissenschaftliche Demonstration nicht notwendig ist, ἕν τι παρὰ τὰ πολλά zu sein. Es genügt, dass eines auf viele Einzeldinge zutrifft (ἓν κατὰ πολλῶν); und dies sei das benötigte Allgemeine. Beide Male deutet das „παρά“ auf eine reale, räumliche Trennung hin.[57] Drei weitere Stellen aus der *Metaphysik* geben Aufschluss über die Trennung.

Die erste Stelle befindet sich in der achten Aporie. In ihr setzt sich Aristoteles mit einer Frage auseinander, die am schwierigsten und am notwendigsten (χαλεπωτάτη καὶ ἀναγκαιοτάτη, 999a24–25) zu erörtern sei. Es handelt sich zuerst darum, ob etwas Gegenstand des Wissens ist, was neben (παρά) Einzelwesen existiert. Hierauf führt Aristoteles die Auseinandersetzung mit der Entstehung von Einzelwesen weiter, wobei dieses *etwas* zunächst als ewig bezeichnet und in einem weiteren Schritt mit Gestalt (μορφή), Form (εἶδος) und sogar Substanz (οὐσία) identifiziert wird. Diese müssten neben den Einzeldingen sein.[58] Hier ist nicht der Platz,

---

55 Zum dritten Menschen kommt noch die Charakterisierung „anders als alle Einzelwesen“ hinzu, um auf den ontologischen Unterschied zwischen diesem und allen anderen Einzelmenschen hinzuweisen. Im Argument von Einheit über Vielheit gilt das Allgemeine außerdem noch als „ewig“.

56 Met. III 3, 999a6–7: ἔτι ἐν οἷς τὸ πρότερον καὶ ὕστερόν ἐστιν, οὐχ οἷόν τε τὸ ἐπὶ τούτων εἶναί τι παρὰ ταῦτα.

57 Bonitz übersetzt „τι παρὰ ταῦτα“ mit „etwas außer und neben denselben“, um die Separation klarzumachen; siehe auch Reeve 2016, 326 Anm. 312.

58 Met. III 4, 999b4–16. Aristoteles' Ausführungen sind etwas kompliziert. Vereinfacht dargestellt, lassen sie sich in drei Schritte einteilen. Erstens wäre Entstehung unmöglich, wenn nichts ewig und unbeweglich wäre. Denn das, woraus etwas entsteht, muss *letztendlich* ewig und unerzeugt sein, ansonsten würde man in einen unendlichen Regress verfallen. Danach macht Aristoteles geltend,

darauf einzugehen, inwiefern er seine Eidoslehre, die erst in den mittleren Büchern entfaltet wird, in der Form einer Aporie antizipiert. Was uns interessiert, ist der Sinn von παρά. Obwohl Aristoteles keine eindeutige Erklärung gibt, könnte die Präposition auf ein räumliches Nebeneinander hindeuten. Sein Beispiel in der Aporie, dass die Form des Hauses als ein Haus neben einzelnen Häusern vorgestellt wird, ist im räumlichen Sinne gut zu verstehen.[59] Die Annahme, dass παρά eine solche Existenzweise suggeriert, lässt sich außerdem mit den folgenden zwei Stellen erhärten.

Bei der zwölften Aporie, die sich als letzte der Aporienreihe am Ende des dritten Buches findet, geht es darum, ob die Prinzipien allgemein oder in der Weise von Einzelwesen sind.[60] Der erste Teil der Aporie besteht darin, dass die Substanz ein „dieses etwas“ (τόδε τι) ist, während ein Allgemeines lediglich eine Qualität (τοιόνδε) bezeichnet. Wenn sich aber ein Allgemeines als ein „dieses etwas“ herausstellen sollte, wären zugleich mehrere Einzelwesen in einem Einzelding, wie z. B. Mensch und Lebewesen als Einzelwesen in Sokrates wären.[61] Das Verb ἐκθέσθαι ist an dieser Stelle aufschlussreich: Denn ein Allgemeines, das sich *hinaus*setzt, wird zu etwas, das *draußen* als sinnenfälliges Einzelnes existiert. ἐκθέσθαι (ἐκτίθημι) weist somit die Richtung, wie das τόδε τι aufgefasst werden sollte.[62] Danach wird „dieses etwas“ als ein bestimmtes Einzelwesen konzipiert, das außen einen Platz einnimmt.[63]

Diese Überlegungen werden zu Beginn von VII 13 wieder aufgegriffen. Wir werden noch auf die Entfaltung der Eidoslehre im Buch VII eingehen. Für jetzt

---

dass Entstehung nicht nur das Woraus, sondern auch ein Ende bzw. ein Ziel vorausetzen muss, um wiederum einen endlosen Regress zu vermeiden. Schließlich stellt er fest, dass, wenn die Materie (das Woraus) letztendlich ewig ist, die Substanz umso mehr ewig sein muss. Daher müssen Gestalt und Form etwas Ewiges neben Einzelwesen sein. Zwei Bemerkungen hierzu: Erstens wertet Aristoteles die Form ontologisch höher als Materie, aber begründet dies nicht. Ferner setzt er stillschweigend das Ende mit der Form gleich und diese wiederum mit der Substanz.

59 Met. III 4, 999b19–20: οὐ γὰρ ἂν θείημεν εἶναί τινα οἰκίαν παρὰ τὰς τινὰς οἰκίας. Das Beispiel wird anhand der Frage, ob es für alles eine ewige und separate Form geben soll, eingeführt. Ein so konzipiertes Haus wird zurückgewiesen, aber nicht deswegen, weil diese Seinsweise unhaltbar sei – gemäß dem Aporiencharakter wird auf die zentrale Frage keine definitive Antwort gegeben –, sondern weil es keine Ideen für Artefakte wie Häuser gibt.

60 Met. III, 1003a6–7: [...] ἀναγκαῖον ἀπορῆσαι περὶ τῶν ἀρχῶν, καὶ πότερον καθόλου εἰσὶν ἢν ὡς λέγομεν τὰ καθ’ ἕκαστα [...].

61 Met. III 6, 1003a9–12: εἰ δ’ ἔσται τόδε τι καὶ <δεῖ> ἐκθέσθαι τὸ κοινῇ κατηγορούμενον, πολλὰ ἔσται [ζῷα] ὁ Σωκράτης, αὐτός τε καὶ ὁ ἄνθρωπος καὶ τὸ ζῷον, εἴπερ σημαίνει ἕκαστον τόδε τι καὶ ἕν.

62 Jaeger bemerkt in seinem apparatus technicus ad ἐκθέσθαι (1003a10): ἐκθέσθαι idem est quod χωρίζειν τὰς ἰδέας. Mehr zu diesem Verb: Alexanders Kommentar zu ἔκθεσις (I 9, 992b10 in Bezug auf das Eine), in Met. 124, 9 f. Hayduck.

63 Zu τόδε τι als sinnenfälliges Einzelnes siehe Fine 1993, 219, 356 Anm.79.

genügt es, den Bezug solcher Überlegungen auf den dritten Menschen zu erschließen. Aristoteles macht deutlich, dass kein Allgemeines Substanz sein kann, weil es eine Qualität bezeichnet. Wäre das Allgemeine ein „dieses etwas" (τόδε τι), ergebe sich außer anderen Ungereimtheiten auch der dritte Mensch.[64] Nach Ausführungen in der zwölften Aporie ist anzunehmen, dass τόδε τι an dieser Stelle ein räumliches Einzelwesen bezeichnet. In einem dieser Feststellug unmittelbar vorhergehenden Beispiel macht Aristoteles eine solche Vorstellung vom Allgemeinen deutlich. Das Tier, das als Gattung ein Allgemeines ist, kann nicht neben einzelnen Tieren (παρὰ τὰ τινά) existieren (1038b33). Wie in der achten Aporie deutet das Neben auf eine räumliche Vorstellung hin, die dem dritten Menschen zugrunde liegt.

In diesem Lichte gesehen, liegt das Problem, welches der dritte Mensch explizit machen soll, auf der Hand. Würde der Mensch selbst (αὐτοάνθρωπος) als etwas, das neben den Einzelmenschen ist, gesehen, würde er wie alle einzelnen Menschen als Mitglied einer neuen Gruppe erscheinen, was freilich zu einem weiteren, dritten Menschen führte. Zwei Stellen aus der *Metaphysik* geben Hinweis auf eine solche Interpretation. Bereits in der vierten Aporie, bei der es ebenfalls um die Seinsweise der Ideen geht, bemängelt Aristoteles, dass diejenigen, die Ideen annehmen, diese den wahrnehmbaren Dingen gleichsetzen und lediglich durch das „an sich" zu ewigen Dingen machen wollen.[65] Eine differenziertere Kritik übt er in VII 16 der *Metaphysik*. Dort gibt Aristoteles den Platonikern einerseits recht, dass sie die Ideen, insofern sie Substanzen sind, als getrennt seiend betrachten; andererseits wirft er ihnen vor, die Natur der Substanzen nicht richtig erkennen zu können. Sie erklären die Ideen als artgleich mit den vergänglichen, wahrnehmbaren Dingen und setzen sie neben (παρά) diesen an.[66] Alexander von Aphrodisias fasst den Kern des Argumentes treffend zusammen: Der Mensch selbst, d.h. die Idee des Menschen, ist als allgemein Prädiziertes wie Sokrates und Platon ebenfalls der Zahl nach eins.[67] Die oben angeführten Stellen sollten zeigen, dass es eine bestimmte Seins-

64 Met. VII 13, 1039a1–3.

65 Met. III 2, 997b5–9: οὐθενὸς ἧττον ἄτοπον τὸ φάναι μὲν εἶναί τινας φύσεις παρὰ τὰς ἐν τῷ οὐρανῷ, ταύτας δὲ τὰς αὐτὰς φάναι τοῖς αἰσθητοῖς πλὴν ὅτι τὰ μὲν ἀΐδια τὰ δὲ φθαρτά. αὐτὸ γὰρ ἄνθρωπόν φασιν εἶναι καὶ ἵππον καὶ ὑγίειαν [...].

66 Met. VII 16, 1040b27–34: ἀλλ' οἱ τὰ εἴδη λέγοντες τῇ μὲν ὀρθῶς λέγουσι χωρίζοντες αὐτά, εἴπερ οὐσίαι εἰσί, τῇ δ' οὐκ ὀρθῶς, ὅτι τὸ ἓν ἐπὶ πολλῶν εἶδος λέγουσιν. αἴτιον δ' ὅτι οὐκ ἔχουσιν ἀποδοῦναι τίνες αἱ τοιαῦται οὐσίαι αἱ ἄφθαρτοι παρὰ τὰς καθ' ἕκαστα καὶ αἰσθητάς· ποιοῦσιν οὖν τὰς αὐτὰς τῷ εἴδει τοῖς φθαρτοῖς (ταύτας γὰρ ἴσμεν), αὐτοάνθρωπον καὶ αὐτόϊππον, προστιθέντες τοῖς αἰσθητοῖς τὸ ῥῆμα τὸ'αὐτό. Das Zugeständnis von Aristoteles, dass die Ideen als Substanzen getrennt sind, ist auffallend. Denn dies lässt sich schwer mit seiner immanenten Eidoslehre vereinbaren. Zum Sinn der Separation siehe unten § 5.

67 Alexander in Met. 83, 34–84, 7, Hayduck: τρίτος ἄνθρωπος ἔσται τις παρά τε τὸν καθ' ἕκαστα, οἷον Σωκράτη καὶ Πλάτωνα, καὶ παρὰ τὴν ἰδέαν, ἥτις καὶ αὐτὴ μία κατ' ἀριθμόν ἐστιν (84, 5–7). Zu Ari-

weise der Ideen ist, die Aristoteles sehr am Herzen liegt. Es ist diese dinghafte Konzeption der Ideen, die er energisch ablehnt. Gleichwohl betrifft diese Kritik Platons eigene Lehre nicht. So lässt er Parmenides gegen eine Vorstellung argumentieren, die eine Idee auf dieselbe Ebene wie die einzelnen Dinge herabsetzt.[68] Aber Platons Ideen sind keineswegs sinnenfällige Gegenstände, sondern noushafte, denkbare Entitäten. Eine Verdinglichung der Transzendenz wird sowohl von Platon als auch von Aristoteles entschieden zurückgewiesen.[69]

2.3.3 Weitere kritische Punkte in *De Ideis*

Zwar betrifft der dritte Mensch Platons Theorie nicht; aber dies bedeutet nicht, dass Aristoteles Platons Annahme von Ideen ohne Weiteres billigt. Denn zum einen bleibt das Verhältnis der Einheit zur Vielheit, und damit einhergegend die Beziehung der Ideen zu sinnenfälligen Dingen, noch im Dunkeln – mit der gehaltsarmen Teilhabe gibt sich Aristoteles keineswegs zufrieden. Bis jetzt wissen wir lediglich, wie diese Beziehung *nicht* zu verstehen ist; wir wissen freilich nicht, wie man sie sich vorzustellen hat. Zum anderen sind mit der Abweisung einer dinghaften Transzendenz keineswegs alle Probleme bezüglich der Ideenlehre beseitigt. Aristoteles bemängelt, dass die Ideen, getrennt von Einzeldingen, Ursachen weder für die Bewegung noch für die Veränderung, weder für das Sein noch für das Wissen der Dinge sein könnten. Es ist letztendlich die Trennung, die Aristoteles zum Brennpunkt seiner Kritik macht. Er leugnet nicht, dass es formende Entitäten geben könne, seien es Ideen oder Formen. Aber seine Kritik am Chōrismos scheint auf die Rechtfertigung einer immanenten Seinsweise von solchen Entitäten hinauszulaufen. Auf den ersten Blick sind seine Überlegungen durchaus einleuchtend. Wie könnte die Form des Menschen, die einen Sokrates zu einem Menschen macht, nicht in diesem vorhanden sein? Es sei denn, man würde solchen transzendenten, d.h. abgetrennten Formen eine mysteriöse Fernwirkung zuerkennen.

---

stoteles' Gleichsetzung von „der Zahl nach eins" mit „Einzelnem" bzw. „Einzelwesen" siehe unten Anm. 235.

68 Graeser 2003, 20: „[…] so wird deutlich, dass das Regress-Argument nur für den Fall zulässig ist, dass die jeweilige Form begrifflich gesehen als dingartiges Gebilde angesehen werden darf."

69 Meinwald (2016, 269–271) lässt sogar die Möglichkeit zu, dass eine Form sich instanziieren kann. Diese Instanziierung hat nach Meinwald nichts zu tun mit der Erklärungs- und Gründungsfunktion der Form und daher brauchte man nicht einen dritten Menschen, um die vielen Menschen ontologisch zu gründen und zu erklären. Meinwald hat das Problem mit dem dritten Menschen konsequent zu Ende gedacht und die Instanziierung einer Form ist nach ihren Ausführungen nicht dinghaft zu verstehen. Aber solche Instanziierungen werden weder von Platon noch von Aristoteles eigens thematisiert.

Was das Wissen anbelangt, macht Aristoteles in I 9 ebenfalls die Immanenz stark. Wollen wir etwas über Sokrates wissen, wissen wir etwas, was *in* ihm selbst ist; ansonsten wüssten wir nichts über Sokrates.[70] In *De Ideis* argumentiert Aristoteles, dass das Wissen Ideen nicht benötigt. Dort rekonstruiert er zuerst Argumente, die für die Annahme der Ideen sprechen, um diese dann zurückzuweisen. Nach dem ersten Argument hat jede einzelne Wissenschaft etwas, was ein und dasselbe bleibt, zum eigentlichen Gegenstand. Dieses lässt sich bei keinem sinnenfälligen Einzelwesen finden. So dürfte es für jede Wissenschaft etwas neben wahrnehmbaren Dingen geben, das ewig und Vorbild für jene Dinge ist. Die Ideen sind von solcher Natur. Das zweite Argument macht deutlich, warum wahrnehmbare Einzeldinge nicht Gegenstände der Wissenschaften sein können. Solche Dinge sind unbegrenzt (ἄπειρα) und unbestimmt (ἀόριστα), Gegenstände der Wissenschaften dagegen müssen bestimmt (ὡρισμένων) sein. Daher gibt es andere Entitäten neben den Einzeldingen, und diese Entitäten sind die Ideen. ἄπειρα und ἀόριστα können qualitative sowie quantitative Unbestimmtheit bedeuten. Den beiden Adjektiven stellt Aristoteles das eine Wort ὡρισμένων gegenüber, und dieses wird eher im Sinne von qualitativer Bestimmtheit verwendet.[71] Nun ist nach Platon klar, dass jede Idee eine Bestimmtheit darstellt. Das dritte Argument gibt Beispiele an. Arztkunst betrachtet Gesundheit überhaupt, nicht die einer einzelnen Person; und Geometrie macht das Gleiche und das Kommensurable selbst zum eigentlichen Gegenstand. Die Ideen sind ebenfalls von solcher Art.[72] Nun gibt Aristoteles zu, dass das Wissen bzw. die Wissenschaft das Allgemeine zum Gegenstand haben muss; er gestattet jedoch nicht, das Allgemeine zur Idee zu machen. Nach ihm rechtfertigt die Wissenschaft lediglich das Gemeinsame (τὸ κοινόν), nämlich das, was allen wahrnehmbaren Dingen gemeinsam ist.[73] Wie sich sein Gemeinsames von den platonischen Ideen unterscheidet, hierüber gibt er keine Auskunft. Nach Loux kann man zwei Aspekte feststellen: Erstens, sie sind in dem Sinne allgemein, dass jedes κοινόν über mehrere Einzelwesen ausgesagt werden kann; und dies deswegen – damit

70 Die Rekonstruktion der kritischen Punkte geht auf Met. I 9, 990a33–991b8 zurück. Zur Analyse siehe oben § 2.1.

71 ἄπειρος ist zusammengesetzt aus α (alpha privativum) und πέρας (Grenze) und bedeutet wörtlich unbegrenzt, grenzenlos. ἀόριστος stammen von α und ὁρισμός (begrenzt, bestimmt, definiert). ὁρισμός und das verwandte ὡρισμένων verweisen eher auf qualitative Bestimmtheit, weil das zugrunde liegende Verb ὁρίζειν bestimmen und definieren bedeuten kann.

72 Alexander In Met. 79, 5–15. 5–8: das erste Argument, 8–11: das zweite, und 11–15: das dritte. Zu einer detaillierten Darstellung und Analyse: Fine 1993, 66–80.

73 In Met. 79, 15–19. In 79, 20–80, 6 adressiert Aristoteles ein anderes Problem mit der Annahme der Ideen, nämlich, dass es Ideen nicht nur von Wissenschaften, sondern auch von Künsten geben muss, weil diese keine Einzeldinge zum Gegenstand haben. Aber die Platoniker lehnen ab, Ideen der künstlichen Dinge anzunehmen.

kommt man zum zweiten Aspekt –, weil ein jedes κοινόν mehreren Einzelwesen immanent ist. Dies liegt einer allgemeinen Prädikation zugrunde. Sie sind deswegen κοινά, weil sie mehrfach instanziiert und dadurch mehreren Einzeldingen inhärent sind. Gerade aus diesen Gründen sind sie keine platonischen Ideen.[74] Es ist die Separation, welche die aristotelischen κοινά von den platonischen Ideen unterscheidet und welche ein zentraler Aspekt der Ideenkritik ist.[75] Für Aristoteles enthält eine bestimmte Wissenschaft das Wissen vom Allgemeinen, aber dies ist den Einzeldingen, die unter diese wissenschaftiche Betrachtung fallen, immanent und gemeinsam. Insofern stimmt er mit Sokrates überein; denn auch dieser sucht das Allgemeine als Wesensbestimmung (ὁρισμός) der ethischen Gegenstände und, was wichtig ist, er trennt das Allgemeine nicht von Einzelwesen ab. Dies bedeutet nicht zwangsläufig, dass Platons Ideen mit ihrer transzendenten Seinsweise grundlegend von Sokrates' Intention abweisen. Unten werden wir in § 5 analysieren, ob Platons Ideen tatsächlich mit den immanenten Wesensbestimmungen, welche Sokrates ansatzweise konzipiert hat, sowie mit den immanenten Formen, die Aristoteles immer wieder betont, unvereinbar sind.

3 Die aristotelische Ontologie

3.1 Die Substanzen in den *Kategorien*

Bekanntlich hat Aristoteles in der Kategorienschrift eine Theorie zur Substanz vorgebracht. Gemäß den beiden Merkmalen „von einem Zugrundeliegenden ausgesagt werden (καθ' ὑποκειμένου λέγεσθαι)" und „in einem Zugrundeliegenden sein (ἐν ὑποκειμένῳ εἶναι)" gelten Einzeldinge wie ein bestimmter Mensch oder ein bestimmtes Pferd als erste Substanzen. Ein Mensch wie Sokrates wird nicht von einem Zugrundeliegenden ausgesagt noch ist er in einem Zugrundeliegenden.[76] Dagegen sind die Arten (εἴδη) und Gattungen (γένη), die von Einzelwesen ausgesagt werden, die zweiten Substanzen. Einzeldinge sind ein Dieses etwas (τόδε τι), unteilbar (ἄτομον) und der Zahl nach eins (ἓν ἀριθμῷ).[77] Als Trägern von Eigenschaften und Gegenständen der Prädikation wird Einzeldingen ontologischer Pri-

74 Loux 2009, 189–190.

75 Fine (1993, 79) sieht auch die Trennung als entscheidend. Nach Fine kann das Vorbild im ersten Argument darauf hinweisen. Denn gemäß der Ideenlehre sind die Ideen als Vorbilder getrennt von ihren sinnenfälligen Abbildern. Dazu 1993, 69.

76 Cat. 1a20–24, 2a11–14. In den *Kategorien* bedeutet das Zugrundeliegende das Einzelwesen.

77 Cat.5, 3b10–13.

mat zugesprochen.[78] Bei näherem Hinsehen wird allerdings deutlich, dass die Substanzlehre, die in den *Kategorien* entfaltet wird, noch nicht die Reife und Kohärenz einer gut ausgearbeiteten Theorie erreicht. Die beiden Merkmale, nach denen Einzeldinge zu ersten Substanzen avancieren, sind heterogen. Das καθ' ὑποκειμένου λέγεσθαι drückt das sprachlich-logische Verhältnis zwischen Prädikat und Subjekt aus; das ἐν ὑποκειμένῳ εἶναι dagegen eine ontologische Beziehung. Demgemäß hat das Zugrundeliegende in beiden Fällen nicht dieselbe Bedeutung.[79] Hier ist nicht der Platz, sich auf den uralten Streit über den eigentlichen Skopos der *Kategorien*, ob diese in erster Linie sprachlich-logische (τὰ λεγόμενα) oder ontologische Entitäten (τὰ ὄντα) behandeln, einzulassen.[80] Es ist jedoch sicher, dass Aristoteles keine rein nominalistischen Positionen vertritt. Selbst wenn die *Kategorien* Wörter zum Gegenstand der Betrachtung machen, beziehen sich diese nach Aristoteles auf das Seiende, wie er zu Beginn des *De Interpretatione* deutlich macht.[81] Das καθ' ὑποκειμένου λέγεσθαι betrifft letztendlich auf das Seiende.[82] Die Hetero-

78 Zum Primat der Einzelwesen: Cat. 5, 2a34–b6, Lewis 1991, 63 f., 73 f.

79 von Fritz (1931, 461–462). Er vermutet sogar zwei Ursprünge der *Kategorien*, der eine aussagenlogischer, der andere ontologischer Natur (*ibid.* spez. 452–455, 454 Anm. 2, 472). Ackrill (1963, 76) schlägt eine vage Erklärung vor, um die Deutungsvarianten einzuschließen: „[S]ubject means neither grammatical subject nor substance, but is a mere label for whatever has anything said of or in it."

80 Nach Porphyrios bietet die Kategorienschrift in erster Linie eine logisch-sprachliche Analyse an: φημὶ τοίνυν ὅτι τῶν πραγμάτων ἐκκειμένων δηλωτικὸς γενόμενος καὶ σημαντικὸς αὐτὸς ὁ ἄνθρωπος ἦλθεν ἐπὶ τὸ καὶ διὰ τῆς φωνῆς κατονομάζειν καὶ δηλοῦν ἕκαστον. καὶ γέγονεν αὐτῷ ἡ πρώτη χρῆσις τῶν λέξεων εἰς τὸ παραστῆσαι ἕκαστον τῶν πραγμάτων διὰ φωνῶν τινων καὶ λέξεων, καθ' ἣν δὴ σχέσιν τῶν φωνῶν τὴν πρὸς τὰ πράγματα τόδε μέν τι πρᾶγμα βάθρον κέκληκεν [...] (Porph. in Cat. 57, 20–28, hier 20–25, Busse). Dazu Strange 1987, spez. 962–963. Dagegen ist die Schrift für seinen Lehrer Plotin eine Untersuchung des Seienden: οἱ δὲ Περὶ τῶν γενῶν τοῦ ὄντος ἢ Περὶ τῶν δέκα γενῶν ἐπιγράφοντες, ὥσπερ ὁ Πλωτίνος δοκεῖ ἐν τῇ πρὸς αὐτὰς ἀντιλογίᾳ, πρὸς τὰ πράγματα ἀφορῶσιν μόνον, ἀλλ' οὐ πρὸς τὸν λογικὸν σκοπόν. (Simp. in Cat. 16, 16–19, Kalbfleisch). Zum vermeintlichen Konflikt zwischen den beiden siehe die wichtige Arbeit von Strange 1987, spez. 956–957, eine kurze Version davon in der Einführung seiner Übersetzung von Porphyrios' Kommentar zu den *Kategorien* (Strange 1992, 1–12). Stranges Position, dass es zwischen den beiden keinen Streit gibt, stimmen u. a. Ch. Horn 1995, 30 ff. und R. Thiel, 2004, 187–188 zu; zu Plotins Bestimmung des Skopos der *Kategorien:* R. Thiel *ibid.* 189–192.

81 De Int. 16a3–7.

82 Selbst Porphyrios, der den Skopos der *Kategorien* in einer sprachlich-logischen Analyse sieht, meint, dass Wörter Bezeichnungen des Seienden sind (σημαντικαὶ τῶν ὄντων, Porph. in Cat. 91, 5–6, Busse.) Die opinio communis unter den modernen Forschern spricht für eine ontologische Untersuchung. Siehe Ackrill 1963, 71, 74; Krämer (1973, 128 Anm. 41): „[...] dass beide Verhältnisse ontologischer Art sind, sollte nicht im Ernst bezweifelt werden", siehe auch Tugendhat [5]2003, 23, 38 f. spez. 42, Oehler 1984, 184; Frede 1978=1987, 53; Lewis 1991, 2–5, 76, Shields [2]2014, 174–175; Wedin (2000, 16, 87) spricht von Metaontologie. Es gibt Forscher, die in den *Kategorien* eine Philosophie der

genität der beiden Merkmale verrät, dass die Untersuchung des Seienden nicht die erwünschte Sorgfalt und Präzision erreicht. Dies wird auch darin sichtbar, dass Aristoteles nicht klar zwischen dem Eidos als Form und dem Eidos als Art, d. h. nicht zwischen Ontologie und Logik, unterscheidet. Wir werden sehen, dass mit einer klaren Unterscheidung zwischen Ontologie und Logik dem καθ' ὑποκειμένου λέγεσθαι ein neuer Sinn abgewonnen werden kann. Aber angesichts dessen, dass die Substanzlehre in den *Kategorien* im Rahmen der sprachlich-logischen Untersuchung dargestellt wird, ist diese Unterscheidung nicht allzu dringlich.[83] Wie dem auch sei, die *Kategorien* enthalten keineswegs Aristoteles' letztes Wort zur Betrachtung des Seienden als Seienden. Wir wissen, dass Aristoteles seine Substanzlehre in der *Metaphysik* zu einer Eidoslehre revidiert hat.

3.2 Die Betrachtung des ὂν ᾗ ὄν

In der Aristotelesforschung steht die Beziehung zwischen Ontologie und Theologie immer wieder zur Diskussion.[84] Zu Beginn von Buch IV führt Aristoteles eine Wissenschaft ein, welche das Seiende als solches (ὂν ᾗ ὄν) untersucht.[85] Gewiss lässt sich das Seiende aus bestimmten, spezifischen Aspekten, wie etwa Bewegung oder Lebendigkeit, betrachten. Dafür sind spezifische Wissenschaften wie etwa Physik und Biologie verantwortlich. Die Ontologie dagegen untersucht als Wissenschaft des Seienden das Seiende als Seiendes (τὸ ὂν ᾗ ὄν). In Bezug auf den eigentlichen Ge-

Linguistik sehen möchten, z. B. vertritt Moravcsik (1967, 125 ff.) die Ansicht, dass in den *Kategorien* nicht die ὄντα, sondern die λεγόμενα verhandelt würden. Seine Interpretation wird von Patzig 1973, 72 f. kritisiert.

83 Dies bedeutet allerdings nicht, dass Aristoteles diesen Unterschied nicht gekannt hätte. In den *Topica* trennt er bereits den logischen Begriff von der zugrunde liegenden ontologischen Beschaffenheit: πᾶν μὲν γὰρ ὕδωρ παντὶ ταὐτὸν τῷ εἴδει λέγεται διὰ τὸ ἔχειν τινὰ ὁμοιότητα (Top. I 7, 103a19–20). Das εἶδος ist der logische Begriff, und für die ontologische Grundlage benutzt Aristoteles das Wort ὁμοιότης, um Missverständnis aufgrund der Zweideutigkeit des Eidos zu vermeiden.

84 Die Forschungsliteratur zum Verhältnis von Ontologie und Theologie, welches insbsondere in der *Metaphysik* thematisiert wird, ist immens. Im Folgenden beschränken wir uns lediglich darauf, eine wichtige Verbindung zwischen den beiden herauszuarbeiten, die für unsere Untersuchung aufschlussreich ist. Zu einer detaillierten Diskussion über das Verhältnis mit Berücksichtigung anderer Forschungsmeinungen: Judson 2018.

85 Met. IV 1, 1003a21–22: ἔστιν ἐπιστήμη τις ἣ θεωρεῖ τὸ ὂν ᾗ ὂν καὶ τὰ τούτῳ ὑπάρχοντα καθ' αὑτό. Zwei Aufgaben sind dieser neuen Wissenschaft zugedacht. τὸ ὂν ᾗ ὂν sowie τὰ τούτῳ ὑπάρχοντα καθ' αὑτό werden bestimmt. Im Folgenden wird auf τὸ ὂν ᾗ ὂν fokussiert, weil dies zentral für die vorliegende Untersuchung ist. Über τὰ τούτῳ ὑπάρχοντα καθ' αὑτό, d. h. über die wesentlichen Akzidenzien wie Gattung und Art, Früher und Später, Ganzes und Teil, siehe Dangel 2013, 54–56.

genstandsbereich der Ontologie herrschen unterschiedliche Deutungsrichtungen.[86] Happ zufolge bezeichnet ᾗ in der Formel „ὂν ᾗ ὄν" den Aspekt, unter dem die Sache wissenschaftlich betrachtet wird.[87] ὂν ᾗ ὂν macht demnach deutlich, dass das Seiende unter dem Gesichtpunkt, dass es seiend ist, untersucht wird. Was ist mit dieser Formel gemeint? Dazu äußert sich Aristoteles mehr in IV 2. Das Seiende wird zwar in mehreren Bedeutungen ausgesagt, aber die vielen Seinsaussagen, welche verschiedene Seinsweisen zum Ausdruck bringen, sind nicht bloß homonym; sie beziehen sich vielmehr auf *eine* einzige, bestimmte Natur (πρὸς ἓν καὶ μίαν τινὰ φύσιν), so wie alles, was etwas mit Gesundheit zu tun hat, sich auf diese bezieht.[88] Im weiteren Verlauf bezeichnet Aristoteles diese Natur sogar als Prinzip (ἀρχή) für alle anderen Seinsweisen. Es stellt sich heraus, dass die Substanz (οὐσία) zentraler Bezugspunkt alles Seienden ist. Demzufolge macht die Wissenschaft von ὂν ᾗ ὂν die Substanzen zum Zentrum der Betrachtung.[89] Die mittleren, sogenannten Substanzbücher der *Metaphysik* enthalten eine Ontologie, weil in den Büchern VII, VIII und IX die οὐσία eingehend untersucht und näher bestimmt wird. Andererseits ist bekannt, dass die aristotelische Metaphysik neben der Ontologie eine weitere Untersuchungsdimension kennt. Im ersten Kapitel des Buches VI unterscheidet Aristoteles drei theoretische Wissenschaften, nämlich Physik, Mathematik und Theologie.[90] Theoretische Wissenschaften untersuchen das, was sich sonst nicht anders

---

86 Auf die verschiedenen Deutungen gehen wir nicht ein. Dazu Happ 1965, 310–326; auch Dangel 2013, 34–37.

87 Happ 1965, 386–387. Owens ([3]1978, 260–261) verbindet diese Passage mit I 4 der *Analytica Posteriora*, in dem „an sich selbst" (καθ' αὑτὸ) und „insofern es selbst" (ᾗ αὐτο) als Synonyme gelten (τὸ καθ' αὑτὸ δὲ καὶ ᾗ αὐτὸ ταὐτόν, Anal. Post. 73b29). Obwohl Aristoteles' Gleichsetzung von καθ' αὑτο und ᾗ αὐτο einen Hinweis auf die Bedeutung seiner Terminologie gibt, wird diese im Rahmen der wesentlichen Prädikation ausgeführt. Als Beispiel nennt Aristoteles, dass gerade oder ungerade an sich von Zahlen ausgesagt wird, weil eine Zahl ihrer Natur nach entweder gerade oder ungerade ist. ὂν ᾗ ὂν an unserer Stelle hat aber nichts mit Prädikation zu tun.

88 Met. IV 2, 1003a33–34: τὸ δὲ ὂν λέγεται μὲν πολλαχῶς, ἀλλὰ πρὸς ἓν καὶ μίαν τινὰ φύσιν καὶ οὐχ ὁμωνύμως· Ferner: οὕτω δὲ καὶ τὸ ὂν λέγεται πολλαχῶς μὲν ἀλλ' ἅπαν πρὸς μίαν ἀρχήν (1003b5–6). Wie Reeve in seiner Übersetzung bemerkt, ist dies keine sprachliche, sondern eine ontologische Aussage. Siehe Reeve 2016, 334. Mit seiner Wortwahl für die πρὸς ἕν-Relation macht Aristoteles den Seinsbezug deutlich.

89 In Bezug auf die Wichtigkeit der Wissenschaft über die Substanzen nennt Judson (2018, 249–252) zwei Aspekte: Nach einer schwachen Bewertung umfasse eine Wissenschaft vom ὂν ᾗ ὂν mehrere Teilwissenschaften. Die Untersuchung von Substanzen allein mache nicht die Wissenschaft von Seiendem als solchem aus. Nach einer starken Bewertung der Wissenschaft über die Substanzen konstituiere diese allein die Wissenschaft des Seienden als Seienden, in dem Sinne, dass das Verständnis von der Natur der Substanzen leicht zum Verständnis anderer Aspekte des Seienden führe. Judson favorisiert die schwache Bewertung.

90 *Metaphysik* VI 1, 1025b18 ff. spez. 1026a6–16.

verhalten kann.[91] Nun hat Physik diejenigen Dinge zum Gegenstand, welche der Bewegung unterworfen und von Materie nicht getrennt sind. Mathematik dagegen studiert Dinge, die unbeweglich, aber untrennbar sind. Wenn es aber Dinge gibt, die ewig, unbeweglich und getrennt sind, fallen sie unter die Betrachtung der Theologie, die auch erste Philosophie genannt wird.[92] Aristoteles' sorgfältige Formulierung in 1026a10 „εἰ δέ τί ἐστιν …" lässt anscheinend vorerst offen, ob es solche Dinge tatsächlich gibt. Es gehört dennoch zu Aristoteles' Grundansichten, dass der göttliche Nous ewig, unbeweglich und getrennt ist.[93] Während die mittleren Bücher die Ontologie zum Thema haben, wird die Theologie im Buch Lambda behandelt. Die Verteilung der Betrachtungsschwerpunkte auf zwei Teile könnte den Anschein erwecken, dass Aristoteles über keine kohärente Konzeption der Metaphysik verfüge. Es wäre allerdings verwunderlich, wenn in ein und derselben Schrift zwei Wege auseinandergingen. Aber allein die Tatsache, dass das Kapitel VI 1, in dem die Theologie als die erste Philosophie erwähnt wird, mit den Worten beginnt, welche die für die Ontologie charakteristische Formel „ὂν ᾗ ὄν" anklingen lassen, spricht gegen ein Auseinandertreten der Betrachtungsrichtungen.[94] Dementsprechend spricht Aristoteles in IV 2 über die vielen Teile der Philosophie, die mit den vielen verschiedenen Typen von Substanzen korrespondieren, sodass, wie er fortfährt, notwendig eine darunter die erste, eine andere die folgende sein muss. Damit wird die erste Philosophie antizipiert.[95] Die gegenseitigen Bezüge deuten eher eine

---

91 NE VI 3, 1139b20 – 22: ὃ ἐπιστάμεθα, μηδ' ἐνδέχεσθαι ἄλλως ἔχειν· τὰ δ' ἐνδεχόμενα ἄλλως, ὅταν ἔξω τοῦ θεωρεῖν γένηται, λανθάνει εἰ ἔστιν ἢ μή.

92 Met. VI 1, 1026a6 – 16. Zur Trennbarkeit der mathematischen Gegenstände vermeidet Aristoteles eine definitive Feststellung, weil er dabei wohl an Platonische Ideenzahlen denkt. Jedenfalls stellt er fest, dass zumindest einige mathematische Gegenstände von Materie nicht trennbar sind. Zum Gegenstand der Physik folge ich der Übersetzung von Bonitz und ihm folgt auch Reeve. Sie lesen das in den codd. bezeugte „ἀχώριστα" (a14). Jaeger dagegen übernahm Schweglers Emendation und las „χωρίστα" anstatt von „ἀχώριστα". Nach Ross (Met. Komm. I, 355) spricht zweierlei für Schweglers Emendation, erstens dass mit „trennbar" der Gegenstandsbereich der Physik in klarem Gegensatz zu dem der Mathematik steht: Dieser ist unbeweglich, aber nicht trennbar; jener ist trennbar, aber beweglich, und zweitens dass Einzeldinge insofern trennbar sind, als sie selbständige Existenz haben. Aber der Zusammenhang legt nahe, dass die Trennbarkeit in Bezug auf diejenige von Materie verstanden werden sollte. Siehe Reeve 2016, 384 – 385.

93 Nach Aristoteles' Ausführungen in XII 8 sind 55 göttliche Nous unbewegte Beweger der Himmelssphären. Die exakte Anzahl der Beweger braucht uns nicht näher zu beschäftigen, weil XII 7 und 9 zentral für unser Vorhaben sind. In diesen beiden Kapiteln fokussiert Aristoteles lediglich auf den höchsten, göttlichen Nous.

94 Met. VI 1, 1025b3 – 4: αἱ ἀρχαὶ καὶ τὰ αἴτια ζητεῖται τῶν ὄντων, δῆλον δὲ ὅτι ᾗ ὄντα.

95 Met. IV 2 1004a2 – 4: καὶ τοσαῦτα μέρη φιλοσοφίας ἔστιν ὅσαιπερ αἱ οὐσίαι· ὥστε ἀναγκαῖον εἶναί τινα πρώτην καὶ ἐχομένην αὐτῶν. „τινα πρώτην" ist im Sinne der ersten Philosophie zu verstehen, obwohl im unmittelbar vorangehenden Satz „μέρη φιλοσοφίας" steht. Reeve (2016, 337) fasst die

Verbindung von Ontologie als Wissenschaft des Seienden und Theologie als erster Philosophie an.

Nachdem Aristoteles zu Beginn von IV 1 das Seiende als solches als den eigentlichen Bereich der Ontologie festgestellt hat, bestimmt er im weiteren Verlauf die ontologische Fragestellung als eine Untersuchung über die Prinzipien und die letzten Ursachen einer Natur an sich.[96] Die Bedeutung von „φύσις τις καθ' αὑτήν" dürfte nicht unmittelbar klar sein. Dieselbe Aufgabe erwähnt Aristoteles abermals in VI 1. Dort ist von den Prinzipien und Ursachen vom Seienden als Seiendem die Rede.[97] Da das Seiende als solches der eigentliche Gegenstand der Untersuchung ist, darf man annehmen, dass die „Natur an sich" etwa in der Richtung vom ὂν ᾗ ὄν verstanden sein soll. Wir haben oben gezeigt, dass die Substanz der fokussierte Sinn des ὂν ᾗ ὄν ist. Mitten in IV 2 macht Aristoteles deutlich, dass die Aufgabe des Philosophen darin besteht, die Prinzipien und die Ursachen der Substanzen zu wissen.[98] Die Frage ist nun, was Aristoteles mit „Substanzen" meint. Dann wissen wir, was deren Prinzipien und Ursachen eigentlich sind.

In den *Kategorien* sind Einzelwesen wie Sokrates Substanzen. In IV 2, in dem der Sinn der Formel „ὂν ᾗ ὄν" weiter ausgeführt wird, führt Aristoteles neben den Substanzen andere Seinsweisen an, wie Affektionen der Substanzen, deren Entstehung und Untergang und ferner das Schaffende und Erzeugende. Aristoteles' Ausführung dürfte deutlich machen, dass an dieser Stelle mit den Substanzen Einzeldinge gemeint sind. Wenn dies die feststehende Bestimmung der Substanzen sein sollte, würde eine Betrachtung des ὂν ᾗ ὄν einer Betrachtung der Einzeldinge gleichen. Daraus ergibt sich, dass die Prinzipien und Ursachen des Seienden als solchen die den Einzelwesen immanenten Formen sind. Dies kann Aristoteles' Anliegen in den Substanzbüchern erklären: Die Formen erweisen sich dort als Substanzen im strengen Sinn, und demnach ist die Ontologie in den mittleren Bü-

Bedeutung von „τινα πρώτην" genauso auf. Eine vergleichbare Stelle ist der Beginn von XII 6 (1071b3), wo Aristoteles drei Typen der Substanzen zählt. Diesen Substanztypen entsprechen die Teile der Philosophie. Sinnenfällige Einzelwesen und mathematische Entitäten sind Gegenstände verschiedener Wissenschaften. Aristoteles führt in VI 1 drei theoretische Philosophien (φιλοσοφίαι θεωρητικαί) auf: μαθηματική, φυσική, θεολογική, 1026a18–19. Dazu Kirwan 1993, 83.

96 Met. IV 1, 1003a26–28: ἐπεὶ δὲ τὰς ἀρχὰς καὶ τὰς ἀκροτάτας αἰτίας ζητοῦμεν, δῆλον ὡς φύσεώς τινος αὐτὰς ἀναγκαῖον εἶναι καθ' αὑτήν. Der Ausdruck „τὰς ἀρχὰς καὶ τὰς ἀκροτάτας αἰτίας" ist eher als Hendiadyoin zu verstehen.

97 Siehe oben Anm. 94.

98 Met. IV 2, 1003b17–19: εἰ οὖν τοῦτ' ἐστὶν ἡ οὐσία, τῶν οὐσιῶν ἂν δέοι τὰς ἀρχὰς καὶ τὰς αἰτίας ἔχειν τὸν φιλόσοφον. Streng genommen ist neben den Formen die Materie auch das Prinzip bzw. die Ursache der Einzeldinge. Allerdings spielt die Materie in diesem Zusammenhang keine wichtige Rolle. Letzten Endes erweist sich die Form in den mittleren Substanzbüchern als Substanz im eigentlichen Sinn.

chern eine Ontologie der immanenten Formen. Dagegen untersucht die Theologie die Substanzen, die abgetrennt, ewig und unbeweglich sind. Die Theologie und die Ontologie drohen sich voneinander zu entfernen. Indessen, wie oben erwähnt, deuten die aufeinander abgestimmten Bezüge im Buch IV und im Buch VI eher auf einen Zusammenhang zwischen Ontologie und Theologie hin.

Bei genauer Betrachtung von Aristoteles' detaillierten Ausführungen in IV 2 fällt jedoch auf, dass, anders als in den *Kategorien*, die Substanzen in IV 2 nicht im Rahmen der Aussagestruktur eingeführt werden. Die Struktur wird gar nicht thematisiert; auffallend ist überdies, dass Aristoteles die οὐσίαι als Einzeldinge nicht explizit macht: Nicht einmal führt er ein konkretes Einzelnes wie Sokrates als Beispiel ein. Aristoteles bleibt nicht bei Einzeldingen stehen, mehr noch, er will gar nicht zu diesen kommen. Wenn Aristoteles mit den Substanzen nicht bei Einzelwesen bleiben will, dürften die immanenten Formen nicht als jene Prinzipien und Ursachen gelten. Eine nähere Betrachtung der beiden Anläufe, mit denen Aristoteles die Wissenschaft des ὂν ᾗ ὂν einführt, verrät einen versteckten Hinweis auf die Beziehung von Ontologie und Theologie. Nachdem im ersten Kapitel des Buches Gamma die Wissenschaft als diejenige über ὂν ᾗ ὂν festgestellt wurde, kommt Aristoteles im zweiten Anlauf auf die Prinzipien und Ursachen zu sprechen. Er bezeichnet jene jedoch nicht als „αἱ ἀρχαὶ καί αἱ ἀκροτάται αἰτίαι ὄντος ᾗ ὄντος", sondern als „αὐτας [d.h. τὰς ἀρχὰς καὶ τὰς ἀκροτάτας αἰτίας] φύσεώς τινος καθ' αὑτήν". Da Aristoteles hier φύσις τις καθ' αὑτήν anstatt ὂν ᾗ ὂν verwendet, muss man sich hüten, die Natur allzu schnell als gleichbedeutend mit Substanzen im Sinne von Einzelwesen und mithin die Prinzipien und Ursachen als immanente Formen anzusehen. Mit den Prinzipien und Ursachen, deren Bestimmung ein Teil der Ontologie als die Wissenschaft des Seienden als solches ist, sind diejenigen für eine gewisse Natur an sich (φύσις τις καθ' αὑτήν) gemeint.[99] Wenn Substanzen Einzelwesesn sind, ist die Natur einer Substanz das, was sie gerade zu dieser macht. Demnach ist diese Natur nichts anderes als die immanente Form eines Einzelwesens. Im philosophischen Wörterbuch werden die verschiedenen Bedeutungen von Natur aufgezählt. Unter anderem kann sie „Substanz der natürlichen Dinge" bedeuten. Aristoteles' anschließende Ausführungen machen klar, dass damit die immanente Form gemeint ist. Man pflegt von Dingen, die naturgemäß werden oder sind, nicht zu sagen, dass diese eine Natur haben, solange sie noch nicht eine Form (εἶδος) oder Gestalt (μορφή) besitzen.[100] Es ist klar, dass es um die Prinzipien und

99 Erklärungsbedürftig ist vielleicht das einschränkende Wörtchen τις in φύσις τις καθ' αὑτήν. Der Grund liegt wohl darin, dass erstens φύσις zum ersten Mal in der Passage vorkommt, und zweitens dieses Wort mehrere Bedeutungen hat. φύσις τις bedeutet, dass es sich um eine gewisse Natur, d.h. um Natur einer gewissen Art, handelt.

100 Met. V 4, 1015a3–5.

Ursachen der Natur eines Einzelwesens geht, und zwar einer Natur, die nur an sich, nicht in Bezug auf irgendetwas anderes betrachtet wird.[101] Wenn die „Natur" immanent aufzufassen ist, weisen ihre Prinzipien und Ursachen sehr wohl auf eine transzendente Seinsweise solcher Formen hinaus. Im zweiten Kapitel haben wir die Noushaftigkeit der Formen dargestellt. Der göttliche Nous Poiētikos ist ein denkendes Bewusstsein aller Formen, die den Einzeldingen immanent sind.[102] Der Verweis auf eine transzendente Seinsweise der Formen dürfte Licht auf das Verständnis des göttlichen Nous, der im Buch Lambda der *Metaphysik* thematisiert wird, bringen. Ontologie und Theologie stehen nicht nur nebeneinander, sie bilden zusammen den Kern der Metaphysik. Die Ontologie macht das Seiende als Seiendes zum Gegenstand der Betrachtung, fokussiert sich nicht mehr auf Einzelwesen, geht sogar über immanente Formen hinaus. In VI 1 wirft Aristoteles die Frage auf, ob die erste Philosophie allgemein (καθόλου) ist oder nicht. Seine viel diskutierte Antwort lässt transzendente Formen durchblicken:

> εἰ μὲν οὖν μὴ ἔστι τις ἑτέρα οὐσία παρὰ τὰς φύσει συνεστηκυίας, ἡ φυσικὴ ἂν εἴη πρώτη ἐπιστήμη· εἰ δ᾽ ἔστι τις οὐσία ἀκίνητος, αὕτη προτέρα καὶ φιλοσοφία πρώτη, καὶ καθόλου οὕτως ὅτι πρώτη· καὶ περὶ τοῦ ὄντος ᾗ ὂν ταύτης ἂν εἴη θεωρῆσαι, καὶ τί ἐστι καὶ τὰ ὑπάρχοντα ᾗ ὄν.
> *Metaphysik* VI 1, 1026a27–32
>
> Gibt es nun neben den natürlich zusammengesetzten Substanzen keine anderen, so würde die Physik die erste Wissenschaft sein; gibt es aber eine unbewegliche Substanz, so ist diese die frühere und [die diese behandelnde Wissenschaft] erste Philosophie, und [diese ist] allgemein, insofern sie die erste ist, und ihr würde es zukommen, das Seiende, insofern es Seiendes ist, zu betrachten, sowohl sein Was als auch das ihm als Seiendem Zukommende.

Er macht zugleich auf die absurde Konsequenz aufmerksam, wenn es neben den natürlich zusammengesetzten Substanzen keine anderen gäbe; denn so würde die Physik die erste Wissenschaft sein. Gerson hat zu Recht angemerkt, dass man sich den Kopf nicht zu zerbrechen braucht, um sich auszudenken, wie die Physik überhaupt als erste Wissenschaft konzipiert werden könne. Dies kann nämlich nicht der Fall sein.[103] Es gibt neben den natürlich zusammengesetzten auch jene getrennten und unbeweglichen Substanzen, welche die erste Philosophie behandelt. Diese ist insofern allgemein, als sie die erste ist; und diese ist insofern die erste, als sie jene ersten Substanzen zum Gegenstand hat. Die ersten Substanzen sind *früher* als die sinnenfälligen. Nach Aristoteles' Erörterung der verschiedenen Sinne

101 Zu dieser Deutung: Reeve 2016, 334, auch Ross (Met. Komm. I, 253) deutet die Stelle auf diese Weise. Nach ihm geht es um die „essential relation" zwischen den Prinzipien bzw. Ursachen und der inneren Natur eines Dinges.

102 Kap. II §§ 5.3.1–5.3.3.

103 Zu Gersons ausführlicher Analyse: Gerson 2005, 174–177.

von Früher dürfte dies das Früher der Natur und Wesenheit nach (κατὰ φύσιν καὶ οὐσίαν) sein: „Früher heißt, was ohne anderes sein kann, während dies nicht ohne jenes."[104] Aus gerade diesem ontologischen Früher sind sie allgemein. Es handelt sich um ontologische Begründungsverhältnisse, mit denen sich die Metaphysik als Erforschung des ὂν ᾗ ὂν beschäftigen soll. Die Qualität und alle anderen akzidentiellen Attribute, die in den *Kategorien* behandelt werden, beziehen sich auf die Substanz, die noch innerhalb der kategorischen Theorie ein konkretes Einzelwesen ist. Jedes Einzelwesen ist aufgrund seiner Natur, welche seine immanente Form ist, gerade das, was es selbst ist, wie z. B. Sokrates gemäß der ihm immanenten Form ein Mensch ist und nicht ein Pferd. Prinzipien und Ursachen solcher Natur sind jene getrennten und unbeweglichen Substanzen. Sie sind die ersten, weil sie ontologisch früher sind. Aus diesem Grunde sind sie göttlich, und die erste Philosophie ist eine *Theo*-logie. Sie ist die ehrwürdigste (τιμιωτάτη), weil sie das Würdigste zum Gegenstand hat.[105] Die Würde einer Wissenschaft bestimmt sich nach der Würde ihrer Gegenstände. Die göttlichen Substanzen sind allgemein, nicht weil sie in allen natürlich zusammengesetzten Substanzen präsent sind oder etwa über diese alle ausgesagt werden können, sondern weil sie Prinzipien und Ursachen von allem sind. Mit anderen Worten, alle anderen hängen von diesen ab. Die Allgemeinheit der ersten Substanzen gründet sich auf dieser ontologischen Vorrangigkeit.[106] Zusammenfassend lässt sich sagen: Bei der Entfaltung des ὂν ᾗ ὂν bleibt Aristoteles nicht bei den *Kategorien* stehen. Einzelwesen werden kurz ins Spiel gebracht und gleich aufgegeben. Gemäß dem neuen Verständnis der Substanz in der *Metaphysik* geht Aristoteles einen Schritt weiter. Im Mittelpunkt der Untersuchung von ὂν ᾗ ὂν stehen nunmehr die immanenten Formen. Aber die Dynamik der Untersuchung hört damit nicht auf. Er fragt nach deren Prinzipien und Ursachen. Es ist weiterhin bekannt, dass der aristotelische Gott Nous und daher reines Denken ist. Nun steht das Program der *Metaphysik* fest und trotz Aristoteles' wiederholter Betonung der immanenten Formen lässt sich seine Metaphysik nicht in diesen erschöpfen. Die Ontologie geht letztendlich in die Theologie über, welche im Grund eine Noologie ist.

104 Met. V 11, 1019a2–4. Hier folge ich der gängigen Praxis und übersetze das Wort οὐσία mit Wesenheit.

105 Met. VI 1, 1026a20–22. Zur ontologischen Bedeutung von „τιμιωτάτη" siehe Kap. II § 3.2.1 para.7 zur Lichtmetapher.

106 Zur Priorität und Allgemeinheit der ersten Substanzen: Dangel 2013, 60–67, spez. 64–67.

3.3 Substanz im philosophischen Wörterbuch – *Metaphysik* V 8

Das Buch V der *Metaphysik* enthält kurze Erklärungen zu verschiedenen Begriffen, die in der aristotelischen Philosophie zum Tragen kommen. Das achte Kapitel macht die οὐσία zum Gegenstand der Erklärung. Dabei unterscheidet Aristoteles vier verschiedene Bedeutungen.

Zum einen bedeutet οὐσία natürliche Elemente und die daraus zusammengesetzten, lebendigen Dinge, dazu zählen Lebewesen sowie Himmelskörper. Alle sind Substanzen, weil sie nicht von einem Zugrundeliegenden ausgesagt werden. Aristoteles bleibt an dieser Stelle bei der Theorie, die er in den *Kategorien* entfaltet hat, nämlich dass Einzeldinge Substanzen sind.[107]

Zum anderen bedeutet Substanz das, was den Einzeldingen als Ursache des Seins (αἴτιον τοῦ εἶναι) immanent ist (ἐνυπάρχον), so wie die Seele in einem Lebewesen. Damit geht Aristoteles in die Ontologie über. So verstanden bewirkt die Substanz, dass ein Ding ein solches *ist*. Dementsprechend macht er sich damit für die Immanenz der Substanz stark, für welche er, wie unten noch gezeigt wird, in VII 13 noch ausführlich argumentiert.[108]

Ferner gelten als Substanzen die Teile, die ebenfalls immanent (ἐνυπάρχειν) in Dingen sind und die Dinge gerade zu diesen begrenzen. Mit der Aufhebung solcher begrenzenden Teile werden die Dinge, die durch diese begrenzt und konstruiert werden, mit aufgehoben. Damit referiert Aristoteles über die platonische Derivationslehre, nach der eines ein anderes begrenzend ins Sein ruft, wie Linien durch Begrenzung eine Fläche konstruieren. Mit der Annihilation der Linien wird die Fläche mit destruiert.[109]

Nicht zuletzt bedeutet die Substanz das τί ἦν εἶναι, was sich in einer Wesensbestimmung (ὁρισμός) artikuliert.[110] Zum Schluss fasst Aristoteles die vier Bedeutungen in zwei zusammen: Substanzen sind entweder das, was nicht von einem anderen ausgesagt wird, oder das, was ein bestimmtes Etwas (τόδε τι) und getrennt (χωριστόν) ist. Das letztere ist die Gestalt (μορφή) und Form (εἶδος) eines jeden Dinges.[111] Wenn mit dem ersteren nichts anderes als die Einzeldinge gemeint sind,

---

107 Met. V 8, 1017b10–14.

108 1017b14–16. Die Hervorhebung der Immanenz entspricht seiner Kritik der Ideen in Met. I 9.

109 1017b17–20. Die platonische Derivationslehre ist ein Teil der ungeschriebenen Lehre, die in den platonischen Dialogen angedeutet, aber nicht entfaltet wird. Hinweise darauf finden sich bei Aristoteles, außer dieser Stelle (=Test. Plat.33b), auch Met. V 11, 1018b37–1019a4 (=Test. Plat. 33a). Schon in den *Kategorien* (Cat.6, 5a1f.) spielt Aristoteles auf die Derivationslehre an. Zu einer detaillierten Darstellung der Lehre: Krämer 1966, 51ff; Gaiser PlUL, 502–504.

110 1017b21–22.

111 1017b23–26.

bezieht sich das letztere offensichtlich auf die anderen drei Bedeutungen. Wie bei anderen Einträgen in Buch V behandelt Aristoteles das Thema nicht eingehend. Eines ist wohl allen drei gemeinsam, nämlich dass die Substanz ein formendes Prinzip ist. Indes ist eine Unstimmigkeit nicht zu übersehen: Während sowohl die zweite als auch die dritte Bestimmung eher auf Immanenz der οὐσία hindeuten, hebt er in der Schlussbemerkung mit χωριστόν deren Selbstständigkeit hervor.[112] Ob es sich dabei um eine wirkliche Transzendenz handelt, wird unten noch genauer zu untersuchen sein. Außerdem werden die für seine Substanzlehre zentralen Aspekte, die hier nur angeschnitten werden, näher betrachtet.

3.4 Entfaltung der Eidoslehre in *Metaphysik* VII

Die Bücher VII und VIII enthalten Aristoteles' Substanzlehre, in der seine Theorie der Formen entfaltet wird. Die Forschungsliteratur zu diesem zentralen Aspekt der aristotelischen Philosophie ist längst ins Uferlose gewachsen. Es ist nicht die Absicht dieser Arbeit, eine umfangreiche Untersuchung der Substanzlehre zu unternehmen; vielmehr beschränken wir uns darauf, zuerst den Kern seiner Theorie der Substanz zu skizzieren, um dann auf zwei Fragen einzugehen, die für das Verständnis seiner Substanzlehre und auch für die Klärung dessen, ob der Nous Poētikos, wie wir ihn verstanden haben, innerhalb der aristotelischen Metaphysik einen Platz einnehmen kann, entscheidend sind. Bei diesen beiden Fragen handelt es sich gleichermaßen um den ontologischen Status der Formen, die, wie gleich gezeigt wird, Substanzen im eigentlichen Sinne sind. Erstens: Sind die Formen allgemein oder wie Einzelwesen? Zweitens: Sind diese immanent oder transzendent? Weil Aristoteles' Überlegungen zur Seinsweise im Mittelpunkt seiner Ideenkritik stehen, gibt seine Platonkritik Aufschluss über seine Eidoslehre; auf der anderen Seite wirft ein genaues Verständnis der aristotelischen Formen Licht auf die platonischen Ideen.

112 Es sei wohl gemerkt, dass das χωριστόν absolut, d. h. ohne irgendwelche Einschränkungen wie τῷ λόγῳ oder τῇ γνώσει steht. Ross (Met. Komm. I, 311) kommentiert, diese starke Betonung der Abgetrenntheit zur Kenntnis nehmend: „This is difficult, for Aristotle's doctrine is that form is in general not separate from matter (cf. XII 1070a13); soul, for example, is not separate from body, but only that part of it which is reason. χωριστόν must mean only ‚separable in thought or definition' […]." Zu einer eingehenden Diskussion über diesen Passus: Katz 2017, 42–52. Katz legt das χωριστόν als eine starke ontologische Trennung aus, nach welcher die Existenz der Einzeldingen abhängig von den Formen sind, aber nicht umgekehrt. Katz macht deutlich, dass diese nicht impliziert, dass die Formen tatsächlich ohne Einzeldinge alleine existieren können. Mehr dazu: unten § 5.2.

Die leitende Frage, auf die Aristoteles im Buch VII eine Antwort geben will, lautet: Was ist das Seiende (τί τὸ ὄν)? Wie oben dargestellt, macht Aristoteles zu Beginn von IV deutlich, dass das Seiende in mehreren Bedeutungen ausgesagt wird, unter denen sich die Substanz als grundlegenden Bezugspunkt alles Seienden herausstellt. Und wie oben ausgeführt, ist er nicht bei Einzeldingen stehen geblieben. Mit der οὐσία bezeichnet Aristoteles zuerst die Formen, die als Natur in den Einzeldingen sind; und mit den Prinzipien und Ursachen von ihnen weist er sogar auf eine transzendente, noushafte Seinsweise hin. Allerdings ist alles nur ansatzweise angedeutet. Fest steht noch nichts. Eine ausführliche Entfaltung der Lehre zum Sein lässt noch auf sich warten. Im Buch Zeta unterzieht Aristoteles die Frage nach der Substanz einer näheren Betrachtung. Gleichsam um eine Brücke zum Buch IV und sogar zur Kategorienschrift zu schlagen, beginnt er seine Erörterungen wie folgt:

> τὸ ὂν λέγεται πολλαχῶς, καθάπερ διειλόμεθα πρότερον ἐν τοῖς περὶ τοῦ ποσαχῶς· σημαίνει γὰρ τὸ μὲν τί ἐστι καὶ τόδε τι, τὸ δὲ ποιὸν ἢ ποσὸν ἢ τῶν ἄλλων ἕκαστον τῶν οὕτω κατηγορουμένων. τοσαυταχῶς δὲ λεγομένου τοῦ ὄντος φανερὸν ὅτι τούτων πρῶτον ὂν τὸ τί ἐστιν, ὅπερ σημαίνει τὴν οὐσίαν [...].
>
> *Metaphysik* VII 1,1028a10 – 15
>
> Das Seiende wird in mehreren Bedeutungen ausgesagt, welche wir früher in der Diskussion über die mehreren Bedeutungen unterschieden haben. Denn es bezeichnet teils ein Was (τὸ τί ἐστι) und ein „dieses etwas“ (τόδε τι), teils dass etwas ein Qualitatives oder Quantitatives ist oder einer anderen dieser Kategorien angehört. Indem nun in so vielen Bedeutungen das Seiende gebraucht wird, so ist offenbar darunter die erste, in welcher man unter dem Seienden das Was versteht, welches die Substanz (οὐσία) bezeichnet.

Der Beginn der ganzen Abhandlung zeigt, dass Aristoteles keinen Bruch mit den *Kategorien* beabsichtigt. Die Kategorien bieten den Ausgangspunkt der Untersuchung. Auf der anderen Seite geht Aristoteles bereits hier über den Rahmen der *Kategorien* hinaus. Denn dort sind die Substanzen unteilbar, ein „dieses etwas“ und eins der Zahl nach. Von diesen Charakteristika behält Aristoteles lediglich das „dieses etwas“ bei; und diesem fügt er das „Was“ als ein weiteres Merkmal hinzu. Während ein „dieses etwas“ Einzeldinge bezeichnen *kann*, weist das Was auf etwas anderes als Einzeldinge hin. Im weiteren Verlauf nennt Aristoteles sogar nur noch das Was und verbindet es mit der Substanz. Die Verlagerung auf eine neue Eigenschaft zeigt ein neues Verständnis der Substanz. Außerdem wird die Substanz nicht wie in den *Kategorien* anhand der Prädikationsstruktur gekennzeichnet; vielmehr greift Aristoteles die Pros-hen-Relation, die in IV 2 thematisiert wird, wieder auf und macht die Substanz zum Bezugspunkt alles Seienden.[113] Damit wird der Grundton

113 Deshalb ist mit „früher in der Diskussion“ nicht ausschließlich V 7 gemeint, wie Bonitz und

der Unterschung festgelegt: Im Mittelpunkt steht eine Analyse des Seienden. Er gibt anschließend eine Rechtfertigung für die Sonderstellung der Substanz. Diese ist in dreifacher Hinsicht vorrangig (τὸ πρῶτον), der Definition nach, der Erkenntnis nach und der Zeit nach.[114] Aristoteles' anschließende Ausführungen machen allerdings klar, dass die Bezeichnung „der Zeit nach" irreführend ist. Denn gemeint ist eher die selbstständige Abtrennbarkeit der Substanz. Die Substanz ist der Definition nach vorrangig, weil in der Definition einer nichtsubstantialen Bestimmung die Bestimmung der jeweiligen Substanz enthalten ist. Schließlich ist die Substanz der Erkenntnis nach vorrangig, weil eine Sache zu erkennen primär bedeutet, zu wissen, was sie ist.[115] Nunmehr steht die Substanz im Zentrum der Untersuchung, dementsprechend wandelt sich die Frage in eine nach der Substanz um (τίς ἡ οὐσία).[116] Die Frage nach dem Sein wird zur Frage nach der Substanz.

3.4.1 Form als Substanz – *Metaphysik* VII 3–6

In VII 3 führt Aristoteles vier Kandidaten für die Besetzung der Substanzstelle auf, nämlich das „Was hieß es zu sein" (τὸ τί ἦν εἶναι)[117], das Allgemeine (τὸ καθόλου), die Gattung (τὸ γένος) und das Zugrundeliegende (τὸ ὑποκείμενον). Allerdings fährt er nicht so fort, dass er einen Kandidaten nach dem anderen diskutiert und beurteilt, ob dieser die gesuchte Substanz ist. Stattdessen konzentriert er sich gleich auf den letzten Kandidaten. In den *Kategorien* gilt das Einzelding als Zugrundeliegendes. Aristoteles' erste Charakterisierung in VII 3 erinnert an die *Kategorien:*

> τὸ δ' ὑποκείμενόν ἐστι καθ' οὗ τὰ ἄλλα λέγεται, ἐκεῖνο δὲ αὐτὸ μηκέτι κατ' ἄλλου·
> VII 3, 1028b36–37[118]

Reeve in ihren Übersetzungen angeben. Zwar verbindet Aristoteles dort die verschiedenen Bedeutungen des Seins mit den Kategorien (siehe 1017a22 f.), aber von einer Pros-hen-Relation ist dort kaum die Rede. Diese wird in IV 2 zum Ausdruck gebracht, wie oben gezeigt wurde. Dazu siehe Furth 1988, 227–228.

114 VII 1, 1028a31–33: πολλαχῶς μὲν οὖν λέγεται τὸ πρῶτον· ὅμως δὲ πάντως ἡ οὐσία πρῶτον, καὶ λόγῳ καὶ γνώσει καὶ χρόνῳ.

115 Zu diesen drei Formen der Vorrangigkeit: Rapp 1996a, 34–35. Rapp zufolge ist die Vorrangigkeit der Zeit nach im Grunde eine natürliche Priorität. Reeve (2016, 394) sieht ebenfalls in der Abtrennbarkeit den Sinn des zeitlichen Frühers. Nach ihm ist diese Priorität dieselbe wie das Früher der Natur und Wesenheit nach (κατὰ φύσιν καὶ οὐσίαν) in V 11, 1019a2 f. Was das der Definition nach Früher betrifft, bemerkt Rapp treffend, dass es in VII 1 nicht um eine worterklärende Definition, sondern um eine eigentliche Definition geht, weil eine Definition einer nichtsubstantialen Bestimmung die Bestimmung der jeweiligen Substanz involvieren muss.

116 Met. VII 1, 1028b4.

117 Zur Übersetzung des künstlichen Terminus: Höffe 2005, 595. Mehr dazu gleich unten.

118 In den *Kategorien* gilt, dass alles andere vom Einzelding als Zugrundeliegendem ausgesagt, aber nicht umgekehrt.

> Das Zugrundeliegende ist dasjenige, von dem das Übrige ausgesagt wird, ohne dass es selbst wieder von einem anderen augesagt würde.

Im Grunde liegt hier dieselbe Beschreibung des Zugrundeliegenden wie in den *Kategorien* vor. Dort gelten Einzeldinge als das Zugrundeliegende und damit als primäre Substanzen. In seiner *Metaphysik* behält Aristoteles das Zugrundeliegende weiterhin als eine wesentliche Charakterisierung der Substanz,[119] andererseits lässt er vorerst offen, was als Zugrundeliegendes gelten kann. Er nennt drei Kandidaten: Materie (ὕλη), Form (μορφή)[120] und schließlich das aus den beiden Hervorgehende (τὸ ἐκ τούτων) könnten als das Zugrundeliegende gelten. Aristoteles bleibt nicht beim Einzelwesen stehen; er analysiert dies in seine Teile und versucht zu bestimmen, welches davon im höchsten Grade grundlegend und seiend ist.[121]

Auf den ersten Blick scheint die Materie das Zugrundeliegende zu sein. Diese ist das, „was an sich weder als etwas noch als ein irgendwie Großes noch durch irgendein anderes der Prädikate bezeichnet wird."[122] Sie liegt allem zugrunde, so sehr, dass sie selbst nichts ist – das Zugrundeliegen im stärksten Sinne. Aber gerade deswegen kann die Materie nicht die Substanz sein. Denn diese muss abtrennbar (χωριστόν) und ein „dieses etwas" (τόδε τι) sein.[123] Nun scheint, dass beide Kriterien zusammen wiederum Einzeldinge zu Substanzen machen. Indessen können diese nach der Seinsanalyse nicht Substanzen sein, weil Einzeldinge aus Form und Materie zusammengesetzt sind. Daher sind sie ontologisch später als die beiden, aber die Substanzen müssen früher sein, wie in VII 1 festgestellt wurde. Mit dem Aus-

---

119 In der Tat sagt Aristoteles, dass das erste Zugrundeliegende (τὸ ὑποκεἰνον πρῶτον) am meisten Substanz zu sein scheint: VII 3, 1029a1 – 2.

120 Zu μορφή im Sinne von Form (εἶδος): Höffe 2005, 369 – 370.

121 Dies bedeutet aber nicht, dass Aristoteles erst in der *Metaphysik* erkennt, dass ein Einzelding ontologisch analysierbar ist. In der *Physik* (191a19 – 20) sagt er, „ob die Form oder das Zugrundeliegende […]". Shields hebt die Bedeutung dieser Frage hervor: „[…] this passage represents a potentially radical departure for Aristotle's theory of substance." ([2]2014, 278). Auffallend ist außerdem, dass das Einzelding bereits außer Acht gelassen wird.

122 VII 3, 1029a20 – 21: […] καθ' αὑτὴν μήτε τὶ μήτε ποσὸν μήτε ἄλλο μηδὲν λέγεται οἷς ὥρισται τὸ ὄν.

123 VII 3, 1029a27 – 28: τὸ χωριστὸν καὶ τὸ τόδε τι ὑπάρχειν δοκεῖ τῇ οὐσίᾳ. Die gleichen Merkmale werden auch im Buch V 8 angeführt. Die Substanz kann als ein bestimmtes Seiendes und selbstständig verstanden werden: τόδε τι ὂν καὶ χωριστόν (1017b25 – 26). Aristoteles führt nicht weiter aus, wie die beiden Kriterien zusammen zu denken sein sollen. Nach Steinfath (1991, 108) dürfte die Beziehung so verstanden werden, „dass die mit τόδε τι gemeinte Bestimmtheit Selbstständigkeit impliziert, die Bestimmung τόδε τι καὶ χωριστόν also explikativ zu lesen ist." Im Grunde trifft Steinfaths Interpretation auf Aristoteles' Lehre zur Substanz zu. Allerdings ist anzumerken, dass die Reihenfolge, wie die beiden Kriterien in VII 3 erwähnt werden, diese Interpretation nicht stützt. Aristoteles dürfte dabei nicht so explizit an die Beziehung zwischen den beiden Wesenszügen gedacht haben.

scheiden von Materie und Einzelwesen bleibt einzig die Form zurück. An einer früheren Stelle in VII 3 gibt Aristoteles schon andeutend zu verstehen, dass die Form, wenn sie früher und mehr seiend als die Materie ist, aus demselben Grunde auch früher sein muss als das Zusammengesetzte.[124] Nun wird erwartet, dass die Form als Substanz in VII 4 festgestellt wird, da sie ontologisch früher und in höherem Grade seiend ist. Allerdings greift Aristoteles in VII 4 auf das „Was hieß es zu sein" (τὸ τί ἦν εἶναι) und mithin auf den ersten Kandidaten zurück. τὸ τί ἦν εἶναι ist ein künstliches, aristotelisches Konstrukt. τὸ τί ἦν εἶναι ist eine etwas gekürzte Form von τὸ τί ἦν εἶναι ἑκάστῳ und τὸ ἑκάστῳ εἶναι ist die Form der konkreten Anwendung dieser Bezeichnung.[125] Rein formal-sprachlich betrachtet bedeutet τὸ τί ἦν εἶναι ἑκάστῳ, dass dieses (ἕκαστον) in Bezug auf sich selbst ausgesagt wird. Sonderegger arbeitet den Sinn des Ausdruckes rein aus sprachlichen Überlegungen und nichtaristotelischen Quellen heraus, indem er die attische, umgangsprachliche Frage „τουτὶ τί ἦν", die zumindest bei Aristophanes bezeugt ist, als einen gewissen Vorläufer der aristotelischen Formel betrachtet. Damit wird nach einem vorliegenden Einzelnen gefragt, jedoch nicht nach dem, was augenschlichlich da ist, sondern nach dem, was neu zu entdecken ist. Die attische Frage wird daraufhin mit „Das da, was in aller Welt ist das?" übersetzt. Das Imperfekt „ἦν" deutet er als Ausdruck des durativen Aspektes der Vergangenheit: Was *schon* unerkannt da *war*, das wird *jetzt* erfragt.[126] Zwar lässt sich nicht mit aller Sicherheit sagen, dass diese umgangsprachliche Frage tatsächlich der aristotelischen Formel zugrunde liegt, aber Sondereggers detaillierte Analyse gibt Einsicht in das Verständnis des Ausdrucks. Die Frage betrifft das, was dem Menschen tagtäglich vorliegt, allerdings weist sie auf das, was nicht augenscheinlich ist: Es wird nicht nach dem augenscheinlichen Äußeren eines Pferdes gefragt, sondern nach seinem Wesen. Diese Fragestellung entspricht durchaus dem erfahrungsnahen Interesse der aristotelischen Ontologie.[127] Einen anderen Weg schlägt Weidemann in seiner Deutung der Formel ein. Nach ihm ist diese eine brachylogische Formulierung von τὸ τί [εἶναι] ἦν [τὸ] εἶναι, was lautet: Was [zu sein] hieß (für etwas), (schlechthin) zu sein.[128] Ge-

124 1029a5–7. Dazu Gerson 2005, 194–195. Das μᾶλλον ὄν (mehr seiend) drückt das platonische Seinskomparativ aus, wie Gerson (*ibid.*) feststellt.

125 Beispiele sind τὸ μουσικῷ εἶναι und τὸ λευκῷ εἶναι. VII 4, 1029b14–18.

126 Sonderegger 1983, vor allem 19–20, 29–37.

127 Sonderegger 1983, 38. Sonderegger bezeichnet das Wesen als das πρώτως ὄν: „Dieses gesuchte πρώτως ὄν ist nicht etwas, das mit dem Alltag nichts zu tun hätte." Ferner erklärt er die Frage „τί ἦν εἶναι" dahingehend als inneren Akkusativ so wie „ein schönes Leben leben". So gesehen lässt sich die Frage so umschreiben: „Das Sein – wie es in der Frage τί ἦν gemeint ist", oder „Das Sein, als das, wonach wir in der Frage τί ἦν fragen." (34–35). Sondereggers Umschreibungen machen einen plausiblen Sinn, allerdings lassen sie das Motiv des inneren Akkusativs nicht deutlich hervortreten.

128 Weidemann 1996, 76–84, spez. 81–84.

meint ist das, was eine Sache gerade zu dieser Sache macht, z. B. das τί ἦν εἶναι für den Menschen. Das ἀνθρώπῳ εἶναι ist das, was einen Menschen zum Menschen macht. Daher ist τὸ τί ἦν εἶναι das einer Sache jeweils zugehörige Sein.[129] An einer viel diskutierten Stelle setzt sich Aristoteles mit der Frage auseinander, ob z. B. einer Sache, die zwar unter einen Begriff fällt, sich aber aus Merkmalen verschiendener Kategorien zusammensetzt, ein τί ἦν εἶναι zukommt oder nicht. Sein Beispiel ist ein weißer Mensch, der sich aus dem Menschen und dem Weißsein zusammensetzt. Um diesen mit einem Begriff zu versehen, schlägt er vor, dass ein solcher Mensch sich durch das Wort „Mantel“ bezeichnen lässt. Die Frage lautet daher, ob der als „weißer Mensch“ verstandene „Mantel“ ein τί ἦν εἶναι erhält. Auf die Details der Argumentation wird hier nicht eingegangen, vielmehr konzentriert unsere Untersuchung sich auf die Antwort and deren Begründung, weil Aristoteles in ihnen trotz aller Kürze eine innerliche Verbindung von τί ἦν εἶναι, Form und Substanz zu verstehen gibt.

> ἀλλὰ τὸ ἱματίῳ εἶναι ἆρά ἐστι τί ἦν εἶναί τι ὅλως; ἢ οὔ; ὅπερ γὰρ <τόδε> τι ἐστὶ τὸ τί ἦν εἶναι· ὅταν δ' ἄλλο κατ' ἄλλου λέγηται, οὐκ ἔστιν ὅπερ τόδε τι, οἷον ὁ λευκὸς ἄνθρωπος οὐκ ἔστιν ὅπερ τόδε τι, εἴπερ τὸ τόδε ταῖς οὐσίαις ὑπάρχει μόνον.
>
> *Metaphysik* VII 4, 1030a2 – 6
>
> Gibt es nun aber für das Kleidsein überhaupt ein „Was hieß es zu sein“ oder nicht? Denn das „Was hieß es zu sein“ ist gerade ein „dieses etwas“; wenn aber ein anderes nur von einem anderen ausgesagt wird, ist es gerade nicht ein „dieses etwas“, wie z. B. der weiße Mensch gerade nicht ein „dieses etwas“ ist, da ein Dieses ja nur den Substanzen zukommt.

Wir übernehmen die Konjektur von Bonitz und lesen „ὅπερ γὰρ <τόδε> τι ἐστὶ τὸ τί ἦν εἶναι“ anstatt des überlieferten „ὅπερ γάρ τί ἐστι“ in 1030a3. Obwohl Ross zufolge das „τί“ alleine genau dasselbe wie „τόδε τι“ bedeuten kann und sich daher die Konjektur erübrigt,[130] passt τόδε τι besser zum Wortlaut der Passage – τόδε τι steht übrigens in 1030a4 und a5. Wie dem auch sei, ändert sich der Sinn des Satzes kaum. Das ὅπερ drückt eine Identität oder Natur bzw. Wesen einer Sache aus: Das τί ἦν εἶναι ist gerade das, was ein „dieses etwas“ an sich ist.[131] Damit wird auch eine

---

129 Während das „Was hieß es zu sein“ eine wörtliche Übersetzung von τί ἦν εἶναι ist, gibt „das einer Sache jeweils zugehörige Sein“ den Sinn des Ausdrucks wieder. Die letztere Übersetzung stammt von Bassenge. Weidemann selbst verwendet diese in einer früheren Arbeit (1982, v. a. 176 mit Anm. 5).

130 Ross Met. Komm. II, 170. Er führt 1029a20, 24 als Belege für die Gleichbedeutung. Reeve (2016, 408) folgt in seiner Übersetzung auch der überlieferten Lesart.

131 Top. III 1, 116a26 – 27: ὁ λευκὸς ἄνθρωπος οὐκ ἔστιν ὅπερ χρῶμα. Siehe auch Reeve 2016, 337. Daher dürfte Weidemanns Konjektur, ὅπερ γὰρ <τῷδέ> τι<νι> <εἶναί> ἐστι τὸ τί ἦν εἶναι, nicht notwendig sein. Diese ist ein gewaltiger Eingriff in den überlieferten Text und stützt sich auf die

Identität zwischen τί ἦν εἶναι und τόδε τι festgestellt. Das „Was [zu sein] hieß (für etwas), (schlechthin) zu sein" ist gerade das, was ein „dieses etwas" eigentlich, seinem Wesen nach ist. Aristoteles' Begründung für seine verneinende Antwort lässt sich derartig rekonstruieren: Erstens, das τί ἦν εἶναι ist das eigentliche Sein eines „dieses etwas"; zweitens ist ein weißer Mensch oder der als solcher verstandene Mantel nicht ein „dieses etwas", weil der Mensch von einem anderen, was eigentlich nicht zu ihm gehört, nämlich vom Weißsein, ausgesagt wird. Daher kommt diesem kein τί ἦν εἶναι zu.[132] Der diese Argumentation abschließende Satz ist etwas auffällig. Gemäß der Logik der Argumentation würde man einen solchen Schluss erwarten: Wenn das τί ἦν εἶναι nur einem „dieses etwas" zukommt und dessen innerliches Sein ausmacht – und der weiße Mensch aber kein „dieses etwas" ist, so kommt ihm bzw. dem Mantel kein τί ἦν εἶναι zu. Im Text aber steht, dass das Dieses nur den Substanzen (οὐσίαι) zukommt. Mit der eher unerwarteten Einführung der Substanz, dem eigentlichen Untersuchungsgegenstand im Buch VII, wird diese mit dem „Was hieß es zu sein" (τὸ τί ἦν εἶναι) sowie dem „dieses etwas" (τόδε τι) in Verbindung gebracht. Bei näherer Betrachtung wurde diese Folgerung bereits vorbereitet. Erstens führt Aristoteles in VII 3 das „dieses etwas" als eines der beiden Merkmale der Substanz auf. Ferner wird das „Was hieß es zu sein" zu Beginn des

---

offensichtlich falsche, weil tautologische Lesart „ὅπερ γὰρ τί ἦν εἶναι ἐστι τὸ τί ἦν εἶναι", die in den Kodizes E und J bezeugt ist. Abgesehen von grammatischen oder morphologischen Gründen, die für Weidemanns Konjektur sprechen könnten, sind theoretisch-inhaltliche Überlegungen ausschlaggebend. Weidemann hat sicherlich darin recht, dass hier nicht eine einfache Gleichsetzung von τί ἦν εἶναι und einem „dieses etwas" gemeint ist. τὸ τί ἦν εἶναι bezeichnet das definitorische Sein einer Sache, und gemäß seiner Konjektur lautet der Satz: Das τί ἦν εἶναι ist gerade das einem „dieses etwas" zugehörige (ὅπερ γὰρ <τῷδέ> τι<νι> <εἶναί>) Sein. Aber ὅπερ bedeutet nicht eine bloße Gleichsetzung, sondern deutet auf innere Natur und Wesen einer Sache hin. Daher dürfte der gewünschte Sinn auch ohne Weidemanns Eingriff klar sein. Siehe Weidemann 1982, auch in 1996, 88 f. argumentiert er ausführlich für seine Konjektur.

132 Siehe Weidemann 1982 für eine eingehende Analyse dieser Passage. Der merkwürdige Ausdruck ἄλλο κατ' ἄλλου λέγεται ist dahingehend als „ein anderes (A, z. B. weiß) wird von einem anderem (B, z. B. einem Menschen) ausgesagt, wobei A nicht zum eigentlichen Sein von B gehört" zu verstehen. Burnyeat (1979, 22–23) sieht unwesentliche Prädikation zwar als eine mögliche Deutung dieses Ausdrücks, bezweifelt diese aber aus zwei Gründen: 1. „But this may also rule out too much; a differentia predicated essentially of substances might also be predicated nonessentially", und 2. „[this] also depends on understanding something not in the Greek, viz. nonessentially". Burnyeat gibt keine Beispiele für den ersten Grund. Falls Burnyeat mit dem ersten Grund meinen sollte, dass ein und diesselbe Differenz wesentlich und unwesentlich von einer Sache ausgesagt wird, ist dies kaum denkbar; falls er damit meint, dass ein und dieselbe Differenz wesentlich von einer Sache ausgesagt wird, und unwesentlich von einer anderen, ist dies zwar durchaus denkbar, aber keine Widerlegung. Was den zweiten Grund anbelangt, so steht das Wort „nonessentially" zwar nicht im Satz, aber Aristoteles' Beispiel vom weißen Menschen ist klar zu entnehmen, dass möglicherweise eine unwesentliche Bestimmung gemeint ist.

Kapitels als mögliche Bestimmung der Substanz geltend gemacht. Aristoteles versucht jetzt, nachdem er τὸ τί ἦν εἶναι und τόδε τι zusammengebracht hat, von hier aus einen Bogen zur οὐσία zu schlagen. τόδε τι steht auffällig in der Argumentation. In den *Kategorien* sowie an gewissen früheren Stellen in der *Metaphysik* bedeutet τόδε τι Einzelding. Auch an dieser Stelle *könnte* es Einzelding bedeuten. Der Kontrast mit dem weißen Menschen könnte auf diese Bedeutung hinweisen. Andererseits kann spätestens seit dem Beginn von VII das τόδε τι nicht einfach Einzelding sein. Dieses ist bereits als Kandidat für Substanz ausgeschieden. Das τί ἦν εἶναι, welches das einem „dieses etwas" zugehörige Sein ist, ist gerade das, was ein „dieses etwas" *eigentlich* ist. In VIII 2 gibt Aristoteles deutlich zu verstehen, dass das Sein einer Türschwelle (τὸ εἶναι <οὐδῷ>) darin besteht, dass eine Materie, sei es Holz oder Stein, sich in einer bestimmten Lage befindet, und ferner besteht das Eissein (τὸ κρυστάλλῳ εἶναι) darin, dass das Wasser in einer bestimmten Weise verdichtet ist.[133] Das τί ἦν εἶναι gibt die Seinsstruktur an, die eine Sache gerade zu dieser Sache macht. Dieses ist wohl der Grund, dass am Ende der Passage der Substanz statt τόδε τι nur das τόδε zugesprochen wird. Das τι, das vielleicht ein sinnenfälliges Einzelnes anklingen lässt, wird weggelassen; ein Dieses suggeriert, dass es gerade Dieses, nicht ein anderes ist. Zu Beginn von VII 1 bezeichnet Aristoteles die Substanz als das Was und das „dieses etwas". Jetzt wird das letztere auch im Sinne von dem ersteren verstanden. Als Merkmal der Substanz kann τόδε τι nicht mehr etwas Zusammengesetztes sein; vielmehr ist es dank des τί ἦν εἶναι als ahyletische Bestimmtheit, nämlich als das Was einer Sache aufzufassen.

Im Anschluss hieran lässt Aristoteles vernehmen, dass es das τί ἦν εἶναι nur von Sachen gibt, deren Begriff (λόγος) eine Wesensbestimmug (ὁρισμός) ist. Wie bei der vorigen Passage werden auch bei dieser die für seine Substanzlehre zentralen Begriffe aufgeführt und in Zusammenhang gesetzt. Ein Begriff ist eine sprachliche Artikulation einer Sache. Nun fährt Aristoteles fort, dass es erstens für jede Sache einen Namen (ὄνομα) gibt und dass es zweitens für einen jeden Namen einen Begriff als dessen Erklärung geben kann. Indes ist nicht jeder Begriff eine Wesensbestimmung; nur ein Begriff von dem, was primär ist (πρῶτον τι), ist zugleich eine Wesensbestimmung. Was mit dem Primären gemeint sein soll, lässt sich Aristoteles' kurzer Begründung entnehmen: Bei Sachen, die nicht zu jenem Ersten gehört, wird ein anderes von einem anderen ausgesagt. Aristoteles gibt dazu denselben Grund wie für die Ablehnung, dass der weiße Mensch ein Dieses sein kann.[134] Mithin dürfte das Primäre auch ein Dieses sein und nur von einem Dieses enthält der

133 Met. VIII 2, 1042b27–28, 1043a7 f. Dazu Weidemann 1996, 82–83.

134 1030a10–11: τοιαῦτα δ' ἐστὶν ὅσα λέγεται μὴ τῷ ἄλλο κατ' ἄλλου λέγεσθαι. Bei der Ablehnung an der frühreren Stelle steht: ὅταν δ' ἄλλο κατ' ἄλλου λέγηται, 1030a3–4.

Begriff eine Wesensbestimmung. Und weil nur die Substanzen ein Dieses haben, erhalten die Substanzen ihre Wesensbestimmung. Allerdings gibt Aristoteles hier nicht die Substanzen an, stattdessen nennt er die Arten einer Gattung (εἴδη τοῦ γένους), die einen ὁρισμός erfahren können. Es wird im Grunde dasselbe gesagt oder sogar das Dieses präzisiert. Denn das Dieses ist die Art, die nicht von dem, was nicht eigentlich zu ihr gehört, ausgesagt wird, z. B. kann der Mensch, als eine Art der Gattung „Lebewesen“, nicht von Dingen, die nicht eigentlich zum Menschen gehören, wie etwa dem Weißsein, ausgesagt werden. Die Definition der Art „Mensch“ ist zugleich die Wesensbestimmung der Form des Menschen, die ihrem ontologischen Korrelat, dem τί ἦν εἶναι des Menschen, entspricht. Mit den Arten als Stellvertretern für die Substanzen geht Aristoteles auf eine offengelassene Option in VII 3 ein. Dort wird nämlich gefragt, was, wenn das Zugrundeliegende am ehesten die Substanz ist, eben als Zugrundeliegendes gelten kann. Aristoteles stellt fest, dass weder die Materie noch das Zusammengesetzte die Substanz sein kann. Es bleibt nur die Form (εἶδος) übrig. Jetzt wird festgestellt, dass diese als einzige definierbar ist. Dank der eindeutigen Bestimmtheit ist sie die gesuchte Substanz.[135] Und für Aristoteles ist eine Substanzlehre letztendlich eine Eidoslehre.

In VII 6 geht Aristoteles einen Schritt weiter, um die Beziehungen zwischen den Aspekten der Substanzen noch genauer zu bestimmen. Bis jetzt gilt, dass die Arten einer Gattung Substanzen sind und dass ihnen ein Dieses im Sinne des „Was hieß es zu sein“ (τὸ τί ἦν εἶναι) zukommt. Dennoch ist noch eine *Lücke* zu schließen: Wenn die Substanz oder die Form ein τί ἦν εἶναι enthält, aber selbst nicht mit ihm identisch wäre, könnte man niemals zur Erkenntnis der Form bzw. Substanz gelangen, weil die Erkenntnis im Erkennen des „Was hieß es zu sein“ besteht. Die Substanz selbst wäre unerkennbar; was für Aristoteles unakzeptabel wäre.[136] Deshalb müssen die Substanz und ihr τί ἦν εἶναι ein und dasselbe sein, wie er selbst sagt:

135 VII 4, 1030a6–13. Nach Frede/Patzig (II, 59) besteht zwischen der Formel „τὸ τί ἦν εἶναι“ und der Form einer Sache ein sehr enger Zusammenhang. In VII 7, 1032b1–2 stellt Aristoteles anhand der Entstehung durch Produktion fest: εἶδος δὲ λέγω τὸ τί ἦν εἶναι ἑκάστου καὶ τὴν πρώτην οὐσίαν. Die πρώτη οὐσία ist die Substanz ohne Materie, wie Aristoteles in 1032b14 deutlich macht: λέγω δὲ οὐσίαν ἄνευ ὕλης τὸ τί ἦν εἶναι. Siehe Ross Met. II 183.

136 1031b6–7: ἐπιστήμη τε γὰρ ἑκάστου ἔστιν ὅταν τὸ τί ἦν ἐκείνῳ εἶναι γνῶμεν. Siehe VII 6, 1031a28 ff. Dies ist eine Kritik an den Ideen. Nach Aristoteles' Ausführungen sind die Ideen anders als deren „Was hieß es zu sein“ (τὸ τί ἦν εἶναι), wie das Schöne selbst nicht identisch mit dem dem Schönen selbst zugehörigen Sein ist. Ob diese Kritik der platonischen Ideenlehre gerecht wird, bleibt zunächst dahingestellt. Zu einer kurzen, aber klaren Zusammenfassung dieser Kritik: Lear 1988, 279.

> […] ἐπὶ τῶν πρώτων καὶ καθ' αὑτὰ λεγομένων τὸ ἑκάστῳ εἶναι καὶ ἕκαστον τὸ αὐτὸ καὶ ἕν ἐστι […].
>
> *Metaphysik* VII 6, 1032a5–6
>
> […] bei Dingen, die primär sind und die in Bezug auf sich selbst ausgesagt werden, sind das Ding und das diesem zugehörige Sein ein und dasselbe […].

Damit kommt die Suche nach der Substanz zu einem vorläufigen Schluss. Was zum Schluss feststeht, ist eine kritische Überprüfung und tiefreichende Umwälzung der Substanzlehre, die in den *Kategorien* dargestellt wurde. Es sind nicht sinnenfällige Einzeldinge, die als Substanzen gelten. Das „dieses etwas" wird zum Dieses; und anstatt raumzeitlicher Existenz des einen der Zahl nach ist eindeutige Bestimmtheit das wesentliche Merkmal der Substanz.[137] Eine Substanz ist eine Form, die einer Sache durch die Verleihung von Ordnung und Struktur zur Entstehung verhilft. Die Form einer Sache ist *diese* Sache im eigentlichen Sinne, weil sie diese Sache eben zu dieser macht.[138] Das Dieses ist nichts anderes als das τί ἦν εἶναι, was in einer Wesensbestimmung (ὁρισμός) zum Ausdruck gebracht wird. Das Dieses *ist* auch die Substanz, und daher ist das Seiende im höchsten Grade Bestimmtheit, d. h. Ordnung und Struktur und Erkennen einer Substanz ist nichts anderes als Erkennen dieser Bestimmtheit.[139]

Es ist jedoch nicht so, dass die Gleichsetzung von Formen und Substanzen erst in der metaphysischen Untersuchung vollzogen wäre. In der Erörterung der Vier-Ursachen-Lehre ist sie bereits vorausgesetzt. In der *Physik* gibt Aristoteles den λόγος des τί ἦν εἶναι als präzisierende Erklärung der Form (εἶδος) an.[140] Darüber hinaus

137 An einer Stelle in Met. XII 3 (1070a9–12) kontrastiert Aristoteles das Dieses mit dem Einzelding. Dreierlei können als Substanz bezeichnet werden; darunter die Materie, die Natur, d.h das Dieses und eine gewisse Disposition (ἡ δὲ φύσις τόδε τι καὶ ἕξις τις), und das aus diesen beiden zusammengesetzte Einzelwesen. τόδε τι ist eindeutig mit der Form gleichgesetzt. Diese Gleichsetzung ist in früheren Büchern der *Metaphysik*, vor allem im Buch VII vollzogen.

138 In *De anima* spricht Aristoteles nochmals über die drei Bedeutungen von οὐσία: ταύτης δὲ τὸ μὲν ὡς ὕλην, ὃ καθ' αὑτὸ οὐκ ἔστι τόδε τι, ἕτερον δὲ μορφὴν καὶ εἶδος, καθ' ἣν ἤδη λέγεται τόδε τι, καὶ τρίτον τὸ ἐκ τούτων, II 1, 412a6–9.

139 Über die antike griechische Auffassung des Seins als Bestimmtheit wird unten noch zu sprechen sein.

140 Phy. II 3, 194b26–27. Der λόγος könnte begrifflich-sprachliche Explikation bedeuten, aber an dieser Stelle, wo es um die Entstehung im Seienden geht, bedeutet er die Ordnung oder die Struktur, welche gemäß dem τί ἦν εἶναι präsent ist. Dazu Lear 1988, 28–29. Auffallend ist ferner, dass das Vorbild (παράδειγμα) – ein Begriff, der aus der Provenienz der Ideenlehre kommt – und die Form quasi als Synonyme zusammen aufgeführt werden. Auch Ross ist das nicht entgangen: „It was only in his Platonic period that Aristotle was likely to use so definitely Platonic a term, and it never occurs in his later references to εἶδος." (Phy. Komm. 512). Man braucht nicht über die Chronologie der

erwähnt Aristoteles im Aufriss der Philosophiegeschichte im ersten Buch der *Metaphysik* die Formursache als οὐσία καὶ τὸ τί ἦν εἶναι. Seine Lehre zur Ursache involviert eine Analyse des Seienden.[141] Dabei führt Aristoteles die Substanz, die Form und das „Was hieß es zu sein" an, jedoch ohne die intrinsischen Zusammenhänge zwischen ihnen darzulegen. Erst in den Substanzbüchern nimmt er die Mühe auf sich, diesem verwickelten, für das Verständnis seiner Ontologie jedoch zentralen Sachverhalt näher auf den Grund zu gehen. Allerdings ist dieser Schluss ein vorläufiger. Denn die Frage, die er am Ende des Aporienbuchs stellt, nämlich ob die Prinzipien allgemein oder in der Weise der Einzeldinge sind, bleibt noch offen.[142] Dort wird ein Dilemma aufgestellt: Falls die Substanzen Einzeldinge sein sollten, sind sie ein „dieses etwas", aber sie wären unerkennbar. Sollten diese allgemein sein, sind sie Gegenstände der Erkennnis, aber sie wären nicht mehr ein Dieses.[143] Hinzu kommt, dass die Frage nach einem weiteren Aspekt der Seinsweise, nämlich, ob die Substanz transzendent oder immanent ist, auch noch nicht aufgeklärt wird. Auf den ersten Blick ist das Dilemma im Buch VII stehen geblieben. Ganz vereinfacht lässt sich festhalten, dass Aristoteles, nachdem er in den ersten sechs Kapiteln die Substanz neu bestimmt hat, in den Kapiteln 10–12 zu der erkenntnistheoretischen Fragestellung kommt und dabei die Allgemeinheit der Substanz hervorhebt; in den darauffolgenden Kapiteln 13–16 aber wendet er sich gegen die Allgemeinheit der οὐσία und betont deren Immanenz und Individualität.[144] Im Folgenden werden wir die beiden Seiten des Dilemmas in Betracht ziehen, um festzustellen, inwiefern die Substanz einmal als allgemein, dann wiederum als ein immanentes Einzelnes dargestellt wird. Erst dann sind wir in der Lage, zu entscheiden, ob die Allgemeinheit der Substanz tatsächlich mit deren Individualität in Konflikt steht.

3.4.2 Die Allgemeinheit der Form – *Metaphysik* VII 10–12

Die Kapitel 10–12 haben als Hauptthema die Wesensbestimmung (ὁρισμός) der Substanz. Dabei kommt es Aristoteles allen voran auf die beiden Aspekte an, nämlich den Gegenstand und die Einheit der Wesensbestimmung. Für Aristoteles

---

Physik zu spekulieren. In dieser Arbeit zeigen wir, dass Aristoteles nach wie vor in vielen Hinsichten ein Platoniker blieb.

141 Met. I 3, 983a27–28; siehe auch oben Anm. 121.

142 Die Prinzipien, die im Mittelpunkt mancher Aporien stehen, sind die Substanzen, was Aristoteles' Explikation zu entnehmen ist. Ferner sagt er zum Schluss von Buch VII ausdrücklich, dass die Substanz Prinzip und Ursache ist: ἐπεὶ οὖν ἡ οὐσία ἀρχὴ καὶ αἰτία τις ἐστίν , VII 17, 1041a9–10.

143 Zur zwölften Aporie: Met. III 6, 1003a6–7.

144 Bostock 1994, 186: „It can hardly be denied that for most of VII 4–11 the forms or essences under discussion were universals [...]". Siehe auch Rapp 1996b, 163.

steht außer Frage, dass die Form ohne Materie Gegenstand der Bestimmung ist.[145] Die Materie eines Kreises, sei es Erz oder Stein, hat nichts mit der Wesensbestimmung des Kreises zu tun. An einer Stelle im zehnten Kapitel spricht Aristoteles vom allgemein Zusammengesetzten, welches als Zusammengesetztes die Materie involviert. Auf den ersten Blick scheint ein solches Zusammengesetztes gegen den Ausschluss der Materie von der Wesensbestimmung zu sprechen:

> ὁ δ' ἄνθρωπος καὶ ὁ ἵππος καὶ τὰ οὕτως ἐπὶ τῶν καθ' ἕκαστα, καθόλου δέ, οὐκ ἔστιν οὐσία ἀλλὰ σύνολόν τι ἐκ τουδὶ τοῦ λόγου καὶ τησδὶ τῆς ὕλης ὡς καθόλου·
>
> *Metaphysik* VII 10, 1035b27–30
>
> Der Mensch aber im Allgemeinen und das Pferd und das Übrige dieser Art, was zwar vom Einzelnen, aber als Allgemeines ausgesagt wird, ist nicht Substanz, sondern etwas aus diesem bestimmten Begriff und diesem Stück Materie als allgemein Zusammengesetztes.

Man konzipiert einen Menschen mit einem menschlichen Körper und definiert einen solchen Menschen im Allgemeinen.[146] Wenn es von einem solchen Zusammengesetzten eine Bestimmung geben sollte, muss sie die dazugehörige Materie in sich fassen. Diese Art vom allgemein Zusammengesetzten ist vor allem bei Dingen einleuchtend, die nur in bestimmtem Stoff vorkommen. Aristoteles gibt zu, dass manche Dinge sich nur schwer getrennt von ihrer Materie denken lassen, unterstreicht nichtsdestoweniger, dass nur die Form als Gegenstand der Wesensbestimmung bleibt.[147] Selbst wenn es anscheinend kaum möglich ist, den Menschen getrennt von Fleisch und Knochen zu denken, gehören Fleisch und Knochen trotzdem nicht zur Wesensbestimmung des Menschen, weil diese nichts als Materie sind.[148] Erkennt man ein Einzelwesen wie Sokrates, heißt es, dass man die Form des Menschen erkennt. Weil die Wesensbestimmung lediglich die Form betrifft, ist sie Bestimmung von dem, was allgemein ist. Dies genügt den Bedingungen für den

---

145 VII 11, 1036a28–29: τοῦ γὰρ καθόλου καὶ τοῦ εἴδους ὁ ὁρισμός. Ähnliches konstatiert Aristoteles an einer früheren Stelle: VII 10, 1035b31–34.

146 Lear (1988, 282–284) und Mesch (1996, 150) sehen solches allgemein Zusammengesetztes dahingehend als unterste Art (Spezies). Damit trennen sie stillschweigend die Bestimmung der Form von derjenigen der Art, und nur die erstere gilt als Wesensbestimmung. Aber wie gleich noch gezeigt wird, identifiziert Aristoteles in VII 12 die Bestimmung der Form als Bestimmung der Art. Deshalb ist die Trennung von Art und Form nicht problemlos vereinbar mit der Erklärung der Wesensbestimmungen in VII 12.

147 Aristoteles' Beispiel ist der Mensch. Aber nicht nur der Mensch, sondern alle Naturdinge wie Tiere, Bäume und Pflanzen lassen sich kaum getrennt von der Materie denken.

148 Dazu Aristoteles' ausführliche Erörterung in VII 11, 1036a31–b7.

Status der Erkenntnis. Dagegen gilt die Materie an sich als unerkennbar.[149] Die Disqualifizierung der Materie von der Wesensbestimmung bedeutet indessen nicht, dass diese nunmehr völlig in den Hintergrund tritt. An einer Stelle in VII 11 betont Aristoteles die Relevanz des Stoffes: Nachdem er festgestellt hat, dass sich die Wesensbestimmung auch von Dingen, bei denen die Form immer und nur mit bestimmter Materie verbunden ist, trotzdem nur auf die Form beschränkt, kommt er zu einer seiner Grundansicht scheinbar entgegengesetzten Position:

> διὸ καὶ τὸ πάντα ἀνάγειν οὕτω καὶ ἀφαιρεῖν τὴν ὕλην περίεργον· ἔνια γὰρ ἴσως τόδ’ ἐν τῷδ’ ἐστὶν ἢ ὡδὶ ταδὶ ἔχοντα.
>
> *Metaphysik* VII 11, 1036b22–24
>
> Und darum ist es auch ein vergebliches Bemühen, alles in dieser Weise auf die Form zurückzuführen und die Materie abzutrennen; denn manches ist wohl so [sc. mit der Materie vereinigt], dass es eben diese [sc. Form] an diesem Stück [sc. von Materie] oder dieses Stück [sc. Materie] in solcher Beschaffenheit ist.[150]

Gibt Aristoteles hier doch eindeutig zu verstehen, dass eine Bestimmung von manchen Dingen – vom Kontext her ist damit eindeutig die Wesensbestimmung gemeint – die Materie involvieren muss? Wenn sich daher der Mensch nicht ohne Fleisch und Knochen denken lässt, soll der ὁρισμός des Menschen die stofflichen Teile einschließen? Wäre dies tatsächlich der Fall, würde Aristoteles sich widersprechen. Dennoch dürfte die Hervorhebung der Materie in einem anderen theoretischen Zusammenhang verstanden werden. Nach Mesch zeigt die Berücksichtigung der Materie, dass die Form in einem besonderen Bezug zur ihr steht. Dieser Bezug gehört allerdings nicht zur Wesensbestimmung.[151] Meschs Deutung entspricht der Grundposition der aristotelischen Eidoslehre. Aristoteles ist nach wie vor der Ansicht, dass es die Form ist, die definiert wird. Die Betonung der Materie lässt sich auf die Funktionalität der Formen zurückführen: Die Form eines Dinges ist primär die Funktion, welche dieses Ding ausüben sollte. Demnach ist die Form

---

149 VII 10, 1035b33–1036a1: ἀλλὰ τοῦ λόγου μέρη τὰ τοῦ εἴδους μόνον ἐστιν, ὁ δὲ λόγος ἐστὶ τοῦ καθόλου. Der λόγος ist stellvertretend für die Wesensbestimmung. An einer anderen Stelle in VII 10 (1036a8–9) äußert sich Aristoteles zur Materie: „ἡ δ’ ὕλη ἄγνωστος καθ’ αὑτήν." Zur Unbestimmtbarkeit der Materie: siehe Anm. 122.

150 Diese etwas merkwürdige Feststellung kommt nach der kritischen Bemerkung über die platonische Ansetzung der Zahlen als die Form der geometrischen Figuren (1036b7–20). Nach dieser Annahme gelten sogar Linien und Stetiges als Materie. Daher könnte die zitierte Stelle lediglich Aristoteles' Erwiderung auf die platonische Prinzipienlehre mit den Zahlen sein. Aber seine Formulierung deutet darauf hin, dass die Hervorhebung der Materie die Wesensbestimmung von Dingen betrifft, die mit bestimmter Materie auf Engste verbunden sind.

151 Mesch 1996, esp. 151, 154–155.

eines Hauses, Schutz vor Schaden durch Wind, Regen und Hitze zu bieten, was auch der Zweck des Hauses ist.[152] Nun ist die Seele als Form des Menschen die Funktionalität des Menschen.[153] Bis auf das Denken benötigt sie für die Ausübung der lebendigen Funktionen den Körper. Das Wahrnehmen, um ein Beispiel zu geben, braucht Sinnesorgane. Einerseits schließt die Form mit ihrer Wesensbestimmung das Körperliche aus, andererseits hat sie doch einen Bezug auf den Körper. An einer Stelle in der *Physik* macht Aristoteles diesen Bezug deutlich: Da das Haus seine schützende Funktion zu erfüllen hat, muss es aus entsprechendem Material gebaut werden.[154] Nun kann ein Haus, um seine schützende Funktion zu erfüllen, aus verschiedenen Stoffen wie Steinen, Holz oder Stroh gebaut werden. Der Mensch dagegen kann nur *einen* so gearteten Körper wie unseren haben.[155] Dies erklärt, dass Aristoteles an der oben zitierten Stelle in VII 11 die Wichtigkeit der Materie hervorhebt. Sie ist zwar weder die Form noch der Zweck, aber das sine qua non für die Funktion und den Zweck.[156]

In VII 12 geht Aristoteles näher auf die Wesensbestimmung ein. Ihm geht es darum, die Einheit der Definition herauszuarbeiten. Eine Wesensbestimmung wie z. B., der Mensch ist ein zweifüßiges Lebewesen, besteht aus Teilen, nämlich der Differenz „zweifüßig" sowie der Gattung „Lebewesen". Aristoteles fragt, warum die Bestimmung trotz der Teile eins, aber nicht vieles ist?[157] Im vierten Kapitel desselben Buches lässt er erkennen, dass nur die Arten einer Gattung das jeweilige τί ἦν

---

152 *De anima* I 1, 403b3 – 6.

153 Zur Seele als Funktionalität des Menschen siehe Buchheim 2002, v. a. 9 – 10, 12 f. Auch Buchheim vertritt die Ansicht, dass die Seele rein getrennt vom Körper definiert werden kann (siehe *ibid.* 12).

154 *Physik* II 9, 200a30–b8. Bezüglich des Hauses ist Aristoteles' Wortlaut etwas allzu generell und vage: „ἐπεὶ ἡ οἰκία τοιόνδε, τάδε δεῖ γενέσθαι καὶ ὑπάρχειν ἐξ ἀνάγκης" (200b1 – 2). Aber aus dem Zusammenhang und aus seinem darauffolgenden Beispiel mit dem Sägen wird klar, dass mit der Notwendigkeit der Bezug auf bestimmte Stoffe, die für die Ausübung der Funktionen benötigt werden, gemeint ist, wie für das Sägen bestimmte Zähne aus Eisen benötigt werden.

155 Met. VII 11, 1036b28 – 29. Wie Reeve (2016, 431) folgen wir Frede/Patzig (II 210 – 211) und lesen αἰσθητικόν anstatt des überlieferten αἰσθητόν. Frede/Patzig (II 204 – 205) unterscheidet drei Arten von der Unfähigkeit, die Form von der Materie getrennt zu denken: 1. Die Unfähigkeit, zwischen Form und Materie zu unterscheiden; 2. die Unfähigkeit, eine Form als der Formel nach abgetrennt (λόγῳ χωριστόν) zu betrachten; und 3. die Unfähigkeit, die Form in Gedanken von der Materie in dem Sinn zu trennen, dass man sich die Form nicht immer schon in dieser Art von Materie realisiert vorstellt. Von den drei Arten ist, wie Frede und Patzig meinen, die letzte ausschlaggebend.

156 Diese Art der Notwendigkeit hat Platon bereits im *Phaidon* zu erkennen gegeben. Ohne seinen so gearteten Körper mit Fleisch, Knochen, Gelenken und Sehnen könnte Sokrates nicht im Gefängnis sitzen. Sein Körper ist zwar keine Ursache für sein Sitzen im Gefängnis, aber etwas, „ohne welches die Ursache nicht Ursache sein könnte" (98c–99b).

157 Met. VII 12, 1037b12 – 14: οἷον τοῦ ἀνθρώπου τὸ ζῷον δίπουν· ἔστω γὰρ οὗτος αὐτοῦ λόγος. διὰ τί δὴ τοῦτο ἓν ἐστιν ἀλλ' οὐ πολλά, ζῷον καὶ δίπουν;

εἶναι haben. Nun wird analysiert, wie die Wesensbestimmungen der Arten, welche Substanzen im eigentlichen Sinne sind, eine Einheit bilden. Die Wesensbestimmung wird gemäß einem dihäretischen Verfahren durchgeführt,[158] z. B. umfasst das Lebewesen als eine höhere Gattung zahlreiche Eigenschaften, oder um bei der Terminologie der Wesensbestimmung zu bleiben, zahlreiche Differenzen. Alle Lebewesen werden in zwei Gattungen geteilt, nämlich in befußte und unbefußte Lebewesen, und von den ersteren haben die einen gespaltene, die anderen ungespaltene Füße. Eine Gattung ist in dem Sinne Materie, dass sie die eine oder die andere Differenz aufnehmen *kann* und *muss*. Die dihäretische Einteilung geht bis hin zu den untersten Arten, in welche alle oberen Gattungen restlos ausdifferenziert worden sind. Solche ἄτομα εἴδη werden vollständig bestimmt.[159] Als intelligible Materie ist die Gattung insofern vergleichbar mit dem sinnenfälligen Stoff, als beide Materietypen unbestimmtes Potenzial sind und als solches Bestimmungen bekommen. Im Grunde stellen sie gleichermaßen das platonische Mehr und Weniger dar.[160] Sei es ein Haus, sei es die Art des Menschen, beide Male wird aus unbestimmtem und bestimmbarem *ein* bestimmtes Etwas. Dennoch geschieht die Bestimmung auf verschiedenen ontologischen Ebenen und, um es mit Furth zu sagen, es wird einerseits die sinnenfällige Materie von der Form zu einem konkreten Etwas bestimmt, andererseits differenziert sich eine Gattung zu einer Form.[161] Aus dieser Sicht ist die Einheit der Definition klar ersichtlich. Die Gattung

158 Damit ist allerdings nicht gemeint, dass es nur diesen Typ von Definitionen gibt. In der *Metaphysik* erwähnt Aristoteles einen anderen Definitionstypen: es kann Definitionen von Bestandteilen bzw. der Materie geben (III 3, 998b13–14, VIII 2, 1043a19–21). Dazu Reeve 2016, 435. Dass Aristoteles diese Art der Definition bei seiner metaphysischen Untersuchung außer Acht lässt, verrät die Richtung, die er eingeschlagen hat.

159 Das Beispiel der Gattungseinteilung ist Aristoteles' eigenen Ausführungen (1038a9–32) entnommen. Dort zeigt er ausführlich, wie man mit der dihäretischen Einteilung zur Wesensbestimmung des Menschen gelangen kann. Das dihäretische Verfahren ist zweifelsohne platonisch. Beispiele dieses Verfahrens gibt Platon unter anderem im *Sophistes*.

160 Bostock (1994, 182) hat insofern recht, als er die beiden Typen der Materie auseinderhält. Er hat auch darin recht, dass die Materie als Baustoff bei Einzelwesen anders ist als die Gattung als Materie: Während die Stimmen als Stoff unterschiedlicher, bestimmter Stimmen gelten können, kann man kaum sagen, dass eine Art von ihrer Gattung *gemacht* werde (the species of animal are made of the genus animal). Daher sieht er die Metapher, dass die Gattung eine Art Materie ist, als überzeichnet an und dass beide, Gattung und Materie, „may be counted as indeterminate by comparison with species-form, but that does not seem to me a very significant point of similarity". Bostock übersieht, dass gerade das platonische Mehr oder Weniger dem Begriff der Materie wesentlich zugrunde liegt.

161 Furth 1988, 245: „[T]he idea apparently is that as the perceptible matter is differentiated into a perceptible unity by the form, so the intelligible matter is organized into an intelligible unity in the form." Während aber die Bestimmung der sinnenfälligen Materie zu einem sinnenfälligen Einzel-

ist als Stoff das zu Bestimmende und an sich ist sie nicht selbstständig seiend. So wie ein Stück Bronze zu einer Statue geformt wird, bestimmt sich eine Gattung zu einer Differenz, die eine Form darstellt; so wie es außer der Statue keine Materie gibt, findet sich keine Gattung außer der Form. Es gibt nur eine Form, die sich in der Form des τί ἦν εἶναι in der Wesensbestimmung artikuliert, in der die Definitionsteile zu einer Einheit strukturiert sind. Die letzte Differenz, die in der Definition zum Ausdruck gebracht wird, ist die allerletzte Formung der Gattung und stellvertretend für die Form: Der Mensch ist gemäß Aristoteles' Beispiel wesentlich ein zweifüßiges Lebewesen.[162] In VII 12 fasst Aristoteles dies mit folgenden Worten zusammen:

> δεῖ δέ γε ἓν εἶναι ὅσα ἐν τῷ ὁρισμῷ· ὁ γὰρ ὁρισμὸς λόγος τίς ἐστιν εἷς καὶ οὐσίας, ὥστε ἑνός τινος δεῖ αὐτὸν εἶναι λόγον· καὶ γὰρ ἡ οὐσία ἕν τι καὶ τόδε τι σημαίνει, ὡς φαμέν.
>
> *Metaphysik* VII 12, 1037b24–27

> Eins aber muss alles sein, was in der Wesensbestimmung enthalten ist; denn die Wesensbestimmung ist ein einheitlicher Begriff und Begriff der Substanz, also muss sie der Begriff von einem sein. Denn es bezeichnet ja auch die Substanz, wie wir behaupten, ein Eines und ein bestimmtes Etwas.

Bezüglich der Form als Substanz sind noch zwei Aspekte zu klären. Erstens: In den *Kategorien* wird zwischen Sprachlich-Logischem und Ontologischem nicht deutlich unterschieden. Die Arten und Gattungen, die dort als zweite Substanzen gelten, werden anhand der Prädikationsstruktur eingeführt. Sie sagen nämlich etwas über Einzelwesen aus. Die Ambiguität liegt zum Teil daran, dass dasselbe griechische Wort εἶδος sowohl Art wie auch Form bedeutet. Aber die Aussagenstruktur gibt

---

ding eine causa efficiens benötigt, spielt ein Handelndes bei der Ausdifferenzierung der Gattungen zu Arten kaum eine Rolle. Eine solche Ausdifferenzierung ist offenbar keine Entstehung im gewöhnlichen Sinne.

162 In seinem Beispiel der Differenzierung der Art des Menschen, die unten noch zu analysieren ist, gibt Aristoteles die Identität der letzten Differenz mit der Art klar zu verstehen: τότε δ' ἔσονται τοσαῦτα εἴδη ποδὸς ὅσαιπερ αἱ διαφοραί, καὶ τὰ ὑπόποδα ζῷα ἴσα ταῖς διαφοραῖς. εἰ δὴ ταῦτα οὕτως ἔχει, φανερὸν ὅτι ἡ τελευταία διαφαιρὰ ἡ οὐσία τοῦ πράγματος ἔσται καὶ ὁ ὁρισμός, VII 12, 1038a17–20. Dem ist jedoch hinzuzufügen, dass es Stellen gibt, an denen die Differenz von der Art unterschieden wird. In III 3, 998b24–25 sagt Aristoteles, dass die Differenz nicht von der Art ausgesagt werden kann. Die Gründe dafür finden sich in den *Topica* (144b5–11). Von den drei Gründen, die dort angeführt werden, ist der erste relevant: Die Differenz fasst mehr (πλέον) als die Art. Ein Beispiel dafür könnte „vernünftig" als Differenz zu der Art des Menschen sein. Nicht nur die Menschen, sondern auch die aristotelischen Götter sind vernünftig. Dazu auch Alexanders detaillierter Kommentar zu 998b24–25: In Met. 205, 17–26. In Met. VII 12 fokussiert Aristoteles aber nicht auf die Unterschiede; vielmehr betont er die Identität der beiden. Vielleicht bringt er mit der *letzten* Differenz (τελευταία διαφορά) die beiden näher zueinander.

wenig über den ontologischen Zusammenhang bekannt. An sich betrifft diese Struktur die Einordnung von Begriffen in einer Prädikation und ist mehr sprachlich-logisch als ontologisch. Beide, die Arten und Gattungen, können als Begriffe die Prädikatsstelle einnehmen. Die Form ist dagegen eine ontologische Entität. Gemäß der Lehre der vier Ursachen ist die Form eine prägende Kraft, die den Stoff zu einer bestimmten Sache formt. In der *Metaphysik*, in der es um das Seiende und dessen Struktur geht, unterscheidet Aristoteles zwischen Ontologischem und Sprachlich-Logischem. Eine Art oder eine Gattung kann von einem Einzelding ausgesagt werden. Die Form hingegen wird von der Materie ausgesagt.[163] Das Letztere ist eine ontologische Prädikation, die eine Formung der Materie zu einem bestimmten Einzelwesen bedeutet.[164] Die Arten sind begriffliche Entsprechungen der Formen, und ontologisch betrachtet liegen die Formen den Arten zugrunde. Die taxonomische Struktur in der Klassifikation der Lebewesen geht letztlich auf die ontologische Struktur der Formen und Gattungen zurück. Die Einheit der Art reflektiert die Einheit der Wesensbestimmung durch die Form, und diese gewährleistet die Einheit der Einzelwesen.[165]

Zweitens drängt sich die Frage auf, ob das Wesen des Menschen in einer Differenz wie etwa im Zweifüßigen restlos gefasst werden kann.[166] In VII 10 behauptet Aristoteles, dass die Seele die Form des Lebewesens ist,[167] und die Seele des Menschen lässt sich als Inbegriff aller Funktionen verstehen, die die Menschen ausüben. Diese beschränken sich offenbar weder auf das Zweifüßigsein noch auf die Vernünftigkeit. Fasst eine Differenz, wie auch immer sie ist, viel zu kurz? Man würde nicht bereit sein, anzunehmen, dass Aristoteles mit der Art und mit der Seele zwei unterschiedliche Auffassungen der Form des Menschen anführte, etwa derart, dass

---

163 Met. VII 3, 1029a23–24: τὰ μὲν γὰρ ἄλλα τῆς οὐσίας κατηγορεῖται, αὕτη δὲ τῆς ὕλης. Was die οὐσία im ersten Fall bedeutet, Formen oder Einzelwesen, ist nicht ganz klar. Aristoteles ist sich darüber im Klaren, dass eine Unterscheidung in diesem Falle nicht allzu wichtig ist. Die οὐσία in zweiten Fall kann nur die Form bedeuten, wie Frede/Patzig (II 48) erklärt. In IX 7, 1049a27–b2 nimmt Aristoteles selbst diese Unterscheidung der beiden Typen der Prädikation vor.

164 Zweifelsohne ist die Prädikation von Materie fundamentaler als die Prädikation von Einzeldingen. Die erstere liegt der letzteren zugrunde. Siehe Steinfath 1991, 83.

165 Furth 1988, 241–243 gibt eine detaillierte Interpretation für die Einheit der Form und die der Dinge.

166 Die Definition des Menschen dürfte merkwürdig scheinen und in der Tat ist sie nicht genau. Einige Tiere wie z. B. Hühner sind zweifüßig. Zu beachten ist, dass Aristoteles das Zweifüßige nur als Beispiel nennt (ἔστω γὰρ οὗτος αὐτοῦ λόγος, 1037b13). Er sagt nicht, dass dies eine genuine Definition für Menschen sei. Allerdings ist die Stichhaltigkeit dieser Definition für unsere Untersuchung unerheblich.

167 VII 10, 1035b14–16: ἐπεὶ δὲ ἡ τῶν ζῴων ψυχή (τοῦτο γὰρ οὐσία τοῦ ἐμψύχου) ἡ κατὰ τὸν λόγον οὐσία καὶ τὸ εἶδος καὶ τὸ τί ἦν εἶναι τῷ τοιῷδε σώματι [...].

die eine die Wissbarkeit der Form, die andere hingegen die Funktionalität des Menschen beträfe.[168] Dies widerspricht eindeutig der Einheit der Form. Furth weist auf einen plausiblen Ausweg hin, indem er die Dihärese genauer analysiert.[169] Danach differenziert sich eine Gattung in die unteren Arten aus, und jede dieser Arten ist zwar anders als alle anderen Arten, die auf derselben dihäretischen Ebene stehen; sie enthält dennoch alle Eigenschaften, welche diese Gattung *vor* der Ausdifferenzierung in sich hatte. Eine letzte Differenz hat nur eine wesentliche Eigenschaft, die diese von allen anderen Arten unterscheidet, umfasst aber nicht nur diese, z. B. von allen Lebewesen sind einige befußt, einige unbefußt;[170] von den befußten haben einige gespaltene, einige andere ungespaltene Füße. Man kann die begonnene Dihärese so fortsetzen, dass von den Lebewesen, die gespaltene Füße haben, einige zweifüßig, einige dagegen vierfüßig sind. Nun sind die Menschen zweifüßig, aber sie sind nicht bloß zweifüßig, sondern sie sind befußt und haben gespaltene Füße. Man kann diese Analyse auf ein anderes dihäretisches Verfahren anwenden, das die Funktionalität der Lebewesen zugrunde legt und zu einem anderen Ergebnis führt: Von allen Lebewesen sind die einen wahrnehmungsfähig, die anderen verfügen über keine Wahrnehmungsfähigkeiten. Von den ersteren sind nun die einen vernunftbegabt, die anderen nicht. Die Menschen sind vernunftbegabt, aber als solche sind sie zugleich lebendig und wahrnehmungsfähig.[171] In diesem Lichte gesehen, könnten die beiden Wege zur Bestimmung des Menschen, nämlich die Artform und die Seele, sehr wohl miteinander kompatibel sein, selbst wenn Aristoteles nichts unternommen hat, zwischen diesen zu vermitteln.

---

168 Steinfath (1991, 86) merkt die mögliche Spannung zwischen Art als Form und Seele als Form an, meint dennoch, dass der Unterschied eher formal als sachhaltig sei, ohne aber auf den Unterschied analysierend einzugehen. In einer späteren Arbeit (1996, 237) merkt er an, dass die explanatorische Rückführung der Komplexität eines tierischen Organismus auf eine einzige spezifische Differenz der Vielfalt der Funktionen nicht gerecht wird.

169 Furth 1988, 257 ff., bes. 264–268. Im Folgenden versuchen wir, Furths Einsicht in die Dihärese auf Aristoteles' Beispiel in VII 12 anzuwenden.

170 Die vorliegende Analyse basiert auf Aristoteles' eigenem Beispiel über die Dihärese, die zur Definition des Menschen als zweifüßiges Lebewesens führt. Siehe VII 12, 1038a9–35.

171 Dieses kurze Experiment einer neuen Dihärese stützt sich auf Aristoteles' Theorie der Komplexität der seelischen Funktionen, die er in NE I 7, 1097b22 f. bei der Analyse der spezifischen Funktion des Menschen voraussetzt. Es ist anzumerken, dass Ausdifferenzierung von Arten aus einer Gattung zwar dihäretisch sein kann, aber Dihärese keineswegs die einzige Verfahrensweise bei der Ausdifferenzierung ist. Reeve (2016, 435–437) führt relevante Passagen an, die deutlich machen, dass die Wesensbestimmung des Menschen nicht alleine durch Dihärese vollendet werden kann.

3.4.3 *Metaphysik* VII 13 – Immanenz der Form

Die Kapitel 13–16 gehören zu einer Gruppe. In ihnen ist, implizit oder explizit, eine Kritik der Ideenlehre untergebracht. Der Grundton der Kritik wird in das Kapitel 13 gelegt. Dort wird dem Allgemeinen ohne Erwähnung von Ideen der Status der Substanz abgesprochen. Hierauf folgen die Kapitel 14 und 15, in denen Aristoteles die von ihm so gesehene doppelte Natur der Ideen, als Allgemeines und als Einzelnes zugleich, kritisiert. Beides sei als Substanz nicht geeignet. Das 16. Kapitel behandelt ein verwandtes Thema. Dort wird deutlich argumentiert, dass weder Elemente noch Gattungen Substanzen sein können, wobei das Sein und das Eine als das Allgemeinste stellvertretend für die anderen Gattungen in die Betrachtung einbezogen werden.[172] Im Folgenden nehmen wir das Kapitel 13 genauer unter die Lupe, weil es Aristoteles' grundlegende Positionen zum Allgemeinen beinhaltet, und somit das theoretische Fundament für die weiteren kritischen Auseinandersetzungen mit der Ideenlehre legt.

Das lange 13. Kapitel verdient für unsere Untersuchung deswegen besondere Aufmerksamkeit, weil es einen scharfen Einschnitt in der Substanzabhandlung zu markieren scheint. Denn vom vierten Kapitel an tendiert die ganze Diskussion dazu, die Form mit ihrem τί ἦν εἶναι als Substanz zu etablieren. In den Kapiteln 10–12 steht darüber hinaus fest, dass sich die Definierbarkeit der Form auf deren Allgemeinheit gründet. Mit anderen Worten: Die Form ist allgemein. [173] Dem wird nun entgegengehalten, dass kein Allgemeines Substanz sei. Bei näherem Ansehen legen die Argumente in VII 13 nicht nur Immanenz, sondern gar Individualität der Formen nahe. Es ist eine große Kontroverse, ob Aristoteles seine Formen individualistisch oder allgemein als Artform konzipiert.[174] Angesichts des scheinbaren Ak-

172 Insofern ist VII 16 der Sache nach eine Antwort auf die sechste Aporie (III 3, 998a20–b14), obwohl die Termini Bestandteile (τὰ ἐνυπαρχόντα) oder Elemente (τὰ στοιχεῖα) hier nicht erscheinen. Ross' Bemerkung (Met. Komm. I, 234), es gebe nirgends eine explizite Antwort auf die sechste Aporie, könnte nur unter einer (über)starken Emphase von „explizit" gelten. Madigan (1999, 71) dagegen erwähnt bei seinem Kommentar zur sechsten Aporie jedenfalls diese Stelle in VII 16.

173 Siehe z. B. Bostock 1994, 186: „It can hardly be denied that for most of VII 4–11 the forms or essences under discussion were universals […]." Siehe auch Rapp 1996b, 163.

174 Die Hauptvertreter der individualisierenden Position sind Frede und Patzig mit ihrem einflussreichen Kommentar zum Buch Zeta; siehe auch Frede (1978=1987, 63–71), auch Fine (1983=2003, 397 ff., spez. 397 Anm. 2) bekennt sich zu dieser Auslegung; in der jüngeren Zeit schließt sich Rainer Thiel (2004, 58–66, spez. 61) dieser Deutung an. Die verallgemeinernde These, nach der die untersten Arten die εἴδη des Aristoteles sind, werden u. a. von Hartmann (1941=1957, 137–138) und Krämer (1973) vertreten. In den letzten Jahren vertreten u. a. Woods (1991, 41 ff.); Rapp (1996b, v. a. 183–187; 2004, 46–53, v. a. 51–53) und Wedin (2000, 343 ff.) diese Position unter der Hervorhebung des Unterschieds zwischen Art als logischem Begriff und Artform, welche allein εἶδος ist. Zum Überblick mit Angabe weiterer einschlägiger Forschungsliteratur: Bostock, 1994, 185–190, Rapp 1996, 23–25. Zu einer ausführlichen Darstellung sei auf das Buch von Steinfath (1991) verwiesen.

zentunterschieds zwischen den vorigen Kapiteln und den Kapiteln 13 bis 15 gibt es drei Erklärungsansätze. Nach der individualisierenden Deutung vertritt Aristoteles auch in den Kapiteln 4 bis 12 im Grunde eine individualistische Substanzlehre.[175] Dagegen behaupten die Forscher, die in Aristoteles' Substanzlehre gerne eine formal-allgemeine Ontologie sehen, dass auch in 13 die Formen als allgemeine Artformen vorausgesetzt werden.[176] Wieder gibt es Forscher, die einen Widerspruch zwischen den früheren Kapiteln und VII 13 feststellen möchten.[177] Im Anschluss gehen wir auf Aristoteles' Einwände gegen das Allgemeine ein. Am Ende wird festgestellt, dass die Kritik am Allgemeinen nicht die Arten, sondern lediglich die Gattungen betrifft, und dass es deswegen keine Abkehr vom bisher Ausgeführten gibt. Auf der anderen Seite aber verraten Aristoteles' Argumente gegen das Gattungsallgemeine einen fundamentalen Unterschied zwischen seiner Eidos- und Platons Ideenlehre. Überdies gibt die Klärung der Immanenz, die tatsächlich dort hervorgehoben wird, zugleich Aufschluss über die transzendente Seinsweise der Formen.

Weil die Seinsweise der Substanz im Mittelpunkt von Aristoteles' metaphysischer Abhandlung steht, tut man gut daran, sich vor der Analyse des Kapitels einen klaren Blick auf die Sachlage zu verschaffen. Es geht um die Seinsweise, und zwar darum, ob die Substanz allgemein oder in der Art von τόδε τι ist. Nun stellt sich im Laufe der Auseinandersetzung heraus, dass das τόδε τι mehr ein Dieses als Einzeldinge bezeichnet. Was das Allgemeine anlangt, gibt Aristoteles an zwei Stellen Auskunft:

> λέγω δὲ καθόλου μὲν ὃ ἐπὶ πλειόνων πέφυκε κατηγορεῖσθαι.
>
> De interpret. 7, 17a39–40
>
> Ich nenne allgemein das, was naturgemäß von mehrerem ausgesagt wird.
>
> τοῦτο γὰρ λέγεται καθόλου ὃ πλείοσιν ὑπάρχειν πέφυκεν.
>
> *Metaphysik* VII 13, 1038b11–12
>
> Denn eben das heißt ja allgemein, was sich naturgemäß in mehreren findet.

---

175 In ihrem eine individualistische Deutung der οὐσία favorisierenden Kommentar (II, 241) heben Patzig und Frede dagegen hervor, dass die Zurückweisung des Prinzipienanspruches des Allgemeinen keineswegs auf VII 13 beschränkt sei, z. B. behauptet Aristoteles in VII 10, 1035b27–30, dass es sich beim Menschen oder beim Pferd, als Allgemeinem, nicht um eine οὐσία handelt. Zur Interpretation dieser Stelle siehe oben § 3.4.2.

176 Rapp 1996b passim, v. a. 163–164. Auch Wedin (2000, 384–385) sieht keine Ungereimtheit zwischen den beiden Argumentsgruppen im Buch Zeta.

177 Lesher 1971, 178; Bostock 1994, 188–189.

Es fällt auf, dass in der *Metaphysik* das Allgemeine anders aufgefasst wird als in der logischen Schrift. Es geht nicht mehr um sprachlich-logische Prädikation, sondern darum, wie das Allgemeine existiert. Wir werden noch sehen, dass der Nachdruck auf die Seinsweise in der metaphysischen Betrachtung eine entscheidende Rolle spielt. Auf der anderen Seite geben die beiden Charakterisierungen die Bedeutung des Allgemeinen zu erkennen. Das Allgemeinsein bezieht sich auf den Gebrauch sowie die Verortung, nicht auf die Natur eines Dinges. Ein Ding ist nur *insofern* allgemein, als es entweder von mehreren Dingen ausgesagt wird oder zugleich in mehreren anderen Dingen vorhanden ist. *An und für sich* ist es weder allgemein noch nicht allgemein. So gesehen stellt sich die Frage, ob ein Dieses unter Umständen allgemein sein kann? Das Dieses und das Allgemeine bilden keinen genuinen Gegensatz. Außerdem: Wenn die Form in mehreren Dingen vorhanden und damit allgemein ist, wie ist diese Präsenz zu verstehen? [1] Gibt es der Zahl nach eine Form, z. B. die des Menschen, die zugleich in mehreren Dingen präsent ist? Dass dies jedoch unmöglich ist, hat Aristoteles bereits in seiner kritischen Ausandersetzung mit Eudoxus' materialistischer Mischungslehre gezeigt. [2] Wenn aber nicht der Zahl nach eine, kann eine Form, die nicht der Zahl nach eine ist, zugleich in mehreren Dingen sein? [3] Oder sind mehrere Formen des Menschen je in verschiedenen Einzelmenschen? Handelt es sich letztlich um eine oder um mehrere Formen des Menschen? [4] Des Weiteren ist zu prüfen, ob die Formen lediglich in sinnenfälligen Dingen, deren Formen sie sind, immanent bleiben; oder [5] gibt es außerdem eine transzendente Seinsweise, sodass die Formen unabhängig (χωρισταί) von Einzeldingen sind? [1] bis [3] fragen nach dem Sinn des Allgemeinen, [4] und [5] betreffen den Gegensatz zwischen Immanenz und Transzendenz. Diese sind für ein adäquates Verständnis der aristotelischen Ontologie zentrale Fragen. Eine Analyse des aufschlussreichen VII 13 dürfte Antworten hierauf liefern.

3.4.3.1 Die Kritikpunkte

In VII 13 stellt Aristoteles eine Reihe kritischer Argumente auf, um dem Allgemeinen den Anspruch auf Substanz abzusprechen. Sie lassen sich zuerst wie folgt zusammenfassen:

1. Das Idion-Argument (1038b8–15): Die Substanz ist dem immanent und eigentümlich, dessen Substanz es ist.
2. Das Prädikationsargument (1038b15–16): Das Allgemeine wird immer von einem Zugrundeliegenden ausgesagt; die Substanz dagegen nicht.
3. Das Teilargument (1038b16–34):
   3.1. Abschnitt (1038b16–23): Das Allgemeine kann nicht als ein Teil der Wesensbestimmung Substanz sein.

3.2. Abschnitt (1038b23 – 29): Eine Substanz bzw. ein Dieses kann nicht aus Qualitäten bestehen; denn in solchen Fällen wären die Qualitäten ontologisch früher als die οὐσία selbst und mithin abgetrennt von dieser seiend.

3.3. Abschnitt (1038b29 – 30): [Falls das Allgemeine, als Qualität, früher und in der Tat abgetrennt wäre,] könnte es in Sokrates zwei selbstständige Dinge geben.

3.4. Abschnitt (1038b30 – 34): eine kurze Zusammenfassung.

4. Das Qualitätsargument (1038b34 – 1039a3): Das Allgemeine ist lediglich eine Qualität, keine Substanz. Wenn man eine Qualität zu einem Ding macht, ergibt sich daraus der dritte Mensch.
5. Das Wirklichkeitsargument (1039a3 – 14): Das Allgemeine kann nicht als wirklich seiend in einer Wesensbestimmung sein, sonst wäre die Einheit der Wesensbestimmung nicht beizubehalten.
6. Zum Schluss (1039a14 – 19) spricht Aristoteles ein erkenntnistheoretisches Problem an. Wenn die Substanz als ein Dieses eine Einheit ist und keine weitere Substanz in sich enthält, kann es von ihr keine Wesensbestimmung geben.

Bevor wir auf die einzelnen kritischen Punkte eingehen, ist eine Vorbemerkung angezeigt. Es ist zwar nicht zu leugnen, dass Aristoteles gegen das Allgemeine argumentiert, aber er lässt am Anfang des Kapitels erkennen, dass die Form von seiner Kritik verschont bleibt und weiterhin als Substanz gilt. Seinen Ausführungen, vor allem den Beispielen, die er dabei gebraucht, ist eindeutig zu entnehmen, dass es die Gattungen sind, gegen welche sich Aristoteles wendet. Zu Beginn von VII 3 legt Aristoteles den Umfang der Untersuchung fest, indem er vier Instanzen für den Substanzstatus aufführt, nämlich das „Was hieß es zu sein“, das Allgemeine, die Gattung und das Zugrundeliegende (1028b34 – 36). In den darauffolgenden Kapiteln werden das „Was hieß es zu sein“ und das Zugrundeliegende behandelt. Jetzt im Kapitel 13 kommt Aristoteles endlich dazu, zum Allgemeinen Stellung zu beziehen. Was ist mit der Gattung? Es wäre schwer vorstellbar, dass Aristoteles gerade diese unbehandelt zurücklassen würde. Eine plausible Erklärung für das scheinbare Weglassen ist es, dass die Gattung jetzt unter dem Allgemeinen diskutiert wird.[178]

178 Ross (Met. Komm. II, 209): „[…] genus, however, is now omitted (as coming under universal) […].“

3.4.3.2 Die Analyse

Nach dem ersten Idion-Argument ist jede Substanz nur dem immanent und eigentümlich, von dem sie die οὐσία ist.[179] Das Allgemeine kann aufgrund seiner Natur, sich in mehreren Dingen zu finden, keineswegs Substanz sein.[180] Im Ganzen gesehen sind die Gattungen zwar Hauptgegenstände der Kritik, aber das Argument richtet sich nicht ausschließlich gegen das Gattungsallgemeine. Es macht vielmehr die Eigentümlichkeit sowie die Immanenz der Substanz stark geltend. Wenn die Arten im Sinne der Formen in gewissem Sinne allgemein sind, scheinen sie auch davon betroffen zu sein. Wir werden hierauf zurückkommen und versuchen zu klären, ob und inwiefern die aristotelische Eidoslehre, die in gewisser Hinsicht doch immanent und individualistisch ist, überhaupt noch Raum für eine Allgemeinheit offenlässt.

Das zweite Argument aus der Prädikation scheint der Substanztheorie der *Kategorien* zu folgen. Dort erklärt Aristoteles, dass die οὐσία nicht von einem Zugrundeliegenden ausgesagt wird, aber die Arten und Gattungen, die zweiten Substanzen, von dieser als Zugrundeliegendem ausgesagt werden. Wörtlich genommen verweist das Argument auf die Theorie der *Kategorien*. Wenn dies aber der Kern des Arguments ist, büßt es nach der ganzen Diskussion in der *Metaphysik* an Gültigkeit ein; denn es gilt primär die Form als Substanz, und, wie gezeigt, die Form wird von der Materie ausgesagt. Es ist deshalb angebracht, nach einer anderen, den metaphysichen Ansätzen angemesseneren Interpretation zu suchen. Aristoteles gibt zu Beginn des Kapitels Hinweise darauf, wie man diese Stelle verstehen soll, indem er zwei Arten des Zugrundeliegenden unterscheidet:

> [...] ὅτι διχῶς ὑπόκειται, ἢ τόδε τι ὄν, ὥσπερ τὸ ζῷον τοῖς πάθεσιν, ἢ ὡς ἡ ὕλη τῇ ἐντελεχείᾳ [...].
> *Metaphysik* VII 13, 1038b5–6

> [...] dass dieses auf zweierlei Weise Zugrundeliegendes ist, einmal in der Weise eines Dieses, wie das Lebewesen seinen Widerfahrinissen zugrunde liegt, dann aber auch in der Weise, wie die Materie der Wirklichkeit zugrunde liegt [...].

Die Unterscheidung nimmt diejenige vom Beginn von VII 3 wieder auf. Dort unterscheidet Aristoteles drei Instanzen, die gleichermaßen als Zugrundeliegendes bezeichnet werden können, nämlich die Materie, die Form und das aus ihnen Zusammengesetzte.[181] Ein Dieses kann ein Zugrundeliegendes sein; und was mit die-

179 Bostock (1994, 191) kommentiert treffend, dass damit nicht die absolute Identität der οὐσία mit dem Einzelwesen, sondern das Eins-zu-eins-Verhältnis zwischen den beiden gemeint ist.

180 Wie man das das Idion-Argument einleitende ἔοικε (1038b8) verstehen soll, dazu siehe Patzig/Frede Komm. II, 244–245.

181 Met. VII 3, 1029a2–3.

sem Dieses bzw. mit dem Lebewesen gemeint sein könnte, ist freilich nicht eindeutig. Es kann sowohl eine Form oder Gattung als auch ein einzelnes Lebewesen bedeuten.[182] Dennoch ist aus zwei Gründen wahrscheinlicher, dass ein einzelnes Tier gemeint ist: Erstens deuten Widerfahrnisse mehr auf ein Einzelnes hin und zweitens ist die Form, die dritte Instanz in VII 3, bereits durch das Wort „Wirklichkeit" erwähnt. Es gibt zwei Typen der Prädikation, zum einen eine sprachlich-logische, wie gemäß den *Kategorien* eine Art oder eine Gattung von einem Einzelwesen ausgesagt wird, zum anderen eine ontologische Prädikation, nach der die Form von der Materie ausgesagt wird. Allerdings wird der erste Prädikationstyp an unserer Stelle nicht berücksichtigt. Ein Einzelwesen, welches den Widerfahrnissen, wie z.B. qualitativen und quantitativen Veränderungen, zugrunde liegt, ist keine sprachlich-logische Prädikation; vielmehr entspricht dies in höherem Maße dem „in einem Zugrundeliegenden" der *Kategorien*, was bedeutet, dass die Präsenz der Widerfahrnisse die Existenz eines Zugrundeliegenden als eines Trägers präsupponiert. In VII 13 gelten die Gattungen als Qualitäten. Daher wird das Gattungsallgemeine von einem Zugrundeliegenden ausgesagt, und dieses Ausgesagtwerden ist dahingehend als „in einem Zugrundeliegenden" aufzufassen. Dagegen wird eine Art insofern von einem Zugrundeliegenden prädiziert, als diese *als Form* die zugrunde liegende Materie strukturierend zu einem Einzelwesen macht. Die Materie ist streng genommen kein Einzelwesen, d.h. noch nicht ein Zugrundeliegendes, oder, wie Rapp sagt, sie ist allenfalls ein transitorisches Subjekt. Daher ist Aristoteles zu sagen berechtigt, dass das Dieses, verstanden als die Form, von keinem Zugrundeliegenden ausgesagt wird.[183]

Das längere Teilargument besteht aus vier Teilen. Viele exegetische Probleme bestehen aufgrund dieses dunklen Arguments. Bei näherem Ansehen fällt auf, dass es im Abschnitt 1 Ausführungen gibt, welche die Arten als Substanzen gelten lassen. Dies widerspricht scheinbar dem Idion-Argument, welches eindeutig die Grundthese des Kapitels, kein Allgemeines könne οὐσία sein, stützt. Bostock sieht hierin große Unstimmigkeiten und vermutet, dass das jetzige Teilargument aus einer früheren Version stamme, die, anders als die vorliegende, noch das Artallgemeine als Substanz anerkannte.[184] Für Rapp bestätigen gerade die Argumente in diesem

182 Frede/Patzig (II 243) lässt die beiden Möglichkeiten offen.

183 Rapp 1996b, 179–181. Zu den beiden Arten des Zugrundeliegenden siehe auch Frede/Patzig (II 252) sowie Wedin 2000, 377.

184 Bostock 1994, 193–198, 204–207. Nach seiner Rekonstruktion argumentierte Aristoteles im ersten Teil der älteren Version nur gegen das Gattungsallgemeine; das Artallgemeine habe noch als οὐσία gegolten. Dieser Teil sei aber in der jetzigen Version durch das Idion-Argument ersetzt worden. Deshalb seien die beiden Argumente keineswegs miteinander vereinbar (198). Das Teil-Argument „had been consigned to the waste-paper basket" (205).

Abschnitt, dass die Artform auch in VII 13 als Substanz gelte. Nach ihm wird das Idion-Argument des ersten Abschnittes lediglich auf das Gattungsallgemeine gerichtet. Die Artform im Sinne von τὸ τί ἦν εἶναι werde dabei nicht betroffen.[185]

Der Kern des ersten Abschnittes besteht darin, das Gattungsallgemeine, insofern es ein Teil der Substanz ist, gleich einer Substanz zu betrachten. Als ein Teil des τὸ τί ἦν εἶναι, des definitorischen Aspekts der οὐσία, muss es selbst einen eigenen Logos haben.[186] Insofern unterscheidet sich das Gattungsallgemeine kaum von der Substanz. Daraufhin kann Aristoteles den Gattungen die gleiche Eigenart wie die einer οὐσία zusprechen, nämlich Eigentümlichkeit und Immanenz. Wie die Form des Menschen die Substanz eines Einzelnen ist, so ist die Gattung Lebewesen gleichsam die „Substanz" des Menschen, weil das gleiche Verhältnis vorliegt. Dennoch ist dieses Verhältnis nicht so zu verstehen, dass, wie die Art „Mensch" den vielen Menschen zukommt, so die Gattung „Lebewesen" ebenfalls auf die vielen Arten wie Menschen oder Pferde zutrifft, obwohl Aristoteles' Darstellung der These dazu verführen könnte.[187] Der Mensch als die Substanz eines einzelnen Menschen befindet sich in ihm.[188] Auf dieselbe Weise muss auch das Lebewesen, das im εἶδος des Menschen als ein Teil des „Was hieß es zu sein" ist, eben auch diesem Menschen eigentümlich und immanent sein.[189] So hört aber die Allgemeinheit des Lebewesens auf. Gewiss ist das Lebewesen strenggenommen keine Substanz des Menschen. Aber darauf kommt es Aristoteles nicht an; vielmehr wollte er das Gattungsallgemeine in demselben Eins-zu-eins-Verhältnis wie die Substanz zu dem, dessen οὐσία sie ist, setzen, um das Idion-Argument auf die Gattungen anwenden zu können.[190]

Die Beweisführung des zweiten Abschnittes setzt voraus, dass das Allgemeine Qualität ist. Damit ist klar, dass mit dem Allgemeinen das Gattungsallgemeine gemeint ist; denn bereits in den *Kategorien* steht fest, dass die zweiten Substanzen, die

---

185 Rapp 1996b, passim, v.a. 163–164. Auch Wedin (2000, 384–385) sieht keine Ungereimtheit zwischen den beiden Argumentgruppen.

186 Wir lesen und deuten den schwierigen Satz διαφέρει δ' οὐδὲν οὐδ' εἰ μὴ πάντων λόγος ἔστι τῶν ἐν τῇ οὐσίᾳ (1038b19–20) mit Frede/Patzig (I 107) und Reeve (2016, 126): „Es macht nichts aus, wenn der Logos einer Gattung wie des Lebewesens nicht der Logos von allem ist, was im τί ἦν εἶναι enthalten ist." Zu verschiedenen Deutungsmöglichkeiten dieses Satzes: Frede/Patzig (II 254–255).

187 [...] οἷον τὸ ζῷον ἐν τῷ ἀνθρώπῳ καὶ ἵππῳ (1038b18) Patzig/Frede (Komm. II 253–254) interpretiert das Verhältnis gerade auf diese Weise. Obwohl der Sinn des Satzes nicht verfehlt wird, weist dieses Argument ihrer Deutung nach eine andere Nuancierung auf.

188 Das τοῦ ἀνθρώπου signifiziert einen einzelnen Menschen. Dies wird durch das immanente Moment, das der Nebensatz ἐν ᾧ ὑπάρχειν zeigt, deutlich gemacht.

189 Das εἴδει zwischen ἐν ᾧ und ὡς ἴδιον (1038b23) wurde von Brandis, Ross und Patzig/Frede gestrichen. Möglicherweise ist es wie das οἷον τὸ ζῷον in derselben Zeile eine verdeutlichende Glosse. Jedenfalls macht es das immanente Verhältnis der Gattung zur Art deutlich.

190 1038b22: ὥστε τὸ αὐτὸ συμβήσεται πάλιν.

Arten und Gattungen, als Qualitäten gelten.[191] Und da die Arten in Aristoteles' reifer Metaphysik Formen sind, bleiben die Gattungen zurück. Wenn Gattungen Substanzen wären, wären sie dann als konstituierende Elemente der Artsubstanzen früher als diese; mit anderen Worten: Die Artformen wären davon abhängig, was allerdings einem fundamentalen Merkmal der Substanz, nämlich der Abgetrenntheit bzw. der Selbstständigkeit (χωριστόν) widerspräche. Dieses Argument wird im vierten Abschnitt wieder aufgenommen und weiterentwickelt.

Der kurze dritte Abschnitt ist insofern obskur, als er mehrere Deutungsmöglichkeiten zulässt. Im Argumentteil soll das Subjekt von ἔσται bestimmt werden. Nach Patzig und Frede ist das Allgemeine, in diesem Falle das Lebewesen, das Subjekt.[192] Der Kommentar von Ps.-Alexander macht dagegen Sokrates zum Subjekt.[193] Ein Hinweis auf eine richtige Interpretation findet sich in der zwölften Aporie, deren erste Hälfte so gut wie eine kurze Vorarbeit zu VII 13 ist. Die Aporie fragt nach der Seinsweise der Prinzipien, ob diese allgemein oder Einzelwesen sind. Dort macht Aristoteles bereits geltend, dass das Allgemeine Qualität ist.[194] Wenn dieses ein bestimmtes Etwas wäre und sich herausheben würde, sagt Aristoteles, wäre Sokrates eine Vielheit, nämlich Mensch und Lebewesen.[195] Daher dürfte das Subjekt von ἔσται im Kapitel 13 ebenfalls Sokrates sein. Dieser besteht als sinnenfällige Substanz aus zwei Substanzen, nämlich aus dem Menschen und dem Lebewesen. Der Kern des Arguments liegt nicht so sehr im Allgemeinen an sich als in dessen Hypostasierung. Im Wirklichkeitsargument greift Aristoteles diesen kritischen Aspekt wieder auf.

Der vierte und letzte Abschnitt ist in gewissem Sinne eine Zusammenfassung des ganzen Teilarguments. Das deutet das ὅλως an. Wie im ersten Abschnitt erkennt

---

191 Cat. 5, 3b13–18.

192 1038b29–30: ἔτι τῷ Σωκράτει ἐνυπάρξει οὐσία, ὥστε δυοῖν ἔσται οὐσία. Siehe Patzig/Frede Komm. II, 258–259.

193 Ps.-Alexanders erklärende Paraphrase lautet: ἔτι τῷ Σωκράτει οὐσίᾳ ὄντι ἐνυπάρξει οὐσία, ὥστε δυοῖν ἔσται ὁ Σωκράτης οὐσία. In Met. 525, 14–15, Hayduck. Bonitz folgt Ps.-Alexander in seinem Kommentar (Komm. 348). Das im Ms. E erscheinende οὐσίᾳ im Vordersatz war möglicherweise eine Glosse, wie das οὐσίᾳ ὄντι bei Ps.-Alexander, um Sokrates deutlich als Substanz zu bestimmen. An ihm liegt die Deutungsschwierigkeit nicht.

194 Met. III 6, 1003a8–9.

195 Met. III 6, 1003a9–12: εἰ δ' ἔσται τόδε τι καὶ <δεῖ> ἐκθέσθαι τὸ κοινῇ κατηγορούμενον, πολλὰ ἔσται [ζῷα] ὁ Σωκράτης, αὐτός τε καὶ ὁ ἄνθρωπος καὶ τὸ ζῷον, εἴπερ σημαίνει ἕκαστον τόδε τι καὶ ἕν. Das fünfte von den Argumenten, die Aristoteles gegen Eudoxus' Mischungslehre vorbringt, ist im Grunde dasselbe Argument. Siehe oben § 2.2 zur Darstellung der Stelle in *De Ideis*. Reeve (2016, 439) verweist ebenfalls auf diese Aporienstelle. Woods 1991, 49 Anm. 22 erwähnt die Stelle, vermag aber keine Erklärung für dieses Argument zu geben: „This argument is highly compressed and, I think, impossible to reconstruct with certainty." (*ibid.* 49).

Aristoteles stillschweigend bereits die Arten als Substanzen an. Die folgende Bemerkung betrifft den ontologischen Status des Gattungsallgemeinen.

> ὅλως δὲ συμβαίνει, εἰ ἔστιν οὐσία ὁ ἄνθρωπος καὶ ὅσα οὕτω λέγεται, μηθὲν τῶν ἐν τῷ λόγῳ εἶναι μηδενὸς οὐσίαν μηδὲ χωρὶς ὑπάρχειν αὐτῶν μηδ' ἐν ἄλλῳ, λέγω δ' οἷον οὐκ εἶναί τι ζῷον παρὰ τὰ τινά, οὐδ' ἄλλο τῶν ἐν τοῖς λόγοις οὐδέν.
>
> *Metaphysik* VII 13, 1038b30–34
>
> Überhaupt aber ergibt sich, dass, wenn der Mensch und alles, was derart bezeichnet wird, Substanz ist, nichts von dem, was sich in dem Logos findet, Substanz von irgendetwas ist, noch getrennt von ihnen oder in etwas anderem existiert; ich meine z. B., dass nicht ein gewisses Lebewesen neben den anderen existiert noch etwas anderes von dem, was nur im Logos ist.

Die Gattung „Lebewesen", die sich in der Wesensbestimmung (λόγος) des Menschen befindet,[196] ist lediglich ein Teil von ihr. Als solcher ist sie keine selbstständige οὐσία, die getrennt von der Art existieren könnte. Was Aristoteles mit dem dritten kritischen Punkt meint, ist freilich weniger eindeutig. Denn wenn es sich um die Artform des Menschen und das Lebewesen als Gattung handelt, kann das Lebewesen auch in anderen Arten wie im Pferd oder im Hund anwesend sein. Warum kann es nicht „ἐν ἄλλῳ" sein? Nicht eindeutig ist auch der Ausdruck „οὐκ εἶναι τι ζῷον παρὰ τὰ τινά" im Schlusssatz „λέγω δ' κτλ." παρά kann auf eine räumliche Trennung hinweisen. „τι ζῷον" ist quasi ein dinghaftes Tier, welches in Raum und Zeit existiert. Das „τὰ τινά" in παρὰ τὰ τινά bedeutet sehr wohl die anderen Arten derselben Gattung des Lebewesens.[197] Es ist leicht verständlich, dass das Lebewesen nicht neben (παρά) bzw. getrennt von (χωρίς) seinen Arten separat existieren könnte. Aber es ist nicht ohne Weiteres einzusehen, warum dies nicht in einem anderen (ἐν ἄλλῳ) sein kann. Das Lebewesen kann in der Art des Pferdes oder in derjenigen des Hundes sein. Diese befremdende Feststellung lässt sich vielleicht wie folgt erklären: Was Aristoteles hier hervorhebt, ist die Einheit einer Substanz, die sich in der Einheit der Wesensbestimmung zeigt. Das Lebewesen in der Artform des Menschen

196 Ps.-Alexander interpretiert „ὁ ἄνθρωπος" als Einzelmenschen (ἄνθρωπον ἐνταῦθα λέγων τὸν μερικὸν καὶ ἄτοπον, In Met. 525, 17–18). Aber der Kontext legt eher „ὁ ἄνθρωπος" als die Art des Menschen nahe. Ross (Met. Komm. II 211) erklärt plausibel, dass, wenn es um einen einzelnen Menschen ginge, eher ὁ τὶς ἄνθρωπος im Satz stünde. Dazu steht das τι ζῷον in demselben Zusammenhang. Frede und Patzig (II 219–220) sind der Meinung, dass es um einen einzelnen Menschen Sokrates gehe. Gemäß ihrer individualistischen Deutung der aristotelischen Eidoslehre lassen sie einen einzelnen Menschen wie Sokrates als Form bzw. Substanz gelten. Gegen diese Deutung ist jedoch zu halten, dass „ein einzelner Mensch" nicht geradezu als eine zwingende Übersetzung gilt, ganz zu schweigen davon, dass „Sokrates" sogar eine sehr gewagte Interpretation von „ὁ ἄνθρωπος" ist.

197 Ross Met. Komm. II, 211, und neulich Reeve 2016, 439.

ist *ein Teil* hiervon, und *als Teil* trennt es sich nicht von der Art, weder selbstständig neben anderen Arten der Lebewesen, noch anwesend in einer anderen Artform.

Nach dem Qualitätsargument ist das, was mehreren zukommt und von mehreren ausgesagt wird, kein Dieses, sondern ein Solches (τοίονδε). Dieses Argument steht dem zweiten Abschnitt des Teilargumentes ganz nahe. Innerhalb des Teilarguments bezieht sich der zweite Abschnitt auf Teile einer Wesensbestimmung. Diese Einschränkung entfällt hier. Aber der Kern bleibt unverändert. Das Allgemeine ist eine Qualität und ontologisch nicht selbstständig.

Schließlich macht Aristoteles im letzten, dem Wirklichkeitsargument klar, dass eine Substanz nicht aus weiteren Substanzen bestehen könnte; denn Dinge „die derartig zwei in Wirklichkeit sind, sind niemals eins in Wirklichkeit" (1039a3–5). Was als Vielheit in einer Sache existiert, ist nur der Möglichkeit nach da. Das Wirklichkeitsargument ähnelt dem Teilargument. Ein Teil einer Substanz ist immer ein Teil und kann nicht selbstständig und getrennt werden.

4 Artform vs. Gattungsallgemeines

4.1 Differenz als Qualität

Aristoteles hat in VII 13 eine Reihe von Argumenten gegen das Allgemeine vorgebracht. Diese erscheinen zum Teil dunkel und verwickelt. Aber im Grunde sind die grundsätzlichen kritischen Punkte nicht schwierig einzusehen. Dreierlei steht im Mittelpunkt: Erstens ist die Form eigentümlich für die Sache, deren Form sie ist. Das Allgemeine ist das Gegenteil von der Eigentümlichkeit. Wenn eine Gattung Teil einer Form ist, muss sie auch der Sache zugehörig sein. Zweitens ist die Gattung als Teil einer Form nicht selbstständig und abtrennbar. Ansonsten bestünde eine Substanz aus mehreren selbstständigen Substanzen. Drittens ist das Gattungsallgemeine im Grunde ein solches und Qualitäten sind ontologisch abhängig von Substanzen, was zu der Substanzlehre der *Kategorien* gehört. Das Erste betrifft die Frage nach der Immanenz und Transzendenz der Formen, die im nächsten Teil erörtert wird. Das Zweite bezieht sich auf die Gattung, hat mit der Art als Form wenig zu tun. Was das Dritte anlangt, kommt bei näherem Erwägen der Verdacht auf, dass dieselben Einwände auch auf Arten anwendbar sein könnten. Denn in den *Kategorien* gelten nicht nur die Gattungen, sondern auch die Arten als Qualitäten; in den *Topica* gelten die Differenzen sachgemäß als Qualitäten.[198] Wenn alle Qualitäten ontologisch

198 Top. 122b16–17: οὐδεμία γὰρ διαφορὰ σημαίνει τί ἐστιν ἀλλὰ μᾶλλον ποιόν τι, καθάπερ τὸ πεζὸν καὶ τὸ δίπουν.

später und abhängig sind, müssten die Arten, d.h. die Artformen, den Substanzstatus einbüßen.

Zwar charakterisiert Aristoteles in den *Kategorien* die zweiten Substanzen als Qualitäten, aber dort wird die Problematik vielschichtiger behandelt. Aristoteles unterscheidet zwischen dem „von einem Zugrundeliegenden ausgesagt“ und dem „in einem Zugrundeliegenden“. Auf den ersten Blick sind Qualitäten „in einem Zugrundeliegenden“, wie das Weißsein in der Person Sokrates. Aristoteles aber macht eine subtilere Unterscheidung, wie seiner Formulierung zu entnehmen ist:

> ἐν ὑποκειμένῳ δὲ λέγω ὃ ἔν τινι μὴ ὡς μέρος ὑπάρχον ἀδύνατον χωρὶς εἶναι τοῦ ἐν ᾧ ἐστίν.
>
> Cat. 1, 1a24–25
>
> In einem Zugrundeliegenden nenne ich, was in etwas nicht als Teil vorhanden ist und unmöglich getrennt von dem sein kann, worin es ist.

Das Weißsein ist in Sokrates, aber nicht als *ein Teil* von ihm. Was ist mit dem „Teil“ gemeint? In den *Kategorien* spricht Aristoteles zwar von Körperteilen,[199] aber dass er an der zitierten Stelle auf einmal von Körperteilen redet, wäre unmotiviert und schwer erklärbar. Der Terminus „Teil“ begegnet wieder an einer späten Stelle. Nachdem er gesagt hat, dass die Differenzen wie z. B. das Zweifüßige oder das Befußtsein genauso wie die zweiten Substanzen nicht ἐν ὑποκειμένῳ sind (3a21–22, 24), fährt er folgendermaßen fort:

> μὴ ταραττέτω δὲ ἡμᾶς τὰ μέρη τῶν οὐσιῶν ὡς ἐν ὑποκειμένοις ὄντα τοῖς ὅλοις, μή ποτε ἀναγκασθῶμεν οὐκ οὐσίας αὐτὰ φάσκειν εἶναι· οὐ γὰρ οὕτω τὰ ἐν ὑποκειμένῳ ἐλέγετο τὰ ὡς μέρη ὑπάρχοντα ἔν τινι.
>
> Cat. 5, 3a29–32
>
> Uns sollen allerdings die Teile der Substanzen nicht beunruhigen, insofern sie im Zugrundeliegenden, und zwar im Ganzen, sind. Niemals sollen wir gezwungen werden zu sagen, dass diese keine Substanz sind. Denn das, was in einem Zugrundeliegenden ist, wurde nicht so genannt wie das, was wie ein Teil in etwas ist.

Aus dem Kontext wird deutlich, dass damit die Arten gemeint sind. Als Teil steht die Differenz bzw. die Art in einer intrinsischen Beziehung mit der primären Substanz, die gemäß den *Kategorien* ein Einzelwesen ist. In seiner Erläuterung zu der achten

199 Cat. 6, 5a11: ἕκαστον τῶν τοῦ σώματος μορίων. Oehler interpretiert in seinem Kommentar zu den *Kategorien* die Teile als physische Teile: Oehler 1984, 225–227.

Quaestio erklärt Alexander von Aphrodisias diese berühmte Stelle in den *Kategorien:*[200]

> ἀλλὰ μὴν ἣν ἂν λάβωμεν συναμφότερον οὐσίαν, ἐν αὐτῇ τὸ εἶδος τὸ ὂν ἐν αὐτῇ ὡς μέρος ἐστὶ τοῦ συναμφοτέρου. καὶ γὰρ ἡ ψυχὴ ἐν τῷ ὀργανικῷ σώματι, ἐν ᾧ ἐστιν, οὕτως ἐστὶν ὡς μέρος. εἰ δ' ὡς μέρος, οὐκ ἂν εἴη ὡς ἐν ὑποκειμένῳ ὂν τούτῳ, ἐν ᾧ ἐστιν οὕτως, οὔθ' ἡ ψυχὴ οὔτε τι εἶδος ὅλως. [...] πῶς γὰρ ἂν εἴη ἐν ὑποκειμένῳ ἀνθρώπῳ τοῦτο οὗ ἡ ἀπουσία φθείφει τὸν ἄνθρωπον; [...] ἔτι ὁ ἄνθρωπός ἐστι μὲν καὶ μετὰ ψυχῆς, ἔστι δὲ καὶ μετὰ χρώματός τε καὶ σχήματος, ἀλλ' οὐχ ὁμοίως, ἀλλὰ μετὰ μὲν ψυχῆς ὡς μέρους καὶ μάλιστα εἰς τὸ ἀνθρώπῳ εἶναι συντελούσης. ἐν ᾧ γὰρ ἂν ᾖ ἡ τοιαύτη ψυχή, τοῦτ' ἄνθρωπος. οὐκέθ' οὕτω τὸ χρῶμα καὶ τὸ σχῆμα ἐν τῷ ἀνθρώπῳ· οὐ γὰρ πᾶν τὸ ἔχον τοιοῦτον σχῆμα ἢ χρῶμα ἄνθρωπος. διὸ τὰ μὲν ἐν ὑποκεινένῳ αὐτῷ, οὐκέτι δὲ καὶ ἡ ψυχή.
>
> *Quaestio* 1.8, 17, 34 – 18, 4; 18, 17 – 18; 19, 9 – 15, Bruns; siehe auch 1.26, 42, 24 – 25, Bruns

> Aber was für eine zusammengesetzte Substanz auch immer wir nehmen, in dieser ist die Form wie ein Teil des Zusammengesetzten. Denn die Seele ist im organischen Körper, in dem sie ist, wie ein Teil. Wenn aber wie ein Teil, dann ist sie nicht wie im Zugrundeliegenden. Auf diese Weise ist weder die Seele noch eine Form überhaupt in einem Zugrundeliegenden. [...] Denn wie könnte dieses, dessen Abwesenheit den Menschen vernichtet, in einem Menschen als dem Zugrundeliegenden sein? [...] Ferner ist der Mensch sowohl mit einer Seele wie auch mit Farbe und Gestalt, aber nicht auf die gleiche Weise; mit der Seele, die als Teil ist und [den Menschen] zu seinem Menschsein vollendet; in dem nämlich eine derartige Seele ist, dies ist ein Mensch. Nicht auf diese Weise sind Farbe und Gestalt im Menschen; denn nicht jedes, was diese Farbe oder diese Gestalt hat, ist Mensch. Daher sind diese im Zugrundeliegenden, die Seele aber nicht.[201]

Alexander unterscheidet deutlich zwischen bloß „ἐν ὑποκειμένῳ" und „ἐν ὑποκειμένῳ ὡς μέρος". Die Anwesenheit akzidentieller Eigenschaften wie Farben *in* einem Einzelwesen als Zugrundeliegendem setzt die Existenz dieses Einzelwesens voraus. Dagegen sind die Formen – und man kann anhand der Ausführungen in VII 12 hinzufügen, die Differenzen – wesentliche Teile eines Einzelwesens. Sie sind Qualitäten, sei es vernünftig, sei es befußt oder zweifüßig, aber solche Qualitäten sind nicht auf derselben ontologischen Ebene wie das Weißsein eines Körpers. Sicherlich ist Vorsicht geboten, wenn man die Erörterungen der Kommentatoren liest. Ihrem Kommentar liegt eine vollentwickelte Ontologie zugrunde, die wir für die Ausführungen in den *Kategorien* offenbar nicht ohne Weiteres voraussetzen dürfen.[202] In

---

200 Man kann leider nicht mit Sicherheit sagen, ob diese Quaestio tatsächlich aus Alexanders Feder ist. Aber man kann mit höherer Gewissheit sagen, dass die Ansicht mindestens alexandrisch ist. Siehe Sharples' Einführung zu seiner Übersetzung der *Quaestiones* (1992, 3 – 4).

201 Andererseits ist darauf hinzuweisen, dass die Immanenzthese in Alexanders Kommentar stark zur Geltung kommt. Die Form oder die Seele ist *in* einem organischen Körper.

202 In der neuplatonischen Philosophie entwickeln sich solche Qualitäten zu vervollständigenden Differenzen (συμπληροῦν, συμπληρωτικόν, διαφορὰ συμπληροῦσα τὴν οὐσίαν). Dieselbe Qualität

der Kategorienschrift geht Aristoteles ohnehin nicht auf das Ontologische ein. Indessen ist er sich darüber im Klaren, dass Qualitäten durchaus eine seinskonstituierende Funktion erfüllen können. Im philosophischen Wörterbuch gibt er zu verstehen, dass eine Qualität die Differenz einer Substanz bedeuten kann, und als Beispiel nennt er gerade das Zweifüßigsein.[203] Es drängt sich deshalb die Frage auf, warum er in VII 13 den Sonderstatus der Qualitäten gar nicht erwähnt. Selbst wenn die Gattungen lediglich als unselbstständige Teile einer Substanz gelten, bleiben die Formen und ihre Differenzen nichtsdestoweniger Qualitäten.[204] Dass Aristoteles den dritten Menschen erwähnt (1039a2–3), zeigt, dass er nicht nur an Gattungen denkt. Man muss zu dem Schluss kommen, dass er vielleicht doch zu kurz gegriffen hat. Qualitäten können unter Umständen als Differenzen ontologisch maßgeblich sein.[205]

---

kann in einem Ding bloß hinzugekommene, akzidentielle Eigenschaft sein, im anderen Differenz, d. h. wesentliche Eigenschaft, die eine Sache zu eben dieser macht, wie z. B. das Weiß in Schwan und das Weiß in Blei. Dazu v. a. Enn. II.6.1.16 f. zum akzidentiellen Charakter der ersten Qualitätsart: 25 f., zum Beispiel: 30 f. spez. 37–39; siehe u. a. auch Enn. II.6.2.3 ff. Enn. VI.3.5.24–29. Dazu Strange 1987, 971–972; ausführlich Ch. Horn 1995, 87 ff. Der Sache nach aber besteht diese Unterscheidung in Alexander: siehe z. B. seine oben zitierten Ausführungen zur Quaestion 8. Letztendlich lässt sich die Grundlage zu dieser Unterscheidung auf Aristoteles' „in einem Zugrundeliegenden" und „in einem Zugrundeliegenden als Teil" zurückführen.

203 Met. V 14, 1020a33–36: ποιὸν λέγεται ἕνα μὲν τρόπον ἡ διαφορὰ τῆς οὐσίας, οἷον ποιόν τι ἄνθρωπος ζῷον ὅτι δίπουν, […] ὡς τῆς διαφορᾶς τῆς κατὰ τὴν οὐσίαν ποιότητος οὔσης.

204 In seiner Interpretation des zweiten Abschnittes des Teilarguments trennt Burnyeat (1979, 118–119) Gattungen von Arten. Eine Gattung werde von einem Einzelwesen ausgesagt, und dies setze die Existenz von ihm voraus. Deshalb sei eine Gattung wie eine Qualität, die akzidentiell diesem Einzelwesen zukomme. Eine Art dagegen sei seinskonstitutiv für ein einzelnes Ding und könne nicht von diesem ausgesagt werden. Burnyeat bemüht sich darum, die Arten von den Gattungen zu trennen, weil er erkennt, dass die Kritik den letzteren gilt. Aber selbst im Buch Zeta – ganz zu schweigen von den *Kategorien* – wird die Gattung als Teil der Wesensbestimmung im Zusammenhang mit der Art erörtert. Sokrates ist ein Mensch und mithin ein zweifüßiges Lebewesen. Man fragt sich, ob man die Gattungen einfach von den Arten loslösen und als akzidentielle Widerfahrnisse ansehen kann.

205 Plotin erkennt einerseits die ontologische Funktion der Qualitäten an, indem er diese als vervollständigende Differenzen (διαφορὰ συμπληροῦσα τὴν οὐσίαν) bezeichnet. Andererseits macht er klar, dass diese keineswegs die reinen Ideen sind. Ideen sind nicht Qualitäten, sondern Wirklichkeiten in der intelligiblen Welt (Enn. II.6.3.3, auch II.6.1.54 f.). Es ist allerdings fraglich, dass Aristoteles an dieser Stelle quasi mit Plotin an reine Formen denkt und diese nicht für Qualitäten hält.

4.2 Platonische Gattung und aristotelische Artform

Was die Unselbstständigkeit der Gattungen anbelangt, ist zuzugeben, dass auch die Differenz ein Teil der Wesensbestimmung (ὁρισμός bzw. τί ἦν εἶναι) ist. Deshalb liegt das Problem jedoch nicht so sehr im „Teil" als vielmehr in „was für einen Teil". Die letzte Differenz in einem λόγος ist ein Teil, aber sie ist vollbestimmt und mit der Form (εἶδος) gleichgesetzt. Sie ist insofern allgemein, als sie mehreren Einzeldingen als seinkonstituierendes Prinzip zukommt,[206] bleibt aber dieselbe in allen solchen Dingen, z. B. die Form des Menschen ist dieselbe in Sokrates und in Kallias. Wie oben bereits dargestellt, hat sich der Sinn des τόδε τι von einem „dieses *Etwas*" zu einem *Dieses* geändert. Selbstständigkeit gründet sich auf Bestimmtheit. Es bezeichnet nicht ein sinnenfälliges, der Zahl nach einzelnes, sondern etwas, was vollständig bestimmt ist. Dagegen ist eine Gattung zwar ebenfalls allgemein, aber von einer anderen Natur. Sie ist allgemein in einem zweifachen Sinne. Sie gilt für jedes Einzelding, dessen Gattung sie ist: Sowohl Sokrates als auch Kallias sind Lebewesen. Insofern unterscheidet sie nichts von einer Art. Aber eine Gattung ist auch allgemein gegenüber den Arten, die zu ihr gehören. Ein und dieselbe Gattung, z. B. das Lebewesen, ist sowohl dem Menschen, als auch dem Pferd und dem Adler gemeinsam; aber in je einer Art wird je ein Aspekt der Gattung aktualisiert: Der Adler ist geflügelt, das Pferd befußt und vierfüßig, der Mensch ebenso befußt, aber zweifüßig.[207] Das Lebewesen umfasst alle drei Bestimmungen und ist deshalb nicht völlig bestimmt; mithin ist es kein τόδε τι, vielmehr wird es jeweils in eine letzte Differenz aufgenommen und zum Teil einer einheitlichen Wesensbestimmung gemacht. An sich, außerhalb einer Bestimmung gesehen, ist die Gattung mehrdeutig und daher unselbstständig.[208] Innerhalb einer Bestimmung ist sie *restlos* in das „Was hieß es zu sein" integriert, was der vierte, das Teilargument abschließende Abschnitt erklärt. Das Teilargument hat zu Recht die Gattung als unselbstständigen Teil aufgezeigt und die Form als vollbestimmte Substanz belassen.

Im Prinzip ist das Ziel des Wirklichkeitsarguments nicht viel anders als das des Teilarguments. Die Gattung ist keine Substanz. Zu Beginn des Kapitels 13 wird klargemacht, dass die Gattung unter dem Allgemeinen analysiert wird. Den Grund dafür verrät er quasi nebenbei wie folgt:

---

206 Dementsprechend kann ihr sprachlich-logisches Pendant, die Art *als Begriff*, von mehreren Dingen prädiziert werden.

207 In VII 12, 1037b18–21 sagt Aristoteles: τὸ γὰρ γένος οὐ δοκεῖ μετέχειν τῶν διαφορῶν (ἅμα γὰρ ἂν τῶν ἐναντίων τὸ αὐτὸ μετεῖχεν· αἱ γὰρ διαφοραὶ ἐναντίαι αἷς διαφέρει τὸ γένος). Eine Gattung differenziert sich in ihre Differenzen bzw. Formen.

208 Eine Gattung lässt mehrere Bestimmungsmöglichkeiten offen; insofern wirkt sie wie Materie in einer Bestimmung.

δοκεῖ δὲ καὶ τὸ καθόλου αἴτιόν τισιν εἶναι μάλιστα, καὶ εἶναι ἀρχὴ τὸ καθόλου·
Metaphysik VII 13, 1038b6–8

Nun sind auch manche der Ansicht, dass das Allgemeine vor allem Ursache und Prinzip sei.

Diejenigen, die das Allgemeine im Sinne von Gattungen als Ursache und Prinzip hervorheben, sind Platon und die Platoniker. Es handelt sich um einen grundlegenden Unterschied zwischen Platons Ideenlehre und Aristoteles' Konzeption der Substanz. Schon mit einem kurzen Blick in die beiden Lehren ist festzustellen, dass Platon und Aristoteles verschiedene Interessen verfolgt haben. Platons Interesse gilt der Struktur (τάξις) der Transzendenz, die Grund und Urbild der Struktur in der Sinnenwelt ist.[209] Dieser Schwerpunkt lässt sich an den obersten Gattungen (τὰ μέγιστα γένη), die er im *Sophistes* entwickelt, erkennen.[210] Dagegen interessiert sich Aristoteles primär für die Klassifikation der Naturdinge. Für ihn zählen die vollständig bestimmten untersten Arten, welche die Spezies solcher Dinge darstellen. Daher gehen Aristoteles' Formen in die Breite, wohingegen die Struktur von Platons Ideen etwa einer Pyramide ähnelt. Krämers grundlegende Untersuchung hat den historischen und theoretischen Hintergrund der aristotelischen Substanzlehre aufgezeigt: Während Platons Ideenlehre im Grunde der sokratisch-generalisieren-

209 Dieses systematische Interesse ist möglicherweise der Grund dafür, warum der junge Sokrates gezögert hat, eine Idee des Menschen anzunehmen. Siehe Parm. 130c. Ein etwas befremdliches Zeugnis von Aristoteles heißt aber: διὸ δὴ οὐ κακῶς Πλάτων ἔφη ὅτι εἴδη ἔστιν ὁπόσα φύσει, εἴπερ ἔστιν εἴδη [...], Met. XII 3, 1070a18–19 (=Test. Plat. 64). Wilpert (1975, 122–123) zufolge ist die Einschränkung nicht zu eng aufzufassen. Nicht nur die Naturdinge, sondern auch deren Eigenschaften mit ihren Gattungen sind Gegenstände der platonischen Betrachtung. Nach Heinze (1965, 54–55) geht das besondere Interesse auf die demiurgische Schöpfung zurück. Naturdinge sind Geschöpfe des Demiurgen. Wilpert (1975, 123–126) hingegen führt dieses Interesse auf Platons Einsicht in die Natur der Naturdinge zurück. Die Natur ist zweckmäßig angelegt, und Naturdinge haben in sich die Tendenz, sich weiterzuentwickeln. Aber Wilpert vermag keine schlüssigen Textbelege aus Platons Dialogen für seine Deutung zu nennen. Wie dem auch sei, darf man Aristoteles' Worte jedenfalls nicht so verstehen, dass Platon sich irgendwann hauptsächlich für Naturdinge interessierte und damit gleichsam zu einem Aristoteles würde. Das Thema des *Philebus* ist das Gute und im *Sophistes* lässt Platon den Fremder aus Elea einen Kosmos der Ideen konstituieren. Selbst im *Timaius* ist die Wirkung des Guten und des Einen für die Schöpfung grundlegend. Vielleicht wollte Aristoteles mit der Bemerkung lediglich darauf hinweisen, dass Platon keine Ideen für Artefakte angenommen hat. (I 9, 991b6–7) Siehe Ross' Kommentar zu dieser Stelle (Met. Komm. I, 199). Nach Gaiser (PlUL, 104–106, 359 Anm. 79, 543–544) sind die Ideen der Artefakte in der Seele des Menschen zu finden. Siehe auch oben Anm. 22.

210 Diese sind das Seiende, die Ruhe, die Bewegung, das Selbige und das Verschiedene: Soph. 254c ff. Damit wird nicht gesagt, dass es *nur* fünf solche Gattungen gäbe. Im *Sophistes* ist kein Anspruch auf Vollständigkeit erhoben. Die Idee der Ähnlichkeit und der Unähnlichkeit, die im *Parmenides* (127e ff.) thematisiert werden, sollen zu den großen Gattungen gezählt werden. Mehr dazu Krämer 1966, Anm. 4.

den Richtung folge, sei Aristoteles der anderen pythagoreisch-elementarisierenden Tendenz, deren Hauptvertreter Speusippus sei, gefolgt. In der *Metaphysik* habe er sich von der radikal elementarisierenden Position des Speusippus abgewandt und dem gemäßigteren Standpunkt von Xenokrates angeschlossen. Anstatt des Einzelwesens gilt die Artform als Primärsubstanz.[211] Was Aristoteles' Bemerkung in VII 13, das Gattungsallgemeine sei Ursache und Prinzip, zugrunde liegt, ist Platons Konzeption der Kraft des Allgemeinen. Wie unten noch ausgeführt wird, sind die Formen für Aristoteles keine kraftlosen Entitäten; vielmehr involviert die Form, die einer Sache immanent ist, einen Impuls, welcher diese Sache zur Vollendung ihres Potenzials treibt. Sein Lehrer sieht das Verhältnis anders. Für Platon verfügt eine intelligible Entität über umso größere Formungskraft, je höher sich diese in der Seinspyramide befindet. Nehmen wir das Lebewesen als Beispiel: Für Aristoteles ist dieses ontologisch instabil, weil es definitorisch unbestimmt ist. Für Platon ist dies gerade deswegen kräftiger, weil aus ihm verschiedene Arten hervorgehen können. Es ist seinsintensiver, weil es mehrere Differenzen in sich hat. Das allgemeinste ist das Eine, das auch das Gute ist;[212] und an der berühmten Stelle in Buch VI der *Politeia*, an der die Seinstranszendenz des Guten festgestellt wird, verkündet Sokrates, dass das Gute jenseits der οὐσία dieser an Würde und Kraft (δύναμις) überlegen ist.[213] Das Eine ist die allerhöchste seinskonstitutive Kraft, weil alles Seiende eine Einheit sein muss. In seiner *Metaphysik* muss Aristoteles die Gattungen entmachten, um seine eigene Theorie der Artformen gegenüber Platons Ideenlehre auszuzeichnen.

5 Immanenz und Transzendenz

5.1 Immanenz der Formen

Wir haben am Ende der Bestimmung der Form als Substanz (§ 3.4.1, auch § 3.4.3 Ende) zwei Fragen konstatiert, die Aristoteles noch beschäftigen. Die eine betrifft

---

211 Dazu Krämer 1973, 155 ff. 164–165, 174 ff., 181–182. Zu Speusipps ontologischer Entmachtung des Allgemeinen: Krämer Überweg, 16–17. 2. Die ontologische Priorität des Einzelnen vor dem Allgemeinen hängt gewiss damit zusammen, dass Speusipp die Ideen abschafft und dem Mathematischen, was ebenfalls individuell ist, zum vollgültigen Prinzip unter dem absoluten Einen verhilft.

212 Met. 1091b13–14=Test. Plat. 28B.

213 Platon Pol. 509b: οὐκ οὐσίας ὄντος τοῦ ἀγαθοῦ, ἀλλ' ἔτι ἐπέκεινα τῆς οὐσίας πρεσθείᾳ καὶ δυνάμει ὑπερέχοντος. Ganz im platonischen Sinn bezeichnet Plotin das Eine als die Kraft von allem (δύναμις τῶν πάντων) III.8.10.1, siehe auch IV.8.6.11: τοῦ δὲ μετ' αὐτὸ οἶον γεννωμένου ἐκ δυνάμεως ἀφάτου.

die Allgemeinheit bzw. die Einzelheit der Formen, die andere die Transzendenz bzw. die Immanenz. Die aristotelische Form ist das ontologische Korrelat der Art als Spezies, und ist insofern allgemein, als sie als ein und dieselbe in mehreren Einzelwesen vorhanden ist. Damit wird die Frage nach dem Allgemeinen auf engste mit der der Immanenz verbunden. Im Großen und Ganzen laufen die Ausführungen in VII 13 auf die Immanenz hinaus. Mit dem Idion-Argument, das sich keineswegs nur auf Gattungen beschränkt, unterstreicht Aristoteles die Eigentümlichkeit und Immanenz der Formen. Eine Substanz einer Sache ist dieser eigentümlich und findet sich nicht in einer anderen.[214] Das ὑπάρχειν und insbesondere seine Variante ἐνυπάρχειν, die zusammen insgesamt zehnmal in VII 13 vorkommen, deuten unzweideutig auf Immanenz.[215] Im Grund betrifft die Problematik der Immanenz Platons Ideen kaum. Diese sind mit Einzelwesen der Sinnlichkeit überhaupt nicht vermischt.[216] Allerdings sieht Aristoteles die Trennung der Ideen mit großen Schwierigkeiten verbunden. Getrennt von sinnenfälligen Dingen können die Ideen weder zu deren Entstehung noch zu deren Veränderung oder zum Erkennen von ihnen beitragen.[217] Für Aristoteles sind die Formen keine rein deskriptiven Begriffe wie Arten im Sinn von Spezies in der Klassifikation, sondern als Artformen sind sie ontologisch wirksam. Die Form des Menschen macht Fleisch und Knochen, d. h. das, was potenziell ein Mensch ist, zu einem wirklichen Menschen. Darüber hinaus wirkt sie in einem Menschen in gewissem Sinne als bewegende Kraft, ihn sich so weit wie möglich zu einem vollkommenen Menschen entwickeln zu lassen. Nach Aristoteles haben die Naturdinge – Naturdinge sind Dinge, die eine Natur in sich haben – den Anfang von Veränderung und Bestand in sich, und als Seele stellt die

---

214 1038b9–10: πρῶτον μὲν γὰρ οὐσία ἑκάστου ἡ ἴδιος ἑκάστῳ, ἣ οὐχ ὑπάρχει ἄλλῳ. Lear (1988, 291 n.180) hat insofern recht, als er darauf hinweist, dass der Satz wörtlich „the substance of *each* is that which is peculiar to *each*" bedeutet. Vom Kontext her ist es naheliegend, dass das „jede" (ἑκάστον) nichts anderes als eine Sache ist.

215 Hinzu kommt noch die Kombination „ἐν ... (εἶναι)", die zweimal – einmal ohne „εἶναι" – vorkommt. Man könnte einwenden, dass das Verb ὑπάρχειν nicht „präsent sein" bedeuten muss, sondern so viel wie „zukommen" heißen kann. Das Verb erscheint aber zweimal mit der Präposition ἐν zusammen, um das Moment der Immanenz zu unterstreichen. Außerdem kann das ὑπάρχειν im Idion-Argument (1038b10: ἣ οὐχ ὑπάρχειν ἄλλῳ) offensichtlich nur „präsent sein" bedeuten. Auch das ὑπάρχειν im Schlusssatz vom Teilargument (1038b32) soll den Sinn von „präsent" haben. Bezeichnend ist ferner, dass alle diese Verben nur in den Argumenten vorkommen. In der einleitenden Passage und im Schluss, wo ein erkenntnistheoretisches Problem angerührt wird, kommen die beiden Verben nicht vor.

216 Die Kritik gegen das Allgemeine, die in VII 13 entfaltet wird, hat das Gattungsallgemeine im Blick. Wie eben erörtert, handelt es sich um einen grundlegenden Unterschied hinsichtlich der Auffassung der Transzendenz zwischen Platon und Aristoteles.

217 Dazu oben § 2.1.

Form eines Naturdinges den bewegenden Impuls dar.[218] Die Seele eines Lebewesens ist das Prinzip aller Lebensfunktionen und als solche ist diese *in* ihm.[219] Daher gibt es berechtigte Gründe, dass Aristoteles auf der Immanenz der Formen insistiert. In *De anima* geht er sogar so weit zu negieren, ob man zu fragen braucht, ob die Seele und der Körper eins seien, genauso wie man nicht fragt, ob das Wachs und die Gestalt darauf eins seien.[220] Selbst in VII 11, in dem es hauptsächlich um die Wesensbestimmung geht, macht Aristoteles immer noch die Immanenz der Formen deutlich.[221] Daher sind seine Formen nicht vom Problem des Chōrismos betroffen; gleichwohl wird er mit einem anderen, nicht minder schwierigen Problem konfrontiert.

Es gehört zu Aristoteles' Grundüberzeugungen, dass das Erkennen das Allgemeine und die Form zum Gegenstand hat; dagegen sind sinnenfällige Einzeldinge aufgrund ihrer Partikularität nicht erkennbar.[222] Wenn jeder Mensch seine eigene Form hat, besteht wohl die Gefahr, dass der Mensch unerkennbar würde. Selbst wenn alle Menschen die gleiche Form haben – da die Form allgemein ist, welche von den unzähligen Formen der zahlosen Menschen wird erkannt? Die des Sokrates oder die des Kallias? Gibt es Gewähr dafür, dass die Form des Sokrates identisch mit der des Kallias sein *muss*, sowie dafür, dass man im Denken die Form des Sokrates als die des Menschen erkennt? Wenn man eine Form des Menschen denkt, die zu keinem der Einzelmenschen im eigentümlichen Sinn gehört, denkt man dann eine Form, die doch transzendent ist? Müssen sich Immanenz und Transzendenz in Wirklichkeit gegenseitig ausschließen? Im Folgenden werden wir den Sinn der Allgemeinheit einer eingehenden Prüfung unterziehen; eine Allgemeinheit, die zwischen Transzendenz und Immanenz vermittelt und mithin die Seinsweise der Formen offenbart. Hinzu kommt, dass ein besseres Verständnis von der Kompati-

---

218 Phy. II 1, 192b13–14: τούτων μὲν γὰρ ἕκαστον ἐν ἑαστῷ ἀρχὴν ἔχει κινήσεως καὶ στάσεως. Zu aristotelischer Natur: Höffe 2005, 455–460; zur Form als Natur bei Aristoteles: Perl 2014a, 77–82; mehr zur Wirkungsmächtigkeit der Formen: Kap. IV § 3.2, § 3.3.

219 Buchheim bringt diese kausale Immanenz so auf den Punkt: „Die Seele – und mithin die Form – *ist* die sich selbst erhaltenende Lebensaktivität eines so und so verfassten organischen Körpers und *besteht in* seinen durch sie primär verursachten Bewegungen und Verhaltensweisen." (2002, 15, Hervorh. v. m.).

220 De an. II 1, 412b6–8: διὸ καὶ οὐ δεῖ ζητεῖν εἰ ἓν ἡ ψυχὴ καὶ τὸ σῶμα, ὥσπερ οὐδὲ τὸν κηρὸν καὶ τὸ σχῆμα, οὐδ' ὅλως τὴν ἑκάστου ὕλην καὶ τὸ οὗ ἡ ὕλη. Generell in Met. VIII 6, 1045b17 f.

221 1037a29–30: ἡ γὰρ οὐσία ἐστὶ τὸ εἶδος τὸ ἐνόν, ἐξ οὗ καὶ τῆς ὕλης ἡ σύνολος λέγεται οὐσία.

222 VII 15, 1039b27–31: διὰ τοῦτο δὲ καὶ τῶν οὐσιῶν τῶν αἰσθητῶν τῶν καθ' ἕκαστα οὔτε ὁρισμὸς οὔτε ἀπόδειξις ἔστιν, ὅτι ἔχουσιν ὕλην ἧς ἡ φύσις τοιαύτη ὥστ' ἐνδέχεσθαι καὶ εἶναι καὶ μή· διὸ φθαρτὰ πάντα τὰ καθ' ἕκαστα αὐτῶν. Das Sein und Nichtsein von sinnenfälligen Dingen geht offenkundig auf Platon zurück. Zum Allgemeinen als Gegenstand des Wissens: siehe oben § 3.4.2 mit Anm. 145.

bilität von Transzendenz und Immanenz eine neue Einsicht in die vermeintliche Separation der platonischen Ideen liefern kann.

Um ihre ontologische Funktion auszuüben, müssen die Formen immanent und allgemein sein. Das Idion-Argument macht die Immanenz und Eigentümlichkeit der Form stark. Damit scheint den Formen die Allgemeinheit abgesprochen zu sein; denn das Allgemeine befindet sich in mehreren Einzelwesen. Dennoch müssen wir uns Aristoteles' kurioses Argument genauer ansehen, um feststellen zu können, was für eine Allgemeinheit zurückgewiesen wird.

> τίνος οὖν οὐσία τοῦτ' ἔσται; ἢ γὰρ πάντων ἢ οὐδενός, πάντων δ' οὐχ οἷόν τε· ἑνὸς δ' εἰ ἔσται, καὶ τἆλλα τοῦτ' ἔσται· ὧν γὰρ μία ἡ οὐσία καὶ τὸ τί ἦν εἶναι ἕν, καὶ αὐτὰ ἕν.
>
> *Metaphysik* VII 13, 1038b12–15

> Wessen Substanz soll dies nun sein? Gewiss entweder aller oder keiner. Dass es von allem ist, ist unmöglich; wenn es aber von einem ist, so würde das andere dies sein. Denn die Dinge, deren Substanz eine und deren „Was hieß es zu sein" eins ist, sind selbst eins.

Die beiden Alternativen, πάντων ἢ οὐδενός, sind leicht zu erklären. Wenn die Substanz allgemein ist, muss sie in derselben Beziehung zu allem stehen, dem sie zukommt.[223] Dass sie nicht Substanz von keinem sein kann, ist selbstverständlich, da sie dann ja nicht mehr οὐσία wäre.[224] Daher verwundert es nicht, dass Aristoteles diese Alternative nicht näher erläutert. Hat er Erläuterungen für die Zurückweisung der ersten Alternative gegeben? Die Antwort hängt davon ab, wie man die dunklen Sätze „ἑνὸς δ' εἰ ἔσται κτλ." versteht. Nach Burnyeat ist dies ein zusätzliches Argument.[225] Nach Wedin ist dieses Argument gegen einen (imaginären) hartnäckigen Freund des Allgemeinen gerichtet, der sich die allerletzte Rettung des Allgemeinen so vorstellt, dass es vielen Einzelwesen gemeinsam sei, Substanz aber

223 Patzig/Frede Komm. II, 248; Wedin (2000, 372) stimmt diesem „uniformity principle for universals" zu.

224 Nach Patzig/Frede (Komm. II, 250) erreicht das Argument erst sein intendiertes Ziel, wenn nicht nur gezeigt werden könne, dass das Allgemeine nicht nur Wesenheit von nichts, dem es zukommt, sein könne, sondern auch, dass es Substanz von schlechthin nichts sei. Aber man fragt sich, ob Aristoteles mit dem Argument unbedingt auf diesen eher überflüssigen Schluss hinauswollte. Denn weil das Allgemeine der Natur nach mehreren zukommt, wird ihm der Anspruch auf Substanz bereits de facto abgesprochen, wenn gezeigt wird, dass es Wesenheit von nichts, dem es zukommt, sein kann. Jedenfalls wird dieses vermeintliche Endziel des Arguments zum einen an der Stelle gar nicht zur Sprache gebracht, zum anderen ist es aus dem erwähnten Schluss leicht abzuleiten, wie Patzig und Frede (*ibid.*) selbst eingestehen.

225 Burnyeat 1979, 131: „Then he adds, as by afterthought: and if you think I've left out an alternative […]."

nur eines von diesen sein könne.[226] Dies ist freilich unmotiviert. Rätselhaft ist vor allem das fiktive Szenario, dass alles eins würde, wenn das Allgemeine nur οὐσία von einem wäre. Dies ist sehr wohl Aristoteles' Rechtfertigung, dass das Allgemeine nicht Substanz von allem sein kann. Denn *alles* würde aufgehoben. Aristoteles' nicht weniger rätselhafte Erklärung lautet: ὧν γὰρ μία ἡ οὐσία καὶ τὸ τί ἦν εἶναι ἕν, καὶ αὐτὰ ἕν. In Wirklichkeit findet sich dasselbe Argument bereits in der achten Aporie. Dort erwägt Aristoteles, ob für alles Einzelne die Substanz eine sein soll. Er lehnt diese Möglichkeit ab. Der Grund ist Folgendes: Alles, dessen Substanz eine ist, wird selbst eins.[227] Eine verdinglichende Konzeption der zahlenmäßigen Einheit liegt dieser absurden Konsequenz zugrunde. Wenn die Substanz des Menschen wie ein einzelner Mensch wäre, könnte sie sich nur in eine Materieportion, in eine Kongregation von Knochen und Fleisch, mischen und dort als Form wirken. Dann würden alle Menschen zu einem einzigen werden.[228] Aus dieser Perspektive ist das Argument leicht erklärlich. Aristoteles geht von dem Moment der Immanenz (ὑπάρχειν) aus, das für das Sein nicht wegzudenken ist. Dann wird das Allgemeine in der Weise eines konkreten Einzelnen eingeführt: Das Allgemeine wird gleichsam zu einem Einzelwesen gemacht. Unter dieser Vorstellung ist leicht verständlich, warum ein so konzipiertes Allgemeines nicht Substanz von allem sein kann. Die Sätze „ἑνὸς δ' εἰ ἔσται κτλ." stellen Aristoteles' Begründung für die Ablehnung der ersten Alternative dar. Denn die Pluralisierung würde dadurch, dass eine vermeintlich allgemeine Form Substanz von einem ist, schon aufgehoben; von *allem* könnte nicht mehr die Rede sein.

Was Aristoteles als absurd verwirft, ist eine verdinglichende Vorstellung des Allgemeinen, die eine Form zu einem *Ding* macht. Die Allgemeinheit der Form würde damit aufgehoben. Eines noch: Aus einer derartigen Verdinglichung ergibt sich eine transzendente Seinsweise der Form. Diese steht neben allen anderen Dingen, deren Form sie ist. Dass diese Form der Transzendenz Aristoteles sehr am Herzen liegt, ist darin zu sehen, dass er in VII 13 den dritten Menschen namentlich

226 Wedin 2000, 369–372. Von aller dramatischen Inszenierung befreit, ist Wedins These im Grunde nicht viel anders als Ross' Auslegungsvorschlag (Met. Komm. II, 210). Patzig und Frede haben in ihrem Kommentar (Komm. II 248–251) die Erklärungen von Burnyeat und Ross kritisiert, konnten selber aber keine schlüssige Lösung vorlegen. Bostock (1994, 192) kommt dabei nicht wesentlich über eine Paraphrase der Passage hinaus.

227 Met. III 4, 999b20–22: πρὸς δὲ τούτοις πότερον ἡ οὐσία μία πάντων ἔσται, οἷον τῶν ἀνθρώπων; ἀλλ' ἄτοπον· ἓν γὰρ πάντα ὧν ἡ οὐσία μία.

228 Reeve (2016, 327) interpretiert treffend: „The substance of man for a Platonist is man-itself, which is a substantial particular. The substance of A, however, cannot be separate from A, since it must be present in it. (I 9 991a13). So if man-itself is present in A and B, A and B cannot be separate from each other and so must be one." Das gleiche Argument liegt hier vor. Jedoch muss man sich klarmachen, dass eine derartig dinghafte Vorstellung der Idee keineswegs Platon zuzuschreiben ist.

ins Spiel bringt. Dem ist jedoch entgegenzuhalten, dass ein verdinglichendes Hinausstellen durchaus nicht die einzige Spielart der Transzendenz ist. Gleich unten versuchen wir, den Sinn der Transzendenz bei Platon und bei Aristoteles herauszuarbeiten. Nun aber, weil Aristoteles den Nachdruck auf Immanenz legt, gilt zuerst zu klären, wie man sich die Eigentümlichkeit und Immanenz der Formen vorstellen soll.

Dass Aristoteles die immanenten Formen als körperlich bzw. raumerfüllend ablehnt, ist bereits seiner Kritik an Eudoxus' materialistischer Mischungslehre zu entnehmen. Indessen ist dies nicht die einzige Art der Immanenz. Eine Farbe, z. B. das Rot, kann durchaus in mehreren Dingen zugleich vorhanden sein. Dies lassen Aristoteles' Grundregeln in den *Kategorien* zu. Das Rot ist zwar sinnenfällig, jedoch nicht körperlich. Deshalb dürfte die Existenzweise des Roten Hinweise auf die Seinsweise der immanenten Formen geben. Im *Parmenides* hat Platon den jungen Sokrates auf eine ähnliche Möglichkeit hinweisen lassen. Das Argument des dritten Großen, welches wir oben analysiert haben, ist eingebettet in die Diskussion über die Teilhabe der Einzelwesen an Ideen. Der betagte Philosoph fragt den jungen Sokrates, wie Einzeldinge an den Ideen teilhaben. Er stellt zwei Möglichkeiten auf: Entweder hat ein Einzelding an der ganzen Idee oder nur an einem Teil von ihr teil. Die beiden Alternativen werden so umformuliert, dass entweder eine Idee gänzlich in einem Dinge vorkommt oder lediglich ein Teil von ihr in je einem Einzelwesen. Sollte die Idee eine körperliche, raumerfüllende Entität sein, könnte sie nicht als Ganze zugleich in mehreren Einzeldingen anwesend sein. Diese Möglichkeit wird kurz angedeutet, aber kurzerhand zurückgewiesen.[229] Dieselbe Existenzweise wird auch in Aristoteles' Rezeption der eudoxischen Mischungslehre ins Spiel gebracht und abgelehnt. Daraufhin schlägt Sokrates ein neues Verständnis der Ideen vor, nach dem eine Idee jeweils als ein und dieselbe an vielen Dingen anwesend sein kann:

> οὐκ ἄν, εἴ γε, φάναι, οἷον ἡμέρα εἴη μία καὶ ἡ αὐτὴ οὖσα πολλαχοῦ ἅμα ἐστι καὶ οὐδέν τι μᾶλλον αὐτὴ αὑτῆς χωρίς ἐστιν, εἰ οὕτω καὶ ἕκαστον τῶν εἰδῶν ἓν ἐν πᾶσιν ἅμα ταὐτὸν εἴη.
>
> *Parmenides* 131b3–5

> Das wäre nicht der Fall, habe er entgegnet, wenn die Idee wie ein Tag wäre, der als einer und derselbe überall zugleich ist und trotzdem keineswegs von sich selbst getrennt ist, und wenn auf diese Weise auch jede Idee als eine in allen Dingen zugleich dieselbe wäre.

Das Tageslicht ist unkörperlich. Deshalb kann es zugleich auf viele verschiedene Orte fallen, und an jedem Ort ist das Licht gleich. Und weil es nicht der Zahl nach

229 Parm 131b1–2: ἓν ἄρα ὂν καὶ ταὐτὸν ἐν πολλοῖς καὶ χωρὶς οὖσιν ὅλον ἅμα ἐνέσται, καὶ οὕτως αὐτὸ αὑτοῦ χωρὶς ἂν εἴη.

eins ist, ist es von dem absurden Szenario, dass sich ein und dasselbe Ding gleichzeitig an mehreren Orten befindet, nicht betroffen. Themistius hat sich der Lichtmetapher bedient, um das Verhältnis zwischen dem einen νοῦς ποιητικός und den vielen νοῖ ποιητικοί zu verdeutlichen.[230] Es ist letztlich die Materie, welche zur Individualisierung führt, wie etwa Mauern das *eine* Licht in mehrere Lichtportionen *teilen*, von denen jede Portion einen Innenhof erfüllt. Das Licht ist immer dasselbe, wohin auch immer es fällt. Das Verhältnis von Einheit und Vielheit lässt sich dementsprechend gut verstehen. Allerdings lässt Parmenides Sokrates seine Lichtmetapher nicht weiterführen. Was noch bezeichnender ist, ist, dass der greise Metaphysiker zur Illustration das Licht durch einen materialen Gegenstand ersetzt.

> ἡδέως γε, φάναι, ὦ Σώκρατες, ἓν ταὐτὸν ἅμα πολλαχοῦ ποιεῖς, οἷον εἰ ἱστίῳ καταπετάσας πολλοὺς ἀνθρώπους φαίης ἓν ἐπὶ πολλοῖς εἶναι ὅλον· ἢ οὐ τὸ τοιοῦτον ἡγῇ λέγειν;
> ἴσως, φάναι.
> ἦ οὖν ὅλον ἐφ' ἑκάστῳ τὸ ἱστίον εἴη ἄν, ἢ μέρος αὐτοῦ ἄλλο ἐπ' ἄλλῳ;
> μέρος.
> μεριστὰ ἄρα, φάναι, ὦ Σώκρατες, ἔστιν αὐτὰ τὰ εἴδη, καὶ τὰ μετέχοντα αὐτῶν μέρους ἂν μετέχοι, καὶ οὐκέτι ἐν ἑκάστῳ ὅλον, ἀλλὰ μέρος ἑκάσου ἂν εἴη.
> φαίνεται οὕτω γε.
> ἦ οὖν ἐθελήσεις, ὦ Σώκρατες, φάναι τὸ ἓν εἶδος ἡμῖν τῇ ἀληθείᾳ μερίζεσθαι, καὶ ἔτι ἓν ἔσται ;
> οὐδαμῶς, εἰπεῖν. *Parmenides* 131b–c

> Hübsch, Sokrates, habe er gesagt, wie du ein- und dasselbe zugleich überall hinbekommst, als ob du mit einem Segeltuch viele Menschen bedeckst und behaupten möchtest, es sei als eines auf vielen und als Ganzes. Oder meinst du nicht, dass dies deine Behauptung ist?
> Vielleicht, habe er geantwortet.
> Wäre dann das Segeltuch auf jedem als Ganzes oder jeweils ein anderer Teil von ihm auf einem anderen?
> Ein Teil.
> Geteilt also, Sokrates, habe er gesagt, sind die Ideen selbst; und was an ihnen teilhat, nähme an einem Teil teil, und die Idee wäre nicht mehr in jedem als Ganze, sondern als ein Teil von jeder.
> So scheint es wenigstens.
> Willst du, Sokrates, nun behaupten, dass die eine Idee für uns wirklich geteilt ist und dennoch weiterhin eine sein wird?
> Auf keinen Fall, habe er geantwortet.

Ein Segeltuch ist ein körperliches Ding. Ein und dasselbe Ding kann nicht zugleich an verschiedenen Dingen existieren. Daher kann ein jedes Einzelwesen bloß an einem Teil der Idee teilhaben; mit anderen Worten, nur ein Teil einer Idee befindet sich an jedem sinnenfälligen Ding, welches an ihr teilhat. Dass sich aus einer solchen materialistischen Vorstellung von Ideen schwierige Probleme bezüglich des

230 Dazu Kap. II § 4.1.

Verhältnisses zwischen Einzeldingen und Ideen ergeben, hat Aristoteles in seiner Widerlegung der Mischungslehre dargelegt. Platon lässt Parmenides die Ungereimtheiten vor Augen führen. Die Diskussion endet vorerst aporetisch.[231] Indessen dürfte die Lichtmetapher, die Parmenides ohne jegliche Begründung über Bord wirft, über die Seinsweise der aristotelischen Formen Aufschluss geben. Die Unkörperlichkeit macht es möglich, dass ein und dieselbe Form sich an mehreren Dingen befindet, so wie das Rot an verschiedenen roten Gegenständen anzutreffen ist. Die Form des Menschen ist einem Einzelmenschen immanent und diesem insofern eigentümlich, als sie *in ihm* ist. Dies ist eingestandenermaßen eine schwache Auslegung des Idion-Arguments, welches Immanenz und Eigentümlichkeit der Formen bekräftigt.[232] Aber die so verstandene Immanenz ist verträglich mit der für die Erkenntnis unabdingbaren Allgemeinheit. Wie oben in § 2.3.3 ausgeführt, macht Aristoteles in *De ideis* das Gemeinsame (τὸ κοινόν) zum Gegenstand des Wissens. An einer Stelle im Aporienbuch gibt Aristoteles die Eigenschaften zu erkennen, welche

---

231 Parm. 131c–e, wie z. B. ein großes Ding durch Teilhabe an einem Teil des Großen groß ist, aber zugleich gerade aufgrund dieses Teils des Großen kleiner ist als das Große selbst, was absurd ist. Bezeichnend ist weiter, dass Platon anschließend noch eine andere Art von materialistischer Vorstellung ins Spiel bringt. Denn hierauf folgt das dritte Große. Anschließend schlägt Sokrates vor – wohl weil er keinen Ausweg sieht, dass die Idee lediglich ein Gedanke (νόημα) ist. Dieser Erklärungsansatz wird aufgrund des Fehlens von sachhaltigem Bezug verworfen.

232 Gleichwohl muss klar gesagt werden, dass Patzig und Frede diese Deutung auf keinen Fall akzeptieren (Komm. I, 53–54). Gegen eine solche Individualität des Eidos, die in Wirklichkeit die Allgemeinheit desselben zulässt, spricht Frede (1978=1987, 67) mit aller Deutlichkeit. Nach der individualistischen Deutung ist das Eidos, nicht die Materie, das Prinzip der Individuation und der Identität eines Individuums. Die Individualität des konkreten Einzelnen geht auf die Individualität seines Eidos zurück. Daher muss die Form des Sokrates inhaltlich von der des Kallias verschieden sein. Hier ist nicht der Ort, sich mit dieser These detailliert auseinanderzusetzen. Nur sei auf zwei Punkte aufmerksam gemacht: 1. Dass die Individuation auf die ὕλη zurückgeht, ist im Corpus Aristotelicum gut belegt, außer der berühmten Stelle Met. VII 8, 1034a6–7 auch I 6, 988a3–4, V 6, 1016b32–33, Top. V 4, 133b9, de part. animal. I 4, 644a25; dieser Sachverhalt ist schon am Ende der achten Aporie (III 4, 999b23–24) impliziert. 2. Es ist schwierig vorstellbar, wie die Form, welche in erster Linie als Funktion verstanden wird, überhaupt als Prinzip der Individualität gelten kann. Frede selbst (*ibid.* 68; 1985=1987, 78) gibt zu, dass sich in einem Eidos kein Merkmal findet, das dieses von den anderen gleichartigen Eidē unterscheiden könnte. Er lässt die Individualität des Einzelnen nicht auf das Eidos selbst rekurrieren, sondern auf die Geschichte desselben (*ibid.* 69–71). Es ist allerdings schwierig denkbar, dass eine Form überhaupt eine Geschichte hat. Aristoteles' Aussage in *De anima* spricht eindeutig dagegen. In I 4 (408b1 ff. spez. b13–15) macht Aristoteles deutlich, dass nicht die Seele, Frede zufolge die individuelle Form eines individuellen Menschen, hasst, liebt oder lernt, sondern der Mensch mit seiner Seele. Die Geschichte des Individuums lässt sich keineswegs auf seine Form zurückführen. Kurz und prägnant konstatiert Mesch (1996, 136–137 Anm.3): „[...] dass bereits wegen der Undefinierbarkeit des Einzelnen die Annahme individueller Formen grundsätzlich fragwürdig erscheinen muß."

ein Gegenstand des Wissens haben muss. Dieser muss zugleich ein Eines, Selbiges und Allgemeines sein.[233] Die ersten beiden hängen aufs Innerste miteinander zusammen. Wie ist das „ein und dasselbe" zu verstehen? Die neunte Aporie ist der Erörterung von Einheit als Bedingung des Wissens gewidmet. Aristoteles unterscheidet die Einheit der Zahl nach (ἀριθμῷ ἕν) von einer Einheit der Art nach (εἴδει ἕν). Beide Arten erfüllen die Bedingung nicht. Die Allgemeinheit der immanenten Formen, zu der Aristoteles mit den Ausführungen in VII 13 gekommen ist, weist eine Einheit der Art nach auf. Die Form des Sokrates ist gleich der des Kallias. Dennoch genügt eine solche Einheit alleine nicht. Denn die Formen, die zwar der Art nach gleich, aber über mehrere Dinge verstreut sind, können nicht Gegenstände des Wissens sein. Ein Gegenstand des Wissens muss ein *Eines* über allen Einzelwesen sein[234] – und wir können hinzufügen, dass dieses Eines stets mit sich identisch sein muss. Läge lediglich eine bloße Einheit der Art nach vor, welche von den mehreren der Art nach gleichen Formen würde man erkennen? Diejenige in Sokrates oder die in Kallias? Erkannt wird streng genommen *die* Form des Menschen, die über allen Einzelmenschen und mithin über allen immanenten Formen von ihnen liegt, was der eigentliche Sinn der Formel ἓν ἐπὶ πάντων ist. Eine eher schwache Einheit der Art nach kann freilich das wirkliche Eine nicht gewährleisten. Was hat es aber mit der anderen Alternative zu tun? Auf den ersten Blick scheint die numerische Einheit die Bedingung zu erfüllen. Aber mit „der Zahl nach eins" ist ein dinghaftes Einzelnes gemeint. Oben wurde in der Analyse des Idion-Arguments die absurde Konsequenz dieser Einheit dargestellt. Wenn es numerisch nur *eine* Form des Menschen gäbe, könnte es nur einen Menschen in der Wirklichkeit geben, weil die Form zu dem, dessen Form sie ist, gehören muss.[235] Es *scheint*, dass man hier in eine Sackgasse geraten ist. Aber, wie bei vielen Aporien, ist diese Aporie lediglich eine scheinbare.

Immer wieder betont Aristoteles, dass die Formen als Gegenstände des Wissens allgemein sein müssen, nicht zuletzt auch an der eben zitierten Stelle aus der achten Aporie. Das Allgemeine ist das, was sich in mehreren Dingen findet. Die immanenten Formen sind insofern allgemein, als z. B. die Form des Menschen in allen Menschen anwesend ist. Auf der anderen Seite haben wir darauf hingewiesen, dass

233 III 4, 999a28–29: ᾗ γὰρ ἕν τι καὶ ταὐτόν, καὶ ᾗ καθόλου τι ὑπάρχει, ταύτῃ πάντα γνωρίζομεν. Die achte Aporie behandelt die Gegenstände des Wissens, vor allem in Bezug darauf, ob diese neben den Einzelwesen sein können.

234 Met. III 4, 999b26–27: καὶ τὸ ἐπίστασθαι πῶς ἔσται, εἰ μή τι ἔσται ἓν ἐπὶ πάντων;

235 Met. III 4, 999b33–1000a1: τὸ γὰρ ἀριθμῷ ἓν ἢ τὸ καθ' ἕκαστον λέγειν διαφέρει οὐθέν· οὕτω γὰρ λέγομεν τὸ καθ' ἕκαστον, τὸ ἀριθμῷ ἕν, καθόλου δὲ τὸ ἐπὶ τούτων. Anschließend schildert Aristoteles ein befremdliches Szenario: Wenn die Form als Prinzip sinnenfälliger Dinge der Zahl nach eine wäre, gäbe es so viele Prinzipien bzw. Formen der Buchstaben wie die Buchstaben selbst (1000a2–3).

die Formen *an sich* nicht allgemein sind.[236] Alexander merkt ganz richtig an, dass die Allgemeinheit der Form akzidentiell ist. In der *Quaestio* 1.3 nimmt Alexander die Wesensbestimmng des Menschen als Beispiel. Die Natur, die in jedem Menschen da ist, ist an sich nicht allgemein:

> τοῦ γὰρ ἀνθρώπου ὁρισμός, τὸ ζῷον πεζὸν δίπουν, κοινόν ἐστιν, ἐν πᾶσιν ὂν τοῖς καθέκαστα ἀνθρώποις ὁλόκληρον ἐν ἑκάστῳ, κοινὸν τῷ ἐν πλείοσιν εἶναι τὸ αὐτό, ἀλλ' οὐ τῷ μέρους αὐτοῦ μετέχειν ἕκαστον. ἕκασκος γοῦν τῶν ἀνθρώπων ζῷον πεζὸν δίπουν ἐστί. διὸ οὐδὲ τῶν κοινῶν ὡς κοινῶν οἱ ὁρισμοί, ἀλλὰ τούτων, οἷς κοινοῖς καθ' ἑκάστην φύσιν εἶναι συμβέβηκεν. καὶ γὰρ ἑνὸς ὄντος ἐν ὑποστάσει ἀνθρωποῦ μόνου ὁ αὐτὸς τοῦ ἀνθρώπου λόγος· οὐ γὰρ διότι ἐν πολλοῖς ἐστιν οὗτος ὁ λόγος αὐτοῦ, ἀλλὰ διότι κατὰ τὴν τοιαύτην φύσιν ὁ ἄνθρωπος ἄνθρωπός ἐστιν, εἴτε πλείους εἶεν κεκοινωνηκότες τῆσδε τῆς φύσεως εἴτε μή.
>
> *Quaestio* 1.3, 8,8–17, Bruns

> Denn die Wesensbestimmung des Menschen als landlebendes und zweifüßiges Lebewesen ist [insofern] allgemein, [als] sie sich in allen einzelnen Menschen und jeweils als Ganzes befindet. [Sie ist] allgemein, weil sie als identisch in mehreren [Menschen], aber nicht, weil jeder [Mensch] an einem Teil von ihr teilhat. Jedenfalls ist jeder Mensch ein landlebendes, zweifüßiges Lebewesen. Daher sind die Wesensbestimmungen nicht [Wesensbestimmungen] von Dingen, die an sich als allgemein gelten, sondern von denjenigen, denen es in Bezug auf deren jegliche Natur ein Zufall ist, dass sie allgemein sind. Denn selbst, wenn es nur einen Menschen gäbe, wäre die Bestimmung des Menschen dieselbe. Denn es ist nicht dadurch, dass sie in vielen [einzelnen Menschen] ist, dass dies die Bestimmung des Menschen ist, sondern dadurch, dass ein Mensch aufgrund einer bestimmten Natur ein Mensch ist, sei es, dass diese Natur sich in mehreren Menschen findet, sei es nicht.

Ich zitiere die ganze Passage, weil Alexander in ihr den Sachverhalt deutlich erläutert. Obwohl das Wort ὁρισμός steht, wird aus dem Kontext klar, dass es nicht um Definition als sprachliche Artikulation geht, sondern um die Substanz mit ihrem „Was hieß es zu sein".[237] Zuerst schließt Alexander eine dinghafte Vorstellung der Substanz aus. Jede οὐσία ist als Ganze in einem Menschen zugegen. Dass der Mensch ein landlebendes und zweifüßiges Lebewesen ist, gehört zu Aristoteles' Standardbeispielen. Alexander nennt diese Form des Menschen die Natur desselben. In jedem Einzelmenschen ist die gleiche Natur vorhanden, und dies macht die Form zu einer allgemeinen Natur. Alexander macht zugleich klar, dass die Substanz des Menschen nur dadurch allgemein ist, dass es mehrere Menschen gibt und dass jeder davon diese Natur in sich hat. Deshalb ist die Allgemeinheit ein Zufall für die Natur. Selbst wenn es nur einen einzigen Menschen gäbe, bliebe diese Natur intakt; aber sie hörte dann auf, allgemein zu sein. Aristoteles' eigene Bestimmungen der Allgemeinheit lassen sich auch so verstehen. Die Allgemeinheit ist bloß ein Resultat,

236 Dazu siehe oben § 3.4.3 die Ausführungen mit dem Zitat von Met. VII 13, 1038b11–12.

237 Dies macht Sharples in einem Anmerkung zu der Übersetzung klar: Sharples 1992, 25 Anm. 46.

gehört aber nicht zur Natur einer Form bzw. einer Substanz. In diesem Lichte gesehen entschärfen sich gewisse Gegensätze, die Aristoteles in der Aporiendiskussion hervorhebt.

Aristoteles setzt in der letzten Aporie die Allgemeinheit (καθόλου) dem Einzelnen (καθ' ἕκαστα) entgegen und konstatiert, dass das Allgemeine nicht ein Dieses (τόδε τι) sein kann.[238] Jetzt steht fest, dass die Form weder allgemein noch ein Einzelnes ist. Sie transzendiert vielmehr Allgemeinheit und Partikularität. Damit einhergehend ist jener Gegensatz zwischen Einheit der Zahl und der Art nach. Es ist mittlerweile deutlich geworden, dass das Dieses kein Einzelwesen, sondern eine Form als Substanz ist, welche in dem „Was hieß es zu sein" ihre innere Struktur offenbart. Die Frage ist vielmehr, ob eine Form, die ein Dieses ist, über eine Einheit der Art nach hinaus eine selbstständige Seinsweise hat. Mit anderen Worten, ob ein Dieses abgetrennt an und für sich existiert. Diese Streitfrage der aristotelischen Eidoslehre ist seinen Kommentatoren nicht entgangen. Porphyrius stellt in der *Isagoge* drei berühmt gewordene Fragen auf, die für das Verstehen des Allgemeinen entscheidend sind: 1. Sind Gattungen und Arten lediglich in Begriffen (ἐπίνοιαι) vorhanden oder bestehen diese an sich (ὑφίστημι)? 2. Falls sie an sich existieren, sind sie körperlich oder unkörperlich? 3. Existieren sie in sinnenfälligen Dingen oder getrennt von diesen?[239] Die Antwort auf die erste Frage ist klar: Sowohl die Arten wie auch die Gattungen sind nicht nur Begriffe, sie sind vielmehr an sich seiend. Was die zweite Frage anbelangt, sind die beiden nicht körperlich. Die dritte Frage, ob sie getrennt von sinnenfälligen Dingen existieren können, ist allerdings noch nicht entschieden. Alexander hat die Allgemeinheit aus dem wesentlichen Kern der Form entfernt, zu einer selbstständigen Seinsweise der Formen äußert er sich jedoch nicht. Auf der anderen Seite ist die Trennung der Ideen von sinnenfälligen Dingen ein schwerwiegender Kritikpunkt an Platons Lehre. Eine Klärung über eine mögliche transzendente Seinsweise der Formen muss Licht auf die Problematik der Trennung der Ideen werfen können. Es wird sich zeigen, dass zwischen aristotelischen Formen und Einzelwesen einerseits und zwischen platonischen Ideen und sinnlichen Erscheinungen bzw. sinnenfälligen Gegenständen andererseits eine durchaus vergleichbare Struktur besteht.

---

238 Die zwölfte Aporie: 1003a5–17. Das τόδε τι bezeichnet ein Einzelding in der Aporie.
239 *Isagoge*, 1, 9–14, Busse.

5.2 Immanenz und Transzendenz

In seiner Kritik bemängelt Aristoteles, dass die Ideenlehre zur Trennung der Ideen führt. Immer wieder werden der platonischen Ideenlehre Züge wie Trennung, Verdopplung und Zwei-Welten-Theorie zugeschrieben.[240] Dies lässt den Anschein entstehen, dass Aristoteles seine Theorie der Substanz ganz im Gegensatz zu seinem Lehrer entwickelt hat. Was Aristoteles' scheinbar strikte immanente Position anbelangt, stehen wir vor der Frage, ob er seinen Substanzen doch eine transzendente Seinsweise zutraut. Daher bietet es sich an, das Thema der Transzendenz und der Immanenz bei den beiden Philosophen in ihren wesentlichen Zügen zu analysieren, um die letzte der drei porphyrischen Fragen zu beantworten. Am Ende werden wir imstande sein, den produktiven Nous, dessen ontologischen Status und erkenntnistheoretische Eigenschaften wir im vorigen Kapitel herausgearbeitet haben, in den breiteren Kontext der aristotelischen Metaphysik einzuordnen.

In Bezug auf die Frage nach der Beziehung zwischen Ideen und sinnlichen Einzelwesen haben sich die Kommentatoren begriffliche Unterscheidungen ausgedacht, um den verwickelten Sachverhalt zu entwirren. Proklus unterscheidet drei Entitäten: 1. das, woran nicht teilgehabt wird (τὸ ἀμέθεκτον). Dies sind die Ideen, die getrennt von den teilhabenden Dingen sind. 2. Das, woran teilgehabt wird (τὰ μετεχόμενα). Dies sind die Eigenschaften, die in sinnenfälligen Dingen sind, wie das Menschsein in Sokrates. 3. Das Teilhabende (τὰ μετέχοντα): Dies sind die Einzeldinge.[241] Sie haben nicht direkt an den Ideen teil, sondern an den Bestimmungen, die sie in sich haben. Es gibt eine klare ontologische Reihenfolge zwischen den drei Entitäten. Jedes Teilhabende ist ontologisch minderwertiger als das, woran es teilhat; und ferner ist das, woran teilgehabt wird, wiederum minderwertiger als das, woran nicht teilgehabt wird.[242] Und als das, an dem nicht teilgehabt wird, transzendieren die Ideen alle Einzelwesen. Proklus knüpft mit seinem Schema an die

240 Fine stellt in ihrer ausführlichen Arbeit zur Separation fest: „[...] that *nowhere* in the middle dialogues, even allowing that the *Timaeus* is a middle dialogue, does Plato use ‚chōris' or its cognates of forms [...]. It is true that in two later dialogues, the *Parmenides* and *Sophist*, Plato applies ‚chōris' to forms, or to form-like entities. But it is not clear this involves commitment to IE." (Fine, 1984=2003, 274, Hervorh. v. m.). „IE" bedeutet „capacity for independent existence" or „ontological separation". Damit bezieht Fine diese Art der Trennung auf das Früher der Natur und Wesenheit nach (κατὰ φύσιν καὶ οὐσίαν). Das Früher in diesem Sinne heißt, was ohne anderes sein kann, während dies nicht ohne jenes sein kann (Met. V 11, 1019a2–3). Dazu Fine *ibid.* 256. Nach ihrer Untersuchung bedarf keines der zentralen Motive der platonischen Philosophie notwendig einer Trennung im Sinne von IE (*ibid.* 273–280).

241 Proclus *Elemente der Theologie* §§ 23–24.

242 *Elemente der Theologie* § 24: πᾶν τὸ μετέχον τοῦ μετεχομένου καταδεέστερον, καὶ τὸ μετεχόμενον τοῦ ἀμεθέκτου.

Tradition der vorwiegend neuplatonischen Kommentatoren des Aristoteles an, die verschiedene Formen der Allgemeinheit und damit der Beziehung zwischen Ideen und Dingen festzustellen versuchen. Mit Proklus' Unterscheidung eng verwandt ist die bekannte Unterscheidung zwischen ante rem, in re und post rem, welche auf die Aristoteles-Kommentare der Platoniker zurückgeht.[243] Schon der Ursprung dieser begrifflichen Unterscheidungen zeigt, dass die Kommentatoren sich bemühen, Gemeinsames im Verhältnis zwischen intelligiblen Formen bzw. Ideen und sinnlichen Einzelnen festzustellen.[244]

Der Sache nach ist dies aber keine Errungenschaft der spätantiken Kommentatoren. Schon Alexander kennt bis zum gewissen Grade den Unterschied. In der *Quaestio* 1.11a hält er das Lebewesen als Natur (φύσις) und das als Gattung (γένος) auseinander. Das Lebewesen als Gattung kann von mehreren einzelnen Tieren ausgesagt werden, setzt aber die Existenz von diesen voraus. Deshalb ist die Gattung allgemein, aber post rem. Dagegen hat das Lebewesen als Natur an sich nichts mit Allgemeinheit zu tun, wie die Natur des Menschen in Quaestio 1.3.[245] Das Lebewesen sowie der Mensch als Natur sind sicherlich in den Einzelwesen; aber können sie alle Einzelwesen transzendieren und in der Weise von ante rem sein? Nach Alexander ist eine Natur intakt, auch wenn es nur ein einziges Einzelwesen gibt, das die Natur verkörpert. Die Substanz hängt zwar nicht von irgendeinem bestimmten Einzelwesen, jedoch von der Existenz von Einzelwesen ab. Wie würde etwa, wenn es überhaupt keinen einzigen Menschen gäbe, die Natur des Menschen immer noch existieren? Es *scheint*, dass eine vollständige Unabhängigkeit sich von aller Instanziierung befreien muss. In den beiden genannten Quaestiones hat Alexander diesen Schritt nicht gewagt. Nach Perl hat Platon niemals in seinen Dialogen von

243 Diese drei Formen des Allgemeinen werden in der antiken Kommentierung als das Allgemeine „vor der Vielheit (πρὸ τῶν πολλῶν)", das allgemeine „in der Vielheit (ἐν τοῖς πολλοῖς)" und schließlich das allgemeine „nach der Vielheit (ἐπὶ τοῖς πολλοῖς)" bezeichnet. Diese drei Bezeichnungen begegnen z. B. bei Philoponos' Kommentar zu *Kategorien:* In Cat. 58, 13–23, Busse.

244 Man könnte solche interpretative Ansätze als Bemühungen der *platonischen* Kommentatoren sehen, Aristoteles interpretatorisch auf Platons Seite zu ziehen. Allerdings setzt diese Sichtweise einen krassen Gegensatz zwischen den beiden Philosophen voraus.

245 Siehe Quaestio 1.11a, 21,24–30, Bruns. Die *Quaestio* ist eine Erläuterung zu einem Satz aus *De anima:* τὸ δὲ ζῷον τὸ καθόλου ἤτοι οὐδέν ἐστιν ἢ ὕστερον (De an. I 1, 402b7–8). Alexander macht nicht deutlich, ob mit Lebewesen als γένος Lebewesen als Natur oder Lebewesen als Begriff gemeint ist. Zu einer ausführlichen Analyse dieser Quaestio: Tweedale 1984. Zu der Überlieferung und den arabischen Editionen dieser Quaestio: Sharples 1992, 50, Anm. 126. Ruland 1979 bietet eine deutsche Übersetzung der beiden arabischen Fassungen der Quaestio 1.11a.

uninstanziierten Ideen gesprochen.[246] Und Aristoteles, der die Immanenz der Formen stark betont, zieht eine solche Möglichkeit kaum in Erwägung. Ist den Substanzen, sowohl Platons Ideen wie auch den Formen von Aristoteles, lediglich eine abgeschwächte Selbstständigkeit zuzuerkennen? Wir scheinen bei den Ergebnissen von VII 13 stehenzubleiben: Die immanenten Formen weisen nur eine Einheit der Art nach auf. Aber wir haben argumentiert, dass eine solche Einheit den Bedingungen für das Wissen nicht gewachsen sein kann. Hinzu kommt, dass Aristoteles zufolge die Substanz selbstständig bzw. abtrennbar (χωριστόν) sein muss.[247] Im Folgenden versuchen wir zu ermitteln, ob es eine andere Variante der Transzendenz gibt, die in den Rahmen der platonischen sowie aristotelischen Ontologie hineinpassen kann.

Es ist nicht zu leugnen, dass signifikante Unterschiede zwischen Platon und Aristoteles bezüglich der Konzipierung von Substanzen bestehen. Sie lassen sich von verschiedenen Forschungsinteressen leiten, haben unterschiedliche Auffassungen von Transzendenz, vor allem vom Gattungsallgemeinen. Trotzdem darf man grundlegende Gemeinsamkeiten nicht aus den Augen verlieren. Wir konzentrieren uns auf die intelligiblen Eigenschaften, welche die beiden Denker für ihre Theorien zulassen, um den wahren Sinn der Transzendenz bei ihnen ausfindig zu machen. Eine Form ist nicht ein Stück formloser Materie, noch ist sie ein zusammengesetztes Etwas, sondern eine Struktur, die dieses Stück Materie zu einem bestimmten Etwas macht. Dementsprechend zeigt diese Sache auch diese Struktur, um erkannt werden zu können. Man erkennt einen Menschen als einen Menschen, weil er dank seiner Form über diese Struktur verfügt. Dasselbe gilt für die Schönheit eines Menschen oder die Gerechtigkeit einer Handlung; diese sind Qualitäten, für die Platon Ideen einsetzt. Um es mit Perls Worten zu sagen: Jede Sache, sei es ein Naturding, sei es eine Eigenschaft, hat einen „Look", und dieser „Look" weist das Dieses einer Sache auf.[248]

Die Form als Seinsstruktur ist charakteristisch für die antike Auffassung von Sein (τὸ ὄν, εἶναι). In V 7 unterschiedet Aristoteles verschiedene Bedeutungen von Sein: Im akzidentiellen Sinn, das Sein an sich, im Sinne des Wahren und das Sein der Möglichkeit bzw. der Wirklichkeit nach.[249] Auffällig ist es, dass das Sein als

---

246 Perl 1999, 351 mit Anm. 42. Fine (1984=2003, 288–289) räumt ein, dass Platon sich nicht über uninstanziierte Ideen geäußert hat, glaubt jedoch, dass dies, wenigstens für Ideen der Artefakte, möglich ist. Aber streng genommen gibt es für Artefakte keine Ideen.

247 Met. V 8 1017b25, VII 3, 1029a28.

248 Perl 2014a, passim, spez. 22–27, in Bezug auf Aristoteles: 75. Ausführlich Perl 1999, spez. 340–342. Bekanntlich stammen die beiden Begriffe, Idee (ἰδέα) und Form ((εἶδος), von Verben (ἰδεῖν bzw. οἶδα), die das Sehen bzw. das Wissen im Sinne von Sehen, bedeuten.

249 Met. V 7 1017a7 ff.

raumzeitliche Existenz gar nicht thematisiert wird. Dies heißt, dass, selbst wenn das Sein die Existenz der Einzeldinge in Raum und Zeit bedeuten kann, diese Bedeutung philosophisch irrelevant ist.[250] Für Kahn drückt das wahrhaftige (veridical) den eigentlichsten Sinn des Seins aus. Danach ist zweierlei zu merken: Erstens drückt das Sein eine bestimmte Beschaffenheit aus, wie etwa, dass „x ist" „x ist so" bedeutet; zweitens ist diese Beschaffenheit wahr, wie es z. B. der Fall ist, dass x so ist.[251] Der berühmte Homo-Mensura-Satz des Protagoras bringt diesen Sinn des Seins ganz klar zum Ausdruck.

> πάντων χρημάτων μέτρον ἄνθρωπον εἶναι, τῶν μὲν ὄντων ὡς ἔστι, τῶν δὲ μὴ ὄντων ὡς οὐκ ἔστιν.
>
> Platon *Theaetetus* 152a=DK80B1
>
> Maßstab aller Dinge sei der Mensch, vom Seienden, dass es ist, vom nicht Seienden, dass es nicht ist.

Auf den ersten Blick drückt das alleinstehende „ἔστι" eine raumzeitliche Existenz aus.[252] Allerdings macht Sokrates' anschließende Erörterung den Sinn des ὄν deutlich: Beim Wehen desselben Windes ist es kalt für uns, aber nicht kalt für die anderen. Das ὄν impliziert keine raumzeitliche Existenz, sondern Zustand und Struktur.[253] Graeser zufolge kann man nur den Ideen das Sein in vollem Sinn zuschreiben, weil diese ewig und immer mit sich identisch sind.[254] Dies gilt nicht nur für die Ideen, Aristoteles' Formen sind ebenfalls unveränderlich. Aber solche Struktur oder Beschaffenheiten sind nicht sinnenfällig und deswegen nicht wahrnehmbar. Es gibt viele Menschen, die sich sehr voneinander unterscheiden, und ein und derselbe Mensch ist stetigen Veränderungen unterworfen. Das gleiche gilt für die platonische Schönheit. Dieselbe Figur oder Farbe kann schön und nicht schön

250 In Post. Anal. II 1 (89b24–25) unterscheidet Aristoteles zwischen der Frage nach „Ist es oder nicht" und der nach „Was ist es": ζητοῦμεν δὲ τέτταρα, τὸ ὅτι, τὸ διότι, εἰ ἔστι, τί ἐστιν. Die erstere scheint sich auf die raumzeitliche Existenz einer Sache zu beziehen. Aber nach Kahn (1976=2009, 65–66) gehört dies zu ganz wenigen Ausnahmen („But such passages are almost the exception that proves the rule.").

251 Kahn 1966=2009, 26 mit Anm. 5, 1969=2009, 153–156. Kahn macht deutlich: „I shall simply cite the facts that ‚esti tauta' in Greek means ‚these things are so'; that the participle ‚on' (or ‚eon'), ‚what is', means ‚what is so', i. e. the truth or the facts of the case […]."

252 Etwa wie das englische „is" in „There is …".

253 *Theaetetus* 152b. Zur Erklärung: Kahn 1981=2009, 93–94.

254 Graeser 1982, 29. Nach Graeser bezeichnet das ὄν bzw. εἶναι „Zuständlichkeit und Bestand, sei es das Gegebensein identifizierbarer Gegenstände oder das Bestehen von Sachverhalten". Ferner ist das ὄν alleine unvollständig (elliptisch), und muss durch „ist …" ergänzt werden (Graeser 1982, 32, 34–35). Obwohl Graeser den Terminus „veridical" nicht verwendet, ist seine Deutung des Seins nicht viel anders als Kahns Interpretation.

erscheinen. Auf der anderen Seite haben alle Menschen ein bestimmtes Aussehen, welches sie alle gleichermaßen als Menschen ausweist. Und mutatis mutandis lässt sich dasselbe von allen schönen Dingen und Handlungen sagen.

Aristoteles hat die Teilhabe der Einzeldinge an den Ideen und deren Vorbildfunktion als leere Worte verworfen.[255] Die beiden sind zu Recht zu verwerfen, *wenn* sie im Sinne von Kopien verstanden werden. Ein Beispiel mag dies deutlich machen: Als erstes ist ein Auto als Vorbild *da*, dann werden neun weitere Autos exakt *nach diesem* produziert, so dass es am Ende zehn *gleiche* Autos gibt. Diese neun Autos sind Kopien des ersten. Wenn das erste Auto eine Idee des Autos ist, ergibt sich aus dieser Art des Nachahmens das dritte Auto bzw. der dritte Mensch. Aber das Verhältnis zwischen den Ideen und den an ihnen teilnehmenden Dingen ist nicht als Kopien zu verstehen. Eine Form ist eine Struktur, die sich in den Einzelwesen zeigt und nach der die Einzelwesen als solche erkannt und benannt werden, weil sie von ihr die Identität haben.[256] Bleiben wir bei den Autos: Wenn die Struktur des Autos als Vorbild für die Produktion von Autos dient, und danach neun Autos hergestellt werden, gibt es am Ende neun Autos, von denen jedes diese Struktur aufzeigt. Die Teilhabe der Autos an der Struktur bedeutet, dass diese als Muster in jedem einzelnen Auto ist; aber jedes Auto ist doch ein anderes als die anderen. Hieraus ergibt sich kein dritter Mensch, weil das Muster und die neun Autos auf verschiedenen Ebenen sind. Nach Perl sollten die Teilhabe und die Ideen als Vorbilder auf diese Weise verstanden werden.[257] Aristoteles vermeidet eine solche *Redeweise*, um sich von seinem Lehrer zu distanzieren. Es ist bekannt, dass Aristoteles die Immanenz der Formen akzentuiert und die platonischen Ideen attackiert. Anstatt übereilt die

---

255 Met. I 9, 991a20 – 22: τὸ δὲ λέγειν παραδείγματα αὐτὰ εἶναι καὶ μετέχειν αὐτῶν τἆλλα κενολογεῖν ἐστὶ καὶ μεταφορὰς λέγειν ποιητικάς.

256 Grundlegend ist die parmenideische These: [...] τὸ γὰρ αὐτὸ νοεῖν τε καὶ εἶναι (DK28B3). Graeser (1977) versteht es dahingehend als Identität von Sein und Gedachtwerden, um den realistischen Bezug des Denkens besser zum Ausdruck zu bringen: „Denn die für Parmenides' Überlegungen fundamentale Annahme, dass das Denken von etwas eo ipso die sprach- und denkunabhängige Existenz des Gedachten involviert, weist ihn der Sache nach als Realisten aus, nicht aber als Idealisten." (1977, 149). Während Graeser die Priorität des Seins vor dem Denken treffend hervorhebt, muss dieser Feststellung hinzugefügt werden, dass sich das Sein *nur* im Denken intelligibel zeigt. Die Identität zwischen Sein und Denken ist streng zu nehmen. Zu Parmenides' Gleichsetzung von Sein und Denken außer Graeser auch Rapp ^{2}2007, 110 – 115. Zu einer guten Darstellung von Sein und Denken in der antiken Philosophie sei auf Perls Buch verwiesen: Eric D. Perl, *Thinking Being: Introduction to Metaphysics in the Classical Tradition*=Perl 2014a.

257 Perl 1999, 355 f.; 2014, 28 f. Das Beispiel mit dem Auto ist Richard Pattersons Darstellung entnommen (Richard Patterson, *Image and Reality in Plato's Metaphysics*, 1985, 13 – 14). Pattersons Darstellung wird von Perl an den oben genannten Stellen erwähnt.

Fronten zwischen Platon und Aristoteles zu verhärten, tun wir gut daran, uns Klarheit über die Sachlage zu verschaffen.

Bei der Kontroversie um die Immanenz geht es lediglich um die sinnenfälligen Gegenstände. Aristoteles hat eine andere Einstellung zu ihnen als sein Lehrer. Jedes Einzelwesen ist ein Form-Stoff-Synholon. Materialität und Formbarkeit zeichnen einen Stoff aus. In Wirklichkeit ist jeder Stoff eine bestimmte, formbare Materie. Ein Zusammengesetztes hat neben dem Stoff eine Form in sich, welche die formende Funktion ausübt. In alltäglicher Sprache kann man sagen, das Einzelne bei Aristoteles ist ein *festes* Etwas. Daher betont Aristoteles die Immanenz der Formen: Eine Form, die *in* einem Einzelnen ist, macht gerade dieses zu diesem Einzelnen, und das Erkennen der Form betrifft auch die Form, die immanent ist. Platon hat eine andere Vorstellung von seinem Raum. Dieser stellt eine formlose ontologische Grundlage für die sinnlichen Erscheinungen. Kennzeichend für den platonischen Raum ist die Formbarkeit, nicht Materialität. Es ist lediglich *ein* Raum, in dem einzelne sinnliche Erscheinungen auftreten.[258] Jedes Einzelding ist strenggenommen kein Zusammengesetztes von Form und Stoff, sondern eine *Erscheinung*. Es gibt dennoch, wie oben erwähnt, Aussagen von Platon, die auf eine immanente Seinsweise der Ideen anspielen dürften. Im *Phaidon* spricht Sokrates vom Großen und Kleinen in uns und in der Natur.[259] Es ist nicht zu leugnen, dass sinnliche Erscheinungen Züge der Ideen aufzeigen. Daraus ist zu schließen, dass die Ideen eine *gewisse* Präsenz in den sinnlichen Erscheinungen haben, was das „in sich“ begründet. Trotzdem lässt Platon eine immanente Seinsweise der Ideen wohl nicht zu. An Charmides erscheint eine schöne Gestalt, die von der Idee des Schönen herrührt und daher an diese erinnert. In seinen Spätdialogen tendiert Platon dazu, mathe-

258 Mehr zum Raum im *Timaios:* Kap. I § 3.3.

259 *Phaidon* 102b–103b, auch im *Parmenides* (130b) spricht Platon von der Ähnlichkeit in uns. Erhellend ist vor allem Aristoteles’ kurzes Referat über die Idee des Guten in der *Eudemischen Ethik*. Er spricht von der Anwensendheit der Idee in guten Dingen: „τὸ ἀγαθὸν ᾧ ὑπάρχει τό τε πρώτῳ εἶναι τῶν ἀγαθῶν καὶ τὸ αἰτίῳ τῇ παρουσίᾳ τοῖς ἄλλοις τοῦ ἀγαθὰ εἶναι“ (EE I 8, 1217b4–5). Wichtig dazu ist Fines Aufsatz über Immanenz (1986=2003, 301); auch Irwin (1977, spez. 1–4) macht darauf aufmerksam, dass der Anspruch auf Erkenntnis nicht zu Chōrismos der Ideen führen muss, was Aristoteles’ Bericht in Met. I 6 zu widersprechen scheint. Siehe Devereux’ treffende Bemerkung (1994=1999, 209–214): „Plato’s separation of Forms does not involve a complete abandonment of immanence […]. Immaence is rejected in the case of Forms, but retained in the case of immanent characters“ (213). Zur Immanenz der Ideen in sinnenfälligen Dingen, siehe auch Perl 1999. Dancy (1991, 9 f.) nimmt zwar zur Kenntnis, dass manche Stellen in Platons Frühdialogen und auch im *Phaidon* auf Immanenz hinweisen, aber er warnt davor, diese Stellen zu sehr ontologisch auszuwerten. In Bezug auf *Phaidon* 100d3–8 sagt er: „So we have no right to take Socrates’ immanentist language seriously: it is at best metaphorical, and he is telling us that he is not sure what it is metaphorical for“ (15).

matische Strukturen als den Dingen immanente Gestalten zu verstehen. Dies kann als Platons Antwort auf die Kritik an der eher mysteriösen Beziehung zwischen Ideen und sinnlichen Erscheinungen verstanden werden, obgleich er solche Strukturen nicht ohne Weiteres für immanente Ideen hält.[260] Lassen wir den nuancierten Unterschied hinsichtlich des ontologischen Status solcher immanenter Strukturen beiseite, gehen Platon und Aristoteles auf dieselbe Problematik von Einheit und Vielheit ein. Die Immaterialität der inneren Strukturen, sei es als Formen oder Gestalten, ermöglicht, dass ein und dieselbe Struktur an mehreren Dingen vorhanden ist. Aus dieser Sicht erscheint Sokrates' Lichtmetapher insbesondere erhellend. Ein und dasselbe Licht fällt in verschiedene Innenhöfe, und in jedem Hof wird es durch die Mauern und Bäume in verschiedenen Lichtintensitäten *individualisiert.*[261] In jedem Hof ist das Licht da, aber dieses ist nicht absolut identisch mit dem Licht, das rein an sich von oben auf viele Orte hinabscheint. Auf ähnliche Weise ist die Beziehung zwischen transzendenten Ideen und deren immanenten Varianten zu verstehen. Man nimmt *Erscheinungen* der Formen in Einzeldingen wahr, aber nur im Denken werden die Formen aus ihrem Bezug zu sinnenfälligen Einzelheiten herausgelöst und in ihrer Reinheit gefasst.[262] Im *Symposium* lehrt Diotima, dass einem Eingeweihten das Schöne weder als Gesicht noch als Hände, ja als nichts, was zu einem Körper gehört, erscheint, auch nicht als irgendeine Bestimmung oder Erkenntnis oder als etwas, was in einem anderen ist, sei es in einem Lebewesen, sei es auf der Erde oder im Himmel. Das Schöne selbst erscheint „als ein für sich Seiendes, immer in einer Gestalt mit sich identisch (αὐτὸ καθ' αὑτὸ μεθ' αὑτοῦ μονοειδὲς ἀεὶ ὄν)".[263] Auch bei Aristoteles werden die Form

260 Platon sieht geometrische Gestalten als innere Strukturen der fünf Elemente im *Timaios*. Kahn (2013, 169–170, 200–206) ist der Ansicht, dass Platon in seinen Spätdialogen, insbesondere im *Philebus* und *Timaios*, auf das von Aristoteles stark kritisierte Problem der Teilhabe eingeht, indem er die innere Struktur der Erscheinungen klärt. „If now, having given up talk of participation, Plato will claim that these sensible images imitate or resemble the Form […]. The concept of similarity must point here to some formal relation, in virtue of which the Form and its homonym will have the same structure […]. In order to connect the one Form with its many homonyms, there must be something in between that is both one and many, itself intelligible but capable of providing structure for the sensible correlate. It is precisely this missing link between Form and homonym that Plato will now provide in terms of mathematical structures, including numerical ratios as well as geometric forms for the four elements […]" (201). Allerdings erkennt Platon solche Strukturen nicht als Ideen (Formen) an. Wie Kahn richtig anmerkt, wird im *Timaios* die Trennung von Sein und Werden deutlich hervorgehoben (200).

261 Meinwald (2016, 267–268) adaptiert dahingehend diesen Deutungsansatz in der Erörterung der Beziehung zwischen Ideen und Einzelwesen.

262 Wie der Bezug einer Form zu sinnenfälligen Dingen zu verstehen ist, bleibt vorerst dahingestellt. Siehe Graeser 2003, 18.

263 *Symposium* 211b.

und das „Was hieß es zu sein" dem Einzelwesen gegenübergestellt. Die Verwendung der platonischen Formel „an und für sich (αὐτὸ καθ' αὑτό)" in der *Metaphysik* ist bezeichnend.[264] Die Form ist daher in einer Hinsicht im Einzelding, in einer anderen wieder nicht; an sich transzendiert sie alle einzelnen sinnenfälligen Gegenstände und lässt sich nur im Denken erfassen.

Damit eröffnet sich ein neues Verständnis der Transzendenz und der Einheit der Substanzen. Die gängigen Bezeichnungen wie z. B. Trennung oder „zwei Welten" sind deshalb irreführende Metaphern, weil sie räumliche Vorstellungen hervorrufen. Selbst das Begriffspaar Transzendenz und Immanenz ist nicht völlig frei von räumlicher Assoziation. Die gesuchte Einheit ist weder eine Einheit der Art nach noch eine zahlenmäßige, dinghafte Einheit. Sie besteht vielmehr in der Form als intelligibler Entität, die zwar diffundiert in vielen Einzeldingen anwesend, an und für sich (αὐτὸ καθ' αὑτό) dagegen immer eins und mit sich identisch ist. Eine aristotelische Form ist zugleich immanent und transzendent, immanent als Strukturen in sinnenfälligen Einzelwesen, transzendent als rein intelligible Entität. Auch die Idee bei Platon ist zwar transzendent, aber die einer Idee korrespondierenden Struktur, welche der äußerlichen Erscheinung zugrunde liegt, ist immanent. Oben haben wir ausgeführt, dass Aristoteles zufolge das Erkennen insofern stattfindet, als ein Eines, Selbiges und Allgemeines vorliegt. Nun sind die Merkmale aus dem Ausgeführten leicht einsichtig. Das Erkennen findet mit den Formen als denkbaren Gegenständen (νοητά) statt.[265] An und für sich ist eine Form frei von allen sinnlichen Gegebenheiten und ist immer ein stets mit sich identisches Dieses (τόδε). Eine solche Transzendenz, welche auf der reinen Intelligibilität gründet, schließt Immanenz nicht aus. Man braucht nicht auf die hypothetische Frage einzugehen, ob eine Form ohne jegliche Instanziierung noch intakt sei – Selbstständigkeit und Transzendenz einer Form resultiert nicht aus Eliminierung sinnenfälliger Instanziierungen – hierauf kommt es überhaupt nicht an. Ein und dieselbe Form ist in mehreren Dingen seinskonstruktiv anwesend, und aus dieser Perspektive ist die Form allgemein. Neulich hat Katz eine Art der Separation bei Aristoteles festgestellt, die eine Koexistenz der beiden betreffenden Teile zulässt. Dabei beruft Katz sich auf eine Stelle in den *Kategorien*, an der steht, dass die Ursache der Natur nach früher ist als das Verursachte, obwohl die Existenz von beiden, nämlich von der Ursache

264 Met. VII 11, 1037a1–2: καὶ παντὸς γὰρ ὕλη τις ἔστιν ὃ μὴ ἔστι τί ἦν εἶναι καὶ εἶδος αὐτὸ καθ' αὑτὸ ἀλλὰ τόδε τι. Das τόδε τι bezeichnet hier ein Einzelwesen. Zu der platonischen Formel „an und für sich (αὐτὸ καθ' αὑτό)", die die Betrachtung der Formen selbst ohne Mischung mit dem Körper bezeichnet: Perl 2014a, 31 (zu Platon), 87–89 (zu Aristoteles).

265 Die achte Aporie 999a28–29; ferner: εἰ μὲν οὖν μηδέν ἐστι παρὰ τὰ καθ' ἕκαστα, οὐθὲν ἂν εἴη νοητὸν ἀλλὰ πάντα αἰσθητὰ καὶ ἐπιστήμη οὐδενός, εἰ μή τις εἶναι λέγει τὴν αἴσθησιν ἐπιστήμην (999b1–3).

und vom Verursachten gegenseitig bedingt ist. Nun ist die Form als Ursache bzw. Grund der Einzeldinge der Natur nach früher als und ontologisch getrennt von diesen. Diese Priorität und Trennung implizieren jedoch nicht, dass die Form *absolut* separat von sinnenfälligen Dingen existieren muss.[266] Das Denken hat zwar die Form an sich als Gegenstand, aber aufgrund der Immanenz ist eine Form mit sinnenfälligem Einzelnen verbunden. Insofern ist das Denken ein Erkennen sinnenfälliger Dinge wie das Menschsein an Sokrates. Kurz, Einzelheit und Allgemeinheit einerseits, Transzendenz und Immanenz andererseits sind miteinander vereinbar in der aristotelischen Noetik und mutatis mutandis in der platonischen Ideenlehre.[267] In den Substanzbüchern geht Aristoteles den Einzelwesen, die in den *Kategorien* als Substanzen gelten, auf den Grund und stellt die Formen, die das „Was hieß es zu sein" eines Einzelnen ausmachen, als Substanzen im eigentlichen Sinn fest. Nun steht fest, dass die Formen im Denken als rein intelligible Entitäten aktualisiert werden. Die Untersuchung, die Aristoteles in den Substanzbüchern durchführt, weist aus einer immanenten Theorie der Form auf eine Transzendenz hin. Die Formen sind ihrer Natur nach noushaft und im Denken sind sie an sich.[268] Die Ontologie ist somit im Grunde eine Onto-Noologie.

Damit findet die Bestimmung der Formen noch nicht ihr Ende. Im Buch Lambda macht Aristoteles den Gott zum Gegenstand seiner Untersuchung. Der aristotelische Gott ist ein Nous, der seiner Natur nach nichts anderes als aktuales Denken ist. Ob und inwiefern sein Gott mit den noushaften Formen in Verbindung steht, bleibt noch festzustellen. Im nächsten Kapitel wird auf Aristoteles' Thematisierung des Gottes eingegangen. Am Ende der Erörterung wird gezeigt, dass seine Ontologie nicht nur noologisch, sondern auch theologisch aufgefasst werden muss; und noo-ontologisch vermitttelt wird ein Bogen zwischen dem Gott der *Metaphysik* und dem Gott von *De anima* gespannt.[269] Der erstere ist eigentlich der letztere.

---

266 Cat. 12, 14b11–13: τῶν γὰρ ἀντιστρεφόντων κατὰ τὴν τοῦ εἶναι ἀκολούθησιν τὸ αἴτιον ὁπωσοῦν θατέρῳ τοῦ εἶναι πρότερον εἰκότως φύσει λέγοιτ' ἄν. Dazu Katz 2017, 37–39, 47, 49.

267 Jede Idee, die stets eins und mit sich identisch ist, ist der eigentliche Gegenstand des Denkens. Sie ist in dem Sinn allgemein, dass sie den Grund aller ihr entsprechenden, immanenten Strukturen darstellt. Daher hat das Denken einer Idee einen Bezug auf sinnliche Einzelwesen, die als Erscheinungen dieser Idee gelten.

268 Zum Sein als Nous: Kap. II §§ 5.3.1–5.3.3.

269 Dangel (2013, 23) hat dies sehr treffend auf den Punkt gebracht: „[...] und wo Aristoteles auf bemerkenswerte Weise die Ontologie in die Theologie, die Theologie in die Noologie und die Noologie wiederum in die Ontologie überführt."

Das vierte Kapitel – das göttliche Denken in der *Metaphysik* und in *De Anima*

1 Der Gott der *Metaphysik* und der Nous Poiētikos von *De anima*

Im Buch Lambda der *Metaphysik* stellt Aristoteles seinen Gott vor, der ein Nous im Sinne einer reinen Denkwirklichkeit ist. Andererseits geht aus der Analyse des Nous Poiētikos hervor, dass der göttliche produktive Nous von *De anima* noetisches Denken aller Formen ist. Wenn der produktive Nous eine so zentrale Rolle bei Aristoteles spielt, ist man berechtigt zu fragen, ob dieser außer jenen *mysteriösen* sechzehn Zeilen in *De anima* noch von Aristoteles an anderen Stellen thematisiert wird. Des Weiteren stellt Aristoteles' Ontologie die Formen in ihrer eigenen Natur als intelligibel fest. Im Denken transzendieren sie alle Einzelwesen. Es scheint daher nahe zu liegen, die Formen im göttlichen Nous unterzubringen und somit den Gott der *Metaphysik* und den produktiven Nous von *De anima* für identisch zu deuten. Alexander hält den produktiven Nous und den Nous des Buches Lambda für identisch, ohne aber die Identität weiter zu begründen.[1] Die Sache ist freilich viel komplizierter, als dass man Alexanders Deutung ohne Weiteres beipflichten könnte. Denn zum einen hat Aristoteles in den auf uns gekommenen Schriften niemals diese Identifikation explizit gemacht; zum anderen geht aus seinen lapidaren Ausführungen nicht eindeutig hervor, was der Nous des Buches Lambda denkt. Die bekannte Formel „das Denken des Denkens" bringt mehr Fragen als Antworten. Nicht zuletzt ist die Rolle des Gottes umstritten. Einerseits wird in XII 7 von ihm gesagt, dass er als Geliebtes bewegt; andererseits gilt er als erster Beweger der ersten himmlischen Rotationen. Ein vergleichbares Problem ist auch in der Untersuchung des produktiven Nous zu finden. Dieser ist in dem Sinn eine Wirkursache, dass er, als noetisches Bewusstsein aller Formen, dem Abstrahieren des Denkbaren für das menschliche Denken den ontologischen Grund liefert.[2] Es bleibt festzustellen, ob eine ähnliche *bewirkende* Funktion für den göttlichen Nous der *Metaphysik* in Anspruch genommen werden kann. Ohne irgendwelche interpretative Positionen vorwegzunehmen, werden wir den göttlichen Nous vom Buch Lambda einer eingehenden Betrachtung unterziehen, die auf die beiden Fragen nach dem Inhalt und nach der Funktion des Gottes fokussiert. Danach werden wir besser imstande sein,

---

1 Alexander De an. 89, 9–11, Bruns: εἰ ὁ τοιοῦτος νοῦς τὸ πρῶτον αἴτιον, ὃ αἰτία καὶ ἀρχὴ τοῦ εἶναι πᾶσι τοῖς ἄλλοις, εἴη ἂν καὶ ταύτῃ ποιητικός, ᾗ αὐτὸς αἴτιος τοῦ εἶναι πᾶσι τοῖς νοουμένοις.
2 Dazu siehe Kap. II § 4.4.

https://doi.org/10.1515/9783111384719-006

die Beziehung zwischen dem Nous Poiētikos, dem Gott der *Metaphysik* sowie der transzendenten Seinsweise der Formen, die sich aus Aristoteles' Eidoslehre ergibt, zu bestimmen.

2 Der Gott im Buch Lambda

Die Untersuchung des göttlichen Nous findet sich in XII 7 und 9.[3] Eine umfassende Erörterung der beiden Kapitel wird nicht beabsichtigt; stattdessen erkunden wir zunächst, was dieser Nous ist und was er denkt. Im weiteren Schritt versuchen wir, eine mögliche Verbindung zwischen dem produktiven Nous von *De anima* und dem göttlichen Nous der *Metaphysik* zu etablieren.

2.1 Göttliches und menschliches Denken

Unsere Ausführungen im dritten Kapitel zeigen eine transzendente Seinsweise der Formen auf. An sich führen sie ein noetisches Sein als aktual Denkendes und Gedachtes zugleich. Anders ausgedrückt, sie sind Nous. Nun fragen wir, ob der Nous des Lambda gerade diese noetische Seinsweise der Formen ist, und ferner, ob der Nous der *Metaphysik* doch identisch mit jenem göttlichen Nous von *De anima* ist, der als denkendes Bewusstsein aller Formen den menschlichen Nous zum Denken überführt.

In *De anima* geht Aristoteles vom menschlichen Nous auf einen göttlichen, produktiven Nous über. Grundlegend für diese Transition ist die strukturelle Gleichheit zwischen den beiden Intellekten. Der menschliche Nous ist eine bloße Potenzialität zu einer Wirklichkeit, die den göttlichen Nous im Wesentlichen charakterisiert. Im Buch Lambda führt Aristoteles den göttlichen Nous mit der gleichen Struktur ein wie das menschliche Denken.[4] Schritt für Schritt wird der göttliche Nous vom menschlichen Denken abgesetzt. Ein gutes Beispiel ist Aristoteles' Versuch im Kapitel 7, die Eigenart des göttlichen Denkens im Hinblick auf die Dauer aus dem menschlichen Denken heraus zu bestimmen.

---

3 Der Fokus liegt auf dem einen göttlichen Nous, der vor allem in XII 7 und 9 thematisiert wird. Von den anderen 55 Himmelsbewegern, die in XII 8 eingeführt werden, bleibt allerdings unklar, wie sie sich in die Ontologie des Aristoteles integrieren lassen. Sie werden für die vorliegende Untersuchung beiseite gelassen.

4 In seinen Ausführungen über die Noēsis Noēseōs kommentiert Dangel (2013, 130): „Aristoteles nimmt in Anlehnung an Met. XII 7 auch in XII 9 den menschlichen νοῦς zum Ausgangspunkt für seinen Gedankengang […].“ Siehe auch Kap. I § 5.2 Anm. 150 zu Krämers Meinung.

διαγωγὴ δ᾽ ἐστὶν οἵα ἡ ἀρίστη μικρὸν χρόνον ἡμῖν. οὕτω γὰρ ἀεὶ ἐκεῖνο (ἡμῖν μὲν γὰρ ἀδύνατον), ἐπεὶ καὶ ἡδονὴ ἡ ἐνέργεια τούτου (καὶ διὰ τοῦτο ἐγρήγορσις αἴσθησις νόησις ἥδιστον, ἐλπίδες δὲ καὶ μνῆμαι διὰ ταῦτα). ἡ δὲ νόησις ἡ καθ᾽ αὑτὴν τοῦ καθ᾽ αὑτὸ ἀρίστου, καὶ ἡ μάλιστα τοῦ μάλιστα, αὑτὸν δὲ νοεῖ ὁ νοῦς κατὰ μετάληψιν τοῦ νοητοῦ· νοητὸς γὰρ γίγνεται θιγγάνων καὶ νοῶν, ὥστε ταὐτὸν νοῦς καὶ νοητόν. τὸ γὰρ δεκτικὸν τοῦ νοητοῦ καὶ τῆς οὐσίας νοῦς, ἐνεργεῖ δὲ ἔχων, ὥστ᾽ ἐκείνου μᾶλλον τοῦτο ὃ δοκεῖ ὁ νοῦς θεῖον ἔχειν, καὶ ἡ θεωρία τὸ ἥδιστον καὶ ἄριστον. εἰ οὖν οὕτως εὖ ἔχει, ὡς ἡμεῖς ποτέ, ὁ θεὸς ἀεί, θαυμαστόν· εἰ δὲ μᾶλλον, ἔτι θαυμασιώτερον. ἔχει δὲ ὧδε, καὶ ζωὴ δέ γε ὑπάρχει· ἡ γὰρ νοῦ ἐνέργεια ζωή, ἐκεῖνος δὲ ἡ ἐνέργεια· ἐνέργεια δὲ ἡ καθ᾽ αὑτὴν ἐκείνου ζωὴ ἀρίστη καὶ ἀΐδιος, φαμὲν δὴ τὸν θεὸν εἶναι ζῷον ἀΐδιον ἄριστον, ὥστε ζωὴ καὶ αἰὼν συνεχὴς καὶ ἀΐδιος ὑπάρχει τῷ θεῷ· τοῦτο γὰρ ὁ θεός.

Metaphysik XII 7, 1072b14 – 30

[1] Sein Leben aber ist das trefflichste, und wie es bei uns nur kurze Zeit stattfindet, da beständige Dauer uns unmöglich ist, so ist es bei ihm immerwährend. Denn seine wirkliche Tätigkeit ist zugleich Freude. [2] Deshalb ist Wachen, Wahrnehmen, Denken das Angenehmste, und durch dieses erst Hoffnung und Erinnerung. [3] Das Denken an sich aber geht auf das an sich Beste, das höchste Denken auf das Höchste. [4] Sich selbst denkt der Nous durch Teilhabe an dem Denkbaren; denn denkbar wird er selbst, indem er berührt und denkt, sodass der Nous und das Gedachte dasselbe ist. [5] Denn der Nous ist das Aufnehmende für das Denkbare und die Substanz. Er ist in wirklicher Tätigkeit, indem er das Gedachte hat, sodass dies im höheren Grad Göttliches zu enthalten scheint als jenes; und die Spekulation ist das Angenehmste und Beste. [6] Wenn nun so wohl, wie uns zuweilen, der Gott immer ist, so ist er bewundernswert, wenn aber noch in höherem Maße, dann noch bewundernswerter. So verhält es sich aber mit ihm. [7] Und Leben wohnt in ihm; denn des Nous wirkliche Tätigkeit ist Leben, jener aber ist die Tätigkeit; die Tätigkeit an sich ist sein bestes und ewiges Leben. Der Gott ist, so sagen wir, das ewige und beste lebendige Wesen, sodass Leben und stetige, ewige Fortdauer in ihm wohnen. Denn dies ist der Gott.

Der Gott ist Nous, welcher der Wirklichkeit nach intuitives Denken ist. Für Aristoteles ist dieses ein Leben, und das noetische Leben ist das beste, besser als das tierische und als das menschliche Leben.[5] In [1] verbindet Aristoteles ein solches Leben mit der Freude. Aristoteles zufolge entsteht die Freude, während man ungehindert eine Tätigkeit ausübt. Mit Blick auf die Gegenstände unserer Untersuchung kann man die Freude als positive Gemütsstimmung, die während der Aktualisierung der Potenziale aufkommt.[6] Nach [2] bereiten Wachen, Wahrnehmen und Denken dem Menschen Freude. An einer Stelle aus der *Eudemischen Ethik* nennt Aristoteles den Grund dafür: Das Wahrnehmbare (τὸ αἰσθητόν) und das

5 Insofern teilt er dieselbe Ansicht wie Platon. Denn für Platon ist das wahrhaft Seiende, d. h. der Ideenkosmos, ein Leben. Siehe *Sophistes* 248e–249a, Ausführungen dazu: Kap. II § 5.3.1.

6 NE VII 12, 1153a9 – 11; in einem Fragment aus dem *Protreptikos* sagt Aristoteles ausdrücklich: ἀλλὰ μὴν ἥ γε τελεία ἐνέργεια καὶ ἀκώλυτος ἐν ἑαυτῇ ἔχει τὸ χαίρειν, ὥστε ἂν εἴη ἡ θεωρητικὴ ἐνέργεια πασῶν ἡδίστη (*Protreptikos* Fragment 14, Ross). Dazu ausführlich Elders 1972, 182 – 185, auch Judson (2019, 229) verweist auf NE VII 8 – 13 und X 1 – 5 zur Verbindung von Freude und Denken. Zu Aristoteles' Bestimmung der Freude in der *Nikomachischen Ethik:* Urmson 1988, 103 – 104.

Erkennbare (τὸ γνωστόν) sind deshalb angenehm, weil man dadurch zu Bestimmtheit kommt. Nach Aristoteles' kurzer Erläuterung ist die Bestimmtheit zweifach zu interpretieren: Erstens gelange man durch das Vermögen zum Wahrnehmen und zum Erkennen zu einem bestimmten Gegenstand des Wahrnehmens bzw. des Erkennens. Darüber hinaus werde man sich seiner Tätigkeiten und damit seiner Selbst bewusst und man spüre die Freude des Lebens.[7] Während in [2] im Allgemeinen von verschiedenen Seelentätigkeiten geredet wird, bezieht sich Aristoteles im nächsten Schritt [3] auf das Denken an sich. Das „ἡ δὲ νόησις ἡ καθ' αὑτήν" führt das Augenmerk nur auf das Denken selbst, abgesehen von allem, was nicht im strengen Sinn zum Denken gehört.[8] Die Superlative verweisen auf eine Hierarchie, die sich letztlich auf den Rang des Denkbaren gründet. Aristoteles' prägnanter Äußerung ist jedoch nicht mit Sicherheit zu entnehmen, in welchem Bezug der Rang des Denkens bzw. des Denkbaren als das Höchste und Beste bestimmt wird. Das Denken kann unter Wachen, Wahrnehmen und Denken das Beste sein, weil generell das Denkbare höher ist als das Wahrnehmbare und das Denken höher als der Zustand des Wachens. Es ist aber auch möglich, dass das Denken an sich aufgrund des im höchsten Grad Denkbaren das Beste und Höchste ist. Während die erste Deutung besser zum unmittelbaren Kontext passt, weist die zweite einen zentralen Aspekt der aristotelischen Noetik auf.[9] Die Hierarchie der Arten des Denkbaren wird wiederholt in diesem und im neunten Kapitel erwähnt und für die Darstellung des höchsten göttlichen Nous vorausgesetzt. Hierauf werden wir gleich

---

7 *Eudemische Ethik* VII 12, 1245a2–10: καὶ τὸ γνωστὸν καὶ τὸ αἰσθητόν ἐστιν ὡς ὅλως εἰπεῖν τῷ κοινωνεῖν τῆς ὡρισμένης φύσεως· ὥστε τὸ αὑτοῦ βούλεσθαι αἰσθάνεσθαι τὸ αὐτὸν εἶναι τοιονδὶ βούλεσθει ἐστίν. ἐπεὶ οὖν οὐ κατ' αὑτούς ἐσμεν ἕκαστον τούτων, ἀλλὰ κατὰ μετάληψιν τῶν δυνάμεων ἐν τῷ αἰσθάνεσθαι ἢ γνωρίζειν (αἰσθανόμενος μὲν γὰρ αἰσθητὸς γίνεται ταύτῃ καὶ κατὰ τοῦτο, καθὰ πρότερον αἰσθάνεται, καὶ ᾗ καὶ οὗ, γνωστὸς δὲ γινώσκων)· ὥστε διὰ τοῦτο καὶ ζῆν ἀεὶ βούλεται, ὅτι βούλεται ἀεὶ γνωρίζειν, τοῦτο δὲ ὅτι αὐτὸς εἶναι τὸ γνωστόν. Das Erkennbare (γνωστόν) und Erkennen (γνωρίζειν) sind in einem breiteren Sinn zu verstehen, der kognitive Tätigkeiten wie Intuition, diskursives Denken einschließt. Dazu Elders 1972, 188. Dem ist hinzuzufügen, dass das Sichwahrnehmen und das Sichdenken von unterschiedlicher Natur sind. Das Wahrnehmen von sich selbst während einer aktualen Wahrnehmung geschieht nur nebenbei; das Sichdenken macht dagegen das Wesen des Denkens aus. Zum Selbstbezug bei kognitiven Tätigkeiten: Kap. I § 5.2.

8 Dazu Elders 1972, 186–187, auch Herzberg 2016, 167: „καθ' αὑτό plays the role of highlighting a faculty with respect to its very own function (ἔργον), for the sake of which it came into being." Herzberg merkt richtig an, dass die Partikel δέ im verbindend-weiterführenden Sinn (connective-continuative) zu verstehen ist.

9 *Nikomachische Ethik* X 4 (1174b14–23): αἰσθήσεως δὲ πάσης πρὸς τὸ αἰσθητὸν ἐνεργούσης, τελείως δὲ τῆς εὖ διακειμένης πρὸς τὸ κάλλιστον τῶν ὑπὸ τὴν αἴσθησιν [...] κατὰ πᾶσαν γὰρ αἴσθησίν ἐστιν ἡδονή, ὁμοίως δὲ καὶ διάνοιαν καὶ θεωρίαν, ἡδίστη δ' ἡ τελειοτάτη, τελειοτάτη δ' ἡ τοῦ εὖ ἔχοντος πρὸς τὸ σπουδαιότατον τῶν ὑπ' αὐτήν. Siehe Herzberg 2016, 168. Auch Elders (1972, 187) und Laks (2000, 234) deuten die Superlative noetisch aus.

zu sprechen kommen. In [4] gibt Aristoteles die grundlegende Struktur des Denkens zu erkennen. Erstens: Der denkbare Gegenstand enthält den noologisch-ontologischen Vorrang. Das Denken heißt, dass der Nous zum aktual gedachten Gegenstand wird, wobei der Nous als das Denkende zu sich kommt. Zweitens: Das Denken ist im Wesentlichen ein Sichdenken des Nous.[10] Das Berühren ist Aristoteles' Metapher für das ganzheitliche Denken. An dieser Stelle suggeriert die Unmittelbarkeit zwischen dem Berührenden und dem Berührten die Einheit von Denkendem und Gedachtem. Diese Einheit ist strenger zu konzipieren als die Unmittelbarkeit des Berührens. Während das Berührende und das Berührte trotz der Direktheit zwei sind, wird das Denkende im Denkvollzug eins mit dem Gedachten.[11] Indessen lassen die Hervorhebung des Teilhabens sowie die Bestimmung des Nous als das Aufnehmende des Denkbaren in [5] annehmen, dass Aristoteles an dieser Stelle das Denken des Menschen thematisiert.[12] Allerdings wäre es schon etwas befremdlich, dass er innerhalb der Darstellung des göttlichen Nous unvermittelt zum Denken des Menschen zurückkehrte. Zu Beginn in [1] und am Ende in [6] und vor allem in [7] wird der Gott zwar als Nous vom Menschen abgehoben; aber er wird aus einer Struktur herauskonstituiert, welche dem menschlichen sowie dem göttlichen Nous gemeinsam ist. Es ist richtig, vom Nous des Menschen zu sagen, dass er durch Teilhaben am Denkbaren denkt; aber dies trifft nichtsdestoweniger auf den Gott zu. Die Priorität des Gedachten geht aus dem Vorrang des Seins hervor. Aristoteles macht in [5] deutlich, dass das Denkbare die οὐσία ist.[13] Damit ist es die Form, die das Denkbare und das Gedachte ausmacht. Das Denken ist seinsbezogen, nicht

---

10 Zur Gleichheit von Denkendem und Gedachtem siehe vor allem Kap. I § 5.2, auch Kap. II § 5.3.1 zu Platons noetischer Deutung der Ideen und des Ideenganzen.

11 Dieselbe Metapher auch in der *Metaphysik* IX 10, 1051b24–25: τὸ μὲν θιγεῖν καὶ φάναι ἀληθές (οὐ γὰρ ταὐτὸ κατάφασις καὶ φάσις), τὸ δ' ἀγνοεῖν μὴ θιγγάνειν [...]. Der korrespondierende sprachliche Ausdruck ist das einfache Nennen (φάσις), in dem die ganzen Bedeutungen unentfaltet eingeschlossen sind. Dagegen sind Propositionen (κατάφασις καὶ ἀπόφασις) analytisch-dianoetisch, weil Teile einer Proposition auseinander gehalten werden. An einer Stelle in *De Interpretatione* unterscheidet Aristoteles das Nennen von bejahenden und verneinenden Propositionen: λόγος δέ ἐστι φωνὴ σημαντικὴ ἧς τῶν μερῶν τι σημαντικόν ἐστι κεχωρισμένον, ὡς φάσις, ἀλλ' οὐχ ὡς κατάφασις (De int. 4. 16b26–27). Platon bedient sich dieser Metapher, obwohl er ἐφάπτειν und ἅπτεσθαι für das Berühren wählt. Siehe z. B. *Symposium* 212a, *Phaidon* 65b. Dazu siehe Oehler 1962a, 185–186 mit 186 Anm. 2. Zu Platons Gebrauch von ἅπτεσθαι und ἐφάπτειν: Elders 1972, 188 mit Anm. 135.

12 Nach Oehler (1962a, 202–204) betrifft diese Beschreibung nur den menschlichen Nous. Denn der Nous erfasse sich nur über ein anderes νοητόν und werde daher gleichsam von diesem beherrscht. Neulich deutet Judson (2019, 231) das Teilhaben am Denkbaren als Charakterisierung des menschlichen Denkens.

13 Das καί in „τὸ γὰρ δεκτικὸν τοῦ νοητοῦ καὶ τῆς οὐσίας νοῦς" ist demnach exegetisch zu verstehen. Judson (2019, 32) übersetzt: „For that which is receptive of the object of thought, i. e. of the substance, is intellect."

seinskonstituierend.[14] Der Nous als das Aufnehmende gilt sicherlich dem Nous des Menschen. In III 4 von *De anima* wird der Nous des Menschen als aufnahmefähig (δεκτικόν) definiert. Dort geht Aristoteles auf die Aufnahmefähigkeit des Nous als Vermögens ein. Aufgrund der Seinsbezogenheit des Denkens gilt dies nichtsdestoweniger für das göttliche Denken. Das Denken ist im Prinzip ein Aufnehmen des Denkbaren. In [5] geht er schnell zur Wirklichkeit des Denkens über, weil hier der göttliche Nous thematisiert wird. Es handelt sich um dieselbe noetische Grundstruktur, aber der Schwerpunkt der Erörterung hat sich geändert. Der Nous denkt, indem er das Denkbare in sich hat (ἔχων), und daher ist eher die Denktätigkeit als ein bloßes Vermögen zum Denken das, was der Nous als Göttliches zu haben scheint.[15] Wie eben ausgeführt, sind seelische Tätigkeiten erfreulich, und das Denken (θεωρία) als die höchste Tätigkeit ist im höchsten Grad erfreulich.[16] Die

14 Herzberg (2016, spez. 163–164, 167, 170–171, 174–177) argumentiert für einen wesentlichen Unterschied zwischen dem menschlichen und dem göttlichen Denken. Dieser bestehe darin, dass erstens das menschliche Denken einen Übergang von Potenzialität zu Aktualität involviere und dass zweitens das menschliche Denken von Wahrnehmung und Vorstellung und letztlich vom Körper abhänge. Das Teilhaben am Denkbaren in [4] wird von Herzberg als das Erreichen der ersten Wirklichkeit, nämlich als das Erwerben denkbarer Gegenstände gedeutet. Diese würden bei Denkvollzug zu der Wirklichkeit nach gedachten Gegenständen aktualisiert. Mit anderen Worten: Die denkbaren Gegenstände avancierten in die zweite, volle Wirklichkeit. Dagegen ist Folgendes zu bemerken: Erstens ist zuzugeben, dass das Denken beim Menschen die Mitwirkung der Wahrnehmung und der Vorstellung benötigt; aber diese Vorarbeit gehört streng genommen nicht zum Denken. Zweitens: Zwar ist der menschliche Nous ein Vermögen zum Denken, und mithin schließt das Denken beim Menschen eine Transition ein; aber die Wirklichkeit des Denkens ist beim menschlichen und beim göttlichen Nous *im Wesentlichen* ein und dieselbe, wie gleich unten noch gezeigt wird. Drittens: Wie in den beiden vorigen Kapiteln dargestellt, ist der Nous entweder ein Vermögen oder ein wirkliches Denken. Es gibt keine Zwischenstufe, etwa derart, dass der Nous sich die Begriffe erworben hat und sich dann zum Denken erheben kann. Siehe Kap. I § 4, auch Kap. II § 3.1.

15 Der Konjektur von Jaeger und Ross folgend lesen wir „ὥστ' ἐκείνου μᾶλλον τοῦτο ὃ δοκεῖ ὁ νοῦς θεῖον ἔχειν" anstatt des in den Manuskripten überlieferten „ὥστ' ἐκεῖνο μᾶλλον τούτου …". Oehler (1962a, 202–203), Kosman (2000, 314; 2013, 219), Herzberg (2016, 172 mit Anm. 67) und Reeve (2016, 206), unter anderen, folgen Jaeger und Ross. Zu den möglichen Deutungen: Ross Komm. II, 380–381. Elders (1972, 193–194) schlägt eine neue Analyse der Satzstruktur vor: τοῦτο ist mit dem erklärenden Relativsatz ὃ δοκεῖ ὁ νοῦς das Subjekt, und δοκεῖ bedeutet denken. Das ἐκεῖνο referiert auf den Nous. Danach ist der Satz so zu verstehen: Das, was der Nous denkt, hat im höheren Grad das Göttliche als der Nous. Im Grund weicht diese nicht viel von der hier akzeptierten Deutung ab. Der Nous ist das Vermögen zum Denken, und das aktual Gedachte steht in engster Verbindung mit der Denktätigkeit. Diese Deutung hat sogar den Vorteil, dem δοκεῖ einen in dem Zusammenhang passenden Sinn zu geben. Fraglich ist aber, ob δοκεῖν als Denken gedeutet werden kann.

16 θεωρία bedeutet an dieser Stelle das intuitive Einsehen, die eigentliche Denktätigkeit des Nous. An einer Stelle in Met. IX wird θεωρεῖν als das Denken der Wirklichkeit nach der Potenzialität des

Erfreulichkeit des Denkens geht letztlich auf das Denkbare zurück. Das Sein ist das Beste, im höchsten Maße göttlich und erfreulich. Am besten kann der Mensch durch Denken an der Freude und Göttlichkeit des Seins teilhaben, und zwar je länger umso besser. In [6] nimmt Aristoteles den in [1] vorgebrachten Unterschied wieder auf. Während der Mensch nicht ständig denkt, ist der Gott reines, wirkliches Denken. Dennoch bleibt er nicht an der quantitativen Differenz stehen. Was ist noch „im höheren Maße (μᾶλλον)" als ewiges Denken? Da der göttliche Nous unaufhörlich denkt, kann das μᾶλλον nicht die Länge der Tätigkeit betreffen. In einem Fragment aus dem *Protrepticus* erörtert Aristoteles den Sinn von „μᾶλλον". Das Wort könnte einen Unterschied zwischen Wirklichkeit und Möglichkeit angeben. Wenn von ein und derselben Sache das eine deren Wirklichkeit, das andere dagegen die Möglichkeit von ihr darstellt, ist das erstere „μᾶλλον" als das letztere.[17] Aus dieser Perspektive gesehen besteht der Unterschied zwischen dem göttlichen und dem menschlichen Nous nicht wesentlich in der Länge, etwa so, dass dem Gott ewiges Denken zustieße. Der Unterschied besteht vielmehr darin, dass, während der Nous des Menschen der Natur nach ein Vermögen zum Denken ist, der Gott reine Denktätigkeit ist. Wenn das ewige Denken bereits bewundernswert ist, wird ein Nous, der an sich das Denken ist, noch in höherem Grad (μᾶλλον) bewundernswert. Zum Schluss macht Aristoteles in [7] nochmals deutlich, dass die reine Wirklichkeit des Denkens ein noetisches Leben ist, und dieses Leben vortrefflicher als das menschliche ist.[18]

Zusammenfassend lässt sich Folgendes feststellen: Die Stelle macht den göttlichen Nous, d.h. den Gott, zum Gegenstand der Erörterung. Gleichwohl wird der göttliche Nous aus dem Vergleich mit dem menschlichen Nous heraus bestimmt. Niemals steht der Gott völlig abgesondert vom Menschen. Aus unseren Erörterun-

---

Denkens entgegengesetzt (1048a34–35). Zu dieser und anderen Stellen, an denen die θεωρία als wirkliches Einsehen gedeutet wird: Ross (Komm. II, 381).

17 Aristoteles *Protreptikos* Fragment 14, Ross. Die Aufmerksamkeit auf das Fragment vom *Protrepticus* verdankt sich Reeves Anmerkung (2016, 529). Aber Reeve bezieht die *Metaphysik*-Stelle auf eine andere Stelle des Fragments. Dort erörtert Aristoteles das „auf höherem Grad" in Bezug auf das Früher und Später. Eine Sache selbst ist „μᾶλλον" als das, was diese hervorgebracht hat, z. B. die Gesundheit ist μᾶλλον erstrebenswert als, was sie produziert. An sich ist dies ein möglicher Anwendungsfall von μᾶλλον, passt nicht zu dem Zusammenhang von Aristoteles' Darstellung des Gottes in XII 7. Hier handelt es sich um Gott als reines, wirkliches Denken. Ross (Komm. II, 381) sieht das μᾶλλον darin begründet, dass der göttliche Nous völlig von der Wahrnehmung und Vorstellung unabhängig ist. Mag dies der Sache nach vertretbar sein, passt es ebenfalls nicht in den Zusammenhang von XII 7.

18 Zur Struktur der Darstellung von [7]: Laks 2000, 235–237; Gerson (2004, 353) macht zu Recht darauf aufmerksam, dass das noetische Denken eine Lebensform, nicht bloße Produktivität der Seele ist. Siehe auch Berti 1996, 308–309.

gen der Nouslehre in *De anima* stellt sich der Nous Poiētikos als ein Nous dar, welcher der Natur nach Denktätigkeit ist. Als solcher ist er die Wirklichkeit, deren Vermögen der menschliche Nous ist. Es besteht das gleiche Verhältnis wie das zwischen dem menschlichen und dem göttlichen Nous in der *Metaphysik*. Dies deutet darauf hin, dass der produktive Nous von *De anima* und der göttliche Nous im Buch *Lambda* ein und derselbe sein dürften. Wenn der Gott der *Metaphysik* dasselbe wie der produktive Nous denkt, dürfte als bewiesen gelten, dass die beiden Intellekte eigentlich ein und derselbe sind. Im Folgenden wenden wir uns an die viel disputierte Frage nach dem Inhalt des göttlichen Denkens.

2.2 Noēsis Noēseōs – der Inhalt des göttlichen Denkens

An einer längeren Stelle bestimmt Aristoteles Schritt für Schritt die Noēsis Noēseōs, d.h. das, was sein Gott denkt. Es ist wichtig für unsere Untersuchung, diese Stelle genau zu analysieren.

> τὰ δὲ περὶ τὸν νοῦν ἔχει τινὰς ἀπορίας · δοκεῖ μὲν γὰρ εἶναι τῶν φαινομένων θειότατον, πῶν δ' ἔχων τοιοῦτος ἂν εἴη, ἔχει τινὰς δυσκολίας. εἴτε γὰρ μηδὲν νοεῖ, τί ἂν εἴη τὸ σεμνόν, ἀλλ' ἔχει ὥσπερ ἂν εἰ ὁ καθεύδων· εἴτε νοεῖ, τούτου δ' ἄλλο κύριον, οὐ γάρ ἐστι τοῦτο ὅ ἐστιν αὐτοῦ ἡ οὐσία νόησις, ἀλλὰ δύναμις, οὐκ ἂν ἡ ἀρίστη οὐσία εἴη· διὰ γὰρ τοῦ νοεῖν τὸ τίμιον αὐτῷ ὑπάρχει. ἔτι δὲ εἴτε νοῦς ἡ οὐσία αὐτοῦ εἴτε νόησίς ἐστι, τί νοεῖ; ἢ γὰρ αὐτὸς αὐτὸν ἢ ἕτερόν τι · καὶ εἰ ἕτερόν τι, ἢ τὸ αὐτὸ ἀεὶ ἢ ἄλλο. πότερον οὖν διαφέρει τι ἢ οὐδὲν τὸ νοεῖν τὸ καλὸν ἢ τὸ τυχόν; ἢ καὶ ἄτοπον τὸ διανοεῖσθαι περὶ ἐνίων; δῆλον τοίνυν ὅτι τὸ θειότατον καὶ τιμιώτατον νοεῖ, καὶ οὐ μεταβάλλει· εἰς χεῖρον γὰρ ἡ μεταβολή, καὶ κίνησίς τις ἤδη τὸ τοιοῦτον. πρῶτον μὲν οὖν εἰ μὴ νόησίς ἐστιν ἀλλὰ δύναμις, εὔλογον ἐπίπονον εἶναι τὸ συνεχὲς αὐτῷ τῆς νοήσεως· ἔπειτα δῆλον ὅτι ἄλλο τι ἂν εἴη τὸ τιμιώτερον ἢ ὁ νοῦς, τὸ νοούμενον. καὶ γὰρ τὸ νοεῖν καὶ ἡ νόησις ὑπάρξει καὶ τὸ χείριστον νοοῦντι, ὥστ' εἰ φευκτὸν τοῦτο (καὶ γὰρ μὴ ὁρᾶν ἔνια κρεῖττον ἢ ὁρᾶν), οὐκ ἂν εἴη τὸ ἄριστον ἡ νόησις. αὐτὸν ἄρα νοεῖ, εἴπερ ἐστὶ τὸ κράτιστον, καὶ ἔστιν ἡ νόησις νοήσεως νόησις.
>
> *Metaphysik* XII 9, 1074b15–34
>
> In Bezug auf den Nous gibt es gewisse Schwierigkeiten. Unter dem Erscheinenden[19] nämlich gilt er als das Göttlichste; inwiefern aber und durch welche Eigenschaft er dies ist, ist schwierig

19 Wie Ross (Komm. II, 397) treffend bemerkt, wirkt der Ausdruck „τῶν φαινομένων" auf den ersten Blick merkwürdig. Denn τὰ φαινόμενα referieren in der Regel auf sinnliche Erscheinungen. Mit Berufung auf Bonitz' Index interpretiert Ross τὰ φαινόμενα als alles, was entweder durch die Sinne (senses) oder durch die Vernunft (reason) entdeckt wird. Elders (1972, 248–249) hat Bedenken gegen diese theoretisch mögliche Auslegung. Nach ihm könnten τὰ φαινόμενα entweder auf alles, was uns evident ist, referieren; oder die Worte könnten Resultat eines Fehlers sein, den ein Herausgeber beim Editieren begangen haben dürfte. Reeve (2016, 535) erklärt τὰ φαινόμενα metonymisch: „[T]he

> anzugeben. [1] Denn wenn er überhaupt nicht denkt, sondern sich so verhält wie ein Schlafender, worin läge ihre Würde? [2] Wenn er denkt, dies Denken aber durch etwas anders bedingt ist, so wäre er, weil das, worin seine Wesenheit besteht, nicht das Denken als Tätigkeit, sondern nur das Vermögen dazu wäre, nicht die beste Wesenheit. Denn durch das Denken kommt ihm die Würde zu. [3] Ferner, mag nun der Nous oder mag die Tätigkeit des Denkens seine Wesenheit sein, was denkt er? Entweder denkt er sich selbst oder etwas anderes, [4] und wenn etwas anderes, dann entweder immer dasselbe oder Verschiedenes. Macht es einen Unterschied oder macht es keinen, ob man das Schöne oder das Zufällige denkt? Oder ist es nicht vielmehr unangebracht, manches zum Gegenstand des [diskursiven] Denkens zu machen? [5] Offenbar denkt er das Göttlichste und Ehrwürdigste, und zwar ohne Veränderung; denn die Veränderung ginge zum Minderwertigen, und dies wäre schon eine Bewegung. [6] Erstens, wenn der Nous nicht Tätigkeit des Denkens ist, sondern nur Vermögen, so ist natürlich, dass ihm die Stetigkeit des Denkens mühsam ist. [7] Ferner ist offenbar, dass etwas anderes würdiger wäre als der Nous, nämlich das Gedachte. Denn das Denken und die Tätigkeit des Denkens werden auch dem zukommen, der das Minderwertigste denkt. Wenn nun dies zu fliehen ist, wie es ja auch besser ist, manches nicht zu sehen, als es zu sehen, so wäre demnach die Tätigkeit des Denkens nicht das Beste. [8] Sich selbst also denkt der Nous, wenn er doch das Mächtigste ist, und das Denken ist Denken des Denkens.

Die Beweisführung weist eine verwickelte Struktur auf.[20] Unsere Analyse beschränkt sich auf die Bestimmung des göttlichen Denkens. Dabei wird sich zeigen, dass Aristoteles die Noēsis Noēseōs möglichst parallel zum menschlichen Denken bestimmt und die reine Denkaktualität, die der göttliche Nous an sich ist, gleichsam als Grenzfall der allgemeinen noetischen Struktur statuiert. Aristoteles geht auf zwei Schwierigkeiten ein, von denen die erste die Natur des göttlichen Nous, die zweite den Gegenstand seines Denkens angeht. Beide Probleme werden im siebten Kapitel behandelt, allerdings unter einem anderen interpretativen Zusammenhang: Der Gott als reine Denkaktualität wird in der ersten Hälfte des siebten Kapitels zuerst aus Ortsbewegungen heraus bestimmt.[21] Daraufhin wird er in dem Abschnitt, der oben erörtert worden ist, als der Wirklichkeit nach rein noetisches Leben festgestellt, an dem der Mensch mit seinem Denken gemessen wird.[22] Am Ende des Kapitels wird explizit gemacht, dass der Gott ohne Größe ist. Der aristo-

---

bodies attached to the first heaven are perceptible, so, by transference from part to whole, the heaven and its mover are perceptible phenomena."

20 Zu einer klaren Darstellung der Argumentsstruktur: Ross Komm. II, 397–398, Elders 1972, 248 ff. spez. 252 f. und Brunschwig 2000, 275–276.

21 Auf den Nachweis für den göttlichen Nous aus Bewegungen heraus wird hier nicht eingegangen. Selbst die ewige Kreisbewegung schließt eine Potenzialität der Position nach ein. Mehr dazu siehe unten § 3.1.

22 Diesen Abschnitt kommentiert Bradshaw: „This is the crucial point where Aristotle first ascribes thought to the Mover." (2001, 9).

telische Gott ist reines Denken, getrennt von allem Sinnlichen.[23] Nun wird im neunten Kapitel der Gott als reine Denkwirklichkeit zuerst in Teilen [1] und [2] durch Aufweisen der Absurditäten, zu denen die Annahme, Gott sei ein Denkvermögen, führen würde, konstatiert. In [3] wendet sich Aristoteles einer anderen Frage zu, nämlich, was Gott bzw. der göttliche Nous denkt. Auch diese Frage wurde in der oben analysierten Passage aus dem siebten Kapitel angesprochen. Dort äußert sich Aristoteles: „Das Denken an sich aber geht auf das an sich Beste, das höchste Denken auf das Höchste." Damit weist Aristoteles wohl auf die Rangunterschiede seitens des Denkbaren hin. Zwischen dem Besten und dem Höchsten liegt kein Unterschied. Die beiden Superlative erhellen sich gegenseitig. Das höchste und beste Denken geht auf das beste und höchste Denkbare. Dies lässt annehmen, dass es denkbare Gegenstände gibt, die nicht das Höchste und Beste sind. Wie dies alles zu verstehen ist, hat Aristoteles im siebten Kapitel zu erörtern unterlassen. Nun im neunten Kapitel kommt Aristoteles in der Bestimmung des Inhaltes des göttlichen Denkens wieder auf die Rangunterschiede zurück. Der Gang der Erörterung lautet: Entweder denkt der Gott sich selbst [3.1] oder etwas anderes [3.2]; wenn etwas anders, denkt er entweder stets dies anderes [4.1] oder er wechselt die Gegenstände [4.2].[24] Daraufhin schließt Aristoteles die letzte Möglichkeit [4.2] aus. Der göttliche Nous kann kein Zufälliges überlegen. Damit behält Aristoteles möglicherweise das im Blick, was im Leben auf uns zukommt. Wir erfahren tagtäglich vieles mit unseren Sinnen und ziehen dieses oder jenes in Erwägung. Bezeichnend ist, dass an dieser Stelle nicht das intuitive Denken (νοεῖν), welches das Thema der Erörterung ist, steht, sondern das διανοεῖσθαι. Mit dem diskursiven, überlegenden Denken führt man nicht nur Analyse und logische Folgerung aus; beim Überlegen, Urteilen und bei anderen Formen des Umgangs mit der Außenwelt bedient sich der

---

23 Zu Beginn des letzten Abschnitt stellt Aristoteles bereits fest: ὅτι μὲν οὖν ἔστιν οὐσία τις ἀΐδιος καὶ ἀκίνητος καὶ κεχωρισμέμη τῶν αἰσθητῶν, φανερὸν ἐκ τῶν εἰρημένων· δέδεικται δὲ καὶ ὅτι μέγεθος οὐδὲν ἔχειν ἐνδέχεται ταύτην τὴν οὐσίαν ἀλλ' ἀμερὴς καὶ ἀδιαίρετός ἐστιν (1073a3 – 5). Nach Miller Jr. (2012, 309) sei diese Trennung ontologisch zu verstehen: „Aristotle evidently has in mind *ontological* separability: that is, *X* is separable (chōriston) from *Y*, in the sense that *X* is able to exist without *Y*." Die Festellung der Größenlosigkeit ist das Explizitmachen dessen, was schon in der Bestimmung des Gottes als reines Denkens implizit bleibt. In der *Physik* macht Aristoteles klar, dass alles, was beweglich ist, Größe hat (*Physik* VIII 5, 257a33 – 34). Zur Größenlosigkeit des Gottes: Bradshaw 2001, 3 mit Anm. 4. Die Negation der Größe ergänzt sich mit der Negation des Stoffes im sechten Kapitel (1071b29 – 30).

24 Wie Brunschwig (2000, 282 – 283) richtig bemerkt, lässt Aristoteles die Möglichkeiten, dass der Nous zugleich sich und ein anderes dächte oder dass der Nous den einen Gegenstand ständig, zugleich aber abwechselnd andere denkbare Dinge denkend erfasste, nicht ein. Der Grund ist nicht schwer zu erraten. Im Denkvollzug wird das Denkende zum Gedachten. Ein und derselbe Nous kann nicht gleichzeitig zu verschiedenen Gegenständen werden.

Mensch ebenfalls der Dianoia.[25] In der *Physik* macht Aristoteles klar, dass Lebewesen in sensu stricto keine Selbstbeweger sind. Denn obwohl sie das Prinzip zur Bewegung in sich haben, werden ihre Bewegungen erst von umgebenden Dingen (περιέχον) ausgelöst. Als Beispiele für solche Bewegungen nennt Aristoteles Überlegen (διάνοια) und Verlangen (ὄρεξις).[26] Für den Gott ist es sicherlich unangebracht, erstens sich mit menschlichen Angelegenheiten zu beschäftigen und zweitens vom Umfeld zur Denktätigkeit bewegt zu werden. Er kann nur das Schöne denken. Den Grund dafür expliziert er in [5]: Der Gott kann nur das Göttlichste und Würdigste denken. Diese Feststellung ist im Grunde nichts anderes als eine Umschreibung der These, das beste und höchste Denken gehe auf das Beste und Höchste. Damit endet die Bestimmung des Denkinhalts noch nicht. Der Gott kann nicht den Inhalt seines Denkens wechseln; denn ein Wechsel könnte nur eine Veränderung zum Minderwertigen (χεῖρον) sein. Dies wird wenig später in [7] wieder aufgegriffen. Das Denken darf kein bloßes Vermögen sein. Ansonsten würde dessen Betätigung dem Denkbaren überlassen und sogar das Minderwertigste (χείριστον), welches zu denken man eher vermeidet, könnte den göttlichen Nous zum Denken bewegen. Die beiden Wertungsbegriffe „χεῖρον" und „χείριστον" sowie die Rede von „Fliehen" (φευκτόν) legen eine Deutung im moralischen Sinne nahe. Dennoch wäre ein plötzlicher Themenwechsel zum Moralischen etwas merkwürdig.[27] Die beiden Begriffe stehen offensichtlich im Gegensatz zu den anderen Wertungsbegriffen, nämlich τιμιώτερον und θειότατον. Da diese beiden metaphysische Untertöne haben,[28] sollen die anderen zwei auch entsprechend aufgefasst werden. Demnach weisen „χεῖρον" und „χείριστον" auf Gegenstände hin, die ontologisch niedriger gestellt sind als die Formen. Ein klarer Beweis findet sich im Buch XI der *Metaphysik*. Im siebten Kapitel greift Aristoteles die Division der Wissenschaften, die im Buch VI vorgestellt wurde, wieder auf.[29] Die betrachtenden

25 Die enge Beziehung zwischen dem diskursiven Denken und dem Leben des Menschen wird von Plotin deutlicher gemacht. Dazu siehe Kap. II § 5.1.

26 *Physik* VIII 2, 253a15–18: μᾶλλον δ' ἴσως ἀναγκαῖον, ἐν μὲν τῷ σώματι πολλὰς ἐγγίγνεσθαι κινήσεις ὑπὸ τοῦ περιέχοντος, τούτων δ' ἐνίας τὴν διάνοιαν ἢ τὴν ὄρεξιν κινεῖν, ἐκείνην δὲ τὸ ὅλον ἤδη ζῷον κινεῖν. Siehe Kosman 2013, 196–197.

27 Brunschwig (2000, 286) deutet die Wörter moralisch aus: „This second argument [i. e. 7] also introduces a new principle, according to which every (rational) potency is a potency for contraries: an essentially potential intellect would be actualized by intelligizing both the worst and the best." Elders (1972, 254, 256) interpretiert χείριστον im ontologischen Sinne, aber χεῖρον im Sinne von Gegensätzen.

28 Dazu siehe Kap. II § 3.2.1 para. 7 zum Lichtvergleich. Auch Elders (1972, 254) kommentiert: „θειότατον and τιμιώτερον denote a high degree of ontological perfection."

29 Met. VI 1, 1026a18–23.

Wissenschaften gelten als die höchsten (βέλτιστον) unter allen Wissenschaften, und von diesen ist wiederum die Theologie die höchste, weil sie das Ehrwürdigste unter allem Seienden (τὸ τιμιώτατον τῶν ὄντων) zum Gegenstand hat. Generell gilt, dass das Höher und das Niedriger der Wissenschaften (βελτίων δὲ καὶ χείρων) vom ontologischen Rang ihrer eigentlichen Gegenstände abhängen.[30] χεῖρον hat einen eindeutig ontologischen Sinn. Gegenstände der Physik, Mathematik sowie der praktischen Philosophie und der Kunst sind alle minderwertiger als diejenigen der Theologie. Was das Minderwertigste (χείριστον) und das Fliehen (φευκτόν) anbelangt, gibt eine andere Stelle aus der *Metaphysik* Hinweis darauf, wie man die moralischen Implikationen, welche möglicherweise in diesen Ausdrücken stecken, verstehen soll. In VII 4 macht Aristoteles deutlich, dass ὁ ὁρισμός sowie τὸ τί ἐστιν in sensu lato auf Entitäten anderer Kategorien anwendbar sind. Es gibt daher neben dem Wesenswas schlechthin (ἁπλῶς τί ἦν εἶναι) das qualitative (τὸ ποιὸν τί ἐστι) und das quantitative Wesenswas (τὸ ποσὸν τί ἐστι), oder wie Oehler formuliert, die τὸ τί ἐστιν Frage ist umfassender als die Frage nach dem τὸ τί ἦν εἶναι. Die erstere umfasst alle Kategorien, die letztere nur die Formen. Hieraus ergibt sich, dass nicht nur die Formen als Substanzen, sondern auch die Qualitäten, Quantitäten, Ort und Zeit Gegenstände des Denkens sein können.[31] Entitäten anderer Kategorien sind daher das Denkbare im minderwertigen Sinn. Hinzu kommt, dass das Denken des einen Dinges dessen Gegensatz impliziert, wie das Denken des Weißen und des Guten das Schwarze und das Schlechte einschließt. Von Substanzen gibt es keine Gegensätze, wohl aber von Qualitäten.[32] Qualitäten, einschließlich moralischer

---

30 Met. XI 7, 1064b3–6: βέλτιστον μὲν οὖν τὸ τῶν θεωρητικῶν γένος, τούτων δ' αὐτῶν ἡ τελευταία [sc. θεολογικὴ] λεχθεῖσα· περὶ τὸ τιμιώτατον γάρ ἐστι τῶν ὄντων, βελτίων δὲ καὶ χείρων ἑκάστη λέγεται κατὰ τὸ οἰκεῖον ἐπιστητόν.

31 Met. VII 4, 1030a17–23: ἢ καὶ ὁρισμὸς ὥσπερ καὶ τὸ τί ἐστι πλεοναχῶς λέγεται; καὶ γὰρ τὸ τί ἐστι ἕνα μὲν τρόπον σημαίνει τὴν οὐσίαν καὶ τὸ τόδε τι, ἄλλον δὲ ἕκαστον τῶν κατηγορουμένων, ποσὸν ποιόν καὶ ὅσα ἄλλα τοιαῦτα, ὥσπερ γὰρ καὶ τὸ ἔστιν ὑπάρχει πᾶσιν, ἀλλ' οὐχ ὁμοίως ἀλλὰ τῷ μὲν πρώτως τοῖς δ' ἑπομένως, οὕτω καὶ τὸ τί ἐστιν ἁπλῶς μὲν τῇ οὐσίᾳ πὼς δὲ τοῖς ἄλλοις· Damit verwandt ist der Beginn des III 6 von *De anima* (430a26–28). Dort gibt Aristoteles zu erkennen, dass es beim Denken von Ungeteiltem (ἡ τῶν ἀδιαιρέτων νόησις) keinen Irrtum geben kann. Mit dem Ungeteilten sind isolierte Begriffe gemeint, die sich auf Entitäten an sich beziehen. Diese Entitäten beschränken sich nicht auf Dinge der ersten Kategorien, sondern auf Entitäten aller Kategorien, sofern sie nicht mit anderen Entitäten verbunden sind. Ferner sind die ἀδιαίρετα nichts anderes als die ἀσύνθετα, die im Buch IX der *Metaphysik* (IX 10, 1051b17–27) thematisiert und mit den μὴ συνθεταὶ οὐσίαι kontrastiert werden. Während die letzteren die Substanzen bedeuten, referieren die ersteren auf Dinge aller Kategorien. Zu der Stelle in *De anima:* Polansky 2007, 473–474, Shields 2016, 332–333; zur ausführlichen Erläuterung: Oehler 1962a, 183 mit Anm. 1, 185, 212 ff. spez. 212, 215–216; Berti 1978, 143 ff. spez. 146–149.

32 *De anima* III 6, 430b21–24: [...] οἷον πῶς τὸ κακὸν γνωρίζει ἢ τὸ μέλαν· τῷ ἐναντίῳ γάρ πως γνωρίζει [...]

Qualitäten, sind alle ontologisch rangniedriger und insofern minderwertiger als die Substanzen. Von den Qualitäten sind die schlechten am minderwertigsten (χείριστον), und diese soll man sogar zu sehen vermeiden.

So viel steht bis [5] fest. Der Gott, der seiner Natur nach aktuales Denken ist, kann nur stets das Göttlichste und Ehrwürdigste denken. Jeder Wechsel muss eine Veränderung zu Minderwertigem sein, und jede Veränderung ist eine Bewegung. Es scheint, dass die Ausführungen hier enden sollen. Allerdings führt Aristoteles weiter aus. Auf den ersten Blick kehrt Aristoteles in [6] und [7] zum Nachweis des göttlichen Nous als der Denkaktualität zurück;[33] erst danach kommt er in [8] zum Schluss. Der Schluss lautet nicht, wie früher gleichsam als Zwischenergebnis feststeht, dass der Gott das Göttlichste und das Ehrwürdigste denkt, sondern dass das göttliche Denken Denken des Denkens ist (ἡ νόησις νοήσεως νόησις). Um den letzten Teil der Darstellung besser verständlich zu machen, tun wir gut daran, Aristoteles' Argumentationsfaden kurz zu resümieren: Er geht auf zwei Schwierigkeiten ein, nämlich die Natur des göttlichen Nous sowie den Gegenstand seines Denkens. Was das erstere angeht, wird in [1] und [2] deutlich gemacht, dass der Nous kein bloßes Denkvermögen, sondern reine Denktätigkeit ist. In [3] wendet sich Aristoteles dem zweiten Problem zu, indem er drei Möglichkeiten bezüglich des Gegenstandes des göttlichen Denkens aufstellt: Entweder denkt der Gott sich selbst oder er denkt etwas anderes. Wenn er etwas anderes denkt, dann entweder immer dasselbe oder er wechselt die Gegenstände. Im Anschluss schließt er in [4] den Gegenstandswechsel aus. In [5] kommt er zu einem Zwischenergebnis: Der Gott erweist sich als reine Denkaktualität und er kann nur das Göttlichste und das Ehrwürdigste denken. Es bleibt aufzuweisen, dass dieses Göttlichste und Ehrwürdigste Gott selbst ist. Mit anderen Worten: Das rein reflektive Sichdenken ist noch festzustellen. Hinzu kommt, dass die beiden Probleme bis jetzt separat behandelt worden sind. Besteht wirklich überhaupt keinerlei Zusammenhang zwischen der Natur und dem Gegenstand des göttlichen Denkens? Mit einem neuen Anlauf nimmt Aristoteles die Problematik des Gottes wieder in Angriff. Im Grunde wiederholt er in [6], was er in [1] und [2] bereits festgestellt hat. Auf den ersten Blick erscheint [7] als eine Fortsetzung von [5], da das χείριστον eine Zuspitzung des χεῖρον ist. Gleichwohl wird im Abschnitt [7] ein weiterer Aspekt des Denkens angesprochen, welcher die Feststellung des Sichdenkens in [8] vorbereitet. Wie schon erläutert, dürfte das χείριστον im moralischen Kontext verstanden werden, weil das Moralische über eine ontologische Rangordnung in die Feststellung des höchsten und besten Denkbaren hineingeraten ist. Nun macht Aristoteles mit einem extremen Fall, dass der Gott

33 Brunschwig (2000, 286) macht auf die scheinbare Rückkehr zu einer Problematik, die bereits diskutiert wurde, aufmerksam.

moralisch Abwegiges dächte, auf die Priorität des Seins im Denken aufmerksam. Gemäß der noetischen Struktur des Denkens wird dieses durch das Denkbare iniziiert und bestimmt, weil das Denken, wie alle anderen kognitiven Handlungen, objekt- und *sein*sorientiert ist.[34] Dächte der Gott etwas Minderwertiges, würde er diesem untergeordnet und von ihm in Aktualität geführt; was durchaus nicht akzeptabel wäre. Generell steht fest, dass das Denken vom Denkbaren iniziiert wird; daher ist das Denkbare noologisch und ontologisch wirkungsmächtiger. Damit ist der folgende Grenzfall auszuschließen: Angenommen, dass der Gott seiner Natur nach Denktätigkeit ist und dass er das Göttlichste und Ehrwürdigste denkt, aber dieses Denkbare anders ist als Gott selbst. In diesem Fall wäre nicht der Gott, sondern das Denkbare mächtiger, weil es das Denken in Gang setzt. Dies kann man aber nicht annehmen, weil der Gott doch das Mächtigste (τὸ κράτιστον) ist.[35] Das Göttlichste und Ehrwürdigste kann nur der Gott selbst sein, und er kann nur sich selbst denken. Das göttliche Denken ist das Denken des Denkens. Damit schließt Aristoteles in [8] die Ausführungen ab.

In [8] gehen die Antworten auf die beiden Schwierigkeiten in eins zusammen: Gott ist der Natur nach aktuales Denken, welches Gott selbst zum einzigen Gegenstand hat. Gottes Denken ist das Denken des Denkens (καὶ ἔστιν ἡ νόησις νοήσεως νόησις). Es ist indes nicht unmittelbar klar, wie dieser enigmatische Ausdruck zu verstehen ist. Der Genitiv „νοήσεως“ kann als Genitivus obiectivus oder als subiectivus gedeutet werden. Kommentatoren pflegen das „νοήσεως“ als objektiven Genitiv zu deuten. Danach ist das Denken selbst Objekt des Denkens, was mit dem Sichselbstdenken des göttlichen Nous kongruiert.[36] Jonathan Beere schlägt eine andere Deutung vor, nach der der Genitiv als Subjekt zu verstehen ist. Er sieht den abschließende Teil als Antwort auf die beiden Schwierigkeiten. Auf die zweite nach dem Inhalt des Denkens werde in der ersten Hälfte mit dem Sichdenken erwidert; das Denken des Denkens solle Antwort auf die Frage nach der Natur des Nous geben. Demnach sei der Gott die Aktualisierung (das Denken) des Denkens.[37] Danach ist der Genitiv eher als das Denkende zu deuten.

Der Sache nach sind beide Interpretationsrichtungen vertretbar. Jede greift einen Aspekt des Sichdenkens auf. Dass Aristoteles nicht etwa νόησις ἑαυτοῦ oder

---

34 Beere (2010, 17 mit Anm. 29) hebt ebenfalls hervor, dass das Gedachte, nicht das Denkende, entscheidend für den höchsten Wert ist, obwohl er nicht auf die Priorität des Seins eingeht.

35 εἴπερ ἐστὶ τὸ κράτιστον. εἴπερ unterstreicht, als verstärkendes εἴ, die entscheidende Wichtigkeit der im Konditionssatz artikulierten Bedingung.

36 Z.B. Ross (Komm. II, 398) und Elders (1970, 259–260) deuten den Genitiv als obiectivus.

37 Beere 2010, 18–20, mit Anm. 31. Nach Beere ist Joseph de Filippo der Einzige, der vor ihm den Genitiv als subiectivus interpretiert. Zu Beeres Interpretation: Beere 2010, 18–20. Judson (2019, 315–316) schließt sich der von de Filippo und Beere vorgeschlagenen Deutung an.

νόησις νοῦ, sondern νόησις νοήσεως schrieb, gibt Anlass, den Sinn genauer zu prüfen. νόησις bedeutet den Vollzug des Denkens. Nun steht fest, dass das intuitive Denken (νόησις) das In-eins-Sein des Denkens und des Gedachten ist. Das Wiederholen des Wortes unterstreicht die strenge Identität im Akt des Denkens. Es ist *einzig und allein* das Sichselbstdenken, wobei weder das Denkende noch das Gedachte betont würde.

2.3 Sichdenken und Denken der Formen

Das höchste Denken ist das Sichselbstdenken. Damit wird noch nicht mit aller Klarheit festgestellt, was Gott eigentlich ist; oder dasselbe mit anderen Worten: was Gott eigentlich denkt. Die Frage nach dem Inhalt des göttlichen Denkens ist zum Gegenstand einer großen Kontroverse geworden.[38]

Wie oben dargestellt, hat die erste Philosophie, die auch Theologie genannt wird, das zum Gegenstand, was unbeweglich und abgetrennt ist. Dieses ist das Göttlichste und das Ehrwürdigste. Indessen, *was* ist unbeweglich und abgetrennt? *Was* ist dies Göttlichste und Ehrwürdigste? An den relevanten Stellen unterlässt Aristoteles es freilich, darüber nähere Auskunft zu geben. Wie erwähnt, setzt Alexander von Aphrodisias den Nous Poiētikos, welcher als intuitiver Denkvollzug aller Formen das menschliche Denkvermögen zur Aktualität überführt, mit dem Gott der *Metaphysik* gleich.[39] Demnach sei das Denken des Denkens das noetische Bewusstsein aller Formen, die als Substanzen im strengen Sinne gelten. Alexanders Auslegung der Noēsis Noēseōs folgen viele Kommentatoren.[40] Im Folgenden werden

---

38 Die zwei prominenten Deutungen der Noēsis Noēseōs sind die aprioristische Interpretation von Krämer (UGM 159 ff. spez. 169 f., 1969, 363 ff.), nach der der höchste Gott die anderen unbewegten Beweger denkt, und die formalistische Deutung von Oehler (1962a, 186 ff. v. a. 205; 1997, 52 f.), nach der die Noēsis Noēseōs ein inhaltsloser Grenzbegriff der Selbstreferenz ist. Siehe Gabriel (2006, 112 f.) für eine andere Deutung. Nach ihm transzendiert der Gott sogar die Polarstruktur des Sichdenkens. Der Gott sei daher über dem Geist (116). Zu einem Überblick über die beiden Interpretationen: Dangel 2013, 133 – 134 Anm. 300. Dangel (2014) gibt einen kritischen Überblick über fünf neuere Deutungsansätze. Zu einem umfassenden Überblick verschiedener Deutungsmöglichkeiten insbesondere jener, welche in der angelsächsischen Forschung vorgeschlagen wurden: Judson 2019, 312 – 323, 326 – 329

39 Siehe Kap. II § 5.3.3, mit Anm. 282.

40 Unter den neueren Forschern z. B. Elders (1970, 257 – 258, 259 Anm. 45a: „However, it is unthinkable that Aristotle would ever have conceived the possibility of an objectless thought."), Kahn (1985, 326 – 328 mit Anm. 24, 26): „Drastically put, the Prime Mover is simply the formal-noetic structure of the cosmos as conscious of itself." Lear (1988, 295 – 309), Kosman (1992=2014), Bradshaw (2001, 15 – 18), Burnyeat 2008, 37 – 43, Judson (mit gewisser Zurückhaltung, 2019, 312 – 315). Dagegen äußert

wir versuchen, aus verschiedenen Perspektiven die alexandrische Bestimmung als plausibel aufzuweisen.

Zwar hat Aristoteles das Göttlichste und Ehrwürdigste nicht genau bestimmt, dies lässt sich jedoch aus dem Kontext ermitteln. Wie oben konstatiert, beziehen sich bei Aristoteles Wertungen wie βελτίων (βέλτιον), χείρων (χεῖρον), τιμιώτερον und θειότατον auf verschiedene Wissenschaften und damit zusammenhängend auf Gegenstände unterschiedlicher ontologischer Stufen. Wenn Physik und Mathematik, die an Rang und Würde nach der ersten Philosophie stehen, konkrete Gegenstände zur Betrachtung haben, müsste sich die Theologie auf inhaltlich feststellbare Entitäten beziehen.[41] Nun sind die Formen in ihrer reinen Intelligibilität abtrennbar und abgetrennt von sinnenfälligen Dingen. Mithin sind mit dem Göttlichsten und Ehrwürdigsten, welches das göttliche Denken ausmacht, plausiblerweise die Formen gemeint.

Aus der gesamten Darstellungsstrategie der *Metaphysik* kommt man zu demselben Ergebnis. Im vierten Buch führt Aristoteles eine Betrachtung des ὂν ᾗ ὂν ein. Über das Seiende als Seiendes geht er, wie im Kapitel III (§ 3.2) ausführlich gezeigt wurde, über Einzelwesen, sogar über immanente Formen hinaus auf eine transzendente Seinsweise der Formen, welche Prinzipien und Ursachen der immanenten Formen sind. Die mittleren Substanzbücher, die primär von immanenten Formen handeln, bieten keinen Platz für transzendente Formen. Dennoch deutet Aristoteles dabei an, dass die metaphysische Untersuchung nicht mit den immanenten Formen zu Ende gehen wird. Es wird darüber hinaus eine Suche nach einer vollständig abgetrennten Substanz geben.[42] Das Buch Lambda nimmt die Suche nach Prinzipien und Ursachen der Substanzen wieder auf; was ein klares Echo der

---

sich Dangel (2013, 135–136). Nach ihm steht die These, dass das göttliche Sichselbstdenken auf ein Denken der Welt führt, „im Gegensatz zu allen Stellen, wo Aristoteles sich über den göttlichen Geist äußert". Dangel unterscheidet zwischen dem göttlichen und dem menschlichen Denken. Während das Denken des Menschen sich auf die Welt bezieht, ist das göttliche Sichselbstdenken rein denkende Selbstbeziehung. Aber wie wir ausgeführt haben und noch darstellen werden, unterliegen sowohl das göttliche wie auch das menschliche intuitive Denken demselben noetischen Rahmen. Das erstere ist quasi ein Grenzfall des Denkens, in dem Sinne, dass der Gott selbst das Denken ist.

41 In einem anderen Vergleichszusammenhang sind die Formen, die Prinzipien von Einzelwesen sind, höher an Rang und Würde als Qualität, Quantität und andere Kategorien.

42 Siehe Met. VII 2, 1028b28–32, VII 17, 1041a7–9. Dazu Kahn 1985, 315. In der ersteren Passage benutzt Aristoteles χωριστή, welches abtrennbar oder abgetrennt bedeuten kann; aber in der letzteren steht κεχωρισμένη, welches das Abgetrenntsein bedeutet. Bezeichnend ist es, dass am Ende des VII 2 und an VII 17 der Singular steht. Man könnte die beiden Stellen so verstehen, dass Aristoteles auf *einen* göttlichen Nous hindeuten wollte.

Fragestellung bezüglich des ὂν ᾗ ὄν ist.[43] In der Entfaltung des göttlichen Denkens schließlich reserviert Aristoteles den intelligiblen Formen einen intelligiblen Ort. Sie sind in Gottes Denken oder, da das Denken und das Gedachte ein und dasselbe sind, sie *sind* der göttliche Nous.

Des Weiteren fügt sich ein rein formales, inhaltsleeres Denken kaum in die griechische ontologische Auffassung ein. Schon Parmenides hat das Denken mit dem Sein aufs Innerlichste verbunden. Das Sein artikuliert sich im Denken und das Denken kann nur das Sein zum Inhalt haben. Platon hat nichts anderes konzipiert. Sein Ideenkosmos ist die Einheit aller denkenden Bezüge der Formen. Nach Aristoteles ist das Sein primär Bestimmtheit und der Gehalt an Sein *ist* der Grad an Bestimmtheit. Die aristotelischen Formen weisen klare und stabile Bestimmungen auf. Es wäre befremdlich, wenn Aristoteles gerade auf dem Gipfel seiner Onto-Noologie von der noetischen Tradition abwiche.

Alle Indizien deuten auf ein inhaltsreiches Denken des göttlichen Nous hin. Nicht nur diese, auch Aristoteles' Ausführungen über den Vorrang der Wirklichkeit in IX 8 lassen erahnen, dass sein Gott die Formen denkt. Dieser Priorität wenden wir uns gleich im nächsten Abschnitt zu.

3 Der Vorrang der Wirklichkeit – *Metaphysik* IX 8

Das Buch Theta der *Metaphysik* ist der Diskussion über Möglichkeit und Wirklichkeit gewidmet. Im achten Kapitel behandelt Aristoteles die Priorität der Wirklichkeit vor dem Vermögen. Die Wirklichkeit ist dem Begriff, der Zeit sowie der Wesenheit nach früher als das Vermögen. Obwohl der Gott nicht explizit thematisiert wird, spielt Aristoteles bei seiner Erörterung über die letzten zwei Arten des Vorranges auf den göttlichen Nous an. Unter der Priorität der Wesenheit nach, die Aristoteles am ausführlichsten darstellt, unterscheidet er zwei Arten. Die eine ist unter sterblichen Dingen zu beobachten, die andere betrifft das Früher des Ewigen vor dem Vergänglichen. Wir beginnen mit der zweiten Art der Priorität der Wesenheit nach.

43 In der bekannten Klassifizierung der Substanzentypen in Met. XII 1 (1069a30–b2) folgt Aristoteles weitgehend den platonischen Auffassungen von Substanzen. Neben den beiden Typen der wahrnehmbaren Substanzen gibt es unbewegliche, d. h. unvergängliche Substanzen. Unter diesen unterscheidet Aristoteles nun Ideen von mathematischen Entitäten und bringt in aller Kürze ohne Namensnennung die Theorien von Platon, Speusipp und Xenokrates ins Spiel. Dazu Reeve 2016, 513. Im Laufe der Erörterung in XII gibt Aristoteles seiner eigenen Theorie des transzendenten Nous eine klare Gestalt.

Mit einem Früher der Wesenheit nach wird eine ontologische Abhängigkeit ausgedrückt, nämlich dass das Sein des ontologisch Späteren vom ontologisch Früheren abhängig ist.[44] Alles Seiende des sublunarischen Raumes – etwa Seiendes am Ort und das der Qualität und der Quantität nach und sogar Existenz von Einzelwesen – ist vergänglich. Nun ist Aristoteles der Ansicht, dass alles Vergängliche vom Ewigen abhängt, in dem Sinn, dass ohne dieses jenes nicht sein kann.[45] Was Aristoteles mit dem Ewigen meint, sind die himmlischen Körper, die unvergänglich und ewig in Bewegung sind.

3.1 Vorrang der Wirklichkeit der Himmelskörper

Es ist bekannt, dass die Fixsterne der äußersten Himmelssphäre in ständigen Umläufen sind. Von da aus wird die Bewegung zu weiteren Himmelskörpern wie Mond und Sonne übermittelt. Was die Entstehung sterblicher Einzelwesen anbelangt, pflegt Aristoteles zu sagen, dass ein Mensch einen anderen zeugt. Dennoch werden damit nicht alle Ursachen zur Zeugung eines Menschen angegeben. Die Himmelskörper, allen voran die Sonne spielen eine wichtige Rolle.

> ἄνθρωπος γὰρ ἄνθρωπον γεννᾷ καὶ ἥλιος *Physik* II 2, 194b13
>
> Denn es ist ein Mensch, der einen Menschen zeugt, und das Sonnenlicht.

Dieser bestimmte Mensch wird von einem anderen gezeugt. Die Bewegungen der Himmelskörper ihrerseits tragen in einem breiteren Zusammenhang zur Zeugung natürlicher Dinge bei. Der periodische Wechsel der Jahreszeiten regelt sich nach

44 Met. IX 8, 1050b6–8: τὰ μὲν γὰρ ἀΐδια πρότερα τῇ οὐσίᾳ τῶν φθαρτῶν, ἔστι δ’ οὐθὲν δυνάμει ἀΐδιον. Zum Früher der Wesenheit nach siehe Kap. III § 3.2 mit Anm. 104 zu Met. V 11, 1019a2–4. Im Grund ist die ontologische Abhängigkeit dieselbe wie Platons Derivationslehre.

45 Man könnte dieses Früher der Wesenheit nach in einem schwächeren Sinn deuten, etwa so, dass, während die vergänglichen Dinge nicht existieren könnten, die ewigen Dinge immer sind. Insofern ist die Wirklichkeit früher als das Vermögen. Diese Feststellung des Früher involviert keine ontologische Abhängigkeit. Aber Aristoteles macht an einer späteren Stelle klar, dass dieses Früher als ontologische Abhängigkeit, also im strengen Sinn aufzufassen ist: καίτοι ταῦτα πρῶτα· εἰ γὰρ ταῦτα μὴ ἦν, οὐθὲν ἂν ἦν (Met. IX 8, 1050b19). Die ersten (τὰ πρῶτα) dürften auf Substanzen (οὐσίαι) hinweisen. In Met. XI 1, 1059a33–34, und in XII 7, 1072a31–32 sieht er ebenfalls Substanzen als die ersten an, fügt hinzu, dass unter den ersten Dingen das Einfache und der Wirklichkeit nach Seiende als das Erste gilt. Mit dem einfachen und der Wirklichkeit nach Seienden könnte Aristoteles auf den göttlichen Nous hinweisen. Zu den ersten Dingen: Reeve 2016, 408, 471. Ross (Met. Komm. II, 264–265) und Beere (2009, 314–315) interpretieren das Früher der Wesenheit nach im Sinn von ontologischer Abhängigkeit.

den Kreisbewegungen der Himmelskörper. Aristoteles macht vor allem auf die Ekliptik der Sonne aufmerksam. Die unterschiedlichen Entfernungen von der Sonne zur Erde liegen dem Entstehen und Vergehen irdischer Dinge zugrunde. Deshalb hebt Aristoteles die Sonne als Mitwirkursache neben den Menschen hervor.[46]

In IX 8 verbleibt Aristoteles bei den Himmelskörpern. Die Himmelskörper sind unvergänglich und als solche können sie nicht dem Vermögen nach sein.[47] Wären die Fixsterne und Gestirne nicht, würde nichts existieren.[48] Damit drückt Aristoteles die ontologische Abhängigkeit des Vergänglichen vom Ewigen am klarsten aus. In *Physik* VIII und *Metaphysik* XII geht er der Sache auf den Grund. Die himmlischen Körper mit ihren Rotationen allein reichen nicht aus, weil sie immer noch eine Möglichkeit der Position nach einschließen.[49] Er geht einen Schritt weiter und stellt einen Beweger vor, der absolut reine Wirklichkeit und im sensu stricto unbewegt ist. Strenggenommen genügt es nicht, dass ein Mensch einen Menschen zeugt, und immer noch nicht, dass die Sonne mitwirkt. Alles, was Vermögen in jedem möglichen Sinne einschließt, bedarf einer *absoluten* Wirklichkeit als eines ontologischen Garantes für Verwirklichung. Letztlich müsste es auf einen göttlichen Beweger hinauslaufen.[50]

Indessen, selbst mit diesem zusätzlichen Schritt ist der Inhalt der göttlichen Denkwirklichkeit noch nicht ausgemacht. Denn auch ein inhaltsloses, rein selbstbezügliches Denken kann eine reine Wirklichkeit sein; und als solches kann es sowohl die Umläufe der Himmelskörper veranlassen als auch vermittels der Umdrehungen von Himmelskörpern allen Bewegungen und Veränderungen im sub-

46 In Met. XII 5, 1071a13–16 gibt Aristoteles eine noch ausführlichere Liste der Ursachen: Außer dem Vater zählen noch die Elemente, die Sonne und die Ekliptik zu den Ursachen des Menschen. Zur Sonne als Mitursache: Oehler 1962b, 278 mit Anm. 46, 283; zu einer ausführlichen Analyse der Funktionen der himmlischen Bewegungen, vor allem der ekliptischen Laufbahn der Sonne, mit Zitaten aus Aristoteles' Schriften: Horn 2016, spez. 276–280.

47 Met. IX 8, 1050b7–8: ἔστι δ' οὐθὲν δυνάμει ἀΐδιον.

48 Met. IX 8, 1050b18–19. Der Kontext legt nahe, dass ταῦτα πρῶτα als Himmelskörper zu verstehen sind.

49 An dieser Stelle spricht Aristoteles von einem Vermögen bezüglich der Richtung woher und wohin and bezeichnet dieses als eine Art Stoff. In VII 10 nennt Aristoteles einen Stoff zur Bewegung (κινητὴ ὕλη, 1036a10). In VIII 1 (1042b5–6) sagt Aristoteles, dass der Besitz eines der Ortsveränderung zugrunde liegenden Stoffes (ὕλη τοπική) nicht dazu führen muss, dass etwas der Entstehung und Verfall unterworfen sein muss. Zu Stellen über diesen Stoff: Reeve 2016, 448–449.

50 Kosman 2013, 194: „[...] but it is not the discovery that the principle of motion does not move; it is rather the more positive disclosure of the explanatory priority of activity to motion." Im Laufe seiner Darstellung hebt Kosman richtig hervor, dass der göttliche Nous als reine Denkwirklichkeit nicht nur einen Vorrang an Interpretation bzw. Definition in Anspruch nimmt, sondern auch einen ontologischen Grund für alle Veränderungen und Bewegungen darstellt. Dazu *ibid.* 204–210.

lunarischen Raum zugrunde liegen.[51] Die Himmelskörper ahmen die Wirklichkeit des Bewegers mit ihren Rotationen nach, und diesen wiederum eifern die Grundstoffe wie Feuer und Erde mit ihren permanenten Übergängen ineinander nach.[52] Alle Lebewesen auf der Welt sind zwar sterblich, aber sie streben nach der Unsterblichkeit ihrer Spezies durch Reproduktion.[53] Aber auch in dieser Hinsicht reicht anscheinend eine rein formale Selbstreferenz. Denn die Ekliptik reguliert in gewissem Sinn den Zyklus von Leben und Tod. Aus der Perspektive der ewigen Bewegungen ergibt sich freilich nicht zwingend, dass der Gott als Beweger die Formen denkt. Zum möglichen Inhalt des göttlichen Denkens muss man einen anderen Weg gehen.

3.2 Vorrang der Wirklichkeit der Formen als Finalursachen

Außer dem Vorrang der Wirklichkeit des Ewigen gibt es eine zweite Art der Priorität der Wesenheit nach. Unter sterblichen Dingen ist die Form als Wirklichkeit vor dem Vermögen. In seiner Erläuterung gestattet Aristoteles einen flüchtigen Blick in den Inhalt des göttlichen Denkens. Um Aristoteles' Andeutung auf den Nous besser zu verstehen, betrachten wir zuerst seine Erläuterung über die Priorität der Zeit nach, die zum Verständnis des Vorrangs der Wirklichkeit der Form relevant ist.

Was den Vorrang der Wirklichkeit der Zeit nach (χρόνῳ) anbelangt, macht Aristoteles deutlich, dass das der Art nach Identische früher in Wirklichkeit ist, aber nicht der Zahl nach.[54] Der Mensch, der einen anderen zeugt, verkörpert die Form des Menschen in Wirklichkeit; und der Zeit nach ist die Wirklichkeit des Zeugenden

51 Dazu Liatsi (2016, esp. 232–233, 237–239, 242). Liatsi deutet das Sichdenken des Gottes als ein inhaltsloses, rein in sich kehrendes Denken. Als solches *initiiert* und *gründet* es als Finalursache die ewigen Bewegungen der Himmelskörper, des stetigen Rhythmus der Jahrszeiten sowie des fortwährenden Wechsels der vier Elemente. Diese alle ermöglichen den Zyklus der sublunarischen Lebewesen. Man kann ihre Deutung so resümieren, dass der göttliche Nous die formale Gewähr der ewigen Bewegungen und Erneuerungen ist. Nach Liatsi äußert sich Aristoteles nicht über den Inhalt des Denkens, weil es *keinen Inhalt* gibt: „Aristotle's so-called silence is not really a silence, but, strictly speaking, our own failure to understand what Aristotle is saying in Lambda about the highest point of doctrine of κίνησις" (239).

52 Aristoteles erwähnt die Nachahmung der Grundstoffe an Met. IX 8, 1050b28–29. Wie diese Nachahmung aber zu verstehen ist, verrät Aristoteles nicht. In De gen. et corr. II 10, 336b27–337a7 spricht Aristoteles von Rotationen und von den Übergängen der Stoffe ineinander. Die letzteren machen die ersteren nach. Dies ist es wohl, was Aristoteles an der Metaphysiksstelle meint. Dazu Ross Met. Komm. II, 265–266, Reeve 2016, 471.

53 Zum Streben nach Unsterblichkeit, welches in der Reproduktion besteht: Platon *Symposium* 207d, Aristoteles *De anima* II 4, 415a25–b1. Siehe Alberto Ross 2016, 216–217.

54 Met. IX 8, 1049b18–19.

früher als das Gezeugte, welches zuerst das Vermögen zum Menschen hat. Insofern wird damit das explizit gemacht, was in der Formel „Ein Mensch zeugt einen Menschen" impliziert ist.[55] Dennoch ist dies nicht Aristoteles' endgültige Position. Er führt ein bekanntes Phänomen an, nämlich dass das Lernende schon etwas von der Wissenschaft im Besitz hat, ansonsten könnte das Lernen gar nicht stattfinden. Auf die Entstehung von Lebewesen übertragen, bedeutet dies, dass die Form als Wirklichkeit an einem Lebewesen von Geburt an, oder präziser, schon in der Phase des Fetus oder sogar des Samens wirkt, sodass sich dies überhaupt entwickeln kann. Die Wirklichkeit zeigt sich zwar erst am zeugenden Erwachsenen deutlich, aber sie ist *schon immer* am Gezeugten tätig. Es ist mithin verständlich, warum Aristoteles am Ende festhält, dass dem Entstehen und der Zeit nach die Wirklichkeit früher ist als das Vermögen.[56] Die Wirklichkeit, die bei der Entwicklung von Lebewesen wirkt, sind die Formen, die als causa formalis diesen immanent sind.

Der Fall mit dem zeitlichen Früher zeigt, dass bei genauer Betrachtung der Sachverhalt anders aussehen kann. Das Gleiche gilt für die Priorität der Wirklichkeit der Wesenheit nach, die an der Entwicklung vergänglicher Dinge zu beobachten ist. Ein bekanntes Phänomen ist es, dass innerhalb der Entwicklung die aktualisierte Form erst der Zeit nach später kommt als das Vermögen: Die Kindheit, die das Vermögen zum Mannesalter derselben Person darstellt, ist früher als das Mannesalter. Allerdings erklärt Aristoteles, in welcher Hinsicht die Wirklichkeit der Wesenheit nach doch früher ist als das Vermögen.

> καὶ ὅτι ἅπαν ἐπ' ἀρχὴν βαδίζει τὸ γιγνόμενον καὶ τέλος (ἀρχὴ γὰρ τὸ οὗ ἕνεκα, τοῦ τέλους δὲ ἕνεκα ἡ γένεσις), τέλος δ' ἡ ἐνέργεια, καὶ τούτου χάριν ἡ δύναμις λαμβάνεται.
>
> *Metaphysik* IX 8, 1050a7–10
>
> Ferner darum, weil alles, was entsteht, auf ein Prinzip und ein Ziel hinausläuft; Prinzip nämlich ist das Weswegen, und um des Zieles willen ist das Werden. Ziele aber sind die Wirklichkeit, und um ihretwillen erhält man das Vermögen.

Aristoteles gibt an dieser Stelle die Dynamik der Entwicklung sublunarischer Dinge zu verstehen. Alles, was entsteht, entwickelt sich auf ein Prinzip und ein Ziel hin.

---

55 Met. IX 8, 1049b24–27: ἀεὶ γὰρ ἐκ τοῦ δυνάμει ὄντος γίγνεται τὸ ἐνεργείᾳ ὂν ὑπὸ ἐνεργείᾳ ὄντος, οἷον ἄνθρωπος ἐξ ἀνθρώπου, μουσικὸς ὑπὸ μουσικοῦ, ἀεὶ κινοῦντός τινος πρώτου· τὸ δὲ κινοῦν ἐνεργείᾳ ἤδη ἔστιν. Der Sinn des Genitivus absolutus (ἀεὶ κινοῦντός τινος πρώτου) ist nicht unmittelbar klar, aber es ist möglich, dass mit dem gewissen Erstbewegenden (πρῶτόν τι κινοῦν) das jeweils Zeugende bzw. Hervorbringende gemeint ist. Dies muss in Wirklichkeit sein.

56 Met. IX 8, 1050a2–3: ἀλλ' οὖν καὶ ταύτῃ γε δῆλον ὅτι ἡ ἐνέργεια καὶ οὕτω προτέρα τῆς δυνάμεως κατὰ γένεσιν καὶ χρόνον. In seiner Erörterung macht Aristoteles die Priorität auch für das Lernen von Kunstfertigkeiten geltend. Wir fokussieren auf lebendige Dinge, weil deren Formen im Zentrum unserer Untersuchung stehen.

Aristoteles erklärt das Prinzip als das Weswegen (οὗ ἕνεκα), und das οὗ ἕνεκα im Sinn von Worumwillen (τὸ οὗ) ist nichts anderes als ein Ziel.[57] Das Ziel ist das Prinzip, oder anders formuliert, das Prinzip ist als Ziel aufzufassen.[58] Aus der Erörterung des Vorrangs der Zeit nach geht hervor, dass immanente Formen während der ganzen Entwicklung wirken. An dieser Stelle elaboriert Aristoteles denselben Vorgang aus der Perspektive des Ziels. Am Werk sind wiederum die Formen, die nunmehr als Prinzip und Ziel gelten. Die Formen bei Aristoteles sind keine statische Struktur; vielmehr sind sie eine bestimmende und treibende Kraft. Dies lässt sich am Heranwachsen eines Menschen verdeutlichen: Die Seele gilt als die erste Wirklichkeit eines menschlichen Körpers.[59] Als Form des Menschen ist die Seele eine Summe aller Lebensfunktionen, die zusammen ein menschliches Leben ausmachen. Die Form gibt einem *Menschen*, der noch in der Phase des Fetus oder des Samens ist, die wesentliche Struktur und den Impuls, alle seine Lebensvermögen zu bilden und zu verwirklichen. In der *Physik* stellt Aristoteles fest, dass jedes Naturding das Prinzip zur Bewegung in sich trägt. Folglich ist Natur eine Art Prinzip und Ursache der Bewegungen.[60] Damit meint er offensichtlich, dass jedes Naturding von sich aus agieren und auf die Umgebung reagieren kann; man kann aber diesem Prinzip einen anderen Aspekt hinzufügen. Die Natur eines Dinges, welche dessen Form ist, gibt diesem Anstoß zur Entwicklung. Jedes Naturding entwickelt sich von sich aus zu dem Ziel, welches ebenfalls die Form ist. An einer anderen Stelle aus der *Physik* gibt Aristoteles Aufschluss über die Seinsweise der Formen als Ziel. In II 2 setzt er die Natur, die an dieser Stelle offensichtlich mit der Form identisch ist, mit dem Ziel und dem Weswegen gleich. Das Ziel und das Weswegen sind der Endpunkt einer Entwicklung. Bezeichnend ist, dass mit diesem Endpunkt nicht das natürliche Ende, nämlich der Tod, gemeint ist. Aristoteles erklärt: „[...] denn es will nicht jeder Schlusspunkt Ziel sein, sondern nur das Beste." Als Ziel ist die Form das Beste, welches jedes Lebewesen in seiner Entwicklung möglichst erreichen *soll*.[61] In seinem philosophischen Lexikon unterscheidet Aristoteles verschiedene Bedeutungen

---

57 Die andere Bedeutung von οὗ ἕνεκα ist: das Wofür (τὸ ᾧ). Siehe Met. XII 7, 1072b1–3, auch *De anima* II 4, 415b2–3, 415b20–21. Zum Unterschied zwischen den beiden Bedeutungen: Hicks 1907, 340. Rosen (2014, 99): „There is fairly wide verbal agreement nowadays that ‚that of which' means an end to be attained or realized [...]." Buchheim (2016, 247–248) nennt das „τὸ οὗ" als objektives Ziel, das „τὸ ᾧ" als subjektives Ziel.

58 Das Prinzip (ἀρχή) ist das Ziel (τέλος). Alles, was entsteht, entsteht und entwickelt sich auf ein Prinzip, welches auch das Ziel der Entwicklung darstellt (ἐπ' ἀρχὴν καὶ τέλος). Dazu Ross Met. Komm. II, 262.

59 *De anima* II 1, 412b5–6.

60 *Physik* II 1, 192b13–23. Siehe Kap. II Anm. 55.

61 *Physik* II 2, 194a28–33. Ross Phy. Komm. 508: „[B]ut φύσις, in its primary sense, i. e. form, is end." Zur Form in Wirklichkeit als Ziel: Beere 2009, 304–310.

von φύσις. Im ersten und eigentlichen Sinn bedeutet Natur die Wesenheit (οὐσία), d.h. die Form eines Naturdinges. Darüber hinaus kann Natur die Entstehung des Wachsenden bedeuten. Zusammen betrachtet bedeutet Natur eines Naturdinges dessen Entwicklung zum Ziel hin.[62] Um beim Menschen zu bleiben, bestimmt die immanente Form die Richtung des Heranwachsens und bewegt einen Menschen in diese Richtung. Jeder Mensch wächst auf seine Art und Weise in die Form des Menschen hinein, obwohl keiner seine Form völlig in ihrer Reinheit realisieren kann.

Aristoteles hat einen möglichen Unterschied zwischen einer Form als immanent bestimmender Instanz und derselben als Ziel nie explizit thematisiert. In II 7 der *Physik* erklärt seine folgenreiche Position, dass die Formursache, die Wirkursache und die Zweckursache oft in eins gehen. Es handelt sich um dieselbe Form, die aber je nach Funktion in verschiedenen Einzelwesen sein kann. Als Wirkursache ist sie in einem anderen Ding. Die Form- und die Zweckursache sind *eins.*[63] Neulich hat Rosen in seiner auführlichen Auseindersetzung mit der Beziehung von Form und Zweck gegen die Gleichsetzung von Form- und Zweckursache argumentiert. Die Form eines Einzelwesens muss vorhanden sein, solange dieses existiert, aber der Zweck desselben ist nicht immer anwesend.[64] Auf den ersten Blick ist der Unterschied klar ersichtlich: Im Leben verfolgt man zahlreiche Einzelzwecke, die offenbar nicht mit der Form gleichzusetzen sind. Hierauf kommt es jedoch nicht an. Wie Rosen richtig bemerkt, thematisiert Aristoteles einen Zweck des Lebens. An einer Stelle in *De somno* nennt Aristoteles das Wahrnehmen (αἰσθάνεσθαι) und das Denken (φρονεῖν) Zweck für alles, was diese hat. Rosen bezeichnet die Tätigkeiten des Wahrnehmens und Denkens als Tätigkeiten im Wachen (waking activities) und konstatiert, dass diese im Schlaf nicht ausgeübt werden können; dagegen bleibe die Form während des Schlafs intakt.[65] Im Anschluss unterscheidet er zwischen einer

62 Met. V 4 1014b16–17, 1015a13–15. Um den dynamischen Sinn des Wortes zu verdeutlichen, verwendet Aristoteles das Partizip φυόμενα vom mit φύσις verwandten Verb φύεσθαι. Bereits unter den vorsokratischen Denkern hat das Wort φύσις einen dynamischen Sinn. Es kann die Natur eines Dinges als Endpunkt einer Entwicklung und die Entwicklung selbst bedeuten. Parmenides verbindet die Natur eines Naturdinges mit dessen Entstehung, wie etwa die Natur des Äthers und die Herkunft seiner Entstehung sowie die Natur des Mondes und die Herkunft seiner Entstehung (DK28B10). Dazu Kahn 1960, 199–203, Horn/Rapp 2002, 346–347.

63 Phy. II 7, 198a23–27: τὴν ὕλην, τὸ εἶδος, τὸ κινῆσαν, τὸ οὗ ἕνεκα. ἔρχεται δὲ τὰ τρία εἰς ἓν πολλάκις· τὸ μὲν γὰρ τί ἐστι καὶ τὸ οὗ ἕνεκα ἕν ἐστι, τὸ δ' ὅθεν ἡ κίνησις πρῶτον τῷ εἴδει ταὐτὸ τούτοις· ἄνθρωπος γὰρ ἄνθρωπον γεννᾷ.

64 Rosen 2014, passim, vor allem 81–82, 91–92.

65 *De somno* II 455b22–24: ἡ δ' ἐγρήγορσις τέλος· τὰ γὰρ αἰσθάνεσθαι καὶ τὰ φρονεῖν πᾶσι τέλος οἷς ὑπάρχει θάτερον αὐτῶν. βέλτιστα γὰρ ταῦτα, τὸ δὲ τέλος βέλτιστον. Siehe Rosen 2014, 88–89 mit Anm. 28.

Sache, die als Ursache für das Entstehen eines anderen (a cause to another of coming into being) gilt, und einer Sache, die Ursache für das Sein eines anderen (a cause to another of being) ist. Nur für den ersteren Fall sei die Zweck- und die Formursache ein und dieselbe: Der Zweck für die Fortpflanzung ist die Erhaltung des Spezies bzw. der Form. Dagegen sei die Form beispielsweise eines Menschen nicht der Zweck des Seins bzw. des Lebens desselben Menschen.[66] Allerdings trägt Rosen dabei der Vielschichtigkeit sowie der Teleologie in Aristoteles' Seelenbestimmung nicht genügend Rechnung. Die Form des Menschen, um beim Menschen zu bleiben, schließt verschiedene Lebensaktivitäten ein, wie Ernährung und andere Lebenserhaltungsaktivitäten, Wahrnehmung und Denken. Die erstgenannten Aktivitäten sind immer vorhanden, so Aristoteles in seiner *Ethik*, selbst wenn der Mensch schläft.[67] Hinzu kommt: Die aristotelische Form ist teleologisch angelegt. Aristoteles macht an der *De-somno*-Stelle deutlich, dass das Wachen der Zweck ist (ἡ δ' ἐγρήγορσις τέλος). Das Wahrnehmen und das Denken sind Tätigkeiten, die man im Wachen ausübt. Nun ist der Zweck normativ und wegweisend. Wachsein ist Zweck, aber man ist nicht immer wach. Im Wachen nimmt man auch nicht zu jeder Sekunde wahr, geschweige denn denkt man. Die Form eines Menschen ist in gewisser Hinsicht das Ziel, welches dieser im Leben möglichst erreichen soll. Der Zweck ist die vollkommene Entfaltung des Potenzials, das in der Form steckt.[68] Alexander von Aphrodisias deutet den aristotelischen Gott als das Geliebte gerade im Sinne der Perfektion. Simplikius berichtet in seinem Kommentar zur *Physik* eine Lehrmeinung Alexanders, nach der alles nach seiner eigenen Vollkommenheit in

66 Rosen 2014, 97–98.

67 *Nikomachische Ethik* I 13, 1102a26–b5. Zu einer gründlichen Analyse der Seelenteile: Corcilius/Gregoric 2010, v. a. 86–87, 105–106, 108–111. Nach ihrer Interpretation unterscheidet Aristoteles in De an. II 2, 413b11–13 drei Hauptvermögen bzw. Teile der Seele: Das Vermögen zur Ernährung (τὸ θρεπτικόν) sowie dasjenige zur Wahrnehmung (τὸ αἰσθητικόν) und das zum Denken (τὸ διανοητικόν). Jedes von diesen ist dem Begriff nach von den anderen beiden abtrennbar und hat seinen eigenen Gegenstandsbereich.

68 Rosen bringt diese Deutungsrichtung ins Spiel: „For example, an animal's formal cause, its soul, is a complex capacity for certain life activities, and the animal's final cause is those life activities." (2014, 101). Aber ohne darauf einzugehen, begnügt Rosen sich mit einer kurzen Kritik: „It would be surprising if Aristotle's remark about formal and final cause, made in an easy tone in works of biology and natural science, should turn out to depend on such a subtle and difficult doctrine [sc. gemeint ist wohl die Gleichheit von Tätigkeiten und Vermögen, die auf Aristoteles' Lehrmeinung in der *Metaphysik* (1017a35–b1) beruht, dass das Sein das Vermögen sowie die Wirklichkeit bezeichnet], which ingenious commentators claim to have teased out of the *Metaphysics*." (102).

Nachahmung des ersten Bewegers als des Geliebten strebt. Damit wird der im Formbegriff verborgene teleologische Aspekt hervorgebracht.[69]

Trotz dieser Konstatierung darf die Identität von Form und Ziel jedoch nicht allzu absolut aufgefasst werden. Zwar ist die Form, die in einem Menschen anwesend ist, diesen wesentlich bestimmt und zur Erfüllung eines Menschen bewegt, dieselbe Form, die das Ziel der Entwicklung dieses Menschen darstellt. Es handelt sich aber nichtsdestoweniger um zwei verschiedene Funktionen einer Form. Bekanntlich übt Aristoteles immer wieder Kritik an der Ideenlehre. Ein kritischer Punkt betrifft die Formen als Vorbilder. Die Rede von Vorbildern sei leere Worte, so lautet Aristoteles' Kritik. Aber seine Geringsetzung muss nicht implizieren, dass Aristoteles die Vorbildfunktion komplett ablehnen würde. In der *Physik* bestimmt Aristoteles die Form auch als Vorbild.[70] Was Aristoteles bemängelt, ist die strenge Separation von Ideen und sinnenfälligen Einzeldingen; absolut abgetrennt von Dingen können die Ideen überhaupt keinen Einfluss ausüben. Nun steht fest, dass die Transzendenz nicht als räumliche Trennung zu verstehen ist. Eine transzendente Form ist nämlich eine, welche an und für sich in ihrer reinen Intelligibilität seiend ist und betrachtet wird.[71] Eine so verstandene Transzendenz ist kompatibel mit Immanenz. Eine immanente Form steht zu dem, dessen Form sie ist, in innerlichster Beziehung. In *De anima* definiert Aristoteles die Seele als die erste Wirklichkeit eines natürlichen, organischen Körpers und fügt hinzu, dass man nicht fragen darf, ob die Seele und der Körper eins sind, weil die beiden eine Einheit, nämlich *ein* lebendiges Ding formen.[72] Dies hindert indes nicht, dass dieselbe Form als Ziel und Vorbild, das ein Einzelwesen zu erreichen strebt, wirkt. Eine Form als

---

69 Simplikius in phys. 258, 16–23, Diels: ἀναγκαῖον δοκεῖ μοι τῶν ἐνταῦθα λεγομένων ὑπὸ Ἀλεξάνδρου τοῦ γνησιωτάτου τῶν Ἀριστοτέλους ἐξηγητῶν ἀκούειν αὐτοὺς ἐχόντων οὕτως· „τὸ δὲ πρῶτον εἶδος καὶ ὡς ποιητικὸν ἂν εἴη αἴτιον […] καθόσον δὲ πάντα τῇ τούτου ἐφέσει τῆς οἰκείας τελειότητος τυγχάνει, ὡς καὶ μικρῷ πρόσθεν εἴρηται, καὶ καθόσον, ὡς αὐτὸς εἴρηκε πάλιν ἐν τοῖς Μετὰ τὰ φυσικά, κινεῖ δὲ ὡς ἐρώμενον, εἴη ἂν ὡς τὸ τέλος τὸ οὗ χάριν αἴτιον […]. Bezüglich des Strebens nach Tugend (ἀρετή): Alexander *De Fato* 197, 30–198, 6. Zu Alexanders Interpretation des aristotelischen Gottes als Models der Perfektion: Guyomarc'h 2023, 108–110.

70 *Physik* II 3, 194b26–27: ἄλλον δὲ τὸ εἶδος καὶ τὸ παράδειγμα, τοῦτο δ' ἐστὶν ὁ λόγος ὁ τοῦ τί ἦν εἶναι καὶ τὰ τούτου γένη. Das „καί" in „τὸ εἶδος καὶ τὸ παράδειγμα" ist exegetisch aufzufassen. Dass Gattungen (γένη) nicht zu Formen zählen, wird im Buch Zeta der *Metaphysik* deutlich gemacht. Zur Analyse der Ideenkritik und zum Vorbild als leeren Worten: Kap. III § 2.1.

71 Zur Intelligibität der Formen: Kap. II §§ 5.3.1–5.3.3, zur Transzendenz im Sinn von reiner Intelligibilität: Kap. III § 5.2.

72 *De anima* II 1, 412b5–8. In der *Metaphysik* (VIII 6, 1045b17–21) gibt Aristoteles zu erkennen, dass der letzte Stoff (ἐσχάτη ὕλη) und die Form (μορφή) dasselbe sind. Ein jedes ist ein Eines (ἕν γάρ τι ἕκαστον). Aristoteles macht in *De anima* (III 4, 430a6–7) deutlich, dass bei Gegenständen, die Materie haben, das Intelligible nur der Möglichkeit nach vorhanden ist. Kein Mensch vermag seine Form in ihrer reinen Intelligibilität zu realisieren.

Ziel kann nicht mit dem Einzelwesen eine strenge Einheit bilden. In ihrer intelligiblen Integrität muss die Form alle Einzelwesen und mithin ihre immanente Seinsweise übersteigen.

3.3 Vorrang der Wirklichkeit der Formen als Wirkursachen

Nicht nur als Ziel, auch als Wirkursache könnten die Formen eine ontologisch höhere Seinsweise haben. In Kapitel II 7 der *Physik*, in dem er über das In-eins-Fallen von drei Ursachen referiert, spricht Aristoteles von zwei Arten der Wirkursache, von denen die eine wohl auf transzendente Formen verweist.

> διτταὶ δὲ αἱ ἀρχαὶ αἱ κινοῦσαι φυσικῶς, ὧν ἡ ἑτέρα οὐ φυσική· οὐ γὰρ ἔχει κινήσεως ἀρχὴν ἐν αὑτῇ. τοιοῦτον δ' ἐστὶν εἴ τι κινεῖ μὴ κινούμενον, ὥσπερ τό τε παντελῶς ἀκίνητον καὶ πάντων πρῶτον καὶ τὸ τί ἐστιν καὶ ἡ μορφή· τέλος γὰρ καὶ οὗ ἕνεκα·
>
> *Physik* II 7, 198a35–b4

> Zweierlei sind die auf natürliche Weise bewegenden Gründe, der eine von ihnen ist nicht von natürlicher Art; denn er hat nicht den Veränderungsanfang in sich selbst. Etwas Derartiges liegt vor, wenn etwas Veränderung anstößt, ohne sich selbst zu verändern, so wie das ganz und gar Unveränderliche und Erste von allem und das „Was-es-ist" und die Gestalt; denn dies ist Ziel und Weswegen.

Die eine Wirkursache, die er nicht näher bestimmt, wurde im Kapitel bereits behandelt. Es sind die sinnenfälligen Einzelwesen, die etwas hervorbringen. Als Beispiel führt Aristoteles seinen Standardfall an: Ein Mensch zeugt einen anderen. Indessen bleibt Aristoteles nicht bei der Feststellung einer augenscheinlichen Tatsache stehen. Er macht im Anschluss klar, dass sinnenfällige Bewegende wie Menschen Gegenstände der naturwissenschaftlichen Betrachtungen sind, da sie Veränderungen unterliegen. Dinge, die streng unveränderlich sind, werden im Rahmen einer anderen Wissenschaft untersucht. Es handelt sich um die Dreiteilung der theoretischen Wissenschaften, die auch in der *Metaphysik* thematisiert wird.[73] Aufschlussreich ist dabei die Bestimmung des Unveränderlichen als eine andere Art der causa efficiens. Weil dieses strikt Unveränderliche „auf natürliche Weise (φυσικῶς)" bewegt, handelt es sich um Entstehen und Vergehen von Naturdingen in der sinnlichen Welt. Damit weicht Aristoteles von seiner gewöhnlichen Auffassung des Beweggrundes ab. Der Mensch als Bewegender ist nicht mehr das Thema. Er geht auf eine höhere ontologische Ebene. Dieser Beweggrund ist nicht von natürlicher Art, weil er sich nicht bewegt. Im Licht der gesamten aristotelischen Philo-

73 Zur Teilung der Wissenschaften: Kap. III § 3.2 mit Anm. 90–91.

sophie kann dieses unveränderlich Bewegende nur der göttliche Erstbeweger sein.[74] Dies wird weiterhin als „das Erste von allem", als „das Was-es-ist" und als „Gestalt" charakterisiert. Da die Gestalt im Sinn von Form zu verstehen ist, stellt sie sich auf die Seite des „Was-es-ist"; dagegen gehört das absolut Unveränderliche mit dem Ersten von allem, was ist, zusammen. Bereits Aristoteles' Formulierung „τό τε παντελῶς ἀκίνητον καὶ πάντων πρῶτον" zeigt die Zusammengehörigkeit der ersten zwei Attribute. Es stellt sich die Frage, ob die beiden Gruppen sich auf eins oder auf zwei Dinge beziehen. Der Kontext legt eher nahe, dass sich alle vier Ausdrücke auf den höchsten Beweger beziehen. Dass die ersten beiden Bezeichnungen enger zueinander gehören, bedeutet nicht, dass die letzten zwei sich auf eine andere Entität beziehen müssen. Aristoteles nennt zwei Arten von Beweggründen, eine von natürlicher Art und eine nicht. Er deutet allerdings nicht an, dass es von der übernatürlichen Art auch zweierlei gibt. Nach der Anführung der vier Attribute fügt Aristoteles hinzu, dass dies das Ende und das Weswegen ist. Das „Dies" bezieht sich auf das Vorhergehende. Da der Gott das Geliebte ist, wäre schwer erklärbar, wenn das Ende und das Weswegen sich lediglich auf die Gestalt und das Was-es-ist bezögen. Das Zögern, alle vier Charakterisierungen auf eines zu beziehen, lässt sich vielleicht dadurch erklären, dass damit der göttliche Nous die Formen denkt. Dies scheint unvereinbar mit dem Sichdenken Gottes zu sein.[75] Aber wir haben gezeigt, dass Gottes Sichdenken ein Bewusstsein aller Formen ist. Wenn eine kontextgetreue und sinngemäße Deutung des übernatürlichen Bewegenden die Form im Sinn von Was-ist-es einschließt, dürfte Aristoteles' Erläuterung einer weiteren Art der Bewegursache einen Hinweis mehr auf die Formen als Inhalt des göttlichen Denkens liefern.

Nicht nur in der *Physik*, sondern auch in der Explikation der Priorität der Wirklichkeit in IX 8 der *Metaphysik* spielt Aristoteles auf eine Transzendenz der Formen an. Gerade oben ist gezeigt worden, dass die Formen in der Eigenschaft als Ziel in ihrer intelligiblen Integrität stehen. In seinen abschließenden Worten macht Aristoteles eine versteckte Anspielung auf die Transzendenz der Formen, nunmehr aus der Perspektive des Bewirkens.

---

74 Bradshaw 2001, 19, auch Zekl (1987 Bd. 1, 250) bestimmt dies als „das Erste unbewegt Bewegende der *Metaphysik*".

75 Ross (Phy. Komm. 527–528) deutet das absolut Unbewegte als identisch mit dem Ersten von allem. Beide seien Bezeichnungen des unbewegten Bewegers der *Metaphysik*. Das „Was-ist-es" und die Gestalt interpretiert Ross als Bezeichnungen der immanenten Formen. Es ist möglich, dass Ross durch den Unwillen, die Formen als Inhalt des göttlichen Denkens anzuerkennen, zu dieser Deutung gekommen ist. Ross zufolge ist Gottes Sichdenken eine inhaltslose Selbstreferenz. Siehe Ross Met. Komm. I, cxli–cxlii, Ross [6]1995, 187–188.

κατά τε δὴ τοῦτον τὸν λόγον φανερὸν ὅτι πρότερον τῇ οὐσίᾳ ἐνέργεια δυνάμεως, καὶ ὥσπερ εἴπομεν, τοῦ χρόνου ἀεὶ προλαμβάνει ἐνέργεια ἑτέρα πρὸ ἑτέρας ἕως τῆς τοῦ ἀεὶ κινοῦντος πρώτως.

Metaphysik IX 8, 1050b3–6

[1] Aus diesem Grund ist offensichtlich, dass der Wesenheit nach die Wirklichkeit früher als das Vermögen ist, und, [2] wie wir gesagt haben, der Zeit nach geht immer eine Wirklichkeit der anderen voraus [3] bis zu der [Wirklichkeit] des immer und ursprünglich Bewegenden.

Mit dem „κατά τε δὴ τοῦτον τὸν λόγον" nimmt Aristoteles Bezug auf die Diskussion über die Priorität der Wirklichkeit als Ziel der Entwicklung, wie oben in § 3.2 dargestellt wurde. Darauf folgt eine ausführliche Erörterung des Verhältnisses zwischen Mittel und Ziel sowie über externe und interne Ziele. Die Erörterung gehört im Großen und Ganzen zur Priorität der Wirklichkeit als Finalursache. Der erste Teil fasst dieses Früher der Wirklichkeit der Wesenheit nach zusammen. Jedes Vermögen ist auf seine Verwirklichung angelegt.[76] Der zweite Teil dient gleichsam als eine Ergänzung des vorhergehenden Teils.[77] Aus einer Perspektive ist zwar das Vermögen der Zeit nach früher, aus einer anderen ist die Wirklichkeit früher. Auf den ersten Blick macht Aristoteles einmal mehr Gebrauch von der Tatsache, dass ein Mensch einen anderen zeugt. Mit dem Zeugenden ist die Wirklichkeit auch der Zeit nach früher.[78] Er bleibt dennoch nicht bei dieser bekannten Formel stehen. Der Zusatz [3] ist bezeichnend. Es ist immer ein Vater, der sein Kind zeugt. Allerdings kommt man mit einer solchen Kausalkette nicht von einem Menschen über einen anderen hinaus. Es ist auch unwahrscheinlich, dass mit jenem Bewegenden die Sonne oder andere Himmelskörper gemeint wären. Das Früher der Himmelskörper wird erst *nach* dieser Passage thematisiert. Der Zusammenhang legt nahe, dass es auf die Vermittlung der Formen ankommt.

Kahn deutet dieses Bewegende, welches ursprünglich und ständig wirkt, als den ersten Beweger des Buches Lambda.[79] Obwohl mit dem „ewigen und ur-

76 Beere (2009, 304) bezeichnet die Vermögen treffend als „forward looking". Dazu oben § 3.2.

77 Ross (Met. Komm. II, 264) zufolge bezieht sich der Ausdruck „ὥσπερ εἴπομεν" auf die Passage (1049b17–29) über die Priorität der Zeit nach.

78 Der Bezug des „ἑτέρας" in dem Ausdruck „τοῦ χρόνου ἀεὶ προλαμβάνει ἐνέργεια ἑτέρα πρὸ ἑτέρας" ist nicht ganz klar. „ἑτέρας" kann sich auf „ἐνέργεια" oder auf „δύναμις" beziehen – wenn man „ἑτέρα" als „ἑτέρα ἐνέργεια" liest und übersetzt. Deutlich wird jedoch, dass es sich um die Wirklichkeit oder um das Vermögen des anderen Gezeugten handelt. Insofern ist es unerheblich, ob man sich für Wirklichkeit oder für Vermögen entscheidet.

79 Kahn 1985, 331–332. Kahn sieht sogar den Ausdruck des „gewissen Erstbewegenden" (1049b26, siehe Anm. 55) als einen möglichen Hinweis auf den göttlichen Beweger. Beere (2009, 313) dagegen ignoriert in seiner Deutung diesen transzendenten Bezug. Allerdings vermag er nicht über die Übermittlung einer Form von einem Bewegenden auf ein Bewegtes hinauszukommen. Das „Ur-

sprünglichen Bewegenden“ ein zweifelsfreier Bezug auf den göttlichen Nous noch fehlt und obgleich ferner der Gott ansonsten in IX 8 kaum thematisiert wird, dürfte eine unbefangene Interpretation der beiden Adverbien „ἀεί“ und „πρώτως“ auf einen urprünglichen und ewigen Beweger verweisen. Diese Deutung gewinnt dadurch an Plausibilität, dass ἀεὶ zweimal verwendet wird. Das erste ἀεὶ bezieht sich auf die Zeugungskette des einen durch ein anderes. Das zweite dagegen ist offenbar dem Bewegenden zuzuschreiben. In seinen Ausführungen über die Priorität des Ewigen bleibt Aristoteles bei den permanenten Umdrehungen der Himmelskörper stehen. Dafür könnte er gute Gründe haben. Denn letztlich sind die Gestirne mit ihren Umläufen ewig. Mit der Zeugung steht es indes anders. Betrachtet man einzelne Zeugungen, stellt man ohne Weiteres fest, dass immer ein Mensch einen anderen zeugt. Fragt man aber, was diese endlose Zeugungsreihe in Gang hält, darf man die Antwort nicht innerhalb der sinnenfälligen Einzelnen suchen. Nichts davon zeugt ewig. Das „ἕως“ weist über das Sinnlich-Zeitliche hinaus. Die Formen, losgelöst von allen Einzelwesen, sind für Aristoteles der Garant, dass sich die Zeugungsreihe ohne Aberration fortsetzt.[80]

Die Priorität der Wirklichkeit des Ewigen vor dem Vergänglichen wird als eine Priorität „im strengeren Sinn (κυριωτέρως)“ vorgestellt (1050b6). Bedenkt man, dass die Priorität der Wesenheit nach eine ontologische Abhängigkeit bedeutet, werden wir gleich den Grund explorieren, warum die Priorität der Wirklichkeit hinsichtlich der Bewegungen der Himmelskörper im höheren Grad eine ontologische Vorrangigkeit ist als das Früher der Wirklichkeit hinsichtlich der Formen in Entstehung und Entwicklung der irdischen Dinge. In Bezug auf die himmlischen Rotationen steht *letztlich* der göttliche Nous als erster Beweger in engerer Verbindung mit den Fixsternen. Wenn Aristoteles niederschrieb, dass der ganze Himmel und die Natur vom Gott abhängig seien, dürfte er primär an Gott als den Ursprung der Bewegungen gedacht haben.[81] Denn die Priorität des Ewigen vor dem Vergänglichen stellt in gewissem Sinne *das Sein* des letzteren sicher. Wie oben dargestellt, übt der

---

sprüngliche“ und das „Ständige“, welches am Ende deutlich hervortreten, werden in seiner Interpretation nicht berücksichtigt.

80 Gewiss beschränken sich Aristoteles' Ausführungen nicht nur auf Zeugungen von Naturdingen. Neben „einem Menschen durch einen anderen“ steht auch „ein Gebildeter durch einen anderen Gebildeten“. Für unsere Untersuchung grundlegender ist jedoch die Zeugung von Naturdingen, weil dabei die Formen der Naturdinge betrachtet werden. Bei Herstellungen und Übermittlungen von Qualitäten sind die Formen im Hersteller und Lehrer.

81 Aristoteles argumentiert für Gott als unbewegten Beweger in der *Metaphysik* XII 6 und zu Beginn des siebten Kapitels. Eine ausführliche Argumentation ist im achten Buch der *Physik* zu finden. Zu einer Analyse der Argumentation in der *Physik:* Falcon 2015; zu einer detaillierten Analyse der Entfaltung der Theorie über den unbewegten Beweger von *De Caelo* über *Physik* zur *Metaphysik:* Kosman 2013, 183 ff.

Rhythmus der ewigen Bewegungen himmlischer Körper, vor allem der Sonnenekliptik, Einfluss auf den Ablauf und Zyklus der sublunarischen Lebewesen aus. Insofern ist der Bestand des Vergänglichen abhängig vom Ewigen. Was das Zeugen betrifft, braucht man auf den ersten Blick nicht über den sinnlichen Bereich hinauszugehen. Ein Mensch zeugt einen Menschen und gibt mit der Zeugung seine Form an den Gezeugten weiter. Durch die immanente Form bestimmt, entwickelt sich ein Kind zu einem Erwachsenen. Gleichwohl gibt sich Aristoteles mit einer Kausalkette einzelner Menschen nicht zufrieden. Der Grund ist darin zu suchen, dass für Aristoteles die Gewähr für den Weiterbestand nicht in dem liegt, was Vermögen in sich schließt. Denn jedes Vermögen geht, wie er erläutert, zugleich auf den Gegensatz.[82] Die Himmelskörper mit ihren immerwährenden Umdrehungen bürgen für Entstehen und Vergehen irdischer Dinge. Bezüglich der Zeugung und Entwicklung aller Einzelwesen begnügt sich Aristoteles trotz der bekannten Formel der Hervorbringung eines Menschen durch einen Menschen nicht mit einer Kette innerhalb des Sinnlichen. Auch hier gewährleisten die Formen, die nicht an sinnenfällige Einzelne gebunden sind, dass aus einem Menschen ein Mensch stammt und dass sich dieses Kind nur zu einem Menschen, nicht etwa zu einem Baum entwickeln wird. Während die Priorität des Ewigen für das Sein des Vergänglichen verantwortlich ist – und daher ist das Früher im strengeren Sinn zu verstehen –, sorgt die Priorität der transzendenten Formen für die Ordnung und Kontinuität der Zeugung und mithin für den Fortbestand der Welt. Mit anderen Worten: Mit der Hervorhebung der Wirklichkeit weist Aristoteles' Darstellung in Kapitel IX 8 der *Metaphysik* über den Rahmen des Kapitels hinaus auf den Gott, der im Buch Lambda thematisiert wird. Wenn es sich mit der Abhängigkeit des Himmels und der Natur von Gott nicht bloß um die Ewigkeit in Bewegungen, sondern auch um die Ordnung in der Fortpflanzung handelt, kann die göttliche Denkaktualität nicht bloß inhaltslose Selbstreferenz sein; er muss vielmehr denkend die Formen fassen.

4 Gott und das Gute des Alls

Gott ist nicht nur verantwortlich für die permanenten Bewegungen und mithin für den endlosen Zyklus von Leben und Tod sublunarischer Dinge. Er ist darüber hinaus verantwortlich für die Ordnung der Bewegungen. Diese zweite Funktion legt nahe, dass der Gott alle Formen denkend in sich fasst. Nach der Darstellung des göttlichen Nous in XII 7 und 9 kommt Aristoteles zu Beginn des zehnten Kapitels auf die Ordnung des Universums zu sprechen.

82 Met. IX 8, 1050b8–9.

ἐπισκεπτέον δὲ καὶ ποτέρως ἔχει ἡ τοῦ ὅλου φύσις τὸ ἀγαθὸν καὶ τὸ ἄριστον, πότερον κεχωρισμένον τι καὶ αὐτὸ καθ' αὑτό, ἢ τὴν τάξιν. ἢ ἀμφοτέρως ὥσπερ στράτευμα; καὶ γὰρ ἐν τῇ τάξει τὸ εὖ καὶ ὁ στρατηγός, καὶ μᾶλλον οὗτος· οὐ γὰρ οὗτος διὰ τὴν τάξιν ἀλλ' ἐκείνη διὰ τοῦτόν ἐστιν. πάντα δὲ συντέτακταί πως, ἀλλ' οὐχ ὁμοίως, καὶ πλωτὰ καὶ πτηνὰ καὶ φυτά· καὶ οὐχ οὕτως ἔχει ὥστε μὴ εἶναι θατέρῳ πρὸς θάτερον μηδέν, ἀλλ' ἔστι τι. πρὸς μὲν γὰρ ἓν ἅπαντα συντέτακται, ἀλλ' ὥσπερ ἐν οἰκίᾳ τοῖς ἐλευθέροις ἥκιστα ἔξεστιν ὅ τι ἔτυχε ποιεῖν, ἀλλὰ πάντα ἢ τὰ πλεῖστα τέτακται, τοῖς δὲ ἀνδραπόδοις καὶ τοῖς θηρίοις μικρὸν τὸ εἰς τὸ κοινόν, τὸ δὲ πολὺ ὅ τι ἔτυχεν· τοιαύτη γὰρ ἀρχὴ ἑκάστου αὐτῶν ἡ φύσις ἐστίν. λέγω δ' οἷον εἴς γε τὸ διακριθῆναι ἀνάγκη ἅπασιν ἐλθεῖν, καὶ ἄλλα οὕτως ἔστιν ὧν κοινωνεῖ ἅπαντα εἰς τὸ ὅλον.

Metaphysik XII 10, 1075a11–25

Es ist aber auch zu erwägen, auf welche von beiden Weisen die Natur des Alls das Gute und das Beste enthält, ob als etwas Getrenntes, an und für sich Seiendes, oder als die Ordnung [der Teile in der Natur]. Doch wohl auf beide Weisen zugleich, wie dies bei dem Heer der Fall ist; denn für dieses liegt das Gute sowohl in der Ordnung [der Soldaten] als auch im Feldherrn und mehr noch in diesem. Denn nicht er ist durch die Ordnung, sondern die Ordnung durch ihn. Alles aber ist in gewisser, doch nicht in gleicher Weise zusammengeordnet, Fische wie Vögel und Pflanzen (und es ist nicht so, dass das eine zum anderen in keiner Beziehung stände, sondern es bestehe eine). Denn alles ist auf eines hin geordnet, jedoch so, wie in einem Haushalt den Freien am wenigsten erlaubt ist, etwas Zufälliges zu tun, sondern für sie alles oder doch das meiste geordnet ist, für die Sklaven dagegen und die Tiere nur weniges von dem, was auf das Allgemeine Bezug hat, während das meiste dem Zufall überlassen bleibt. Denn die Natur ist ein solches Prinzip für jedes von ihnen. Ich meine, alle müssen zur Auflösung [in die Elemente] kommen. Ebenso verhält es sich mit anderen Dingen, die alle gemeinsam verbunden zum Ganzen beitragen.

Das platonische Gedankengut ist an dieser Stelle kaum übersehbar. Es gilt von vornherein, dass das sichtbare Universum gut ist, weil in ihm Ordnung herrscht.[83] Nun ist das Gute (τὸ ἀγαθόν) das höchste Prinzip bei Platon, welches als das Eine jenseits von allem, einschließlich des Seins, steht. An diesem Punkt weicht Aristoteles von seinem Lehrer ab.[84] Aristoteles zieht zwei Seinsweisen des Guten und Besten in Betracht, eine immanente und eine transzendente. Beide Seinsweisen sieht er als kompatibel. In der Passage bedient sich Aristoteles zweier Vergleiche: Das All ist wie ein Heer und wie ein Haushalt. Eine Gemeinschaft muss eine Struktur und Ordnung aufzeigen, um sich von einem bloßen Haufen zu unterscheiden. Die Ordnung, in der das Gute sich zeigt, kann sowohl unter den Soldaten als auch im Feldherrn bestehen. Das erstere ist vergleichbar mit einer immanenten,

83 Mit dem ὅλον schließt Aristoteles das ganze Universum samt den Fixsternen ein. Elders (1972, 270) und Judson (2019, 346) interpretieren „ἡ τοῦ ὅλου φύσις" als einen raffinierten Ausdruck für „das All". Dies ist eine vertretbare Deutung. Aber, wie Sedley (2000, 329) interpretiert, betont Aristoteles sehr wohl die eine Natur, die das ganze All durchwaltet. Die φύσις dürfte einen artikulierten Sinn haben.

84 Dazu Kap. II § 3.2.1 para. 7 zum Licht.

das letztere einer transzendenten Seinsweise des Guten. Aristoteles beteuert, dass die Ordnung im höheren Grade (μᾶλλον) im Feldherrn besteht. Mit anderen Worten: Die Ordnung unter den Soldaten, die das Heer zu einem guten macht, stammt vom Feldherrn. Was ist unter dieser Ordnung zu verstehen? Die Lebewesen im All sind in einer Ordnung miteinander verbunden – die Beispiele mit Fischen, Vögeln und Pflanzen verraten Aristoteles' leitendes Interesse an Naturdingen. Der Feldherr entspricht offensichtlich dem Gott, von dem alles abhängt. Wie die Ordnung des Heers vom Feldherrn abhängt, so kommt die Ordnung des Alls vom Gott, und deshalb ist er im höheren Grade gut als die Dinge im All.

Allerdings könnte der Vergleich uns zu der Annahme leiten, dass der Gott eine aktive Rolle spielt. Der Feldherr *selbst* erfindet und wahrt die Ordnung, wie ein Baumeister ein Haus entwirft und herstellt. Beide, der Feldherr und der Baumeister, funktionieren als causa efficiens. Inwiefern ist der Gott eine Wirkursache? Seit Langem ist dies zu einer großen Debatte um die Rolle des aristotelischen Gottes geworden.[85] An vielen Stellen wird ihm die Rolle eines Bewegers zugeschrieben. Das sechste Kapitel weist einen unbewegten Beweger aus Bewegungen nach. Dieser gilt als das Bewegende und Hervorbringende (κινητικὸν ἢ ποιητικόν); und gegen Ende von XII 10 werden dieselben Attribute für den ersten Beweger wiederholt.[86] Auf der anderen Seite ist dieser Gott nichts als rein denkender Selbstbezug. Er bewegt lediglich als Geliebtes. Dies scheint dem Gott eine beschränkte, passive Rolle als Ziel zuzuschreiben. Ihm scheinen aktive Handlungen zu fehlen. Schon Simplikius erwägt, dass der Gott letztlich eine Zweckursache, nicht eine Ursache des Bewirkens sei. Aristoteles solle oft seinen Gott als Geliebtes sowie als causa finalis bestimmt haben.[87] Gewiss wird die Ordnung nicht durch den Gott gleichsam aus dem Nichts konzipiert oder gar geschaffen. Streng genommen ist der Gott kein Baumeister, und der Vergleich mit einem Feldherrn soll an diesem Aspekt nicht zu wörtlich genommen werden.[88] Dennoch stammen die eine Wirkursache suggerierenden Bezeichnungen doch aus Aristoteles' Feder. Es steht in XII 7, dass vom Gott der Himmel und die Natur abhängen.[89] Wenn Aristoteles sich nicht widerspricht, muss zwi-

---

85 Zur Kontroverse: Bradshaw 2001, Alberto Ross 2016, Ross (219–222) argumentiert gegen eine Deutung des Gottes als einer Wirkursache.

86 Met. XII 6, 1071b3–14, XII 10, 1075b31. Diese Argumentation korrespondiert mit dem Nachweis im achten Buch der *Physik*, vor allem mit VIII 5. Siehe Bradshaw 2001, 7–8, Alberto Ross 2016, 211.

87 Simplikius In Phy. 1360, 24–31, Diels. Dazu Alberto Ross 2016, 207.

88 Nach einem demiurgischen Verständnis gilt der Gott als Schöpfer des Alls so wie der jüdisch-christliche Gott der *Bibel*. Diese Linie der Interpretation, die im 19. Jahrhundert in Brentano einen prominenten Vertreter fand, ist schwer vertretbar. Dazu siehe Kahn 1985b, 185. Es ist festzuhalten, dass Platons Demiurg keineswegs ein handelnder Schöpfergott ist wie der JHWH der jüdischen Religion.

89 Met. XII 7, 1072b13–14: ἐκ τοιαύτης ἄρα ἀρχῆς ἤρτηται ὁ οὐρανὸς καὶ ἡ φύσις.

schen einer Zweckursache und einer causa efficiens vermittelt werden. Einen Hinweis gibt Aristoteles bereits mit der Feststellung von der Einheit der drei Ursachen. In der Deutung des Nous Poiētikos haben wir gezeigt, dass die Form die Wirkursache im strengen Sinn ist. Ein Haus entsteht aus der Baukunst, und die Gesundheit einer Person aus der Heilkunst. So besehen ist ein Mensch, der einen anderen zeugt, nicht die causa efficiens im strikten Sinn, obwohl Aristoteles das immer wieder als Beispiel für die Wirkursache heranzieht, sondern die Form des Menschen, die im zeugenden Menschen ist.[90] Es geht um den tiefen Sinn der Bewirkung. Die *eigentliche* Wirkursache ist im höheren Grade die Form, die sich im Handelnden befindet und ihn während der Handlung leitet. Auf Aristoteles' Vergleich übertragen, ist es nicht der Feldherr, sondern der Plan in seinem Kopf, der letztendlich die Ordnung im Heer *bewirkt*. Aus dem gleichen Grund braucht der Gott nicht eine Ordnung im All herbeizuschaffen, um eine causa efficiens zu sein.[91] Er plant nicht; denn er *ist* der Plan und die Ordnung. Die Formen als Denkmomente des göttlichen Nous bilden ein *strukturiertes Ganzes*. Im Grund übernimmt Aristoteles an diesem Aspekt viel von Platons Ideenkosmos – sehen wir davon ab, dass die aristotelischen Formen und Platons Ideen keineswegs deckungsgleich sind. Die Naturdinge sind zusammengeordnet. Alle Dinge in der Natur stehen in unterschiedlichen Beziehungen zueinander, welche in der Klassifikation nach Gattungen und Arten ihren logisch-begrifflichen Ausdruck finden. Ontologisch und noologisch gesehen liegen diesen Beziehungen die Formen, die miteinander gemäß ihrem „Was hieß es zu sein" (τὸ τί ἦν εἶναι) in Verbindungen stehen, zugrunde. In der zweiten Hälfte der zitierten Passage vergleicht Aristoteles die Ordnung des Alls mit einem Haushalt. Mitglieder verschiedener Gruppen unterstellen sich gemäß ihrer jeweiligen Art der Ordnung und dem Guten des ganzen Hauses. Die Freien, die ranghöher sind, halten sich besser an der Ordnung des Ganzen und zeigen Regelmäßigkeit in ihren Handlungen. Die Sklaven dagegen überlassen es oft dem Zufall, was sie tun. Was Aristoteles damit meint, ist nicht unmittelbar klar. Möglicherweise meint Aristoteles, dass die Sklaven wenig an das gemeinsame Gute denken (τὸ εἰς τὸ κοινόν), ja sogar wenig davon verstehen. Sie handeln in meisten Fällen auf Befehl. Dennoch sind sie nichtsdestoweniger Mitglieder und leisten ihre Beiträge zum Guten des Hauses, nur nicht auf eigenen Willen.[92] Mit Freien und Sklaven dürfte

90 Dazu oben § 3.3, auch Kap. II § 3.2.1 zu para. 5 zur Kunst und Materie.

91 Bradshaw 2001, 16–18 macht Gebrauch von Aristoteles' Theorie zur Wirkursache, um Gottes bewirkende Ursächlichkeit zu verdeutlichen.

92 Sedley kommentiert (2000, 332, italics Sedleys): „[T]hey [i.e. the slaves] may arguably not contribute *much* to that good, but it would be strange for him [i.e. Aristotle] to deny that most of what they do is *a* contribution to it. Rather, I imagine, he is speaking of the degree of their sharing or

Aristoteles auf verschiedene Dinge des Alls anspielen, obwohl die genauen Zuordnungen nicht eindeutig sind.[93] Die Freien, deren Handlungen ordnungsgemäß sind, deuten wohl auf die Fixsterne oder generell die Gestirne hin. Die Sklaven und die Tiere, die weitgehend dem Zufall unterstellt sind, spielen wahrscheinlich auf Menschen und andere Lebewesen an, die sterblich und manchen unerwarteten Wendungen im Leben ausgesetzt sind.[94] Während der Vergleich mit dem Heer die Ordnung unter allen Lebewesen in den Mittelpunkt stellt, legt der Vergleich mit dem Haushalt die Vielschichtigkeit des Alls bloß. Von Fixsternen bis hin zu Insekten und Pflanzen nimmt jedes Naturding an der Ordnung des Alls teil. Das All ist ein strukturiertes, einheitliches Ganzes, und der Gott ist die Formursache des Alls. In ihm ist die Ordnung in ihrer ursprünglichen und intelligiblen Gestalt. Gott selbst ist diese Ordnung.[95]

Als Ursprung und Vorbild ist Gott die Zweckursache der ganzen Bewegungen im sichtbaren Universum. Ein Baumeister hat einen Plan im Kopf, der die Form- und auch die Zweckursache für das Bauen ist. Arbeitend an dem Material wandelt er Ziegel und Steine in ein Haus um. Nun baut der Gott nicht, vielmehr bewegt er als Geliebtes. Die Naturdinge, von Gestirnen über Menschen bis hin zu den Grundstoffen, haben alle ein Prinzip zur Bewegung in sich, und dieses Prinzip ist die immanente Form eines Dinges. Die Natur an sich ist dynamisch: Getrieben von der immanenten Form, bewegt sich jedes auf die Realisierung seiner eigenen Natur. Die Kreisbewegung der Gestirne, in der das Bewegende zu jeder Zeit am Ziel ist, ähnelt dem sich in sich reflektierenden, um sich herumkreisenden Denken des Nous. Im sublunarischen Bereich erinnern der Kreislauf von Leben und Tod sowie die

participation in the household's joint activity. The level of participation is higher among the free men than among the slaves."

93 Horn (2016, 269, Hervorhebung Horns): „As he strongly emphasizes, the order of the cosmos is that of an *organized* totality. It should not be seen, we are told, as a mere contingent type of match. As Aristotle admits, the world shows some arbitrariness, but this is confined to its inferior parts: the higher an entity, the more its conduct is determined by regularity."

94 Siehe Horn 2016, 272–273; Judson (2019, 349) deutet die Freien und Sklaven als Anspielungen auf himmlische Körper und sublunarische Dinge.

95 Kosman (1992=2014, 135) zufolge ist der Nous der Ursprung der Weltordnung. Der Haushaltsvergleich schließt die Himmelskörper mit ein. Als Ursprung von ihren Bewegungen umfasst der göttliche Nous nicht nur die Formen aller Naturwesen, sondern auch die anderen Planetenbeweger, die für die himmlischen Bewegungen zuständig sind. In der Entfaltung seiner Lehre von Planetenbewegern in XII 8 betont Aristoteles die Einheit des Universums. Es existiert nur *ein* Himmel (εἷς οὐρανός, 1074a31), und die verschiedenen himmlischen Bewegungen und deren Beweger sind *einer* Ordnung untergeordnet: ὅτι μὲν οὖν εἰσὶν οὐσίαι, καὶ τούτων τις πρώτη καὶ δευτέρα κατὰ τὴν αὐτὴν τάξιν ταῖς φοραῖς τῶν ἄστρων, φανερόν (1073b1–3). Nach Katz (2017, 61–66) weist Aristoteles Speusippus' Ontologie aus Einheitsüberlegungen zurück. Aus Speusippus' isolierten mathematischen Substanzen ergibt sich keine strukturierte Einheit der Wirklichkeit.

Transformationen von Elementen an die Gestirnsbewegung, wodurch Naturdinge von einer weiteren Entfernung aus den Gott nachahmen. Dieselbe Sache von der anderen Seite betrachtet, imitieren die Himmelskörper den göttlichen Nous, und die Dinge auf der Welt imitieren ihrerseits die Gestirne. Insofern kann Aristoteles sagen, dass vom Gott der Himmel und die Natur abhängen. Die Deutung ist durch Aristoteles' Ausführungen gut gestützt. Man kann sie fast als die Standardinterpretation des göttlichen Nous ansehen. Aber wie Lear zu Recht fragt, greift man damit vielleicht doch zu kurz. Der göttliche Nous steht nur zum Fixsternhimmel in engerer Beziehung; dagegen ist die Verbindung zwischen ihm und der sublunarischen Welt viel zu entfernt und indirekt.[96] In der obigen Erörterung über IX 8 wird aufgezeigt, dass der Gott für die Ordnung in einem tieferen Sinn bürgt. Gott stellt durch die Formen als Momenten seines Denkens sicher, dass die Formen für immer an Einzelwesen weitervermittelt werden können und dass generell alle Spezies für immer bestehen. Die Ordnung hat in diesem Kontext konkrete Bestimmungen, und die noetischen Entitäten sind für die sinnenfälligen Einzeldinge ontologisch grundlegend. Die Abhängigkeit des Himmels und der Natur vom Gott erhält einen tiefergreifenden Sinn.

Aristoteles hebt die eine Natur hervor, die für ein jedes ein Prinzip ist. Diese Natur ist eine Aufwärtsbewegung zum Beweger hin, und zwar jedes auf seine eigene Art und Weise. Jedes, wie z. B. ein Mensch, kann und *soll* seine dem Menschen spezifischen Fähigkeiten, die in der immanenten Form zuerst verborgen bleiben, auf Antrieb dieser Form möglichst realisieren. Dies ist der genuine Sinn des berühmten Spruches: Die Natur macht nichts vergeblich.[97] In diesem Licht gesehen projektiert Aristoteles mit der Natur des Alls kein strikt von allen Einzelwesen getrenntes Prinzip. Wie im vorigen Kapitel festgestellt wurde, bedeutet die Transzendenz die reine Intelligibilität der Formen, die, abstrahierend von allem Sinnenfälligen und Zufälligen, an und für sich betrachtet werden.[98] Man braucht den Gott nicht zu bewegen, damit er anderes bewegt. Er bewegt als Geliebtes (ἐρώμενον). Die ganze Natur weist eine allgemeine Tendenz zur Verwirklichung auf. Das Lieben ist durchaus im platonischen Sinn Begehren nach dem Guten und Schönen, angewandt auf der kosmischen Ebene.[99] Kurz, als Bewusstsein aller Formen zieht

---

96 Zu einer zusammenfassenden Darstellung des göttlichen Nous als Himmelsbewegers: Dangel 2013, 100–108.

97 Der Spruch ist an mehreren Stellen im Corpus Aristotelicum zu finden, unter anderem *De Caelo* I 4, 271a33, *Politik* I 2, 1253a9, *De anima* III 9, 432b21.

98 Siehe Kap. III § 5, vor allem § 5.2.

99 Im *Symposium* und *Phaidros* lässt Platon Sokrates deutlich machen, dass die Liebe das Begehren nach dem, was gut und schön ist, bedeutet. Im *Symposium* zielt die Liebe auf das Schöne an sich, im

der Gott wie ein metaphysischer Magnet alles zu sich hin und steht als Ziel aller Entwicklungen.[100]

5 Der Nous Poiētikos und das Denken des Denkens

Hauptgegenstand der vorliegenden Untersuchung ist Aristoteles' Annahme des produktiven Nous. Eine gründliche Analyse von III 5 zeigt diesen als intuitives Denken, ein In-eins-Sehen aller denkbaren Formen auf. Die Formen erweisen sich als noushaft, ja sogar als Nous. Schließlich ist der Gott von Lambda ein Nous, der alle Formen denkend in sich fasst. Obwohl Aristoteles dies nie explizit macht, legt unsere Deutung nahe, den produktiven Nous mit dem göttlichen Nous der *Metaphysik* gleichzusetzen. In *De anima* III 4 schränkt Aristoteles seine Darstellung des Nous auf kognitive Tätigkeiten ein: Das vorsokratisch-anaxagoreische „um zu herrschen (ἵνα κρατῇ)" wird dementsprechend geändert in „um zu erkennen (ἵνα γνωρίζῃ)".[101] Aristoteles hat gute Gründe, die Erläuterung auf das Denken zu beschränken. Das Denken ist *das* Thema der Noetik von *De anima* III. Trotzdem ist das Kognitive nicht die einzige Seite der Transzendenz bei Aristoteles. Der andere, kosmologische Aspekt wird vor allem in der *Metaphysik* nachgeholt.[102] Bei der Feststellung des Denkens des Denkens gilt der Gott als das Mächtigste (τὸ κράτιστον).[103] Ferner lässt der Vergleich mit einem Feldherrn an das Herrschen im kosmologischen Sinn denken. Am Ende des Kapitels – und dies ist auch das Ende des Buches Lambda – steht das Homerzitat: „Vielherrschaft ist nicht gut, nur einer sei Herrscher."[104] Das Motiv des Feldherrn wieder aufnehmend, spielt Aristoteles am Ende seiner Darstellung des Gottes doch auf das vorsokratische Thema des Herrschens an. Der Nous Poiētikos und der Gott von Lambda zusammen stellen die beiden Dimensionen der aristotelischen Transzendenz dar. Der Gott, der aktualer Denkakt ist, leistet mit

---

letztgenannten generell auf die intelligiblen Formen, welche die Seele sich vor der Geburt angeschaut hat. Siehe vor allem *Symposium* 199c ff., *Phaidros* 246a ff.

100 Kahn 1985b, 184: „As supreme instance of unqualified actuality and divine life, the PM serves as a kind of metaphysical magnet drawing all natural potencies on to their realization in act and to the acquisition of their specific form." Dazu auch Lear 1988, 294–296.

101 Dazu Kap. I, § 3.1 und Kap. II, § 5.3.3.

102 Außer der *Metaphysik* gibt es relevante Ausführungen in seinen kosmologischen und biologischen Schriften, obwohl der Gott in solchen Ausführungen oft im Hintergrund steht. Kahn (1985b) führt eine Reihe relevanter Passagen an.

103 Dazu oben § 2.2.

104 Met. XII 10, 1076a4: οὐκ ἀγαθὸν πολυκοιρανίη· εἷς κοίρανος ἔστω. Aristoteles zitiert aus Homer *Ilias* II.204.

seiner noetischen Ordnung Gewähr für die Ordnung und den Bestand des Universums sowie für das denkende Einsehen der Ordnung beim Menschen.

5.1 Das Denken als das übermenschliche Ziel des Menschen

In der Untersuchung von Aristoteles' Annahme eines produktiven Nous wurde gezeigt, dass der Nous dadurch das Denken im Menschen bewirkt und dass er als Form die Entstehung des Denkens stillschweigend im Hintergrund leitet. Nach Aristoteles' Auffassung ist er im strengeren Sinn eine causa efficiens. Dies ist eng vergleichbar mit dem göttlichen Nous in Bezug auf die Kreisbewegungen der Himmelskörper sowie die Entwicklungen aller Naturwesen zu ihrem Ziel hin. Grundlegend in den beiden Fällen ist die Wirkungsmächtigkeit der Formen. Kosmologisch gesehen ist der Gott zugleich das Ziel aller Entwicklungen; nach ihm wird gestrebt. Auch im Denken ist der produktive Nous das Ziel. In XII 7 macht Aristoteles den Unterschied zwischen Gott und dem menschlichen Nous deutlich: Jener ist reine Denktätigkeit, dieser dagegen kann nur sporadisch in aktuales Denken übergehen.[105] Indem aber der Mensch aktual denkt, erhebt er sich *in diesem Moment* über sich selbst hinaus zum Gott. An einer berühmten Stelle in der *Nikomachischen Ethik* spricht Aristoteles gleichsam im Vorbeigehen vom göttlichen Teil im Menschen. Das höchste Glück (εὐδαιμονία) besteht nach Aristoteles in der reinen, ununterbrochenen Denktätigkeit (ἡ τοῦ νοῦ ἐνέργεια θεωρητικὴ οὖσα). Dies Glück ist zwar das höchste Ziel des Menschen, aber es ist zugleich übermenschlich.

> ὁ δὲ τοιοῦτος ἂν εἴη βίος κρείττων ἢ κατ' ἄνθρωπον· οὐ γὰρ ᾗ ἄνθρωπός ἐστιν οὕτω βιώσεται, ἀλλ' ᾗ θεῖόν τι ἐν αὐτῷ ὑπάρχει· ὅσον δὲ διαφέρει τοῦτο τοῦ συνθέτου, τοσοῦτον καὶ ἡ ἐνέργεια τῆς κατὰ τὴν ἄλλην ἀρετήν. εἰ δὴ θεῖον ὁ νοῦς πρὸς τὸν ἄνθρωπον, καὶ ὁ κατὰ τοῦτον βίος θεῖος πρὸς τὸν ἀνθρώπινον βίον. οὐ χρὴ δὲ κατὰ τοὺς παραινοῦντας ἀνθρώπινα φρονεῖν ἄνθρωπον ὄντα οὐδὲ θνητὰ τὸν θνητόν, ἀλλ' ἐφ' ὅσον ἐνδέχεται ἀθανατίζειν καὶ πάντα ποιεῖν πρὸς τὸ ζῆν κατὰ τὸ κράτιστον τῶν ἐν αὐτῷ· εἰ γὰρ καὶ τῷ ὄγκῳ μικρόν ἐστι, δυνάμει καὶ τιμιότητι πολὺ μᾶλλον πάντων ὑπερέχει. δόξειε δ' ἂν καὶ εἶναι ἕκαστος τοῦτο, εἴπερ τὸ κύριον καὶ ἄμεινον. ἄτοπον οὖν γίνοιτ' ἄν, εἰ μὴ τὸν αὑτοῦ βίον αἱροῖτο ἀλλά τινος ἄλλου. τὸ λεχθέν τε πρότερον ἁρμόσει καὶ νῦν· τὸ γὰρ οἰκεῖον ἑκάστῳ τῇ φύσει κράτιστον καὶ ἥδιστόν ἐστιν ἑκάστῳ· καὶ τῷ ἀνθρώπῳ δὴ ὁ κατὰ τὸν νοῦν βίος, εἴπερ τοῦτο μάλιστα ἄνθρωπος, οὗτος ἄρα καὶ εὐδαιμονέστατος.
>
> *Nikomachische Ethik* X 7, 1177b26–1178a8

105 Der Kernpunkt des Vergleiches liegt nicht so sehr in der Länge der Denktätigkeit als vielmehr darin, dass, während der menschliche Nous ein Vermögen zum Denken ist, der Gott reine Denktätigkeit ist. Dazu oben § 2.1.

Aber ein solches Leben ist stärker als es dem Menschen als Menschen zukommt. Denn so kann er nicht leben, sofern er Mensch ist, sondern nur, sofern er etwas Göttliches in sich hat. Wie viel der Unterschied zwischen diesem Göttlichen selbst und dem aus Leib und Seele zusammengesetzten Wesen ist, so viel ist auch der Unterschied zwischen der Tätigkeit, die von diesem Göttlichen ausgeht, und aller anderen Vorzüglichkeit. Ist nun der Nous im Vergleich mit dem Menschen etwas Göttliches, so muss auch das Leben nach dem Nous im Vergleich mit dem menschlichen Leben göttlich sein. Man darf aber nicht auf jene Mahnung hören, die uns anweist, als Menschen nur an Menschliches und als Sterbliche nur an Sterbliches zu denken, sondern wir sollen, so weit es möglich ist, uns bemühen, unsterblich zu sein und alles zu tun, um nach dem Besten, was in uns ist, zu leben. Denn mag es auch klein an Umfang sein, ist es doch an Kraft und Wert das bei Weitem über alles Hervorragende. Jeder Einzelne ist wohl gerade dies, wenn auch dieses gebietender und besser ist. Es wäre auch unsinnig, wenn einer nicht sein eigenes Leben führen wollte, sondern das eines anderen. Das oben Gesagte passt auch hierher. Was einem Wesen von Natur eigentümlich ist, ist ihm auch das Beste und Genussreichste. Für den Menschen ist dies das Leben gemäß dem Nous, da ja dieses am meisten der Mensch ist. Also ist dieses Leben auch das glückseligste.

Schon beim ersten Lesen fallen Wörter wie κρείττων, τὸ κράτιστον, τὸ κύριον καὶ ἄμεινον sowie θεῖος auf. Wie mehrmals erklärt, enhalten solche Wörter ontologische Untertöne. Aristoteles appelliert an die Menschen, über das Menschliche hinauswagend ins Göttliche zu gelangen. Wie im Buch Lambda steht, ist der Gott seiner Natur nach Denkwirklichkeit, und als solche ist er rein noetisches Leben (βίος θεωρητικός). Dieses Leben ist für die Menschen zu stark (κρείττων). Dirlmeier verweist in seinem Kommentar auf eine verwandte Stelle im ersten Buch der *Metaphysik*. Dort wird die Suche nach einer freien, göttlichen Wissenschaft, die nur um ihrer selbst willen betrieben wird, als nicht menschlich (οὐκ ἀνθρωπίνη) angesehen, weil der Mensch zu sehr von seinen körperlichen Bedürfnissen gefangen genommen wird.[106] Eine solche Wissenschaft ist die göttlichste und ehrwürdigste (θειοτάτη καὶ τιμιωτάτη), weil Gott diese sehr gerne hat und weil sie das Göttlichste zum Gegenstand macht. Zu Beginn der *Metaphysik* steht Aristoteles noch vor der differenzierenden Bestimmung seiner ontologischen Begriffe. Diese freie Wissenschaft ist nichts anderes als der Nous mit seinem aktualen Denken; präzise ausgedrückt, diese Wissenschaft ist Gott.[107] Parallel zu der *Nikomachischen-Ethik*-Stelle, an der Aristoteles die Menschen auffordert, nicht beim Meschlich-Sterblichen stehenzubleiben, ermahnt er die Menschen an der *Metaphysik*-Stelle, nicht bloß bei

106 Met. I 2, 982b28–983a8. Siehe Dirlmeier 1999, 591.

107 Wie wir wissen, weisen die Wertbegriffe „θειοτάτη καὶ τιμιωτάτη" auf ontologische Ranghöhe hin. In seiner *Nikomachischen Ethik* (VI 6, 1141a3–8) unterscheidet Aristoteles den Nous von der Wissenschaft. Der Nous ist für die Prinzipien der Wissenschaft zuständig, insofern ist er die Grundlage der Wissenschaft.

der dem Menschen angemessenen Wissenschaft zu bleiben.[108] Es gibt etwas Göttliches im Menschen, welches ihn aus dem Menschlichen hinaus und in das Göttliche hineinführt. Das Moment des χωρισθείς ist dem Menschen im Denken punktuell geglückt. Aufgrund dieses Göttlichen wird der Mensch zu Göttlichem tauglich. Aristoteles fordert sogar die Menschen auf, sich möglichst um Unsterblichkeit zu bemühen. Wozu er an dieser Stelle die Menschen anspornt, ist im Grund der platonische Appell, möglichst Gott zu werden.[109]

Dieses Göttliche, was im Menschen ist, ist der Nous.[110] Mit deutlichem Nachdruck setzt Aristoteles den Nous vom Leib-Seele-Zusammengesetzten ab. Er ist das Beste, ragt weit über alles an Kraft und Würde hervor. Der Satz „δυνάμει καὶ τιμιότητι πολὺ μᾶλλον πάντων ὑπερέχει“ erinnert an Platons Feststellung der Seinstranszendenz des Guten in der *Politeia.*[111] Dieser Nous, der gebietend und besser (τὸ κύριον καὶ ἄμεινον) ist, *ist* das, was der Mensch eigentlich ist;[112] ihm ist möglich, mithilfe des Nous über das Menschliche hinauszugehen und die Unsterblichkeit zu erlangen. Dies scheint allerdings Aristoteles' gewöhnlicher Position zur Unsterblichkeit der Seele zu widersprechen.[113] Doch ist Vorsicht am Platz, ob man diese

108 Reeve (2016, 270) sieht Politik als eine dem Menschen angemessene Wissenschaft. Außer Politik zählen Ethik und sogar Wissenschaften der Hervorbringung dazu. Für Aristoteles betrifft praktische Wissenschaften das, was sich anders verhalten kann.

109 Theiat. 176b1–2: φυγὴ δὲ ὁμοίωσις θεῷ κατὰ τὸ δυνατόν. Zu dem platonischen Hintergrund des Gedankens der ὁμοίωσις θεῷ siehe Sedley 1997. Sedley weist die Verwandtschaft zwischen Tim. 90a–d und der Stelle in der *Nikomachischen Ethik* auf. Nach Platon hat Gott jedem Menschen jenen göttlichen Teil als einen δαίμων geschenkt (Tim. 90a2–4). An einer späteren Stelle liest man: τῷ δὲ περὶ φιλομαθίαν καὶ περὶ τὰς ἀληθεῖς φρονήσεις ἐσπουδακότι καὶ ταῦτα μάλιστα τῶν αὐτοῦ γεγυμνασμένῳ φρονεῖν μὲν ἀθάνατα καὶ θεῖα, ἄνπερ ἀληθείας ἐφάπτηται, πᾶσα ἀνάγκη που, καθ' ὅσον δ' αὖ μετασχεῖν ἀνθρωπίνῃ φύσει ἀθανασίας ἐνδέχεται [...] (Tim. 90b6–c3). Die Ähnlichkeit zu der *Nikomachischen-Ethik*-Stelle ist auffallend. Siehe auch oben § 3.2 zum teleologischen Aspekt der aristotelischen Formen.

110 Fast die gleichen Gedanken finden sich in einem Fragment aus dem *Protreptikos:* (Fg. 10c, Ross=R³61=Düring B108–110). Dort sagt Aristoteles deutlich, dass ὁ νοῦς γὰρ ἡμῶν ὁ θεός. Dazu Düring 1961, 265–268.

111 Pol. VI 509b9–10: ἀλλ' ἔτι ἐπέκεινα τῆς οὐσίας πρεσβείᾳ καὶ δυνάμει ὑπερέχοντος. Nur die Seinstranszendenz wird in die Leib- und Welttranszendenz umgewandelt. Die Charakterisierung, dass der Nous klein an Umfang (τῷ ὄγκῳ μικρόν) sei, ist sicherlich nicht wörtlich zu nehmen.

112 Siehe Kap. II §§ 4.3 und 5.1 zu Plotins Auseinandersetzungen mit dem wahren Selbst. Letztlich entscheidet sich Plotin für den nicht herabgestiegenen Nous als das wahre Selbst. Er appelliert an die Menschen, aus dem Selbst, welches in der sinnlichen Welt verankert ist, zum denkenden Nous als dem wahren Selbst hinaufzusteigen. Zwar trifft Plotin bezüglich des wahren Selbst eine andere Entscheidung als Aristoteles. Dennoch sind Plotins Appell sowie seine Fragestellung nach dem wahren Selbst durchaus platonisch-aristotelisch.

113 Zur Sterblichkeit des Menschen siehe die Analyse des III 5 im Kap. II, vor allem § 3.2.2 zum fünften Teil des zweiten Kapitelsabschnittes und § 3.2.3.

eher feierlich klingende Beteuerung wörtlich nehmen darf. In dem Moment, in dem der Nous sich zum Denken erhebt, erhebt er sich zugleich zu Gott. Er geht im seienden Ganzen und mithin im Gott auf.[114] Bei aktualem Denken wird der menschliche Nous zum Gott. Die Geistwerdung ist in Wirklichkeit eine Gottwerdung. Aber nur an diesem Moment der Gottwerdung nimmt der Nous Anteil an Unsterblichkeit. Diese Gottwerdung ist freilich kein andauernder Zustand. Wie Aristoteles in XII 7 behauptet, ist die göttliche Denktätigkeit das ewige noetische Leben. Der Mensch kann nur zeitweise an diesem teilhaben. Dieses Leben ist für die Menschen wegen der Gebundenheit an den Körper zu stark. Die Unsterblichkeit, selbst wenn sie überhaupt möglich sein sollte, ist lediglich auf das Moment des Denkens beschränkt.

In III 5 vergleicht Aristoteles den potenzialen Nous mit der Materie. Ein Klumpen aus Bronze wird zu einer Statue geformt, und gemäß seiner hylomorphischen Position betrachtet Aristoteles die Statue als eine Einheit. Es ist fraglich, ob man dem menschlichen, potenzialen Nous eine genauso starke Einheit mit dem Gedachten zuweisen kann. Im Kap. I § 3.3 wird auf die Vergleichbarkeit zwischen dem Raum (χώρα) des *Timaios* und dem Nous des Menschen eingegangen. Der Raum vermag alle möglichen sinnlichen Formen aufnehmen; und mutatis mutandis ist der menschliche Nous aufgrund seiner Formlosigkeit der Möglichkeit nach alle denkbaren Formen. Die platonische Chōra beharrt trotz der Aufnahme immer in ihrer eigenen Natur. Der Raum tritt keineswegs aus seinem eigenen Aufnahmevermögen heraus, wie Timaios im Dialog erklärt. Er bleibt nach wie vor das aufnehmende Vermögen.[115] Nun ist der Nous seiner Natur nach das Denkvermögen des Menschen und wird nicht *wesentlich* zu einem Gedachten. Das In-eins-Werden geschieht punktuell und sporadisch. Der Gott ist das permanente Bewusstsein aller Formen samt ihrer Beziehungen zueinander. Der Denkende ist dem Wesen nach eins mit dem Gedachten. Er geht keineswegs aus sich heraus. Hingegen denkt der Mensch aus dem Anlass einer wissenschaftlichen Aufgabe heraus, und vor und nach

---

114 Beim Steigen auf die letzte Stufe der Leiter der Liebe begegnet man dem göttlichen Schönen selbst. Platon beschreibt dieses geistige *Sehen* als Zusammensein mit der Idee (συνεῖναι, 211d, 212a). Dieses Einswerden ereignet sich beim aktualen Denkakt. Ferner ist Diotimas' Konstatierung, dass einer, wenn er die höchste Stufe der Leiter erreicht hat, gute und schöne Dinge gemäß dem höchsten Guten und Schönen hervorbringt, vom Gott geliebt und, wenn es überhaupt einem der Menschen zuteil wird, unsterblich wird (*Symposium* 212a). Dieser Anspruch auf Unsterblichkeit ist vergleichbar mit Aristoteles' Appell an der Ethik-Stelle. Zum In-eins mit Gott auch Alexander (89, 21 ff., v. a. 90, 11 f. Bruns). Dazu Sharples 1987, 1208.

115 Tim. 50bc: ὁ αὐτὸς δὴ λόγος καὶ περὶ τῆς τὰ πάντα δεχομένης σώματα φύσεως. ταὐτὸν αὐτὴν ἀεὶ προσρητέον· ἐκ γὰρ τῆς ἑαυτῆς τὸ παράπαν οὐκ ἐξίσταται δυνάμεως – δέχεταί τε γὰρ ἀεὶ τὰ πάντα, καὶ μορφὴν οὐδεμίαν ποτὲ οὐδενὶ τῶν εἰσιόντων ὁμοίαν εἴληφεν οὐδαμῇ οὐδαμῶς· Wie Happ (Hyle, 128) erklärt, besteht dabei der Unterschied zwischen ἐν ᾧ (Tim. 49e7, 50d1 etc.) und ἐξ οὗ. Das Letztere hat eine enge, innerliche Einheit zwischen Form und Materie. Siehe Kap. I § 3.3.

dem Denken ist er sich dieser Aufgabe durchaus bewusst. Mit anderen Worten: Die Denktätigkeit des Menschen wird in eine Fragestellung und deren Lösung und mithin in individuelle Erfahrung eingefügt.[116] Nach jedem Denkakt fällt der Nous in ein Vermögen zurück. Die Geist- und Gottwerdung ist eine Herausforderung für die Menschen. Das göttliche Leben ist ein noetisches Leben, welchem das Glück (εὐδαιμονία) im höchsten Grad zukommt. Der aristotelische Gott ist glücklich, und der Mensch kann mit seinen gelungenen Denktätigkeiten am göttlichen Glück teilnehmen.[117] Der göttliche Nous stellt nicht bloß das Ziel des Denkens beim Menschen, sondern auch das höchste Ziel des menschlichen Lebens dar. Diese Finalursache bekommt dann einen noch besseren Sinn, wenn das menschliche und das göttliche Denken, auf dem das höchste Glück beruht, nicht bloß formal-strukturell, sondern auch inhaltlich gleich sind.

116 Es stellt sich eine Frage, zu der sich Aristoteles nicht geäußert hat: Wenn ein Mensch aufgrund einer Frage bzw. einer Schwierigkeit denkt, konzentriert er sich dann, seiner eigenen Aufgabe folgend, auf die Formen, die in engem Zusammenhang mit seiner Frage und Schwierigkeit stehen? Oder geht er beim Denken, seine Individualität völlig vergessend, restlos ins seiende Ganze der Formen auf? Das erste Szenario würde zeigen, dass das menschliche Denken doch nicht absolut identisch mit dem Gott ist. Das Menschliche wirkt noch im Hintergrund. Nach dem zweiten ist der menschliche Nous völlig eins mit dem göttlichen Denken. Aber das Wiederbewusstwerden der Fragestellung nach dem Denken wäre erklärungsbedürftig.

117 Zum höchsten Glück des Menschen: *Nikomachische Ethik* X 7, 1177a12–18: εἰ δ’ ἐστὶν ἡ εὐδαιμονία κατ’ ἀρετὴν ἐνέργεια, εὔλογον κατὰ τὴν κρατίστην· αὕτη δ’ ἂν εἴη τοῦ ἀρίστου. εἴτε δὴ νοῦς τοῦτο εἴτε ἄλλο τι, ὃ δὴ κατὰ φύσιν δοκεῖ ἄρχειν καὶ ἡγεῖσθαι καὶ ἔννοιαν ἔχειν περὶ καλῶν καὶ θείων, εἴτε θεῖον ὂν καὶ αὐτὸ εἴτε τῶν ἐν ἡμῖν τὸ θειότατον, ἡ τούτου ἐνέργεια κατὰ τὴν οἰκείαν ἀρετὴν εἴη ἂν ἡ τελεία εὐδαιμονία. ὅτι δ’ ἐστὶ θεωρητική, εἴρηται. Obwohl Aristoteles offenlässt, was dieses Beste sein soll. Seine anschließenden Ausführungen machen deutlich, dass damit der Nous des Menschen gemeint ist.

Schlussbetrachtung

1 Resümee

Der Ausgangspunkt unserer Untersuchung war Aristoteles' Annahme des Nous Poiētikos, der das intuitive Denken im Menschen bewirkt. In den ersten beiden Kapiteln haben wir von der Eigenart des menschlichen Nous ausgehend Aristoteles' Gedankengang zur Annahme eines produktiven Nous rekonstruiert. Um seiner das Denken herbeiführenden Funktion gewachsen zu sein, muss der produktive Nous alle Formen im Denken behalten. Der göttliche Nous Poiētikos ist mithin ein Nous, welcher der Natur nach reine Denkaktualität ist. Als solche ist er nicht nur die formale Ursache, sondern auch die Wirkursache im eigentlichen Sinn, darüber hinaus noch der Zweck, den der Mensch mit seinem Denken zu erreichen versucht. Allerdings bleibt noch zu klären, ob der göttliche Nous eine alleinstehende Ausnahme in der aristotelischen Philosophie ist oder ob sich die Annahme des produktiven Nous in den breiteren Rahmen seiner Philosophie integrieren lässt. Die zweite Hälfte der Untersuchung war dieser Fragestellung gewidmet.

Aristoteles wird weiterhin als Verfechter der Immanenz angesehen. Er gibt mit seiner Darstellung der Formen, vor allem mit seiner Platonkritik Anlass und Stütze für diese Deutung. Seine Ideenkritik hebt zu einseitig die Immanenz der Formen gegen die platonischen Ideen hervor. Platon habe eine höhere Welt der Ideen konstruiert, seine Ideen trügen daher nichts zum Bestand sowie zum Erkennen der Dinge bei. Zwar hat Gott einen Platz in Aristoteles' Philosophie, aber aus seiner überaus prägnanten Erläuterung geht nicht eindeutig hervor, was dieser göttliche Nous ist und ob dieser etwas mit den vermeintlich immanenten Formen zu tun hat. Im dritten und vierten Kapitel haben wir Aristoteles' Entfaltung seiner ontologischen Lehre betrachtet. Dabei steht fest, dass er keineswegs bei der Immanenz stehenbleibt; vielmehr deutet er in der *Metaphysik* über die ontologisch verblasste artmäßige Einheit hinaus eine transzendente Existenzweise der Formen ansatzweise an. An und für sich transzendieren die Formen alle sinnenfälligen Einzeldinge und verfügen über eine noushafte Seinsweise. Nicht zuletzt ist der Gott des Buches Lambda ein Nous, welcher das Denken des Denkens ist. Im letzten Kapitel haben wir das selbstreferierende Denken als Denken der Formen aufgewiesen. Aufgrund der strikten Identität des Denkenden und des Gedachten ist der göttliche Nous die Formen. Der Nous ist die Einheit aller Formen, die sich denkend aufeinander beziehen.

Wenn man nun den produktiven Nous von *De anima* einerseits und den göttlichen Nous der *Metaphysik* andererseits miteinander vergleicht, liegt es nahe, die beiden als ein und denselben Nous zu deuten. Der Gott des Buches Lambda lässt

https://doi.org/10.1515/9783111384719-007

sich als Fortsetzung der ontologischen Auseinandersetzungen, die sich vor allem in den Substanzbüchern befinden, ansehen. In ihm versammeln sich die Formen in einer noetischen Einheit. Ontologie geht in die Theologie über. Darüber hinaus gilt der göttliche Nous als *geliebter* Urheber der Kreisbewegungen sowie als Garant von Bestand und Ordnung in der sublunaren Welt. In seiner kosmologischen Funktion erweist sich Aristoteles' Gott als Einheit von Form-, Wirk- und Zweckursache, was der vielschichtigen Rolle des Nous Poiētikos bezüglich der Entstehung des Denkens entspricht. Die *Metaphysik* ist indes nicht der Ort für erkenntnistheoretische Fragestellungen. Derselbe Nous, nunmehr als Poiētikos, wird in *De anima* III 5 als eine das Denken bewirkende Instanz eingeführt und thematisiert. Die Transzendenz der Formen wird in der Noetik unter dem gnoseologischen Gesichtspunkt sichergestellt, bleibt demgemäß auf den epistemologischen Kontext beschränkt. Der Gott der *Metaphysik* und der Nous von *De anima* zusammen vermitteln ein vollständiges Bild der aristotelischen Transzendenz.

Schritt für Schritt entwickelt Aristoteles gleichsam durch seine metaphysische Abhandlung hindurch seine Nouslehre, von der Aporiendiskussion über die Wissenschaft des Seienden als Seienden sowie die Bestimmung der Substanz bis hin zur Gotteslehre. Hingegen wird der Nous Poiētikos allem Anschein nach lediglich im extrem kurzen Kapitel von *De anima* thematisiert. Mag dieses Kapitel der einzige Ort im Corpus sein, in dem Aristoteles seinen göttlichen Nous nach dem kognitiven Aspekt explizit darstellt, bedeutet dies jedoch nicht, dass dieser außerhalb der sechszehn Zeilen gänzlich vergessen ist. Im vorigen Kapitel wurde erläutert, dass der Gott in den Ausführungen über die Priorität der Wirklichkeit implizit ins Spiel gebracht wird.[1] Wir werden gleich eine Stelle aus den *Analytica posteriora* betrachten und feststellen, dass der produktive Nous im Hintergrund der menschlichen kognitiven Tätigkeiten begleitend wirkt.

2 Der Nous und die Epagōgē

Das Schlusskapitel II 19 der *Analytica posteriora* ist, ähnlich wie III 5 von *De anima*, ebenso bekannt wie berüchtigt. Dort gibt Aristoteles zu verstehen, dass die Prinzipien (ἀρχαί) der Wissenschaften (ἐπιστῆμαι) mittels der Epagōgē (ἐπαγωγή) erkannt werden.[2] Solche Prinzipien bestimmt Aristoteles als erste und unmittelbar.[3]

1 Siehe Kap. IV § 3, vor allem § 3.3.

2 Wie die ἀρχαί zu verstehen sein sollen, darüber herrschen Meinungsunterschiede unter den Kommentatoren. Manche Kommentatoren glauben, dass Aristoteles zwischen dem Erfassen von allgemeinen Prinzipien, die propositional auszudrücken sind, und dem Erfassen von allgemeinen Begriffen schwanke (z. B. Barnes 1975, 249, 259–260). Den verschiedenen Deutungen und Deu-

Obwohl er dies nicht näher erläutert, ist seinen Ausführungen in der *Nikomachischen Ethik* zu entnehmen, dass damit die Formen als Prinzipien der Wissenschaften gemeint sind. Die Wissenschaft ist ein beweisendes Verfahren (ἕξις ἀποδεικτική, ἀπόδειξις) welches von solchen Prinzipien ausgeht. Prinzipien der Wissenschaft lassen sich aber nicht durch Beweisverfahren gewinnen. Aristoteles macht deutlich, dass solche Prinzipien, die allgemein sind, unbeweisbar und nur durch Epagōgē zu erfassen sind.[4] An einer anderen Stelle aus der *Ethik* konstatiert Aristoteles, dass der Nous für die ersten Prinzipien zuständig ist.[5] Im letzten Kapitel der *Zweiten Analytik* wird der Nous im Rahmen der Epagōgē thematisiert.

Weil nach Aristoteles' Ausführungen der Prozess seinen Ausgang von der Wahrnehmung nimmt und ferner der Terminus Epagōgē gewöhnlich mit „Induktion" zu übersetzen ist, verbindet man sie oft mit der modernen induktiven Methode, gemäß der man mittels extensiver empirischer Beobachtungen und Probe-

tungsansätzen wird hier nicht nachgegangen. In der Hauptsache kreisen die Diskussionen um die folgenden Fragen: 1. Sind die ἀρχαί allgemeine Prinzipien wie der Satz des Widerspruches oder Prinzipien für spezifische Wissenschaften? 2. Sind sie propositional auszudrücken? 3. Sind allgemeine Begriffe wie „Mensch" Beispiele solcher ἀρχαί? 4. Gehört die jeweilige Existenzfeststellung zu den ἀρχαί? Siehe ausführlich Ross 1949, 675: Ross unterscheidet vier Typen von ἀρχαί, die alle propositional auszudrücken seien. Wie wir gleich erklären, sind mit solchen Prinzipien, die unmittelbar erkannt werden, die Formen als Anfänge der Wissenschaft gemeint. Für die Geometrie sind dies der Punkt und die Linie; für die Klassifikation der Naturwesen sind es die Formen, die infimae species, der Naturdinge.

3 Post. Anal. II 19, 99b20 – 21: ὅτι μὲν οὖν οὐκ ἐνδέχεται ἐπίστασθαι δι' ἀποδείξεως μὴ γιγνώσκοντι τὰς πρώτας ἀρχὰς τὰς ἀμέσους.

4 *Nikomachische Ethik* VI 3, 1139b25 – 33.

5 *Nikomachische Ethik* VI 6, 1141a5 – 8. Menn (2020, 150 – 155) schränkt die Wirkung zumindest eines spezifischen produktiven Nous auf das intuitive Denken von Gegenständen ein, die absolut getrennt von der Materie sind. Das Erkennen der Formen, die materiellen Einzeldingen immanent sind (enmattered forms), sowie das Betreiben von Wissenschaften, welche irgendwie mit der Materie verbunden sind, habe wenig mit diesem Nous Poiētikos zu tun: „Aristotle himself believes that there is at least one ποιητικὸς νοῦς existing separately from matter, and that at least some human beings have knowledge of it, but he does not claim to have *proved* this in *DA* III 4 – 5: he has proved only that *if* there is an intelligible substance existing separately from matter and if some human beings have knowledge of it, then it is a ποιητικὸς νοῦς. All the knowledge that we can readily point to, and whose existence we can take for granted at this stage in the argument, is of forms that cannot exist apart from matter." (151 – 152, Hervorhebung Menn). Menn identifiziert den produktiven Nous nicht mehr mit dem Gott der *Metaphysik* (154, auch 141). Damit minimalisiert Menn die Bedeutung und Wirkung des Nous Poiētikos so sehr, dass dieser für Menschen kaum eine Rolle spielt: „It [sc. der Nous Poiētikos] causes something that happens in the soul, by efficient causality, not final, but all it causes is that we know *it*. And if we do not already know it, what Aristotle says about it in *De Anima* III 4 – 5 gives us no reason to believe in its existence." (153, Hervorhebung Menn). Zu Menns Interpretation von den anderen Noi Poiētikoi: Kap. III Anm. 272.

annahme zu allgemeinen Erkenntnissen gelangt. Wenn Aristoteles jedoch im letzten Paragraph von II 19 unvermittelt den Nous einführt und diesen als für die Auffindung der ersten Prinzipien (ἀρχαί) der Wissenschaften zuständig erklärt, stößt dies auf Unverständnis.[6] Wir versuchen nach dem, was in der Untersuchung von III 5 herausgearbeitet wurde, die Rolle des Nous in der Heranführung (ἐπαγωγή) zum Allgemeinen zu ermitteln. Dabei wird das längere Kapitel nicht im Einzelnen analysiert. Unsere kurze Betrachtung konzentriert sich auf den Prozess im Ganzen sowie die Rolle des Nous in der Epagōgē.

Aristoteles schildert den Prozess im mittleren Teil des Kapitels (99b32 ff.). Er beginnt mit der Wahrnehmung; bei manchen Lebewesen kommt aus den Wahrnehmungen ein gewisses Festhalten am Wahrgenommenen (μονὴ τοῦ αἰσθήματος) zustande. Damit werden die kognitiven Tätigkeiten nicht an das unmittelbar Wahrgenommene gebunden. Von diesem festgehaltenen Wahrnehmungsinhalt bildet sich wiederum bei einigen Lebewesen ein Begriff (λόγος). Aristoteles erklärt nicht weiter, was er mit dem Logos meint. Wenn man immer wieder rote Blumen sieht, hat man die Erinnerung einer roten Blume. Zu dieser erinnerten Blume kommt eine Benennung hinzu, die man leicht zu einem einfachen Urteil erweitern kann, wie z. B. Es sei eine rote Blume. Aus der Erinnerung geht die Erfahrung hervor. Mit der Erfahrung findet die Darstellung des Epagōgē-Prozesses ein vorläufiges Ende. Zu Beginn der *Metaphysik* schildert Aristoteles einen ähnlichen Vorgang: Es beginnt mit der Wahrnehmung, geht weiter über Erinnerung und Vorstellung (φαντασία) und ferner über Erfahrung zur Kunst und zur Wissenschaft.[7] Im Grunde ist die Epagōgē ein Prozess der Verallgemeinerung, eine Heranführung vom Einzelnen zum Allgemeinen. In der Analyse des Denkens steht fest, dass Vorstellungsbilder (φαντάσματα) für das intuitive Denken vorausgesetzt werden müssen. Angesichts der unentbehrlichen Funktion der Vorstellung fällt zunächst auf, dass

6 Anal. Post. II 19, 100b11–12: ἐπεὶ δ' οὐδὲν ἀληθέστερον ἐνδέχεται εἶναι ἐπιστήμης ἢ νοῦν, νοῦς ἂν εἴη τῶν ἀρχῶν [...], z. B. Lesher (1973, 44–45). Lesher ist ein gutes Beispiel für das Bemühen, den Nous mit der vermeintlich empirisch orientierten Epagōgē in Einklang zu bringen, indem er die Bedeutung des Nous erweitert, oder präziser ausgedrückt, diese mehr oder weniger verwischt. Der Nous sei in sensu lato nicht nur für das Erkennen der ersten Prinzipien zuständig, sondern auch für die Intuition der Prinzipien oder Erklärungen der empirischen Phänomene (53, 55). In einigen Fällen sei der Nous besser als „perceptual intuition" bezeichnet (56). Kurz, um die scheinbare Inkonsistenz zu beseitigen, rückt Lesher den Nous in die Nähe des Sinnlichen. Nach Barnes Ansicht (1975, 256 f.) handelt es sich bei der Thematisierung des Nous lediglich um eine relativ triviale Aufgabe, nämlich die Hexis der Prinzipien zu bezeichnen. Seine Konklusion: „I do not think that we are expected to pay philosophical attention to it [...]. Nous has no philosophical importance in *Apst.*" (259), ist sicherlich nicht zu halten. Ross sagt kein Wort über den Nous in seinem Kommentar zu II 19 (1949, 675–678).

7 Met. I 1, 980a27 ff.

diese an der *Analytik*-Stelle gar nicht erwähnt wird. Aber bei Aristoteles ist die Vorstellung gleichsam ein Oberbegriff, der mehrere seelische Tätigkeiten wie Erinnerung und Träumen umfasst.[8] Es handelt sich sowohl bei der Vorstellung wie auch bei der Erinnerung um das Festhalten an einem sinnlichen Gegenstand, der aus der Begegnung mehrerer ähnlicher sinnenfälliger Einzelwesen hervorgegangen ist. Nun könnten Aristoteles' Ausführungen den Anschein hervorrufen, als könne man von der Erfahrung aus durch einen weiteren Verallgemeinerungsprozess die ersten Prinzipien erreichen. Aristoteles führt dies derart weiter fort:

> ἐκ δ' ἐμπειρίας ἢ ἐκ παντὸς ἠρεμήσαντος τοῦ καθόλου ἐν τῇ ψυχῇ, τοῦ ἑνὸς παρὰ τὰ πολλά, ὃ ἂν ἐν ἅπασιν ἓν ἐνῇ ἐκείνοις τὸ αὐτό, τέχνης ἀρχὴ καὶ ἐπιστήμης, ἐὰν μὲν περὶ γένεσιν, τέχνης, ἐὰν δὲ περὶ τὸ ὄν, ἐπιστήμης.
>
> *Analytica posteriora* II 19, 100a6–9
>
> Aus der Erfahrung, oder aus allem, was dem Allgemeinen, welches in der Seele zur Ruhe gekommen ist – das Eine neben dem Vielen, was wohl als das eine in allen und als dasselbe in jenen ist –, [entsteht] der Anfang der Kunst und der Wissenschaft: wenn es sich um Entstehung handelt, die Kunst; wenn um das Sein, die Wissenschaft.

Die Erfahrung und letztendlich die Sinneswahrnehmung scheinen dabei das Prinzip der Wissenschaften zu sein. Dies wird ferner dadurch bestärkt, dass nach Aristoteles die Erinnerung und die Erfahrung nicht als solche bereits in der Seele vorhanden sind; noch stammen sie aus anderen Vermögen, die auf einer höheren kognitive Ebene angelegt wären; sie nehmen von der Wahrnehmung ihren Aus-

---

8 Erinnerung und Vorstellung stehen im besonders engeren Zusammenhang, siehe z. B. de mem. 450a22 f. Dazu auch Kap. II § 4.4 mit Anm. 192. Der Logos, der aus dem Festhalten an Wahrnehmungsbildern hervorgeht, dürfte zur Erinnerung bzw. zur Vorstellung gehören. Dass Aristoteles in diesem Zusammenhang den Logos erwähnt, ist erklärungsbedürftig. Denn in seiner Darstellung der Vorstellung (φαντασία) in *De anima* III 3 trennt Aristoteles die Vorstellung von der Meinung (δόξα) (428a19–b9). Dort erwägt er, ob die Vorstellung eine Verbindung von Wahrnehmung und Meinung sei. Als Beispiel nennt er die Wahrnehmung und die Meinung vom Weißen. Diese Möglichkeit lehnt er anschließend ab, weil es Fälle gibt, in denen die Wahrnehmung und die Meinung auseinandergehen, wie man z. B. trotz der Wahrnehmung nicht glaubt, dass die Sonne nur einen Fuß breit sei. Der Logos an II 19 kann nicht eine Meinung im gewöhnlichen Sinn sein. Was Aristoteles im Sinn hat, ist an erster Stelle wohl eine Benennung, die beim Menschen ein Bild der Erinnerung oder Vorstellung begleitet. Als begleitendes, sprachliches bzw. sprachartiges Festhalten des Wahrgenommenen ist der Logos noch keine Meinung im eigentlichen Sinn. Ihm fehlt die Überzeugung, die für die Meinung charakteristisch ist. Aber selbst wenn man eine richtige Meinung, die Sonne sei nicht nur einen Fuß breit, hat und das Wahrgenommene für trügerisch hält, muss das Wahrgenommene eine Benennung bzw. ein einfaches Urteil hervorrufen *können*. Zur Deutung dieser Stelle über Vorstellung und Meinung: Shields 2016, 285–289.

gang.[9] Mit den Worten „δῆλον δὴ ὅτι ἡμῖν τὰ πρῶτα ἐπαγωγῇ γνωρίζειν ἀναγκαῖον" scheint Aristoteles die Darstellung der Epagōgē abzuschließen.[10] Somit erscheint der Prozess als eine empirische, induktive Methode, und Aristoteles scheint die moderne Induktion bereits vorweggenommen zu haben. Der Auftritt des Nous am Ende des Kapitels ist dabei nicht nur unerwartet, sondern gar unerklärlich. Allerdings werden wir gleich zeigen, dass die Heranführung nicht mit der auf Sinneswahrnehmung basierenden Erfahrung zum Ende gelangen kann. Die Epagōgē beginnt zwar mit der Wahrnehmung, benötigt jedoch für die Vollendung den Nous, der gleichsam von einem anderen *Ende* ins Spiel kommt.

Die Epagōgē bedeutet nach einer Stelle in den *Topica* den Aufstieg vom Besonderen zum Allgemeinen.[11] Nach von Fritz' grundlegenden Studien findet sich in den erhaltenen Schriften des Aristoteles keine Induktion im modernen Sinne.[12] In den *Analytica posteriora* kommt der Begriff schon an einer früheren Stelle (I 18) vor.[13] Von Fritz folgt Ross' Deutung, nach der es sich an dieser Stelle um die ersten geometrischen Prinzipien handelt,[14] und erklärt diese Art der Epagōgē so, dass man oft anhand eines einzigen Beispiels, z. B. einer einzigen Aufzeichnung, zu evidenten und allgemeingültigen Einsichten gelangen könne. Nun überträgt von Fritz diese Art der Heranführung auf II 19 und hebt hervor, dass das Allgemeine oft durch ein einziges sinnliches Beispiel erfasst werden könne.[15] Wie er dabei treffend bemerkt, ist das Allgemeine in gewissem Sinne schon im Einzelnen verborgen. Hierin unterscheidet sich die aristotelische Heranführung grundsätzlich von der modernen

9 Anal. Post. II 19, 100a10–11: οὔτε δὴ ἐνυπάρχουσιν ἀφωρισμέναι αἱ ἕξεις, οὔτ' ἀπ' ἄλλων ἕξεων γίνονται γνωστικωτέρων, ἀλλ' ἀπὸ αἰσθήσεως [...]. Mit den Vermögen (αἱ ἕξεις) bezieht sich Aristoteles auf die vorhergenannten Erinnerung und Erfahrung.

10 II 19, 100b3–4. Cassirer (1932, 146–147, 158, 172) sieht die Entstehung des Allgemeinen als einen allmählichen Prozess von unten nach oben. Ähnlich auch bei Wilpert (1935, 449–450). Frede (1996, 169 f.) erkennt zwar, „our knowledge of first principles is not epistemically, but only causally, based on perception" (172), allerdings kann er den Prozess in seinem letzten Glied nicht bestimmen: „It seems, indeed, that Aristotle thinks that there is a very powerful mechanism which guarantees that, by and large, we end up with adequate, though perhaps primitive and as yet inarticulate, notions of things." (171).

11 Top. I 12, 105a13–14: ἐπαγωγὴ δὲ ἡ ἀπὸ τῶν καθ' ἕκαστα ἐπὶ τὸ καθόλου ἔφοδος.

12 Von Fritz 1971, 665. Er glaubt, dass es in den verlorenen Schriften wahrscheinlich auch keine moderne Induktionstheorie gibt. Das gleiche auch Kahn 1981, 403, 407–408; Wieland 1970, 95 und 98 f.

13 Anal. post. I 18, 81a38 f. Dort betont Aristoteles, dass die Epagōgē von der Wahrnehmung auszugehen hat (81b5–9).

14 Ross 1949, 565–566; von Fritz 1971, 651.

15 Von Fritz 1971, 653 f., v. a. 655, 657, 664. Die anderen zwei Arten der Epagōgē sind 1. die Epagōgē in der Dialektik, die als Streitstrategie ihre Anwendungen in Diskussionen und Streitgesprächen findet; und 2. der epagogische Syllogismus, der der modernen Konzeption der Induktion am nächsten steht (664, 667).

Induktion, welche nur auf einen immer höheren Probabilitätsgrad abzielt. Dagegen *muss* das noetische Erfassen wahr sein.[16] So betrachtet liegt das Entscheidende nicht so sehr darin, ob man das Allgemeine schon mit einem oder zwei oder erst mit mehreren Beispielen erfasst, als vielmehr darin, dass die aristotelische Epagōgē auf einer anderen Grundlage der Wahrheit ruht. Diese Grundlage macht es zumindest prinzipiell möglich, dass man von einem einzigen sinnlichen Gegenstand zum allgemeinen Prinzip gelangen *kann*, weil in ihm das Wahre und das Allgemeine schon potenziell vorhanden sind. Hinzu kommt, dass die so konzipierte Epagōgē mit der Abstraktion eng verbunden ist.[17] Abstrahieren bedeutet das Wegnehmen (subtrahieren) und in gnoseologischer Hinsicht heißt es, das abzuziehen, was für das Ziel des Erkennens irrelevant ist.[18] Von Haus aus gilt dieses Verfahren den mathematischen Gegenständen.[19] Die Materie und die damit verbundenen Eigenschaften sowie die örtlichen Bewegungen werden subtrahiert; und was übrigbleibt, ist das Quantitative und das Ausgedehnte (τὸ ποσὸν καὶ συνεχές), welche Gegenstände der Mathematik sind.[20] Man könnte einwenden, dass, weil das Abstrahieren mathe-

---

16 Zum noologischen Singularismus des Denkens siehe Kap. I § 4 mit Anm. 113. Detel (1993, II, 835–836) relativiert den Wahrheitsanspruch, dass die Einsicht und das Wissen immer wahr sind, derart: „Das bedeutet aber nur, dass Einsicht und Wissen, wenn sie wahr sind, sich auf ewige Sachverhalte richten – das ‚immer' in ‚immer wahr' bezieht sich auf den Zeitpunkt der Existenz der betrachteten Gegenstände. Wenn ‚wirklich' Einsicht und Wissen vorliegen, und Einsicht und Wissen wahr sind, dann sind sie immer wahr; aber ob sie wirklich wahr sind, lässt sich nie endgültig entscheiden." Dies kann Aristoteles' Lehre mit dem Nous nicht gerecht werden. Das noetische Erfassen des Eidos, welches Einsicht (νοεῖν) ist, ist selbst die Gegenwart des Wahren. Die Wahrheit des Nous bedarf keines Bezugs auf etwas, was außer dem Nous steht. Detel verkennt die Eigenart des Nous als die Quelle der Wahrheit und setzt den Nous als letztes Glied der Heranführung zu eng an die Wahrnehmung und Erfahrung. Daher erkennt er den Übergang vom Einzelnen zum Allgemeinen zwar als einen „Sprung" an, macht allerdings deutlich, dass ein solcher Sprung, der nach ihm die Annahme allgemeiner Strukturen und ihrer allgemeinen Beziehungen ist, zuweilen falsch sein könne: „Denn sie repräsentieren die metaphysische Fixierung des Allgemeinen überhaupt anhand endlich vieler empirischer Beispiele, [...]" (883). Im Grunde liegt bei seiner Deutung die moderne Konzeption der Induktion vor.

17 Anal. post. I 18, 81b2–4: ἐπεὶ καὶ τὰ ἐξ ἀφαιρέσεως λεγόμενα ἔσται δι' ἐπαγωγῆς γνώριμα ποιεῖν [...]. Ross beruft sich in seinem Kommentar zu I 18 gerade auf das τὰ ἐξ ἀφαιρέσεως, um den Bezug dieser Stelle auf mathematische und geometrische Prinzipien festzustellen, siehe v. a. Ross 1949, 566.

18 Cleary 1985, v. a. 18–19; zur Bedeutung des Terminus: Happ Hyle, 615 ff. Happ führt noch den relevanten Terminus χωρίζειν bzw. χωρίς (trennen) ein, der bei Aristoteles sowohl im Sinne von Subtrahieren als auch von Hervorheben gebraucht wird. Wie Happ (*ibid.* 621, 629) treffend bemerkt, sind das Wegnehmen und das Hervorheben zwei Seiten einer untrennbaren Handlung.

19 Wenn nicht anders angemerkt, schließt das „mathematische" in den folgenden Ausführungen die geometrischen Gegenstände mit ein.

20 Dazu Met. XI 3, 1061a28–b3; siehe auch XIII 3, 1077b27–30, Phys. II 2, 193b31 f., NE VI 9, 1142a18, De an. III 7, 431b12–19. Zu weiteren Belegen bei Aristoteles: Höffe 2005, 58–60. Cleary (1985, v. a. 22, 32 ff.,

matischer Gegenstände nicht die Mitwirkung des Nous benötigt, die Abstraktion auch nicht der Formen des Nous bedarf. Um diesem Einwand zu begegnen, ist auf einen grundlegenden Unterschied zwischen mathematischen Gegenständen und Formen des Denkens aufmerksam zu machen. Dieser zeigt sich an einer Stelle in *De memoria*, obwohl dort gerade das Denkbare parallel zu den mathematischen Gegenständen vorgeführt wird.

> ἐπεὶ δὲ περὶ φαντασίας εἴρηται πρότερον ἐν τοῖς περὶ ψυχῆς, καὶ νοεῖν οὐκ ἔστιν ἄνευ φαντάσματος—συμβαίνει γὰρ τὸ αὐτὸ πάθος ἐν τῷ νοεῖν ὅπερ καὶ ἐν τῷ διαγράφειν· ἐκεῖ τε γὰρ οὐδὲν προσχρώμενοι τῷ τὸ ποσὸν ὡρισμένον εἶναι τοῦ τριγώνου, ὅμως γράφομεν ὡρισμένον κατὰ τὸ ποσόν, καὶ τὸ νοῶν ὡσαύτως, κἂν μὴ ποσὸν νοῇ, τίθεται πρὸ ὀμμάτων ποσόν, νοεῖ δ᾽ οὐχ ᾗ ποσόν· ἂν δ᾽ ἡ φύσις ᾖ τῶν ποσῶν, ἀορίστων δέ, τίθεται μὲν ποσὸν ὡρισμένον, νοεῖ δ᾽ ᾗ ποσὸν μόνον.
>
> *De memoria* 1, 449b30–450a7
>
> Über die Vorstellung wurde früher in den Ausführungen über die Seele gesprochen. Es ist unmöglich zu denken ohne ein Vorstellungsbild. Denn beim Denken tritt dasselbe Phänomen auf wie bei einem geometrischen Beweis. Auch hier haben wir es nicht mit einem Dreieck von bestimmter Größe zu tun, dennoch zeichnen wir ein Dreieck von bestimmter Größe. Ebenso ist es beim Denken. Man stellt sich eine bestimmte Größe vor Augen, auch wenn man die Größe nicht denkt. Man denkt es nicht, insofern es eine Größe hat. Wenn die Natur [sc. eines Gegenstandes] eine Größe, obwohl unbestimmt, sein sollte, stellt man sich eine bestimmte Größe vor Augen, aber man denkt es nur, insofern es eine Größe ist.

Aristoteles' Darstellung scheint darauf hinzuweisen, dass man beim Denken genauso vorgeht wie bei einem Beweis in der Geometrie (καὶ τὸ νοῶν ὡσαύτως). Dennoch zeigt sich bei genauer Betrachtung ein Unterschied. Bei der Geometrie zeichnet man ein Dreieck mit einer bestimmten Größe auf, aber der Beweis gilt nicht für dieses bestimmte Dreieck, sondern für das Dreieck selbst. Die Aufzeich-

44–45) betrachtet es als eine logische Methode, die die Gegenstände der Mathematik von denjenigen anderer Wissenschaften wie der Physik absondert. Wenn man das Ziel der Abstraktion betrachtet, ist sie eine Methode der logischen Teilung. Das Teilen (das Abstrahieren) ist offensichtlich ein Prozess, der sich im Erkennenden abspielt. Insofern muss man nicht mit Cleary (35, 41, 44) das psychologische Moment der Abstraktion streng ablehnen. Selbst Cleary spricht von „mind grasping abstract objects" (44, auch 41). Andererseits hebt Cleary zu Recht den akademischen Ursprung der Abstraktion bei Aristoteles hervor (18–20). Die Reihenfolge der Wegnahme, die in Anal. post. I 5, 74a32 f. dargestellt wird – das Aus-Kupfer-Sein, das Gleichschenklige, das Dreieck und die Gestalt und Begrenzung – spiegelt, wie Cleary bemerkt (23), die Reihenfolge von der untersten Art zu oberen Gattungen wieder, was der akademischen Dialektik entspricht. Was Cleary weiter zu erklären unterlässt, ist, dass die Aufhebung des Dreiecks durch die Aufhebung der Gestalt und Begrenzung ein Fall der Mitaufhebungsverhältnisse ist, die sich vornehmlich in der akademischen Derivationsfolge zeigen. Dazu Kap. III § 3.3. Krämer (1966, 51–54) betrachtet die Abstraktion bzw. die Addition (πρόσθεσις) als „ein ontisch depotenziertes Rudiment" des platonischen Derivationssystems.

nung ist nur ein Hilfsmittel. Trotzdem ist das Dreieck etwas Sinnliches. Ausgerechnet hierin unterscheidet sich das Denken vom geometrischen Beweisen. Beim Denken stellt man sich ebenso eine Größe vor, aber das Denken gilt überhaupt nicht der Größe (νοεῖ δ᾽ οὐχ ᾗ ποσόν), z. B. wenn man den Menschen denkt, stellt man sich einen bestimmten Menschen wie Sokrates vor, der eine Größe hat. Indessen ist Sokrates kein eigentlicher Gegenstand des Denkens. Die Form des Menschen ist keine Größe.[21] In der zweiten Hälfte der zitierten Passage spricht Aristoteles eine Möglichkeit an, dass die Größe selbst ein Gegenstand des Denkens ist. In diesem Falle malt man sich auch eine bestimmte Größe als Hilfsmittel aus, aber das Denken gilt nicht dieser bestimmten Größe, sondern nur der Größe selbst (νοεῖ δ᾽ ᾗ ποσὸν μόνον), die nicht bestimmt ist. Nun scheint es sich dabei genauso wie beim Beweis des Dreiecks zu verhalten. Beim Beweis geht es ebenfalls um das Dreieck, das unbestimmt ist und daher nicht aufgezeichnet werden kann. Diese scheinbare Ähnlichkeit täuscht. Aristoteles macht deutlich, dass es beim Denken um die φύσις τῶν ποσῶν geht. Das Dreieck als geometrischer Gegenstand, d. h. als unbestimmte Größe, ist immer von sinnlicher Natur, hingegen ist die Natur bzw. das Wesen des Dreiecks nicht sinnlich. Dies gibt Aristoteles in *De anima* III 4 klar zu erkennen:

> πάλιν δ᾽ ἐπὶ τῶν ἐν ἀφαιρέσει ὄντων τὸ εὐθὺ ὡς τὸ σιμόν· μετὰ συνεχοῦς γάρ· τὸ δὲ τί ἦν εἶναι, εἰ ἔστιν ἕτερον τὸ εὐθεῖ εἶναι καὶ τὸ εὐθύ, ἄλλο· ἔστω γὰρ δυάς.
>
> *De anima* III 4, 429b18–20
>
> Beim abstrakten Seienden entspricht wiederum das Gerade dem Stumpfnasigen; denn es ist mit der Ausdehnung. Das „Was hieß es zu sein" des Geraden, wenn dies und das Gerade verschieden sind, ist anderes. Denn es soll Zweiheit sein.

Die Zweiheit als das Wesen des Geraden ist offensichtlich platonischer Provenienz.[22] Wie ernst es Aristoteles mit einem Wesen des Geraden meint, sollte uns nicht unmittelbar interessieren. Wichtig ist zu erkennen, dass das Wesen eines geometrischen Gegenstandes nicht sinnlichen Charakters ist. Das Dreieck dagegen bleibt trotz der Abstraktion des Materialen immer noch sinnlich. Daher kann die sinnliche Anschauung als die Grundlage für die geometrischen Beweise dienen.[23] Das Wesen des Geraden gehört wie die Form des Menschen zu intelligiblen Gegenständen. Der Aufstieg zu ihnen beginnt zwar mit sinnlichen Gegebenheiten, wie Aristoteles im-

21 Dies bestätigt von Fritz' Deutung der Epagōgē. Was hier geschildert, ist alles anders als die moderne Induktion.

22 Dazu Krämer 1966, 54, Anm. 1.

23 Dies gilt auch für mathematische Beweise, obwohl der Sachverhalt dabei weniger durchsichtig sein dürfte. Das Zählen ist immer ein Zählen von etwas. Außerdem lassen sich mathematische Zahlen immer durch sinnliche Gegebenheiten darstellen.

mer wieder feststellt; aber um vom Sinnlichen zum Intelligiblen überzugehen, ist etwas wie ein geistiger Sprung vonnöten. Das noetische Erfassen ist einem derartigen Sprung gleich. Wir können denselben Sachverhalt aus der Perspektive der Aufnahme der Form ohne Materie betrachten, welche die Funktion des Nous deutlich hervortreten lässt.

Es wurde festgestellt, dass die Epagōgē mit der Abstraktion eng verbunden ist. Alles, was wenig mit dem Ziel zu tun hat, wird weggelassen. Angewandt auf den Aufstieg zur Erkenntnis besteht die Abstraktion in der Aufnahme der Form ohne Materie, einem Vorgang, der schon bei der Wahrnehmung stattfindet. Aristoteles vergleicht die Wahrnehmung mit dem Stehenbleiben in der Schlacht. Wie Soldaten in einer Schlacht überallhin laufen und nicht stehen bleiben, so gehen an einem Wahrnehmenden vielerlei sinnenfällige Gegenstände vorbei. Erst mit der Aufnahme einer wahrnehmbaren Form wird etwas fixiert. Eine vergleichbare Aufnahme ohne Materie erfolgt, mutatis mutandis, bei der Vorstellung. In *De memoria* vergleicht Aristoteles das Bild, das die Wahrnehmung gleichsam im Gedächtnis hinterlässt, mit dem Abdruck eines Ringes.[24] Dabei wird der Eindruck von der Unmittelbarkeit und Individualität, die der Wahrnehmung anhaften, abstrahiert. Damit wird ein wichtiger Schritt zur Verallgemeinerung getan. Auch die Bildung der Logoi und die Erfahrung sind wichtige Stationen dieses Prozesses. Zum Abschließen der Epagōgē wird der Nous benötigt. In der *Nikomachischen Ethik* macht Aristoteles deutlich, dass der Nous für die Prinzipien der Wissenschaften (ἀρχαὶ τῶν ἀποδεικτῶν καὶ πάσης ἐπιστήμης) zuständig ist.[25] Nun ist das noetische Erfassen der Formen wiederum eine Art der Abstraktion, die ebenfalls eine Aufnahme der Form ohne Materie darstellt. Nur vollzieht sich dieser Akt des Abstrahierens unter einer anderen Konstellation. Durch diese letzte Abstraktion wird der Aufstieg zu Ende gebracht. Der Übergang von der Vorstellung zum Denken involviert eine einschneidende Veränderung vom Sinnlichen zum Intelligiblen, die sich bei den früheren Abstraktionsvorgängen nicht ereignet. Bei der Wahrnehmung ist die wahrnehmbare Form aktual am sinnenfälligen Gegenstand. Hingegen sind die intelligiblen Formen lediglich in den Vorstellungsbildern potenzial anwesend. Sie müssen erst von solchen Bildern abgezogen und zum aktualen Denkbaren gemacht

24 De mem. 1, 450a25 ff.: ἡ γὰρ γιγνομένη κίνησις ἐνσημαίνεται οἷον τύπον τινὰ τοῦ αἰσθήματος, καθάπερ οἱ σφραγιζόμενοι τοῖς δακτυλίοις (a30–32).

25 NE VI 6, 1140b31 f. Dirlmeier (1999, 452) weist auf den Zusammenhang zu Anal. Post. II 19 hin und verweist auf Aristoteles' Ablehnung der Präexistenz der Seele sowie der Ideenschau als den Hintergrund für die Suche nach einer geistigen Kraft, die für die ersten Prinzipien zuständig ist. Aristoteles' Behauptung in II 19, dass es von solchen Prinzipien kein Wissen gebe (100b10–11), muss im Hinblick auf den Unterschied zwischen Wissenschaft (VI 3, 1139b18 f.) und Nous (VI 6) in der *Nikomachischen Ethik* verstanden werden. Siehe auch Kahn 1981, 404.

werden.[26] Der Vergleichbarkeit mit der Wahrnehmung stößt an ihre Grenzen. Wie in der Untersuchung von III 5 ausgeführt, muss man, um die Entstehung des Denkens verständlich zu machen, dieses mit der Kunstproduktion vergleichen. Der Nous denkt, indem er in die Denktätigkeit übergeht, und dies ist nichts anderes, als dass der Nous zu einem aktual Denkbaren wird. Der Mensch denkt mit dem Nous, indem er das Denkbare aus dem Vorstellungsbild abstrahiert und in seinem Nous entstehen lässt. Da der menschliche Nous dabei als Stoff wirkt, kann er nicht die formale Ursache für das Denken sein.[27] Der Nous Poiētikos macht, wie das Licht dem Durchsichtigen gegenüber, den menschlichen Nous aufnahmefähig. Der Mensch transformiert unter der verborgenen Leitung des produktiven Nous ein Vorstellungsbild in einen denkbaren Gegenstand. Der Nous Poiētikos wirkt als formales und effizientes Prinzip des Vorganges und stellt zugleich das Ziel des Denkens dar. Diese Eigenart des Denkens erklärt ferner, dass Aristoteles in III 4 die Parallelität zwischen dem Denken und dem Wahrnehmen relativiert, worauf wir im ersten Kapitel hingewiesen haben.[28] Das Denken ist nicht nur ein bestimmtes Erleiden wie Wahrnehmen, sondern auch eine gewisse Herstellung wie Kunst.

In II 19 spricht Aristoteles nur vom Nous und unterscheidet nicht zwischen dem potenzialen und dem produktiven Nous. Generell dürfte seine Darstellung dem menschlichen Nous gelten, weil der Mensch die Epagōgē durchmacht und seinen Nous zum Schluss zum Denken erhebt. Aber wie soeben dargestellt, bedarf die letzte Abstraktion der Mitwirkung des Nous Poiētikos. Aristoteles gibt jedenfalls in seinen Ausführungen Hinweise auf diese Mitwirkung: Eine wichtige Frage ist es, ob die Prinzipien schon in uns seien oder erst durch Lernen erworben würden.[29] Aristoteles' Antwort fällt zuerst aporetisch aus. Sie können nicht angeboren und zugleich verborgen sein. Es ist nämlich merkwürdig, dass man sich ihrer überhaupt nicht bewusst wird. Andererseits ist unwahrscheinlich, dass sie erst erworben werden. Denn es gibt keine Möglichkeit, die Prinzipien der Wissenschaften zu erkennen.

26 De an. III 4, 430a6–7: ἐν δὲ τοῖς ἔχουσιν ὕλην δυνάμει ἕκαστον ἔστι τῶν νοητῶν. Das Wahrnehmbare dagegen wird als das Wirkliche und das Wirkende dargestellt, siehe z. B. De an. II 5, 417a6 f. Das Wahrnehmbare ist dem Brennenden gleich. Um den komplizierten Zwischenstationen wie Erinnerung und Logoi aus dem Weg zu gehen, bleiben wir bei dem einfachen, aber ausschlaggebenden Verhältnis zwischen Vorstellungsbildern und denkbaren Gegenständen.

27 Zum Denken des Menschen und zu den beiden Aspekten der Potenzialität beim Denken: Kap. II § 4.4.

28 III 4, 429a13–15; durch das „ἤ τι τοιοῦτον ἕτερον“ sowie durch den Aorist „εἴη“, siehe Kap. I § 2.

29 II 19, 99b25–26: καὶ πότερον οὐκ ἐνοῦσαι αἱ ἕξεις ἐγγίνονται ἢ ἐνοῦσαι λελήθασιν. Die ἕξεις bedeuten gemäß seinen anschließenden Ausführungen über die Aporie dieser Frage eher die Prinzipien selbst und nicht das Vermögen als solches. In *De anima* III 5 wird die ἕξις auch nicht im Sinne eines Vermögens, sondern im Sinne der Identität des Denkenden und des Gedachten im Denkvollzug verwendet. Dazu siehe Kap. II, § 3.2.1, para. 6 zur Hexis.

Man kann sich nicht mithilfe der Wissenschaften deren ἀρχαί aneignen.[30] Aristoteles hat einen Weg aus der Aporie. Er fängt jedoch mit der Wahrnehmung an und gibt eine Beschreibung des epagogischen Aufstiegs.[31] Nun darf man die Wahrnehmung nicht als *das* Vermögen zu den Prinzipien annehmen. Aristoteles macht deutlich, dass die Wahrnehmung nicht an Genauigkeit ehrwürdiger (τιμιώτερα) sein kann als die Prinzipien.[32] Mit anderen Worten: Die Formen sind ontologisch ranghöher als sinnenfällige Gegebenheiten. Zwar nimmt der Aufstieg mit der Wahrnehmung seinen Anfang, aber Aristoteles kommt es nicht darauf an, die Etappen des epagogischen Prozess aufzuzählen. Worauf es ihm ankommt, ist die vereinende und verallgemeinernde Tendenz, die schon bei der Wahrnehmung ansetzt und sich durch die ganze Epagōgē hindurch zieht. Aristoteles zufolge ist die Wahrnehmung bereits auf das Allgemeine bezogen.[33] Dies scheint allerdings einem Grundzug der Wahrnehmung zu widersprechen. Die eigentlichen Gegenstände der Wahrnehmung sind nach Aristoteles' Darstellung in *De anima* die punktuell wahrgenommenen, sinnlichen Gegebenheiten wie Farbe und Schall. Dass dieses Weiß der Sohn des Diares sei, gehört schon zu der akzidentiellen Wahrnehmung.[34] Gleichwohl zeigt Aristoteles zum Schluss der *Zweiten Analytik* mit dem Beispiel von Kallias eindeutig, dass es sich um den allgemeinen Menschen handelt. Die Feststellungen an den beiden Stellen sind von verschiedenen Perspektiven aus zustande gekommen. An der *De-anima*-Stelle kommt es einzig auf die Wahrnehmung als solche an. Hier in II 19 ist eine leitende, vereinende Tendenz bei der Wahrnehmung das Thema der Erörterung.[35] Dieselbe Tendenz zeigt sich im höheren Grade in der Vorstellung und in der Logosbildung, erreicht den Höhepunkt im Nous, in der noetischen Erfassung der Prinzipien. Die Formen, welche die Prinzipien der Wissenschaften sind, sind Aristoteles zufolge jeweils ein eins über vieles (ἓν κατὰ πολλῶν).[36] Aber der Nous des Menschen ist nichts anderes als *Vermögen* zum

30 II 19, 99b26–32.

31 II 19, 99b32 f., auch 100a10 f.

32 II 19, 99b32–34: ἀνάγκη ἄρα ἔχειν μέν τινα δύναμιν, μὴ τοιαύτην δ' ἔχειν ἣ ἔσται τούτων τιμιώτερα κατ' ἀκρίβειαν.

33 II 19, 100a17–b1: ἡ δ' αἴσθησις τοῦ καθόλου ἐστίν, οἷον ἀνθρώπου, ἀλλ' οὐ Καλλίου ἀνθρώπου.

34 De an. II 6, 418a8 ff.

35 An einer Stelle in der *Metaphysik* gibt Aristoteles zu erkennen, dass die Wahrnehmung sich in akzidentieller Weise (κατὰ συμβεβηκός) auf das Allgemeine bezieht, wie wenn man eine bestimmte Farbe sieht, zugleich auch Farbe im Allgemeinen wahrnimmt (XIII 10, 1087a19–20). Dies entspricht der gewöhnlichen Vorstellung von Wahrnehmung. Das Allgemeine wird lediglich nebenbei wahrgenommen. In II 19 wird das Allgemeine bei der Wahrnehmung im Rahmen der Heranführung auf Prinzipien hervorgehoben.

36 Siehe z. B. Anal. post. I 11, 77a5–7. An dieser Stelle lehnt Aristoteles die Ausdrucksweise „ἕν τι παρὰ τὰ πολλά" als unnötig ab. Aber an anderen Stellen wird die Unterscheidung zwischen κατά und

noetischen Fassen, und als solches vermag er nicht bei der Tendenz mitzuwirken. Es kann nur der Nous Poiētikos sein, der schon die ersten Kontakte des Menschen mit der Außenwelt durch seine Sinne auf den Weg der Verallgemeinerung bringt, und die weitere Zwischenarbeit mit der Vorstellung leitend begleitet. Aristoteles' Antwort auf die Seinsweise der Prinzipien dürfte derart lauten: Die Prinzipien sind nicht völlig von außen gekommen – dies ist nicht möglich; sie sind also in uns, aber wir sind uns deren nicht völlig bewusst, sonst hätte jeder immer schon die ἀρχαί. Sie bleiben jedoch auch nicht völlig im Unterbewusstsein des Menschen – dies wäre schwer annehmbar; vielmehr leiten und begleiten sie stillschweigend die ganzen kognitiven Tätigkeiten des Menschen. Der produktive Nous, der nach der Analyse von *De anima* III 5 selbst diese Prinzipien *ist*, wirkt latent durch die ganze verallgemeinernde Arbeit der Epagōgē hindurch, die in der Aufnahme der Form ohne Materie besteht. In III 5, gleichsam der Klimax seiner Noetik, konzentriert sich Aristoteles lediglich auf das Denken. Nun in II 19 deutet er darauf hin, dass sich die Wirkung des Nous Poiētikos nicht auf das Denken des potenzialen Nous beschränkt; er steuert sogar die gesamte Epagōgē des Menschen. Daher mündet diese im Nous, und zwar in dessen In-eins-Werden mit ihm selbst.[37]

Die Frage nach der Seinsweise der Prinzipien stellt Aristoteles ebenfalls im ersten Buch der *Metaphysik*. In I 9 stellt er fest, dass jedes Lernen durch ein vorausgehendes Wissen aller oder einiger Teile (διὰ προγιγνωσκομένων ἢ πάντων ἢ τινῶν) geschieht. Anhand von Beweisen oder Bestimmungen wird dies leicht verständlich. Man muss zuerst Kenntnis von den Prämissen einer Beweisführung oder von den Teilen einer Bestimmung haben, um die Beweisführung oder die Bestimmung verstehen zu können. Dem fügt Aristoteles hinzu, dass es sich in gleicher Weise bei der Epagōgē verhält. Gleichwohl sieht er Schwierigkeiten mit dem Vorwissen bei der Epagōgē, weil diese die Prinzipien der Wissenschaften zum Ziel hat. Aristoteles erwägt, wie in II 19, ob uns solche Prinzipien angeboren sind, lehnt diese Möglichkeit allerdings sofort ab, weil es unmöglich ist, vom Besitz der höchsten aller

---

παρά nicht gezogen. In II 19 verwendet Aristoteles „ἓν παρὰ τὰ πολλά (eins neben den vielen)" (100a7), um das Allgemeine zu bezeichnen. Zu diesen beiden Ausdrucksweisen, vor allem zum Sinn des παρά: Siehe die Analyse der siebten und der achten Aporie in Kap. III § 2.3.2.

37 Dies bedeutet aber nicht, dass man sich des Denkens des produktiven Nous selbst bewusst ist. Man hat nur das Bewusstsein seines eigenen Denkens. Es ist durchaus möglich, dass Aristoteles' Konstatierung zu Beginn der *Zweiten Analytik* – πᾶσα διδασκαλία καὶ πᾶσα μάθησις διανοητικὴ ἐκ προϋπαρχούσης γίνεται γνώσεως. φανερὸν δὲ τοῦτο θεωροῦσιν ἐπὶ πασῶν (Anal. post. I 1, 71a1–3, auch NE VI 3, 1139b26–27, Top. VI 4, 141a28 f.) – vor dem Hintergrund der latenten, begleitenden Wirkung des produktiven Nous zu verstehen ist. Wieland (1970, 72 ff.) legt eine ausführliche Interpretation dieser Stelle vor und verbindet dieses Phänomen des Vorwissens mit der Unterscheidung zwischen dem von Natur aus Bekannteren und dem für uns Bekannteren. Wieland geht dabei nicht über das Phänomenologische hinaus, siehe v. a. 84–85.

Wissenschaften überhaupt kein Bewusstsein zu haben.[38] Mit der angeborenen Präsenz dürfte er auf Platons Wiedererinnerung anspielen. In der Auslegung von III 5 wurde geklärt, dass Platon mit der Wiedererinnerung die Problematik der Möglichkeit des Denkens angeht. Aristoteles gibt sich mit einem Mythos der Ideenschau offensichtlich nicht zufrieden. Mit dem Nous Poiētikos glaubt er erklären zu können, warum der Mensch denken *kann*, selbst wenn das Denkbare in ihm und in der sinnenfälligen Welt lediglich der Möglichkeit nach vorhanden ist.[39] Der Mensch ist sich der Anwesenheit der Formen nicht bewusst, weil der Nous Poiētikos nicht zu ihm gehört.

Der letzte Sprung auf das Intelligible bedeutet nicht nur, dass das Intelligible aus dem Sinnlichen gelöst wird, sondern auch, dass der Nous im Moment des Denkvollzugs aus dem Seelischen und dem Menschlichen hinausgeht. Der geistige Sprung beim Übergang zum Intelligiblen muss deshalb viel radikaler vorgestellt werden als bei Wahrnehmung oder Vorstellung. Im philosophischen Exkurs des siebten Briefs spricht Platon verschiedene Wege an, mit denen etwas wahrhaft Seiendes (ἀληθῶς ὄν) kognitiv erfasst werden kann. Es sind die Benennung (ὄνομα), die Erklärung (λόγος), das Abbild (εἴδωλον); der vierte umfasst Erkenntnis (ἐπιστήμη), Denken (νοῦς), und wahre Ansicht (ἀληθής δόξα).[40] Anders als Aristoteles macht Platon nicht eindeutig klar, ob diese Wege als Stufen eines Aufstieges verstanden werden sollen. Jedenfalls fehlt dabei die Wahrnehmung, der Beginn der Epagōgē.[41] Unter diesen vier ist auf den ersten Blick die Erklärung vergleichbar mit dem Logos. Ohnehin verwenden Platon und Aristoteles dasselbe Wort „λόγος". Allerdings ist der Logos in II 19 womöglich begriffliches und begleitendes Festhalten wie Benennung bzw. einfaches Urteil, das als Erweiterung einer Benennung gilt; hingegen ist Platons Logos eine Erklärung in Form eines aus Nomina und Verben zusammengesetzten Konstrukts. Platon zufolge ist eine Erklärung kein zuverlässiges Mittel fürs Begreifen des wahrhaft Seienden. Denn bezüglich ein und desselben

---

38 Met. I 9, 992b30 – 993a3: καίτοι πᾶσα μάθησις διὰ προγιγνωσκομένων ἢ πάντων ἢ τινῶν ἐστί, καὶ ἡ δι᾽ ἀποδείξεως <καὶ> ἡ δι᾽ ὁρισμῶν (δεῖ γὰρ ἐξ ὧν ὁ ὁρισμὸς προειδέναι καὶ εἶναι γνώριμα)· ὁμοίως δὲ καὶ ἡ δι᾽ ἐπαγωγῆς. ἀλλὰ μὴν εἰ καὶ τυγχάνοι σύμφυτος οὖσα, θαυμαστὸν πῶς λανθάνομεν ἔχοντες τὴν κρατίστην τῶν ἐπιστημῶν. ἔτι πῶς τις γνωριεῖ ἐκ τίνων ἐστί, καὶ πῶς ἔσται δῆλον; Streng genommen sind die Prinzipien, als Prinzipien der Wissenschaften, selbst keine Wissenschaft. In II 19 der *Analytica Posteriora* (100b11 – 12) macht Aristoteles klar, dass der Nous wahrhaftiger (ἀληθέστερον) als die Wissenschaften ist.

39 Siehe Kap. II § 5.2.

40 Der *Siebte Brief* 342a–344e. Zur Echtheit des Briefes, siehe u. a. Szlezák 2021, 611 – 615.

41 An einer Stelle scheint Platon die Wege in gewissem Sinn doch als Stufen anzugeben: οὐ γὰρ ἂν τούτων μή τις τὰ τέτταρα λάβῃ ἀμῶς γέ πως, οὔποτε τελέως ἐπιστήμης τοῦ πέμπτου μέτοχος ἔσται (342de).

Gegenstandes könnte es viele Erklärungen in Form von Propositionen geben.[42] Dagegen sind Erkenntnis, Denken und wahre Meinung zwar noch nicht der Gegenstand selbst, befinden sich dennoch in der Seele und stehen außerhalb der sprachlichen Veräußerlichung. In seinem Exkurs verfolgt Platon ein anderes Darstellungsziel als Aristoteles mit der Epagōgē. Nicht das stufenweise Ergreifen des Prinzips als des wahrhaft Seienden, sondern der lebendige Diskurs in der Seele ist es, was Platon dem Erkennen beilegt.[43] Was den beiden Darstellungen trotz unterschiedlicher Schwerpunkte gemeinsam ist, ist die Rolle des Nous bei der Erfassung der Prinzipien. Das Denken ist eine noetische Erfahrung, das In-eins-Werden des Denkenden und des Gedachten. Kurz vor dem Erkurs vergleicht Platon das Erfassen der Prinzipien mit dem Entfachen des Feuers von einem übergesprungenen Funken.[44] Die plötzliche und vollständige Erleuchtung könnte gut den Sprung bei Aristoteles verdeutlichen. Nach Plutarch gilt die Intuition der reinen Formen bei Aristoteles tatsächlich als blitzartige Erleuchtung. Seine bejahende Einstellung zu Platons Anamnēsis-Lehre, die er im *Eudemos* andeutet, ist sicherlich aufgegeben worden. Die mysteriöse Färbung, die in Plutarchs Referat spürbar ist, dürfte nicht aristotelisch sein. Aber eine solche Charakterisierung des geistigen Sprungs hat offensichtlich ihre Grundlage in Aristoteles' Noetik.

---

42 Platon setzt Erklärungen auf dieselbe Ebene wie die Benennungen. Da für ein und denselben Gegenstand beliebige Namen gegeben werden können, kann man bezüglich eines Gegenstandes verschiedene Erklärungen geben. Bemerkenswert ist indessen, dass Platon eine Definition des Kreises als Beispiel der Erklärung gibt (342b), die im Grund die euklidische Definition ist (Definition 15). Was Platon mit diesem provozierenden Beispiel zu verstehen gibt, ist die Äußerlichkeit der Sprache. Eine Definition – selbst eine präzise – besteht aus Worten, die kraftlos und vom Gegenstand getrennt sind (342e–343a). Die etwas merkwürdige Pointe lässt sich gut verstehen, wenn man bedenkt, dass der philosophische Exkurs in Platons Schriftkritik eingebettet ist. Bilder sind Abbilder des wahrhaft seienden Gegenstandes, und Benennung und Erklärungen sind Abbilder der lebendigen Gedanken der Seele. Dazu Szlezák 1985, 391–392.

43 Und außer der Erkenntnis, des Denkens und wahrer Meinung noch der Gegenstand selbst. Gemäß seinem Beispiel ist dieser die Natur des Kreises (342c).

44 Der *Siebte Brief*: 341cd: οἷον ἀπὸ πυρὸς πηδήσαντος ἐξαφθὲν φῶς, ἐν τῇ ψυχῇ γενόμενον αὐτὸ ἑαυτὸ ἤδη τρέφει. Es handelt sich dabei um das Erfassen der Prinzipien, vor allem des Einen. Dies lässt sich nicht in Worte fassen, wie Platon sagt: ῥητὸν γὰρ οὐδαμῶς ἐστιν ὡς ἄλλα μαθήματα. (341c6). In *Symposium* (210e) *sieht* einer, nachdem er in rechter Folge und Art auf die Leiter der Liebe gestiegen ist, mit einem Mal ein Schönes von wunderbarer Natur. Mit dem plötzlichen Sehen verdeutlicht Diotima die Unmittelbarkeit bei der Erfassung der Form.

ἡ δὲ τοῦ νοητοῦ καὶ εἰλικρινοῦς καὶ ἁπλοῦ νόησις ὥσπερ ἀστραπὴ διαλάμψασα τῆς ψυχῆς ἅπαξ ποτὲ θιγεῖν καὶ προσιδεῖν παρέσχε. διὸ καὶ Πλάτων καὶ Ἀριστοτέλης ἐποπτικὸν τοῦτο τὸ μέρος τῆς φιλοσοφίας καλοῦσιν, καθ' ὅσον οἱ τὰ δόξαντα καὶ μικτὰ καὶ παντοδαπὰ ταῦτα παραμειψάμενοι τῷ λόγῳ πρὸς τὸ πρῶτον ἐκεῖνο καὶ ἁπλοῦν καὶ ἄυλον ἐξάλλονται καὶ θιγόντες ἀληθῶς τῆς περὶ αὐτὸ καθαρᾶς ἀληθείας οἷον ἐν τελέτῃ τέλος ἔχειν φιλοσοφίας νομίζουσι.

Eudemos Fg. 10, Ross=Plut. De Is. et Osir. 382de

Die Einsicht in das reine und einfache Denkbare ist wie ein Blitz, der die Seele durchleuchtet und ihr [dadurch] ermöglicht, [die intelligiblen Formen] schlagartig zu berühren und zu erblicken. Daher nennen sowohl Platon als auch Aristoteles diesen Teil der Philosophie die höchste Weihe, insofern als diejenigen, die mit dem Denken diese gemischte, mannigfaltige Scheinwelt hinter sich gelassen haben, zu jenem Ersten, Einfachen und Immateriellen springen. Indem sie die reine Wahrheit an sich wahrhaft berühren, glauben sie, wie in der Einweihung das Ziel der Philosophie zu haben.

Literaturverzeichnis

Sigla

AA	Articles on Aristotle, 3. Metaphysics, 4. Psychology, edited by Jonathan Barnes, Malcolm Schofield, Richard Sorabji, London 1979.
AGPh	Archiv für Geschichte der Philosophie
ANRW	Aufstieg und Niedergang der römischen Welt, Teil II: Prinzipat. Band 36.2, hrsg. von W. Haase und H. Temporini, Berlin 1987.
CQ	Classical Quarterly
DK	Die Fragmente der Vorsokratiker. Griechisch und deutsch von H. Diels, 10. Aufl. hrsg. von W. Kranz, 3 Bde., Berlin 1961.
KRS	Die Vorsokratische Philosophen, hrsg. von G.S. Kirk, J.E. Raven und M. Schofield, ins Deutsche übersetzt von Karlheinz Hülser, Stuttgart/Weimar 2001.
KS	Kantstudien
Test. Plat.	Testamonia Platonica

Quellentexte: Antike und mitteralterliche Autoren

Aristoteles

Ethica Eudemia, rec. F. Susemihl, Leipzig 1884, repr. 1967.
Ethica Nicomachea, rec. Bywater, Oxford 1894, repr. 1962.
Aristotelis meteorologicorum libri quattuor, rec. F.H. Fobes, Cambridge, Massachusetts 1919, repr. 1967.
De Caelo, rec. Allan, Oxford 1936.
Categoriae et Liber De Interpretatione, rec. Minio-Paluello, Oxford 1949.
Physica, rec. W.D. Ross, Oxford 1950.
Parva Naturalia. A revised Text with Introduction and Commentary, by W.D. Ross, Oxford 1955.
Fragmenta Selecta, rec. W.D. Ross, Oxford 1955.
De Anima, rec. W.D. Ross, Oxford 1956.
Metaphysica, rec. W. Jaeger, Oxford 1957.
Topica et Sophistici Elenchi, rec. W.D. Ross, Oxford 1958.
Analytica priora et posteriora, rec. W.D. Ross, Oxford 1964.
De generatione animalium, rec. Lulofs, Oxford 1965.
De la génération et de la corruption, rec. C. Mugler, Paris, 1966.

Platon

Platonis Opera, rec. J. Burnet, 5 Bde., Oxford 1900.
Platon. Werke in acht Bänden, Griechisch und Deutsch, übersetzt von Friedrich Schleiermacher, Dietrich Kruz, Hieronymus Müller und Klaus Schöpsdau, hrsg. von Gunther Eigler, Darmstadt 2001 (Nachdruck der Ausgabe 1977).

https://doi.org/10.1515/9783111384719-008

Testimonia Platonica. Quellentexte zur Schule und mündlichen Lehre Platons, ed. Konrad Gaiser, in ders. Platons ungeschriebene Lehre, Stuttgart 1963 (3. unveränd. Aufl. 1998) 441–557.

Alexander von Aphrodisias

Praeter commentaria Scripta Minora, De anima liber cum Mantissa, ed. Ivo Bruns, Berlin 1887.
In Aristotelis Metaphysica commentaria, ed. Michael Hayduck, Berlin 1891.
Praeter commentaria Scripta Minora, Quaestiones, de Fato, de Mixtone, ed. Ivo Bruns, Berlin 1892.
Alexander Aphrodisiensis, *De anima libri mantissa.* A new edition of the Greek text with introduction and commentary, by Robert W. Sharples, Berlin/New York 2008.

Averroes

Commentarium Magnum in Aristotelis De Anima libros, ed. F. Stuart Crawford Cambridge, Massachusetts 1953.
Averroes. Über den Intellekt. Auszüge aus seinen drei Kommentaren zu Aristoteles' *De anima*, hrsg. von David Wirmer, Freiburg/Basel/Wien 2008.

Cicero

Cicero. Tusculanae Disputationes, rec. Max Pohlenz, Stuttgart 1982.

Philoponus

In Aristotelis De Anima libros commentaria, ed. Michael Hayduck, Berlin 1897.
In Aristotelis Categorias commentarium, ed. Adolfus Busse, Berlin 1898.
Jean Philopon. Commentaire sur le De Anima D'Aristote. Traduction de Guillaume de Moerbeke, hrsg. G. Verbeke, Louvain/Paris 1966.

Plotin

Plotini Opera, ed. P. Henry et H.R. Schwyzer, 3 Bde., Paris/Brüssel/Leiden 1951–1973 (Editio maior).
Plotinus: Ennead I-VII. Edited by Jeffrey Henderson, translated by A.H. Armstrong. Cambridge, Massachusetts/London 1966–1988.

Porphyrios

Isagoge et in Aristotelis Categorias commentarium, ed. Adolfus Busse, Berlin 1887.

Proclus

The Elements of Theology. A revised Text with Translation, Introduction and Commentary, by E.R. Dodds, Oxford [2]1992.

Simplicius

In libros Aristotelis De Anima commentaria, ed. Michael Hayduck, Berlin 1882.
In Aristotelis Physicorum libros quattuor priores commentaria, ed. Hermannus Diels, Berlin 1882.
In Aristotelis De Caelo commentaria, ed. I.L. Heiberg, Berlin 1894.
In Aristotelis Physicorum libros quattuor posteriores commentaria, ed. Hermannus Diels, Berlin 1895.
In Aristotelis Categorias commentarium, ed. Carolus Kalbfleisch, Berlin 1907.

Speusipp

Speusippo. Frammenti, Edizione, traduzione e commento a cura di Margherita Isnardi Parente, Napoli 1980.
Speusippus of Athens. A critical study with a collection of the related texts and commentary, by Leonardo Tarán, Leiden 1981.

Themistius

In libros Aristotelis de anima paraphrasis, ed. Ricardus Heinze, Berlin 1899.
Analyticorum posteriorum paraphrasis, ed. Maximilian Wallies, Berlin 1900.

Thomas von Aquin

Tractatus de Spiritualibus Creaturis, editio critica, Leo W. Keeler, Rom 1946.
Tractatus de unitate intellectus contra Averroistas, editio critica, Leo W. Keeler, Rom 1946.
Summa contra gentiles, ediderunt, transtulerunt, adnotationibus instruxerunt Karl Albert et Paulus Engelhardt, Darmstadt 1982 (5. unveränd. Aufl. 2005).
Sentencia Libri De Anima, Opera Omnia XLV, 1, Roma/Paris (Leonina), 1984.
Quaestiones Disputatae De Anima, ed. B.-C. Bazán, Opera Omnia XXIV, 1, Rom/Paris (Leonina), 1996.

Xenokrates

Xenokrates. Darstellung der Lehre und Sammlung der Fragmente, von Richard Heinze, Hildesheim 1965.

Übersetzungen

* Die hier angegebenen deutschen und englischen Übersetzungen liegen den Übersetzungen von Platon, Aristoteles und Alexander von Aphrodisias in der vorliegenden Arbeit zugrunde.

Aristoteles

Barnes, Jonathans (ed.). 1984. The Complete Works of Aristotle, 2 Vols., Princeton 1995 (6th printing with correction: 1995).

Bonitz/Wolf. 1994. Aristoteles. Metaphysik, übersetzt von Hermann Bonitz, neu hrsg. von Ursula Wolf, Hamburg (Originalausgabe 1966).

Buchheim, Thomas. 2016. Aristoteles. De anima. Über die Seele, Darmstadt.

Corcilius, Klaus. 2017. Aristoteles. Über die Seele. De anima. Hamburg.

Dönt, Eugen. 1997. Aristoteles. Kleine naturwissenschaftliche Schriften, Stuttgart.

Rapp/Wagner. 2004. Aristoteles. Topik, übers. von Christof Rapp und Tim Wagner, Stuttgart.

Rath, Ingo. W. 1998. Aristoteles. Die Kategorien, Stuttgart.

Rolfes/Bien. 41985. Aristoteles. Nikomachische Ethik, auf der Grundlage der Übersetzung von Eugen Rolfes hrsg. von Günther Bien, Hamburg.

Rolfes/Höffe 1990. Aristoteles. Lehre vom Beweis oder Zweite Analytik (Organon IV). Übersetzt und mit Anmerkungen von Eugen Rolfes, mit neuer Einleitung und Bibliographie von Otfried Höffe. Verbesserter Nachdruck 1990.

Seidl, Horst. 1995. Aristoteles. Über die Seele, Hamburg.

Zekl, Hans Günter, 1987/1988. Aristoteles' Physik. Vorlesung über Natur. Übersetzung und Einleitung etc., 2 Bde., Hamburg (Bd. I 1987, Bd. II 1988).

Platon

Schleiermacher et al. 2001. Platon. Werke in acht Bänden. Griechisch und Deutsch, übersetzt von Friedrich Schleiermacher et al., hrsg. von Gunther Eigler, Darmstadt 2001 (Nachdruck der Ausgabe 1977).

Apelt, Otto. 1993. Platon: Sämtliche Dialoge, in Verbindung mit Kurt Hildebrant, Constantin Ritter und Gustav Schneider, hrsg. von Otto Apelt, Hamburg.

Cooper, John M. (ed.) 1997. Plato: Complete Works, Indianapolis/Cambridge.

Hildebrandt, Kurt. 1957. Platon. Phaidros, Stuttgart (repr. 1998).

Martens, Ekkhard. 1987. Platon. Parmenides, Stuttgart.

Zekl, Hans Günter. 1992. Timaios, Hamburg.

Alexander von Aprodisias

Dooley, William E. SJ. 1989. Alexander of Aphrodisias: On Aristotle's Metaphysics 1, Ithaca/New York.

Fotinis, Athanasios P. 1979. The De Anima of Alexander of Aphrodisias, A translation and Commentary, Washington.

Schroeder/Todd. 1990. Two Greek Aristotelian Commentaries on the Intellect, tr. by Frederic M. Schroeder and Robert B. Todd (Mediaeval Sources in Translation), Toronto.
Sharples, Robert W. 1992. Alexander of Aphrodisias. Quaestiones 1.1 – 2.15, London.

Sammelbände

Anagnostopoulos, Georgios. 2009. A Companion to Aristotle, West Sussex.
Berti, Enrico. 1981. Aristotle on science: the Posterior analytics. Proceedings of the eighth Symposium Aristotelicum, Padova.
Blumenthal/Robinson. 1991. Aristotle and the Later Tradition, ed. by Henry Blumenthal and Howard Robinson, Oxford.
Bolton/Lennox. 2010. Being, Nature, and Life in Aristotle: Essays in Honor of Allan Gotthelf, ed. by Robert Bolton and James G. Lennox, Cambridge.
Brisson/Calvo. 1997. Interpreting the Timaeus-Critas. Proceedings of the IV. Symposium Platonicum, ed. by L. Brisson and T. Calvo, St. Augustin.
Buchheim/Flashar/King. 2003. Kann man heute noch etwas anfangen mit Aristoteles?, hrsg. von Th. Buchheim, H. Flashar und R.A.H. King, Hamburg.
Charles/Frede 2000. Aristotle's Metaphysics Lambda. Symposium Aristotelicum, ed. by David Charles and Michael Frede, Oxford.
Dassmann/Frank. Pietas. Festschrift für Bernhard Kötting, hrsg. von Ernst Dassmann und K. Suso Frank, Aschendorff 1980 (= Jahrbuch für Antike und Christentum. Ergänzungsband 8).
Dodds, Eric R. 1960. Les sources de Plotin: dix exposés et discussions; Vandoeuvres-Genène 21 – 29 août 1957, Genène.
Düring/Owen. 1960. Aristotle and Plato in the Mid-fourth Century. Papers of the Symposium Aristotelicum, ed. by Ingeman Düring und G.E.L. Owen, Göteborg.
Düsing/Klein. 2008. Geist und Psyche: Klassische Modelle von Platon bis Freud und Damasio, hrsg. von Edith Düsing und Hans-Dieter Klein, Würsburg.
Fine, Gail. 1999. Plato 1. Metaphysics and Epistemology, Oxford.
Flasch, Kurt. 1965. Parusia. Studien zur Philosophie Platons und zur Problemgeschichte des Platonismus, Frankfurt/Main.
Flashar/Gaiser. 1965. Synusia. Festgabe für Wolfgang Schadewaldt zum 15. März 1965, hrsg. von Hellmut Flashar und Konrad Gaiser, Neske.
Frede/Striker. 1996. Rationality in Greek Thought, ed. by Michael Frede and Gisela Striker, Oxford.
Gerson, Lloyd P. 1996. The Cambridge Companion to Plotinus, Cambridge.
Gill/Pellegrin. 2006. A Companion to Ancient Philosophy, ed. by Mary Louise Gill and Pierre Pellegrin, Malden, MA., Oxford.
Gotthelf, A., 1985, Aristotle: On Nature and Living Things, Pittsburgh.
Graeser, Andreas. 1987. Mathematics and metaphysics in Aristotle: Akten des X. Symposium Aristotelicum, Bern/Stuttgart.
Guyomarc'h/Louguet/Murgier. 2020. Aristotele et L'Âme Humaine: Lectures de De Anima III offertes à Michel Grubellier, ed. Gweltaz Guyomarc'h, Claire Louguet et Charlotte Murgier, Louvain-La-Neuve.
Höffe, Otfried. 1997. Platon. Politeia, Darmstadt.
Horn, Christoph. 2016. Aristotle's Metaphysics Lambda – New Essays, Boston/Berli.
Kraut, Richard. 1992. The Cambridge Companion to Plato, Cambridge.

Lang, Albert. 1935. Geisteswelt des Mittelalters. Studien und Texte. Martin Grabmann zur Vollendung des 60. Lebensjahres von Freunden und Schülern gewidmet, 2 Bde., Münster.
Leunissen, Mariska. 2015. Aristotle's Physics, Cambridge.
Lloyd/Owen. 1978. Aristotle on mind and the senses. Proceedings of the Seventh Symposium Aristotelicum, ed. by G.E.R. Lloyd and G.E.L. Owen, London/New York/Melbourne.
Moraux, Paul. 1968. Aristoteles in der neueren Forschung, Darmstadt.
Ders. 1975. Frühschriften des Aristoteles, Darmstadt.
Neschke-Hentschke, Ada. 2000. Platons Timaios. Beiträge zu seiner Rezeptionsgeschichte, Louvain-Paris.
Nussbaum/Rorty. 1992. Essays on Aristotle's DE ANIMA, ed. by Martha Nussbaum and Amélie Oksenberg Rorty, Oxford.
Oehler/Schaeffler. 1962. Einsichten. Gerhard Krüger zum 60. Geburtstag, hrsg. von Klaus Oehler und Richard Schaeffler, Frankfurt am Main.
Owen, G.E.L. 1968. Aristotle on Dialectic. The *Topics.* Proceedings of the Third Symposium Aristotelicum, Oxford.
Rapp, Christof. 1996. Metaphysik. Die Substanzbücher (Z, H, Θ), Berlin.
Scheibe/Süßmann. 1973. Einheit und Vielheit. Festschrift für Carl Friedrich v. Weizsäcker zum 60. Geburtstag, hrsg. von Erhard Scheibe und Georg Süßmann, Göttingen.
Shields, Christopher 2003. Ancient Philosophy, Malden/Oxford.
Ders. 2012. The Oxford Handbook of Aristotle, Oxford/New York.
Sorabji, Richard. 1990. Aristotle transformed. The ancient commentators and their influence, London.
Ders. 2016. Aristotle Re-Interpreted: New Findings on Seven Hundred Years of the Ancient Commentators, London.
Steel, Carlos. 2012. Aristotle's Metaphysic Alpha. Symposium Aristotelicum, Oxford.
Wiesner, Jürgen. 1985. Aristoteles und seine Schule, Berlin/New York.
Zimmermann, Albert. 1982. Studien zur mittelalterlichen Geistgeschichte und ihren Quellen, Berlin/New York.

Forschungsliteratur

Ackrill, J.L. 1963. Aristotle's Categories and De Interpretatione, Oxford.
Algra, Keimpe 1995. Concepts of Space in Greek Thought, New York.
Annas, Julia. 1976. Aristotle's Metaphysics Books M and N, Oxford.
Armstrong, A.H. 1960. The Background of the Doctrine 'That the intelligible are not outside the intellect', in Dodds 1960, 393 – 413.
Bächli/Graeser 2000. Grundbegriffe der antiken Philosophie. Ein Lexikon, hrsg. von Andreas Bächli und Andreas Graeser, Stuttgart.
Baltes, Matthias. 1992=1999. Was ist antiker Platonismus? in Baltes 1999, 223 – 247.
Ders. 1996. Γέγονεν (Platon, Tim. 28B7). Ist die Welt real entstanden oder nicht?, in Baltes 1999, 303 – 325.
Ders. 1999. Dianoēmata. Kleine Schriften zu Platon und zum Platonismus, Stuttgart/Leipzig.
Barnes, Jonathan. 1971 – 72=1979. Aristotle's Concept of Mind, in AA, 1979, 32 – 41.
Ders. 1975. Aristotle's Posterior Analytics, Oxford.
Beere, Jonathan. 2009. Doing and Being: An Interpretation of Aristotle's Metaphysics Theta, Oxford.

Ders. 2010. Thinking Thinking Thinking: On God's Self-thinking in Aristotle's Metaphysics Λ 9. Online Available at: https://ancient-philosophy.hu-berlin.de/en/ancient-philosophy/hpold/downloads/beere-thinking-thinking

Beierwaltes, Werner. 1957. Lux intelligibilis. Untersuchung zur Lichtmetaphysik der Griechen, München.

Ders. 1980: Deus est veritas. Zur Rezeption des griechischen Wahrheitsbegriffs in der frühchristlichen Theologie, in Dassmann/Frank 1980, 15–29.

Ders. 1991. Selbsterkenntnis und Erfahrung der Einheit: Plotins Enneade V 3: Text, Übersetzung, Interpretation, Erläuterungen, Frankfurt am Main.

Ders. 2001. Das Wahre Selbst. Studien zu Plotins Begriff des Geistes und des Einen. Frankfurt am Main.

Bernard, Wolfgang. 1988. Rezeptivität und Spontaneität der Wahrnehmung bei Aristoteles, Baden-Baden.

Berti, Enrico. 1978. The intellection of indivisibles according to Aristotle De Anima III 6, in Lloyd/Owen, 1978, 141–163.

Ders. 1996. Der Begriff der Wirklichkeit in der Metaphysik (Θ 1–5), in Rapp 1996, 289–311.

Blumenberg, Hans 1957. Licht als Metapher der Wahrheit, Studium Generale 10, 432–447.

Blumenthal, H.J. 1990a. Themistius: the last Peripatetic commentator on Aristotle?, in Sorabji 1990, 113–123.

Ders. 1990b. Neoplatonic elements in the *de Anima* commentaries, in Sorabji 1990, 305–324.

Ders. 1991. *Nous pathētikos* in Later Greek Philosophy, in Blumenthal/Robinson 1991, 191–205.

Ders. 1996a. Aristotle and Neoplatonism in Late Antiquity. Interpretations of the *De Anima*, Ithaca.

Ders. 1996b. On Soul and Intellect. Gerson 1996, 82–104.

Ders. 2000. Simplicius: On Aristotle on the Soul 3.1–5, London.

Bonitz, Hermann. Index. Index Aristotelicus, Graz 1870 (Nachdruck 1955).

Bormann, Karl. 1982. Wahrheitsbegriff und NOUS-Lehre bei Aristoteles und einigen seiner Kommentatoren, in Zimmermann 1982, 1–24.

Bostock, David. 1994. Aristotle: Metaphysics Books *Z* and *H*, Oxford.

Bradshaw, David. 2001. A New Look at the Prime Mover, Journal of the History of Philosophy 29, 1–22.

Brentano, Franz. 1867. Die Psychologie des Aristoteles, Mainz am Rhein (Nachdr. Darmstadt 1967). Englische Übersetzung des ersten Kapitels in Nussbaum/Rorty 1992, 313–341.

Brunschwig, Jacques. 2000: Metaphysics Λ 9: A Short-Lived Thought-Experiment, in Charles/Frede 2000, 275–306.

Buchheim, Thomas. 1994, Die Vorsokratiker: Ein philosophisches Porträt, München.

Ders. 2002. Was heißt „Immanenz der Formen" bei Aristoteles?, Prolegomena 1, 5–18.

Bultmann, Rudolf. 1948. Zur Geschichte der Lichtsymbolik im Altertum, Philologus 97, 1–36.

Burnyeat, Myles F. 1979. Notes on Book Zeta of Aristotle's Metaphysics, being the record by Myles Burnyeat and others of a seminar held in London, 1975–1979, Oxford.

Ders. 1992. Is an Aristotelian philosophy of mind still credible? (A draft), in Nussbaum/Rorty 1992, 15–26.

Ders. 2008. Aristotle's Divine Intellect, Wisconsin.

Cassirer, Heinrich. 1932. Aristoteles' Schrift 'Von der Seele', Tübingen.

Caston, Victor. 1999. Aristotle's Two Intellects: A Modest Proposal, Phronesis 44, 199–227.

Ders. 2006. Aristotle's Psychology, in Gill/Pellegrin 2006, 316–346.

Charlton, William 1991. Philoponus: On Aristotle on the Intellect (de Anima 3.4–8), London 1991.

Ders. 2000. Philoponus: On Aristotle on the Soul 3.1 – 8, Ithaca/New York.
Chase, Michael. 2003. Simplicius: On Aristotle Categories 1 – 4, London.
Cleary, John J. 1985. On the Terminology of 'Abstraction' in Aristotle, Phronesis 30, 13 – 45.
Cohen, S. Marc. 1992. Hylomorphism and Functionalism, in Nussbaum/Rorty 1992, 57 – 73.
Corcilius/Gregoric. 2010. Separability vs. Difference: Parts and Capacities of the Soul in Aristotle, by Klaus Corcilius and Pavel Gregoric, Oxford Study in Ancient Philosophy 39, 81 – 119.
Cornford, Francis Macdonald. 1937. Plato's Cosmology: The Timaeus of Plato, London.
Dancy, R.M. 1991. Two Studies in the Early Academy, New York.
Dangel, Tobias. 2013. Hegel und die Geistmetaphysik des Aristoteles. Berlin/Boston.
Ders. 2014. Gott – Kosmos – Mensch. Die Theologie des Aristoteles im Lichte neuerer Forschung, Philosophische Rundschau 61, 27 – 50.
Davidson, Herbert A. 1992. Alfarabi, Avicenna, and Averroes, on Intelltect, Oxford.
Detel, Wolfgang. 1993. Aristoteles. Analytica Posteriora. Bd. 1 und 2, Darmstadt.
Devereux, Daniel T. 1994=1999. Separation and Immanence in Plato's Theory of Forms, in Fine 1999, 192 – 214.
Dilcher, Roman. 1999. Zur aristotelischen Noetik (De Anima III 4 – 5), International Zeitschrift für Philosophie H.2, 309 – 338.
Ders. 2000. Lockungen des Aristotelismus. Zum Streit um die Aktualität der aristotelischen Seelenlehre, Philosophische Rundschau 47, 21 – 38.
Dillon, John M. 1977. The Middle Platonists, London.
Ders. 2003. The Heirs of Plato. A Study of the Old Academy (347 – 274 BC), Oxford.
Dirlmeier, Franz 1950=1968. Aristoteles, in Moraux 1968, 144 – 157 (Orig. 1950).
Ders. 1970. Ausgewählte Schriften zu Dichtung und Philosophie der Griechen, hrsg. von Herwig Görgemanns, Heidelberg.
Ders. 1963=1970. Zum gegenwärtigen Stand der Aristoteles-Forschung, in Dirlmeier 1970, 162 – 173.
Ders. 1999. Aristoteles. Nikomachische Ethik (Aristoteles: Werke, Band 6), Berlin (10. Auflage).
Dooley, William E. SJ. 1992. Alexander of Aphrodisias: On Aristotle's Metaphysics 2&3, London.
Ders. 1993. Alexander of Aphrodisias: On Aristotle's Metaphysics 5, Ithaca/Nex York.
Düring, Ingemar 1961. Aristotle's Protrepticus. An Attempt at Reconstruction, Göteborg.
Ders. 1966. Aristoteles, Heidelberg.
Ders. 1964=1968. Aristoteles und das platonische Erbe, in Moraux 1968, 232 – 249.
Elders, Leo. 1960. Aristotle's Theory of the One. A commentary on Book X of the Metaphysics, Assen.
Ders. 1972. Aristotle's Theology. A commentary on Book Λ of the Metaphysics, Assen.
Emilsson, Eyjólfur K. 2007. Plotinus on Intellect, Oxford.
Ders. 2017. Plotinus, London/New York.
Erler, Michael. Überweg. Platon, hrsg. von Helmut Holzhey, Basel 2007.
Falcon, Andrea. 2015. The Argument of *Physics* VIII, in Leunissen 2015, 265 – 283.
Fine, Gail. 1993. On Ideas. Aristotle's Criticism of Plato's Theory of Forms, Oxford.
Ders. 2003. Plato on Knowledge and Forms. Selected Essays, Oxford.
Ders. 1983=2003. Plato and Aristotle on Form and Substance, in Fine 2003, 397 – 425.
Ders. 1984=2003, Separation, in Fine 2003, 252 – 300.
Ders. 1986=2003, Immanence, in Fine 2003, 301 – 325.
Flasch, Kurt. 1965. Ars imitatur naturam. Platonischer Naturbegriff und mittelalterliche Philosophie der Kunst, in Flasch 1965, 265 – 306.

Flashar/Dubielzig/Breitenberger, 2006. Aristoteles. Fragmente zu Philosophie, Rhetorik, Poetik, Dichtung, übersetzt und erläutert von Hellmut Flashar, Uwe Dubielzig und Barbara Breitenberger, Darmstadt.

Flashar, Hellmut. Überweg. Aristoteles, hrsg. von Hellmut Flashar, Basel ²2004.

Ders. 2013. Aristoteles. Lehrer des Abendlandes, München.

Forschner, Maximilian. 2006, Thomas von Aquin, München.

Frede, Dorothea. 2003. Aristoteles über Leib und Seele, in Buchheim/Flashar/King 2003, 85 – 109.

Ders. 2012. The Doctrine of Forms under Critique – Part I, in Steel 2012, 265 – 296.

Frede, Michael. 1987. Essays in Ancient Philosophy, Oxford.

Ders. 1978=1987. Individuals in Aristotle, in Frede 1987, 49 – 71.

Ders. 1985=1987. Substance in Aristotle's Metaphysics, in Frede 1987, 72 – 80.

Ders. 1996. Aristotle's Rationalism, in Frede/Striker, 157 – 73.

Frede/Patzig. Komm. Aristoteles, Metaphysik Z, Text, Übersetzung und Kommentar, von Michael Frede und Günther Patzig, 2 Bde., München 1988.

Furth, Montgomery. 1988. Substance, form and psyche: an Aristotelean metaphysics, Cambridge.

Gabriel, Markus. 2006. Gottes transzendenter Seinsvollzug. Zur aristotelischen Ontotheologie im Λ der Metaphysik, Jahrbuch für Religionsphilosophie 5, 97 – 119.

Gaiser, Konrad. PIUL. Platons ungeschriebene Lehre, Stuttgart 1963 (3. unveränd. Aufl. 1998).

Ders. 1965. Platons Farbenlehre, in Flashar/Gaiser 173 – 221.

Ders. 1985. Ein Gespräch mit König Philipp: Zum Eudemos des Aristoteles. In Wiesner 1985, 457 – 484 (=Gesammelte Schriften, hrsg. von Szlezák etc. Sankt Augustin, 2004, 673 – 694).

Gerson, Lloyd P. 1992. The Discovery of the Self in Antiquity, The Personalist Form 8, 249 – 257.

Ders. 2004. The Unity of Intellect in Aristotle's De Anima, Phronesis 49, 348 – 373.

Ders. 2005. Aristotle and Other Platonists, Ithaca/London.

Ders. 2006. The 'Holy Solemnity' of Forms and the Platonic Interpretation of *Sophist*, Ancient Philosophy 26, 291 – 304.

Ders. 2018. Plotinus: The Enneads. Cambridge.

Gigon, Olaf. 1950. Aristoteles. Vom Himmel, von der Seele, von der Dichtkunst, Zürich.

Ders. 1960. Prolegomena to an edition of the *Eudemus*, in Düring/Owen 1960, 19 – 33.

Golitsis, Pantelis. 2016. John Philoponus' Commentary on the Third Book of Aristotle's De Anima, wrongly Attributed to Stephanus, in Sorabji 2016, 393 – 412.

Grabmann, Martin. 1929. Mittelalterliche lateinische Übersetzungen von Schriften der Aristoteles-Kommentatoren Johannes Philoponus, Alexander von Aphrodisias und Themistios, München.

Ders. 1936. Mittelalterliche Deutung und Umdeutung der aristotelischen Lehre vom ΝΟΥΣ ΠΟΙΗΤΙΚΟΣ nach einer Zusammenstellung im Cod. B III 22 der Universität Basel, München.

Ders. 1938. Die Lehre vom Intellectus possibilis und Intellectus agens im Liber De Anima des Petrus Hispanus des späteren Papstes Johannes XXI, Archives d'histoire doctrinale et littéraire de moyen âge 11, 167 – 208.

Graeser, Andreas. 1977. Parmenides über Sagen und Denken, Museum Helveticum 34, 145 – 155.

Ders. 1982. Über den Sinn von Sein bei Platon, Museum Helveticum 39, 29 – 42.

Ders. 2003. Platons *Parmenides*, Stuttgart.

Graham, Daniel. 2006. Explaining the Cosmos: The Ionian Tradition of Scientific Philosophy, Princeton.

Guyomarc'h, Gweltaz 2023. Alexander of Aphrodisias and the Active Intellect as Final Cause, Elenchos 44, 93 – 117.

Haas, Arthur Erich. 1906. Antike Lichttheorie, AGPh 20, 345 – 386.

Hackforth, Reginald. 1936. Plato: Phaedrus. Reprint: Cambridge, 1952.

Halfwassen, Jens 1992. Der Aufstieg zum Einen. Untersuchungen zu Platon und Plotin, Stuttgart.
Ders. 2000. Der Demiurg: seine Stellung in der Philosophie Platons und seine Deutung im antiken Platonismus, in Neschke-Hentschke 2000, 39–62.
Ders. 2004. Plotin und der Neuplatonismus, München (2. Auflage 2020).
Hamlyn, D.W. 1968. Aristotle's De Anima Bk. II and III, Oxford.
Happ, Heinz. 1965. Kosmologie und Metaphysik bei Aristoteles. Ein Beitrag zum Transzendenzproblem, in Flasch 1965, 155–187.
Ders. Hyle. Hylē. Studien zum Aristotelischen Materie-Begriff, Berlin/New York, 1971.
Harder, Richard. 2020. Plotin. Schriften in deutscher Übersetzung, 2 Bde., Neubearbeitung von Richard Harder, Rudolf Beutler und Willy Theiler, Hamburg.
Hartmann, Nicolai 1957. Kleinere Schriften II, Berlin.
Ders. 1935=1957. Das Problem des Apriorismus in der Platonischen Philosophie, in Hartmann 1957, 48–85.
Ders. 1941=1957. Zur Lehre vom Eidos bei Platon und Aristoteles, in Hartmann 1957, 129–164.
Herzberg, Stephan. 2016. God as Pure Thinking. An Interpretation of *Metaphysics* Λ 7, in Horn 2016, 157–180.
Hicks R.D. 1907. Aristotle De Anima, Cambridge.
Hoenen, Maarten J.F.M. 1995, Metaphysik und Intellektlehre. Die aristotelische Lehre des 'intellectus agens' im Schnittpunkt der mittelalterlichen Diskussion um die natürliche Gotteserkenntnis, Theologie und Philosophie 70, 405–413.
Höffe, Otfried. 2005. Aristoteles-Lexikon, Stuttgart.
Horn/Rapp 2002. Wörterbuch der antiken Philosophie, hrsg. von Christoph Horn und Christof Rapp, München.
Horn, Christoph 1995. Plotin über Sein, Zahl und Einheit. Eine Studie zu den systematischen Grundlagen der Enneaden, Stuttgart/Leipzig.
Ders. 2016. The Unity of World-order According to *Metaphysics* Λ 10, in Horn 2016, 269–293.
Horn, Hans-Jürgen. 1994. Studien zum dritten Buch der aristotelischen Schrift De anima, Hypomnemata Heft 104, Göttingen.
Huby, Pamela. 1991. Stages in the Development of Language about Aristotle's *Nous*, in Blumenthal/Robinson 1991, 129–143.
Huismann, Tyler. 2022. Aristotle on How Efficient Causation Works, AGPH 104, 663–687.
Irwin, T.H. 1977. Plato's Heracleiteanism, Philosophical Quarterly 27, 1–13.
Ders. ²1999. Aristotle: Nicomachean Ethics, Indianapolis/Cambridge.
Jackson, Henry. 1920. Aristotle's Lecture-Room and Lectures, The Journal of Philology 35, 191–200.
Johansen, T.K. 1997. Aristotle on the sense-organs, Cambridge.
Jones, Roger Miller. 1926. The Ideas as the Thoughts of God, Classical Philology 21, 317–326.
Judson, Lindsay. 2018. First Philosophy in *Metaphysics* Λ, Oxford Studies in Ancient Philosophy 54, 227–277.
Ders. 2019. Aristotle: *Metaphysics* Book Λ, Oxford.
Kahn, Charles. 1960. Religion and Natural Philosophy in Empedocles' Doctrine of the Soul, AGPh, 42, 3–35.
Ders. 1966. The Greek verb 'To be' and the concept of Being, Foundation of Language 2, 245–265.
Ders. 1976. Why Existence does not Emerge as a Distinct Concept in Greek Philosophy?, AGPh 58, 323–334.
Ders. 1981. The Role of Nous in the cognition of First Principles in Posterior Analytics II 19, in Berti 1981, 385–444.

Ders. 1985a. On the intended Interpretation of Aristotle's Metaphysics. In Wiesner 1985, 311–338.
Ders. 1985b. The Place of the Prime Mover in Aristotle's Theology, in Gotthelf 1985, 183–205.
Ders. 1992. Aristotle on Thinking, in Nussbaum/Rorty 1992, 359–379.
Ders. 2009. Essays on Being, Oxford.
Ders. 2013. Plato and the Post-Socratic Dialogue: The Return to the Philosophy of Nature, Cambridge.
Kalderon, Mark Eli. 2015. Form without Matter: Empedocles & Aristotle on Color Perception, Oxford.
Katz, Emily. 2017. Ontological Separation in Aristotle's „Metaphysics", Phronesis 62, 26–68.
Kirwan, Christopher. 1993. Aristotle. Metaphysics Books Γ, Δ, und E, Oxford.
Kosman, Aryeh. 1992. What Does the Maker Mind Make?, In Nussbaum/Rorty, 1992, 343–358 (=Kosman 2014, 119–137).
Ders. 2000. Metaphysics Λ 9: Divine Thought, in Charles/Frede 2000, 307–326.
Ders. 2013. The Activity of Being: An Essay on Aristotle's Ontology, Cambridge/London.
Ders. 2014. Virtues of Thought. Cambridge/London.
Krämer, Hans Joachim. APA. Arete bei Platon und Aristoteles, Heidelberg 1959.
Ders. UGM. Der Ursprung der Geistmetaphysik, Amsterdam 1964.
Ders. 1966. Über den Zusammenhang von Prinzipienlehre und Dialektik bei Platon, Philologus 110, 35–70.
Ders. 1967. Zur geschichtlichen Stellung der aristotelischen Metaphysik, KS 58, 313–354.
Ders. 1969. Grundfragen der aristotelischen Theologie, Theologie und Philosophie 44, 363–382, 481–505.
Ders. 1973. Aristoteles und die akademische Eidoslehre. Zur Geschichte der Universalienprobleme im Platonismus, AGPh 55, 119–190.
Ders. 1997. Die Idee des Guten, Sonnen- und Liniengleichnis (Buch VI 504a-511e), in Höffe 1997, 179–203.
Ders. Überweg. Die Ältere Akademie, hrsg. von Hellmut Flashar, Basel, [2]2004.
Kremer, Klaus. 1990. Plotin. Seele – Geist – Eines: Enneade IV 8, V 4, V 1, V 6 und V 3, Hamburg.
Kühner/Blass/Gerth. Kühner. Ausführliche Grammatik der Griechischen Sprache, von Raphael Kühner, Friedrich Blass und Bernhard Gerth, Darmstadt, 2015 (Erster Teil: Reprographischer Nachdruck der 3. Auflage 1890/1892; Zweiter Teil: Reprographischer Nachdruck der 3. Auflage 1898/1904.)
Kurfess, Hans. 1911. Zur Geschichte der Erklärung der aristotelischen Lehre vom sog. NOUS POIETIKOS and PATHETIKOS, Tübingen.
Laks, André. Metaphysics Λ 7, in Charles/Frede 2000, 207–243.
Lear, Jonathan. 1988. Aristotle: The Desire to Understand, Cambridge.
Lesher, James H. 1971. Aristotle on Form, Substance, and Universals: A Dilemma, Phronesis 16, 169–178.
Ders. 1973. The meaning of ΝΟΥΣ in the Posterior Analytics, Phronesis 18, 44–68.
Lewis, Frank A. 1991. Substance and Predication in Aristotle, Cambridge.
Liatsi, Maria. 2016. Aristotle's Silence about the Prime Mover's *Noēsis*, in Horn 2016, 229–245.
Long A.A. 1966. Thinking and Sense-Perception in Empedocles: Mysticism or Materialism?, CQ 16, 256–276.
Ders. 2001. Ancient Philosophy's Hardest Question: What to Make of Oneself?, Representations 74, 19–36.
Loux, Michael. 2009. Aristotle on Universals. In Anagnostopoulos 2009, 186–196.
Madigan, Arthur SJ. 1999. Aristotle Metaphysics Book B and Book K 1–2, Oxford.
Mahdi, Muhsin. 2001. Alfarabi. Philosophy of Plato and Aristotle, translated with introduction by Mahdi (1. Publ. 1962).

Mahoney E.P. 1973. Themistius and the Agent Intellect in James of Viterbo and Other Thirteen Century Philosophers, Augustiniana 23, 422–467.

Martens, Ekkehard 1977. Charmides, Stuttgart.

Ders. 1981. Platon. Theätet, Stuttgart.

Matthews, Gareth 2003. Aristotle: Psychology, in Shields 2003, 211–227.

McKirahan, Richard D. ²2010. Philosophy Before Socrates, Indianapolis/Cambridge

Meinhardt, Helmut. 1990. Platon. Der Sophist, Stuttgart.

Meinwald, Constance. 1992. Good-bye to the Third Man, in Kraut 1992, 365–396.

Dies. 2016. Plato, London/New York.

Menn, Stephan Philip. 1992. Aristotle and Plato on God as Nous and as the Good, Review of Metaphysics, 45, 543–573.

Ders. 1995. Plato and God as Nous, Journal of the History of Philosophy Monograph Series, Carbondale, IL.

Ders. 2020. From *DE ANIMA* III 4 to *DE ANIMA* III 5, in Guyomarc'h/Louguet/Murgier 2020, 95–155.

Merlan, Philip.1963. Monopsychism Mysticism Metaconsciousness. Problems of the soul in the Neoaristotelian and Neoplatonic tradition, The Hague.

Mesch, Walter. 1996. Die Teile der Definition (Z 10–11), in Rapp 1996, 135–156.

Ders. 1997. Die ontologische Bedeutung der Zeit in Platons Timaios, in Calvo/Brisson 1997, 227–237.

Miller Jr., Fred D. 2012. Aristotle on Separability of Mind, in Shields 2012, 306–339.

Moraux, Paul 1967. Aristoteles, der Lehrer Alexanders von Aphrodisias, AGPh 49, 169–182.

Ders. 1984. Der Aristotelismus bei den Griechen II, Berlin/New York

Ders. 2001. Der Aristotelismus bei den Griechen III, hrsg. von Jürgen Wiesner, Berlin/New York.

Moravcsik, Julius M. E. 1967. Aristotle, a Collection of Critical Essays, New York.

Morison, Benjamin 2002. On Location: Aristotle's Concept of Space, Oxford.

Nussbaum, Martha Craven. 1978. Aristotle's *De Motu Animalium*, Princeton.

Oehler, Klaus 1962a. Die Lehre vom Noetischen und Dianoetischen Denken bei Platon und Aristoteles, München.

Ders. 1962b. Ein Mensch zeugt einen Menschen, in Oehler/Schaeffler 1962, 230–288.

Ders. 1984. Aristoteles. Kategorien, Berlin (Nachdruck 2006).

Ders. 1997. Subjektivität und Selbstbewußtsein in der Antike, Würzburg.

Owen, G.E.L. 1968. Dialectic and Eristic in the Treatment of the Forms, in Owen 1968, 103–125.

Owens, Joseph ³1978. The Doctrine of Being in the Aristotelian Metaphysics, Toronto.

Patzig, Günther. 1973. Bemerkungen zu den Kategorien des Aristoteles, in Scheibe/Süßmann 1973, 60–76.

Paulsen/Rehn. 2003. Platon. Timaios, übersetzt von Thomas Paulsen und Rudolf Rehn, Stuttgart.

Perkams, Matthias 2008. Selbstbewusstsein in der Spätantike, Berlin/New York.

Perl, Eric D. 1998. The Demiurge and the Forms: A Return to the Ancient Interpretation of Plato's *Timaeus*, Ancient Philosophy 18, 81–92.

Ders. 1999. The Presence of the Paradigm: Immanence and Transcendence in Plato's Theory of Forms, The Review of Metaphysics 53, 339–362.

Ders. 2014a. Thinking Being: Introduction to Metaphysics in the Classical Tradition, Leiden/Boston.

Ders. 2014b. The Motion of Intellect: On the Neoplatonic Reading of *Sophist* 248e-249d, The International Journal of the Platonic Tradition 8, 135–160.

Perler, Dominik. 1996. War Aristoteles ein Funktionalist? Überlegungen zum Leib-Seele Problem, Zeitschrift für philosophische Forschung 50, 341–363.

Peterson, Sandra. 1973. A Reasonable Self-Predication Premise for the Third Man Argument, The Philosophical Review 82, 451–470.
Platnauer, Maurice. 1921. Greek Colour-Perception, CQ 15, 153–162.
Polansky, Ronald. 2007. Aristotle's *De anima*, Cambridge.
Rapp, Christof. 1996a. Substanz als vorrangig Seiendes (Z1), in Rapp 1996, 27–40.
Ders. 1996b. Kein Allgemeines ist Substanz (Z13, 14–16), in Rapp 1996, 157–191.
Ders. ²2007. Vorsokratiker, München.
Reale, Giovanni 1997. Plato's Doctrine of the Origin of the World with special Reference to the Timaeus, in Brisson/Calvo 1997, 149–164.
Ders. ²2000. Zu einer neuen Interpretation Platons, Paderborn etc.
Rees, D.A. 1960. Theories of the soul in the early Aristotle, in Düring/Owen 1960, 191–200.
Reeve, C.D.C. 2016. Aristotle: *Metaphysics*, Indianapolis/Cambridge.
Ders. 2017. Aristotle: *De Anima*, Indianapolis/Cambridge.
Ders. 2018. Aristotle: *Physics*, Indianapolis/Cambridge.
Remes, Paulina. 2007. Plotinus on Self: The Philosophy of the 'We', Cambridge.
Rich, Audrey N.M. 1954. The Platonic Ideas as the Thoughts of God, Mnemosyne 7, 123–133.
Rist, John M. 1966. Notes on Aristotle De Anima 3.5, Classical Philology 61, 8–20.
Robinson, H.M. 1978. Mind and Body in Aristotle, CQ 28, 105–124.
Rolfes, Eugen. 1977. Fünf Fragen über die intellektuelle Erkenntnis (Quaestio 84–88 des 1. Teils der Summa de theologia), übersetzt und erklärt von Eugen Rolfes, mit einer Einleitung und einem Literaturverzeichnis von Karl Bormann, Hamburg.
Rosen, Jacob. 2014. Essence and End in Aristotle, Oxford Studies in Ancient Philosophy 46, 73–107.
Ross, Alberto. 2016. The Causality of the Prime Mover in *Metaphysics* Λ, in Horn 2016, 207–227.
Ross, David. Met. Komm. Aristotle. Metaphysics. A revised text with introduction and commentary. Vol. I and II, Oxford 1924.
Ders. Phys. Komm. Aristotle's Physics. A revised text with introduction and commentary, Oxford 1936.
Ders. 1949. Aristotle's Prior and Posterior Analytics: a revised text with introduction and commentary, Oxford.
Ders. 1961, Aristotle: De anima, edited with introduction and commentary, Oxford.
Ders. ⁶1995. Aristotle, London/New York.
Ruland, Hans-Jochen. 1979. Zwei arabische Fassungen der Abhandlung des Alexander von Aphrodisias über die universalia (Quaestio I 11a), Göttingen.
Schramm, Michael. 2008. Göttliches und Menschliches Denken bei Themistios, Rheinisches Museum 151, 181–221.
Schroeder, Frederic M. 1981. The analogy of the active intellect to light in the 'De Anima' of Alexander of Aphrodisias, Hermes 109, 215–225.
Ders. 1984. Light and the active intellect in Alexander and Plotinus, Hermes 112, 239–248.
Sedley, David. 1997. 'Becoming like God' in the Timaeus and Aristotle, in Calvo/Brisson 1997, 327–339.
Ders. 1998. Platonic Causes, Phronesis 43, 114–132.
Ders. 2000. Metaphysics Λ 10, in Charles/Frede 2000, 327–350.
Ders. 2007. Creationism and Its Critics in Antiquity, California.
Ders. 2010. Teleology, Aristotelian and Platonic, in Bolton/Lennox 2010, 5–29.
Seidl, Horst. 1971. Der Begriff des Intellekts (νοῦς) bei Aristoteles, Meisenheim am Glan.
Sharples, Robert W. 1987. Alexander of Aphrodisias: Scholasticism and Innovation, ANRW 36, II, 1176–1243.

Shields, Christopher. 1995. Intentionality and Isomorphism in Aristotle, Proceedings of the Boston Area Colloquium in Ancient Philosophy XI, 307–336.

Ders. 2007. Aristotle, London/New York.

Ders. 2016. Aristotle: *De Anima*, Oxford 2016.

Smit, Houston. 2001. Aquinas's Abstractionism, Medieval Philosophy and Theology 10, 85–118.

Sonderegger, Erwin. 1983. Die Bildung des Ausdrucks τὸ τί ἦν εἶναι durch Aristoteles, AGPH 65, 18–38.

Sorabji, Richard. 1972. Aristotle, Mathematics, and Color, CQ 22, 293–308.

Ders. 1974=1979. Body and Soul in Aristotle, in AA (1979), 42–64.

Ders. 1991. From Aristotle to Brentano: The Development of the Concept of Intentionality, in Blumenthal/Robinson 1991, 227–259.

Ders. 1992. Intentionality and Physiological Processes: Aristotle's Theory of sense-perception, in Nussbaum/Rorty 1992, 195–225.

Sprague, Rosamond Kent. 1972. A parallel with de Anima III, 5, Phronesis 17, 250–251.

Stallmach, Josef. 1959. Dynamis und Energeia. Untersuchung am Werk des Aristoteles zur Problemgeschichte von Möglichkeit und Wirklichkeit, Meisenheim am Glan.

Steel, Carlos 2012. Plato as seen by Aristotle (Metaphysics A6), in Steel 2012, 167–200.

Steiner, Peter 1992, Psyche bei Platon, Göttingen.

Steinfath, Holmer. 1991. Selbständigkeit und Einfachheit. Zur Substanztheorie des Aristoteles, Frankfurt am Main.

Ders. 1996. Die Einheit der Definition und die Einheit der Substanz. Zum Verhältnis von Z 12 und H 6, in Rapp 1996, 229–251.

Stenzel, Julius. 1956. Kleine Schriften zur griechischen Philosophie, hrsg. von Bertha Stenzel, Darmstadt.

Strange, Steven K. 1987. Plotinus, Porphyry, and the Neoplatonic Interpretation of the Categories, ANRW, 36, II, 955–974.

Ders. 1992. Porphyry: On Aristotle's Categories, Ithaca/New York.

Strohm, Hans. 1979. Aristoteles: Meteorologie, Über die Welt, Berlin.

Szlezák, Thomas Alexander. 1976. Unsterblichkeit und Trichotomie der Seele im zehnten Buch der Politeia, Phronesis 21, 31–58.

Ders., 1979. Platon und Aristoteles in der Nuslehre Plotins, Basel/Stuttgart.

Ders. 1985. Platon und die Schriftlichkeit der Philosophie, Berlin/New York.

Ders. 1987. Die Lückenhaftigkeit der akademischen Prinzipientheorien nach Aristoteles' Darstellung in Metaphysik M und N, in Graeser 1987, 45–67.

Ders. 2003. Die Idee des Guten in Platons Politeia. Beobachtungen zu den mittleren Büchern, Sankt Augustin.

Ders. 2004. Das Bild des Dialektikers in Platons späten Dialogen. Platon und die Schriftlichkeit der Philosophie Teil II, Berlin/New York.

Ders. 2008. Psyche: Ihr Ort im Menschen, im Kosmos, und im Geist nach Platon und Plotin, in Düsing/Klein 2008, 17–40.

Ders. 2021. Platon. Meisterdenker der Antike, München

Theiler, Willy. 1959. Aristoteles. Über die Seele, Darmstadt.

Thiel, Detlef. 2006. Die Philosophie des Xenokrates im Kontext der Alten Akademie, München/Leipzig.

Thiel, Rainer. 2004. Aristoteles' Kategorienschrift in ihrer antiken Kommentierung, Tübingen.

Tredennick, Hugh. 1997. Aristotle: Posterior Analytics, Cambridge, Massachusetts/London.

Todd, Robert B. 1996. Themistius: On Aristotle on the Soul, London.

Toeplitz, Otto. 1929. Das Verhältnis von Mathematik und Ideenlehre bei Plato, in Quellen und Studien zur Geschichte der Mathematik, 3–33.
Trendelenburg, Friderich Adolph. 1877. Aristotelis De Anima libri tres, Graz (Nachdruck 1957).
Tugendhat , Ernst. [5]2003. TI KATA TINOΣ, Freiburg/München.
Tweedale, Martin M. 1984. Alexander of Aphrodisias' Views on Universals, Phronesis 29, 279–303.
Urmson, J.O. 1988. Aristotle's Ethics, Oxford/Cambridge.
Vlastos, Gregory. 1954. The Third Man Argument in the Parmenides, The Philosophical Review 63, 319–349.
Ders. 1969. Plato's „Third Man" Argument (PARM. 132 A1-B2): Text and Logic, The Philosophical Quarterly 77, 289–301.
Ders. 1974. A Note on „Pauline Predications" in Plato, Phronesis 19, 95–101.
Von Fritz, Kurt. 1931. Der Ursprung der aristotelischen Kategorienlehre, AGPh 40, 449–496.
Ders. 1971. Grundprobleme der Geschichte der antiken Wissenschaft, Berlin/New York
Ders. 1978. Schriften zur griechischen Logik, Bd. 1: Logik und Erkenntnistheorie, Stuttgart - Bad Cannstatt.
Wedin, Michael V. 1988. Mind and Imagination in Aristotle, New Haven/London.
Ders. 2000. Aristotle's Theory of Substance. The Categories and Metaphysics Zeta, Oxford.
Wehrli, Fritz, 1972. Theoria und Humanitas: Gesammelte Schriften zur antiken Gedankenwelt, hrsg. von Heinz Haffter und Thomas Alexander Szlezák, München.
Ders. 1961=1972. Aristoteles in der Sicht seiner Schule, Platonisches und Vorplatonisches, in Wehrli 1972, 217–228.
Weidemann, Hermann. 1982. Τόδε τι und τί ἦν εἶναι: Überlegungen zu Aristoteles, Metaph. Z 4, 3, Hermes 110, 175–184.
Ders. 1996. Zum Begriff des ti ēn einai und zum Verständnis von Met. Z 4, 1029b22–1030a6, in Rapp 1996, 75–103.
Welsch, Wolfgang. 1987. Aisthesis. Grundzüge und Perspektiven der Aristotelischen Sinneslehre, Stuttgart.
Wieland, Wolfgang. 1970. Die aristotelische Physik, Göttingen.
Wilkes, K.V. 1992. Psuchē versus the Mind, in Nussbaum/Rorty 1992, 109–127.
Wilpert, Paul. 1935. Die Ausgestaltung der aristotelischen Lehre vom Intellectus agens bei den griechischen Kommentatoren und in der Scholastik des 13. Jahrhunderts, in Lang 1935, 447–462.
Ders. 1949. Zwei aristotelische Frühschriften über die Ideenlehre, Regensburg.
Ders. 1975. Die Ideenkritik in der Schrift 'Über die Ideen', in Moraux 1975, 111–156, (Auszüge aus Wilpert 1949).
Woods, Michael. 1991. Universals and Particular Forms in Aristotle's Metaphysics, in Blumenthal/ Robinson 1991, 41–55.
Zedler, Beatrice H. 1968. Saint Thomas Aquinas. On the Unity of the Intellect against the Averroists, Wisconsin.
Zeller, Eduard. Ph.d.Gr. Die Philosophie der Griechen in ihrer geschichtlichen Entwicklung, Darmstadt, [6]1919 (8. unveränd. Aufl. 2006).
Zeyl, Donald. 2000. Plato: Timaeus. Indianapolis/Cambridge.

Index Locorum

https://doi.org/10.1515/9783111384719-009

www.ingramcontent.com/pod-product-compliance
Lightning Source LLC
LaVergne TN
LVHW042229300926
849161LV00003B/315